国家出版基金项目
NATIONAL PUBLICATION FOUNDATION

国家出版基金资助项目
“新闻出版改革发展项目库”入库项目
“十三五”国家重点出版物出版规划项目

特殊冶金过程技术丛书

有色金属富氧强化熔池熔炼技术

王华　著

北　京
冶金工业出版社
2023

内 容 提 要

本书系统介绍了富氧强化熔池熔炼技术的发展现状和应用趋势、富氧熔池熔炼的反应过程及渣型调控机制、熔池熔炼混沌流强化理论与技术、富氧熔池熔炼过程的数值模拟与优化、浸没燃烧技术及熔渣高效贫化等内容。

本书可供从事相关领域工作的广大科技人员、管理者、工程技术人员阅读，也可作为相关专业高校师生的教学参考书。

图书在版编目(CIP)数据

有色金属富氧强化熔池熔炼技术/王华著.—北京：冶金工业出版社，2023.3

(特殊冶金过程技术丛书)

ISBN 978-7-5024-8542-9

Ⅰ.①有… Ⅱ.①王… Ⅲ.①有色金属冶金—熔池—富氧熔炼 Ⅳ.①TF8

中国版本图书馆 CIP 数据核字(2020)第 075157 号

有色金属富氧强化熔池熔炼技术

出版发行	冶金工业出版社	**电　话**	(010)64027926
地　址	北京市东城区嵩祝院北巷 39 号	**邮　编**	100009
网　址	www.mip1953.com	**电子信箱**	service@mip1953.com

责任编辑 郭雅欣 张熙莹 美术编辑 彭子赫 版式设计 孙跃红 郑小利
责任校对 王永欣 李 娜 责任印制 禹 蕊

北京捷迅佳彩印刷有限公司印刷

2023 年 3 月第 1 版，2023 年 3 月第 1 次印刷

787mm×1092mm 1/16；26.75 印张；645 千字；404 页

定价 229.00 元

投稿电话 (010)64027932 投稿信箱 tougao@cnmip.com.cn

营销中心电话 (010)64044283

冶金工业出版社天猫旗舰店 yjgycbs.tmall.com

(本书如有印装质量问题，本社营销中心负责退换)

特殊冶金过程技术丛书

特殊冶金过程技术丛书

序

科技创新是永无止境的，尤其是学科交叉与融合不断衍生出新的学科与技术。特殊冶金是将物理外场（如电磁场、微波场、超重力、温度场等）和新型化学介质（如富氧、氯、氟、氢、化合物、络合物等）用于常规冶金过程而形成的新的冶金学科分支。特殊冶金是将传统的火法、湿法和电化学冶金与非常规外场及新型介质体系相互融合交叉，实现对冶金过程物质转化与分离过程的强化和有效调控。对于许多成分复杂、低品位、难处理的冶金原料，传统的冶金方法效率低、消耗高。特殊冶金的兴起，是科研人员针对不同的原料特性，在非常规外场和新型介质体系及其对常规冶金的强化与融合做了大量研究的结果，创新的工艺和装备具有高效的元素分离和金属提取效果，在低品位、复杂、难处理的冶金矿产资源的开发过程中将显示出强大的生命力。

“特殊冶金过程技术丛书”系统反映了我国在特殊冶金领域多年的学术研究状况，展现了我国在特殊冶金领域最新的研究成果和学术思想。该丛书涵盖了东北大学、昆明理工大学、中南大学、北京科技大学、江西理工大学、北京矿冶研究总院、中科院过程所等单位多年来的科研结晶，是我国在特殊冶金领域研究成果的总结，许多成果已得到应用并取得了良好效果，对冶金学科的发展具有重要作用。

特殊冶金作为一个新兴冶金学科分支，涉及物理、化学、数学、冶金、材料和人工智能等学科，需要多学科的联合研究与创新才能得以发展。例如，特殊外场下的物理化学与界面现象，物质迁移的传输参数与传输规律及其测量方法，多场协同作用下的多相耦合及反应过程规律，新型介质中的各组分反应机理与外场强化的关系，多元多相复杂体系多尺度结构与效应，新型冶金反应器的结构优化及其放大规律等。其中的科学问题和大量的技术与工程化需要我们去解决。

特殊冶金的发展前景广阔，随着物理外场技术的进步和新型介质体系的出现，定会不断涌现新的特殊冶金方法与技术。

“特殊冶金过程技术丛书”的出版是我国冶金界值得称贺的一件喜事，此丛书的出版将会促进和推动我国冶金与材料事业的新发展，谨此祝愿。

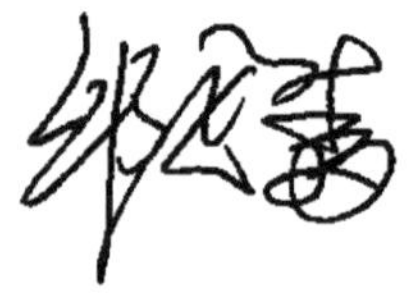

2019 年 4 月

总　　序

冶金过程的本质是物质转化与分离过程，是“流”与“场”的相互作用过程。这里的“流”是指物质流、能量流和信息流，这里的“场”是指反应器所具有的物理场，例如温度场、压力场、速度场、浓度场等。因此，冶金过程“流”与“场”的相互作用及其耦合规律是特殊冶金（又称“外场冶金”）过程的最基本科学问题。随着物理技术的发展，如电磁场、微波场、超声波场、真空力场、超重力场、瞬变温度场等物理外场逐渐被应用于冶金过程，由此出现了电磁冶金、微波冶金、超声波冶金、真空冶金、超重力冶金、自蔓延冶金等新的冶金过程技术。随着化学理论与技术的发展，新的化学介质体系，如亚熔盐、富氧、氢气、氯气、氟气等在冶金过程中应用，形成了亚熔盐冶金、富氧冶金、氢冶金、氯冶金、氟冶金等新的冶金过程技术。因此，特殊冶金就是将物理外场（如电磁场、微波场、超重力或瞬变温度场）和新型化学介质（亚熔盐、富氧、氯、氟、氢等）应用于冶金过程形成的新的冶金学科分支。实际上，特殊冶金是传统的火法冶金、湿法冶金及电化学冶金与电磁场、微波场、超声波场、超高浓度场、瞬变超高温场（高达2000℃以上）等非常规外场相结合，以及新型介质体系相互融合交叉，实现对冶金过程物质转化与分离过程的强化与有效控制，是典型的交叉学科领域。根据外场和能量/介质不同，特殊冶金又可分为两大类，一类是非常规物理场，具体包括微波场、压力场、电磁场、等离子场、电子束能、超声波场与超高温场等；另一类是超高浓度新型化学介质场，具体包括亚熔盐、矿浆、电渣、氯气、氢气与氧气等。与传统的冶金过程相比，外场冶金具有效率高、能耗低、产品质量优等特点，其在低品位、复杂、难处理的矿产资源的开发利用及冶金“三废”的综合利用方面显示出强大的技术优势。

特殊冶金的发展历史可以追溯到20世纪50年代，如加压湿法冶金、真空冶金、富氧冶金等特殊冶金技术从20世纪就已经进入生产应用。2009年在中国金属学会组织的第十三届中国冶金反应工程年会上，东北大学张廷安教授首次系统地介绍了特殊冶金的现状及发展趋势，引起同行的广泛关注。自此，“特殊冶金”作为特定术语逐渐被冶金和材料同行接受（下表总结了特殊冶金的各种形式、能量转化与外场方式以及应用领域）。2010年，彭金辉教授依托昆明理工大学组建了国内首个特殊冶金领域的重点实验室——非常规冶金教育部重点实验室。2015年，云南冶金集团股份有限公司组建了共伴生有色金属资源加压湿法冶金技术国家重点实验室。2011年，东北大学受教育部委托承办了外场技术在冶金中的应用暑期学校，进一步详细研讨了特殊冶金的研究现状和发展趋势。2016年，中国有色金属学会成立了特种冶金专业委员会，中国金属学会设有特殊钢分会特种冶金学术委员会。目前，特殊冶金是冶金学科最活跃的研究领域之一，也是我国在国际冶金领域的优势学科，研究水平处于世界领先地位。特殊冶金也是国家自然科学基金委近年来重点支持和积极鼓励的研究

特殊冶金及应用一览表

名称	外场	能量形式	应用领域
电磁冶金	电磁场	电磁力、热效应	电磁熔炼、电磁搅拌、电磁雾化
等离子冶金、电子束冶金	等离子体、电子束	等离子体高温、辐射能	等离子体冶炼、废弃物处理、粉体制备、聚合反应、聚合干燥
激光冶金	激光波	高能束	激光表面冶金、激光化学冶金、激光材料合成等
微波冶金	微波场	微波能	微波焙烧、微波合成等
超声波冶金	超声波	机械、空化	超声冶炼、超声精炼、超声萃取
自蔓延冶金	瞬变温场	化学热	自蔓延冶金制粉、自蔓延冶炼
超重、微重力与失重冶金	非常规力场	离心力、微弱力	真空微重力熔炼铝锂合金、重力条件下熔炼难混溶合金等
气体（氧、氢、氯）冶金	浓度场	化学位能	富氧浸出、富氧熔炼、金属氢还原、钛氯化冶金等
亚熔盐冶金	浓度场	化学位能	铬、钒、钛和氧化铝等溶出
矿浆电解	电磁场	界面、电能	铋、铅、锑、锰结核等复杂资源矿浆电解
真空与相对真空冶金	压力场	压力能	高压合成、金属镁相对真空冶炼
加压湿法冶金	压力场	压力能	硫化矿物、氧化矿物的高压浸出

领域之一。国家自然科学基金"十三五"战略发展规划明确指出，特殊冶金是冶金学科又一新兴交叉学科分支。

加压湿法冶金是现代湿法冶金领域新兴发展的短流程强化冶金技术，是现代湿法冶金技术发展的主要方向之一，已广泛地应用于有色金属及稀贵金属提取冶金及材料制备方面。张廷安教授团队将加压湿法冶金新技术应用于氧化铝清洁生产和钒渣加压清洁提钒等领域取得了一系列创新性成果。例如，从改变铝土矿溶出过程平衡固相结构出发，重构了理论上不含碱、不含铝的新型结构平衡相，提出的"钙化—碳化法"不仅从理论上摆脱了拜耳法生产氧化铝对铝土矿铝硅比的限制，而且实现了大幅度降低赤泥中钠和铝的含量，解决了赤泥的大规模、低成本无害化和资源化，是氧化铝生产近百年来的颠覆性技术。该技术的研发成功可使我国铝土矿资源扩大 2~3 倍，延长铝土矿使用年限 30 年以上，解决了拜耳法赤泥综合利用的世界难题。相关成果获 2015 年度中国国际经济交流中心与保尔森基金会联合颁发的"可持续发展规划项目"国际奖、第 45 届日内瓦国际发明展特别嘉许金奖及 2017 年 TMS 学会轻金属主题奖等。

真空冶金是将真空用于金属的熔炼、精炼、浇铸和热处理等过程的特殊冶金技术。近年来真空冶金在稀有金属、钢和特种合金的冶炼方面得到日益广泛的应用。昆明理工大学的戴永年院士和杨斌教授团队在真空冶金提取新技术及产业化应用领域取得了一系列创新性成果。例如，主持完成的"从含铟粗锌中高效提炼金属铟技术"，项目成功地从含铟 0.1%的粗锌中提炼出 99.993%以上的金属铟，解决了从含铟粗锌中提炼铟这一冶金技术难题，该成果获 2009 年度国家技术发明奖二等奖。又如主持完成的"复杂锡合金真空蒸馏新技术及产业化应用"项目针对传统冶金技术处理复杂锡合金资源利用率低、环保影响大、生产成本高等问题，成功开发了真空蒸馏处理复杂锡合金的新技术，在云锡集团等企业建成 40 余条生产线，在美国、英国、西班牙建成 6 条生产线，项目成果获 2015 年度国家科技进步奖二等奖。2014 年，张廷安教授提出"以平衡分压为基准”的相对真空冶金概念，在国家自然科学基金委—辽宁联合基金的资助下开发了相对真空炼镁技术与装备，实现了镁的连续冶炼，达到国际领先水平。

微波冶金是将微波能应用于冶金过程，利用其选择性加热、内部加热和非接触加热等特点来强化反应过程的一种特殊冶金新技术。微波加热与常规加热不同，它不需要由表及里的热传导，可以实现整体和选择性加热，具有升温速率快、加热效率高、对化学反应有催化作用、降低反应温度、缩短反应时间、节能降耗等优点。昆明理工大学的彭金辉院士团队在研究微波与冶金物料相互作用机理的基础上，开展了微波在磨矿、干燥、煅烧、还原、熔炼、浸出等典型冶金单元中的应用研究。例如，主持完成的“新型微波冶金反应器及其应用的关键技术”项目以解决微波冶金反应器的关键技术为突破点，推动了微波冶金的产业化进程。发明了微波冶金物料专用承载体的制备新技术，突破了微波冶金高温反应器的瓶颈；提出了“分布耦合技术”，首次实现了微波冶金反应器的大型化、连续化和自动化。建成了世界上第一套针对强腐蚀性液体的兆瓦级微波加热钛带卷连续酸洗生产线。发明了干燥、浸出、煅烧、还原等四种类型的微波冶金新技术，显著推进了冶金工业的节能减排降耗。发明了吸附剂孔径的微波协同调控技术，获得了针对性强、吸附容量大和强度高的系列吸附剂产品；首次建立了高性能冶金专用吸附剂的生产线，显著提高了黄金回收率，同时有效降低了锌电积直流电单耗。该项目成果获2010年度国家技术发明奖二等奖。

电渣冶金是利用电流通过液态熔渣产生电阻热用以精炼金属的一种特殊冶金技术。传统电渣冶金技术存在耗能高、氟污染严重、生产效率低、产品质量差等问题，尤其是大单重厚板和百吨级电渣锭无法满足高端装备的材料需求。2003年以前我国电渣重熔技术全面落后，高端特殊钢严重依赖进口。东北大学姜周华教授团队主持完成的“高品质特殊钢绿色高效电渣重熔关键技术的开发与应用”项目采用“基础研究—关键共性技术—应用示范—行业推广”的创新模式，系统地研究了电渣工艺理论，创新开发绿色高效的电渣重熔成套装备和工艺及系列高端产品，节能减排和提效降本效果显著，产品质量全面提升，形成两项国际标准，实现了我国电渣技术从跟跑、并跑到领跑的历史性跨越。项目成果在国内60多家企业应用，生产出的高端模具钢、轴承钢、叶片钢、特厚板、核电主管道等产品满足了我国大飞机工程、先进能源、石化和军工国防等领域对高端材料的急需。研制出系列“卡脖子”材料，有力地支持了我国高端装备制造业发展并保证了国家安全。

自蔓延冶金是将自蔓延高温合成（体系化学能瞬时释放形成特高高温场）与冶金工艺相结合的特殊冶金技术。东北大学张廷安教授团队将自蔓延高温反应与冶金熔炼/浸出集成创新，系统研究了自蔓延冶金的强放热快速反应体系的热力学与动力学，形成了自蔓延冶金学理论创新和基于冶金材料一体化的自蔓延冶金非平衡制备技术。自蔓延冶金是以强放热快速反应为基础，将金属还原与材料制备耦合在一起，实现了冶金材料短流程清洁制备的理论创新和技术突破。自蔓延冶金利用体系化学瞬间（通常以秒计）形成的超高温场（通常超过2000℃），为反应体系创造出良好的热力学条件和环境，实现了极端高温的非平衡热力学条件下快速反应。例如，构建了以钛氧化物为原料的“多级深度还原”短流程低成本清洁制备钛合金的理论体系与方法，建成了世界首个直接金属热还原制备钛与钛合金的低成本清洁生产示范工程，使以Kroll法为基础的钛材生产成本降低30%~40%，为世界钛材低成本清洁利用奠定了工业基础。发明了自蔓延冶金法制备高纯超细硼化物粉体规模化清洁生产关键技术，实现了国家安全战略用陶瓷粉体（无定型硼粉、REB_6、CaB_6、TiB_2、B_4C等）规模化清洁生产的理论创新和关键技术突破，所生产的高活性无定型硼粉已成功用于我国数个型号的固体火箭推进剂中。发明了铝热自蔓延—电渣感应熔铸—水气复合冷制备均质高性能铜铬合金的关键技术，形成了均质高性能铜难混溶合金的制备的第四代技术原型，实现了高致密均质CuCr难混溶合金大尺寸非真空条件下高效低成本制备。所制备的CuCr触头材料电性能比现有粉末冶金法技术指标提升1倍以上，生产成本可降低40%以上。以上成果先后获得中国有色金属科技奖技术发明奖一等奖、中国发明专利奖优秀奖和辽宁省技术发明奖等省部级奖励6项。

富氧冶金（熔炼）是利用工业氧气部分或全部取代空气以强化冶金熔炼过程的一种特殊冶金技术。20世纪50年代，由于高效价廉的制氧方法和设备的开发，工业氧气炼钢和高炉富氧炼铁获得广泛应用。与此同时，在有色金属熔炼中，也开始用提高鼓风中空气含氧量的办法开发新的熔炼方法和改造落后的传统工艺。

1952年，加拿大国际镍公司（Inco）首先采用工业氧气（含氧95%）闪速熔炼铜精矿，熔炼过程不需要任何燃料，烟气中SO_2浓度高达80%，这是富氧熔炼最早案例。1971年，奥托昆普（Outokumpu）型闪速炉开始用预热的富氧空气代替原来的预热空气鼓风熔炼铜（镍）精矿，使这种闪速炉的优点得到更好的发挥，硫的回收率可达95%。工业氧气的应用也推动了熔池熔炼方法的开发和推广。20世纪70年代以来先后出现的诺兰达法、三菱法、白银炼铜法、氧气底吹炼铅法、底吹氧气炼铜等，也都离不开富氧（或工业氧气）鼓风。中国的炼铜工业很早就开始采用富氧造锍熔炼，1977年邵武铜厂密闭鼓风炉最早采用富氧熔炼，接着又被铜陵冶炼厂采用。1987年白银炼铜法开始用含氧31.6%的富氧鼓风炼铜。1990年贵溪冶炼厂铜闪速炉开始用预热富氧鼓风代替预热空气熔炼铜精矿。王华教授率领校内外产学研创新团队，针对冶金炉窑强化供热过程不均匀、不精准的关键共性科学问题及技术难题，基于混沌数学提出了旋流混沌强化方法和冶金炉窑动量—质量—热量传递过程非线性协同强化的学术思想，建立了冶金炉窑全时空最低燃耗强化供热理论模型，研发了冶金炉窑强化供热系列技术和装备，实现了用最小的气泡搅拌动能达到充分传递和整体强化、减小喷溅、提高富氧利用率和炉窑设备寿命，突破了加热温度不均匀、温度控制不精准导致金属材料性能不能满足高端需求、产品成材率低的技术瓶颈，打破了发达国家高端金属材料热加工领域精准均匀加热的技术垄断，实现了冶金炉窑节能增效的显著提高，有力促进了我国冶金行业的科技进步和高质量绿色发展。

超重力技术源于美国太空宇航实验与英国帝国化学公司新科学研究组等于1979年提出的“Higee（High gravity）”概念，利用旋转填充床模拟超重力环境，诞生了超重力技术。通过转子产生离心加速度模拟超重力环境，可以使流经转子填料的液体受到强烈的剪切力作用而被撕裂成极细小的液滴、液膜和液丝，从而提高相界面和界面更新速率，使相间传质过程得到强化。陈建峰院士原创性提出了超重力强化分子混合与反应过程的新思想，开拓了超重力反应强化新方向，并带领团队开展了以“新理论—新装备—新技术”为主线的系统创新工作。刘有智教授等开发了大通量、低气阻错流超重力技术与装置，构建了强化吸收硫化氢同时抑制吸收二氧化碳的超重力环境，解决了高选择性脱硫难题，实现了低成本、高选择性脱硫。独创的超重力常压净化高浓度氮氧化物废气技术使净化后氮氧化物浓度小于240mg/m^3，远低于国家标准（GB 16297—1996）1400mg/m^{3}的排放限值。还成功开发了磁力驱动超重力装置和亲水、亲油高表面润湿率填料，攻克了强腐蚀条件下的动密封和填料润湿性等工程化难题。项目成果获2011年度国家科技进步奖二等奖。郭占成教授等开展了复杂共生矿冶炼熔渣超重力富集分离高价组分、直接还原铁低温超重力渣铁分离、熔融钢渣超重力分级富积、金属熔体超重力净化除杂、超重力渗流制备泡沫金属、电子废弃物多金属超重力分离、水溶液超重力电化学反应与强化等创新研究。

随着气体制备技术的发展和环保意识的提高，氢冶金必将取代碳冶金，氯冶金由于系统“无水、无碱、无酸”的参与和氯化物易于分离提纯的特点，必将在资源清洁利用和固废处理技术等领域显示其强大的生命力。随着对微重力和失重状态的研究以及太空资源的开发，微重力环境中的太空冶金也将受到越来越广泛的关注。

“特殊冶金过程技术丛书”系统地展现了我国在特殊冶金领域多年的学术

研究成果，反映了我国在特殊冶金/外场冶金领域最新的研究成果和学术思路。成果涵盖了东北大学、昆明理工大学、中南大学、北京科技大学、江西理工大学、北京矿冶科技集团有限公司（原北京矿冶研究总院）及中国科学院过程工程研究所等国内特殊冶金领域优势单位多年来的科研结晶，是我国在特殊冶金/外场冶金领域研究成果的集大成，更代表着世界特殊冶金的发展潮流，也引领着该领域未来的发展趋势。然而，特殊冶金作为一个新兴冶金学科分支，涉及物理、化学、数学、冶金和材料等学科，在理论与技术方面都存在亟待解决的科学问题。目前，还存在新型介质和物理外场作用下物理化学认知的缺乏、冶金化工产品开发与高效反应器的矛盾以及特殊冶金过程（反应器）放大的制约瓶颈。因此，有必要解决以下科学问题：(1) 新型介质体系和物理外场下的物理化学和传输特性及测量方法；(2) 基于反应特征和尺度变化的新型反应器过程原理；(3) 基于大数据与特定时空域的反应器放大理论与方法。围绕科学问题要开展的研究包括：特殊外场下的物理化学与界面现象，在特殊外场下物质的热力学性质的研究显得十分必要（$\Delta G=\Delta G_{重}+\Delta G_{外}$）；外场作用下的物质迁移的传输参数与传输规律及其测量方法；多场（电磁场、高压、微波、超声波、热场、流场、浓度场等）协同作用下的多相耦合及反应过程规律；特殊外场作用下的新型冶金反应器理论，包括多元多相复杂体系多尺度结构与效应（微米级固相颗粒、气泡、颗粒团聚、设备尺度等），新型冶金反应器的结构特征及优化，新型冶金反应器的放大依据及其放大规律。

特殊冶金的发展前景广阔，随着物理外场技术的进步和新型介质体系的出现，定会不断涌现新的特殊冶金方法与技术，出现从“0”到“1”的颠覆性原创新方法，例如，邱定蕃院士领衔的团队发明的矿浆电解冶金，张懿院士领衔的团队发明的亚熔盐冶金等，都是颠覆性特殊冶金原创性技术的代表，给我们从事科学研究的工作者做出了典范。

在本丛书策划过程中，丛书主编特邀请了中国工程院邱定蕃院士、戴永年院士、张懿院士与东北大学赫冀成教授担任丛书的学术顾问，同时邀请了众多国内知名学者担任学术委员和编委。丛书组建了优秀的作者队伍，其中有中国工程院院士、国务院学科评议组成员、国家杰出青年科学基金获得者、长江学者特聘教授、国家优秀青年基金获得者以及学科学术带头人等。在此，衷心感谢丛书的学术委员、编委会成员、各位作者，以及所有关心、支持和帮助编辑出版的同志们。特别感谢中国有色金属学会冶金反应工程学专业委员会和中国有色金属学会特种冶金专业委员会对该丛书的出版策划，特别感谢国家自然科学基金委、中国有色金属学会、国家出版基金对特殊冶金学科发展及丛书出版的支持。

希望“特殊冶金过程技术丛书”的出版能够起到积极的交流作用，能为广大冶金与材料科技工作者提供帮助，尤其是为特殊冶金/外场冶金领域的科技工作者提供一个充分交流合作的途径。欢迎读者对丛书提出宝贵的意见和建议。

张廷安　彭金辉

2018 年 12 月

前　言

近30年来，结合我国矿产的自有特点和技术现状，在引进国外先进技术的基础上，中国有色金属冶炼技术进行了多次的吸收转化与创新，技术水平突飞猛进。目前，我国有色金属的主流工艺和装备已经处于世界先进水平，部分技术达到世界领先水平，为有色金属行业的可持续发展奠定了坚实的基础。

以富氧熔炼为特征的闪速熔炼和熔池熔炼工艺逐渐成为现代有色金属强化熔炼的主流技术，其中，富氧熔池熔炼技术未来的产能占比将超过60%。所谓富氧熔池熔炼，即矿料被抛到熔池表面或者被喷入熔体内，通过向熔池中吹入全氧或富氧，使加入的物料在熔池中被气体湍流包裹，剧烈搅动，快速完成传热传质，促进气态、液态或固态物料的充分反应，从而实现自热熔炼。富氧熔池熔炼主要用于铜（镍）精矿造锍熔炼、铜（镍）锍吹炼、硫化精矿直接熔炼（包括连续炼铜和直接炼铅）、锡精矿还原熔炼，以及含铅锌氧化物料和炉渣的还原或烟化。富氧熔池熔炼工艺主要有诺兰达法、三菱法、特尼恩特法、白银炼铜法、氧气底吹炼铅法、瓦纽科夫熔炼法、顶吹旋转转炉法、艾萨熔炼法炼铅和转炉直接炼铜法等。以铜为代表的有色金属强化熔炼工艺应用最多的是奥托昆普闪速熔炼，其次为熔池熔炼法，主要包括富氧顶吹浸没（TSL）熔炼（艾萨法、奥斯麦特法）、三菱熔炼、氧气底吹熔炼和富氧双侧吹熔炼。氧气底吹熔炼是完全由我国自主研发的强化熔池熔炼工艺，富氧双侧吹熔炼是在瓦纽科夫熔炼的基础上由我国自主研发的新工艺，自工业应用以来发展迅速，技术也日臻成熟；而白银熔炼法的发展和推广则相对迟缓；特尼恩特熔炼、诺兰达熔炼、瓦纽科夫熔炼、倾动连续熔炼等工艺技术因技术本身的缺陷而没有太大的发展。

本书主要针对富氧熔池熔炼的主流技术（顶吹、侧吹和底吹），介绍了目前国内外该技术的发展现状和应用趋势、有色金属富氧强化熔池熔炼基础理论、混沌流强化理论与技术、熔炼炉数值模拟与优化、浸没燃烧原理、熔渣还原贫化技术等理论知识和最新的技术成果。

本书部分内容引用了作者团队的多项科研项目成果，感谢科学技术部、国家自然科学基金委、云南省科学技术厅、昆明理工大学及相关冶炼企业给予的支持；本书的出版得到了国家出版基金的资助；本书在编写过程中得到冶金节能减排科技部重点领域创新团队胡建杭教授、徐建新教授、李博教授、王仕博副教授、张小辉副教授、肖清泰副教授、周世伟博士、王宇博士、于勇博士，以及昆明理工大学省部共建复杂有色金属资源清洁利用国家重点实验室的其他研究生的帮助，并由东北大学蔡九菊教授、中南大学周子民教授、昆明理工大学华一新教授和施哲教授审稿，在此一并表示衷心的感谢。

由于作者水平所限，书中不足之处，敬请读者批评指正。

2022 年 12 月

目　　录

1　绪论 …… 1

1.1　有色金属熔池熔炼技术概述 …… 1

1.1.1　有色金属熔池熔炼技术发展现状 …… 1

1.1.2　顶吹熔池熔炼技术发展历程 …… 5

1.1.3　底吹熔池熔炼技术发展历程 …… 10

1.1.4　侧吹熔池熔炼技术发展历程 …… 12

1.2　顶吹熔池熔炼工艺 …… 15

1.2.1　工艺过程 …… 15

1.2.2　熔炼炉结构 …… 15

1.2.3　技术特征 …… 16

1.3　底吹熔池熔炼工艺 …… 17

1.3.1　工艺过程 …… 17

1.3.2　熔炼炉结构 …… 17

1.3.3　技术特点 …… 18

1.4　侧吹熔池熔炼工艺 …… 18

1.4.1　工艺过程 …… 18

1.4.2　熔炼炉结构 …… 18

1.4.3　技术特点 …… 19

1.5　铜富氧熔池熔炼技术的发展趋势 …… 20

参考文献 …… 21

2　有色金属富氧强化熔池熔炼基础理论 …… 23

2.1　铜富氧强化熔池熔炼 …… 23

2.1.1　铜火法冶炼方法 …… 23

2.1.2　造锍熔炼原理 …… 24

2.1.3　富氧强化熔炼热力学分析 …… 36

2.1.4　铜损失及渣型调控 …… 48

2.2　镍富氧强化熔池熔炼 …… 76

2.2.1　镍生产工艺 …… 76

2.2.2　造锍熔炼原理 …… 76

2.2.3　镍锍吹炼原理 …… 83

2.2.4 金川镍富氧熔炼实例 …… 85
2.3 铅富氧强化熔池熔炼 …… 90
2.3.1 现代铅冶金的基础理论 …… 90
2.3.2 富氧底吹炼铅工艺 …… 103
2.3.3 富氧侧吹炼铅工艺 …… 108
2.3.4 富氧顶吹炼铅工艺 …… 111
2.4 锡富氧强化熔池熔炼 …… 116
2.4.1 锡生产工艺 …… 116
2.4.2 锡精矿还原熔炼 …… 117
2.4.3 烟化炉硫化挥发基本原理 …… 126
参考文献 …… 130

3 混沌工程学在熔池熔炼过程中的应用 …… 133
3.1 混沌理论与应用 …… 134
3.1.1 混沌 …… 134
3.1.2 流体的搅拌混合与混沌搅拌 …… 145
3.1.3 混合过程混沌表征方法 …… 150
3.2 多相体系搅拌混合效果评价理论与方法 …… 159
3.2.1 计算同调群理论与 Betti 数 …… 159
3.2.2 多相混合效果的同调刻画 …… 160
3.2.3 流型图像特征提取与 RGB 颜色模型 …… 162
3.3 气体强化搅拌多相混沌混合的水动力学实验 …… 165
3.3.1 实验材料与模型确定 …… 165
3.3.2 实验设计方法与过程 …… 166
3.3.3 混合均匀性表征实验结果与分析 …… 168
3.4 熔池熔炼混沌流强化过程中混沌特性分析 …… 175
3.4.1 顶吹混沌流混合过程中混沌特性分析 …… 175
3.4.2 底吹混沌流强化混合过程的混沌特性分析 …… 184
3.4.3 侧吹混沌流强化混合过程的混沌特性分析 …… 195
参考文献 …… 206

4 富氧熔池熔炼过程的数值模拟与优化 …… 211
4.1 熔池熔炼数值模拟研究现状 …… 211
4.1.1 计算流体力学简介 …… 211
4.1.2 数值模拟的应用 …… 213
4.1.3 冶金炉窑全时空最低燃耗强化供热理论 …… 220
4.1.4 熔池熔炼炉气泡强化热质传递机理 …… 220

4.2 气泡在黏性流体中上浮过程的数值模拟 …… 223
4.2.1 单气泡上升的三维模拟及验证 …… 223
4.2.2 多气泡上升破裂及合并仿真 …… 230
4.2.3 液滴下落与自由液面融合过程数值模拟 …… 233
4.3 富氧浸没式顶吹熔池熔炼旋流搅拌过程的数值模拟与优化 …… 237
4.3.1 顶吹炉三维数学模型及边界条件 …… 237
4.3.2 三维温度场、流场的数值计算与分析 …… 238
4.3.3 在顶吹熔炼工艺优化中的应用 …… 246
4.4 富氧底吹旋流脉动振荡混沌搅拌过程的数值模拟与优化 …… 247
4.4.1 多孔道底吹喷枪物理模型的建立 …… 247
4.4.2 多孔道底吹喷枪的数值计算与分析 …… 249
4.4.3 底吹分层流体的数值计算与分析 …… 255
4.4.4 多孔道氧枪在生产实践中的应用 …… 259
4.5 富氧双侧吹熔池熔炼旋流搅拌过程的数值模拟与优化 …… 261
4.5.1 富氧侧吹炉物理及数学模型的建立 …… 261
4.5.2 泡状流和射流区制下的模拟结果 …… 262
4.5.3 不同工况下的混合效果 …… 272
4.6 气液混合顶吹熔池熔炼强化搅拌的数值模拟 …… 278
4.6.1 气液混合顶吹喷枪管内流型形成的机理分析 …… 278
4.6.2 单根 Y 形喷枪强化顶吹的模拟研究 …… 281
4.6.3 双根 Y 形喷枪强化顶吹的模拟研究 …… 288
4.6.4 湍流耗散率在气液混合顶吹过程的运用 …… 292
参考文献 …… 296

5 浸没燃烧原理及其在富氧强化熔池熔炼中的应用 …… 302
5.1 浸没燃烧技术的发展及现状 …… 302
5.1.1 浸没燃烧技术的发展 …… 303
5.1.2 传统浸没燃烧技术的特点 …… 306
5.1.3 传统浸没燃烧的应用 …… 306
5.1.4 熔池熔炼过程中的浸没燃烧研究现状 …… 309
5.2 浸没燃烧反应机理 …… 314
5.2.1 C-O 系熔池浸没燃烧反应热力学 …… 315
5.2.2 H-O 系熔池浸没燃烧反应热力学 …… 315
5.2.3 H-O 系和 C-H-O 系熔池浸没燃烧反应 …… 317
5.2.4 浸没燃烧热质传递过程的数值模拟 …… 322
5.3 固体燃料浸没燃烧特性 …… 327
5.3.1 浸没喷吹过程的颗粒运动动力学 …… 327
5.3.2 碳颗粒浸没燃烧动力学 …… 329

5.3.3 碳颗粒浸没喷吹扩散过程的数值模拟 …… 331
5.4 液体燃料浸没燃烧特性 …… 333
5.4.1 浸没喷吹过程液体燃料的转变特性 …… 333
5.4.2 气泡运动动力学 …… 333
5.4.3 液体燃料浸没喷吹扩散的数值模拟 …… 339
5.5 气体燃料浸没燃烧特性 …… 344
5.5.1 气体搅拌及扩散动力学 …… 344
5.5.2 气体浸没燃烧反应的基本原理 …… 348
5.5.3 气体浸没燃烧的数值模拟 …… 350
参考文献 …… 355

6 生物质燃油在富氧顶吹熔炼铜熔渣还原贫化中的应用 …… 358
6.1 铜熔渣还原贫化理论基础 …… 359
6.1.1 铜渣还原热力学分析 …… 359
6.1.2 铜熔渣中渣-锍分离过程分析 …… 363
6.2 生物质燃油还原贫化铜熔渣技术 …… 376
6.2.1 生物质燃油物化特性 …… 376
6.2.2 生物质燃油高温裂解特性 …… 380
6.2.3 控制Fe价位的铜熔渣“渣-金”强化分离 …… 383
6.2.4 生物质燃油还原贫化过程动力学模型 …… 393
参考文献 …… 398

索引 …… 401

1 绪　论

熔池熔炼技术是将炉料直接加入鼓风翻腾的熔池中迅速完成气、液、固相间主要反应的熔炼方法。这种强化熔炼的冶金方法适用于有色金属原料熔化、硫化、氧化、还原、造锍和烟化等冶金过程。有色金属熔池熔炼最早出现在19世纪末至20世纪初，主要应用于转炉吹炼铜锍和烟化炉贫化熔炼鼓风炉铅渣[1]。这种熔炼方法用压缩空气强烈搅动熔池，使发生在熔体中的氧化或还原反应得以迅速进行。然而，这两种熔池熔炼技术都只局限于处理反射炉、电炉或鼓风炉熔炼所得的液态中间产物（铜锍或炉渣）。处理硫化精矿的反射炉熔炼和电炉熔炼虽然也属于熔池熔炼范畴，液-液或液-固两相间的化学反应也发生在熔池内，但“静态料坡熔炼”的动力学条件导致了传质传热效果差、氧化和熔化速度慢，不能充分利用精矿中铁和硫的氧化热；燃料消耗大、烟气含SO_2浓度低、无组织排放量大，严重污染环境。进入20世纪70年代后，富氧的利用催生出了许多熔池熔炼的新方法，如诺兰达法、三菱法、特尼恩特法、白银炼铜法、氧气底吹炼铜（铅）法、瓦纽科夫熔炼法、顶吹旋转转炉法、艾萨熔炼法炼铜（铅）、侧吹熔炼法炼铜（铅）和转炉直接炼铜法等[2]。这些熔池熔炼的新方法主要用于铜（镍）精矿造锍熔炼、铜（镍）锍吹炼、硫化精矿直接熔炼（包括连续炼铜和直接炼铅），以及含铅锌氧化物料和炉渣的还原或烟化。此外，这些方法在锡冶金和多金属原料的综合回收等方面也得到了应用。熔池熔炼与闪速熔炼相比，其优点是[3]：（1）熔炼强度大，如瓦纽科夫熔炼法采用含氧60%~70%的富氧鼓风，熔炼床能力达到60~65t/(m^2·d)，为一般闪速熔炼的6.6~6.8倍[4]；（2）炉料准备简单，不像闪速熔炼那样要求粉状和几乎不含水的干燥炉料；侧吹和底吹熔池熔炼对原料的水分和块度一般没有严格要求，因而不需要庞大的备料干燥系统；（3）烟尘率低；（4）可利用隔墙将熔池分区，以便根据工艺需要控制不同的氧势位。其缺点是：（1）熔池熔炼对喷嘴或喷枪和冶金炉等设备的要求严格，且容易损坏，要经常更换和维修；（2）侧吹和底吹熔池熔炼一般要求转动灵活的炉体结构，顶吹熔池熔炼要求设置独特的顶插喷枪[5]。

1.1　有色金属熔池熔炼技术概述

1.1.1　有色金属熔池熔炼技术发展现状

随着我国城市化进程的加快和生活水平的不断提高，对有色金属的需求也越来越大。我国有色金属行业的冶炼技术革新也在持续的发展和进步中，而冶炼过程的能源利用效率和重金属污染防控强度因环保要求也不断提高。虽然有色金属行业单位产量的能耗水平在不断降低，但有色金属冶炼过程消耗的能源总量却因产能激增而不断增加。此外，因技术发展的不平衡，仍存在技术水平低于行业标准的有色金属加工企业在运行，能源消耗和污染排放问题依旧很严重。因此，推进技术革新和节能减排，促进产业结构的调整仍然是有色金属行业发展所面临的主要任务[3]。

我国有色金属行业节能减排水平良莠不齐：首先，大多数企业以粗加工为主，只有少数企业能进一步提高产品的附加值，导致行业的整体能耗较高而经济效益较低；其次，中小企业的数量众多，行业集中度不高，使得产能利用率低和生产技术落后的问题突出，行业整体水平与发达国家有不小的差距。为了完善行业管理政策，我国"十一五"发展规划明确了节能减排的约束性指标，中国有色金属工业协会也提出了具体的能耗降低目标，自2013年相继发布了《铜冶炼行业规范条件》和《工业节能与绿色标准化行动计划(2017—2019年)》等行业相关政策。国家对有色金属领域的产业结构提出了明确的调整意见，鼓励高效、低耗、低污染、新型冶炼技术开发，限制单系列年产10万吨规模以下粗铜冶炼项目和单系列年产5万吨规模以下铅冶炼项目，淘汰如鼓风炉、反射炉、电炉炼铜工艺及设备等落后的冶炼工艺和装备，如图1-1所示。因此，推进技术改造，淘汰落后的工艺和设备，自主创新开发资源消耗少、经济效益好、环境压力小的新型冶炼节能技术，是实现有色金属冶金行业节能减排的关键，也是有色金属冶金企业的唯一出路[6]。

(a)

(b)

(c)

图1-1 传统炼铜设备
(a) 反射炉；(b) 铜鼓风炉；(c) 电炉

近20年来，全世界以铜冶炼技术为代表的强化冶炼技术有了长足的发展[7]。在我国，铜强化冶炼技术起步于20世纪70年代初期，以白银炼铜法的研发和应用为标志。其后，技术引进与自主创新相结合，极大地推动了技术进步。由于受到环境和成本的双重压力，传统的火法炼铜工艺已经被富氧强化熔炼技术所取代，其生产规模不断扩大，成本优势明显，硫的捕集率超过95%，改变了高能耗、高污染的形象。我国的铜冶炼工艺在技术、设备、能耗、污染物排放和资源综合利用等方面全面进入世界先进水平。通过引进国外技术和消化吸收，以及国内的自主开发，很多先进的硫化物自热熔炼工艺被引进或开发，引发了火法有色金属冶炼厂流程的革命性改变，成为有色金属冶金行业实现节能减排的重要途径。以铜火法冶炼为例，传统的鼓风炉、反射炉等传统工艺已基本被闪速炉、诺兰达炉、奥斯麦特炉和艾萨炉等富氧强化熔炼新工艺所取代，广泛应用于物料熔融炼锍及烟化等工艺过程。从熔炼炉的能力来看，熔池熔炼是反射炉的5~8倍，是奥托昆普法的1.2~1.8倍，这完全得益于喷枪鼓入富氧所产生的气泡强烈搅拌熔池，从而强化了气-液-固之间的传质传热过程，加速了物料熔化和反应的过程。

在上述新炉型中，闪速炉属于悬浮熔炼[8]，其炉型如图 1-2（a）所示。固体精矿颗粒在经过干燥后和熔剂颗粒、反应气体一起经由高速精矿喷嘴喷入反应塔内，在反应塔内气、固两相在高速摩擦的状态下混合，几秒内就基本完成了熔炼反应。所生成的锍和渣一起落入沉降池内继续完成反应并发生沉降分离，锍和渣分别从放锍口和放渣口排出。闪速炉的这种反应速度快、熔炼强度高的特点极大地提高了其单炉生产能力[9]。以铜冶炼为例，按照国内铜精矿的实际情况，一台反射炉大约可以满足年产 5 万吨铜冶炼产能要求；而在使用富氧闪速熔炼的情况下，一台闪速炉则能够满足年产铜 30 万吨以上的铜冶炼产能要求。早在 1985 年，江西铜业公司贵溪冶炼厂就从日本全面引进铜闪速炉技术[10]；1993 年，金川有色金属公司冶炼厂引进澳大利亚技术，由国内自行设计建造的镍闪速炉取代了已使用了 20 年的矿热电炉[11]；1997 年，铜陵有色金属集团金隆公司也用闪速炉淘汰了原来所使用的反射炉[12]。

加拿大诺兰达公司所研制的诺兰达法是工业上应用最早的熔池熔炼法[13]，其主体设备是一个卧式圆筒形的熔炼炉，如图 1-2（b）所示，炉体一侧设有 37 个风口。精矿配料后由炉子熔炼一端加入熔池内，与经风口送入熔池的富氧空气混合搅动并快速反应，生成粗铜和炉渣。粗铜和炉渣在炉内经过沉淀后，分别由炉子底部的放铜口和炉子另一端的放渣口放出。炉体可以在圆周方向做 0°～48°的转动。当计划或因故障停风时可以转动炉体将风口转到熔池液面上，以免熔体倒灌入风口。世界上第一台诺兰达炉于 1973 年在霍恩（Horne）厂投产，于 1975 年改进为富氧熔炼，在采用了浓度为 23.2%的富氧后精矿处理能力由 1000t/d 增加到 1400t/d。到 20 世纪 80 年代末又将富氧浓度提升到 35%，单炉日处理精矿量高达 2000t，年产铜总量突破 15 万吨，炉期也由最初的不到 1 个月延长至 1 年。我国大冶有色金属公司引进了诺兰达法对原有的反射炉炼铜工艺进行改造[14]，改造成功后年产粗铜 10 万吨，其吨铜能耗由 1.45t 标准煤降到 0.536t 标准煤，硫利用率更是从 60%提升至 95%，取得了显著的节能减排效果。

三菱法是一种集连续熔炼和吹炼于一体的低成本炼铜方法[15]，如图 1-2（c）所示。从 1974 年生产能力仅有 4.8×10^4t/a 的第一座商业规模的三菱法工厂在日本投入运行，到 1991 年生产能力为 20×10^4t/a 的新三菱法生产线在日本直岛开始运行，在十几年的工业运行中三菱法逐步得到完善并发展起来[16]。

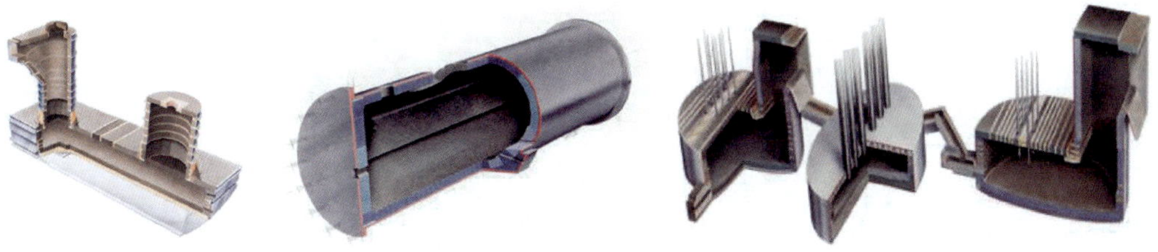

(a) (b) (c)

图 1-2 现代炼铜设备

（a）闪速炉；（b）诺兰达炉；（c）三菱法系统

熔池熔炼通过喷枪或者风口向炉内熔体中鼓入富氧空气，使得熔体剧烈搅动、膨胀及乳化，物料在熔体中被卷流所包裹，快速地完成传热传质过程和脱硫造渣反应[17]。熔池熔炼的炉型可分为卧式、立式、回转式和固定式，鼓风方式有顶吹、侧吹和底吹。其最主要特点是原料适应性强，能够处理复杂铜精矿和低品位铜、铅、锡等精矿，也可以使用湿料制粒以减少烟气的含尘率。随着矿石品位的逐渐下降，以及含有伴生矿难处理矿石的增加，熔池熔炼的优势逐渐显现出来。

近年来，我国拥有自主知识产权的富氧底吹熔炼法（最早也称水口山熔炼法）呈现出良好的发展势头，该连续吹炼工艺具有更大的应用潜力[18]。而以瓦纽科夫法为主的富氧侧吹熔炼技术发展稍显落后，其所占产能的份额相对最小，这是由于工艺上的原因使得炉体难以扩大，导致瓦纽科夫炉的熔炼总量较小。目前我国主要铜冶炼厂及其工艺与产能情况见表 1-1。

表 1-1　我国主要铜冶炼厂及其工艺与产能

企业名称	企业地址	强化冶炼工艺	熔炼炉数量/台	精炼铜产能/万吨
江铜贵冶	江西贵溪	闪速熔炼—PS 转炉吹炼	2	100
铜陵金隆	安徽铜陵	闪速熔炼—PS 转炉吹炼	1	45
金川集团	甘肃金昌	闪速熔炼(合成炉)—PS 转炉吹炼	1	65
祥光铜业	山东阳谷	双闪	1	40
紫金铜业	福建上杭	闪速熔炼—PS 转炉吹炼	1	20
铜陵金冠	安徽铜陵	双闪	1	40
广西金川	广西防城港	双闪	1	40
东南铜业	福建宁德	双闪	1	40
侯马北铜	山西侯马	奥斯麦特熔炼—奥斯麦特吹炼	1	5
铜陵金昌	安徽铜陵	奥斯麦特熔炼—PS 转炉吹炼	1	20
金剑铜业	内蒙古赤峰	奥斯麦特熔炼—PS 转炉吹炼	1	8
东方铜业	辽宁葫芦岛	奥斯麦特熔炼—PS 转炉吹炼	1	10
大冶有色	湖北黄石	奥斯麦特熔炼—PS 转炉吹炼	1	60
云锡铜业	云南个旧	奥斯麦特熔炼—顶吹吹炼	1	10
云南铜业	云南昆明	艾萨熔炼—PS 转炉吹炼	3	50
东营方圆	山东东营	富氧底吹炉熔炼—PS 转炉吹炼	1	50
山东恒邦	山东烟台	富氧底吹炉熔炼—PS 转炉吹炼	1	5
华鼎铜业	内蒙古包头	富氧底吹炉熔炼—PS 转炉吹炼	1	10
山西垣曲	山西运城	富氧底吹炉熔炼—PS 转炉吹炼	1	8
白银铜业	甘肃白银	白银炉熔炼—PS 转炉吹炼	2	40
鹏晖铜业	山东烟台	白银炉熔炼—PS 转炉吹炼	1	12
金峰铜业	内蒙古赤峰	瓦纽科夫熔炼—PS 转炉吹炼	1	11
富邦铜业	内蒙古赤峰	瓦纽科夫熔炼—PS 转炉吹炼	1	10
和鼎铜业	浙江富阳	瓦纽科夫熔炼—PS 转炉吹炼	1	10
南国铜业	广西崇左	富氧侧吹炉熔炼—顶吹吹炼	1	30
全国合计产能				754

1.1.2 顶吹熔池熔炼技术发展历程

顶吹熔池熔炼技术是从炉顶往炉内插入喷枪，喷枪出口距熔池液面一定高度或浸没于熔体一定的深度之中，根据冶金反应的需要，喷入氧化性或还原性气体，在湍动的熔池内完成氧化或还原反应。属于此类的有三菱法、顶吹旋转转炉法和艾萨熔炼法等。

三菱法的精矿熔炼炉和铜锍吹炼炉都采用相同的顶吹富氧熔池熔炼方法。在熔炼炉内，顶吹喷枪的出口距熔体表面一定的高度，精矿在离开喷枪出口和进入熔体时发生氧化和熔化。由于渣层很薄，熔炼反应主要在铜锍层进行。熔炼炉产出的铜锍熔体经电炉分离出炉渣后，溢流至吹炼炉连续吹炼得到粗铜。

顶吹旋转转炉法用卡尔多（Kaldo）炼钢转炉熔炼铜精矿或吹炼铜（镍）锍，这种顶吹熔炼还可用来处理硫化铅精矿直接生产粗铅。

而目前国内有色金属冶炼工业应用最广的还是奥斯麦特和艾萨冶炼技术[19]。和诺兰达法不同，它们属于富氧顶吹自热熔炼。奥斯麦特熔炼法和艾萨熔炼法是20世纪70年代由澳大利亚联邦科学工业研究组织矿业工程部 Floyd 博士发明的，起初以“赛洛”（CSIRO）命名。1972年建设了第一座中试厂，1978年在悉尼建成了第一座工业化锡冶炼厂，处理反射炉产出的高锡炉渣回收锡[20]。该冶炼方法是在多用途的悉罗（SIRO）喷枪基础上发展而来的浸没喷枪炼铜技术。最初用于铅生产时，在艾萨麦特建成了年产6万吨的铅厂，而后又建成了年产20万吨的铜厂。1980年 Floyd 离开赛洛建立奥斯麦特公司，CSIRO 技术出售给艾萨麦特矿业公司，即改名为艾萨熔炼法。此后 Floyd 的奥斯麦特公司与 CSIRO 公司重新谈判取得执照权后命名为奥斯麦特熔炼法。随后荷兰、津巴布韦、澳大利亚等20多个国家采用了奥斯麦特熔炼法。我国铜陵的金昌冶炼厂、中条山有色金属公司侯马冶炼厂和云南锡业有限公司先后引进了奥斯麦特熔炼炉。美国 Cyprus Miami 冶炼厂在1992年用艾萨炉替代了矿热电炉。由于两种技术起源相同，直至发展到今天，在核心技术——浸没式喷枪顶吹熔炼技术、关键设备——喷枪提升系统和工程设计及应用领域方面还是有很多的相似之处，如图1-3所示。

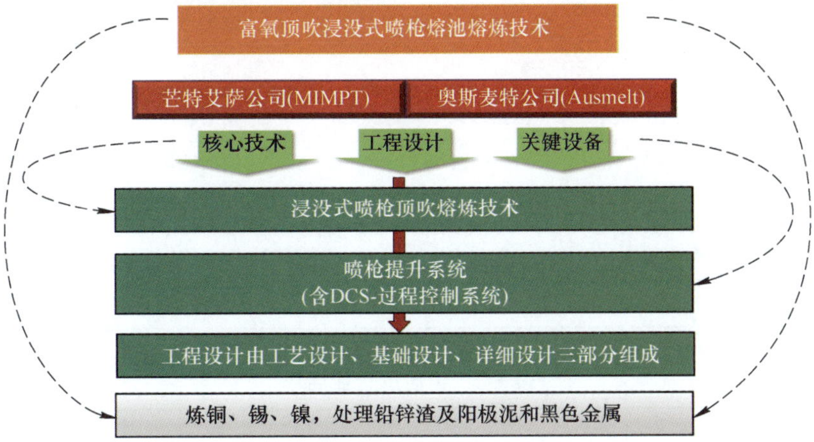

图1-3 艾萨熔炼法与奥斯麦特熔炼法的共同点

艾萨熔炼法是现代化有色金属熔池熔炼代表性工艺，可用于一次和二次熔炼和铜吹炼[21]。经过芒特艾萨矿山公司在其铜冶炼厂20多年的生产实践和不断开发，艾萨熔炼法炼铜效率大大提高。有研究表明基于艾萨熔炼法工艺的铜冶炼厂成本相对较低。艾萨熔炼法通过从炉顶插入熔体的喷枪，喷入富氧空气或夹带还原剂（重油、粉煤等）的空气，浸没喷射产生湍动熔池，使氧化反应或还原反应激烈地进行。硫化铅精矿选用两台设计相似而又相连的顶吹炉，完成氧化熔炼和炉渣还原两段冶炼过程，直接产出粗铅。

澳大利亚芒特艾萨铜冶炼厂的艾萨熔炼工艺流程包括原料混合—造粒—原料运送—艾萨炉—氧气站—余热锅炉—静电除尘—旋转沉降炉。同传统的熔炼技术相比，艾萨熔炼法具有投资和作业成本低、燃料种类选择灵活、占地小、原料制备简单、维修简单、满足环保要求等优势。

如今艾萨熔炼法已经在中国、澳大利亚、美国、英国、德国、比利时、印度、马来西亚、秘鲁和赞比亚得到了广泛应用。详细名单见表1-2和表1-3。

表1-2 铜/镍冶炼企业名单

年份	企业	类型	年生产能力
1987年	伊萨山矿业有限公司，澳大利亚，伊萨山	示范铜冶炼厂	12万吨铜精矿
1991年	澳大利亚AGIP有限公司，澳大利亚，希尔山	铜/镍冶炼厂	6万吨铜精矿
1992年	自由港麦克莫兰迈阿密公司，美国，亚利桑那州	铜冶炼厂	70万吨铜精矿
1992年	伊萨山矿业有限公司，澳大利亚，伊萨山	铜冶炼厂	100万吨铜精矿
1996年	韦丹塔资源公司，印度，杜蒂戈林	铜冶炼厂	50万吨铜精矿
1997年	Umicore贵金属，比利时，霍博肯	二级铜、铅及贵金属冶炼厂	36万吨原料
2002年	Aurubis，德国，吕能	二次铜冶炼厂	15万吨原料
2002年	云南铜业，云南，昆明	铜冶炼厂	90万吨铜精矿
2005年	韦丹塔资源公司，印度，杜蒂戈林	铜冶炼厂	120万吨铜精矿
2006年	莫帕尼铜矿公司，赞比亚，穆夫里拉	铜冶炼厂	65万吨铜精矿
2007年	南方铜业公司，秘鲁，伊洛	铜冶炼厂	120万吨铜精矿
2009年	云南铜业，云南，楚雄	铜冶炼厂	50万吨铜精矿
2009年	云南铜业，赞比亚，谦比希	铜冶炼厂	35万吨铜精矿
2011年	Kazzinc JSC，哈萨克斯坦，乌斯	铜冶炼厂	29万吨铜精矿
2011年	云南铜业，云南，四川	铜冶炼厂	50万吨铜精矿
2015年	Kansanshi Mining，赞比亚，索尔韦齐	铜冶炼厂	120万吨铜精矿
2019年	Kansanshi Mining，赞比亚，索尔韦齐	铜转炉	17.5万吨冰铜

表1-3 铅冶炼企业名单

年份	企业	类型	能力
1983年	伊萨山矿业有限公司，澳大利亚，伊萨山	示范铅冶炼厂	5~10t/h铜精矿
1985年	伊萨山矿业有限公司，澳大利亚，伊萨山	铅渣还原及浮渣处理	5t/h铅渣

续表 1-3

年份	企业	类型	能力
1991 年	伊萨山矿业有限公司，澳大利亚，伊萨山	铅冶炼厂	年产 6 万吨铅金属
1991 年	不列颠尼亚精炼金属公司，英国	二次铅冶炼厂	年产 3 万吨铅金属
2000 年	金属回收工业公司，马来西亚	二次铅冶炼厂	年产 4 万吨铅金属
2005 年	云南冶金集团，云南，曲靖	铅冶炼厂	年产 16 万吨铅精矿
2012 年	卡津茨-卡梅诺戈尔斯克，哈萨克斯坦	铅冶炼厂	年产 3 万吨铅精矿
2018 年	云南冶金集团，云南，会泽	铅冶炼厂	年产 17 万吨铅精矿
2020 年	赤峰金帆有色金属有限公司，内蒙古，赤峰	铅冶炼厂	年产 52 万吨铅金属

顶吹浸没熔炼属于熔池熔炼范畴，已广泛应用于铜、锡、铅、钢铁等领域。1996 年，中条山有色金属公司购买澳大利亚 Ausmelt 公司的许可证（国内第一家），建了两台顶吹浸没熔炼炉，1 台用于铜精矿熔炼冰铜，1 台用于冰铜吹炼粗铜。规模为年处理铜精矿量 20 万吨，年产粗铜 3. 5 万吨，并已建成投产、达产。1998 年云南冶炼厂（现云南铜业股份有限公司）购买了 MIM 公司的许可证，建设 1 台顶吹浸没熔炼炉，用于替代现有电炉，熔炼铜精矿生产冰铜。规模为年处理铜精矿 50. 75 万吨，年产粗铜 13. 5 万吨，建成投产后经过多次的技术革新，现处理精矿量突破 100 万吨，并在滇中有色金属公司和凉山矿业公司分别建成年处理铜精矿 50 万吨的顶吹浸没熔炼炉。1998 年云南锡业公司购买了 Ausmelt 公司的许可证，建设 1 台顶吹浸没熔炼炉，用于替代原有 7 台反射炉来熔炼锡精矿，生产粗锡。规模为年处理锡精矿 5 万吨，年产粗锡 2. 5 万吨，2001 年底试车投产。在 2020 年实现异地搬迁，年产能由 5 万吨扩大到 7 万吨，占到全球年产能的 1/4。2000 年 10 月，铜陵有色金属公司金昌冶炼厂购买了 Ausmelt 公司的许可证，建设 1 台顶吹浸没熔炼炉取代原有 2 台密闭鼓风炉，熔炼铜精矿，生产冰铜。规模为年处理铜精矿量 33 万吨，年产粗铜 8 万吨。顶吹浸没熔炼技术由顶吹浸没喷枪及圆柱形固定式炉体组成。熔炼可以采用空气或富氧，具有熔炼强度高、炉体密封性好、车间环保条件好、结构简单、投资相对较低、自控水平高、操作管理较易、处理能力调节幅度很大等优点。

如前所述，艾萨炼铜法是一种熔池熔炼法，也是一种浸没富氧顶吹熔池熔炼技术，艾萨炉体为竖式圆筒形，内衬耐火材料衬里。具体工艺是通过专利设计的喷枪把富氧空气强制鼓入熔池。喷枪从炉顶中心插入炉内，喷枪头部浸没在熔池的熔渣层内，混有大部分燃煤的混合铜精矿经过制粒后进入艾萨炉进行熔炼，燃煤可提供熔炼过程中不足的热量。铜精矿、熔剂等炉料从炉顶给料口加入，熔炼工艺所需的燃料、空气及氧气通过喷枪喷入熔池，在艾萨炉喷枪喷出的高速气流作用下，熔池产生强烈搅动，从而加快物料在高温、高湍动下迅速熔化并进行强烈的物理化学反应，熔池的剧烈搅拌增大了炉渣层和金属相与炉气的接触。熔池也能充分利用精矿中的硫、铁氧化所放出的热量进行熔炼，同时产出高位冰铜。为了便于生产期间的温度控制，还可由喷枪加入燃油对炉温进行微调，熔炼产生的冰铜和炉渣混合熔体进入贫化电炉进行澄清分离，烟气则经余热锅炉和电收尘器降温除尘后进入硫酸厂制酸，整个工艺过程如图 1-4 所示。

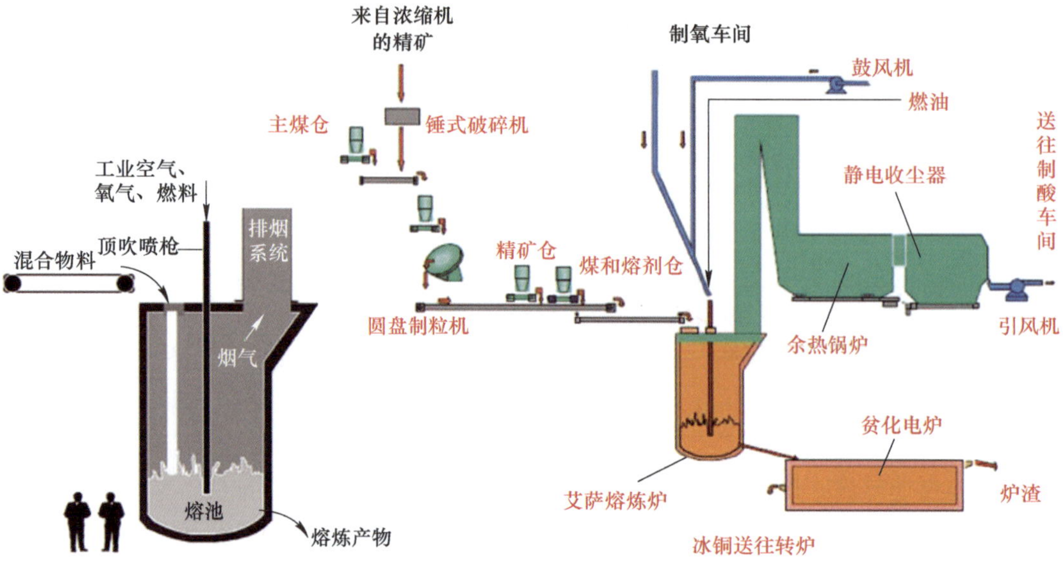

图 1-4 艾萨炉工艺过程示意图

云南铜业股份有限公司通过对引进艾萨铜熔炼炉的消化吸收和二次创新，创造了在全球 8 座同类炉子中体积最大、厂房占地最小、余热锅炉结构最合理、建设周期最短、达产达标用时最短、第一期炉龄最长共 6 项世界纪录，各项技术经济指标均处于世界同类企业领先水平，如图 1-5 所示，实现了对富氧顶吹炼铜技术的完善和重大技术跨越。截至 2022

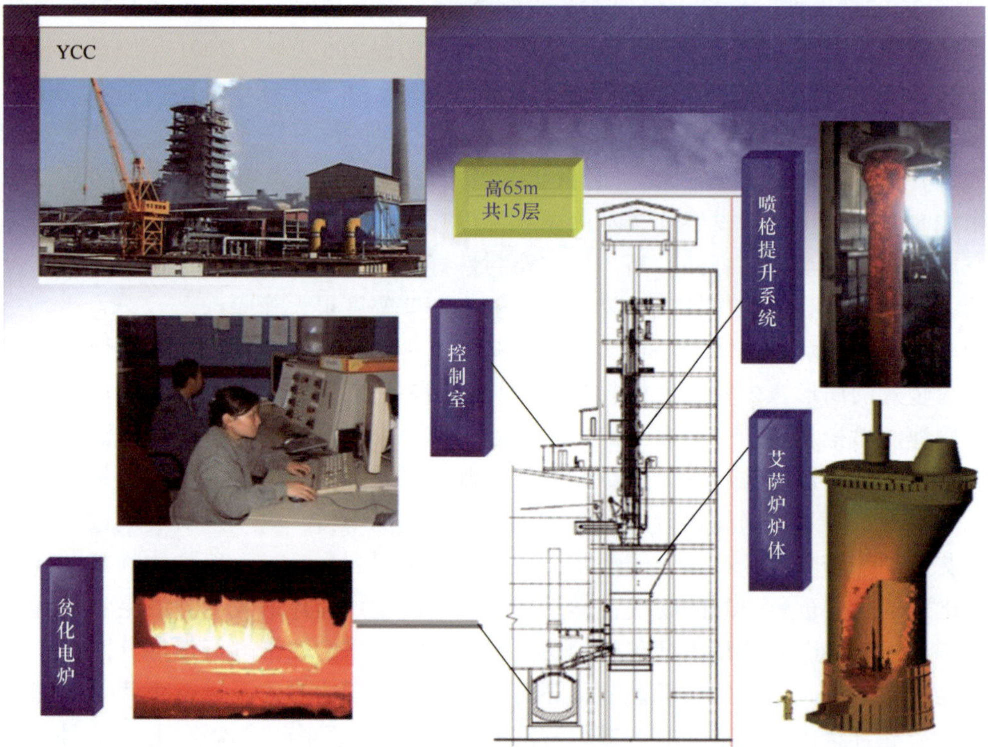

图 1-5 云南铜业股份有限公司引进的艾萨熔炼设备及配套工艺

年，艾萨炉产能已由设计矿产粗铜每年 12.5 万吨提高到每年 21.5 万吨，矿产粗铜能耗由每吨 137kg 标准煤降到每吨 108kg 标准煤，粗铜电耗由每吨 600kW·h 降到每吨 408kW·h，总硫利用率由 98.16%提高到 99.9%，“三废”排放全部达标，并可综合回收多种有价金属。

艾萨炉体积小、结构简单；炉体不设风口，仅依靠顶部插入的喷枪供风，喷枪更换时操作方便；对炉料要求并不严格，炉料含水分可高达 9%，对粒度要求也不高，熔炼燃料可使用粉煤；富氧浓度能在一定范围内调整，而且提高富氧浓度可提高产量。艾萨法工艺的核心技术是喷枪，喷枪主要由粉煤管、氧气管、喷枪风管和重油管组成。喷枪管材料由碳钢和不锈钢组成。通过调节喷枪风量、氧量、煤量及喷枪位置，能实现熔池物料的强烈搅拌，完成熔炼过程。艾萨炉连续进料，熔体连续放料，渣锍在贫化电炉中分离，上部的炉渣通过电炉渣口连续放出，冰铜从另一侧的冰铜口放出。

针对艾萨熔炼技术的应用实践与优化，通过大量卓有成效的研究工作已经取得了很多极具价值的阶段性研究成果，如图 1-6 所示。

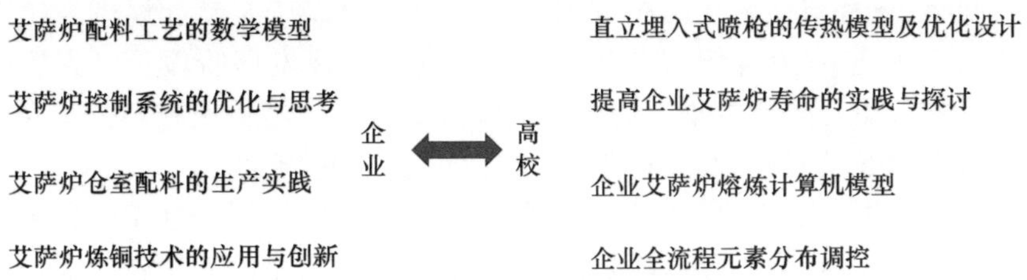

图 1-6　艾萨炉工艺阶段性研究成果

从图 1-6 中不难看出，企业的研究重点在于工艺的改良与实践经验的总结，在对艾萨炉核心技术的掌握、运用上做了大量的研究、改造和探索，形成了具有自主知识产权的富氧顶吹铜熔池熔炼技术成果。高校的主攻方向主要是理论上的完善和深入与计算机的模拟研究。如在直立埋入式喷枪的传热模型及优化设计中介绍了艾萨/奥斯麦特熔炼中所使用的直立埋入式喷枪的传热机理、传热模型及流动特性，由此提出改进喷枪内部设计，提高喷枪寿命的措施，但没有给出定量的计算结果。根据相似原理制作艾萨炉水模型，采用计算流体力学（CFD）中的 VOF 模型对水模型内气泡运动进行数值模拟研究，模拟结果与实验结果吻合良好。针对现有贫化电炉所使用的还原喷枪存在还原率低等问题，采用水力学物理模拟和数值模拟相结合的研究方法，对喷射搅拌过程进行了计算流体力学仿真和水力实验，研究结果为优化公司贫化电炉的还原工艺过程提供了一定的理论依据，并根据试验需求提出黄金分割边缘检测算法以计算气泡羽流形态，模拟和试验结果符合 Freymuth 所观察的“旋涡成对”现象[22]。同时针对艾萨熔池熔炼中配料系统运行不稳定、渣型稳定性差、喷枪寿命短、贫化电炉温度不稳、烟气余热损失大、工人劳动强度大等问题，对艾萨熔炼工艺进行了研究和技术攻关，并对艾萨工艺和操作规程进行了优化及改造，彻底解决了生产中出现的各项难题，实现了低耗、清洁、单位产能大。但顶吹熔池的强非线性的微观流态模拟还未被深入地研究，缺乏定量的流场分析。

通过上述炉型的介绍，可归纳出现代铜冶炼顶吹炉型的一些共同特点：

（1）采用富氧熔池熔炼技术，铜冶炼炉窑的反应速度快、熔炼强度高、生产能力大。

（2）充分利用精矿中硫的反应热作为熔炼反应所需的热源，基本实现自热熔炼。

（3）采用余热锅炉回收高温烟气中的余热，综合耗能较传统冶炼方法低。

（4）冶炼过程反应集中、密封性好、烟气中的 SO_2 浓度高，烟气制酸可回收95%以上的硫，节能环保。

（5）采用计算机集散控制系统，实现在线或者离线的计算机实时控制，炉况控制及时、准确，控制水平高。

1.1.3 底吹熔池熔炼技术发展历程

底吹熔炼工艺是完全由中国恩菲工程技术有限公司自主创新的铜冶炼技术，在铜熔炼工艺中最早也称为水口山炼铜法（SKS法）[23]。水口山铜矿法经过两年多的理论准备、小型实验、设备研究与改进，于1989年底，在月产250t冰铜含量规模的装置进行试验。通过近3年的试验和生产，处理了13000t物料，共开炉6次，吹炼了9400余小时。该技术于2006年应用于越南生权铜联合企业大龙冶炼厂的年产1万吨阳极铜项目，并于2008年初顺利投产；同年12月该技术在山东方圆有色金属公司投产，设计规模为年产8万吨粗铜，后经改造产能达到10万吨粗铜；此后该技术处于快速发展阶段，又先后应用于山东恒邦冶炼股份有限公司、内蒙古华鼎冶炼厂、中条山有色金属集团有限公司及河南豫光金铅集团，目前云南铜业及五矿铜业也相继建成了底吹炼铜生产线。

在底吹熔炼工艺中，由于富氧空气从底部送入，通过铜锍层传递至氧化铜精矿完成熔炼过程，理论上渣含 Fe_3O_4 低、熔炼强度大；由于炉体没有水冷，操作上需控制较低的熔体温度（炉渣温度不到1200℃），热效率高、能耗低，炉寿命可达3年，喷枪寿命可达半年；原料适应性强，不需要预处理，可处理复杂原料。目前最大产能已经达到年处理150万吨铜精矿，稳定运行的铜锍品位可以达到70%以上，因而可以与连续吹炼工艺匹配运行。氧气底吹技术工业应用的时间虽不长，但已比较成熟，新投产的熔炼炉在很短的时间内即可在设计投料量下稳定运行，因此在世界铜冶炼行业备受关注。虽然该工艺还存在送风压力高、炉口漏风大、加料口黏结、渣含铜高等不足，对于新建和改造、设计能力不超过年产30万吨铜的冶炼厂，氧气底吹工艺是一个很好的选择。

底吹技术经过不断升级，又发展了双底吹—两连炉连续吹炼技术和双底吹—三连炉连续吹炼技术，但由于目前缺乏针对该技术的基础研究，对底吹炼铜机理的理解还停留在依赖生产经验的状态，尚无系统理论指导该技术的工程设计及生产过程，导致产业化过程中遇到问题，制约了该技术的革新及推广。

自从2008年中国第一台底吹炼铜炉投产并取得巨大成功，底吹炼铜技术就撑起了中国铜冶炼自主开发技术的一片蓝天[24]。底吹炼铜技术的成功应用促进了中国自主炼铜技术的更新[25]。根据底吹炼铜技术的发展特征，分为第一代和第二代底吹炼铜技术。第一代指的是氧气底吹熔炼技术，第二代指的是氧气底吹连续炼铜技术。

1.1.3.1 第一代底吹炼铜技术

1990年7月，为解决水口山矿务局康家湾含金黄铁矿回收金的瓶颈，中国有色工程设计研究总院（现简称中国恩菲）在原有底吹炉内进行铜精矿与含金黄铁矿1∶1的混矿熔炼试验，即造锍捕金。经过长达217天的连续试验，氧枪与炉衬仍完好无损，且熔炼富氧浓度达到70%以上，为当时世界最高水平，标志着试验的成功，为中国恩菲底吹炼铜和造锍捕金技术的产业化开发应用打下坚实基础。1992 年，中国恩菲获得“底吹熔池炼铜法及其装置”的专利授权，此后不断研发和提升，于 2006 年获得“氧气底吹熔炼炉”和“氧气底吹熔炼炉氧枪装置”的专利授权。

2008 年底，国内首个氧气底吹炼铜项目——山东东营方圆氧气底吹年处理 50 万吨精矿的造锍捕金示范工程项目顺利投产，标志着中国氧气底吹炼铜技术实现了大规模工业化应用，继国外广为人知的闪速、顶吹熔炼之后，改变了我国铜冶炼技术的格局。随后，氧气底吹熔炼技术在多个新建或改造项目中得到推广与提升，以其优越的经济效益和社会效益受到多国青睐，在铜、金冶炼行业产生很大影响，截至 2022 年已投产项目 12 个，底吹熔炼单系列规模已达年处理精矿量 160 万吨，其发展历程如图 1-7 所示。

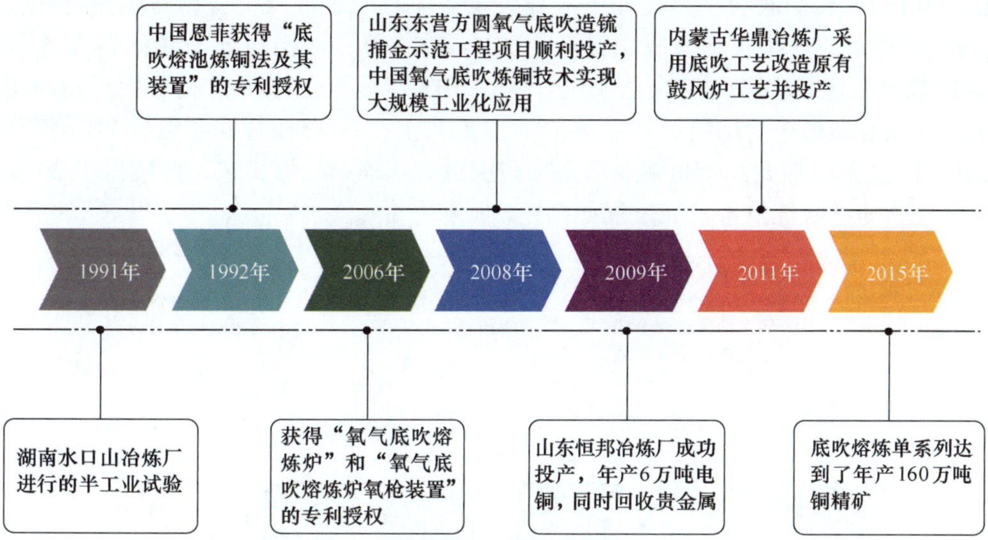

图 1-7 底吹熔池熔炼工艺的发展历程

1.1.3.2 第二代底吹炼铜技术

第二代底吹炼铜技术相比第一代底吹炼铜技术，其核心体现在底吹连续炼铜工艺的应用和发展[26]。目前，世界上火法炼铜熔炼产生的铜锍 70%以上采用已有 100 多年历史的 PS 转炉进行吹炼，PS 转炉吹炼为周期性间断作业，存在 SO_2 低空污染严重、炉寿短、耐火材料单耗高、生产自动化水平低等缺点，已难以满足当今冶炼行业对环保和生产操作自动化水平等条件的要求。

连续吹炼技术一直是铜冶炼发展的方向之一。日本三菱连续吹炼技术最早投产；1995 年美国的犹他州肯尼科特（Kennecott）冶炼厂 1 台连续闪速吹炼炉投产，年产铜 28 万吨；1999 年澳大利亚奥林匹克坝（Olympic Dam）年产粗铜 20 万吨的闪速炉投产；加拿大诺兰达公司回转式连续吹炼炉、奥斯麦特公司的连续吹炼炉及三菱连续吹炼炉技术在 20 世纪 90 年代后期已被多个工厂采用来替代 PS 转炉吹炼。

中国恩菲一直在研究拥有自主知识产权的连续吹炼工艺来改变这种现状，于 2006 年申请了底吹连续炼铜专利技术，2010 年获得专利授权，并承担了国家“863 计划”课题“氧气底吹连续炼铜清洁生产工艺关键技术及装备研究”，展开了一系列的理论研究、模拟研究、基础试验和半工业试验。2012 年，中国恩菲联合豫光金铅和东营方圆进行了底吹连续吹炼的半工业试验[27]。

半工业试验取得的成果为后续的工业化开发创造了重要的基础条件，短短 4 年时间已经有 6 个铜冶炼厂采用底吹连续吹炼技术，其中一个工厂是用底吹连续吹炼技术改造替代 PS 转炉，这充分说明底吹连续吹炼技术开发成功的及时性和必要性。2014 年 3 月，世界首条氧气底吹连续炼铜工业化示范生产线在河南豫光金铅玉川冶炼厂全线贯通，稳定运行至今，吹炼炉第一炉期达到 16 个月，各项指标不断改善，超出预期效果，在国内外引起重大反响。2015 年 10 月，东营方圆底吹连续吹炼技术升级二期项目示范工程正式投入运行，又再次掀起了热态铜锍底吹吹炼和精炼的飞跃。2015 年 10 月，中国恩菲与包头华鼎铜业正式签订 PS 转炉底吹连续吹炼技术升级改造项目的设计及主要设备供货合同，2016 年 12 月，华鼎铜业连续吹炼炉成功投产。2015 年 12 月，中国恩菲与青海铜业签订年产 10 万吨的双底吹连续吹炼生产线总承包合同，2018 年 8 月，该项目成功投产。2016 年 3 月，灵宝金城复杂精矿冶炼项目“三连炉”主工艺生产线 EPC 合同签订，2018 年 9 月投产。2016 年 12 月，黑龙江紫金铜业冶炼项目引进底吹连续吹炼工艺，该项目于 2019 年投产。氧气底吹连续吹炼技术发展过程如图 1-8 所示。

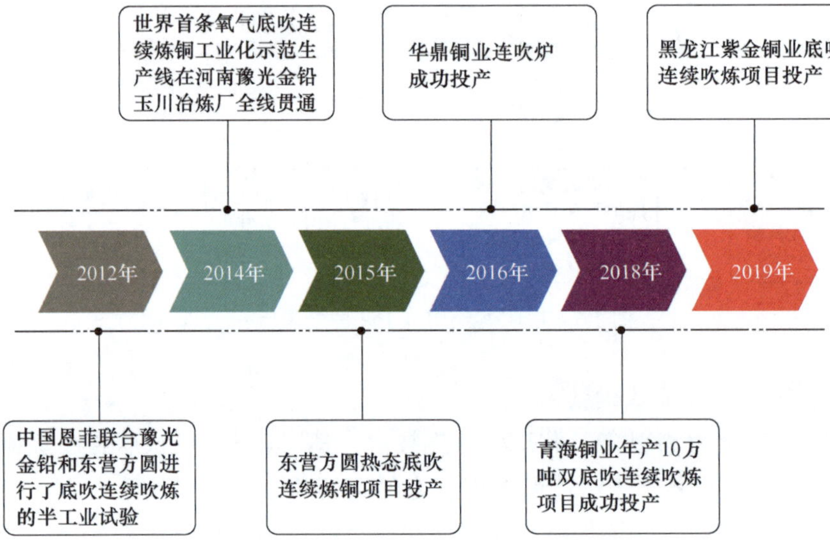

图 1-8　底吹连续吹炼工艺的发展历程

1.1.4　侧吹熔池熔炼技术发展历程

侧吹熔池熔炼技术是从设于侧墙而埋入熔池的风嘴直接将富氧空气鼓入铜锍-炉渣熔体内，未经干燥的精矿与熔剂加到受鼓风强烈搅动的熔池表面，然后浸没于熔体之中，完成氧化和熔化反应。属于此类的有诺兰达法、白银炼铜法、SSL 技术、瓦纽科夫熔炼法、特尼恩特法等炼铜方法。

侧吹熔池熔炼在工业上应用最早的是诺兰达法炼铜[28]。第一台日处理 726t 铜精矿的诺兰达反应器 1973 年在加拿大霍恩炼铜厂投入工业生产，直接熔炼铜精矿生产粗铜，现已改为生产高品位冰铜（70%~75%）。20 世纪 60 年代，苏联重有色金属冶金专家瓦纽科夫教授在诺里尔斯克建立了第一台 3m² 的试验台，这是瓦纽科夫法的首次实验尝试，期间经过了两次历时 9 年的改造，最终于 1987 年瓦纽科夫炉正式投入使用。在 20 世纪 90 年代以前瓦纽科夫熔池熔炼技术在世界冶金方面都占据着十分重要的地位。瓦纽科夫炉具有垂直的炉膛，该炉置于平整的钢筋混凝土基础之上，炉的底部是由铬镁砖砌成的炉缸，侧墙由铜水套组成，直接落于炉缸上。炉顶用钢水套封起来，留有加料口和排风口。两边侧墙都设有风口，富氧空气由此送入炉内。原料、熔剂、燃料按需要的比例配好后从炉顶加料口加入炉内，在强烈搅拌下进行熔化，完成反应过程。目前国内运行的代表工艺有侧吹+转炉吹炼，以及侧吹+顶吹连续吹炼两种。当前国内外富氧侧吹熔池熔炼技术生产粗铜的应用情况见表 1-4。

表 1-4 国内外富氧侧吹工艺生产铜技术应用情况

序号	企业名称	投产年份	炉膛面积/m^2	规模	备注
1	俄罗斯诺里尔斯克镍业	1977 年	20	2000t/d（炉料）	Cu/Ni
2		1985 年	48	3000t/d（炉料）	Cu/Ni
3		1986 年	48	3000t/d（炉料）	Cu/Ni
4		1991 年	36	4000t/d（炉料）	Cu/Ni
5		1995 年	6.2	500t/d（炉料）	Cu
6	哈萨克斯坦巴尔哈什矿业公司	1985 年	35	1800t/d（炉料）	Cu
7		1987 年	35	1800t/d（炉料）	Cu
8	俄罗斯勒夫达镍业	1994 年	48	2500t/d（炉料）	Cu/Ni
9	中国赤峰云铜公司	2008 年	25	375t/d（粗铜）	Cu
10	中国烟台鹏辉铜业	2008 年	34.14	150t/d（粗铜）	Cu
11	中国新疆新鑫矿业	2010 年	20	1500t/d（炉料）	Cu/Ni
12	中国浙江江铜富冶和鼎铜业有限公司	2013 年	25.5	年产 10 万吨（粗铜）	Cu
13	中国赤峰富邦铜业	2011 年	15.12	1000t/d（炉料）	Cu
14	中国康西铜厂	2013 年	—	年产 10 万吨（粗铜）	Cu
15	中国安徽池州冠华	2014 年	—	年产 10 万吨（阴极铜）	Cu/Au
16	中国吉林珲春紫金铜业	2015 年	—	年产 10 万吨（阴极铜）	Cu/Au
17	中国烟台国润	2017 年	—	年产 10 万吨（阴极铜）	Cu
18	中国黑龙江紫金铜业	2019 年	30	年产 15 万吨（阴极铜）	Cu
19	中国广西南国铜业	2019 年	50	年产 30 万吨（阴极铜）	Cu
20	中国赤峰云铜有色金属有限公司	2019 年	72	年产 40 万吨（阴极铜）	Cu

与此同时，中国在 20 世纪 70 年代初，由白银有色集团股份有限公司提出并开始试验白银炼铜法，该法随后分别在 2004 年和 2015 年进行了两个阶段的重大改革，对其给料系统、炉体结构、熔炼吹风口、白银炉的供热系统和监控系统都做了创新优化，见表 1-5。白银炼铜法流程及炉型结构如图 1-9 所示，白银炼铜炉有单室炉和双室炉两种炉型，单室炉隔墙上部连通，炉气可在炉内两区流动，而双室炉用隔墙将熔池分成熔炼区和沉降区，隔墙上部空间是密封的，在熔炼区采用侧吹熔池富氧熔炼铜精矿，铜锍可以在墙下

两区流动，大大提高了熔炼区的熔炼能力。沉淀区墙上辅助燃烧烟气和熔炼产生的 SO_2 烟气各行其道互不相混，这对控制熔炼区和沉降区的气氛、提高 SO_2 烟气浓度十分有效。

表 1-5　白银炼铜法两个重大改革阶段

序号	重大创新内容	第一阶段	第二阶段
1	给料系统改造	白银炉实现多点给料	精矿库上料系统改造
2	炉体结构优化	炉壳封闭，炉体钢结构采用弹性结构，拱顶结构形式优化	研发设计封闭气膜隔热装置，降低炉体辐射热损失
3	炉体水套冷却强度强化	关键部位增加炉体水套，炉体水套及风口结构升级	研发设计水冷风口装置及专用锁风口工具，强化冷却效果
4	白银炉外供热系统改造	吸取水泥行业的先进经验，采用了自动化控制的定量给煤及相应的输送系统，改善了燃烧效果，减少了对炉体耐材的冲刷	纯氧-粉煤分级卷吸燃烧新技术采用纯氧燃烧，改善了燃烧效果，减少了氧燃烧，提高了热效率，减少了烟气和对炉体耐材的冲刷，并大幅降低了氮氧化物的形成
5	白银炉余热锅炉改造	吹炼区余热锅炉辐射部上升烟道优化；机械振打清灰改为弹簧锤振打清灰，减少积灰	以计算机模拟仿真试验为依据，在炉子适当位置加装烟气集尘挡板，降低了烟尘率
6	白银炉监控系统在线化	实现了白银炉本体及其配套给料系统、烟气系统、余热锅炉等关键辅助设备的测点在线监控	构建白银熔池熔炼炼铜机理理论模型，进一步强化了生产中的过程控制

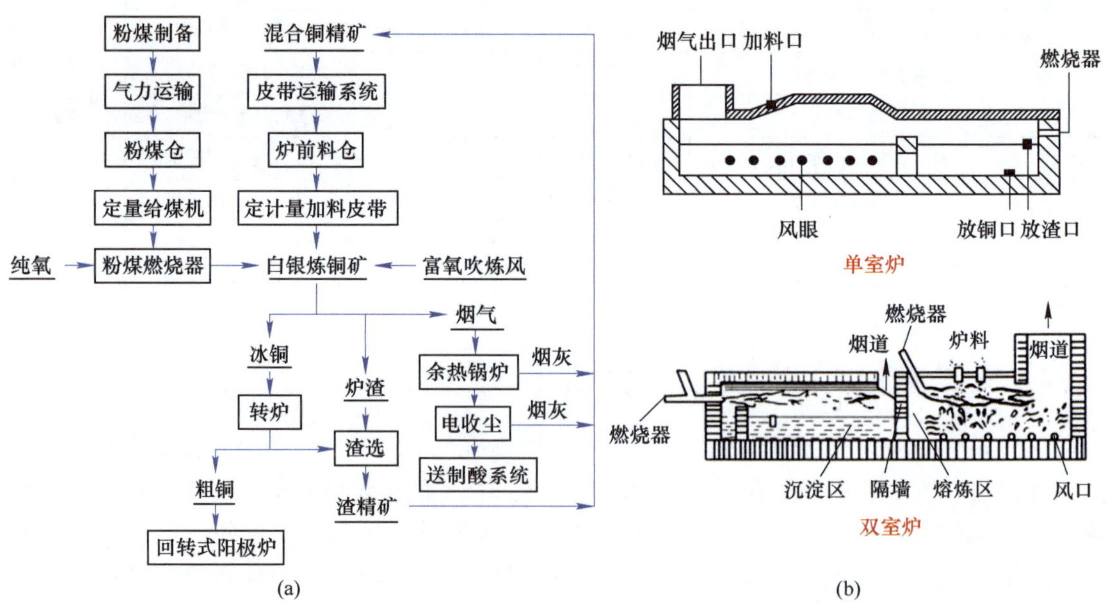

图 1-9　白银炼铜法流程（a）及炉型结构（b）

侧吹浸没燃烧熔池熔炼技术（SSL 技术）是由中国恩菲工程技术有限公司开发的具有自主知识产权的一种强化熔池熔炼技术。该技术最初应用于利用侧吹炉替代鼓风炉还原液态高铅渣，并于 2010 年 6 月在河南济源工业化成功，同年荣获中国有色金属工业科学技术奖一等奖。2010 年开始，中国恩菲 SSL 技术开始进入商业化推广阶段，相继推广应用于驰宏会泽冶炼厂、湖南华信液态铅渣直接还原及湖北金洋再生铅等项目。随着上述项目的成功投产及工业化生产，SSL 技术已经发展为成熟先进的熔池熔炼技术，当前正逐步推进其在有色金属行业锌、铅、锑、锡、铜、镍等金属的氧化矿和二次物料处理领域的应用。

诺兰达法采用类似于 PS 转炉的长形卧式圆筒反应器熔炼铜精矿，在炉渣和铜锍的同流过程中完成熔炼和预定的吹炼反应，产出高品位铜锍甚至粗铜。

瓦纽科夫熔炼法采用类似于炉渣烟化炉的熔池熔炼炉熔炼铜精矿，高浓度富氧空气使硫化物在渣层内燃烧，完成熔炼反应；熔体在由上往下垂直运动过程中完成铜锍液滴的聚合、长大，并与炉渣分离，然后从两端虹吸池分别放出铜锍和炉渣。

特尼恩特法采用的转炉又称特尼恩特改良转炉，利用富氧空气吹炼反射炉产出的铜锍，同时自热熔炼铜精矿，产出富铜锍或白铜锍。

而 Hlsmelt 工艺是一种直接使用粉矿、粉煤的侧吹还原炼铁工艺。力拓集团于 1982 年最早开始研发该工艺，在澳大利亚 Kwinana 地区建设的 Hlsmelt 示范工厂于 2005 年 4 月开炉，2008 年 12 月停产。2017 年 8 月 24 日，山东墨龙石油股份有限公司与力拓集团正式签约，在澳大利亚 Kwinana 厂的基础上，对矿粉还原、SHV 炉护衬、煤气处理等进行了技术革新和设计优化，实现了完全国产化。Hlsmelt 技术的主要优势是取消了现在高炉炼铁过程中所需的烧结/球团和炼焦这两大高耗能工序。如果该技术可行且能够成功实现工业化生产，将有利于降低钢铁制造成本，减少能源消耗和二氧化碳排放，使资源利用效率提高到一个新水平。

1.2 顶吹熔池熔炼工艺

1.2.1 工艺过程

顶吹熔池熔炼是将炉料从炉顶的加料孔加入熔池，喷枪由炉顶插入熔池，富氧空气通过喷枪鼓入熔池内，造成熔体和炉料的强烈搅动，于是气、固、液三相在熔池内高速混合并快速反应，迅速完成熔炼过程。

富氧顶吹自热熔炼炉结构简单，体积可随产量大小及场地条件而灵活调整；对原料的适应性强，备料工序比较简单；富氧的使用大大提高了产能，熔炼强度高；炉子操作容易掌握；烟气量较小、炉子密封性好、烟气 SO_2 浓度高，有利于制酸，从而达到回收资源和环境保护的双重目的。

1.2.2 熔炼炉结构

顶吹熔池熔炼炉由炉壳、炉衬、炉底、炉墙、炉顶、喷枪、喷枪夹持架及升降装置、加料装置、上升烟道和产品放出口等组成，如图 1-10 所示。具体工艺是通过喷枪把富氧空气强制鼓入熔池，喷枪从炉顶中心插入炉内，喷枪头部浸没在熔池的熔渣层内，混有燃煤的混合精矿经过制粒后方可进入熔池进行熔炼，燃煤可提供熔炼过程中不足的热量。精矿、熔剂等炉料从炉顶给料口加入，熔炼工艺所需的补充燃料、空气及氧气通过喷枪喷入熔池，在喷枪喷出的高速气流作用下，熔池产生强烈搅动，从而加快物料在高温、高湍动下迅速熔化并进行强烈的物理化学反应，熔池的剧烈搅拌增大了炉渣层和金属相与炉气的接触，强化了金属氧化或挥发的动力学条件。熔池也能充分利用精矿中的硫、铁氧化所放出的热量进行熔炼，同时产出高品位的目标金属化合物，如冰铜。对于铜精矿熔炼，为了便于生产期间的温度控制，还可由喷枪加入燃油对炉温进行微调，熔炼产生的冰铜和炉渣混合熔体进入贫化电炉进行澄清分离，烟气则经余热锅炉和电收尘器降温除尘后进入硫酸厂制酸。

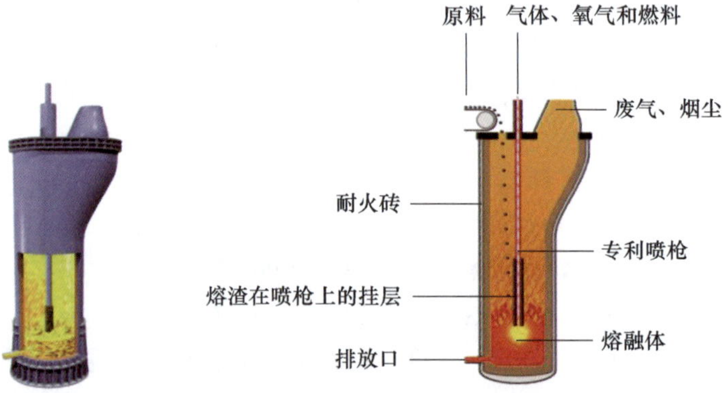

图 1-10 艾萨熔炼炉型结构

1.2.3 技术特征

顶吹熔池熔炼技术主要有以下特点：

（1）工艺过程简单，自动化程度高。奥斯麦特/艾萨炉的操作和控制较为简单，1 台炉子每班仅需用 4~6 名操作人员，冶炼过程由计算机控制。

（2）反应速度快，生产率高。顶吹浸没熔炼技术是目前火法炼铜中床能力最高的一种。该技术集精矿干燥、焙烧、熔炼和部分吹炼任务于一炉，反应过程集中在剧烈搅动的高温熔池中进行，熔体传热传质条件非常好、熔炼强度大、生产效率高、过程容易控制。艾萨炉用于铜精矿熔炼，床能力最高已达到了 238t/(m^2·d)，一般达到 190.8t/(m^2·d)[29]。

（3）处理能力调节范围大。顶吹熔炼炉在提高富氧浓度时，生产能力可以成倍增加。目前该技术在同样炉体内径条件下，通过调节燃料比例和富氧浓度，单炉系统生产能力可达 220t/h 铜精矿量，也可处理 120t/h 的铜精矿量。处理能力可根据生产及市场需要灵活调节，调节范围较大[30]。

（4）建设费用低。在炉体内径和高度变化不大的情况下，同样的生产能力相比闪速炉，占地面积小、建设投资低。建设一座奥斯麦特/艾萨炉的投资，一般只有相同规模闪速熔炼炉的 60%~70%。

（5）对原料适应性强，操作简单。由于对物料粒度、水分均没有严格要求，粉料和块料均可处理，允许炉料成分有一定的波动。顶吹浸没冶金技术不但能够处理干净物料，也可处理垃圾物料，还能够处理电子废弃物、废杂铜等其他现有冶金炉不能处理的特殊物料。

(6) 熔炼炉结构简单。熔炼炉是固定的圆形立式炉，密闭性好、熔炼过程热损失少。通过调整熔炼富氧浓度均可实现基本自热熔炼，能充分利用炉料的化学反应热。

(7) 燃料消耗少，对燃料的种类、质量无严格要求，可采用价格便宜、容易获得的燃料。燃料种类可选择性范围广，燃料效率高。喷枪可以使用粉煤、炭粉、油和天然气，燃烧调节比大。粉煤和燃油喷枪效率达到了95%，天然气喷枪效率达到了98%。

1.3 底吹熔池熔炼工艺

1.3.1 工艺过程

铜精矿底吹熔池熔炼工艺流程为：不同成分的高硫铜精矿、低硫铜精矿、高含贵金属精矿及返料按照配料比例进行配料，获得混合铜精矿，不经过磨细、干燥或制粒，直接搭配一定量的石英砂熔剂，经传送皮带连续地从炉顶三个加料口加入炉内，矿料自由落体坠入高温熔体中，迅速被卷入搅拌的熔体中，形成良好的传热和传质条件，使氧化反应和造渣反应激烈地进行，释放出大量的热能，使炉料很快熔化分解；氧气和空气通过炉体底部氧枪连续送入炉内的铜锍层，富氧浓度为73%以上，氧枪分为两层，内层输送制氧站制造的纯度99.6%的氧气，外层输送空气，外层的空气对氧枪有降温保护作用，同时氧枪周围形成“蘑菇头”，主要成分为Fe_3O_4，可有效防止熔体对氧枪的侵蚀作用。

1.3.2 熔炼炉结构

氧气底吹熔炼炉与诺兰达炉类似，设有熔炼反应区和铜锍渣沉降分离区[31]。在反应区的炉体底部布置有氧枪，上部设有加料口，在该区完成物料与氧气的气、固、液三相高强度反应的熔炼过程；在炉体的另一端相对较为平静，为铜锍与渣的分离创造条件，在该区炉体底部设铜锍放出口，上部设出烟口，端部设放渣口。卧式旋转炉体的分区设计实现了单炉完成熔炼反应和铜锍渣分离，可分别放出铜锍和熔炼渣[32]。如图1-11所示，该炉是一个卧式圆筒形转动炉，两端采用封头形式，结构紧凑。在炉体的吹炼区下部可安装9

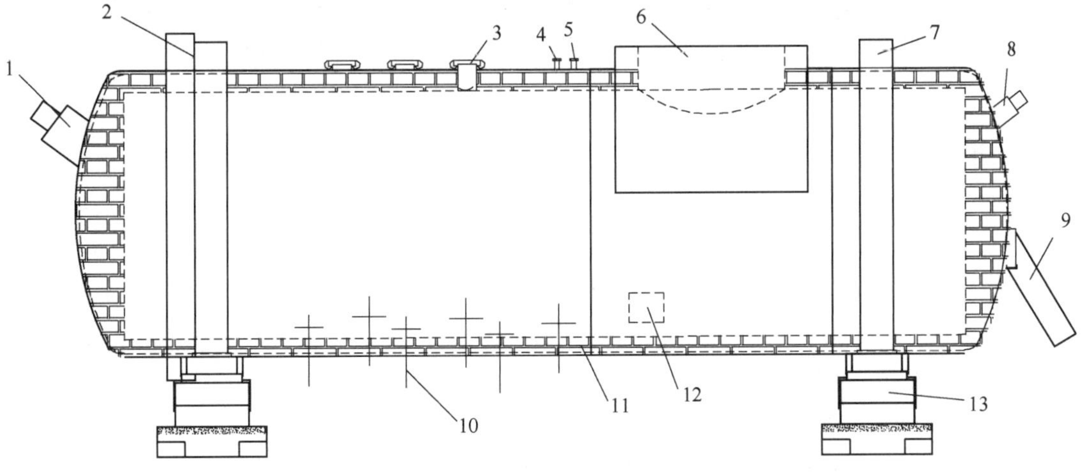

图1-11 底吹炉炉体结构

1—主烧嘴；2—固定端滚圈；3—加料口；4—探测口；5—测温口；6—烟道口；7—滑动端滚圈；8—辅助烧嘴；9—放渣口；10—氧枪；11—炉衬；12—放铜口；13—滑动端拖轮装置

支氧枪，分两排，呈15°夹角布置。在炉顶部的氧枪区域设有3个水冷加料孔，其中心线与氧枪中心错开，位于两只氧枪水平位置的中间。在熔炼区一侧的端面上安装1台主燃烧器，用于生产过程中补热。在炉体的另一端端面上，可安装1支辅助烧嘴，需要时用于熔化由锅炉掉入熔体的结块，提高熔渣温度。在此端面上设有放渣口，炉渣由此放出，经过溜槽进入渣包。放冰铜口设置在沉淀区下部，采用打眼放锍方式溢流放冰铜，冰铜进入包子后吊运至转炉吹炼。烟气出口设在炉尾部的上方，热烟气的流动方向与炉渣和铜锍的流动方向一致，烟气出口垂直向上，与余热锅炉的上升段保持一致[33]。

1.3.3 技术特点

底吹炼铜技术主要有以下特点：

（1）对原料的适应性广泛。已投产的底吹炼铜工厂处理的原料种类繁多，底吹炉能够处理各种低品位的铜精矿、复杂多金属矿、金精矿、部分氧化矿等，除杂能力强，对原料有极强的适应性。

（2）热效率高，能达到无炭熔炼。底吹炉炉体结构简单，没有铜水套，散热少；富氧浓度可以达到75%左右；产高铁渣，渣量少。这些特点使得底吹炉热效率高，在熔炼过程中基本无需配入燃料。

（3）作业率高。底吹炉氧枪寿命较长，不需要频繁停炉换枪；操作成熟后，不需要频繁转炉，生产开工率95%以上。

（4）安全性高。氧气鼓入铜锍层，不会造成渣的过度氧化，安全性高，且氧气的利用率高达100%。

1.4 侧吹熔池熔炼工艺

1.4.1 工艺过程

侧吹熔池熔炼法是利用多通道侧吹喷枪以亚声速向熔池内喷入富氧空气和燃料（天然气、发生炉煤气、粉煤）来激烈搅动熔体和直接燃烧向熔体补热，炉料加入熔炼区后立即随熔体的搅动散布于熔体之中，与周围熔体发生快速传热，进行炉料的加热、分解、熔化等过程。

1.4.2 熔炼炉结构

图1-12所示为侧吹熔池熔炼技术熔炼硫酸铅膏的原理图，碳酸盐或硫酸盐物料随熔体的搅动快速散布于熔体之中，与周围熔体快速进行传热和传质，促进炉料的加热、分解、熔化过程。同时，侧吹喷枪喷入燃料又为熔池提供了热源。

侧吹熔池熔炼炉采用椭圆形炉型结构，放置在混凝土条形基础上，由炉缸、炉身和炉顶构成；炉缸外围钢板，内衬耐火材料，在炉缸的一侧开有上渣口和下渣口，在炉缸最底部设有底排放口；炉身侧墙由铜水套内衬耐火砖构成，铜水套和钢水套采用循环水水冷保护。炉体两侧熔池区设置有多通道富氧空气与燃料侧吹喷枪，炉顶出烟口直接与锅炉膜式壁连接，锅炉上升烟道开设有三次风口；炉顶设有若干加料口，在炉子另一侧设有虹吸井[34-35]。

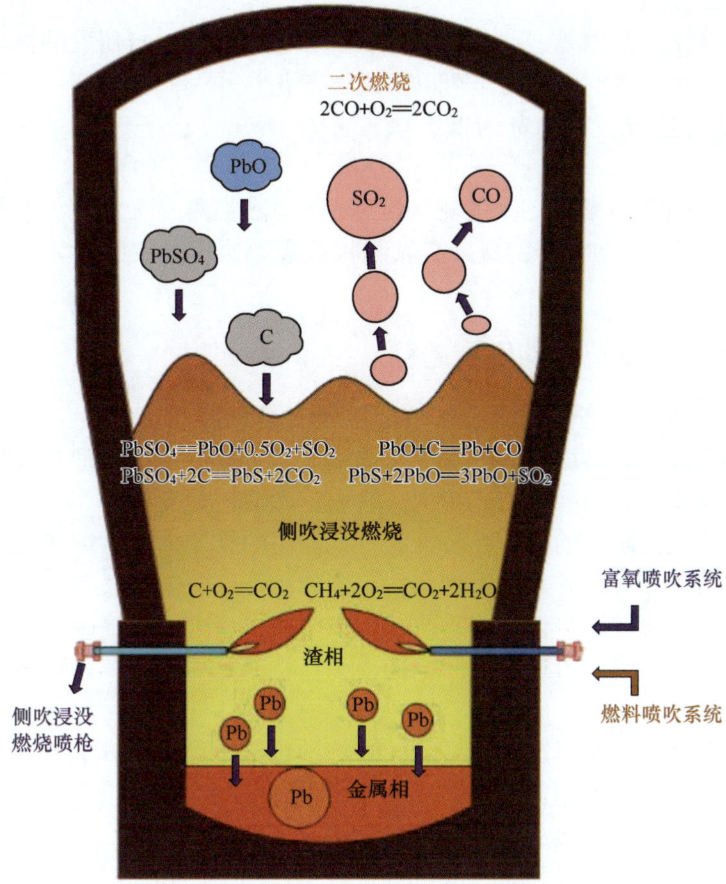

图 1-13 侧吹熔池熔炼技术熔炼硫酸铅膏的冶炼原理图

1.4.3 技术特点

侧吹熔池熔炼技术主要有以下特点：

（1）原料适应性强，备料简单，入炉物料水分为 6%~8%，可处理不大于 50mm 的块料。

（2）富氧空气从侧向鼓入熔池内，熔体激烈搅动、反应强烈，富氧浓度高（含 O_2 40%~90%），且氧利用率达 95%~100%，生产能力高。

（3）熔池熔体上层翻动，下层平静，更加有利于金属相（锍相）和炉渣澄清分离。

（4）处理硫化矿时，烟气中含 SO_2浓度高、烟气量小，因此，烟气处理系统的投资和运行成本大为缩减。

（5）燃料的适用范围广。无烟煤、烟煤、焦粉和天然气均可作为燃料。可采用碎煤作为还原剂，无需采用粉煤或焦炭，碎煤的价格低廉，可降低能耗和生产运行成本。

（6）操作方面：液相和炉渣可采用虹吸装置连续排放，取消了打开和堵塞排放口及清理溜槽的工作；使用富氧（含 O_2 40%以上）鼓风时风口不需清理；在短期停炉时，不必将炉内熔体全部放出就可停止鼓风，采用专用的铜杆塞住风口，防止熔体反灌堵塞风口，可保持停炉状态 24h 以上。

（7）工艺技术先进，具有自主知识产权。该工艺是我国自行研发的铜熔炼技术，不必引进技术和关键设备，主要设备完全可以实现国产化。

（8）建设投资较省、生产费用低。该工艺流程短、配置简单、建设速度快、投资较省。

（9）具有良好的卫生条件。富氧侧吹熔炼炉炉体密封好，无烟气外逸，操作环境好。

（10）操作简便、自动化程度高。富氧侧吹熔炼炉操作和控制较为简单，生产过程可实现计算机在线控制。

1.5 铜富氧熔池熔炼技术的发展趋势

近年来，由于市场经济全球化、铜精矿竞争日趋国际化、高品位铜精矿资源日益贫乏、国家能源环保政策相继出台等因素，全球铜冶炼工业进入了转型升级的关键时期，铜富氧熔池熔炼技术也朝着大型化、连续化、智能化和清洁化发展。

随着我国宏观调控政策的落实，污染大、耗能高的鼓风炉、电炉和反射炉炼铜工艺将逐步被淘汰；熔池熔炼炉将进一步大型化，更多的冶炼厂向国际大型冶炼厂和先进工艺发展，环境、能耗、资源利用将得到明显改善，集中度也将进一步提高；工厂的规模将会更大型化，每一工序将会是单台炉子生产，操作工作将会更加减少，计算机在线控制将是主要的生产控制手段[36]。

连续炼铜法是针对现有炼铜技术熔炼—吹炼两段法生产都存在流程长、能耗高和 SO_2 浓度波动大等重大的共性问题开发出的一种新型炼铜新工艺[37]。该工艺的熔炼炉、贫化电炉和吹炼炉之间用溜槽连接，熔体通过溜槽从一个炉子流到下一个炉子，不像其他炼铜法那样，铜和粗铜需要用吊车和包子间断输送，减少了流程中的能量损耗，不需要备用炉，简化了辅助作业设备和厂房结构。由于三个炉子都是连续化出烟，烟量小、烟气 SO_2 浓度高，利于回收硫和制酸，减少了环境污染，连续化将是未来熔池熔炼发展的方向。2012 年，山东祥光铜业公司利用吹炼炉和悬浮喷嘴进行了一步炼铜大规模工业化生产性试验，共处理普通高铁铜精矿近万吨，生产出含铜大于 98.5%的优质粗铜约 2000t，工业化生产性试验的成功为今后一步炼铜大规模工业化应用奠定了坚实的基础[7]。一步炼铜技术推动了世界铜冶炼技术跃升到了一个更高的台阶[38]。

2022 年中国颁布《工业能效提升行动计划》，结合节能与绿色标准更新情况，重点监管有色金属等行业。中国最近修订的新建铜冶炼厂环保和节能要求是：原材料中硫的回收率大于 97.5%，硫的捕集率大于 99%，工厂气体排放的 SO_2 浓度小于 400mg/m^3，颗粒物小于 80mg/m^3，生产 1t 粗铜综合能耗小于 180kg 标准煤，生产 1t 阴极铜综合能耗小于 300kg 标准煤，这些指标是世界领先水平。中国铜冶炼厂为了节能减排和降耗，采用了许多新技术。纯氧燃烧、透气砖、高浓度 SO_2 烟气制酸、烟气脱硫、干法收砷、平行流电解、旋流电积等新技术都在中国铜冶炼厂加以推广应用[39-40]。据工信部数据显示，2022 年我国铜冶炼总回收率为 98.75%，较 2012 年提高 0.1 个百分点，吨铜冶炼综合能耗为 205kg 标准煤，较 2012 年下降 50%。

2020 年 4 月 28 日，工信部、国家发展改革委、自然资源部等三部门联合发布《有色金属行业智能工厂（矿山）建设指南（试行）》中包括《有色金属行业智能冶炼工厂建设指南（试行）》，提出要结合我国有色金属冶炼工艺复杂等特点，推进工业互联网、大数据、人工智能、5G等前沿技术在有色金属冶炼工厂的应用，建成有色金属智能冶炼工厂，促进企业转型升级，提升企业的综合竞争力和可持续发展能力[41-42]。

除此之外，新冶炼技术从诞生到世界范围内的大规模应用无不经过了十几年的探索、研究与改进，都是在工业应用中不断完善和发展的，这需要研究者们具有孜孜以求的钻研精神与不断开拓的创新精神。而中国在火法冶炼领域基本上采用了引进消化吸收国外先进技术的方法。尽管在引进及应用过程中取得了很多工艺改良的先进经验，在某些炉型的生产参数上甚至达到世界领先的水平，但缺乏自主研发的核心技术，与我国世界有色金属冶金强国的地位不符。如何根据我国有色金属冶炼工业的特点，开发出具有自主知识产权的有色金属冶炼新工艺、新设备，是我国有色金属工业节能减排的重大课题[43]。

参考文献

[1] 周方栋，伍耀明．纳雍钼镍矿的熔池熔炼［J］．大众科技，2012（1）：209-211.

[2] 徐晓东，苏勇，黄鹤．基于Metcal的铜富氧侧吹熔池熔炼炉工艺流程模拟计算［J］．有色金属（冶炼部分），2016（6）：31-34，37.

[3] 周俊．铜冶炼工艺技术的进展与我国铜冶炼厂的技术升级［J］．有色金属（冶炼部分），2019（8）：10-11.

[4] 杨晋国．瓦纽科夫熔池熔炼技术综述［J］．新疆有色金属，2009，32（4）：42-44.

[5] 宋乐见．顶吹熔炼系统喷枪寿命预测及维修策略研究［D］．昆明：昆明理工大学，2017.

[6] 刘大星，蒋开喜，王成彦．铜湿法冶金技术的现状及发展趋势［J］．有色冶炼，2000（4）：1-5.

[7] 李宇圣．从铜资源状况谈中国铜工业发展［J］．世界有色金属，2005（7）：4-7.

[8] 朱明辉．闪速熔炼连续炼铜新工艺设想［J］．有色冶金设计与研究，2021，42（6）：14-16，20.

[9] CHEN H R, MEI C, XIE K, et al. Operation optimization of concentrate burner in copper flash smelting furnace [J]. Transactions of Nonferrous Metals Society of China, 2004, 14 (3): 631-636.

[10] 廖小春，涂延安，钟耀球．贵溪冶炼厂一系统闪速炉控制系统改造实践［J］．有色金属（冶炼部分），2013（2）：17-20.

[11] 帅国权．金川有色金属公司镍冶金技术进步及发展趋势［J］．有色冶炼，1999（S1）：10-11，45-122.

[12] 周俊，孙来胜，孟凡伟，等．铜陵新建闪速熔炼-闪速吹炼项目概述［J］．有色金属（冶炼部分），2013（2）：5-9，13.

[13] 胡广生．诺兰达炉系统设备及其运行实践［J］．有色设备，2005（2）：8-12，16.

[14] 简洪生，刘朝辉，朱燃，等．大冶诺兰达熔炼工艺的技术进步［J］．中国有色冶金，2009（1）：22-23，63.

[15] 王协邦，尉克俭．三菱连续炼铜工艺述评［C］//中国首届熔池熔炼技术及装备专题研讨会论文集，2007：33-48.

[16] SHIBASAKI T, HAYASHI M. Top-blown injection smelting and converting: The mitsubishi process [J]. JOM, 1991, 43 (9): 20-26.

[17] 贾文清．铜火法冶炼熔池熔炼工艺比较［J］．山西冶金，2020，43（3）：82-83.

[18] 李永春．富氧底吹熔炼工艺生产实践［J］．中国资源综合利用，2017，35（7）：102-104.

[19] 赵祥林，骆祎，刘威，等．奥斯麦特炉铜冶炼熔炼综合能耗控制实践［J］．中国金属通报，2015（S1）：140-143.

[20] 赵震宇．顶吹浸没铜熔炼技术述评［J］．有色矿冶，2004（5）：33-36.

[21] 邵剑辉．艾萨熔炼法的发展及评述［J］．有色冶炼，2002（3）：30.

[22] ZHAO H，LU T，LIU F，et al. Computational fluid dynamics study on a top-blown smelting process with lance failure in an isa furnace［J］. JOM，2019（71）：1643-1649.

[23] 陈知若．底吹炼铜技术的应用［J］．中国有色冶金，2009（5）：16-22.

[24] 李明照，许并社．铜冶炼工艺［M］．2 版．北京：化学工业出版社，2012.

[25] ZHAO B J，LIAO J F. Development of bottom-blowing copper smelting technology：A review［J］. Metals，2022，12（2）：190-195.

[26] 朱祖泽，贺家齐．现代铜冶金学［M］．北京：科学出版社，2003.

[27] 郭学益，王亲猛，田庆华，等．氧气底吹炼铜机理及过程强化［C］//中国有色金属学会，2016.

[28] 李东波，陈学刚，王忠实．现代有色金属侧吹冶金技术［M］．北京：冶金工业出版社，2019.

[29] 王仕博．艾萨炉顶吹熔池流动与传热过程数值模拟研究［D］．昆明：昆明理工大学，2013.

[30] 彭容秋．重金属冶金学［M］．2 版．长沙：中南大学出版社，2004.

[31] 叶钟林，陈全坤，张海培，等．基于 FactSage 理论计算的温度、CaO 和铁硅比对铜精矿氧气底吹熔炼过程的影响［J］．昆明理工大学学报（自然科学版），2022，47（1）：7-15.

[32] WANG Q M，GUO X Y，TIAN Q H. Copper smelting mechanism in oxygen bottom-blown furnace［J］. Transactions of Nonferrous Metals Society of China，2017，27（4）：42-47.

[33] BAKKER M L，NIKOLIC S，MACKEY P J. ISASMELT^{TM} TSL—Applications for nickel［J］. Minerals Engineering，2011（24）：610-619.

[34] 许良，陈霞．侧吹浸没燃烧熔池熔炼炉炼锡工艺探讨［J］．中国有色金属，2018（3）：10-16.

[35] 陈学刚．侧吹浸没燃烧熔池熔炼技术的现状与持续发展［J］．中国有色冶金，2017（1）：5-11.

[36] CHRISTINA A，HANNU J，MARI L，et al. Comparison of environmental performance of modern copper smelting technologies［J］. Cleaner Environmental Systems，2021，3：31-38.

[37] 赵体茂，吴艳新．双底吹连续炼铜工艺装备及产业化应用［J］．世界有色金属，2015（12）：16-21.

[38] 郭学益，王亲猛，田庆华，等．氧气底吹炼铜机理及过程强化［C］//中国有色金属学会第十届学术年会，2016：98-104.

[39] SHI T T，HE J，ZHU R B，et al. Arsenic removal from arsenic-containing copper dust by vacuum carbothermal reduction-vulcanization roasting［J］. Vacuum，2021，189：110213.

[40] ZHANG Y W，ZHANG Y J，ZHU H X，et al. Life cycle assessment of pollutants and emission reduction strategies based on the energy structure of the nonferrous metal industry in China［J］. Energy，2022，261：113-121.

[41] GUI W H，WANG L Y，YANG C H，et al. Intelligent prediction model of matte grade in copper flash smelting process［J］. Transactions of Nonferrous Metals Society of China，2007，17（5）：1075-1081.

[42] FRANCESCO L，ANTONIO P，GIUSEPPE A，et al. How 5G-based industrial IoT is transforming human-centered smart factories：A quality of experience model for Operator 4.0 applications［J］. IFAC PapersOnLine，2021，54（1）：255-262.

[43] WANG M，FENG C. Decomposing the change in energy consumption in China's nonferrous metal industry：An empirical analysis based on the LMDI method［J］. Renewable and Sustainable Energy Reviews，2018（82）：2652-2663.

2 有色金属富氧强化熔池熔炼基础理论

矿石资源中每一种金属的提取都是根据目标组元所具有的特性来选择冶炼方法。例如，铜在自然界主要以硫化物形式赋存于矿石中，金属铜的提取以造锍熔炼和粗铜吹炼相结合的工艺为主；高品位硫化镍矿作为当前炼镍的主要原料，采用氧化熔炼获得低冰镍，随后再进一步吹炼获得高冰镍；方铅矿是当前炼铅的主要原料，金属铅的提取过程包括硫化铅氧化和富铅渣还原；锡精矿中锡主要以氧化物（SnO_2）形式存在，其品位高达40%以上，目前采用直接还原熔炼方法获得粗锡。熔池熔炼在处理有色金属方面取得了突出成就，是将炉料直接加入熔池中迅速完成气、液、固三相间物化反应的熔炼方法。这种强化熔炼技术广泛应用于有色金属冶炼过程，下面以铜、镍、铅、锡等有色金属为例进行论述。

2.1 铜富氧强化熔池熔炼

2.1.1 铜火法冶炼方法

火法炼铜是当今铜生产的主要方法，占铜生产量的80%~90%，以硫化铜精矿为原料生产铜的工艺流程如图2-1所示。

火法炼铜工艺包括三个主要阶段：熔炼、吹炼和精炼。在现代熔炼过程中，铜精矿在熔炼炉内氧化转变为冰铜（Cu质量分数为55%~75%），冶炼温度一般在1150~1300℃。在高温下，铜精矿中的铜、硫与铁形成液态的铜锍，以FeS-Cu_2S的化合形式沉降在熔炼炉底部（铜锍密度大于熔渣密度），上层的炉渣由SiO_2、Al_2O_3、CaO、FeO等氧化物组成[1]。

在吹炼过程中，冰铜被进一步氧化为粗铜（Cu 98.5%~99.5%、S 0.02%~0.1%和O 0.5%~0.8%）。一般来说，传统PS转炉吹炼过程可分为两个阶段，造渣和造铜阶段。第一阶段，冰铜中铁被氧化为Fe_xO，与二氧化硅等熔剂发生反应，形成炉渣，冰铜品位持续升高至白冰铜；第二阶段，白冰铜进一步氧化为Cu单质或Cu_2O，Cu_2O又与未氧化的Cu_2S反应形成金属Cu，直至粗铜品位达到98.5%~99.5%，吹炼阶段完全结束。

由转炉产出的粗铜，其铜含量一般在98.5%~99.5%，但仍含有硫、铁、氧、砷、锑、铅、铋、银、金等元素，有必要对其进行精炼处理。一般先进行火法精炼除去杂质，再浇铸成阳极板进行电解精炼。火法精炼是使粗铜中杂质元素氧化，利用氧化物不溶于金属铜且易漂浮于熔体表面的原理，进行扒渣脱除；随后加入还原剂脱除熔体中过量的氧，如此反复操作即可降低杂质元素含量。电解精炼是将火法精炼后浇铸的阳极板进行电解，用纯铜作为阴极片，插入电解槽中，硫酸铜和硫酸作为电解液，在直流电的作用下，通过控制电位，阳极上的铜和电位较负的贱金属溶解进入电解液，而金、银、铂、钯等电位较正的

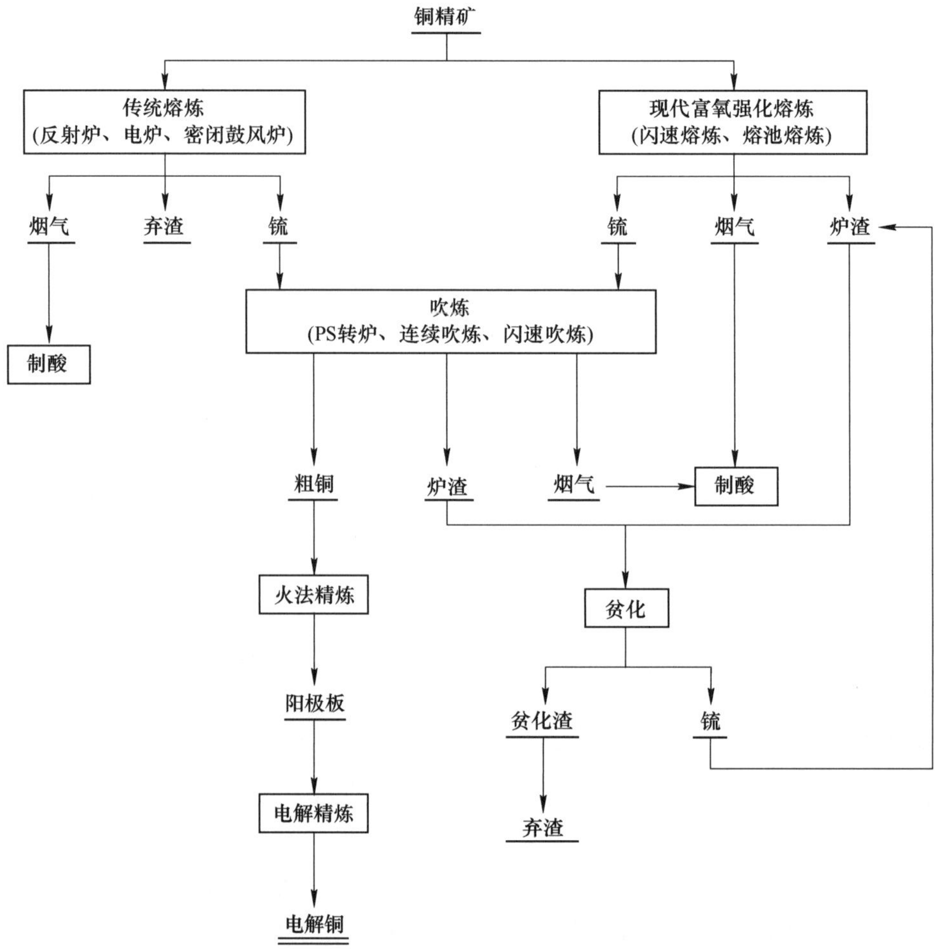

图 2-1　火法炼铜流程

贵金属富集于阳极泥沉入电解槽底。电解液中的铜离子在阴极上析出，铁、镍、铅、砷等电位较负的金属留在电解液中，被定期处理。这种阴极上析出的高纯度铜，被称为电解铜或阴极铜。

2.1.2　造锍熔炼原理

2.1.2.1　熔炼过程反应规律

炉料中主要化合物有如下几种：

（1）硫化物。以 $CuFeS_2$、CuS、FeS_2、FeS 为主，少量 ZnS、NiS、PbS 等。

（2）氧化物。Fe_2O_3、Fe_3O_4、Cu_2O、CuO、ZnO 等。

（3）脉石。SiO_2、$CaCO_3$、$MgCO_3$、Al_2O_3 等。

炉料中硫化物和氧化物含量占 80%以上。熔炼过程是铁和铜的硫化物及脉石在高温和氧化气氛条件下进行一系列化学反应，生成 MeS 相和 MeO 相，即冰铜和炉渣。该过程涉及的主要化学反应如下。

A 热分解反应

a 高价硫化物的热分解

高价硫化物的热分解反应式如下：

$$FeS_2 = FeS + 1/2S_2 \tag{2-1}$$

573K 反应开始，833K 激烈进行：

$$4CuFeS_2 = 2Cu_2S + 4FeS + S_2 \tag{2-2}$$

823K 开始分解：

$$4CuS = 2Cu_2S + S_2 \tag{2-3}$$

上述反应分解所得的 Cu_2S、FeS 在高温下稳定，不再进行分解。

b 高价氧化物的分解

高价氧化物的分解反应式如下：

$$4CuO = 2Cu_2O + O_2 \tag{2-4}$$

在 1378K、p_{O_2} = 101.325kPa 下，反应开始进行。分解得到的 Cu_2O 在熔炼温度下，p_{O_2} 值小于空气中的分压，即 1423~1573K、p_{O_2} = 21kPa 时是比较稳定的化合物。

$$6Fe_2O_3 = 4Fe_3O_4 + O_2 \tag{2-5}$$

此反应在 1653K、p_{O_2} = 21kPa 时分解生成稳定的 Fe_3O_4。

c 碳酸盐的分解

碳酸盐的分解反应式如下：

$$CaCO_3 = CaO + CO_2 \tag{2-6}$$

此反应在 1138K、p_{O_2} = 101.325kPa 时开始进行。

$$MgCO_3 = MgO + CO_2 \tag{2-7}$$

此反应在 913K、p_{CO_2} = 101.325kPa 时开始进行。

以上分解反应产物是 Cu_2S、FeS、Cu_2O、Fe_3O_4、CaO、MgO 等。

B 氧化反应

精矿的熔炼是在氧化气氛中进行的。虽然熔炼方法不同，氧化气氛有强弱之别，但是都能使 Fe、Cu 的硫化物被氧化。

a 高价硫化物的氧化

高价硫化物的氧化反应式如下：

$$4CuFeS_2 + 5O_2 = 2Cu_2S + 2FeS + 2FeO + 4SO_2 \tag{2-8}$$

在 788~823K 时反应开始进行。

$$2CuS + O_2 = Cu_2S + SO_2 \tag{2-9}$$

$$2FeS_2 + 5O_2 = 2FeO + 4SO_2 \tag{2-10}$$

b 低价硫化物的氧化

低价硫化物的氧化反应式如下：

$$2FeS + 3O_2 = 2FeO + 2SO_2 \tag{2-11}$$

$$3FeS + 5O_2 = Fe_3O_4 + 3SO_2 \tag{2-12}$$

$$2ZnS + 3O_2 = 2ZnO + 2SO_2 \tag{2-13}$$

$$2PbS + 3O_2 = 2PbO + 2SO_2 \tag{2-14}$$

$$2Cu_2S + 3O_2 = 2Cu_2O + 2SO_2 \tag{2-15}$$

熔炼过程使 FeS 氧化成 FeO，当p_{O_2}气氛较强时，可生成 Fe_3O_4。上述反应中，硫化物氧化反应的顺序是 FeS、ZnS、PbS、Cu_2S。炉料中主要成分是 FeS 和 Cu_2S，故 FeS 优先氧化，Cu_2S 后氧化。

C　交互反应

热分解和氧化反应生成的 FeS、Cu_2S、FeO、Fe_3O_4、Cu_2O、ZnO 等，以及炉料中的 SiO_2 由于相互接触，将进行交互反应。

a　Cu_2O-FeS 反应

高温下，由于铜对硫的亲和力大于铁，而铁对氧的亲和力大于铜，故能发生如下反应。

$$FeS + Cu_2O \Longrightarrow Cu_2S + FeO \quad (2\text{-}16)$$

此反应通常称为造锍反应。随着熔炼反应的继续进行，FeS 氧化造渣，它在锍中的浓度降低，而 Cu_2S 的浓度提高，两者同时氧化的趋势增长。但是，在 FeS 浓度未降到某一数量时，即使 Cu_2S 能氧化成 Cu_2O，它也只能是氧的传递者，按反应式（2-15）和反应式（2-16）进行循环。

（Cu_2O）作为氧化［FeS］的氧传递者的作用随着［FeS］浓度的降低而减弱。当［FeS］的浓度降低到一定值时，这种作用就会停止，Cu_2O 能与 Cu_2S 反应生成金属 Cu。

在温度 1200～1300℃下，只有当熔体中 Cu_2S 浓度为 FeS 浓度的 25000～7800 倍时，Cu_2S 才能与 FeS 共同氧化或优先氧化。因此，造锍熔炼过程总是 FeS 氧化，从而提高冰铜品位。实际吹炼过程中，白锍中的 Fe 含量降到 1%以下，也就是要等锍中的 FeS 几乎全部氧化之后，Cu_2S 才开始氧化。

b　Cu_2S-Cu_2O 反应

Cu_2S-Cu_2O 反应的化学反应式如下：

$$Cu_2S + 2Cu_2O \Longrightarrow 6Cu + SO_2 \quad (2\text{-}17)$$

熔炼温度下，反应易进行，此反应是高品位冰铜中有金属铜的原因。当 FeS 含量高时，首先将 Cu_2O 硫化为 Cu_2S，故冰铜品位不高时，Cu 不可能存在。

D　铁氧化物与脉石的造渣反应

$$2FeO + SiO_2 \Longrightarrow 2FeO \cdot SiO_2 \quad (2\text{-}18)$$

$$3Fe_3O_4 + FeS + 5SiO_2 \Longrightarrow 5(2FeO \cdot SiO_2) + SO_2 \quad (2\text{-}19)$$

E　燃料的燃烧反应

$$C + O_2 \Longrightarrow CO_2 \quad (2\text{-}20)$$

$$2H_2 + O_2 \Longrightarrow 2H_2O \quad (2\text{-}21)$$

$$CH_4 + 2O_2 \Longrightarrow 2H_2O + CO_2 \quad (2\text{-}22)$$

硫化物氧化和造渣反应是放热反应，如能很好利用这些热量，可降低熔炼过程燃料的消耗，甚至实现自热熔炼。

由于优质铜精矿资源日渐枯竭，因此低品位、高杂质的铜精矿逐渐成为炼铜原料。该类铜精矿中部分铜还以铁酸盐形式存在，如铁酸铜（$CuO \cdot Fe_2O_3$）和铁酸亚铜（$Cu_2O \cdot Fe_2O_3$），铁酸铜在高温条件下不稳定，易形成铁酸亚铜。铜的铁酸盐在熔炼过程中易与氧化物发生如下反应而被分解。

$$Cu_2O \cdot Fe_2O_3 + CaO = CaO \cdot Fe_2O_3 + Cu_2O \quad (2\text{-}23)$$

$$5(Cu_2O \cdot Fe_2O_3) + 2FeO = 10Cu + 4Fe_3O_4 + SO_2 \quad (2\text{-}24)$$

铜精矿中铜的铁酸盐含量低，但在 1200℃下，反应式（2-23）和反应式（2-24）的 $\Delta G^{\ominus}$均小于零，反应极易进行。在熔炼过程中，反应式（2-24）将生成 Fe_3O_4，对熔炼过程具有较大影响。

当铜以孔雀石 $CuCO_3 \cdot Cu(OH)_2$ 和 $2CuCO_3 \cdot Cu(OH)_2$ 两种碳酸盐形态存在时，在高温下极不稳定，当温度高于 220℃时将分解为 CuO、CO_2 和 H_2O。

$$CuCO_3 \cdot Cu(OH)_2 = 2CuO + CO_2 + H_2O \quad (2\text{-}25)$$

$$2CuCO_3 \cdot Cu(OH)_2 = 3CuO + 2CO_2 + H_2O \quad (2\text{-}26)$$

铜精矿中还含有部分铜的硅酸盐化合物，主要以硅孔雀石（$CuSiO_3 \cdot 2H_2O$）和透视石（$CuSiO_3 \cdot H_2O$）形式赋存。两种矿物在熔炼过程中分解释放出水和氧气，形成高温下稳定存在的硅酸亚铜（$2Cu_2O \cdot SiO_2$）。由于富氧熔炼过程配入部分煤，煤及其燃烧产生的 CO 可将硅酸亚铜还原。

$$4(CuSiO_3 \cdot 2H_2O) = 2Cu_2O \cdot 4SiO_2 + O_2 + 8H_2O \quad (2\text{-}27)$$

$$4(CuSiO_3 \cdot H_2O) = 2Cu_2O \cdot 4SiO_2 + O_2 + 4H_2O \quad (2\text{-}28)$$

硫酸铜在铜精矿中主要以 $CuSO_4 \cdot 5H_2O$ 形态存在，加热时易分解，会发生如下反应：

$$CuSO_4 \cdot 5H_2O = CuSO_4 + 5H_2O \quad (2\text{-}29)$$

$$CuSO_4 = CuO + SO_3 \quad (2\text{-}30)$$

$$2SO_3 = 2SO_2 + O_2 \quad (2\text{-}31)$$

该类复杂铜精矿中铜的赋存状态将决定熔炼过程的热平衡，如铜硫化物氧化放热，而铁酸盐、孔雀石及硫酸铜等复杂物相在熔炼过程发生吸热反应，从而对整个熔炼阶段产生不利影响，这时候就需要在对原料充分认识的基础上，厘清物化反应规律，合理控制入炉原料结构。

2.1.2.2 熔炼过程氧-硫势

造锍氧化熔炼是将炉料中部分铁氧化造渣，使铜富集到由 FeS 和 Cu_2S 组成的铜锍中。通常可以运用热力学计算的方法来讨论造锍熔炼各反应的方向和程度及各相间的平衡。但是，由于利用热力学有关方程来分析造锍熔炼的热力学问题表述不直观，因此近年来大多根据热力学计算的结果用各种图形来阐述造锍熔炼的平衡关系，并以此为根据来分析造锍熔炼时的热力学基础。

如果忽略微量元素如贵金属及 Pb、Zn 等，则造锍熔炼的基本体系是 Cu-Fe-S-O-SiO_2 五元系，熔炼炉中共存相为铜锍、炉渣和烟气，即两个凝聚相、一个气相。按照相律：$f = c - p + 2 = 5 - 3 + 2 = 4$，显然，用一个四维图可以描述造锍熔炼的热力学平衡关系。但是，根据造锍熔炼的实际情况，有的热力学参数在整个过程中变化不大，可视为定值，从而可以用一个二维图来阐述造锍熔炼的热力学关系。

T. Rosenqvist 曾用 $\lg p_{O_2}$-$1/T$ 图来讨论造锍熔炼中的相平衡关系。图 2-2 为造锍熔炼的 $\lg p_{O_2}$-$1/T$ 关系图。

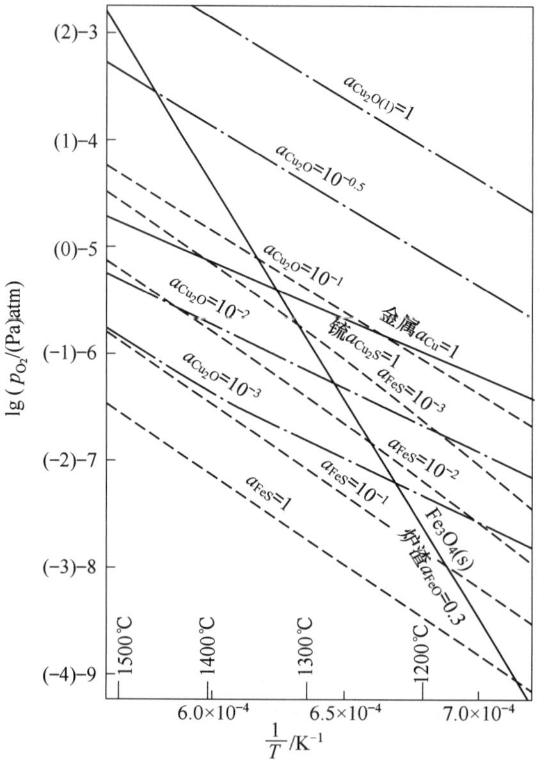

图 2-2　造锍熔炼的 $\lg p_{O_2}$-$1/T$ 关系图

图 2-2 中两条黑粗实线分别代表了 Fe_3O_4-FeS-FeO-SO_2 和 Cu_2S-O-Cu-SO_2 体系的平衡关系。从图 2-2 可知，在熔炼温度范围内，低氧势条件 FeS 的活度 a_{FeS}在 1～0.1 之间时，FeS-Cu_2S 铜锍将和铁橄榄石炉渣共存，随着氧势的升高，FeS 按反应式（2-19）氧化和造渣，导致 a_{FeS}下降。

在一定温度下（如 1300℃），随着氧势的升高，固体 Fe_3O_4 将按反应式（2-12）生成；炉渣与 Fe_3O_4(s) 的共存关系由下列平衡关系控制：

$$3Fe_3O_4(s) + [FeS] = 10(FeO) + SO_2(g) \tag{2-32}$$

随着体系氧势继续升高，a_{FeS}将继续下降，当 $a_{FeS}=10^{-3}$时，铜锍中的铁将被全部氧化脱除，从而变成纯 Cu_2S（白锍），这时体系相当于铜锍吹炼第一周期结束；当继续升高氧势时，体系相当于进入铜锍吹炼造铜期，Cu_2S 将转变成金属铜，即

$$Cu_2S(l) + O_2(g) = 2Cu(l) + SO_2(g) \tag{2-33}$$

从图 2-2 可看出，当体系温度在 1300℃以上时，Fe_3O_4 尚未形成，已生成金属铜，反之当炉温低于 1300℃时，金属铜还未生成，Fe_3O_4 即已形成。在白锍与金属铜相共存时，铜液中 S 含量约为 1%，随着氧势的继续升高，铜含硫将继续降低，这时体系中 Cu_2O 的活度 a_{Cu_2O}将升高，其平衡关系化学反应见式（2-15）和式（2-34）：

$$2Cu(l) + 1/2O_2(g) = Cu_2O(l) \tag{2-34}$$

从图 2-2 还可看出，在铜锍中 a_{FeS}为 0.1 或更大时，a_{Cu_2O}将低于 10^{-3}。粗铜和白锍共存时，a_{Cu_2O}约为 0.1，意味着这时无纯 Cu_2O 相生成；但是很显然，随着体系氧势的升高，渣中铜损失急剧增高。

图 2-2 是在体系 $p_{SO_2}=101.325kPa$、$a_{FeO}=0.3$ 的条件下作出的。当体系的 p_{SO_2}和 a_{FeO}变化时，图中各曲线将按式（2-12）、式（2-15）、式（2-32）~式（2-34）的值向左或向右移动。这样，随着渣中 a_{FeO}的增大，则表示液态渣和 Fe_3O_4 平衡共存，与式（2-18）对应的线将向左移动，即向温度升高方向移动。而随着 a_{FeO}和 p_{SO_2}下降，与式（2-18）对应的炉渣-Fe_3O_4 平衡共存线将向右边温度降低的方向移动。因此在 a_{FeO}和 p_{SO_2}较低时，Fe_3O_4 更容易造渣。

T. Rosenqvist 用 $\lg p_{O_2}$-$1/T$ 图来分析造锍熔炼的热力学，比较简明。但是由于在进行造锍熔炼时，温度的变化往往不大，而体系的氧势（$\lg p_{O_2}$）和硫势（$\lg p_{S_2}$）却处于互变之中，因此，用金属对氧和硫的亲和力的表述方法更适用。A. Yazawa 提出了用体系的 $\lg p_{O_2}$-$\lg p_{S_2}$图（常称氧势-硫势图）来分析造锍熔炼的热力学。图 2-3 为 Cu-Fe-S-O-SiO_2 系的 $\lg p_{O_2}$-$\lg p_{S_2}$图。该图中各相关线对应的化学反应及反应平衡常数见表 2-1。由于实际进行造锍熔炼时熔体中各组分之间存在相互作用，故除了 $a_{SiO_2}=1$ 以外，各组分的活度均不为 1。Yazawa[3] 考虑到各组分活度的影响并根据有关热力学数据绘制出 Cu-Fe-S-O-SiO_2 系的 $\lg p_{O_2}$-$\lg p_{S_2}$图，如图 2-4 所示。

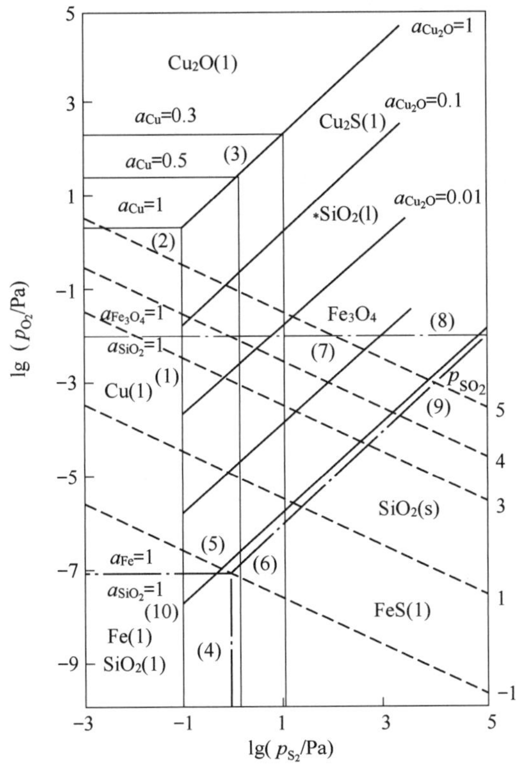

图 2-3 Cu-Fe-S-O-SiO_2 系的 $\lg p_{O_2}$-$\lg p_{S_2}$图

表 2-1　图 2-3 中各相关线对应的化学反应及其标准吉布斯自由能与平衡常数

图 2-3 中编号	平衡反应式	标准吉布斯自由能/J	$\lg K_{1523K}$
(1)	$4Cu(l)+O_2(g) \rightleftharpoons 2Cu_2O(l)$	$\Delta G^{\ominus}=-235200+78.20T$	9.1691
(2)	$4Cu(l)+S_2(s) \rightleftharpoons 2Cu_2S(l)$	$\Delta G^{\ominus}=-282000+74.52T$	13.3078
(3)	$2Cu_2S(l)+O_2(g) \rightleftharpoons Cu_2O(l)+S_2(g)$	$\Delta G^{\ominus}=468000+3.68T$	-4.1387
(4)	$2Fe(\gamma)+S_2(g) \rightleftharpoons 2FeS(l)$	$\Delta G^{\ominus}=-235220+67.28T$	10.4841
(5)	$2Fe(\gamma)+SiO_2(s)+O_2(g) \rightleftharpoons 2FeO\cdot SiO_2(l)$	$\Delta G^{\ominus}=-453080+75.57T$	26.6925
(6)	$2FeS(l)+SiO_2(s)+O_2(g) \rightleftharpoons 2FeO\cdot SiO_2(l)+S_2(g)$	$\Delta G^{\ominus}=-217860+8.29T$	16.2084
(7)	$2Fe_3O_4(s)+3SiO_2(s) \rightleftharpoons 3(2FeO\cdot SiO_2)(l)+O_2(g)$	$\Delta G^{\ominus}=832080-377.97T$	-20.25
(8)	$3FeS(l)+2O_2(g) \rightleftharpoons Fe_3O_4(s)+3/2S_2(s)$	$\Delta G^{\ominus}=-742830+201.42T$	34.4384
(9)	$1/2S_2(g)+O_2(l) \rightleftharpoons SO_2(g)$	$\Delta G^{\ominus}=-362070+73.41T$	19.7684
(10)	$2Fe(\gamma)+O_2(g) \rightleftharpoons 2FeO(l)$	$\Delta G^{\ominus}=-477560+97.06T$	26.0410

注：1. 表中标准吉布斯自由能数据均引自参考文献［3］；

2. 计算 $\lg K$ 时，各凝聚相的活度取为 1（纯态）；

3. SiO_2 和 Fe_3O_4 在体系中处于饱和状态（$a_{SiO_2}=1$，$a_{Fe_3O_4}=1$）。

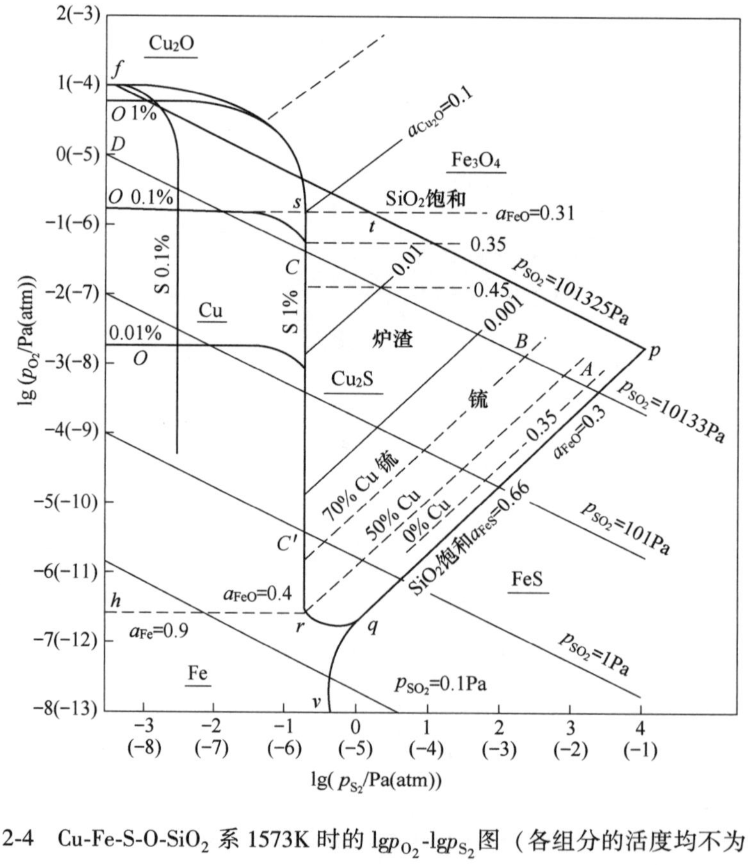

图 2-4　$Cu\text{-}Fe\text{-}S\text{-}O\text{-}SiO_2$ 系 1573K 时的 $\lg p_{O_2}$-$\lg p_{S_2}$ 图（各组分的活度均不为 1）

以下对图 2-4 中有关的平衡关系线和稳定区域做叙述。

(1) 低硫势区。低硫势区位于图 2-4 的左侧，即 *fsrqv* 线以左的区域，在此区域内体系的硫势很低 ($\lg p_{S_2}<0\sim-1$)，硫化物不能稳定存在。在此区域内，随着氧势的升高，其稳定的凝聚相变化是 γ-Fe→FeO，Cu→Cu_2O。*rh* 线是 γ-Fe 固溶体和 Cu 相及铁橄榄石 $2FeO\cdot SiO_2$ 相的共存线，在 *rh* 线以下 γ-Fe 相稳定存在，*rh* 线以上是 FeO、Cu 相和 $2FeO\cdot SiO_2$ 相稳定存在。当 a_{FeO} 升高时，*rh* 线将向上移动。升高硫势时（当 $\lg p_{S_2}>-1$ 时），铁和铜将分别转变成 FeS 和 Cu_2S。

(2) 铜锍-炉渣共存区（*pqrstp* 区），是铜锍、铁橄榄石炉渣和炉气 SO_2 平衡共存区。*st* 线相当于 $p_{SO_2}=101.325\text{kPa}$ 时铜锍、硅饱和铁橄榄石炉渣与炉气共存的极限，相应的反应为：

$$2Fe_3O_4 + 3SiO_2 \xlongequal{\quad} 3(2FeO\cdot SiO_2) + O_2 \tag{2-35}$$

此时铁橄榄石炉渣同时为 SiO_2 和 Fe_3O_4 所饱和，即 $a_{SiO_2}=1$，$a_{Fe_3O_4}=1$。在这个体系中，FeO 与 Fe_3O_4 的活度曾被 R. Schuhmann，Jr. N. Korakas 及 A. Yazawa 等人进行过研究。由 Yazawa 所作的 Cu_2S-FeS-FeO 体系的等活度线如图 2-5 所示，可以得到在 1200℃ 下 FeS-FeO 锍平衡的 SiO_2 饱和炉渣。

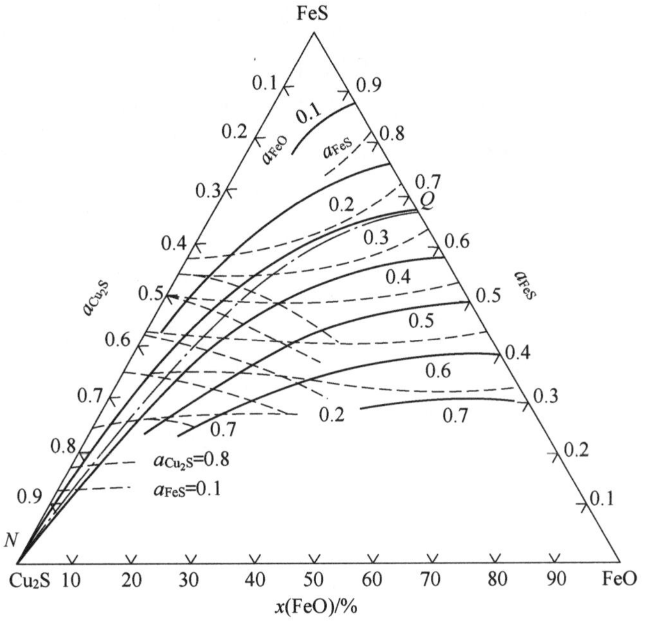

图 2-5 Cu_2S-FeS-FeO 系中组分活度

由图 2-4 可知，在 *st* 线位置 $a_{Fe_3O_4}=1$、$a_{SiO_2}=1$ 时，$a_{FeO}\approx0.31$。在 *st* 线以上 Fe_3O_4 将从该体系中析出，当 a_{FeO} 增大时，*st* 线向下移动，表明 Fe_3O_4 的生成氧势下降，渣-锍共存稳定区减小，从而更易使 Fe_3O_4 生成，并以固态形式从均相中析出。

图 2-4 中 *tp* 线是 $p_{SO_2}=101.325\text{kPa}$ 时，式（2-36）的平衡线，该线是在 $p_{SO_2}=101.325\text{kPa}$ 时，渣相与铜锍相平衡共存的上限，*tp* 线以上因大于体系的总压（对敞开熔炼体系而言，体系总压为大气压力），所以 SO_2 能迅速从自熔体中析出。当体系 p_{SO_2} 下降

时，*tp* 线向下平移，导致炉渣-铜锍平衡共存区减小。用普通空气进行造锍熔炼时，体系中 p_{SO_2} 实际仅为 10kPa 左右，所以在此条件下炉渣-铜锍平衡共存区均在 *tp* 线以下。

$$S_2 + 2O_2 = 2SO_2 \tag{2-36}$$

当 *pq* 线是无 SiO_2 存在时的反应：

$$2FeS + O_2 = 2FeO + S_2 \tag{2-37}$$

当 *pq* 线是有 SiO_2 存在时的反应：

$$2FeS + 3O_2 + SiO_2 = 2FeO \cdot SiO_2 + 2SO_2 \tag{2-38}$$

实际上此线是由 FeS 和 Cu_2S 组成的铜锍与饱和了 SiO_2 的铁橄榄石炉渣平衡共存的线，只不过这时铜锍的品位为零，*pq* 线的热力学参数可从 Cu_2S-FeS-FeO 系的活度组成关系估算出。图 2-6 是 Yazawa 等人根据低氧势下实测数据作出的 Cu_2S-FeS-FeO 系的活度组成图（1473K）。考虑到在低氧势（$p_{O_2}=10^{-3}$Pa）下温度对组分的活度影响很小，可以忽略，所以能够应用此图来分析 1573K 下造锍熔炼的各平衡关系，而不会引起较大的问题，铜锍和炉渣的共轭关系可用图 2-7 来表示。图 2-4 中 *pq* 线与图 2-7 中的 *Q* 点相对应。*Q* 点表示饱和了 SiO_2 的铁橄榄石炉渣与组成为 FeS-FeO 的锍的平衡共存点，在 *Q* 点处，$a_{FeS}=0.65$、$a_{FeO}=0.3$，这一共存关系相当于 FeS-FeO-SiO_2 三元系表面上组成为 *Q* 的锍与组成为 *Q′*的炉渣共存。实际上图 2-7 中的 *Q* 点和 *Q′*点与图 2-4 中的 *q* 点相对应，这是因为 FeS-FeO-SiO_2 系的数据是在铁坩埚中铁处于饱和状态下进行实验得到的。因在 *p* 点估计 $a_{Fe_3O_4}=0.1$，所以 *pq* 线的位置是基于图 2-5 和图 2-6 估算出的。当锍中 Cu/S 增加时，则锍的组成将沿着图 2-5 中 *QN* 线移动，又因图 2-4 中的 SiO_2 要始终维持饱和态，从而图 2-4 中 *pq* 线向左平行移动的位置，可依 *QN* 线的移动位置来确定。*pq* 线以下铜锍和铁橄榄石炉渣不能共存，仅存在 FeS 熔体，其组成相当于图 2-5 中 *Q*-FeS 段。图 2-7 还可阐明铜锍和炉渣的不互溶问题。因图 2-5 和图 2-6 两个图中的相关系都是在铁坩埚内确定的，所以图 2-7 中 *QR* 线和 *Q′R′*线的平衡关系相当于铜锍和 SiO_2 饱和的炉渣相平衡，*QR* 线与图 2-4 中的 *qr* 线相对应。在 *r* 点，铜锍、炉渣、γ-Fe 和铜液四凝聚相平衡共存，铜锍的品位为 55%~60%，当铜锍品位超过 55%~60%位于图 2-7 *R*-Cu_2S 时，与之平衡的炉渣组成相当于 *R′E*，并且它们与铜液（图 2-4 中的 *rC′*）平衡共存。

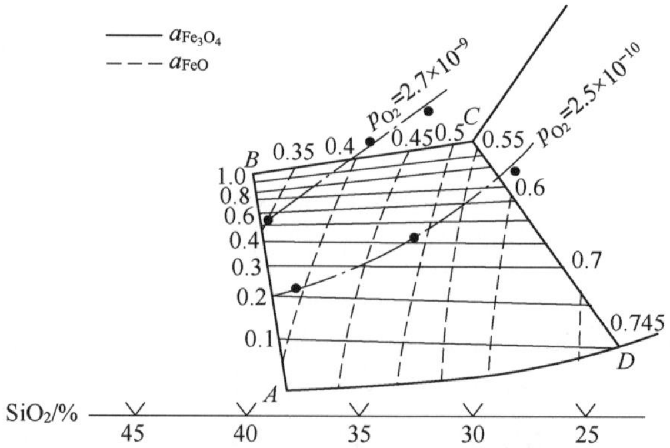

图 2-6　Cu_2S-FeS-FeO 系的活度组成图
（1473K）

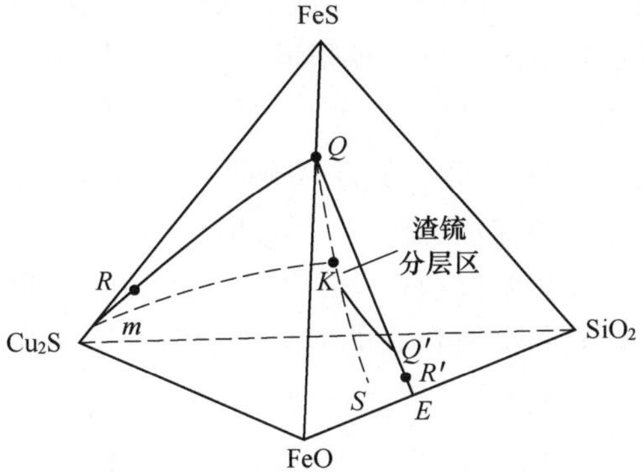

图 2-7 Cu_2S-FeO-SiO_2 系中锍和渣间的共轭关系

图 2-4 中 *sr* 线表示铜液、Cu_2S 液与铁橄榄石炉渣平衡共存。此线对应的氧势范围很宽，从 $10^{-0.8}$Pa（*s* 点）到 $10^{-6.6}$Pa（*r* 点），在 *r* 点时炉渣为 γ-Fe 所饱和，*sr* 线对应的硫势为 $10^{-0.7}$Pa 左右。当硫势低于 $10^{-0.7}$Pa 时，Cu_2S 将分解成 Cu 和 S。因此 *sr* 线对于分析由白锍（Cu_2S）吹炼成粗铜的热力学时特别重要。

图 2-4 中 *rq* 线是 *hr* 线向右的延续，但是 *rq* 线上 a_{FeO}是变值，其值与铜锍的品位有关。*rq* 线表示铜锍-铁橄榄石炉渣-γ-Fe 三个凝聚相平衡共存。

温度升高可使图 2-4 中 *pqrstp* 区域扩大，特别是使 *st* 线上移，从而可避免 Fe_3O_4 饱和析出，这对熔炼过程很有利。

a_{FeO}的变化也导致 *pqrstp* 区域发生变化。升高 a_{FeO}导致 *st* 线下移，*pq* 线向左移，*qr* 线向上移，从而导致 *pqrstp* 区域缩小，也就是导致铜锍-炉渣-烟气平衡共存区减小。

当温度一定时，图 2-4 中各相关位置的自由度如下：

(1) 三相共存时，自由度为 3，如锍-渣-烟气、金属-渣-烟气；

(2) 四相共存时，自由度为 2，如 Fe_3O_4-锍-渣-烟气、γ-Fe-锍-渣-烟气、Cu-白锍(Cu_2S)-渣-烟气、SiO_2-锍-渣-烟气；

(3) 五相共存时，自由度为 1，如 SiO_2-γ-Fe-锍-渣-烟气、Cu-Fe_3O_4-锍-渣-烟气；

(4) 六相共存，自由度为零，如 Cu-γ-Fe-SiO_2-锍-渣-烟气、Cu-Fe_3O_4-SiO_2-锍-渣-烟气。

在普通空气下进行铜熔炼时，烟气中 SO_2 分压约为 10.1kPa，从而可用图 2-4 中的 *ABCD*（$p_{SO_2}=101325$Pa）直线来表示造锍熔炼-铜锍吹炼及粗铜精炼的全程路径。*A* 点处表示造锍熔炼刚开始（铜锍品位为零），体系的氧势较低，为 $\lg p_{O_2}=-3.4$，硫势较高，为 $\lg p_{S_2}=3.2$。随着体系氧势的升高，体系的硫势降低，锍的品位升高，到 *B* 点处 $\lg p_{O_2}=-2.8$，$\lg p_{S_2}=2.3$，锍的品位为 70%。对于现代强化熔炼过程而言[4]，从理论上讲，各熔炼炉中氧势和硫势约处于 *B* 点附近。当体系氧势继续升高到 *C* 点时（$\lg p_{O_2}=-1.5$，$\lg p_{S_2}=-0.7$），相当于铜锍吹炼，吹炼第二周期（造铜期）开始。这时体系中铜-炉气平衡共存，稍稍超过 *C* 点，则渣相和 Cu_2S 相消失。*C* 点以后，继续升高氧势从 *C* 点到 *D* 点时，铜液中残存的硫继续氧化，相当于进入粗铜精炼阶段，直到产出阳极铜。从上述分析可看出，从 *A* 点到 *B* 点（相当于造锍熔炼阶段），体系的氧势升高幅度不大，但锍的品位升高幅度很大；从 B 点到 C 点（相当于铜锍吹炼阶段），锍的品位升高幅度不大，但体系氧势升高幅度很大，特别是当锍变到白锍（Cu_2S）的 C 点附近时，$a_{Fe_3O_4}$趋近于 1。

2.1.2.3　熔炼过程中硫和氧的传递

按照当前的热力学观点和硫、氧传递的实验研究可以认为，在硫化铜精矿的熔炼中，炉气、炉渣中的高氧势和低硫势与熔锍的高硫势和低氧势之间存在着显著的差异，它是熔炼过程的推动力，是推动物理化学反应进行的根本，也是除铁脱硫过程的实质。

在铜熔炼中，炉气、炉渣和锍所具有的氧势和硫势可归纳为下列不等式：

$$p_{O_2}(\text{气}) > p_{O_2}(\text{渣}) > p_{O_2}(\text{锍}) \tag{2-39}$$

$$p_{S_2}(\text{锍}) > p_{S_2}(\text{渣}) > p_{S_2}(\text{气}) \tag{2-40}$$

上述不等式决定了炉气中的氧向炉渣和铜锍中传递，而铜锍中的硫向炉渣和炉气传递。当炉气中的氧向炉渣传递时，由于化学反应的进行，渣中的二价铁受氧化生成高价铁，并同时产生氧离子，见式（2-48）。随着反应的进行，渣中氧势升高，渣中氧离子浓度继续增大，将向锍中或铜中传递氧：

$$O^{2-}(\text{渣}) + S(\text{锍}) = S^{2-}(\text{渣}) + O(\text{锍}) \tag{2-41}$$

或

$$FeS(\text{锍}) + O^{2-}(\text{渣}) = FeO(\text{渣}) + S^{2-}(\text{渣}) \tag{2-42}$$

$$Cu_2S(\text{锍}) + O^{2-}(\text{渣}) = Cu_2O(\text{渣}) + S^{2-}(\text{渣}) \tag{2-43}$$

当渣中氧离子向锍中传递时，炉渣因减少 O^{2-}而有过剩的正电荷，而锍或铜则因氧离子的进入产生过剩的负电荷。这些过剩电荷都会集中在界面上，结果在渣-锍界面间形成双电层，并产生电位差，此双电层将阻止氧离子进一步传递。因此，随着氧离子由渣中向锍中传递，同时也必然有相同数量的阴离子由锍中向渣中传递。由于进入锍中的氧离子都吸引在 Fe^{2+}（或 Cu^+）的周围，比较自由的 S^{2-}将因渣中带正电荷及渣中硫势较低（低于铜锍的硫势）的条件下向渣中传递，反应如下：

$$S(\text{锍}) + 2e = S^{2-}(\text{渣}) \tag{2-44}$$

进入渣中的硫因炉气中硫蒸气压很小而炉气和炉渣中的氧势又较大，故在扩散的过程中迅速氧化，生成 SO_2 进入炉气，见式（2-45）和式（2-36）：

$$2S^{2-}(\text{渣}) + 4e = S_2(\text{气}) \tag{2-45}$$

渣-锍界面间的电荷分布促进了上述反应的进行。式（2-44）为过程的补偿反应。

对于炉气-炉渣-金属铜平衡体系而言，氧的传递将使铜中含氧量增高，致使在铜中更具负电性的其他金属受到优先氧化而进入渣相，如铜中的铁：

$$O^{2-}(\text{渣}) + Cu(\text{合金}) = O(Cu) + 2e \tag{2-46}$$

$$O(Cu) + Fe(Cu) = FeO(\text{渣}) \tag{2-47}$$

$$2Fe^{2+}(\text{渣}) + 1/2O_2(\text{气}) = 2Fe^{3+}(\text{渣}) + O_2^{2-}(\text{渣}) \tag{2-48}$$

式（2-44）~式（2-48）反应的进行将随着炉渣中氧势的增大而增强。

实验表明，在炉气-炉渣-铜锍共存体系中，随着炉气中氧势的增大，在渣中高价铁离子增多的同时，渣中氧离子传递入锍，锍中硫离子传递入渣，如图 2-8 所示。这验证了式（2-44）~式（2-48）的进行。同样，在炉气-炉渣-铜平衡体系中，炉渣氧势（用炉渣氧电位表示）的增大，使渣中氧离子传递入铜，铜中铁离子传递入渣（用铜中含铁量的减少来表示），如图 2-9 所示。

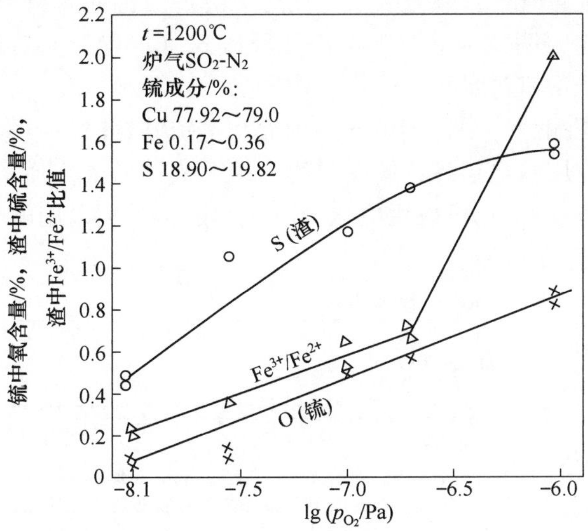

图 2-8 炉气-炉渣-锍平衡体系硫、氧传递及渣中 Fe^{3+}/Fe^{2+} 比值与炉气中 $\lg p_{O_2}$ 的关系

从图 2-8 可以看出，在一定的温度和铜锍组成条件下，随着炉气氧势 $\lg p_{O_2}$ 的增大，渣中 Fe^{3+} 氧化，因而 Fe^{3+}/Fe^{2+} 比值随之显著增大；同时，氧离子进入铜锍，硫离子进入炉渣也相应增加。这表明在反应体系中氧势差越大，氧的传递通量 J_O 也越大。即按扩散定律，在连续稳态流条件下：

$$J_O = -D_O \times (\partial p_{O_2}/\partial z_1)_T \tag{2-49}$$

式中，J_O 为单位面积单位时间氧的扩散量；$(\partial p_{O_2}/\partial z_1)_T$ 为温度 T（K）下，在 Z_1 方向变动的二相间氧势差梯度；D_O 为扩散系数，是温度的函数。

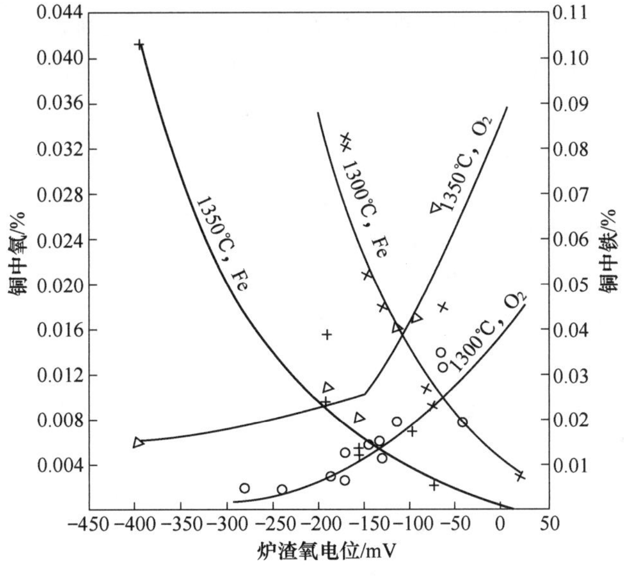

图 2-9 炉渣氧电位对氧传递入铜及铁传递入渣的影响

从图 2-9 看出，随着炉渣氧势的增大，氧离子由炉渣传递入铜随之增大，同时铜中的铁氧化而进入渣中，这表明反应式（2-46）和反应式（2-47）向右进行。反应式（2-46）所产生的负电子，因渣中有过量正离子而被中和。

根据以上分析，在铜熔炼中，当炉气、炉渣和铜锍共存时，硫和氧的传递可用图 2-10 的模型来表示。该图应用双电层理论阐明过程中硫、氧传递的实质。炉气和炉渣均具有电化学性质，它们的氧势（p_{O_2}）可以用电化学方法测定，并可以用电位大小来衡量。

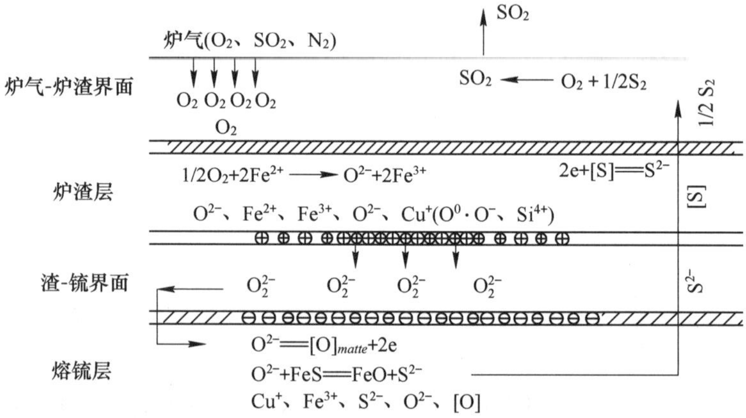

图 2-10　造锍熔炼硫、氧传递双电层示意图

2.1.3　富氧强化熔炼热力学分析

传统造锍熔炼技术，如密闭鼓风炉、电炉、反射炉熔炼等，因其单炉生产能力低、效率低、能耗高、烟气 SO_2 浓度低、环境污染严重等不利因素，已逐渐退出历史舞台。当然，它们在过去很长一段时间内为世界铜工业作出了巨大贡献，特别是在中国。同时，传统造锍熔炼技术也为现代富氧强化熔炼技术的快速发展奠定了基础。1980 年前，我国粗铜的生产主要依靠上述传统造锍熔炼技术。现代富氧强化熔炼技术得以快速发展的根本原因是冶金工作者对生产力、资源利用效率等各方面的极致追求。我国从 20 世纪 80 年代开始，逐渐引进国外先进的富氧强化冶炼技术，如 1985 年贵溪冶炼厂引进奥托昆普闪速炉、1997 年大冶引进诺兰达炉、2002 年西南铜引进艾萨炉等。20 世纪的最后 10 年是我国铜工业迅速发展的 10 年，增产降耗、绿色环保成为推动发展的关键动力。经过 30 余年的发展，我国铜冶炼厂已完成了现代化改造。值得注意的是，我国铜冶炼技术经历引进—吸收—再创新，在装备水平、冶炼回收率、SO_2 利用率、能耗、环保等指标方面达到了国际先进水平。

“富氧”是现代强化冶炼的首要标签，从铜冶炼基本原理分析，提高喷吹的富氧浓度不会使铜冶炼原理发生根本变化，如铜精矿仍然是发生氧化使铜富集转变为冰铜，铁仍然进入渣相。但富氧的使用会导致炉内各相平衡发生变化，如炉内氮气分压降低、氧压升高，整个炉内处于高氧势状态。在高氧势状态下，一些反应的方向及限度发生变化，如铁物相更容易转变为 Fe_3O_4，因此破坏渣相的平衡。利用 $FeO\text{-}Fe_2O_3\text{-}SiO_2$ 三元相图，可对富氧熔炼主要渣相位点变化进行简单分析。铜冶炼过程中期望熔渣为均匀的液相，这样渣-

锍/铜分离才能更顺利，体现在相图上则是期望熔渣组分点位于液相区。传统的空气熔炼生产低品位冰铜（约40%），熔渣铁硅比控制在较低水平（小于1），通过调控钙/镁等熔剂组分，能够使熔渣为均匀的液相，如图2-11中的点1。现代富氧强化熔炼生产中高品位冰铜（55%~75%），为了减少渣量，降低铜的损失，通常采用较传统冶炼技术高的铁硅比（铁硅比大于1），此时熔渣中不可避免地析出 Fe_3O_4，熔渣组分点向右移动，位于尖晶石相区，恶化了渣-锍/铜分离条件。为了确保在富氧条件下冶炼仍然能顺利进行，就需要对冶炼温度、渣型进行调控，同时对冶炼渣进行贫化以提高铜回收率。本节重点分析富氧强化熔炼生产高品位冰铜过程炉内熔体相平衡变化，以阐明现代富氧强化熔炼引起的不可避免的不利因素。

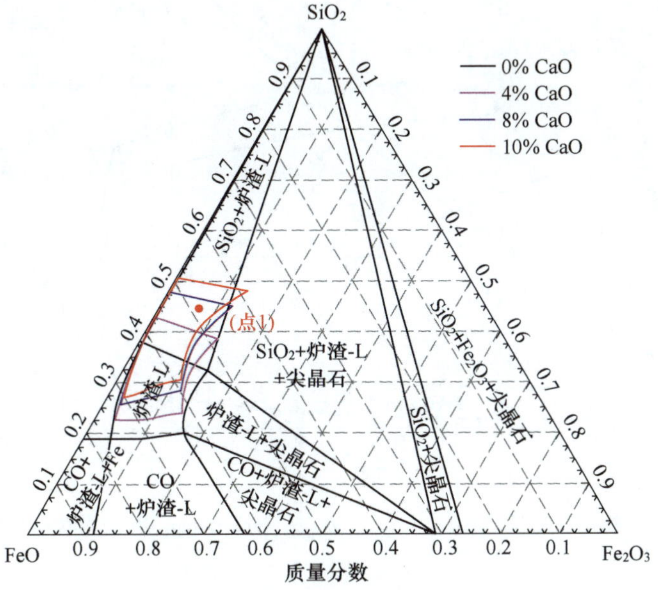

图 2-11　$FeO-Fe_2O_3-SiO_2$ 三元相图

2.1.3.1　高品位冰铜熔炼过程体系变化

在炉气-炉渣-锍平衡体系中，随着硫、氧传递过程的进行，炉渣氧势不断升高，熔锍的硫势不断减小，锍品位升高。随着过程的发展，渣-锍间氧势差（Δp_{O_2}）相差越来越大，并将出现最大差值。同时，p_{S_2}(锍）逐渐减小，而 p_{S_2}(渣）逐渐增大。硫势差（Δp_{S_2}）将随着熔锍中 a_{FeS} 的减小达到相对的最小值。这一发展过程，可由反应热力学的计算说明。

$$O_2(\text{气}) + 6FeO(\text{渣}) = 2Fe_3O_4(\text{渣或固}) \tag{2-50}$$

根据式（2-11）、式（2-33）和式（2-50）在等氧分压下按热力学数据求得 $a_{Fe_3O_4}$ 与温度及相关参数的方程式如下：

$$\lg a_{Fe_3O_4} = 12500/T - 7.23 + 3.33\lg a_{FeO} + 0.333\lg p_{SO_2} - 0.333\lg a_{FeS} \tag{2-51}$$

选定 p_{SO_2} = 0.1atm（1atm = 101325Pa），在饱和 SiO_2 炉渣条件下，a_{FeO} 平均值为 0.36，代入式（2-51），得：

$$\lg a_{Fe_3O_4}(1250℃) = -0.833 - 0.333\lg a_{FeS} \tag{2-52}$$

$$\lg a_{Fe_3O_4}(1300℃) = -1.168 - 0.333\lg a_{FeS} \tag{2-53}$$

$$\lg a_{Fe_3O_4}(1350℃) = -1.443 - 0.333\lg a_{FeS} \tag{2-54}$$

在计算时采用1300℃饱和SiO_2的数据。

$\lg p_{O_2}$及$\lg p_{S_2}$则按下列热力学方程式计算（$p_{SO_2}=0.1atm$）：

$$\lg p_{O_2} = -16650/T + 2.518 - 0.667\lg a_{FeS} \tag{2-55}$$

$$\lg p_{S_2}^{1/2} = -18940/T + 2.784 - \lg p_{O_2} \tag{2-56}$$

根据上述公式可计算出锍品位变化与$a_{Fe_3O_4}$、$w(Fe_3O_4)$、$\lg p_{O_2}$、$\lg p_{S_2}$及a_{Cu_2S}等的关系，如图2-12和图2-13所示。从图中可看出，随着熔炼过程的进行，氧势不断升高，硫势不断降低；与此同时，锍品位继续增高，熔体中Cu_2S的活度增大，FeS的活度减小。在接

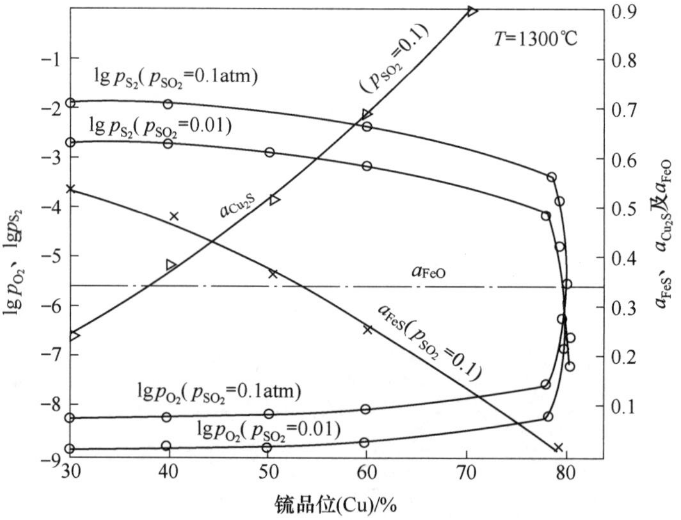

图2-12　锍品位与a_{FeS}、a_{Cu_2S}、a_{FeO}、$\lg p_{S_2}$、$\lg p_{O_2}$的关系状态曲线

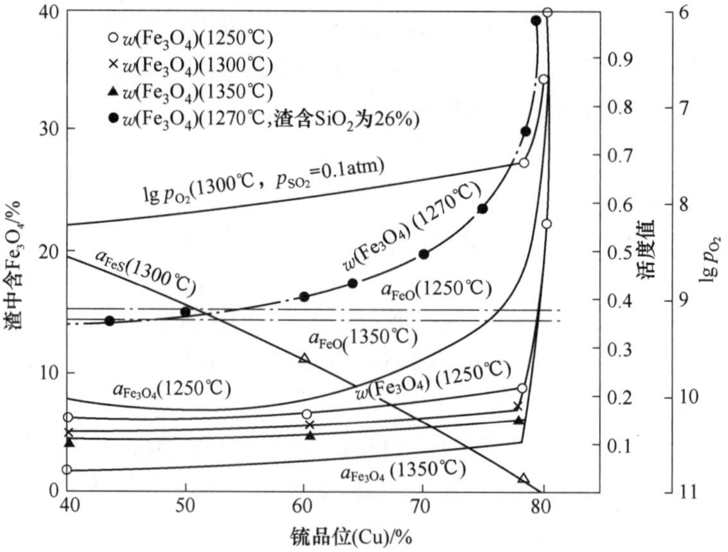

图2-13　炉气-炉渣-锍系锍品位与$w(Fe_3O_4)$、$a_{Fe_3O_4}$、$\lg p_{O_2}$、a_{FeS}及a_{FeO}的关系状态曲线

（$p_{SO_2}=0.1atm$）

近白冰铜组成时，$\lg p_{O_2}$、$a_{Fe_3O_4}$、$w(Fe_3O_4)$ 等均发生急剧的转折，并呈直线上升；$\lg p_{S_2}$ 则相反，在接近白冰铜组成时，由转折点呈直线下降。锍中含氧量随锍品位的增高而减少，结果渣中含氧量与锍中含氧量的比值也将在锍品位接近白冰铜组成时发生急剧的变化。

在富氧强化熔炼过程中，锍品位也从传统法的30%~40%升到60%~75%（见图2-14），传统造锍熔炼时体系中氧分压 p_{O_2} 为 10^{-10}~$10^{-8.5}$atm，现代强化造锍熔炼法体系氧分压 p_{O_2} 达 10^{-9}~$10^{-7.5}$atm。

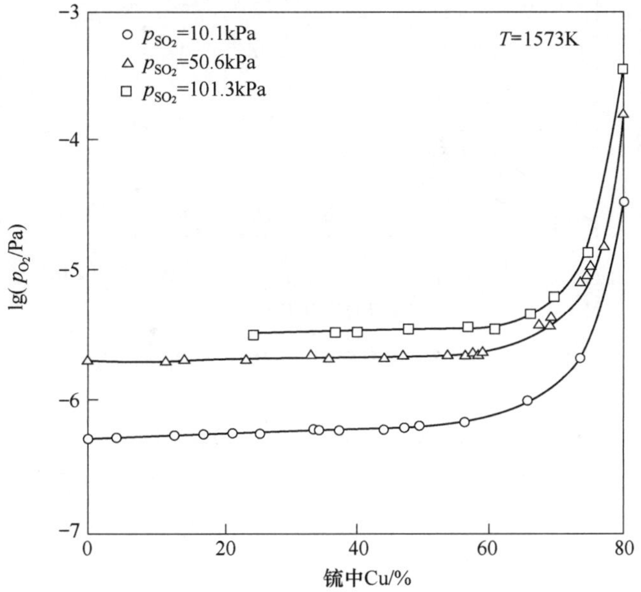

图2-14 体系氧分压与锍品位的关系

众多研究者在实验室于不同条件下研究了渣-锍平衡体系中铜在渣中的溶解与锍品位的关系，各研究者所得结果差别很大，主要是在锍品位较低的区域。在此区域内，铜主要以硫化物形态溶于炉渣中，它与锍品位、炉渣组成及体系氧和硫的分压有关。当锍品位升到75%以上时，铜以氧化物形态溶于渣中，因这时体系氧分压高，炉渣几乎为 Fe_3O_4 所饱和，所以这时铜的溶解曲线基本趋于一致，并且升高很迅速。在炉气-炉渣-锍平衡体系中，随着氧势的升高，锍中含氧量升高，由于氧对铁的亲和力比对铜的亲和力大，因此氧进入锍中将促使锍中铁离子氧化进入渣中，即：

$$[Fe^{2+}](锍) + 1/2O^{2-}(渣) \xlongequal{} (FeO)(渣) \qquad (2\text{-}57)$$

对于低品位锍而言，因含铁高，铁氧化入渣量大，铜很少氧化，所以铜氧化态溶解损失少。反之，锍品位高时锍中铁离子很少，铜氧化大大增强，所以铜氧化物溶解损失增大，如图2-15所示。从图2-15可知，对于低品位锍（高铁），铜进入渣中的量达一定值（0.4%~0.89%铜）后即与锍中含氧量无关。而对于高品位锍（低铁），铜进入渣中的量随含氧量急剧上升。这表明锍品位越低，锍中含氧量对渣含铜影响越小；反之，锍品位越高，锍中氧含量对渣含铜影响越大。Nagamori 与 Sehnàlek 研究了硫化态和氧化态溶解铜与铜锍品位的关系。Nagamori 利用式（2-58）和式（2-59）计算了锍品位升高过程中两种溶解态的铜变化，结果如图2-16所示。Nagamori 认为熔渣与白冰铜共存时，熔渣不溶解硫，渣中硫化态铜在锍品位由50%升高至白冰铜过程中将逐渐减少至零。

$$w(\mathrm{Cu})_s = 2.70 \times w(\mathrm{S}) \times a_{\mathrm{Cu}} \tag{2-58}$$

$$w(\mathrm{Cu})_{ox} = \alpha \times a_{\mathrm{Cu_2O}} \tag{2-59}$$

式中，α 为比例常数，视渣型波动在 27.59～35.9 之间。

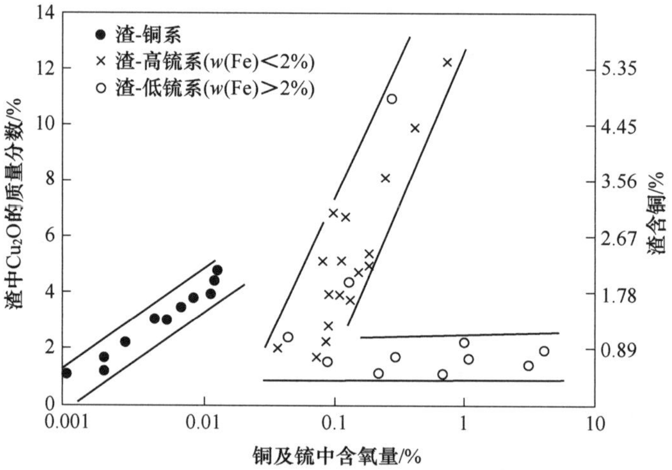

图 2-15　铜及锍中含氧量与渣中氧化态铜的关系

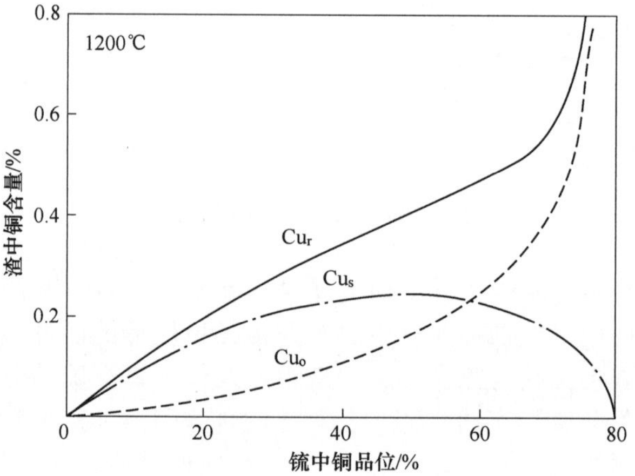

图 2-16　饱和 SiO_2 渣中溶解铜与锍品位的关系

Sehnàlek 则利用式（2-60）计算了两种溶解铜与锍品位的关系，其结果如图 2-17 所示。该图与图 2-16 的差异体现了相关学者对于高品位冰铜的铜熔渣中溶解硫的理解。Sehnàlek 与 Goto 认为随着锍品位升高，溶解于渣中硫化态铜随之升高，结果如图 2-18 所示。

$$w(\mathrm{Cu}) = 0.046 \times [N_{\mathrm{Cu_2S}}/(1 - N_{\mathrm{Cu_2S}})]^{1/2} + 0.3368 \times (N_{\mathrm{Cu_2S}})^{1/2} \tag{2-60}$$

Tavera 和 Davenport[8] 通过实验测定了硅酸铁渣系与锍平衡时溶解于渣中总铜量与锍品位的关系，如图 2-19 所示[9]。其结果如前分析一致，当锍品位大于 60%时，熔渣平衡氧分压升高，溶解于渣中的氧化态铜增加，使渣中溶解铜总量显著升高。表 2-2 列出了国内外一些炼铜厂采用不同熔炼法时的铜锍品位。

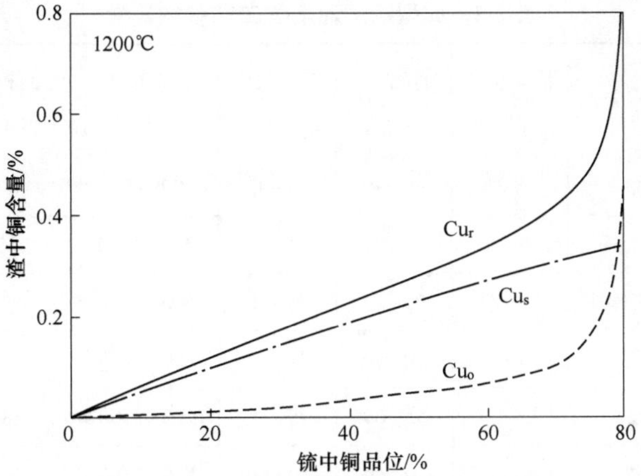

图 2-17 饱和 SiO_2 渣中溶解铜与锍品位的关系

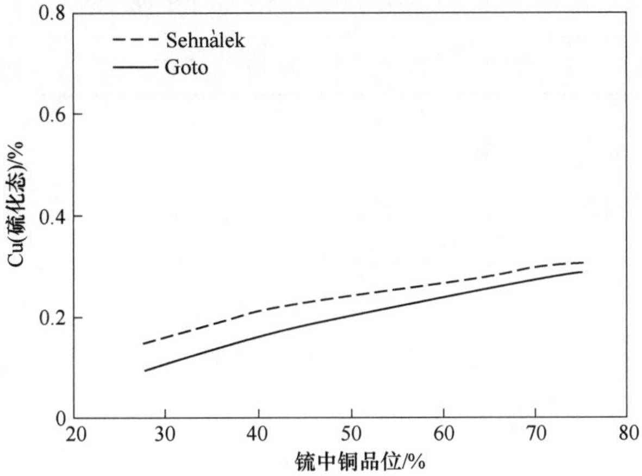

图 2-18 不同锍品位下硫化态铜溶解在渣中变化

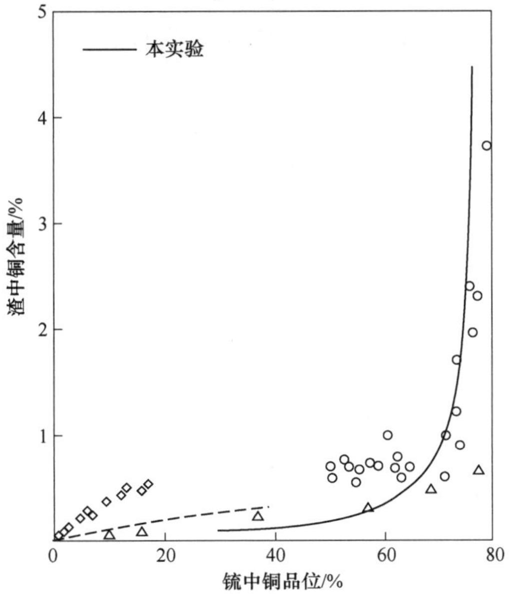

图 2-19 炉渣溶解铜与锍品位关系

(图中各点为不同研究者所得实验数据)

表 2-2 典型铜熔池熔炼工艺参数比较

工艺	工厂	精矿品位 /%	冰铜品位 /%	富氧浓度 /%	冶炼温度 /℃	面积容量 $/t\cdot(d\cdot m^2)^{-1}$	体积容量 $/t\cdot(d\cdot m^3)^{-1}$
诺兰达熔炼	大冶有色	约 21	68~70	38~42	1220±20	47.2	14.9
特尼恩特熔炼	丘基卡马塔冶炼厂	30~33	72~74	39~42	1220~1250	39.1	9.8
瓦纽科夫熔炼	诺里尔斯克冶炼厂	19~23	55~74	60~70	1300~1350	—	—
白银法	白银有色	16~17	30~50	21~47	1200~1250	—	—
艾萨熔炼	迈阿密冶炼厂	25~29	55~60	45~50	1180~1190	186.1	14.3
奥斯麦特熔炼	铜陵有色	约 25	50~60	40~60	1180~1190	126.1	11.5
三菱法	直岛冶炼厂	34	约 68	55	1180	126.1	11.5
SKS 法	方圆有色	约 20	72~73	72~75	1200~1230	61.2	21.2

2.1.3.2 富氧熔炼渣相平衡

在炉气和炉渣共存的体系中，反应如下：

$$1/2O_2 + 3FeO = Fe_3O_4 \tag{2-61}$$

$$\Delta G = \Delta G^{\ominus} + RT\ln K \tag{2-62}$$

式中，K 为反应平衡常数；$\Delta G^{\ominus}$ 为反应在 T（K）温度下的标准自由能。

当反应达到平衡时，$\Delta G=0$，故：

$$\Delta G^{\ominus} = -RT\ln K \tag{2-63}$$

$$K = a_{Fe_3O_4}/a_{FeO}^3 \times p_{O_2}^{1/2} \tag{2-64}$$

$$\Delta G^{\ominus} = -92300 + 38T(J) \tag{2-65}$$

由式（2-63）和式（2-64）得：

$$\lg p_{O_2}^{1/2} = 20200/T - 8.3 + \lg a_{Fe_3O_4} - 3\lg a_{FeO} \tag{2-66}$$

在一定温度和一定的 SiO_2 含量条件下，a_{FeO} 与其浓度的关系可以求得，因此，式（2-66）可写为：

$$\lg p_{O_2}^{1/2} = \lg a_{Fe_3O_4} + A \tag{2-67}$$

式中，A 为常数。

或

$$p_{O_2}^{1/2} = K_O \times \gamma_{Fe_3O_4} \times c_{Fe_3O_4} = K'_O \times N_{Fe_3O_4} \tag{2-68}$$

式中，$a_{Fe_3O_4}$ 为渣中 Fe_3O_4 的活度；$c_{Fe_3O_4}$ 为其浓度；$\gamma_{Fe_3O_4}$ 为其活度系数；K_O，K'_O 在一定条件下均为常数，K'_O 可由 $p_{O_2}^{1/2}$ 对 $c_{Fe_3O_4}$ 作图求得，或由实验曲线的斜率求得，如图 2-20 所示。

从图 2-20 可以看出，在各温度和 SiO_2 含量一定的条件下，炉渣的平衡氧势（$p_{O_2}^{1/2}$）与 Fe_3O_4 在渣中的浓度呈直线关系。在一定温度和等氧势条件下，渣中溶解的 Fe_3O_4 浓度随 SiO_2 增多而减少。这是因为渣中 FeO 的活度随 SiO_2 增多而降低，特别是在 FeO-Fe_2O_3-SiO_2 体系中 FeO/SiO_2 比值必须维持一定才能保证均相熔体。图 2-21 为在饱和 SiO_2 和一定

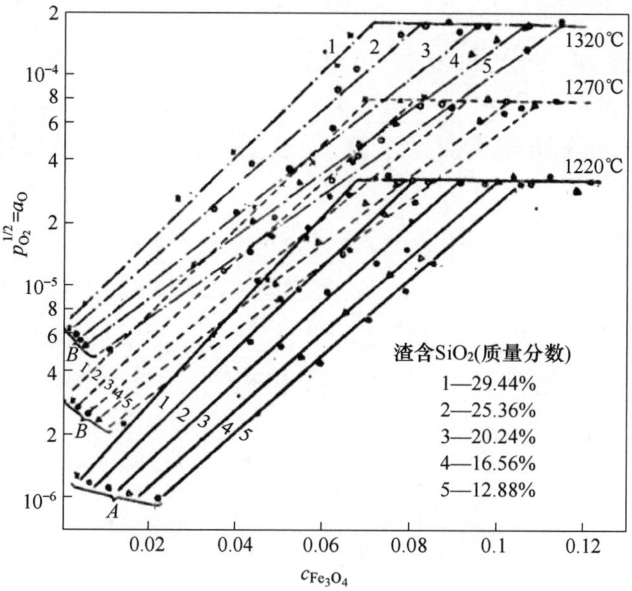

图 2-20 $a_O=p_{O_2}^{1/2}$与渣中 $c_{Fe_3O_4}$的关系

温度条件下，炉气-炉渣-铜合金及炉气-炉渣（γ-Fe-饱和 Fe_3O_4）平衡体系中平衡氧势（$\lg p_{O_2}$）与渣中 Fe_3O_4 质量分数的关系。从图中可以看出，$\lg p_{O_2}$与 Fe_3O_4 不能维持线性关系，其斜率是随着氧势的增大而增大，越趋近于饱和 Fe_3O_4 曲线斜率越陡。显然，从图中还看出温度越高，达到饱和 Fe_3O_4 的平衡氧势也越大，因此提高炉内温度有利于强化熔炼，减少 Fe_3O_4 的析出。

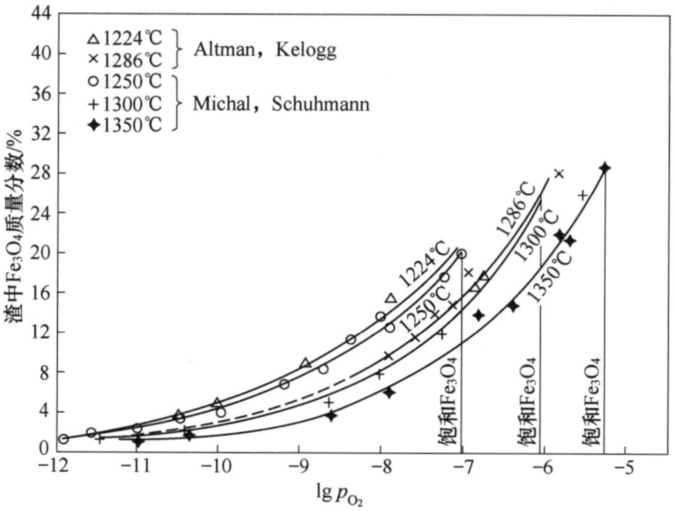

图 2-21 炉气炉渣-铜合金及炉气-炉渣平衡体系渣中 Fe_3O_4 的质量分数与氧分压的关系

图 2-20 和图 2-21 按反应式（2-61）用 Fe_3O_4 含量来表示炉渣的平衡氧势。从离子反应来看，实际上炉渣的氧势用高价铁离子来表示也是一样的：

$$2Fe^{2+}(渣) + CO_2(气) \longrightarrow 2Fe^{3+}(渣) + O^{2-}(渣) + CO(气) \tag{2-69}$$

$$2Fe^{2+}(渣) + 1/2O_2(气) \longrightarrow 2Fe^{3+}(渣) + O^{2-}(渣) \tag{2-70}$$

故

$$\lg(p_{CO_2}/p_{CO}) = 2\lg(Fe^{3+}/Fe^{2+}) + 2\lg(\gamma_{Fe^{3+}}/\gamma_{Fe^{2+}}) + \lg a_{O^{2-}} - \lg K \tag{2-71}$$

式中，$\gamma_{Fe^{3+}}$，$\gamma_{Fe^{2+}}$ 分别为铁离子活度系数；$a_{O^{2-}}$ 为炉渣中氧离子活度；p_{CO_2}/p_{CO} 为平衡氧势。

在饱和 SiO_2 条件下，式（2-71）中 $2\lg(\gamma_{Fe^{3+}}/\gamma_{Fe^{2+}})+\lg a_{O^{2-}}$ 若为常数，则 $\lg(p_{CO_2}/p_{CO})$ 将与渣中的 $\lg(Fe^{3+}/Fe^{2+})$ 呈直线关系，这可由图 2-22 中虚线看出，其斜率等于 2。但从图中看出，实验数据在低氧势和高氧势情况下，$2\lg(\gamma_{Fe^{3+}}/\gamma_{Fe^{2+}})+\lg a_{O^{2-}}$ 较直线有较小的负偏差。它表明，在这两种情况下，Fe^{3+}/Fe^{2+} 并不守恒。这与渣中铁离子状态有关，如生成络阴离子（含高价铁离子较多的情况下）。

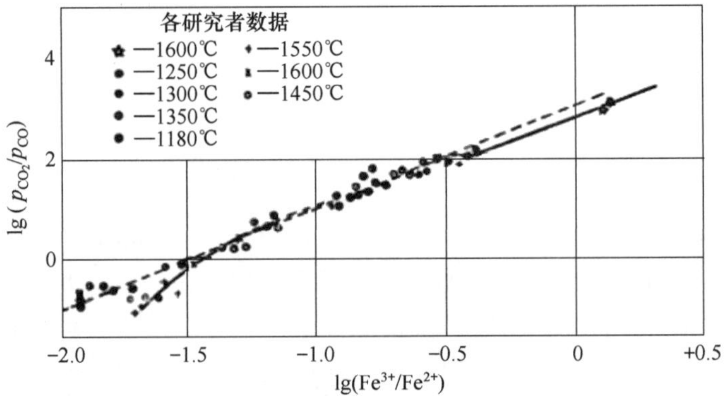

图 2-22　$FeO-Fe_2O_3-SiO_2$ 饱和 SiO_2 氧分压与 Fe^{3+}/Fe^{2+} 比值的关系

图 2-20～图 2-22 的实验数据表明，在炉气和炉渣的平衡体系中，炉渣的氧势可以用与之平衡的气相中的氧分压（p_{O_2}）来衡量。由图可知，炉渣的氧势大小与下列因素密切相关：

（1）体系的温度；

（2）高价铁离子浓度即 Fe_3O_4 的浓度；

（3）渣中二氧化硅含量（影响渣中 FeO 活度）。

现代富氧强化熔炼技术生产高品位冰铜，熔池内氧势高，将使熔渣析出大量 Fe_3O_4 物相。由于 Fe_3O_4 的熔点（1867.5K）高，在正常的熔炼条件下难以熔化，以固体尖晶石的形态存在于铜熔渣中。由爱因斯坦提出的流体黏度与流体中固相体积分数的关系（见式（2-72））可知，增加 Fe_3O_4 将使铜熔渣黏度上升，如图 2-23 所示。Stokes 沉降公式（见式（2-73））进一步表明铜熔渣黏度增大导致铜锍颗粒终端沉降速率降低，延长了铜锍小颗粒穿过渣层的时间，不利于渣-锍分离。

$$\eta = \eta_s(1 + 5/2f) \tag{2-72}$$

式中，η_s 为铜渣中液体的黏度，Pa·s；f 为固体尖晶石的体积分数。

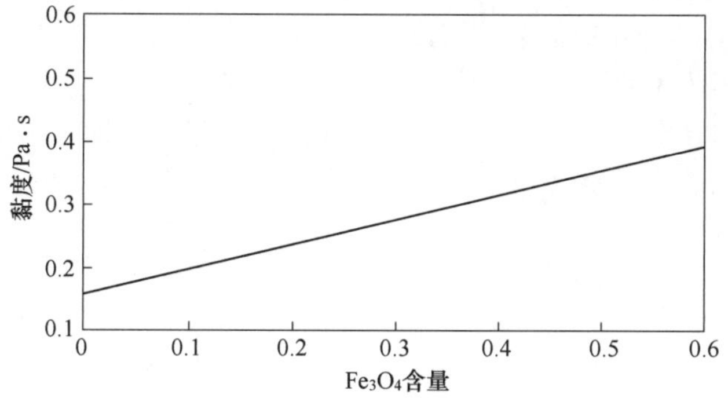

图 2-23 铜渣黏度随 Fe_3O_4 含量变化

$$v = gd^2(\rho_m - \rho_s)/18\eta \tag{2-73}$$

式中，v 为铜颗粒的终端沉降速率，m/s；g 为重力加速度，$g=9.81\text{m/s}^2$；d 为颗粒直径，m；ρ_s 为渣密度，kg/m^3；ρ_m 为铜锍密度，kg/m^3；η 为渣黏度，Pa · s。

Stokes 方程的成立是基于几个基本假设：介质的无限范围，颗粒沉降过程中始终保持刚性球特性，不可压缩流体，颗粒与流体界面不存在滑动。

高温熔融条件下，由于锍与熔渣的密度差异，铜锍小颗粒发生自然沉降与渣分离，理论上通过高温熔融分离可实现铜渣的贫化，但富氧熔炼渣中 Fe_3O_4 的析出直接阻碍了铜锍颗粒沉降。如底吹炉生产高品位铜锍（含 Cu 72%～76%）的过程中，铜渣中 Fe_3O_4 含量高达 25%以上，渣含铜大于 3%。如图 2-24 所示，熔炼渣经 SEM-EDS 分析发现，渣中 Fe_3O_4 相附着在铜锍颗粒上，抑制铜锍颗粒沉降。

图 2-24 工业铜熔渣 SEM-EDS 分析

熔渣中铜锍小颗粒的沉降同样受到熔渣表面张力或渣-锍界面张力的影响。任何液体表面层分子与位于表面以下的液体内部分子是处在不同环境条件中的，在它们之间必然产生力场的差异。表面张力就是作用于表面薄层上单位长度的力，常以牛顿/米（N/m）表示。当液体表面层与气体接触时，由于表面层下部液体分子所受的吸力把表面分子拉向液体内部并使液体表面力缩小。液体表面反抗这种吸力的能量与表面积的改变量成比例，即：

$$\mathrm{d}Z = \gamma \times \mathrm{d}S \tag{2-74}$$

式中，γ 为比例常数，称为比表面等压位，即表面张力，N/m；dZ 为恒温恒压下体系中表面等压位的改变量；dS 为相应的表面积改变量。

当一滴液体在固体表面上时，固体和液滴均与空气接触。在这种情况下，气-液-固三相共存，在每两相间存在着不同的表面张力，常称界面张力，即气-固界面张力 $\gamma_{g\text{-}s}$、气-液界面张力 $\gamma_{g\text{-}l}$ 及固-液界面张力 $\gamma_{s\text{-}l}$。此三种界面张力均沿切线方向，如图 2-25 所示。

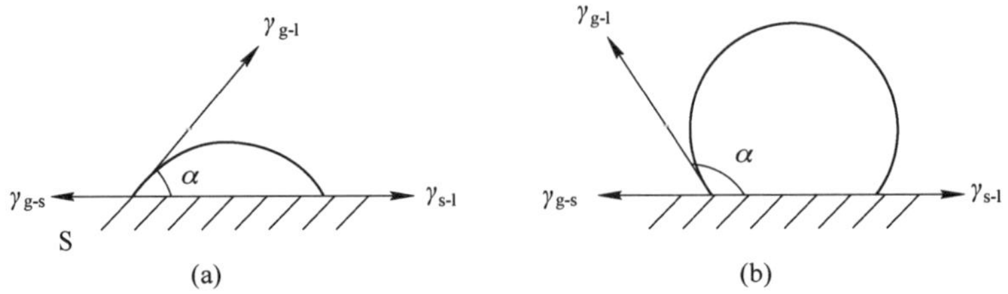

图 2-25　气-液-固三相共存的表面张力

（a）润湿；（b）不润湿

图 2-25 中 $\gamma_{g\text{-}l}$ 与 $\gamma_{s\text{-}l}$ 形成的角度 α，称为润湿角。当三种界面张力达到平衡时，则下列关系式成立：

$$\gamma_{g\text{-}s} = \gamma_{g\text{-}l} \times \cos\alpha + \gamma_{s\text{-}l} \tag{2-75}$$

当 $\alpha = 0$，$\cos\alpha = 1$ 时：

$$\gamma_{g\text{-}s} = \gamma_{g\text{-}l} + \gamma_{s\text{-}l} \tag{2-76}$$

这种情况为液体在固体表面全润湿，液体在固体表面散为一层。按式（2-75）可得：

$$\cos\alpha = (\gamma_{g\text{-}s} - \gamma_{s\text{-}l})/\gamma_{g\text{-}l} \tag{2-77}$$

一般液体在固体表面的润湿角总是大于 0°而小于 90°，即：

$$1 > (\gamma_{g\text{-}s} - \gamma_{s\text{-}l})/\gamma_{g\text{-}l} > 0 \tag{2-78}$$

这种情况称为部分润湿。部分润湿度的大小取决于式（2-78）三种界面张力的大小。当 $\gamma_{g\text{-}l}$ 越大，而 $\gamma_{g\text{-}s}-\gamma_{s\text{-}l}$ 越小，则液滴固体表面上形成的弯曲面越大，润湿度就很小。反之，就很大。

铜冶炼过程中，渣中金属的夹带损失与炉渣和熔锍的界面张力有密切关系。铜锍颗粒（液滴）的分散和汇聚与炉渣-熔锍界面张力的关系可由式（2-74）看出，即界面张力增大有利于锍滴表面积的缩小，分散的锍滴易于汇聚，颗粒半径相应增大，有利于从渣中沉降。反之，当界面张力减小时，锍滴表面积容易增大，促进其分散，就不利于汇聚，难于从渣中沉降。由图 2-26 可知，Fe_3O_4 溶解在熔锍和渣中，将减少两者之间的界面张力，不利于铜锍颗粒沉降[3]。

综上所述，渣中 Fe_3O_4 是产生熔锍颗粒夹带损失的主要因素之一。图 2-27 为富氧顶吹铜熔渣样品微观形貌，上层泡沫渣微观形貌显示气孔多，铜锍颗粒聚集度较好，但铜锍颗粒周围具有大量 Fe_3O_4 颗粒，泡沫渣层中 Fe_3O_4 含量约为 18.6%。当铜锍与 Fe_3O_4 颗粒相互反应时，产生的 SO_2 气体在逸出过程中，致使熔渣发泡，直接阻碍渣-锍分离。样品中间层泡沫渣现象消失，铜熔渣结构致密，主要物相为铁橄榄石及 Fe_3O_4 相（含量约为 10.2%），但仍然存在大量铜锍小颗粒，其聚集度较差、尺寸细小。结合上述分析可知，上层渣中 Fe_3O_4 含量高，渣黏度增大，将产生泡沫渣，铜锍颗粒无法沉降；当铜熔渣样品

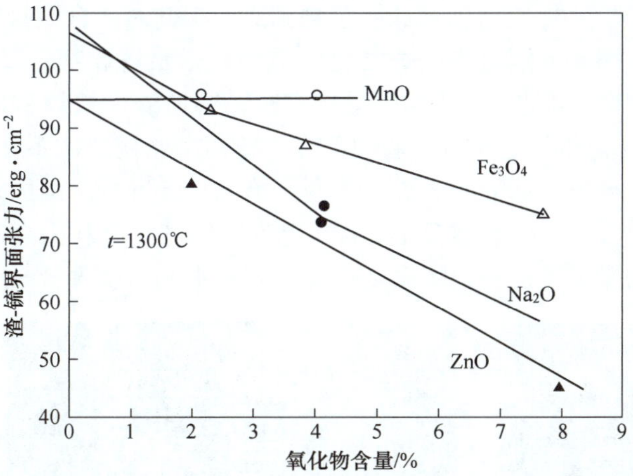

图 2-26 渣中加入氧化物对渣-锍界面张力的影响

（炉渣组分：FeO 40%、CaO 12.1%、SiO_2 47.9%；锍组成：Cu 19.42%、S 31.78%）

（$1erg=10^{-7}J$）

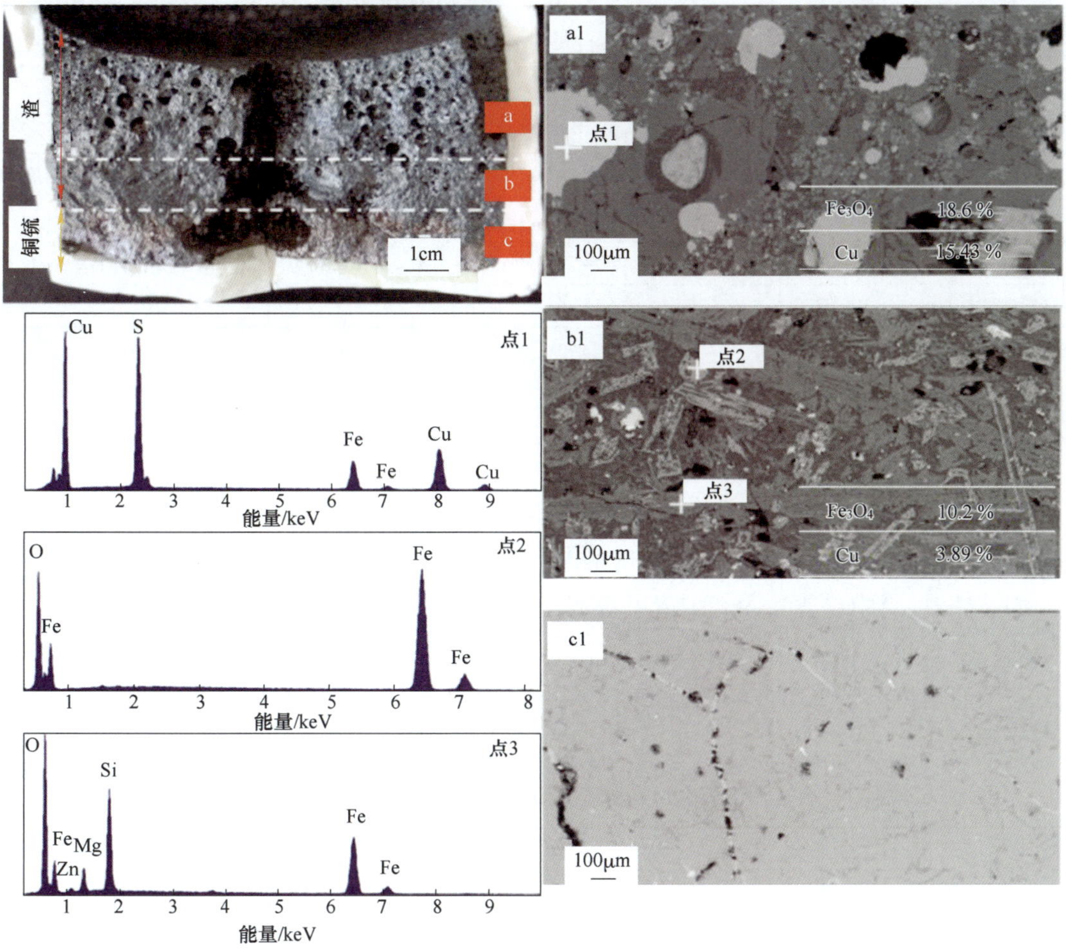

图 2-27 熔炼渣发泡现象及渣层微观形貌

中 Fe_3O_4 含量降低至10%左右时，泡沫渣现象消失，但此时渣含铜量仍然较高，达不到铜熔渣直接弃渣水平。因此，铜熔渣电炉贫化时应加入适量还原剂，降低渣中 Fe_3O_4 含量，进一步促进渣-锍分离。但是，还原剂用量过多时，铜熔渣中铁物相还原为金属铁，形成以 γ-Fe 为基体的高熔点铁铜合金（见图 2-28），破坏了原铜渣体系平衡，使其黏度升高，当熔体产生气泡时，导致泡沫渣的形成，不利于冶炼正常进行。国内外一些炼铜厂采用不同熔炼法时的 Fe_3O_4 及渣中铜含量见表 2-3，造锍熔炼过程中利用高富氧浓度、高铁硅比生产高品位冰铜，通常需要提高冶炼温度来降低铜渣中 Fe_3O_4 含量。

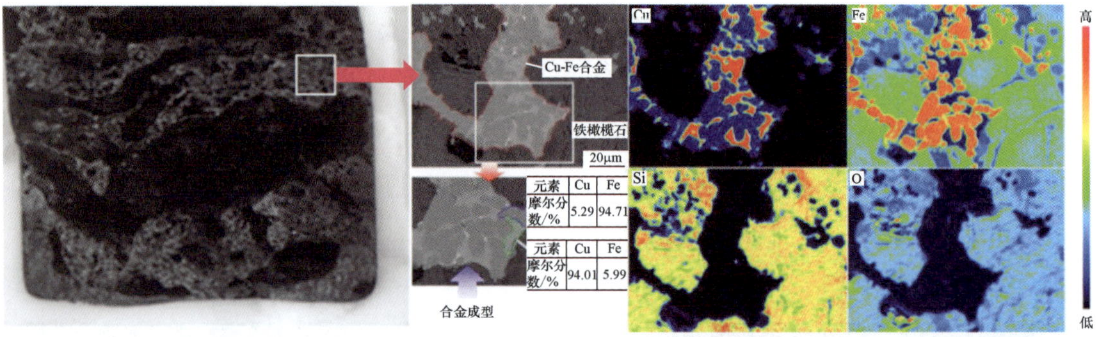

图 2-28 熔渣过度还原后宏观及微观形貌

表 2-3 国内外一些炼铜厂采用不同熔炼法时的 Fe_3O_4 及渣中铜含量

工艺	精矿品位/%	冰铜品位/%	富氧浓度/%	铁硅比	Fe_3O_4 含量/%	渣含铜/%	冶炼温度/℃
富氧顶吹熔炼	19~22	55~60	50~60	1.0~1.4	6~10	<2.0	1160~1180
富氧底吹熔炼	18~22	70~76	60~72	1.5~1.8	25~30	<3.5	1200~1230
富氧侧吹熔炼	19~23	70~76	60~75	1.6~2.2	6~15	<2.0	1250~1320

2.1.4 铜损失及渣型调控

2.1.4.1 炉渣化学组成与酸碱性

火法冶炼过程实质是炼渣，铜熔炼也不例外。炉渣是铜锍熔炼过程中主要的产物之一。铜熔炼渣是各种氧化物互相混合熔融而成的共熔体，主要氧化物是 SiO_2 和 FeO，其次是 CaO、MgO、Al_2O_3 等。固态炉渣可看成由 $2FeO \cdot SiO_2$ 及 $2CaO \cdot SiO_2$ 等复杂分子化合物组成；液态炉渣可认为是离子熔体，这种离子熔体由氧阴离子 O^{2-}、各种硅氧阴离子 Si_xO_{z-y}及金属阳离子 Fe^{2+}、Ca^{2+}、Mg^{2+}等构成。表 2-4 列出了典型造锍熔炼工艺所产生炉渣的化学组成。

表 2-4 典型熔炼炉渣的化学成分

熔炼方法	炉渣化学成分（质量分数）/%						
	Cu	Fe	S	SiO_2	CaO	Al_2O_3	MgO
密闭鼓风炉	0.42	29.0		38	11	7.5	0.74
艾萨炉	1	38	2.8	31	2.3	0.2	2

续表 2-4

熔炼方法	炉渣化学成分（质量分数）/%						
	Cu	Fe	S	SiO_2	CaO	Al_2O_3	MgO
底吹炉	4.06	39.98	1.06	25.10	2.29	3.46	0.78
瓦纽柯夫炉	0.5	40		34	2.6	4.2	1.4

炉渣的酸碱性过去常用硅酸度来表示，即

$$硅酸度 = 酸性氧化物中氧的质量和 / 碱性氧化物中氧的质量和 \quad (2\text{-}79)$$

考虑到铜锍熔炼渣中酸性氧化物主要是 SiO_2，所以硅酸度用下式表示：

$$硅酸度 = O_{SiO_2}/O_{\Sigma_{MeO}} \quad (2\text{-}80)$$

式中，Σ_{MeO}为 CaO、FeO、MgO 等碱性氧化物之和。

近年来许多研究者指出，硅酸度中只把 SiO_2 作为酸性氧化物考虑了进去，但实际上有时碱性氧化物含量较多，渣中的 Al_2O_3 应归入酸性氧化物，所以用碱度来表示炉渣的酸碱性更合适。当渣碱度大于 1 时，为碱性渣；当渣碱度为 1 时，为中性渣；当渣碱度小于 1 时，为酸性渣。其表示式为：

$$渣的碱度 = [(FeO) + b_1(CaO) + b_2(MgO) + b_3(MeO) + \cdots]/[(SiO_2) + a_1(Al_2O_3) + a_2(Me_xO_y) + \cdots] \quad (2\text{-}81)$$

式中，(FeO)、(CaO)、…分别为炉渣中各氧化物的含量，%；a_i、b_i 分别为酸性氧化物和碱性氧化物的系数。

在铜熔炼的实际应用中，把 CaO、MgO、Al_2O_3 及其他金属氧化物分别简化为等量的 FeO 和 SiO_2，则碱度被简化为 Fe/SiO_2 比或 FeO/SiO_2 比，该比值是铜熔炼生产过程中的重要控制参数。

组成炉渣的各种氧化物中，SiO_2 对炉渣的影响最大。熔渣中 SiO_2 含量越高，硅氧络合阴离子的结构越复杂，离子半径越大，熔体的黏度也越大，Al_2O_3、ZnO 等也有类似的影响。而碱性氧化物的含量增加时，硅氧络合阴离子的离子半径变小，黏度将有所降低。

任何组成的炉渣，其黏度都是随着温度的升高而降低的。但是温度对碱性渣和酸性渣的影响有显著的区别。

碱性炉渣在受热熔化时，立即转变为各种 Me^{2+}和半径较小的硅氧络合阴离子，黏度迅速下降，如图 2-29 所示，其黏度-温度曲线上有明显的转折点（该转折点温度称为熔化性温度），超过转折点温度后，曲线变得比较平稳，即温度对黏度的影响已不明显。

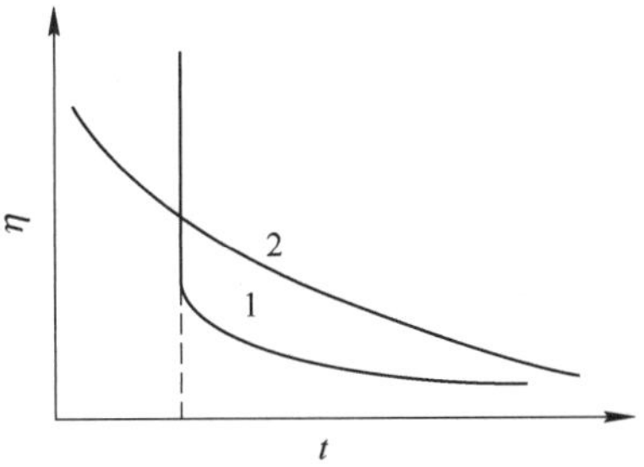

图 2-29 炉渣的温度-黏度曲线

1—碱性渣；2—酸性渣

酸性炉渣因含 SiO_2 高，在温度升高时，复杂的硅氧络合阴离子逐步离解为简单的络合阴离子，离子半径逐步减少，因而黏度也是逐步降低的，其黏度-温度曲线上没有明显的转折点（见图 2-29），因而酸性渣也没有明显的熔化性温度。

碱性渣的黏度与温度的关系通过实验求出以下关系式：

$$\ln\eta = A/T + B \tag{2-82}$$

改写为：

$$A = W_\eta/R$$

$$\eta = B_0 e^{W_\eta/(RT)}$$

式中，W_η 为黏流活化能，是质点在两平衡位置间移动所需的最小能量，质点大，W_η 也大，黏度也大。

对于酸性渣，由于温度升高使硅氧络合阴离子解体，质点数增多而半径变小，W_η 已不是常数，故式（2-82）不适用，因而黏度与温度的关系常用经验方程式（2-83）表示：

$$\lg(\lg\eta) = A + BT \tag{2-83}$$

式中，A，B 分别为与炉渣成分有关的常数。

式（2-83）表示酸性渣的黏度的重对数与温度 T 呈直线关系，这已为大多数实验所证实。

2.1.4.2　炉渣的结构

实践与理论证明，炉渣的性质取决于炉渣的组成，从而对铜在渣中的损失（含机械夹带和溶解损失）产生重大影响。

铁橄榄石渣是一种典型的硅酸盐熔体，熔融状态下，铜渣的硅酸盐结构与晶态硅酸盐结构基本一致，是一种复杂的网状结构。硅酸盐的网状结构是由聚合态阴离子（$[SiO_2]_n$、$[Si_2O_5]_n$、$[Si_2O_7]^{6-}$等）和金属阳离子两部分构成，硅氧四面体是聚合阴离子的基本结构单元，即一个位于中心的+4 价态 Si^{4+} 和 4 个-1 价态 O^- 分别以硅氧键（Si—O）相连，形成四面体构型。部分硅氧聚合阴离子的结构示意图如图 2-30 所示。

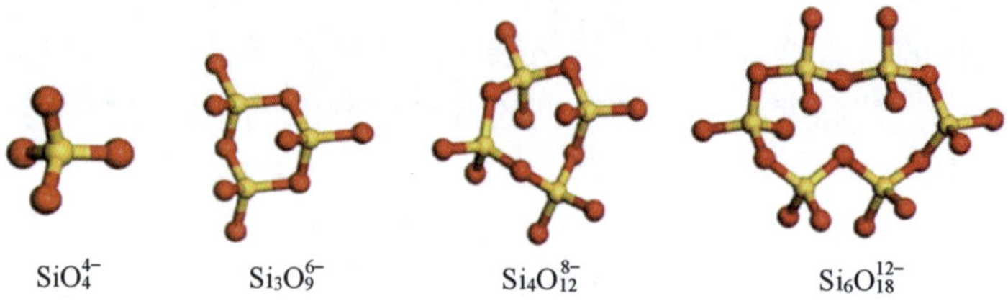

图 2-30　部分硅氧聚合阴离子的结构示意图

红外光谱是一种常用的硅酸盐结构测定技术。通常，硅酸盐桥氧键的峰位于 400~800cm^{-1}的波数范围，非桥氧键的峰位于 800~1200cm^{-1}波数范围，如图 2-31 所示。理论认为硅酸盐由单体 Q^0 $[SiO_4]^{4-}$、二聚体 Q^1 $[Si_2O_7]^{6-}$、链状 Q^2 $[Si_2O_6]^{4-}$、层状 Q^3 $[Si_2O_5]^{2-}$和网络状（SiO_2）4 种不同结构组成（1，2，3 表示硅酸盐中桥氧的数量）。Q^0 是硅酸盐结构的基本单元。

$[SiO_4]^{4-}$四面体中 Si—O 的长度低于 0.160nm，低于未发生极化时的键长，氧原子在 $[SiO_4]^{4-}$四面体中表现为共价键，证明其结构稳定。有研究认为 Q^0 的振动峰出现在 850cm^{-1}附近，Q^1 的振动峰出现在 930cm^{-1}附近，Q^2 的振动峰出现在 1000cm^{-1}附近，Q^3

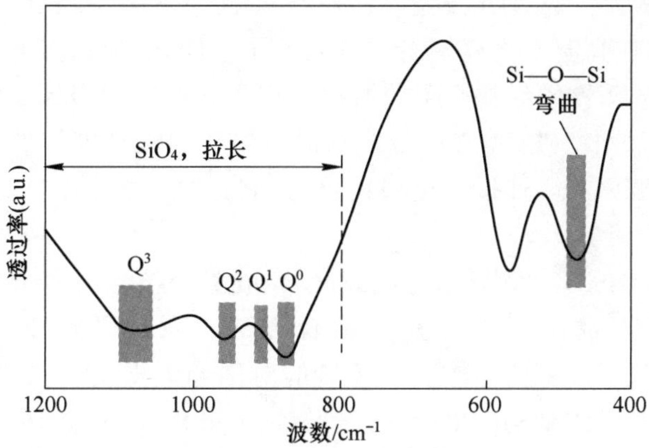

图 2-31　铜渣红外光谱图

的振动峰出现在 1100cm^{-1}附近。由于具体成分的不同，具体的振动峰出现位置将发生偏移。在铜渣中不同硅酸盐结构会相互结合形成不同的精细结构，You 提出了硅氧四面体的应力指数，并结合量子化学计算，得出了硅酸盐不同微观环境下的不同二级微观结构单元（$Q_{i(qh)}^{n_1n_2n_3\cdots}$）及其振动频率关系（见图 2-32）。图中 i 为硅氧四面体中桥氧的数量，n_1，n_2，n_3，…为与硅氧四面体相邻的桥氧的数量，h 表示六元环，q 表示四元环。例如，$Q_{3(2h)}^{233}$表示 Q^3 结构与一个 Q^2 和两个 Q^3 相邻，并参与了两个六元环的成环连接。图 2-32 表明不同结构的硅酸盐相互结合形成了大量精细结构，且硅酸盐结构越简单，桥氧键在 800～1200cm^{-1}波数范围形成的红外峰的频率越低，即波数越小。

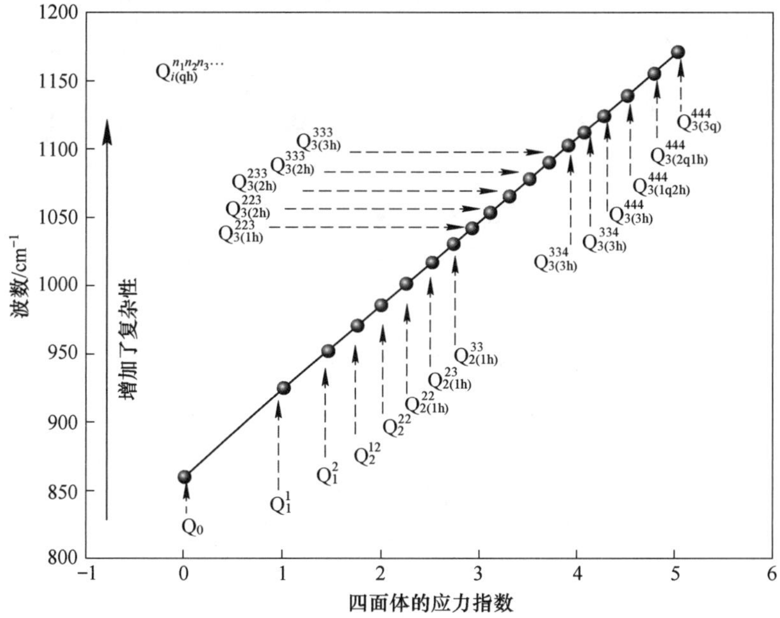

图 2-32　硅酸盐化学键振动峰频率与精细结构的关系

铜渣的硅酸盐结构还会受到很多物质的影响。P_2O_5、B_2O_3、Cr_2O_3 等类似于 SiO_2 四配位的网络聚合物称为“网络形成体”；对于碱性氧化物如 FeO、CaO、MgO、Na_2O、MnO、BaO、K_2O，其在高温下将离解出游离氧离子，而 Si 对氧离子的引力比碱金属对氧离子的引力大得多，硅氧网络结构会吸收游离氧离子导致结构得到破坏，这种能离解游离氧离子的化合物称为“网络破坏体”；另外，根据炉渣的酸碱度特性，某些化合物既可以促进网络聚合也可以破坏网络连接，这种化合物称为“两性网络体”，常见的“两性网络体”有 Fe_2O_3、Al_2O_3 和 TiO_2。

图 2-33 为水淬 FeO-SiO_2-5%Al_2O_3-10%ZnO 合成渣的拉曼光谱分峰。采用的解谱策略主要是基于 Mysen 等人提出的拉曼光谱拟合方法。高频区解谱的波数范围为 750～1150cm^{-1}，此区间反映了硅氧四面体间非桥氧的对称伸缩振动，在此波段出现了包络峰，包含了多个代表不同四面体结构的单峰，通过解谱能够得到不同四面体结构单峰的定量分析。拉曼谱线拟合采用波带均为 Gaussian 线型，拟合过程中所有波带的峰位、强度及半高宽自动调整。拉曼光谱高频段拟合所得不同结构单元对应波带的位移和面积分数见表 2-5。需要注意的是，除非渣中含有大量的 SiO_2（大于 50%），一般情况下渣中 Si—O 结构都会得到不同程度的破坏，完全聚合的 Q^4 结构单元含量极低，很难从光谱信号中分峰得出。从表中可以看出，Q^0 的峰位移在 840cm^{-1}附近，Q^1 的峰位移在 920cm^{-1}附近，Q^2 的峰位移在 980cm^{-1}附近，Q^3 的峰位移在 1040cm^{-1}附近。840cm^{-1}附近表征 Q^0 的波峰峰值随着 FeO/SiO_2 的增加变强，Q^0 的面积明显增大，而 Q^1、Q^2、Q^3 的面积在逐步减少，意味着随着 FeO 含量的增加，碱性化合物 FeO 离解的自由 O^{2-}会对复杂的硅氧四面体结构解体，破坏 Si—O 网络结构，渣中简单的硅酸盐结构单元含量增加，复杂的硅酸盐结构单元含量降低，硅酸盐熔体的结构整体在变简单。硅酸盐熔体结构的简化有利于黏度的降低。

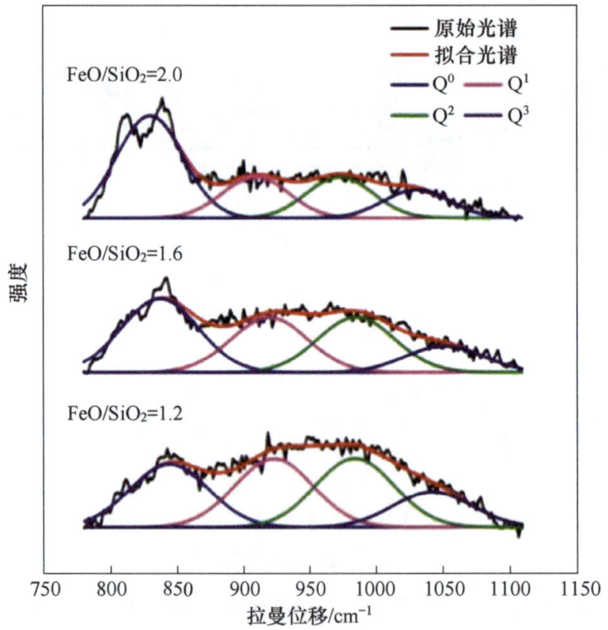

图 2-33　FeO-SiO_2-5%Al_2O_3-10%ZnO 合成渣的拉曼光谱

表 2-5 拉曼光谱分峰所得不同结构单元对应波带的位移和面积分数

FeO/SiO_2	拉曼位移/cm^{-1}				面积分数			
	Q^0	Q^1	Q^2	Q^3	A^0	A^1	A^2	A^3
1.2	844.44	922.74	983.64	1041.50	26.76	29.05	29.21	14.98
1.6	837.59	919.60	984.90	1050.40	35.01	26.13	26.30	12.56
2.0	830.22	909.42	972.77	1030.10	48.03	19.89	19.83	12.25

图 2-34 为不同 CaO 添加量下铜渣的红外分析结果，结果显示，随氧化钙的增加，800～1200cm^{-1}附近的吸收峰发生偏移，即红外峰向低波数方向移动。这表明随氧化钙添加量的增加，硅酸盐形成的复杂结构逐渐趋于简化，大分子结构的简化将降低熔体的黏度。硅酸盐结构被破坏后，由层状的大分子硅酸盐结构逐渐向结构更加简单的链状、二聚体、单体等结构转化。

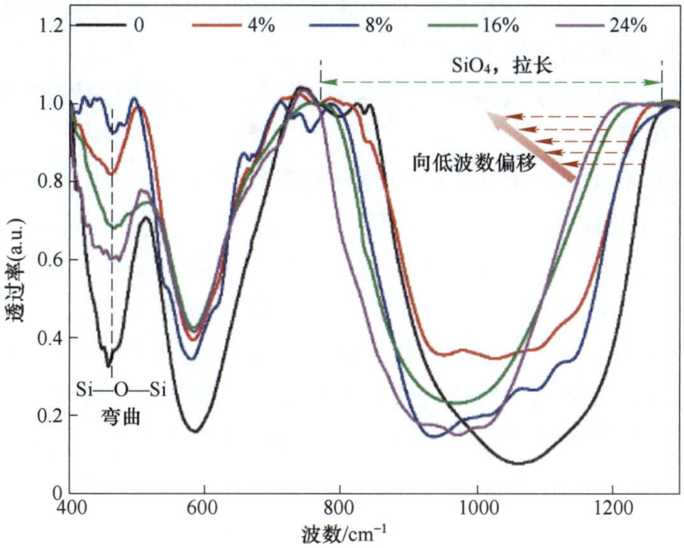

图 2-34 不同氧化钙添加量下铜渣红外光谱

2.1.4.3 渣中铜损失形式

众多的研究表明，铜是以机械夹带和化学溶解两种形式损失于炉渣中。

关于铜在渣中两种损失形式的比例，不少冶金工作者做过测定。Ю. Купряков 等人曾用气浮法和高温离心分离的方法对俄罗斯等国家的一些炼铜厂所产熔炼渣做过测定。测定表明，几种传统造锍熔炼渣中铜的机械夹带损失和化学溶解损失大约各占 50%。

贫化前炉渣中铜主要以机械夹杂的形式损失。据 P. J. Mackey 报道，当铜锍品位为 72%左右，贫化前渣含铜 2%～5%，其中 20%～40%的铜是以溶解形式存在，且大多为氧化物，少量为硫化物，其余的铜均以机械夹带形式存在。诺兰达法产出的炉渣中，铜的溶解损失约为 55%，且溶解损失的 33%左右为铜的硫化物。I. Imris 等人测定了特尼恩特转炉熔炼渣中铜损失的情况，结果表明，在该冶炼条件下（铜锍品位 75.1%、贫化前渣含铜

7.2%），87.70%～90.70%铜以机械夹杂的形式损失于炉渣中；9.30%～12.30%铜以溶解形式损失于炉渣中，其中约70%的铜以硫化物形式溶于渣中，约30%的铜以氧化物形式溶于炉渣中。

贫化后炉渣中铜主要以溶解形式损失。Coursol 等人指出，在较好的还原贫化条件下，渣中铜含量可降低至0.55%～0.7%，但其中仍然存在约25%的机械夹带铜和约75%的化学溶解铜。

A　渣中铜的机械夹带损失

a　机械夹带的原因

据统计，一般渣中有25%～75%的铜是以铜的硫化物微滴形式夹带于渣中。这些微滴的来源如下：

（1）SO_2 气泡的浮带作用。在体系氧势低的部位靠近炉底和炉壁的地方发生反应（见式（2-32）），产生的 SO_2 气泡上附着铜锍膜，当 SO_2 气泡上浮时将铜锍膜传送到渣层中，随着 SO_2 气泡的破裂，铜锍膜也破裂并分散于渣相中。

（2）细小的固体硫化矿和细小的硫化物液体在熔炼时未能下沉，仍浮于炉渣表面，由于界面张力的关系被分散而夹带于熔渣中。

（3）温度降低，铜或铜硫化物在渣中溶解度下降，非常细的铜或铜硫化物从渣中析出，并分散于渣系中。

由于操作条件的不同，夹带在渣中的铜锍粒度范围很大，从几微米到1mm左右。

b　影响铜夹带损失的因素

（1）铜锍和熔渣的密度。球形铜锍液滴在熔渣中沉降速度服从 Stokes 公式。铜锍与熔渣的密度差越大，熔渣的黏度越小，锍滴在渣相中的沉降速度越快，锍和渣相分离越好，从而铜的夹带损失就少。但值得注意的是，Stokes 公式适合静态条件下的沉降过程，且公式推导中忽略了表面能的影响。研究表明，当体系表面能低时，即使通过 Stokes 公式计算出有较大的沉降速度，但沉降仍然不会发生。此外，在实际生产中，由于渣层中的涡流运动、排放渣操作及气体的产生和喷出等，都将影响沉降分离的效果。

（2）熔渣的黏度。上已述及，熔渣黏度低有利于降低铜的夹带损失，而渣的黏度与炉渣的组成密切相关，特别是渣的 Fe/SiO_2 比，该值小于1，渣的黏度随着 Fe/SiO_2 比值减小而增大；该值大于1.5，渣的黏度同样随着 Fe/SiO_2 比值增大而增大，不利于锍滴的沉降。此外，温度升高有利于简化复杂硅酸盐结构，从而降低熔渣黏度，促进锍滴的沉降。

（3）铜锍（铜）与炉渣的表面张力和铜锍（铜）与炉渣的界面张力。研究表明，在靠近炉底或炉壁的地方产生的 SO_2 气泡上浮时，可将铜锍带到渣相中。当 SO_2 气泡破裂时铜锍滴将分散成许多微小的液滴，这些微滴难于汇聚变大，很难从渣相中沉降下去。气泡粘连锍滴的能力受铜锍和气相体系表面张力和界面张力的控制。界面张力增大有利于锍滴表面积的缩小，分散的锍滴易于汇聚，颗粒半径相应增大，有利于从渣中沉降。反之，界面张力减小，锍滴表面积容易增大，促进其分散，就不利于汇聚，难以从渣中沉降。图2-35为熔锍或金属膜被 SO_2 气泡带入渣层并破裂分散为微小液滴的过程示意图。

现代富氧强化熔炼技术提高了生产效率，使得铜渣中析出了大量 Fe_3O_4，恶化铜渣性

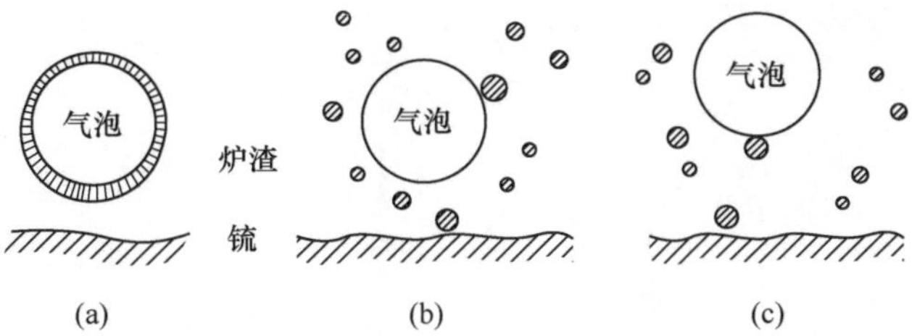

图 2-35 渣锍二液相共存时锍膜被带入渣层并破裂的过程示意图
(a) 附着锍膜层；(b) 分散锍滴；(c) 浮升

质，阻碍了铜锍/铜颗粒沉降，熔渣中铜机械夹带损失严重。图 2-36 和图 2-37 分别显示了富氧熔炼渣（贫化前）及吹炼渣中铜锍与铜颗粒的分布规律。Fe_3O_4 一方面增大炉渣黏度；另一方面它与铜锍、铜颗粒具有良好的润湿性，将使铜锍/铜颗粒附着在 Fe_3O_4 周围，阻碍沉降。

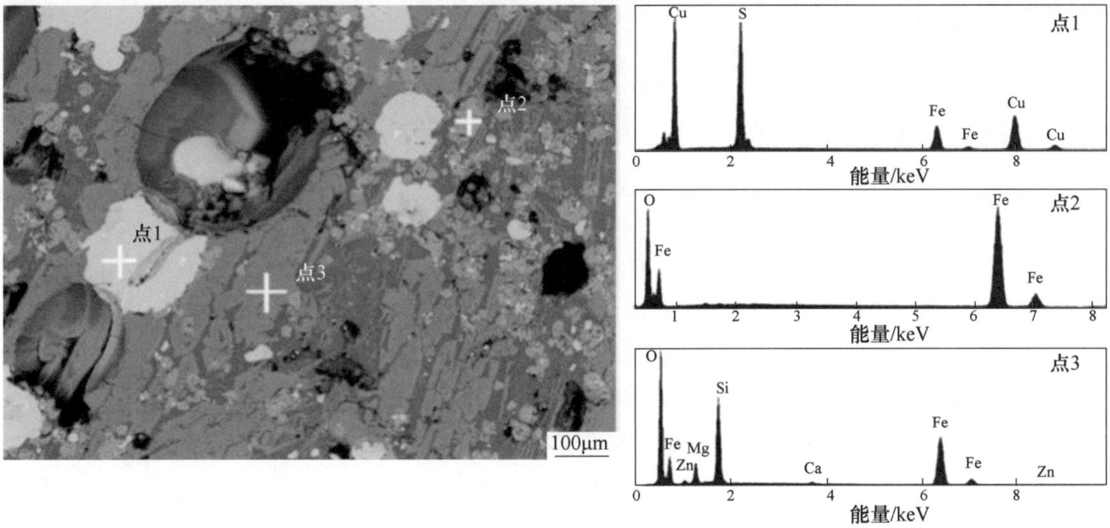

图 2-36 铜熔炼渣的微观形貌及能谱分析

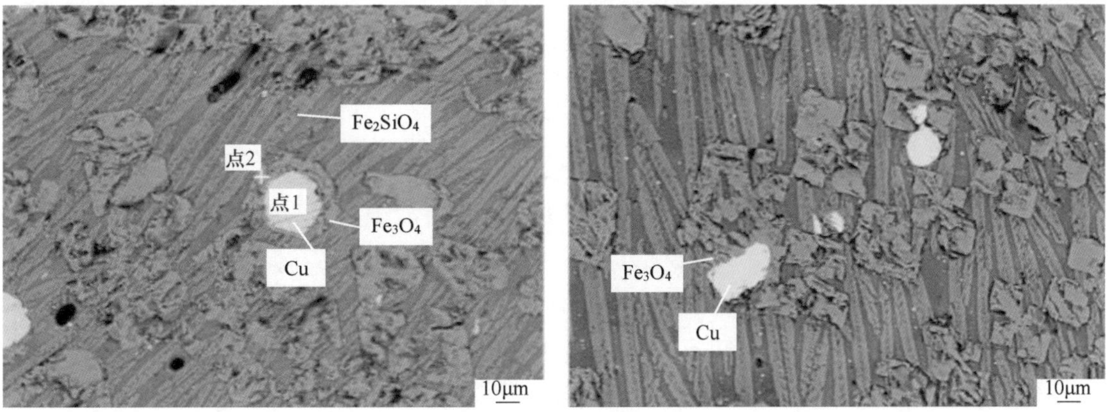

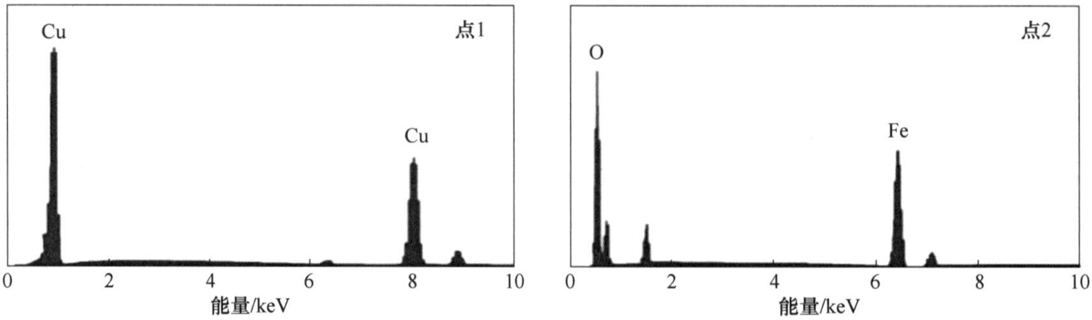

图 2-37 铜吹炼渣的微观形貌及能谱分析

B 铜在渣中的溶解损失

前已述及，许多学者研究过铜在渣中的溶解损失。大多数学者认为，铜在渣中的溶解损失包括两部分，即铜氧化物的溶解和铜硫化物的溶解。F. Sehnalek 等人认为铜氧化物溶解和硫化物溶解可以分别用下列两式表示：

$$Cu_2O \longrightarrow 2Cu^+ + O^{2-} \tag{2-84}$$

$$Cu_2S \longrightarrow 2Cu^+ + S^{2-} \tag{2-85}$$

假设熔渣是理想离子溶液，铜在渣中含量很小，可看成是稀溶液，则可用下列方程表示铜在渣中的溶解损失：

$$w_{(Cu)_s} = w_{(Cu)_{ox}} + w_{(Cu)_{sur}} = A[c_{Cu_2S}/(1 - c_{Cu_2S})]^{1/2} + Bc_{Cu_2S}^{1/2} \tag{2-86}$$

式中，$w_{(Cu)_s}$为铜在渣中总溶解损失；$w_{(Cu)_{ox}}$为铜氧化物溶解损失；$w_{(Cu)_{sur}}$为铜硫化物溶解损失；c_{Cu_2S}为渣中 Cu_2S 的摩尔分数；系数 A 和系数 B 分别用下式决定：

$$A = (a_{FeO}/K)^{1/2}, \quad B = (1/K')^{1/2} \tag{2-87}$$

式中，K、K'分别为与反应式（2-84）和式（2-85）有关的反应平衡常数。

J. M. Font 和 G. Roghani 提出的铜溶解损失方程如下：

$$w_{(Cu)_s} = w_{(Cu)_{ox}} + w_{(Cu)_{sur}} \tag{2-88}$$

$$Cu_2S + 1/2O_2 \longrightarrow Cu_2O + 1/2S_2 \tag{2-89}$$

从反应式（2-89）可知铜氧化物在渣中的溶解损失为：

$$w_{(Cu)_{ox}} = a_{Cu_2S} \times A/\gamma_{Cu_2O} \times (p_{O_2}/p_{S_2})^{1/2} \tag{2-90}$$

式中，a_{Cu_2S}为锍中 Cu_2S 的活度；γ_{Cu_2O}为渣中 Cu_2O 的活度系数；A 为与上述反应平衡常数有关的常数。

铜硫化物在渣中的溶解损失为：

$$w_{(Cu)_s} = a_{Cu_2S} \times B/\gamma_{Cu_2S} \tag{2-91}$$

式中，γ_{Cu_2S}为渣中 Cu_2S 的活度系数；B 为常数，它包含渣中各组分物质的量总数。

$$w_{(Cu)_s} = a_{Cu_2S} \times \{A/[\gamma_{Cu_2O} \times (p_{O_2}/p_{S_2})^{1/2}] + (B/\gamma_{Cu_2S})\} \tag{2-92}$$

式（2-92）表明锍品位一定时 $w_{(Cu)_s}$与体系 p_{SO_2}变化的关系。该方程中有关 γ_{Cu_2O}和 γ_{Cu_2S}的数据很有限，并且尚不知 γ_{Cu_2O}随 p_{SO_2}如何变化。如果炉渣与一定品位的锍平衡，γ_{Cu_2O}和 γ_{Cu_2S}不随 p_{SO_2}变化，则 $w_{(Cu)_s}$也将保持恒定，从而 $w_{(Cu)_s}$仅随 a_{Cu_2S}而变，也就是说仅随锍品位而变。这一分析与实验结果相符（见图 2-38）。

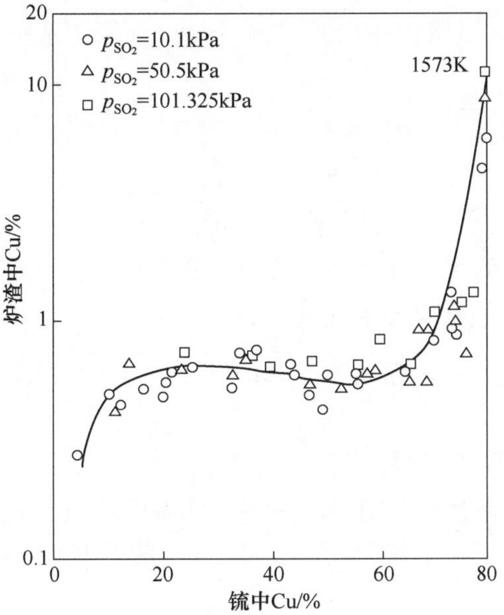

图 2-38 在不同 p_{SO_2} 下铜在渣中的溶解度与锍品位关系

从图 2-38 可看出，当锍品位较低（小于 30%）时，铜在渣中的溶解度随锍品位的升高而升高；当锍品位达到 30%以上时（30%～60%），铜在渣中的溶解度随锍品位的升高而稍有下降；当锍品位超过 60%时，渣中铜溶解量急剧上升。

图 2-39 是 J. Font 等人根据 A. Yazawa 等人的有关数据及他们自己的实验数据作出的 $w_{(Cu)_s}$、$w_{(Cu)_{ox}}$ 和 $w_{(Cu)_{sur}}$ 与锍品位的关系图。

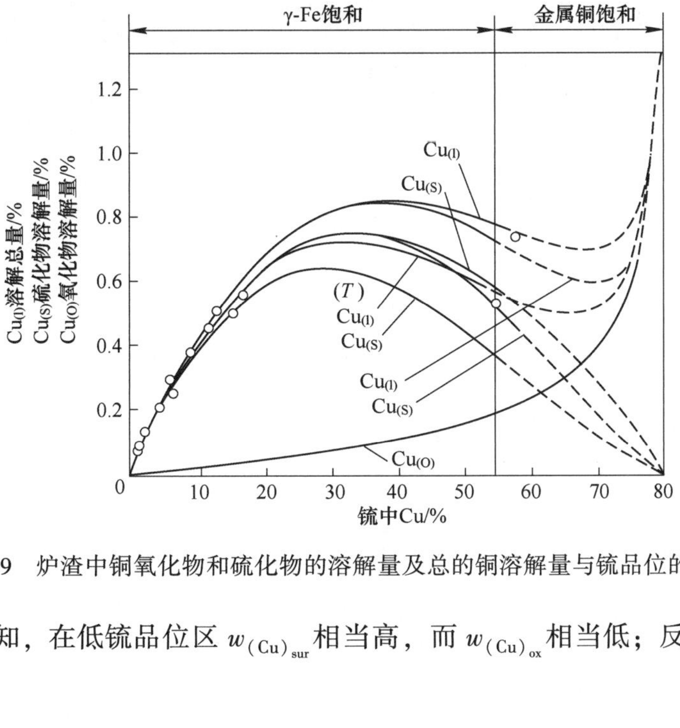

图 2-39 炉渣中铜氧化物和硫化物的溶解量及总的铜溶解量与锍品位的关系

从图 2-39 可知，在低锍品位区 $w_{(Cu)_{sur}}$ 相当高，而 $w_{(Cu)_{ox}}$ 相当低；反之在高锍品位区

$w_{(Cu)_{ox}}$增高，$w_{(Cu)_{sur}}$则下降。I. Imrs 等人在研究特尼恩特熔炼法的渣含铜损失时，也得到了类似的结果。J. M. Palacios 等人指出，在铜-炉渣-气相体系中铜氧化物在渣中的溶解受下列平衡控制：

$$2Cu + 1/2O_2 = Cu_2O \tag{2-93}$$

$$K_1 = a_{Cu_2O}/a_{Cu}^2 \times p_{O_2}^{1/2} \tag{2-94}$$

则

$$a_{Cu_2O} = K_1 \times a_{Cu}^2 \times p_{O_2}^{1/2} \tag{2-95}$$

N_{Cu_2O}为 Cu_2O 在渣中的摩尔分数，该值相当低（小于 0.02），则铜在渣中的质量分数 $w_{(Cu)_{ox}}$与 N_{Cu_2O}成正比，并且服从亨利定律，即

$$a_{Cu_2O} = \gamma_{Cu_2O}^0 \times N_{Cu_2O} = k \times \gamma_{Cu_2O}^0 \times w_{(Cu)_{ox}} \tag{2-96}$$

或

$$w_{(Cu)_{ox}} = A \times a_{Cu_2O} \tag{2-97}$$

式中，A 为比例常数，也称铜容量。

从上述等式可知，铜氧化物在渣中的溶解度随温度升高、a_{Cu}增大、p_{O_2}升高及 γ_{Cu_2O}减小而升高。Nagamori 广泛研究了氧化物在 $FeO\text{-}SiO_2$ 系渣中的溶解度，实验结果如图 2-40 和图 2-41 所示。

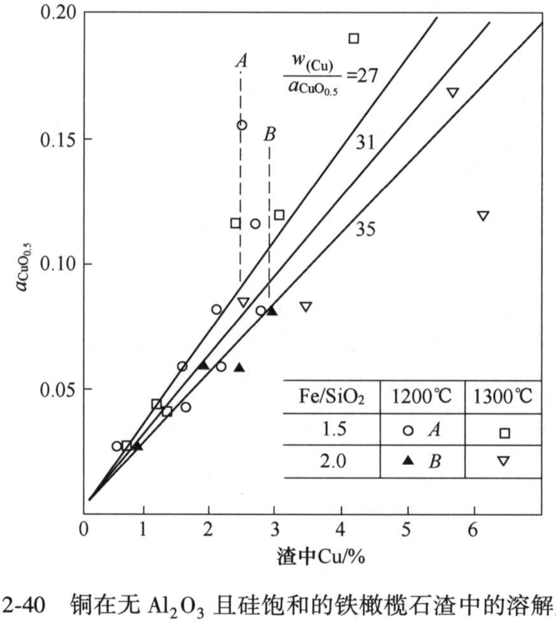

图 2-40　铜在无 Al_2O_3 且硅饱和的铁橄榄石渣中的溶解度

（A、B 分别表示在 1200℃、Fe/SiO_2 = 1.5 和 2.0 时，Fe_3O_4 的饱和极限）

根据图 2-40 的数据，回归处理得出以下关系：

$$w_{(Cu)_{ox}} = 27 \times a_{Cu_2O} \quad (炉渣\ Fe/SiO_2 = 1.5) \tag{2-98}$$

$$w_{(Cu)_{ox}} = 35 \times a_{Cu_2O} \quad (炉渣\ Fe/SiO_2 = 2.0) \tag{2-99}$$

从图 2-40 可看出，当 a_{Cu_2O}趋于零时，铜在渣中的溶解度也趋于零，因此 Nagamori 等人认为，铜仅在氧化后溶解，无铜原子溶于渣中。表 2-6 列出了不同作者所得硅酸铁和铁酸钙渣系中的铜容量。

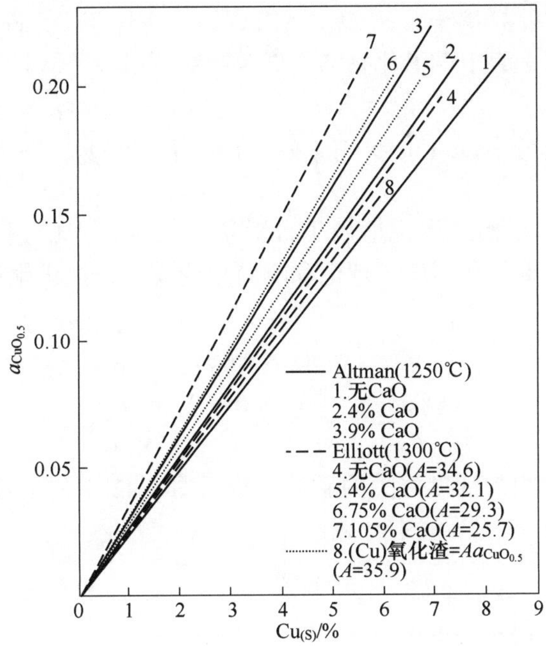

图 2-41 铜在硅饱和并含 CaO 的铁橄榄石渣中的溶解度

表 2-6 铁氧化物渣系中铜容量

序号	渣系	温度/℃	铜容量 A 值
1	SiO_2 饱和的硅酸铁渣	1300	32.5
2	SiO_2 饱和的硅酸铁渣	1224、1286	40.0
3	SiO_2 饱和的硅酸铁渣	1250	27.6
		1300	29.4
		1350	30.6
4	SiO_2 饱和的硅酸铁渣		
	含 Al_2O_3 8%（质量分数）	1300	34.1
	含 CaO 4%（质量分数）		34.4
	含 CaO 7%（质量分数）		30.2
	含 CaO 10%（质量分数）		27.0
5	SiO_2 饱和的硅酸铁渣		
	含 CaO 8%~9%（质量分数）	1233~1252	29.0
	含 Al_2O_3 7%~8%（质量分数）	1242~1266	37.5
6	硅酸铁渣		
	含 Al_2O_3 约为 6%（质量分数） 含 SiO_2 约为 34%（质量分数）	1300	26.8
7	CaO 饱和的铁酸钙渣	1250	20.1
		1300	17.6

Nagamori 指出，铜锍与硅酸铁渣平衡时，渣中铜氧化物的溶解度可根据有关反应的热

力学数据及组分的活度计算出来。例如，当组成为 Cu_2S、FeS、FeO、Fe_2O_3 和 SiO_2 的铜锍与硅酸铁渣系平衡时，渣中铜氧化物的活度及溶解度可按下式计算：

$$a_{Cu_2O} = K_4 \times a_{Cu} \times p_{O_2}^{1/2} = K_1 K_4^{1/2}/(K_2 K_3^{1/2}) \times (a_{FeO}^{1/2} \times a_{Cu_2S}/a_{FeS}^{1/2}) \quad (2\text{-}100)$$

式中，K_1、K_2、K_3、K_4 分别为 Cu 与 O_2、Cu 与 S、Fe 与 O_2、Fe 与 S 等化学反应的平衡常数。

实际上式（2-100）所示规律也适用于含铜超过 55%以上的铜饱和区域。Nagamori 基于锍和炉渣的热力学性质，利用离子理论和响应理论模型，提出铜硫化物在硅酸铁渣中的溶解度有以下三种模型：

$$w(Cu)_{sur1} = A_1 \times w(S)_s \times a_{CuS_{0.5}} \quad (2\text{-}101)$$

$$w(Cu)_{sur2} = A_2 \times w(S)_s \times a_{Cu_2S} \quad (2\text{-}102)$$

$$w(Cu)_{sur3} = A_3 \times w(S)_s \times a_{Cu} \quad (2\text{-}103)$$

式中，A_1、A_2、A_3 分别为与活度有关的系数，根据图 2-42 中的活度数据得出，$A_1=1.06$、$A_2=1.98$、$A_3=1.72$；$w(S)_s$ 为渣中含硫量。

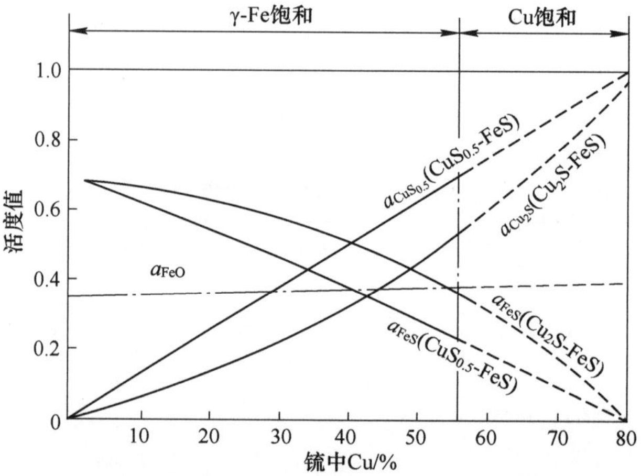

图 2-42　与饱和 SiO_2 的铁橄榄石炉渣平衡的 Cu_2S-FeS 系熔锍中组分的活度

从图 2-39 可以看出，当锍品位处于 35%~40%时，铜在渣中总溶解量有一个高峰值；当锍品位处于 45%~50%时，铜的溶解损失明显下降，其原因有待于进一步研究。对于工业炉渣而言，考虑到渣中存在 Fe_3O_4、CaO、Al_2O_3 等，上面各式中常数值有所变化，其关系如下：

$$w(Cu)_{sur1} = w(S\ 0.39\%)_s \times a_{CuS_{0.5}} \quad (2\text{-}104)$$

$$w(Cu)_{sur2} = w(S\ 0.69\%)_s \times a_{Cu_2S} \quad (2\text{-}105)$$

$$w(Cu)_{sur3} = w(S\ 2.70\%)_s \times a_{Cu} \quad (2\text{-}106)$$

2.1.4.4　减少渣中铜损失的措施及渣型调控

A　减少渣中铜损失的措施

a　减少渣量

减少炉渣中铜的损失量可以通过减少渣量的生成来实现，但该方法也存在弊端，具体措施如下：

（1）提高精矿的品位。精矿品位越高，冶炼时产生的渣量越少。然而，提高精矿的品位，可能会降低选矿厂的铜收得率。

（2）减少造渣剂的加入量，以减少渣量。然而，这样也会增大渣中 FeO 的活度，导致渣中磁铁矿含量增加。

b 优化冶炼渣型

富氧强化冶炼是现代火法炼铜的主流工艺，生产高品位冰铜的同时不可避免地造成 Fe_3O_4 的形成。由于 Fe_3O_4 的熔点高，当其含量较多时，会使炉渣黏度增大，恶化渣与锍的沉降分离，导致渣中机械夹杂和化学溶解的铜比例增大。因此，优化冶炼渣型，减少 Fe_3O_4 含量，提高炉渣流动性是控制渣含铜的关键。

（1）减少机械夹带损失。降低炉渣黏度、提高熔渣流动性，将加快铜锍颗粒的沉降速度，利于渣相和铜锍相的分离，从而降低渣中铜的夹带损失。可通过以下方式降低炉渣黏度：

1）铜锍温度要求稳定，较高的铜锍温度可以提高炉渣的过热度，降低渣的黏度。

2）控制渣中适量的 Fe/SiO_2。降低 Fe/SiO_2 不仅有助于降低炉渣密度、增大渣-锍界面张力，而且可降低 FeO 的活度，从而减少 Fe_3O_4 含量。然而 Fe/SiO_2 过低将导致渣中 SiO_2 饱和析出，复杂的硅酸盐离子网状结构会使炉渣黏度迅速增高。

3）加入适宜熔剂，破坏熔渣复杂硅酸盐离子网状结构，降低炉渣熔点和黏度。

（2）减少化学溶解损失。富氧强化冶炼使炉渣氧势增大，造成铜更多地被氧化而进入渣中。可通过以下方式降低化学溶解损失：

1）加入适量碱性氧化物。由于碱性阳离子 Ca^{2+}（0.099nm）、Mg^{2+}（0.065nm）、Al^{3+}（0.050nm）的离子半径与 Cu^+（0.096nm）的离子半径接近，可取代炉渣中部分 Cu^+，从而降低渣中的化学溶解铜含量。

2）适当降低 Fe/SiO_2。在减少 Fe_3O_4 含量的同时可降低渣中的氧势，从而降低以氧化态溶解损失于渣中的金属含量。

3）适当降低炉渣温度。炉渣温度过高时，铜锍在炉渣中的溶解度会大大增强，在保证炉渣流动性良好的前提下，尽可能降低炉渣的温度，以利于降低铜的化学溶解损失。

B 渣型调控

渣型调控有两个关键作用，一是确保熔炼炉稳定顺行，二是尽可能在熔炼工序提高铜直收率。我国铜矿石资源主要依靠进口，但也搭配国内贫矿，多源铜矿混搭的熔炼过程其炉况稳定是顺行的关键，这就需要根据冶炼过程动态调整炉温、下料量、氧量比、熔剂等参数。这些操作归根结底就是确保熔炼炉在特定原料组成搭配合理温度、炉渣成分等。以下将从炉渣多元组分的相平衡开始讨论，随后针对当前铜熔炼几种典型的熔炼方式进行分析。

铜熔炼的基础渣系为 SiO_2-FeO 二元渣，如图 2-43 所示。当 SiO_2 含量为 29.4%、FeO 为 70.6%时出现稳定的 $2FeO \cdot SiO_2$ 相（简写为 F_2S，称为铁橄榄石），其熔点为 1208℃。需要指出，此二元系还存在 $2FeO \cdot SiO_2$-FeO（熔点 1180℃）和 $2FeO \cdot SiO_2$-SiO_2（熔点 1175℃）两个共晶点。现代造锍熔炼工艺的炉渣中 SiO_2 平均含量为 23%~38%，其组成在 $2FeO \cdot SiO_2$-FeO 共晶一侧，熔化温度在 1208℃以下，符合铜冶炼的温度要求。受富氧熔炼过程中高氧势的影响，熔体中 Fe_3O_4 含量较高。因此，SiO_2-FeO 二元渣系在铜熔炼过程中并不适用。

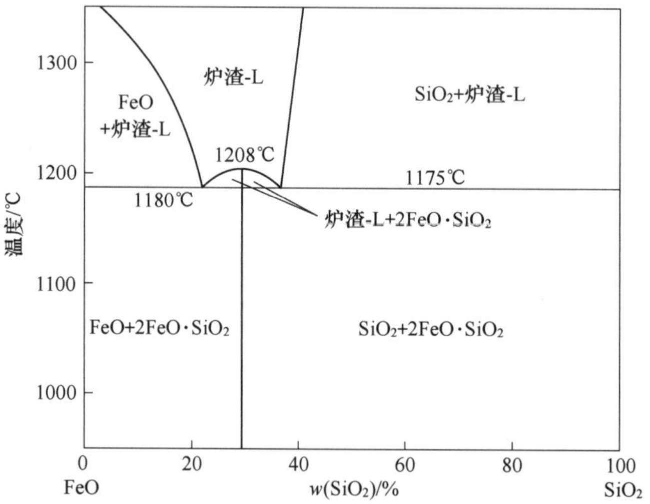

图 2-43　SiO_2-FeO 二元相图

a　FeO-Fe_2O_3-SiO_2 系相图

现代造锍熔炼均在强氧势下进行，渣中 Fe_3O_4 随着氧势的升高而增加。Fe_3O_4 可近似看成是由 FeO 与 Fe_2O_3 组成的中间态物质，因此 FeO-Fe_2O_3-SiO_2 系相图在铜熔炼过程中显得十分重要。图 2-44 为 FeO-Fe_2O_3-SiO_2 系相图，图中列出了等氧压线、液相分层区的分溶线（带 3 个箭头的线）。从图 2-44 可知，在 SiO_2 一角存在一个较大的二液相共存区，同时 Fe_3O_4（磁铁矿）相区很大，$2FeO \cdot SiO_2$（铁橄榄石 *abcd* 四边形）区组成变化为 20%~40%SiO_2、3%~20%Fe_2O_3、60%~86%FeO。铁橄榄石区的 4 个顶点为三成分四相共存单变量点，例如 *a* 点为铁橄榄石、鳞石英、γ-Fe 和气相四相共存点，它的自由度为 1。图中各曲线则为三相共存的双变量曲线，如 *dc* 线为铁橄榄石、磁铁矿与气相三相共存线，其

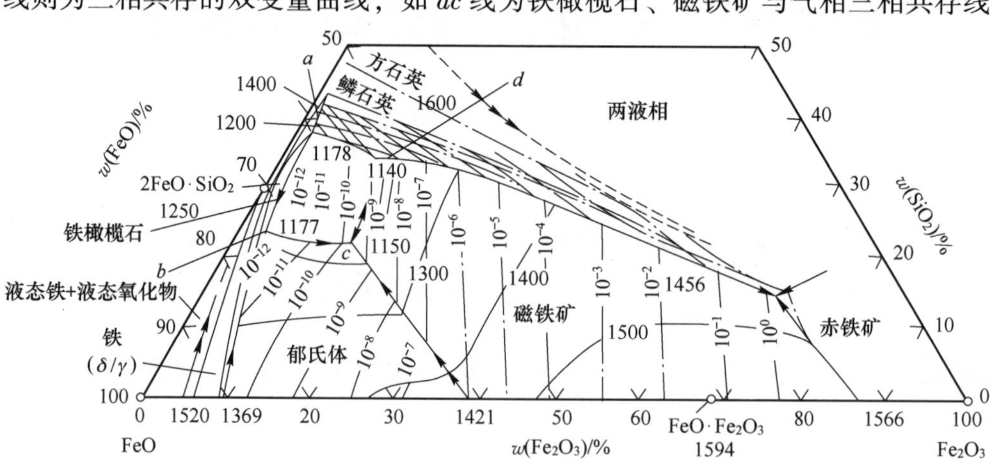

图 2-44　FeO-Fe_2O_3-SiO_2 系相图

（氧分压单位为 atm，1atm = 101325Pa）

自由度为2。从铁橄榄石到磁铁矿的直线区内等氧压线逐次增大，靠近赤铁矿（Fe_2O_3）时，等氧压线 p_{O_2} 达 103kPa。在普通造锍熔炼条件下与熔融橄榄石渣相平衡的氧分压范围也较小，一般为 $10^{-7} \sim 10^{-5}$atm。对于强氧化熔炼而言，因氧势高，所以要使铁橄榄石渣保持为熔融均相，就必须保持更高的炉温，以使更多的 Fe_3O_4 溶于铁橄榄石渣中。从图 2-44 可知，在 1400℃时，体系平衡氧分压高到 10^{-4}atm 时 Fe_3O_4 也不会独立析出，而当炉温升到 1500℃时，体系平衡氧分压升到 10^0atm 时 Fe_3O_4 也不会独立析出。由此可见，对现代强氧化造锍而言，要避免 Fe_3O_4 以独立相形式从熔体中析出，最有效的办法是相应提高熔池温度。

b　Fe/SiO_2 对铜富氧熔炼的影响

相比于 $FeO\text{-}F_2O_3\text{-}SiO_2$ 渣系，$FeO\text{-}Fe_3O_4\text{-}SiO_2$ 渣系更符合实际冶炼过程。本节采用 $FeO\text{-}Fe_3O_4\text{-}SiO_2$ 相图对炉渣进行分析（见图 2-45），液相区组成变化为 2.4%～18% Fe_3O_4、21%～37% SiO_2、50%～73% FeO。

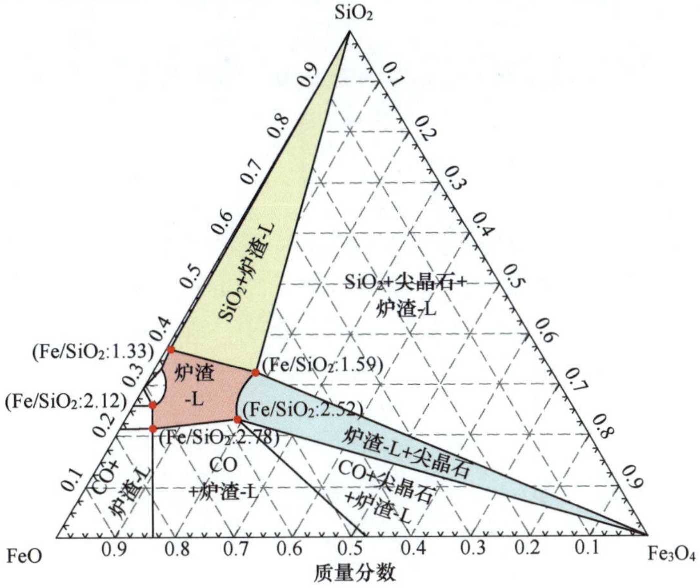

图 2-45　$FeO\text{-}Fe_3O_4\text{-}SiO_2$ 三元相图

（1200℃）

由图 2-45 可知，理论上熔渣液相区 Fe/SiO_2 的范围大概为 1.33～2.75。通过对实际铜熔渣 Fe/SiO_2 与熔渣中 Fe_3O_4 含量的关系研究结果分析表明，熔渣中的 Fe_3O_4 随 Fe/SiO_2 的增加而升高（见图 2-46）。实际生产过程中，必须严格控制 Fe_3O_4 的含量，通常采用提高冶炼温度、调节 Fe/SiO_2。过低的 Fe/SiO_2 可降低 Fe_3O_4 的含量，但体系中的 SiO_2 达到饱和后从液相中析出，导致熔渣复杂硅氧络合结构聚合度增加、黏度增加，影响熔炼过程的正常进行。低 Fe/SiO_2 下析出的 SiO_2 可通过添加 CaO 等碱性氧化物与之进行反应，从而破坏铜渣的复杂硅酸盐络合结构，降低熔渣黏度。

c　熔渣组分对富氧铜熔炼的影响

在铜的冶炼生产过程中，温度相对稳定，炉渣成分是影响黏度的主要因素。铜渣成分复杂，除基础组分 Fe_2SiO_4 外，还存在 CaO、Al_2O_3、MgO、ZnO 等氧化物。各氧化物的存在对熔渣液相、黏度及结构具有较大影响。本节针对各氧化物对熔渣性质的影响进行了分析。

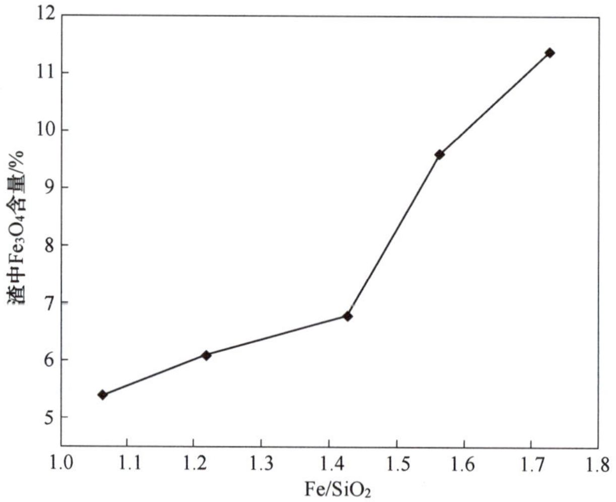

图 2-46　Fe/SiO_2 与渣 Fe_3O_4 含量的关系

（1240℃）

CaO

图 2-47 为不同 CaO 含量下炉渣液相区的变化。由图可知，随着 CaO 含量的增加，炉渣液相区向 SiO_2 相移动。这主要归因于相同温度下，CaO 与 SiO_2 的结合能力大于 FeO 与 SiO_2 的结合能力，从而增大了熔渣对 SiO_2 的溶解能力。在 SiO_2 含量较高的熔体中，CaO 对降低熔渣黏度有较大的作用。

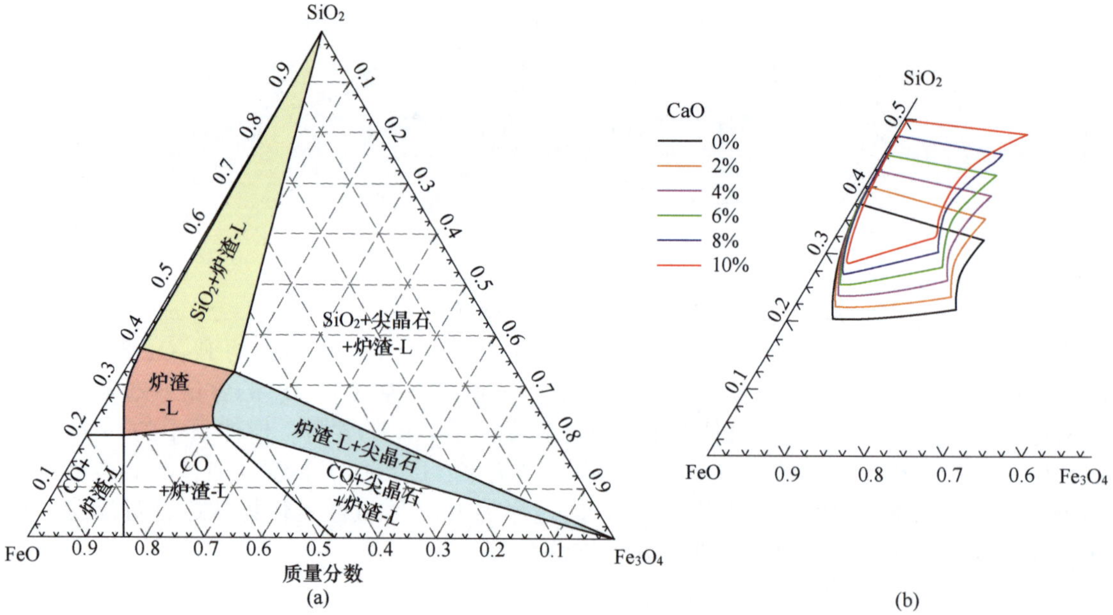

图 2-47　不同 CaO 含量下炉渣液相区的变化

（a）1220℃时 FeO-SiO_2-Fe_3O_4 三元渣系相图；（b）CaO 含量对液相区的影响

CaO 主要通过改变熔渣结构聚合度影响渣黏度，从而减少渣中的机械夹杂铜损失。铜渣主要是由不同硅酸盐结构单元组成的复杂络合网状结构，其黏度与硅酸盐网状结构的聚合度呈正相关关系。晶体结构理论认为硅酸盐晶体由金属阳离子和聚合阴离子组成，其中聚合阴离子的基本结构单元为硅氧四面体，硅氧四面体聚合形成大分子的聚合阴离子结构。适量 CaO 会破坏由硅氧聚合阴离子组成的复杂硅酸盐络合结构，钙离子对铜渣复杂硅酸盐结构的破坏示意图如图 2-48 所示，钙离子等碱离子进入铜渣后通过破坏硅酸盐结构中的桥氧键以降低熔渣聚合度，改善渣黏度。但过量 CaO 会导致渣量升高，且会生成高熔点的钙长石、黄长石等物质。钙长石是一种钙铝硅酸盐矿物，熔点高达 1550℃；黄长石是一种架状硅酸盐，熔点高达 1590℃。在铜熔炼温度下，钙长石与黄长石以固相颗粒的形式存在于渣相中会增加熔体的黏度，恶化渣-锍分离条件。

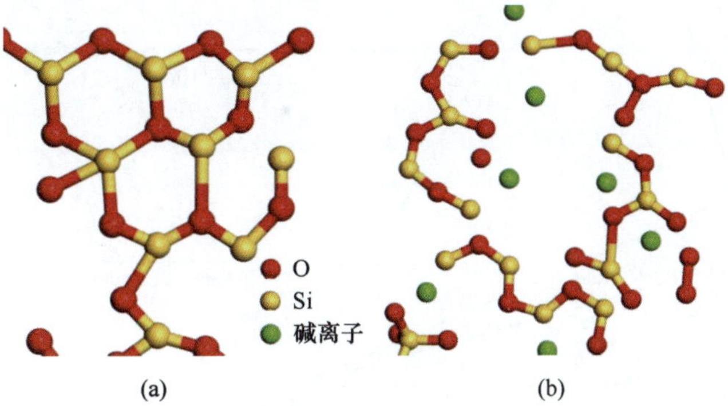

图 2-48 硅氧聚合络阴离子

（a）网状结构；（b）碱离子破坏网状结构

CaO 含量对熔渣中化学溶解铜的影响如图 2-49 所示。由于 Ca^{2+} 的离子半径（9.9nm）与 Cu^{+} 的离子半径（9.6nm）接近，CaO 引入的 Ca^{2+} 取代炉渣中部分 Cu^{+}，最终降低了熔渣中的化学溶解铜。

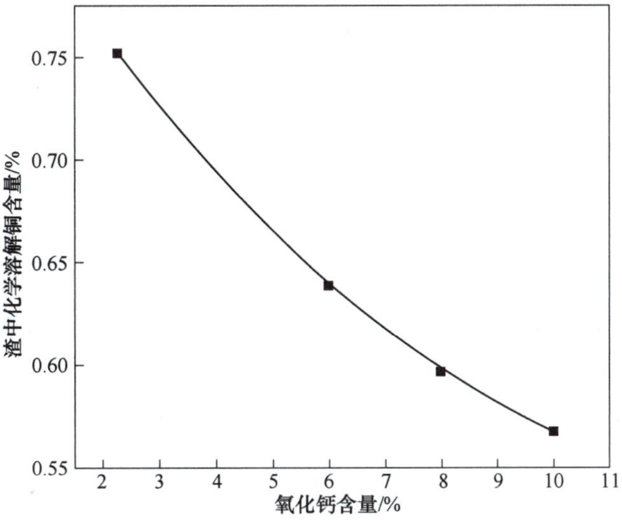

图 2-49 CaO 含量对渣中化学溶解铜的影响

Al_2O_3

原料中通常含有相当一部分的 Al_2O_3，图 2-50 为不同 Al_2O_3 含量对炉渣液相区的影响。由图可知，熔渣液相区随着 Al_2O_3 含量的增加向 SiO_2 相偏移，这主要归因于 Al_2O_3 与 SiO_2 等物质反应提高了渣对 SiO_2 的溶解度。随着 Al_2O_3 含量由 0%增加至 10%，炉渣液相区面积逐渐缩小。

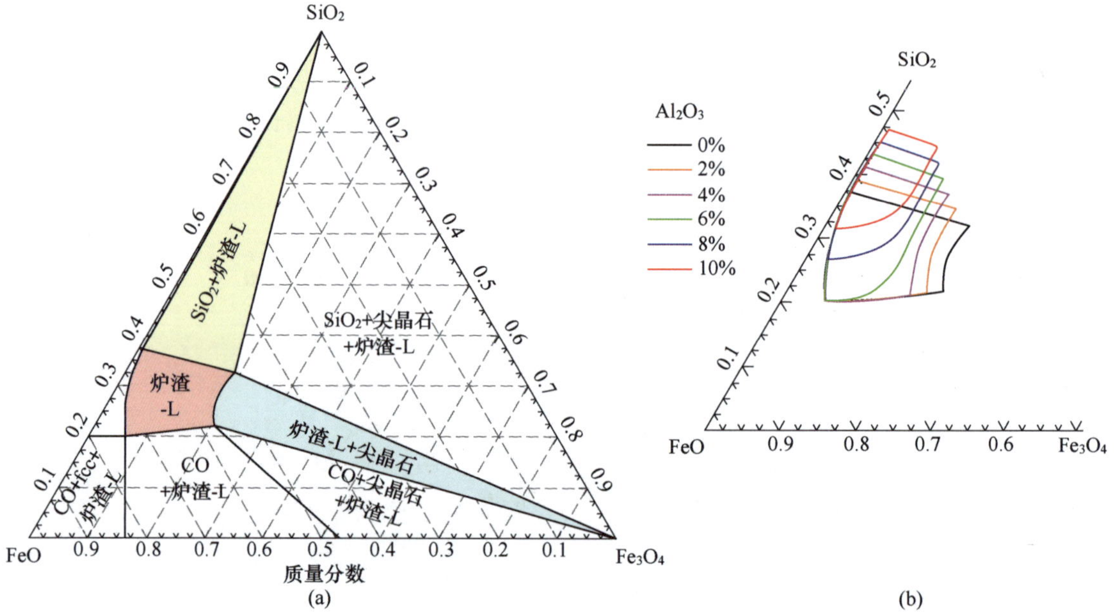

图 2-50　不同 Al_2O_3 含量对炉渣液相区的影响（1220℃）

（a）$FeO-Fe_3O_4-SiO_2$ 相图；（b）$FeO-Fe_3O_4-SiO_2-Al_2O_3$ 相图（5% Al_2O_3）

Al_2O_3 在炉渣中的作用存在两面性。Al_2O_3 是一种两性氧化物，既可充当硅酸盐网状结构破坏剂，也可充当网状结构聚合剂，其具体作用取决于熔渣成分。当碱性氧化物组分含量较高时，Al_2O_3 表现为酸性氧化物的性质，促使铜渣转变为复杂的硅酸盐络合网状结构，恶化熔渣黏度。当酸性氧化物含量较高时，Al_2O_3 则表现出碱性氧化物的性质，对硅酸盐复杂网状结构起到破坏作用，从而降低渣黏度。

Al_2O_3 对渣中化学溶解铜含量的影响如图 2-51 所示，化学溶解铜含量随着 Al_2O_3 含量的升高而降低。化学溶解铜降低归因于游离的铝离子取代熔渣中的铜离子，降低了渣中化学溶解铜含量。

MgO、ZnO

相关研究表明，虽然 MgO 作为碱性氧化物对熔渣结构中的硅氧键具有一定的破坏作用，但含镁高熔点固溶体的生成对熔渣的不利影响较大，因此在熔炼过程中需要尽量避免 MgO 的引入。结合生产实际，铜熔炼过程中应控制炉渣 MgO 含量在 3%以下。ZnO 对渣-锍的界面张力影响较大，渣-锍界面张力随着 ZnO 含量升高而降低，导致锍滴表面积容易增大，不利于锍滴的汇聚，从而导致渣中铜损失增加。此外，随着渣中 ZnO 含量的增加，渣中的铁氧化物与 ZnO 反应生成高熔点的铁酸锌恶化熔渣的黏度、增大渣含铜。

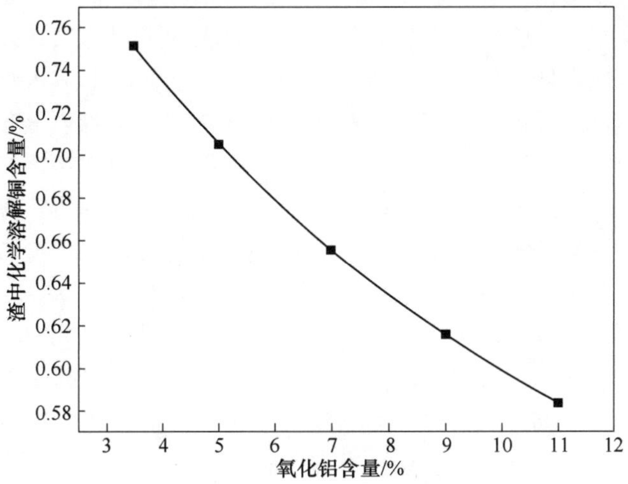

图 2-51 Al_2O_3 含量对渣中化学溶解铜含量的影响

通常，熔渣中 Fe/SiO_2 是最重要的参数，传统鼓风炉熔炼中该比值控制在 1 以下，可通过补加氧化钙来调节熔渣黏度，因此鼓风炉熔炼氧化钙含量通常在 7%以上，但熔炼过程渣量必然增大，炉渣带走的热量也将增大。熔池熔炼与闪速熔炼在 Fe/SiO_2 方面控制得相对较高，通常在 1 以上，有的熔池熔炼技术 Fe/SiO_2 甚至达到 1.8 以上，在这种高比值下需要采用高的冶炼温度（1280℃左右），同时渣中氧化钙含量对应减少，这样才能确保熔渣具有良好的物化性质。整体而言，Fe/SiO_2 与 CaO、MgO、Al_2O_3 等熔剂用量呈相反变化趋势，高 Fe/SiO_2 对应低 CaO、MgO、Al_2O_3。而 CaO 与 MgO 之间具有相似的作用，但熔炼过程一般采用 CaO 作为主要熔剂，除成本因素外，更应该考虑 MgO 的副作用，即 MgO 会导致熔渣熔点提高，过量时也会生产镁铁尖晶石或镁铝尖晶石等。对于 Al_2O_3 而言，通常不会额外输入，它主要是伴随着铜精矿或熔剂进入，Al_2O_3 含量过高，最显著的特点是熔炼温度随之升高，如珲春冶炼厂渣中 Al_2O_3 达 8%以上，铁硅比仅为 1 左右，此时冶炼温度高达 1270℃以上。

综上所述，渣型调控技术的核心是在理解各种冶炼参数对实际铜熔炼过程的正反两方面影响规律的基础上，结合生产条件采取的动态调整措施，在这个过程中难免会有取舍，比如高铁硅比具有渣量少的优点，但它必然要求更高的冶炼温度，同时对后续炉渣贫化降低渣含铜提出了更高要求。

d 现代富氧强化熔炼渣型调控分析

熔池熔炼的主要化学反应发生在熔池内，在富氧空气的搅拌作用下熔体–炉料–气体之间进行强烈混合，迅速完成造锍、造渣等反应。我国现代铜熔炼技术发展快，从早期的引进到现在的自主创新不过短短的 30 余年时间，目前我国熔池熔炼技术在全球已处于领先地位。

不同的喷吹方式对应的技术指标有所差异，本节通过举例的方式分别对三种喷吹方式的炉渣进行简单的分析[13]。

富氧顶吹熔炼

富氧顶吹熔池熔炼炉体结构简单，富氧空气通过炉体顶部的喷枪鼓入熔池，具有熔炼强度高、原料适应性强的优点，可搭配多种熔炼进行冶炼。艾萨与奥斯麦特熔炼炉整体结构相似，均是通过单一的喷枪输送气体，富氧空气自上而下进入熔体发生反应，并将气流的动能传递给熔体，使熔体发生搅动，而未反应的 N_2 自下而上进入烟道。这种喷吹方式虽然是熔体内部搅动剧烈，但由于气流的折返导致熔体中气体难以高效逸出，当熔渣黏度增大时，容易引起泡沫渣。因此，相比于底吹与侧吹熔炼，顶吹熔炼技术往往只限于生产60%以下的冰铜品位，而铁硅比控制在 1.4%以下。如国内某顶吹熔炼厂生产品位为57%~60%的冰铜，控制熔渣中 Fe/SiO_2 为 1.0，熔炼温度为 1160~1170℃，CaO、Al_2O_3、ZnO 含量分别约为 3.2%、4.0%、3.7%。

通常情况下，顶吹铜熔炼渣 Fe/SiO_2 为 1.0~1.4。由图 2-52 可知，渣中以 Fe_3O_4 为主的尖晶石含量随着 Fe/SiO_2 的升高呈现出上升的趋势，这主要归因于 FeO 活度增大。低铁硅比时，即 Fe/SiO_2 为 1.0 时，在 1160℃熔渣中未析出尖晶石相，这时就需要注意 SiO_2 过量的问题，控制熔渣中适量 CaO 与 MgO（以 CaO 为主，一般两者之和约 6%）。Fe/SiO_2 提高至 1.2，熔渣中析出少量的尖晶石（0.8%）。Fe/SiO_2 超过 1.2 时，熔渣中的尖晶石含量迅速增加，Fe/SiO_2 增加至 1.4 时，尖晶石含量提高至 14.87%。因此，铁硅比增大需要升高温度，如国内某三家冶炼厂，铁硅比分别控制在 1.0、1.35、1.4，对应的冶炼温度为 1160~1170℃、1170~1190℃、1180~1200℃。

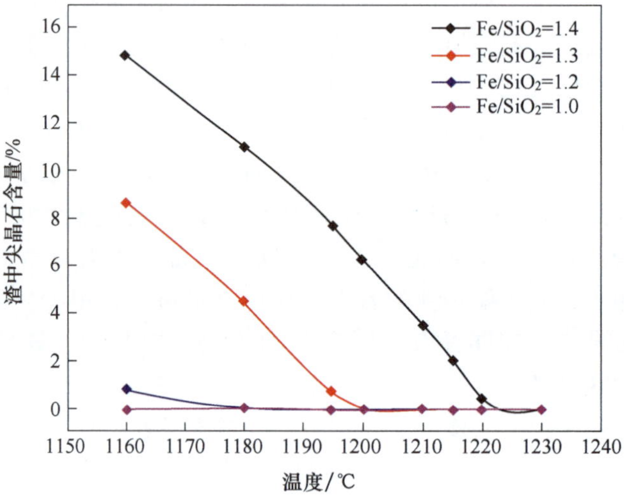

图 2-52 温度对渣尖晶石含量的影响

渣中尖晶石含量随着温度升高逐渐降低。1160℃熔渣 Fe/SiO_2 由 1.3 升高至 1.4 时，渣中尖晶石由 8.7%升高至 14.9%。铁硅比为 1.4 时，将熔炼温度升高至 1190℃，渣中尖晶石含量可再次降低至 9%左右。实际熔炼过程中炉料成分在一段时间内通常处于稳定状态，但当原料成分波动时就必须采取相应的措施。如铁硅比增大，熔炼温度对应升高，熔炼过程中主要以配入额外的燃料提高温度，常用燃料包括焦炭、粉煤、天然气等。此外，通过添加硫黄、黄铁矿也可有效提高熔炼温度。表 2-7 列出了各燃料完全放热提供的热量及其他相关信息。

表 2-7 单位质量/体积燃料理论完全燃烧放热量

燃料种类	完全燃烧反应	$1kg/1m^3$ 燃料（理论值）				
		放热/kJ	耗氧/kg	烟气/m^3	烟气带走热/kJ	CO_2 排放/m^3
焦炭（固定碳为80%）	$C + O_2 = CO_2$	26288	2.14	1.50	4058.13	1.50
粉煤（固定碳为75%）	$C + O_2 = CO_2$	24645	2.00	1.40	3797.71	1.40
硫黄	$S + O_2 = SO_2$	9884.41	1.00	0.7	1907.22	—
天然气	$CH_4 + 2O_2 = CO_2 + 2H_2O$	39732.14	2.86	3.00	6942.95	1.00
黄铁矿	$FeS_2 + 5/2O_2 = FeO + 2SO_2$	10662	0.91	0.021	57.2166	—

计算发现生产1t品位为60%的铜锍产约2.02t的炉渣。炉渣和铜锍的比热容分别按1.172kJ/(kg·℃)、0.856kJ/(kg·℃)计算，理论上将1t铜锍及2.02t渣升高10℃需要消耗的燃料配比见表2-8。

表 2-8 1t 物料升高 10℃时燃料理论消耗量

物料	比热容/kJ·$(kg·℃)^{-1}$	所需热量/kJ	燃料理论消耗量				
			焦炭/kg	粉煤/kg	硫黄/kg	天然气/m^3	黄铁矿/kg
冰铜	0.856	8560	1.35	1.44	3.76	0.91	2.83
炉渣	1.172	11720	1.85	1.97	5.14	1.25	3.87

在1160℃、Fe/SiO_2 为1.4的条件下，将冶炼温度提高30℃，理论上总计需要输入96000kJ的热量，即在入炉原料中额外配入0.1%的焦炭或0.11%粉煤可将温度提高30℃。在单位质量的入炉物料中配入0.22%的黄铁矿也可将温度从1160℃升高至1190℃，但同时会导致 Fe/SiO_2 的升高。在生产过程中，燃料在燃烧过程中存在燃烧不完全及热量以热辐射、热传递方式损失等问题，且烟气会带走部分热量，因此燃料实际消耗远高于理论计算值，冶炼成本会有所升高且会排放更多的 CO_2 或 SO_2。顶吹熔炼配煤率通常在2%左右，这与生产冰铜品位有关，冰铜品位越高，铁硫化物氧化放热量越大。

现如今国内顶吹熔炼铜锍品位为55%~60%。国内某三家铜冶炼厂顶吹熔炼渣 Fe/SiO_2 分别为1.03、1.35、1.40，根据实际熔炼渣成分绘制了如图2-53所示的相平衡图。三家冶炼厂渣型相似，渣成分点均位于渣液相边缘或渣液相与尖晶石相的共存区域，体现在生产过程即为少量 Fe_3O_4 的析出，通常控制在5%~10%。当熔渣成分位于渣液相时，熔渣流动性较好，铜锍颗粒沉降的动力学条件好，从而降低渣含铜。随着 Fe/SiO_2 升高或富氧浓度增加，熔渣中析出尖晶石相，熔渣成分点落在渣液相与尖晶石相的共存区域，适量高熔点尖晶石的存在可在炉壁形成保护层，降低熔渣和铜锍对炉体的冲刷侵蚀，提高炉体使用寿命。富氧顶吹熔炼符合早期的强化熔炼思想，即中低温（1160~1200℃）延长炉体寿命、低铁硅比（Fe/SiO_2=1.0~1.4）控制 Fe_3O_4（5%~10%）、中品位冰铜（55%~60%）确保熔炼过程排锍效率，该技术整体控制在铜富氧强化熔炼过程 Fe_3O_4 骤变的热力学条件下，炉渣在后续通常只需要进行简单的电炉沉降即可将渣含铜降低至0.7%以下。因此，富氧顶吹熔炼技术在1990—2010年前后得到了广泛的推广应用。

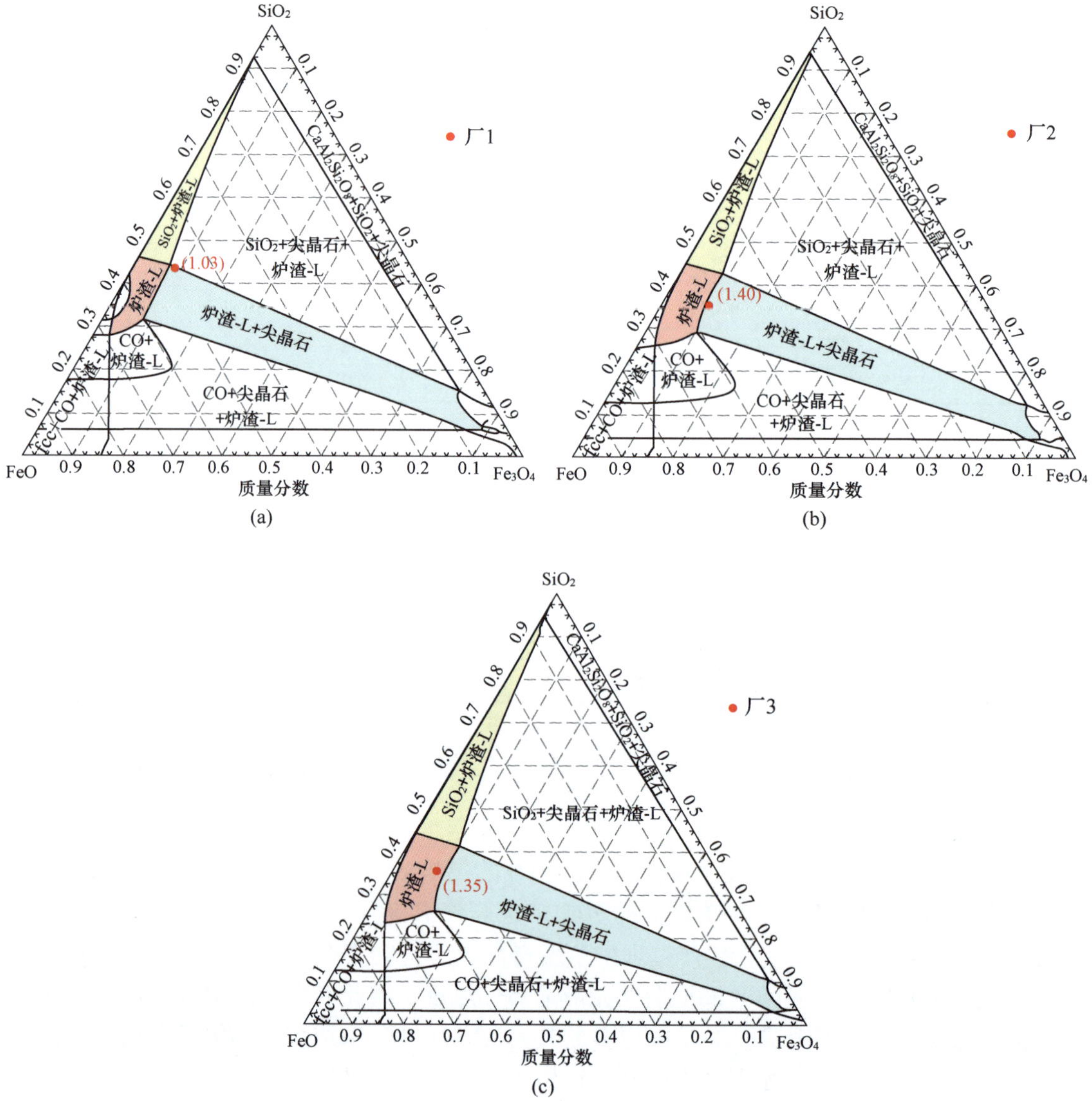

图 2-53　SiO_2-Fe_3O_4-FeO 相平衡图

（a）1160℃、Al_2O_3 4.66%、CaO 3.7%；（b）1180℃、Al_2O_3 4.06%、CaO 3.21%；

（c）1200℃、Al_2O_3 4.15%、CaO 2.48%

富氧底吹熔炼

富氧底吹熔炼技术作为中国具有自主知识产权的先进炼铜方法，近几年在铜行业快速推广应用。富氧底吹熔炼混合矿料不需要干燥、磨细，配料后由皮带传输连续从炉顶料口加入炉内。富氧空气通过底部多支氧枪连续吹入铜锍层，炉料不断被迅速氧化、造渣。炉渣由排渣口连续放入渣包，缓冷后进行浮选，铜锍从侧面放锍口定期放出由铜锍包吊运至吹炼炉吹炼。

富氧底吹熔炼炉最主要的特点在于富氧空气通过底部氧枪自下而上连续送入铜锍层产生剧烈的搅拌，迅速完成加热、分解、熔化、氧化、造锍、造渣等反应，具有以下优点：(1) 由于铜锍本身流动性优于渣，雷诺数大，易形成紊流流场，相比于顶吹及侧吹熔炼工艺，对熔池的搅拌效果好、热质传递均匀；(2) 富氧空气直接接触冰铜优先与 FeS 反应，当气泡传递到渣层时，氧势已大幅降低，从而减少了炉渣过度氧化，降低了 Fe_3O_4 的生成趋势；(3) 富氧底吹熔炼对原料的适应性强，可处理低品位铜矿和复杂难处理的多种金属矿及金、银等贵金属含量高的伴生矿，甚至可以高效处理垃圾矿。实践证明其他炼铜工艺不易处理的复杂矿料底吹炉均能处理，且铜的回收率较高[14]。

国内主流的底吹熔炼冰铜品位在60%~75%，高品位冰铜熔炼过程能释放更多的热量，再加上底吹熔炼一般采用高富氧浓度（68%~72%），这就使得底吹熔炼过程配煤率较少。结合底吹熔炼独有的热质传递优势，熔炼过程 Fe/SiO_2 通常控制在 1.4~1.8 之间，对应的冶炼温度在1200~1240℃之间。值得注意的是，尽管冶炼温度相对于顶吹熔炼有所升高，但实际炉内仍然有大量 Fe_3O_4 的产生，只是熔体的均匀搅动及热质高效传递避免了泡沫渣的风险。因此，炉渣中 Fe_3O_4 含量时常高达 30%，仍能正常冶炼。

以国内某底吹熔炼渣为例，渣含 Fe/SiO_2 为 1.59，SiO_2、CaO、MgO、Al_2O_3 含量分别为 25.1%、2.29%、0.78%、3.46%。通过理论计算（见图 2-54），在 1205℃下，Fe/SiO_2 从 1.5 升高至 1.8，渣中尖晶石由 8.39%增加至 21.94%，当然理论计算所得的 Fe_3O_4 含量低于实际含量。上述底吹渣成分在实际熔炼过程中，1220℃下渣中 Fe_3O_4 含量高达 27%，这一差值主要归因于熔炼炉内部分炉渣反复氧化；此外，炉底通常具有一层 Fe_3O_4 的炉结，使得炉内氧势升高，熔渣中 Fe_3O_4 对应增加。理论计算表明，Fe/SiO_2 由 1.5 分别提高至 1.6、1.7、1.8 时，为了降低由铁硅比升高引起的 Fe_3O_4，需要提高相应的冶炼温度为 20℃、35℃、40℃。表 2-9 列出了升高对应的温度所需要消耗的燃料信息。

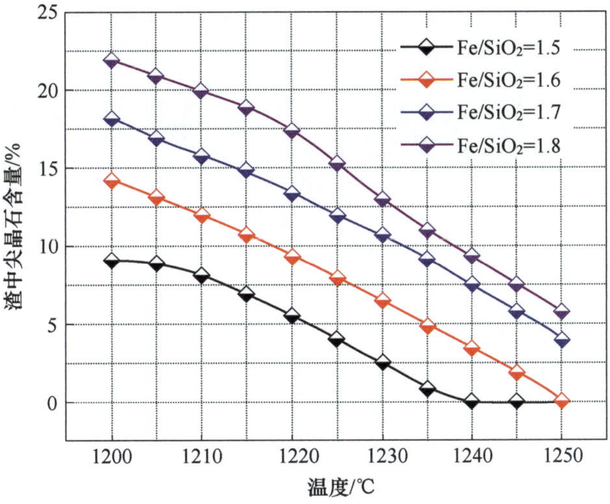

图 2-54 不同 Fe/SiO_2 下温度对渣尖晶石含量的影响（理论值）

表 2-9 升高对应的温度所需燃料理论额外配入量

Fe/SiO_2	降低 Fe/SiO_2、升高析出的尖晶石含量所需升温幅度/℃	燃料理论配比/%			
		焦炭	粉煤	硫黄	黄铁矿
1.6	20	0.075	0.08	0.21	0.16

续表 2-9

Fe/SiO$_2$	降低 Fe/SiO$_2$、升高析出的尖晶石含量所需升温幅度/℃	燃料理论配比/%			
		焦炭	粉煤	硫黄	黄铁矿
1.7	35	0.138	0.14	0.37	0.28
1.8	40	0.15	0.16	0.42	0.32

注：理论燃料消耗量计算假定燃料完全燃烧放热，且所放热量全部被炉料所吸收，不考虑热量损失。

底吹铜熔炼具有 Fe/SiO$_2$ 可变化范围大（1.0~2.0）的优点，但通常都会采用相对较高的铁硅比（1.6~1.8），渣中 Fe_3O_4 含量在 25%~36%范围内。根据国内某底吹熔炼渣成分绘制了 FeO-SiO$_2$-Fe_3O_4 的伪三元相图（见图 2-55），熔渣组分点位于液相与尖晶石相共存区域，表明冶炼过程 Fe_3O_4 不可避免地析出。高 Fe_3O_4 必然会引起渣含铜高的问题，实际熔炼过程渣含铜在 3%以上，需要对其进行浮选贫化。另外，浮选之后的尾渣中 Fe_3O_4 含量高，可以通过磁选的方式进行二次处理以富集铁，所得的铁精矿可以作为炼铁的原料。考虑到这一点，部分铜冶炼厂在熔炼过程确保正常造锍的情况下，对于铁硅比及 Fe_3O_4 的控制就有了新的认识。但铜渣磁选富集的铁精矿往往不能直接用于炼铁，需要进一步脱除部分杂质元素，如锌元素等。综合分析，底吹熔炼的热质传递优势为杂矿的处理及泡沫渣的避免提供了有利条件，相对于顶吹熔炼具有更高的熔炼效率和更低的能耗，符合当前铜工业发展的方向。

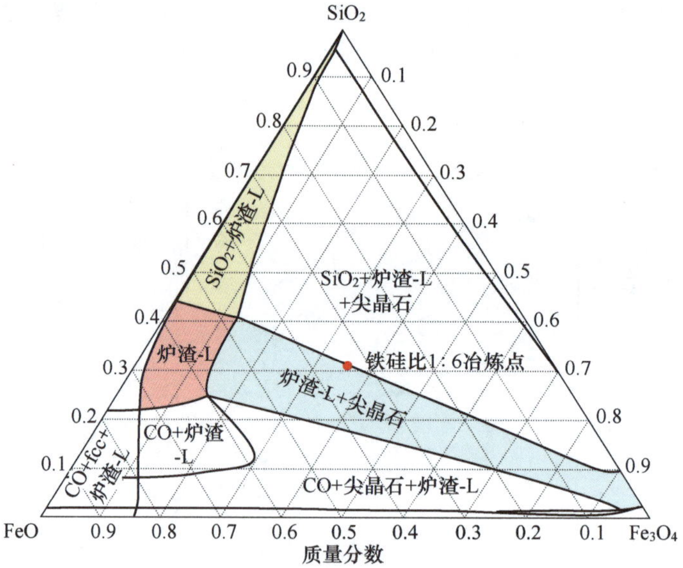

图 2-55 FeO-SiO$_2$-Fe_3O_4 伪三元相图

（温度 1220℃、Al_2O_3 3.73%、CaO 3.46%）

富氧侧吹熔炼

我国富氧侧吹熔炼工艺是瓦纽科夫炼铜工艺的升级。富氧侧吹炉从两侧风口中鼓入富氧空气，直接吹入渣层，侧吹熔炼渣层较深，在侧面鼓风的作用下，渣层上部形成了气-液-固共存的湍流区，增加了熔渣、铜锍和气相的接触面，为熔体中物化反应的进行提供了充分、适宜的条件，提高了传质传热速度。富氧侧吹炼铜工艺投入生产之后，不仅让富氧浓度得到提高，更有效地减少了燃料率，提高了生产效率[15]。

物料在炉内大致经过三个区域：强烈搅动的传质传热反应区域（鼓泡区）、乳化相聚合沉降区和铜锍区。在鼓泡区域内，富氧空气激烈地搅动熔体强化了熔体与物料之间的传质传热过程，改善了 Fe_3O_4 的还原动力学条件。由于上层渣的黏度较大，渣和铜锍相间的界面张力较小，反应过程往往会发生乳化现象。乳化现象是由于熔体的流动，在渣层与铜锍层之间发生传质过程，少量铜锍进入渣层形成混合物，即乳化层。乳化层包含炉渣、金属硫化物和烟尘微粒等物质的乳化相。铜锍微粒在强烈搅动的乳化层中相互碰撞的机会增大，有利于小颗粒聚集，微粒聚合长大到 0.5~5mm 即可从上层鼓泡区迅速落入下层铜锍相中。稳定的乳化层厚度有利于铜锍的富集。

侧吹熔炼炉对于冶炼温度、富氧浓度、铁硅比、冰铜品位等具有较广的适应范围，如低富氧浓度条件下，富氧浓度控制在 62%~65%、Fe/SiO_2 为 1.25~1.3、炉内温度为 1180~1200℃，这与富氧顶吹熔炼参数控制类似；高富氧条件下，富氧浓度控制在 80%~85%、Fe/SiO_2 为 1.45~1.6、炉内温度为 1200~1250℃，这与富氧底吹熔炼参数控制类似。然而，侧吹熔炼炉最显著的优势是在高铁硅比、高温度条件下稳定长寿命顺行，如铁硅比可在 1.8~2.2 范围内，熔炼温度在 1280~1310℃。通常，铜造锍熔炼温度在 1150~1250℃范围内变化，一方面是考虑熔炼炉寿命，另一方面是考虑能耗。侧吹炉能在 1300℃的高温长周期运行主要得益于炉体铜水冷套的使用，铜水冷套及时带走炉衬耐火材料的热，使衬体层形成稳定的“渣皮”，对降低热量损失和确保炉体安全起到促进作用。在常规熔炼温度下（1150~1250℃），铁硅比控制在 2.2 时，几乎难以完成熔炼，但侧吹熔炼温度升高至 1300℃情况就有所不同，温度升高可直接提高熔渣对 Fe_3O_4 的溶解度。此外，侧吹熔炼将矿粉由炉顶投入乳化层，矿粉中铁硫化物在 1300℃的高温下，直接与渣中 Fe_3O_4、SiO_2 反应，从而降低渣中 Fe_3O_4。正因为侧吹炉能达到一般熔炼炉所不能及的温度，使得它在铁硅比、渣含铜方面的控制优势显著，该熔炼炉已逐渐推广至国内多家铜企业。

利用国内某侧吹熔炼渣数据，理论计算铁硅比从 1.8 升高至 2.2 的过程，熔渣中以 Fe_3O_4 为主的尖晶石含量变化如图 2-56 所示。在 1250℃，Fe/SiO_2 由 1.8 提高至 2.2，渣

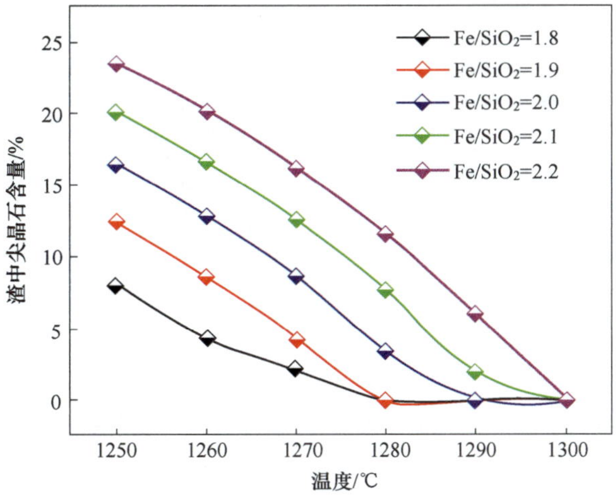

图 2-56 不同 Fe/SiO_2 下温度对渣尖晶石含量的影响

中尖晶石含量由 8.13%提高至 23.48%。升高温度尖晶石含量逐渐下降，实际熔炼过程铁硅比升高，熔炼温度对应升高，Fe/SiO_2 由 1.8 分别升高至 1.9、2.0、2.1、2.2 时，为了降低由 Fe/SiO_2 升高所析出的尖晶石，需要将对应的熔炼温度分别提高 10℃、20℃、30℃、40℃，这就会额外消耗燃料，具体见表 2-10。

表 2-10　升高对应的温度所需燃料理论额外配入量

Fe/SiO_2	降低 Fe/SiO_2、升高析出的尖晶石含量所需升温幅度/℃	燃料理论配比/%			
		焦炭	粉煤	硫黄	黄铁矿
1.9	10	0.038	0.04	0.11	0.08
2.0	20	0.075	0.08	0.22	0.16
2.1	30	0.11	0.12	0.33	0.25
2.2	40	0.16	0.17	0.44	0.33

相比于顶吹与底吹熔炼，侧吹熔炼 Fe/SiO_2 高，渣中析出的尖晶石含量高。因此，侧吹实际熔炼温度达到 1250~1320℃。国内某侧吹熔炼温度为 1300℃，铜渣中 Fe_3O_4 含量为 12%，Fe/SiO_2 为 1.83，CaO、MgO、Al_2O_3 等氧化物的含量分别为 2.57%、1.64%、3.73%。结合该厂实际的熔渣组成，对熔渣组分在 $FeO-Fe_3O_4-SiO_2-Al_2O_3-CaO$ 相图中的位置进行标注（见图 2-57），表明该渣组分点位于渣液相区，渣黏度低、流动性好，有利于铜锍颗粒在渣中的迁移聚集。

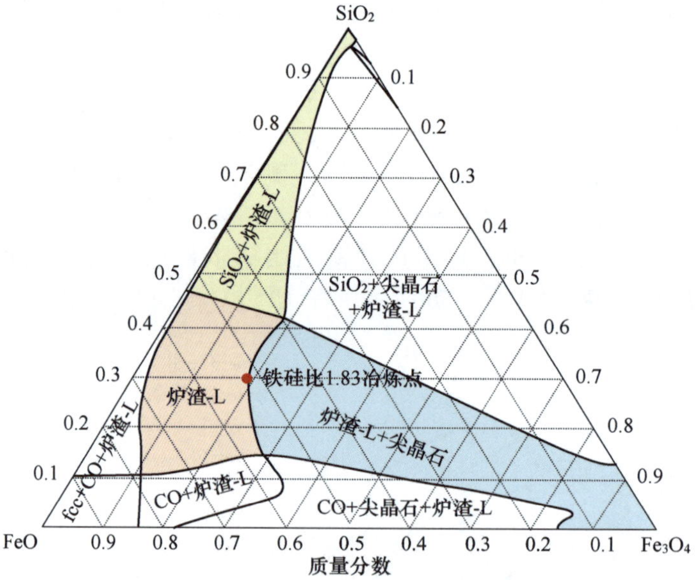

图 2-57　$FeO-Fe_3O_4-SiO_2-Al_2O_3-CaO$ 渣相图

（1300℃、Al_2O_3 3.67%、CaO 2.57%）

结合国内几家不同吹氧方式的铜熔炼渣组成分析发现（见图 2-58），顶吹熔炼渣成分所在区域为图 2-58（a）中红色 S_1 区域（1160℃、Fe/SiO_2 = 1.0~1.4、Fe_3O_4 6%~10%），该区域大部分落在渣液相区，少量成分点落在渣液相与尖晶石相共存区。顶吹熔炼低 Fe/SiO_2 引起 SiO_2 析出，恶化渣-铜分离，此时需添加 CaO 等碱性氧化物与析出的 SiO_2 进行造渣以改善熔渣性质。当底吹铜熔炼温度为1220℃、渣中 Fe/SiO_2 为1.6~1.8、Fe_3O_4 25%~36%时，其成分组成落在 $FeO-Fe_3O_4-SiO_2-Al_2O_3-CaO$ 五元基础渣系中的 S_2 区域（见图2-58（b）），该区域位于渣液相与尖晶石相共存区域，尖晶石含量较高，尤其在生产高品位冰铜时。相比于顶吹和底吹，侧吹熔炼渣中 Fe/SiO_2 较高（1.8~2.2）。高 Fe/SiO_2 导致熔渣中铁氧化物易生成尖晶石，因此需要提高熔炼温度，侧吹冶炼温度可达到1300℃。由于温度较高，理论上侧吹渣成分点位于渣液相区中红色 S_3 区域（见图2-58（c）），该区域位于渣液相区，渣的流动性较好。

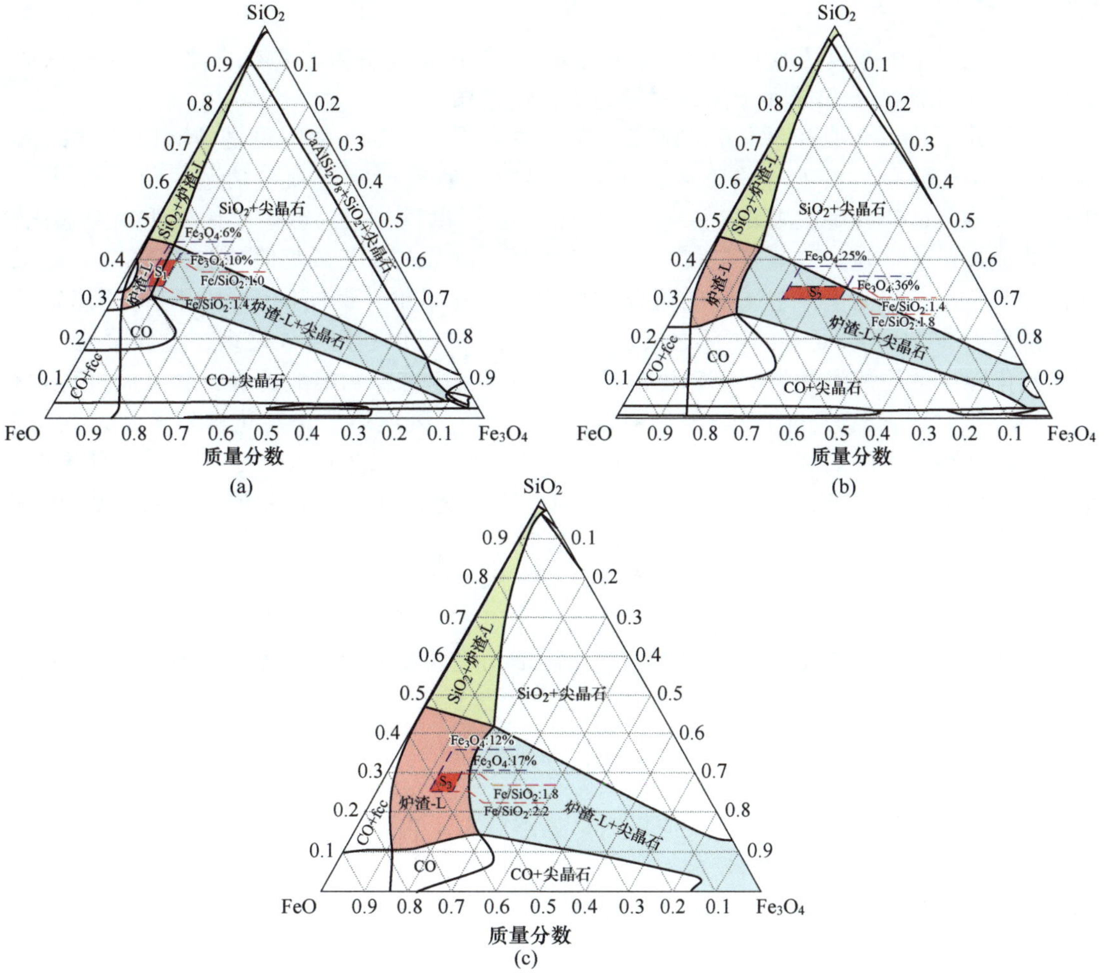

图2-58 $SiO_2-Fe_3O_4-FeO$ 相图

（a）1160℃、Al_2O_3 4.66%、CaO 3.7%；（b）1220℃、Al_2O_3 3.73%、CaO 3.46%；（c）1300℃、Al_2O_3 3.68%、CaO 2.57%

现代造锍熔池熔炼技术从富氧顶吹熔炼发展至底吹与侧吹熔炼，虽然熔炼的基本原理或者说熔炼的热力学相同，但在动力学上具有一定差异，这也是各个炉型及喷吹方式决定的。比如底吹熔炼在热质传递方面显然优于顶吹熔炼，而侧吹炉的铜水冷套又是在冶炼设备上的升级，这也直接提高了炉子的耐热能力，冶炼温度也随之升高，渣型得到更好的优化。铜熔炼已逐渐向高品位冰铜生产的方向发展，需要解决高品位冰铜生产过程热力学条件的限制，即高 Fe_3O_4 可能引起泡沫渣和渣含铜高的问题。装备方面，通过优化创新炉窑结构，更科学合理地设置各个功能部件，对于改善熔池及炉内动力学条件具有重要意义。因此，铜工业实现绿色低碳可持续发展，不仅需要对冶炼过程“三废”的合理处置，更应该在冶炼过程做到极致，如绿色能源替代、炉窑结构优化、强化冶炼等。

2.2 镍富氧强化熔池熔炼

2.2.1 镍生产工艺

镍在地壳中的丰度为 0.0075%，居第 24 位。镍的矿物资源主要有三种，即硫化镍矿、氧化镍矿（红土矿）和储存于深海底部的含镍锰结核。

中国并不是一个镍资源丰富的国家。在新中国成立之初，中国更是被冠以“贫镍国”的标签，由于镍是重要的战略资源，西方世界对此始终严密封锁与禁运。20 世纪中叶，中国一项重大地质找矿成果诞生——金川镍矿，经过勘探，金川镍矿累计探明铜镍硫化物矿石储量超过 5 亿吨，镍金属量仅次于加拿大的 Sudbury 矿床和西伯利亚的 Norilsk 矿床，列世界第三位，成为世界金属镍的主要产地之一。除了镍、铜储量巨大，同时还伴生铂、钯、锇等近 20 种有价元素，矿床之大，矿体之集中，可供利用金属之多，世界罕见。

硫化镍矿的冶炼方法类似于硫化铜矿，主要为闪速熔炼和熔池熔炼，其发展过程包括鼓风炉、反射炉、电炉和闪速炉等几种熔炼技术[16]。闪速熔炼是硫化镍精矿造锍熔炼的新工艺，其特点为：焙烧和熔炼完全结合、反应迅速、能耗低且大大地减少了对环境的污染。由于炉料粒度很细，反应表面积大大增加，反应速率快，炉料在炉内呈悬浮状迅速熔化。熔炼中硫化物氧化放出大量的热为熔炼提供了大部分热能，不足部分可靠补充部分燃料供给。闪速熔炼可以采用预热空气或富氧空气作为氧化介质，也可以提高富氧浓度或采用工业纯氧以达到自热熔炼。与传统的造锍熔炼相比，闪速炉脱硫率高、烟气量少、烟气中 SO_2 浓度高，有利于硫的综合利用，避免环境污染。镍的闪速熔炼工艺如图 2-59 所示。

2.2.2 造锍熔炼原理

2.2.2.1 硫化物的高温离解与着火

闪速炉炉料从精矿喷嘴进入反应塔后呈悬浮状态垂直向下运动，并迅速加热。随着温度升高，将发生硫化物的离解反应。

离解反应的结果是高价金属硫化物分解成低价金属硫化物和单质硫，该反应通式可表示为（设由一种硫化物离解成另一种硫化物和单质硫）：

$$mM_xS_y \longrightarrow nM_{xn}S_{yn} + S_2 \tag{2-107}$$

式中，m、n 表示化学反应计量系数。

当硫化物为纯凝聚态时，离解反应的标准吉布斯自由能变化值 $\Delta G^{\ominus}$ 可表示为：

$$\Delta G^{\ominus} = n\Delta G^{\ominus}_{M_{xn}S_{yn}} - m\Delta G^{\ominus}_{M_xS_y} = -RT\ln K_p^{\ominus} = -RT\ln(p_{S_2}/p^{\ominus}) \tag{2-108}$$

式中，$\Delta G^{\ominus}_{M_xS_y}$、$\Delta G^{\ominus}_{M'_xS'_y}$ 分别为 M_xS_y 与 $M'_xS'_y$ 的生成吉布斯自由能。

因此，若 $\Delta G^{\ominus}_{M_xS_y}$ 越负，则 $\Delta G^{\ominus}$ 越正，S_2 分压越低，即离解反应越难进行。

此外，物料中可能存在的硫酸盐 MSO_4、碳酸盐 MCO_3 及氢氧化物 $M(OH)_n$，也将发生热分解反应，这些分解反应都为吸热反应。在高温条件下，稳定的铜化合物为 Cu_2S、

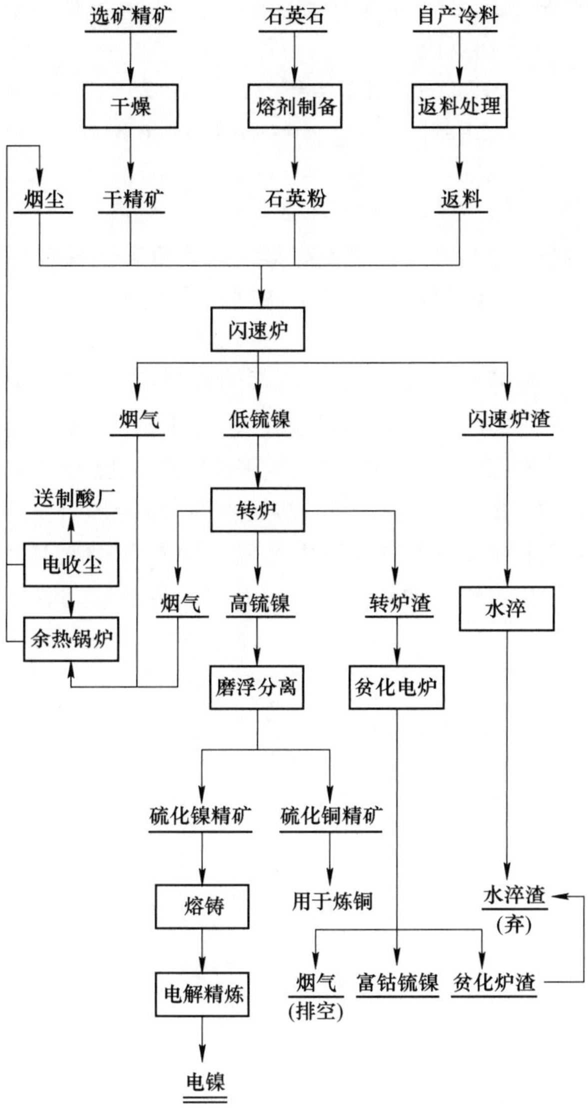

图 2-59 镍的闪速熔炼工艺流程

Cu_2O，稳定的铁硫化物为 FeS，稳定的镍化合物为 Ni_3S_2 和 NiO。

炉料在反应塔发生高温离解，当温度达到炉料的着火点后，硫化物将进行剧烈的氧化反应。炉料的着火温度除与物料的化学性质有关外，还与其粒度等物理性质密切相关。随着矿物粒度的减小，硫化物的着火温度降低，这主要是因为粒度越小，单位质量矿物的表面积（即比表面积）越大。氧化燃烧的速率将随物料比表面积的增大而增大。物料表面吸附的气体浓度越大，燃烧速率将大大提高，这也是闪速熔炼能迅速完成氧化反应实现强化熔炼的原因之一。

2.2.2.2 硫化物的氧化反应

闪速熔炼的优点在于充分利用粉状精矿的比表面积，在反应塔内使矿石中金属硫化物或分解产生的单质硫迅速完成氧化，利用氧化释放的热量来维持整个熔炼过程需要的热。

硫化物燃烧放出大量的热，甚至可以实现自热熔炼。具体涉及的氧化反应见式（2-8）、式（2-36）、式（2-38）和下列反应：

$$2FeS + 3.5O_2 \xlongequal{} Fe_2O_3 + 2SO_2 \tag{2-109}$$

$$3FeS_2 + 8O_2 \xlongequal{} Fe_3O_4 + 6SO_2 \tag{2-110}$$

$$CoS + 1.5O_2 \xlongequal{} CoO + SO_2 \tag{2-111}$$

$$Ni_3S_2 + 3.5O_2 \xlongequal{} 3NiO + 2SO_2 \tag{2-112}$$

富氧闪速熔炼与传统熔炼相比可显著提高熔锍的品位和烟气中 SO_2 的浓度。在进料量一定的情况下，熔炼过程的脱硫率和锍品位可通过调节风量、预热空气温度及燃料用量等来控制。

温度对氧化反应的影响可通过 $\lg p_{O_2}$-$1/T$ 关系图来说明，如图 2-60 所示。由图可以推测，在氧化过程中，反应产物中含有由熔融硫化物、固态 Fe_3O_4、FeO 和硅酸盐氧化物炉渣构成的一种不稳定组成的悬浮体。如铜精矿闪速熔炼时，反应塔中氧分压的变化是由高氧势到低氧势（沿 A–E–76 线），此后回升到接近平衡 O_2 分压（$p_{O_2}=10^{-3}$Pa）。按气相测定，绝大部分氧化过程发生在反应塔 2m 以内的距离（气相中无自由氧存在）。在这段距离内，温度升至最大值，铁的硫化物氧化产生的 Fe_3O_4 达到最大值（相当于图中 E 点）。

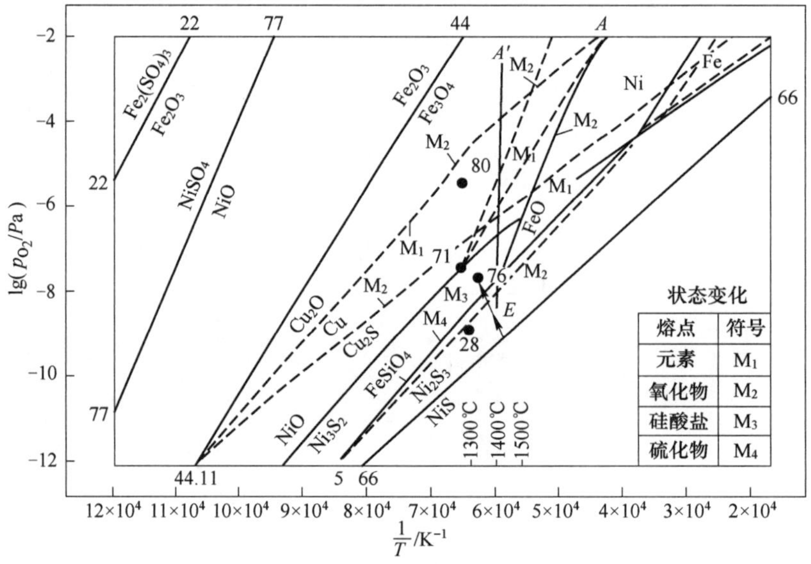

图 2-60　闪速炉反应塔悬浮体物相

（$p_{SO_2}=10^4$Pa）

热力学计算及熔炼实践表明，铜和镍相对于铁均难以氧化。但在强氧化熔炼中，特别是在生产高品位锍时，渣中铜和镍的损失量增大，氧化选择性消失。渣中镍损失与铁量的关系如图 2-61 所示。由图 2-61 可见，反应塔产物中硫化物相含铁率（与总铁量之比）与相应于反应塔产物的镍黄铁矿含铁率的比值对渣中含镍量影响很大。当该比值小于 1 时，镍在渣中的含量显著升高，可达 0.8%~4%；当该比值大于 1 时，渣中含镍量显著降低，可降至 0.2%~0.3%（比值等于 3 时）。按照实际体系考察，在熔锍–炉渣反应中，反应塔硫化物进入炉渣相的铁量增大时，熔锍中的镍进入渣相也相应增加。这是因为铁转入渣中均以氧化态存在，而且由于气氛的氧化性强，多以高价铁存在。因此，镍的硫化物将与 Fe_3O_4 发生交互反应而进入渣中：

$$Ni_3S_2 + Fe_3O_4 \longrightarrow (Fe、Ni)O + SO_2 \tag{2-113}$$

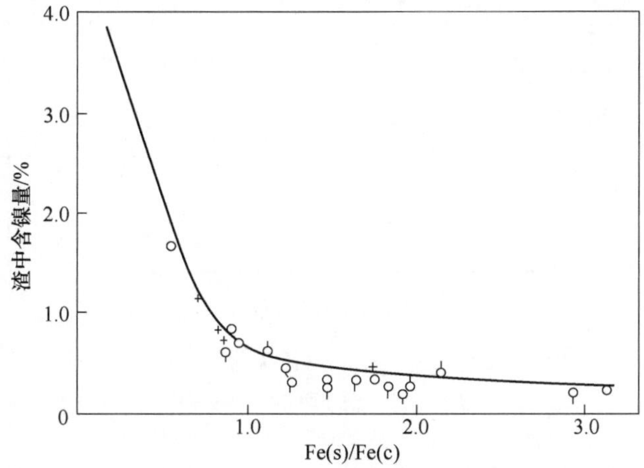

图 2-61　反应塔产物硫化物相含铁率与相应的镍黄铁矿中含铁率比值与渣中含镍的关系
（图中各点为试验考察点）

反之，当反应塔中保持相当部分的 FeS 量，则炉渣中氧化物将与 FeS 发生氧化还原反应而使镍硫化：

$$FeS + 3Fe_3O_4 = 10FeO + SO_2 \tag{2-114}$$

$$10FeS + 9(NiO \cdot Fe_2O_3) = 28FeO + 3Ni_3S_2 + 4SO_2 \tag{2-115}$$

图 2-62 和图 2-63 分别表示了镍、铜在反应塔硫化物相（SS）和硫化物熔锍相（MS）中的分配。由图可以看出，反应塔硫化物过渡到熔锍硫化物，镍和铜的分配随锍中铁量而变化。当镍锍中含铁量大于 10%时，由于在渣锍反应中发生部分选择性硫化作用，分配于锍中的镍量增大；当镍锍中含铁量大于 25%时，分配量变化较小；当镍锍中含铁量小于 10%时，分配于反应塔硫化物中镍占优势，这将造成镍在渣中的损失。

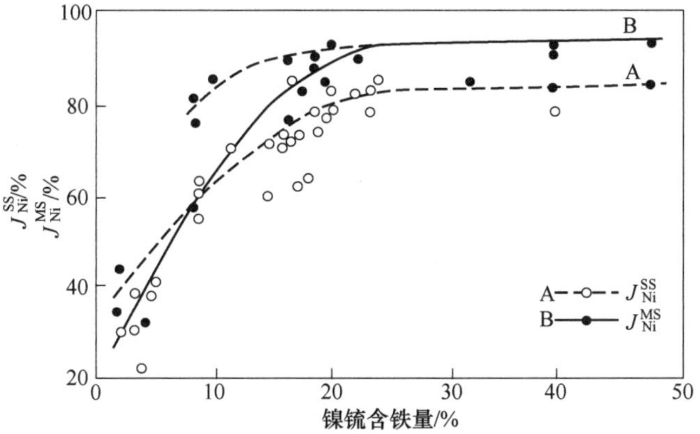

图 2-62　反应塔硫化物和熔锍硫化物相中镍的分配
J_{Ni}^{SS}，J_{Ni}^{MS}—镍在两相中的含量

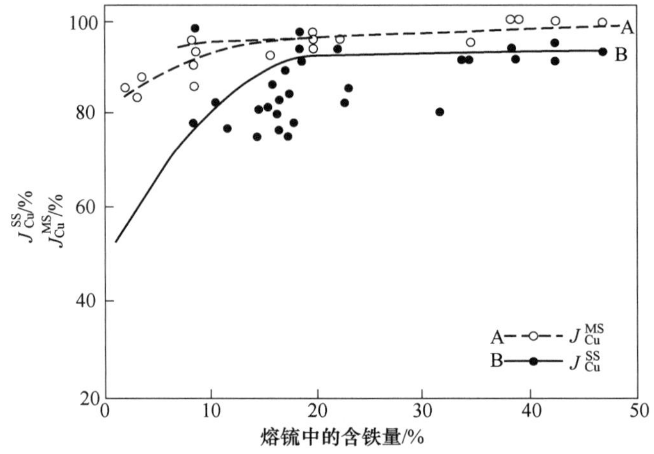

图 2-63　反应塔硫化物和熔锍硫化物相中铜的分配

J^{SS}_{Cu}，J^{MS}_{Cu}—铜在两相中的含量

由图 2-63 可以看出，铜很难大量氧化进入渣中，分配于熔锍中的铜始终占优势（曲线 A）。与镍的分配相比，相应于反应塔硫化物和熔锍硫化物相的分配曲线已改变了位置，即在该区内，铜在熔锍中的质量比在对应的反应塔硫化物相中大一些。实验研究已证实，当生产高品位锍时，铜在反应塔产物氧化物中的质量分配相当多，当反应塔硫化物含铁很低，尤其是炉渣相含硫很低时，铜将以氧化态进入渣相。反之，铜的质量分配将以绝对优势进入熔锍相中。

2.2.2.3　闪速炉熔炼中的还原反应

通过上述反应塔中的选择性氧化分析可知，采用传统的反应塔氧化过程难以实现镍、铜、铁的选择性氧化。这也可由闪速炉生产实践中所获得的反应塔产物和熔炼产物的金属分配比看出，见表 2-11。表 2-12 为采用氧化还原技术时金属的分配情况[16]。

表 2-11　传统的反应塔氧化过程金属分配　（%）

金属	反应塔产物		熔炼产物	
	硫化物	氧化物	锍	炉渣
Ni	40.00	60.00	33.00	60.66
Co	14.00	86.00	1.08	89.24
Cu	85.00	15.00	55.00	40.52
Fe	3.05	96.95	0.51	96.62

表 2-12　反应塔氧化还原过程金属分配　（%）

金属	反应塔产物		熔炼产物	
	硫化物	氧化物	锍	炉渣
Ni	45.53	54.47	85.00	13.82
Co	21.92	78.08	20.00	73.53
Cu	86.38	13.62	83.00	15.60
Fe	11.98	88.02	0.94	62.53

表 2-11 中数据表明，采用传统的氧化熔炼过程，反应塔产物中金属的分配除铁以外，基本上与反应塔氧化还原操作过程相差不大，但在熔炼产物中金属的分配则有显著差别。由此可以说明，采用氧化还原技术，即在反应塔下部引入铁的硫化物或喷入轻质油料，使反应塔下部的氧势降低，有利于金属的硫化。这也可从热力学上作简要分析。

由于 FeS 的存在，将使镍、铜、钴等的氧化物发生硫化反应（见式（2-116）），因而使这些金属能更多地进入熔锍硫化物相中。因此，FeS 的活度将是影响硫化反应的主要因素之一。通过控制氧化还原条件，使 p_{S_2} 增大，p_{SO_2} 减小，则 FeS 的活度增大，将有利于镍、铜、钴等金属氧化物的硫化，结果导致熔炼产物锍相中金属的分配比增大。可见，虽然采用强氧化可以增大脱铁率，获得高品位锍，但渣中所含镍、钴金属元素会提高，从而失去选择氧化除铁的意义。

$$FeS(锍) + MO(渣) \Longleftrightarrow MS(锍) + FeO(渣) \qquad (2\text{-}116)$$

在强氧化还原过程中，产出的锍品位越高，反应塔中悬浮物的氧化程度越高，因而烟尘及其伴生的残余悬浮体的氧化程度也就很高。这种过氧化的产物不仅使沉淀池中炉渣所含的高价铁（Fe_3O_4）增多，还可能使上升烟道发生烟尘的堆积。为消除这种影响，采用向反应塔所产出的气体喷洒还原剂（碳质粉料），使气相中的氧势降低，硫势升高，因而残余悬浮体和烟尘中的高价氧化物将被还原，且部分被硫化，熔体量增加，从而可以消除烟尘炉结。

利用图 2-64 所示的 M-S-O 系的硫势-氧势状态图可以说明高品位锍在还原过程中气相组成的变化。图中表示了生产高品位锍（76.2%Cu）的还原过程。显然，当锍中含铜量达到 76%以上时，铁基本上已脱除，此时反应塔氧化物中有 Fe_3O_4 存在，故炉内氧势与 Fe_3O_4 相平衡，这可用图中 Y、Z 两点表示，因此有：$p_{O_2} = 1.21 \times 10^{-2}$Pa，$p_{S_2} = 2.67$Pa（$Y$ 点），$p_{S_2} = 1.08$Pa（Z 点）。

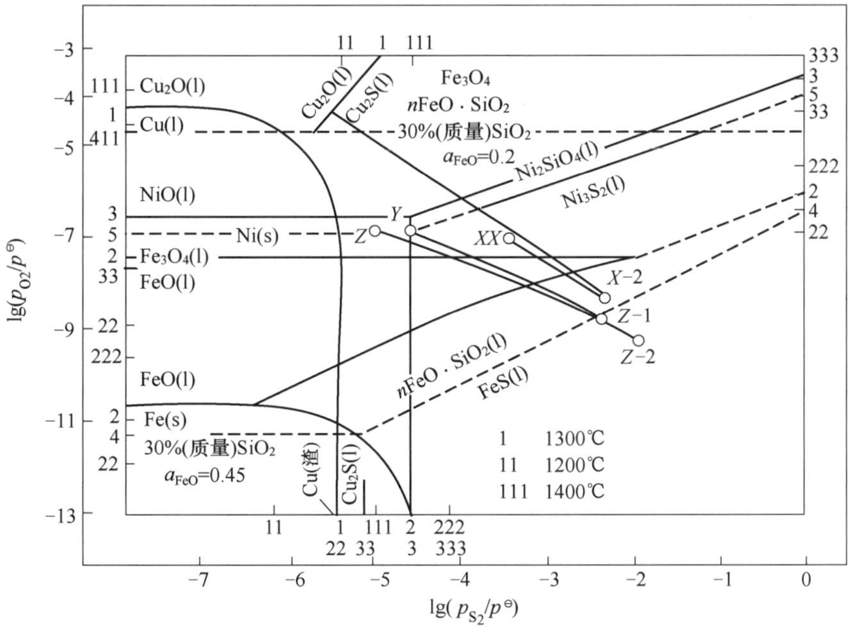

图 2-64 M(Ni、Fe、Cu)-S-O 系硫势-氧势图

当反应塔产物发生还原时，即由 Y 点和 Z 点向 Z-1 和 Z-2 两点移动。在 Z-1 点与 $FeO \cdot SiO_2$-FeS 平衡线相交，表明 Fe_3O_4 被还原，并与 SiO_2 造渣生成熔融的硅酸盐炉渣，同时部分铁被硫化形成 FeS 熔体。在 Z-2 点，为更强的还原条件，例如向沉淀池和上升烟道供给足够多的燃料。这两点所代表的气相和温度分别为：

$Z-1$ 点($t = 1250℃$)：$p_{O_2} = 1.84 \times 10^4 Pa$　$p_{S_2} = 4.24 \times 10^2 Pa$

$Z-2$ 点($t = 1250℃$)：$p_{O_2} = 4.70 \times 10^5 Pa$　$p_{S_2} = 1.27 \times 10^3 Pa$

随着氧势的降低、硫势的增加，有利于烟尘中氧化物的硫化。按实际考察，烟尘全部硫化，含硫量高达 28.2%，比 Z-1 点原含硫量增加近 10%，炉渣含硫量也增至 0.8%。在 Z-2 点，如将还原气体经过催化系统处理，可以回收元素硫达 94%。

2.2.2.4　熔锍和炉渣的形成过程

类似于铜的闪速熔炼，在沉淀池中已被氧化的硫化物及其他全部或部分氧化的矿粒与未氧化的物料反应，从而完成造锍和造渣的过程。

当悬浮体物料经强烈氧化进入沉淀池中后，将发生一系列交互反应（温度 1100～1300℃）。

A　硫化反应

炉渣中的氧化物（Cu_2O、NiO 等）与熔锍发生式（2-116）所示的硫化反应。该反应可看作是锍中的 FeS 优先氧化，其进行的程度取决于熔炼的温度和熔体的组成。其中包括的主要反应有式（2-16）和下列反应：

$$7FeS(锍) + 9NiO(渣) = 3Ni_3S_2(锍) + 7FeO(渣) + SO_2(气) \quad (2\text{-}117)$$

$$FeS(锍) + CoO(渣) = CaS(锍) + FeO(渣) \quad (2\text{-}118)$$

$$FeS(锍) + MO(渣) = MS(锍) + FeO(渣) \quad (2\text{-}119)$$

上述反应生成 Ni_3S_2、Cu_2S、FeS、CoS 等组成的液态混合物即称为镍锍，其中还溶有少量的 Fe_3O_4 及贵金属。

B　造渣反应

氧化反应生成的 Fe_3O_4 与熔锍中的 FeS 反应产生 FeO 随后与 SiO_2 结合造渣，或者碱性氧化物直接与 SiO_2 进行造渣反应，见式（2-18）、式（2-19）和下列反应：

$$10Fe_2O_3 + FeS = 7Fe_3O_4 + SO_2 \quad (2\text{-}120)$$

$$CaO + SiO_2 = CaO \cdot SiO_2 \quad (2\text{-}121)$$

$$MgO + SiO_2 = MgO \cdot SiO_2 \quad (2\text{-}122)$$

上述反应生成的 $2FeO \cdot SiO_2$、$CaO \cdot SiO_2$、$MgO \cdot SiO_2$ 及 Fe_3O_4 的熔融混合物即构成炉渣的主要成分，其中还溶有 Cu_2O、NiO、CoO 等有价金属的氧化物。

镍、铜、钴等进入渣中是因为与高氧势炉渣接触时，这些金属硫化物可能被氧化进入渣中：

$$Ni_9S_8 + 25Fe_3O_4 = 9NiO + 75FeO + 8SO_2 \quad (2\text{-}123)$$

$$Ni_3S_2 + 7Fe_3O_4 = 3NiO + 21FeO + 2SO_2 \quad (2\text{-}124)$$

$$Cu_2S + 2Fe_3O_4 = 2Cu + 6FeO + SO_2 \quad (2\text{-}125)$$

$$Cu_2S + 3Fe_3O_4 = Cu_2O + 9FeO + SO_2 \quad (2\text{-}126)$$

C　贫化区的还原与硫化反应

在强氧化条件下，将使炉渣中的 Fe_3O_4 含量增高，有价金属容易被氧化进入渣中而造成损失。因此，需要在贫化区中加入还原剂、熔剂进行还原和硫化反应，进一步完成渣-锍分离，见式（2-32）和下列反应：

$$FeO + C(CO) \xlongequal{} Fe + CO(CO_2) \tag{2-127}$$

$$NiO + C(CO) \xlongequal{} Ni + CO(CO_2) \tag{2-128}$$

$$CoO + C(CO) \xlongequal{} Co + CO(CO_2) \tag{2-129}$$

$$NiO + Fe \xlongequal{} Ni + FeO \tag{2-130}$$

$$CoO + Fe \xlongequal{} Co + FeO \tag{2-131}$$

$$Cu_2O + Fe \xlongequal{} 2Cu + FeO \tag{2-132}$$

$$2NiO \cdot SiO_2 + 2Fe \xlongequal{} 2Ni + 2FeO \cdot SiO_2 \tag{2-133}$$

$$3(2NiO \cdot SiO_2) + 6FeS \xlongequal{} 2Ni_3S_2 + 3(2FeO \cdot SiO_2) + S_2 \tag{2-134}$$

$$2NiO \cdot Fe_2O_3 + FeS \xlongequal{} 3FeO + SO_2 + 2Ni \tag{2-135}$$

$$2Cu_2O \cdot SiO_2 + 2Fe \xlongequal{} 4Cu + 2FeO \cdot SiO_2 \tag{2-136}$$

$$2Cu_2O \cdot SiO_2 + 2FeS \xlongequal{} 2Cu_2S + 2FeO \cdot SiO_2 \tag{2-137}$$

$$2Cu_2O \cdot Fe_2O_3 + FeS \xlongequal{} 3FeO + SO_2 + 4Cu \tag{2-138}$$

$$2CoO \cdot SiO_2 + 2Fe \xlongequal{} 2Co + 2FeO \cdot SiO_2 \tag{2-139}$$

$$2CoO \cdot SiO_2 + 2FeS \xlongequal{} 2CoS + 2FeO \cdot SiO_2 \tag{2-140}$$

$$2CoO \cdot Fe_2O_3 + FeS \xlongequal{} 3FeO + SO_2 + 2Co \tag{2-141}$$

2.2.3 镍锍吹炼原理

低镍锍主要由 Ni_3S_2、Cu_2S 和 FeS 组成，此外还有少量 CoS 和贵金属。由于精矿的化学成分、熔炼方式和操作条件的不同，低镍锍成分多数波动在以下范围（质量分数）：10%～25% Ni、4%～12% Cu、0.3%～1.0% Co、45%～50% Fe、24%～28% S。

在转炉吹炼条件下，熔融低镍锍与吹入的空气中的氧反应，可除去大部分铁和一部分硫，产出高镍锍。高镍锍的大致成分为：40%～45% Ni、24%～30% Cu、0.5%～0.8% Co、2%～4% Fe、18%～24% S。镍锍吹炼与铜锍吹炼不同，后者吹炼得到金属铜，而镍锍吹炼得到的不是金属镍而是高镍硫。它们之间的差异可以用反应的标准吉布斯自由能加以讨论。

铜锍吹炼可分两个阶段，即造渣期和造铜期。造渣期主要是氧化除去锍中的铁和部分硫，铁氧化物与熔剂中的 SiO_2 形成熔渣，而后再吹炼成金属铜。镍锍吹炼只有造渣期，化学反应与铜锍吹炼造渣期相似，其主要反应如下：

$$2/3FeS(l) + O_2(g) \xlongequal{} 2/3FeO(l) + 2/3SO_2(g)$$

$$\Delta G^{\ominus}\ (J/mol) = -303340 - 5.27T \tag{2-142}$$

$$2/3FeS(l) + O_2(g) + 1/3SiO_2(s) \xlongequal{} 1/3(2FeO \cdot SiO_2)(l) + 2/3SO_2(g)$$

$$\Delta G^{\ominus}\ (J/mol) = -3076101 - 53.11T \tag{2-143}$$

$$2/3Cu_2S(l) + O_2(g) \xlongequal{} 2/3Cu_2O(l) + 2/3SO_2(g)$$

$$\Delta G^{\ominus}\ (J/mol) = -268190 + 81.17T \tag{2-144}$$

$$2/7Ni_3S_2(l) + O_2(g) \xlongequal{} 6/7NiO(s) + 4/7SO_2(g)$$

$$\Delta G^{\ominus}\ (J/mol) = -337230 + 94.06T \tag{2-145}$$

以上反应均以 1mol O_2 写出，这样才可以比较它们进行的趋势。图 2-65 为上述氧化反

应的 $\Delta G^{\ominus}$-T 关系。可见 FeS 氧化反应的 $\Delta G^{\ominus}$ 最小，其次是 Ni_3S_2，最大是 Cu_2S。这表明铜、铁、镍硫化物中以 FeS 最容易氧化，其次是 Ni_3S_2 和 Cu_2S。因为式（2-143）的 $\Delta G^{\ominus}$ 比式（2-142）的小，当有熔剂存在时，FeO 将优先以 $2FeO \cdot SiO_2$ 形态出现。式（2-145）和式（2-146）的 $\Delta G^{\ominus}$ 均为负值，表明 Ni_3S_2 和 Cu_2S 可能被氧化。但只要锍中还有 FeS，即使生成 NiO、Cu_2O，它们也会进一步与 FeS 反应。

$$2NiO(s) + 14/9FeS(l) = 2/3Ni_3S_2(l) + 14/9FeO(l) + 2/9SO_2(g)$$

$$\Delta G^{\ominus}\ (J/mol) = 79076 - 96.5T \qquad (2\text{-}146)$$

硫化物氧化反应的 $\Delta G^{\ominus}$-T 关系如图 2-65 所示，可见理论上锍中 FeS 可使 Ni_3S_2 和 Cu_2S 不被氧化。

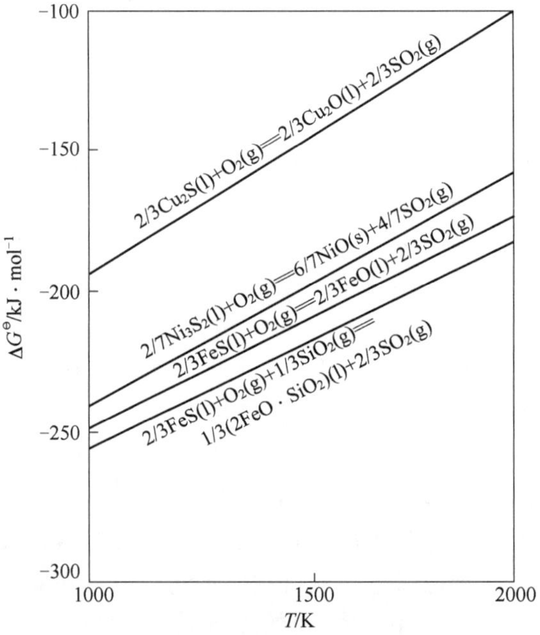

图 2-65　硫化物氧化反应的 $\Delta G^{\ominus}$-T 关系

低冰镍的吹炼只是 FeS 氧化，生成 $2FeO \cdot SiO_2$ 使熔渣增多，这就是熔炼的造渣期。当锍中 FeS 全部氧化后，就开始 Cu_2S 和 Ni_3S_2 的氧化。氧化产物 Cu_2O 和 NiO 又可进一步与 Cu_2S 和 Ni_3S_2 反应，见式（2-147）。

$$2NiO(s) + 1/2Ni_3S_2(l) = 7/2Ni(l) + SO_2(g)$$

$$\Delta G^{\ominus}(J/mol) = 393840 - 166.52T \qquad (2\text{-}147)$$

硫化物和氧化物反应的 $\Delta G^{\ominus}$-T 的关系如图 2-66 所示，在 1200～1300℃ 的吹炼温度下，式（2-146）的 $\Delta G^{\ominus}<0$，表明该反应可向右进行，这就说明铜锍吹炼造渣期后，还可以有造铜期。当式（2-147）的 $\Delta G^{\ominus}>0$，反应不能向右进行，镍锍吹炼只能产出高镍锍。如果要产出金属镍，则熔池温度必须高于 1765K（1492℃）。

以上热力学分析是在标准吉布斯自由能基础上进行的，此时认为参与反应的物质都处于标准态，液态和固态是纯物质，气体的分压是 101.325kPa。实际生产过程中，上述液态

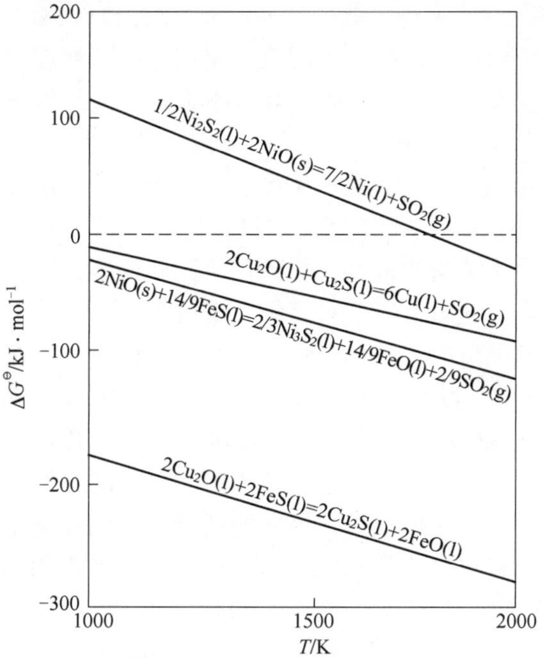

图 2-66 硫化物和氧化物反应的 $\Delta G^{\ominus}$-T 的关系

物质分别在熔锍、熔渣和液态金属中，它们在各自的液相中均有自己的活度值。气体压力也不会是 101.325kPa。其结果必然有别于标准状态。

2.2.4 金川镍富氧熔炼实例

我国硫化镍矿资源较为丰富，主要分布在西北、西南和东北等地，其保有储量占全国总储量的 93.8%[17]。就各省（区）来看，甘肃储量最多，占全国镍矿总储量的 62%。金川镍铜矿是世界著名的大型多金属共生硫化矿，探明资源量 5.64 亿吨。目前，金川集团保有矿石资源量为 4.3 亿吨，其中镍金属保有资源量 550 万吨[18]。

镍矿鼓风炉熔炼是最早的炼镍方法之一，炉料（烧结块或团矿、焦炭、熔剂等）从炉子上部分批分层地加入炉内，空气由风口不间断地鼓入炉内使固体燃料燃烧，热气流自下而上地通过料柱，进行炉料与炉气逆向运动的热交换，从而实现炉料的预热、焙烧、熔化、造锍等一系列物理化学反应。1963 年，我国金川镍矿使用过两台 3.7m^2 的小鼓风炉，并于 1965 年改造成一台 10.3m^2 的大鼓风炉。随着生产规模的扩大、冶炼技术的进步，以及环境保护要求的提高，这一方法已逐步被淘汰，被矿热电炉所取代。矿热电炉用于镍冶金，其优点在于：

（1）热效率高，可获得理想的冶炼温度。热量集中，可控制局部和整个炉子温度，调整炉温方法简单。

（2）对物料的适应性强，特别适宜处理某些难熔物料。

（3）炉渣与低镍锍分离条件好、渣量小、弃渣金属损失率低。烟气量小、烟尘率低，整个冶炼过程的金属实收率高。

矿热电炉也有它的缺点，使其在应用上受到某些限制：

（1）矿热电炉的热源主要来自电能的转换，而矿物自身的潜热由于反应条件所限制没有充分的利用。矿热电炉能耗大，尽管采用流态化焙烧技术处理镍精矿，使矿热电炉的能耗大为降低，低镍锍品位有所提高，转炉吹炼成本下降，但与闪速熔炼等自热熔炼工艺相比，能源消耗仍大于后者。

（2）矿热电炉属于熔池熔炼炉，气-固反应不充分，使熔炼所得的烟气含二氧化硫浓度低，通常为0.5%~1.0%，这种低浓度的二氧化硫烟气在现有技术条件下处理困难，处理费用也高。同时由于炉体结构的特点，炉顶预留孔洞较多，一旦密封不好或在炉况不正常的情况下，会有部分烟气逸出，造成对周围环境的污染。

在现代冶金技术的发展阶段，矿热电炉的使用受到挑战，正在被更先进的节能环保型的高效冶金设备所取代。20世纪80年代末，金川炼镍在先后经历了鼓风炉熔炼和矿热电炉熔炼近30年生产实践的基础上，引进了澳大利亚卡尔古里冶炼厂的闪速熔炼技术。闪速熔炼与其他传统的鼓风炉、反射炉和电炉熔炼的主要不同之处在于它能充分利用粉状精矿巨大的表面能和硫化物的氧化反应热，因此能耗低、环境污染小。闪速炉处理的浮选精矿由于其颗粒直径小，约有90%小于0.074mm，每千克精矿表面积在200m^{2}以上，因此当含水分小于0.3%的干精矿及石英粉、烟尘、粉煤、重油（后两者主要作为补充燃料），在喷嘴中与低温热空气（200℃）和氧气充分混合，并以60~70m/s喷入1550℃左右的反应塔内，在悬浮状态下仅需2~3s可在反应塔空间迅速完成炉料的分解、氧化脱硫和熔化等熔炼过程，形成氧化物和硫化物混合熔融液滴，汇集落入反应塔下部的沉淀池，进行澄清分离，最终形成锍层与炉渣层。

随着镍矿产资源开发进程的不断加速，金川镍矿用于提取镍金属的高品质矿产资源越来越少。与此同时，低品位、高氧化镁、蚀变强烈的矿石占比高达63%，难以在闪速熔炼体系中使用。其主要原因是高含量的氧化镁导致渣熔点升高、黏度增大、流动性差，无法正常生产。在复杂难处理镍钴资源清洁高效利用方面，我国金川取得重大突破，联合昆明理工大学自主研发了顶吹熔炼—闪速熔炼—自热熔炼三炉系联动的镍冶炼新体系（见图2-67）。顶吹熔炼与闪速熔炼技术并用，解决了当前复杂镍矿资源难处理问题，如顶吹熔炼技术处

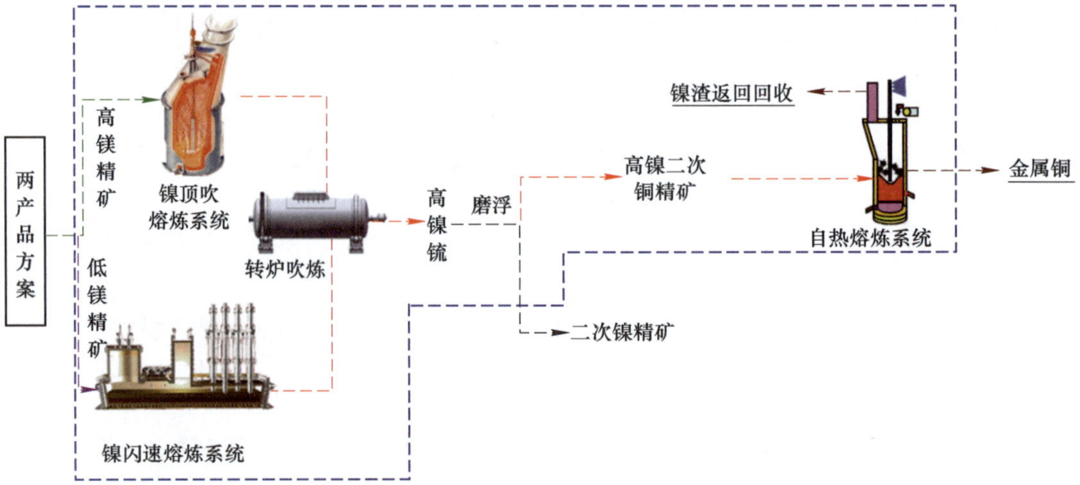

图2-67 顶吹熔炼—闪速熔炼—自热熔炼三炉系联动的镍冶炼体系

理高镁镍精矿（MgO<14.0%）发挥了其对氧化镁适应性强的优势，闪速熔炼技术处理低镁镍精矿（MgO<6.8%）发挥了其节能高效的优势，形成两炉系联动的运行工艺。两炉系中间产品低镍锍经吹炼得到高镍锍，高镍锍经浮选分离获得的高镍（含镍5.0%）二次铜精矿通过氧气自热熔炼技术可有效分离镍、铜。

镍顶吹熔炼系统主要用于处理含镍较低（约6%）、氧化镁较高（约14%）的镍精矿，生产低品位镍锍。其技术实质是将富氧空气喷入熔池内部，通过炉渣进行氧传递，与炉内原料发生反应，因此熔炼过程速度快、氧利用率高。补充燃料可通过喷枪喷入粉煤、重油和天然气，也可以通过炉顶加入块煤等方式，在喷枪内高速气流的冷却下使喷枪外壁形成挂渣，起到保护喷枪的作用，喷枪的寿命大幅度延长。顶吹熔炼渣成分见表2-13，熔渣基础渣系为$FeO-SiO_2-MgO$。

表2-13 顶吹熔炼渣化学成分

组分	Ni	Cu	Fe	Co	S	CaO	MgO	SiO_2
含量/%	<2	<1.5	27~35	<0.1	<1.5	4~6	14	32~45

铁橄榄石熔点为1205℃，随着氧化镁含量增加熔点逐渐升高，镁橄榄石熔点为1890℃。根据顶吹熔炼渣组分，绘制了$FeO-SiO_2-MgO$三元系相图，其中固定CaO占比4.95%。图2-68为1350℃、1400℃、1450℃、1480℃时上述三元系相图的合成图。

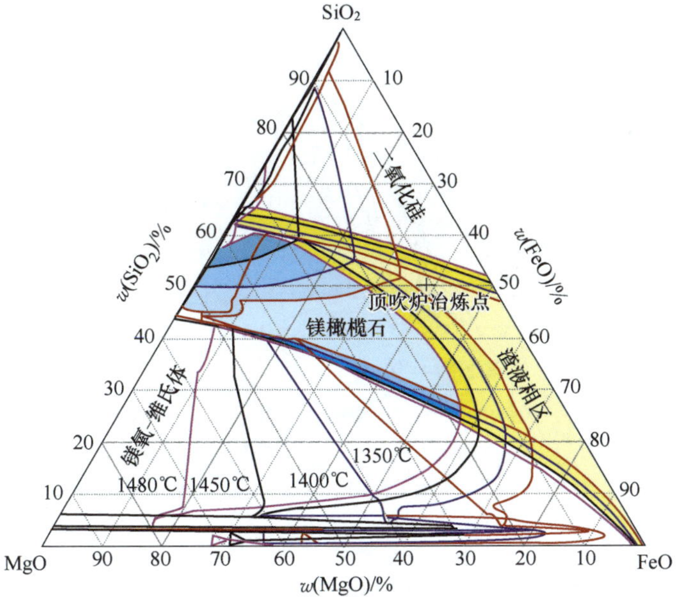

图2-68 顶吹炉渣型相图

$FeO-SiO_2-MgO$三元系相图液相区域较小（图中黄色区域），温度升高提高了铁橄榄石对氧化镁的溶解度，扩大了液相区。根据冶炼渣型，结合实际生产，顶吹炉熔池温度通常控制在1350℃以下。由图2-68可以看出，在一定温度下MgO溶解于渣的量随SiO_2增多而增大。

经过十余年的发展，在原有顶吹熔炼的基础上，金川冶炼厂开发的顶侧复吹熔池熔炼技术通过增加侧吹喷枪可达到提高熔池的反应强度、降低综合能耗的目的。同步配套实施沉降电炉侧吹还原等七项技术改造，改造完成后，顶吹炉的熔炼能力全面提升，年处理精矿量提高 1/3，系统产能提高 30%，综合能耗降低 40%，烟尘量降低 20%。

闪速熔炼系统主要用于处理高镍、低镁（约 6.8%）的镍精矿，生产低品位镍锍。闪速熔炼渣成分见表 2-14，熔渣基础渣系为 $FeO\text{-}SiO_2\text{-}MgO$。

表 2-14　闪速熔炼渣化学成分

组分	Ni	Cu	Fe	Co	S	CaO	MgO	SiO_2
含量/%	<1	<1	31~38	<0.12	<1.2	<2.5	<6.8	33~43

闪速熔炼炉与顶吹熔炼炉入炉原料最大区别在于氧化镁含量，闪速熔炼与顶吹熔炼渣铁硅比均控制在 1 左右，但 CaO 含量略有差异，如顶吹熔炼渣中 CaO 含量为 4%~6%，闪速熔炼渣中 CaO 含量小于 2.5%。降低铁硅比可提高铁橄榄石渣对氧化镁的溶解度，而增大 CaO 含量可降低熔渣黏度，提高渣-锍分离效率。

根据闪速熔炼渣组分，绘制了 $FeO\text{-}SiO_2\text{-}MgO$ 三元系相图，其中固定 CaO 占比 1.39%。图 2-69 为 1350℃、1400℃、1450℃时上述三元系相图的合成图。相图整体结构与图 2-68 一致，随着温度升高，渣液相区扩大，有利于冶炼进行，生产过程中闪速熔炉温度通常控制在 1300℃以下。

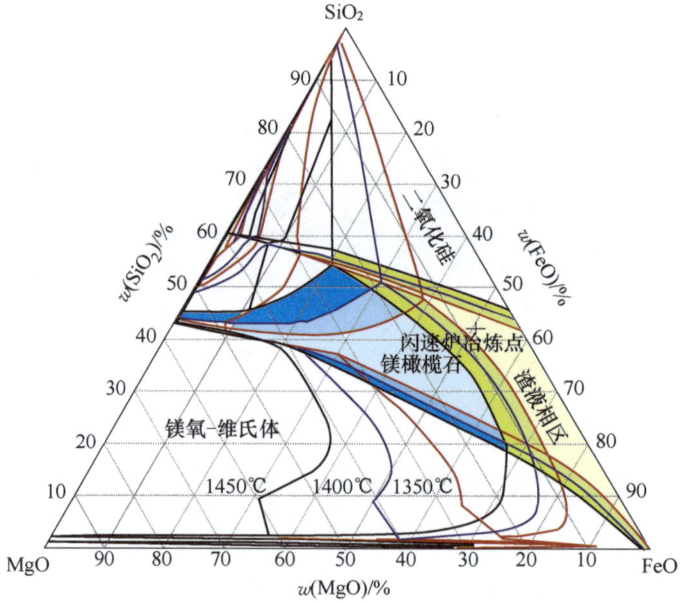

图 2-69　闪速炉渣型相图

目前，闪速熔炼系统镍精矿年处理量提升至 85 万吨，反应塔干精矿处理量提升至 100t/h，升级改造后的闪速炉产能大幅提升，智能化、标准化、自动化水平显著提高，进一步提高了冶金炉窑长周期安全稳定运行水平。

基于高压超声速全氧顶吹自热熔炼原理，金川集团与昆明理工大学联合发明了自热炉全氧熔炼—卡尔多炉全氧吹炼的全套工艺，用于处理含镍二次铜精矿，其渣型相图如图2-70所示。

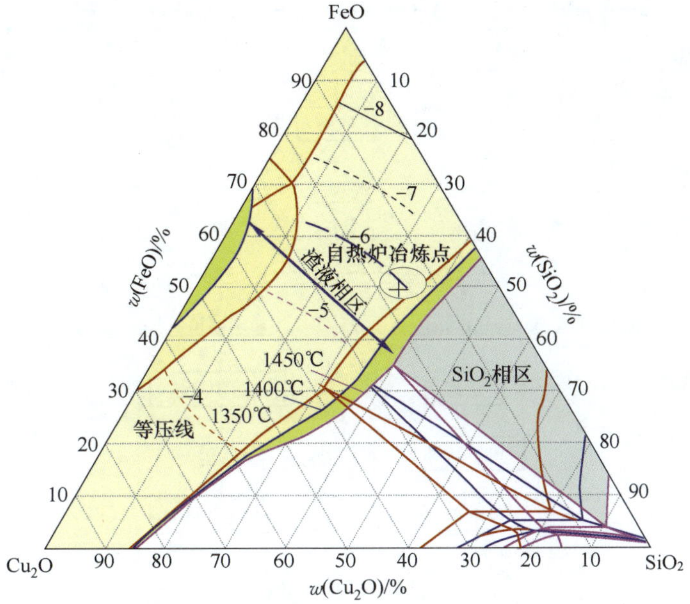

图2-70 自热炉渣型相图

通过多年技术改造，采用氧气顶吹悬浮式吹炼工艺，达到年处理精矿13.5万吨，实现镍、铜高效分离。自热熔炼系统采用高富氧（含氧92%以上）处理高镍二次铜精矿，生产冰铜。自热熔炼渣成分见表2-15，熔渣基础渣系为$FeO-SiO_2$，但熔渣中溶解大量Cu_2O，且Cu_2O可与铁氧化物形成低熔点铁酸铜，降低熔渣中磁性铁，从而降低黏度。因此，可将自热熔炼渣系视为$FeO-SiO_2-Cu_2O$。

表2-15 自热熔炼渣化学成分

组分	Ni	Cu	Fe	Co	S	CaO	MgO	SiO_2
含量/%	<7	<14	28~37	<1.5	<0.5	—	—	27~35

根据自热熔炼渣组分绘制了$FeO-SiO_2-Cu_2O$三元系相图，其中固定NiO占比6.05%。图2-70为1350℃、1400℃、1450℃时上述三元系相图的合成图。

$FeO-SiO_2-Cu_2O$三元系相图渣液相区较大，随着冶炼温度升高，渣液相区扩大。自热熔炼过程采用低铁硅比，且溶解Cu_2O，冶炼温度通常较低，为1220℃以下。

顶吹熔炼—闪速熔炼—自热熔炼三炉系联动镍冶炼技术体系在矿石品位降低、成分复杂的条件下仍能保持金属回收率不下降，同时体现出流程短、产能高、能耗低、环境友好的优势；整个冶炼过程中镍、钴、铜的回收率提高到95.1%、54.0%、93.5%以上。镍富氧熔炼工艺路线如图2-71所示。

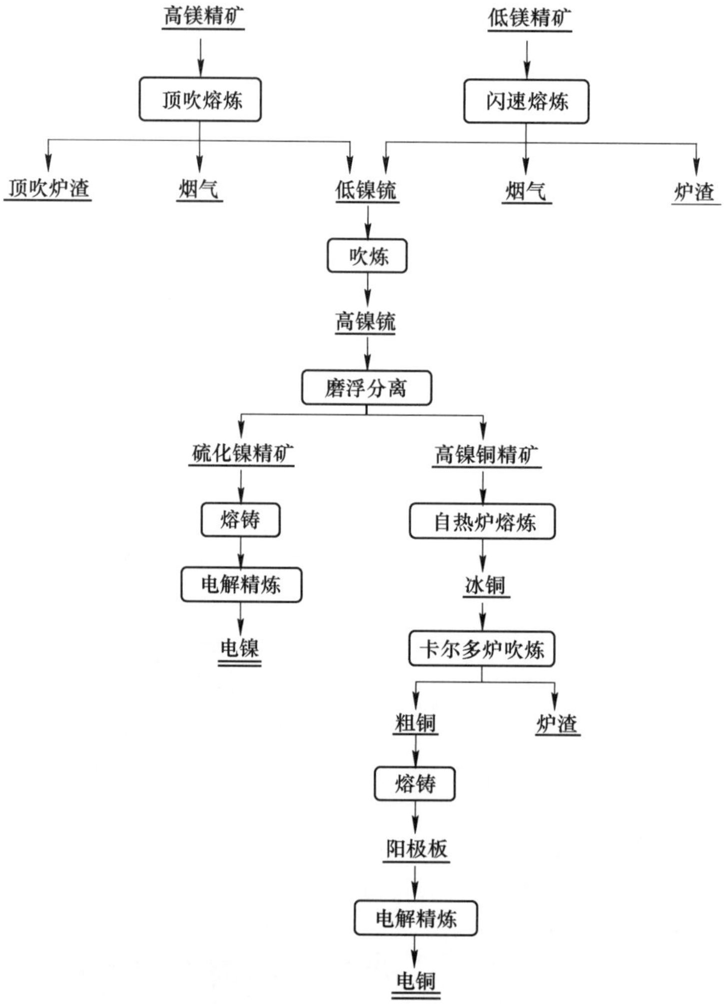

图 2-71 镍富氧熔炼工艺路线

2.3 铅富氧强化熔池熔炼

2.3.1 现代铅冶金的基础理论

现代铅冶金相对于传统铅冶金的最大特征是硫化铅精矿直接熔炼，避免了硫化铅精矿的烧结。在熔炼过程中采用工业纯氧或富氧空气取代空气作为工艺风或氧化剂进行氧化脱硫反应，使氧化脱硫过程变得更为简单、有效，而且在氧化脱硫的同时完成造渣反应和一系列交互反应，可以产出部分粗铅和高铅渣，也可以同时完成还原反应，产出全部粗铅和炉渣。第二个特征是还原熔炼可以与氧化熔炼在同一反应器内完成，也可以在另一个反应器内完成。第三个特征是铅精炼生产设备大型化，电解精炼由原来每槽 32~38 片阳极增加至 38~50 片，每片阳极由原来的 90~120kg 增加至 300~370kg。年产 100kt 电铅只需 230~340 个电解槽，电解槽数量仅为原来的 1/3 左右。第四个特征是整个炼铅过程机械化和自动化水平提高，操作环境改善，劳动生产率提高，能耗降低[19]。

在硫化铅精矿直接熔炼技术出现之前，以硫化铅精矿为原料的工业化铅冶炼生产基本上都是采用烧结—鼓风炉还原熔炼工艺（见图 2-72），该工艺至今仍在世界各产铅国使用[20]。在该工艺中，硫化铅精矿采用烧结焙烧方式氧化脱硫，制粒后的烧结物料在烧结设备中构成一定厚度的料层，向料层强制鼓入（或吸入）空气，空气穿过料层时与精矿中的硫化物发生氧化反应，其中硫化铅被氧化生成硫酸铅和碱式硫酸铅，随着烧结温度的升高，部分硫酸铅分解为氧化铅，即

$$PbS + 2O_2 \longrightarrow PbSO_4 \tag{2-148}$$

$$PbSO_4 \longrightarrow PbO + SO_2 + 1/2O_2 \tag{2-149}$$

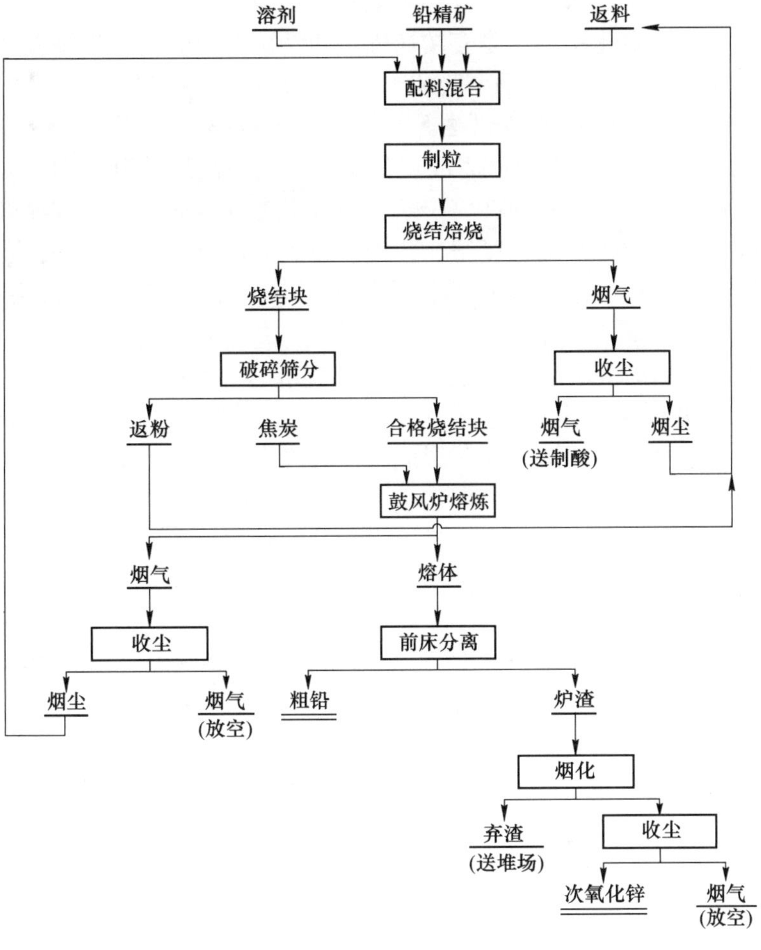

图 2-72 烧结—鼓风炉还原炼铅工艺流程

为了保持烧结料层的透气性，防止料层板结，烧结温度控制较低。如采用烧结机烧结，烧穿温度一般为 900~950℃，烧结物料为半熔化状态。因为硫化物的氧化反应为放热反应，炉料含硫过高就会使烧结温度升高，因此，在烧结过程中需要制备大量返粉来稀释精矿中的硫，使烧结料含硫控制在 6%~8%。另外料层在烧结机内处于静止状态，传质传热的效率很低，空气中的氧与物料的接触几乎全部依靠空气在料层的扩散，但是料层厚度只有 300~400mm，气流穿过料层很快，在料层中的停留时间很短，大部分空气来不及扩

散，未与物料发生反应就随着气流离开料层，空气的利用率很低。因此，鼓入的空气往往是理论计算量的几倍。

采用烧结焙烧氧化脱硫的优点是能够得到气孔率高的烧结块，合格的烧结块的气孔率一般大于50%。高气孔率的烧结块CO容易渗透其中，在鼓风炉还原熔炼过程中容易被C和CO还原，炉渣含铅可以降至2%左右。鼓风炉床能力达到50~60t/(m^2·d)、焦炭率为10%~12%。其缺点为：(1) 烧结块残硫2%左右，导致鼓风炉熔炼烟气中SO_2含量不能达标排放；(2) 大量的过剩空气导致烟气量很大，烟气中SO_2浓度降低，达不到两转两吸制酸工艺的浓度要求；(3) 硫化物氧化反应产生的化学热没有得到利用；(4) 返粉制备及炉料准备复杂，导致生产流程长，操作环境粉尘污染严重。

在现代铅冶金中，硫化铅精矿是直接熔炼，即精矿中的硫化物在高温和强氧化气氛下氧化脱硫。铅精矿直接熔炼分为闪速熔炼（如基夫赛特炼铅工艺）和熔池熔炼（如富氧底吹炼铅法、顶吹炼铅法和侧吹炼铅法等）[21]。在闪速熔炼过程中，铅精矿在悬浮状态下，采用工业纯氧仅在5~6s内即可完成氧化反应，反应温度达到1300~1400℃。在熔池熔炼过程中，采用富氧空气，物料在完全熔化的状态进行氧化反应，气流鼓入熔体，使熔体产生强烈的搅动，传质传热的速度很快，为了减少硫化铅及氧化铅的挥发，熔炼温度一般为1050~1100℃。无论闪速熔炼还是熔池熔炼，其氧化脱硫过程与烧结焙烧有本质的区别：

(1) 发生的化学反应不同。在硫化铅精矿直接熔炼过程中，不仅会发生硫化物的氧化反应和硫酸铅的分解反应，还会发生硫化铅与氧化铅、硫化铅与硫酸铅之间的交互反应，生成金属铅，同时还会发生造渣反应，形成高铅渣或炉渣。由于烧结过程中的传质效果很差，炉料中各化学成分相互接触的概率很小，发生交互反应和造渣反应的概率也很低。

(2) 得到的产物不同。硫化铅精矿直接熔炼得到的是粗铅、高铅渣（或炉渣）及高浓度SO_2（大于10%）烟气，而烧结焙烧产出的是烧结块和含低浓度SO_2（一般小于3.5%）的烟气。

(3) 脱硫的程度不同。硫化铅精矿直接熔炼的脱硫率可以达到95%以上，高铅渣（或炉渣）含硫一般低于0.5%。而烧结脱硫率只能达到70%左右，烧结块残硫2%左右。

(4) 反应机理不同。硫化铅精矿直接熔炼在高温条件下进行，熔体温度高于硫酸铅稳定生成的温度，即使有硫酸铅生成，也会立刻分解。这就是直接熔炼脱硫率高的原因。焙烧采用低温烧结，即使到达烧结机尾部，也不可能完全分解，一部分硫酸铅留在烧结块中，导致烧结块残硫高。

因此，硫化铅精矿直接熔炼的铅冶金理论基础与传统铅冶金也会有所差别。

2.3.1.1　铅精矿直接熔炼热力学分析

A　铅精矿直接熔炼的主要化学反应

在现代铅冶炼，即铅精矿直接熔炼过程中，炉料一般由硫化铅精矿、返料（如烟尘）、熔剂和其他含铅物料组成。炉料在炉内要发生一系列物理化学变化，最终形成互不相溶的粗铅相和炉渣相（必要时还有冰铜相），并释放出反应气体进入烟气。

a　硫化铅精矿氧化熔炼

(1) 硫酸盐、碳酸盐及高价硫化物的离解反应。锌浸出渣带入的硫酸盐和精矿中的高价硫化物，以及熔剂中的碳酸盐在高温下首先发生式（2-1）、式（2-2）、式（2-6）和下列反应：

$$PbSO_4 = PbO + SO_2 + 1/2O_2 \quad (2\text{-}150)$$

$$ZnSO_4 = ZnO + SO_2 + 1/2O_2 \quad (2\text{-}151)$$

硫酸铅（$PbSO_4$）是单斜方晶体，密度为 6.2g/cm^2，熔点为 1170℃。但是它在高温下并不存在，无法实际测量熔点，其熔点是计算出来的。$PbSO_4$ 在 800℃开始离解，到 950℃以上离解速度很快。

黄铁矿（FeS_2）是立方晶系，着火温度为 402℃，很容易分解。在中性或还原性气氛中，FeS_2 在 300℃ 开始分解，在空气中通常 565℃ 开始分解。在 680℃ 时，离解压为 69.061kPa。

黄铜矿（$CuFeS_2$）着火温度为 375℃，在中性气氛或还原性气氛中，加热到 550℃或更高温度开始离解，在 800~1000℃完成分解。

（2）硫化物的氧化反应。硫化铅精矿的主要成分是方铅矿（PbS），此外还有 ZnS、Cu_2S、FeS_2、$CuFeS_2$ 等。

$$2PbS + 3O_2 = 2PbO + 2SO_2 \quad (2\text{-}152)$$

$$2ZnS + 3O_2 = 2ZnO + 2SO_2 \quad (2\text{-}153)$$

$$Cu_2S + 2O_2 = 2CuO + SO_2 \quad (2\text{-}154)$$

在采用氧气或富氧空气的强化熔炼条件下，高价硫化物在发生分解反应的同时，也会直接发生氧化反应（见式（2-8））和下列反应。

$$2FeS_2 + 11/2O_2 = Fe_2O_3 + 4SO_2 \quad (2\text{-}155)$$

$$3FeS_2 + 8O_2 = Fe_3O_4 + 6SO_2 \quad (2\text{-}156)$$

高价硫化物分解产生的 FeS 也会发生氧化反应（见式（2-11））。

在有 FeS 存在的条件下，Fe_2O_3 也会转变为 Fe_3O_4，然后进一步转变为 FeO。如反应（2-32），此反应是熔炼过程中的重要反应，对于抑制 Fe_3O_4 的生成具有重要意义。

（3）交互反应。无论是闪速熔炼还是熔池熔炼，都会按下式进行：

$$PbS + 2PbO = 3Pb + SO_2 \quad (2\text{-}157)$$

$$PbSO_4 + PbS = 2Pb + 2SO_2 \quad (2\text{-}158)$$

交互反应对于熔池熔炼很重要，底吹炉和顶吹炉产出的一步粗铅就是交互反应的产物。闪速熔炼的交互反应产生的粗铅在氧化气氛中又被氧化成氧化铅。

（4）造渣反应。炉内生产的 FeO 在有 SiO_2 存在的条件下，将按下列化学反应式生成铁橄榄石炉渣。

$$xPbO + ySiO_2 = xPbO \cdot ySiO_2 \quad (2\text{-}159)$$

$$xFeO + ySiO_2 = xFeO \cdot ySiO_2 \quad (2\text{-}160)$$

$$xCaO + ySiO_2 = xCaO \cdot ySiO_2 \quad (2\text{-}161)$$

b 高铅渣还原反应

高铅渣的化学成分一般为 Pb 42%~50%、ZnO 9%~12%、S 0.1%~0.4%、FeO 12%~15%、SiO_2 10%~12%、CaO 4.5%~5.5%、Cu 0.1%~0.8%。熔体中生成的氧化铅被碳或一氧化碳还原生成金属铅。同时部分高价铁也可能被还原成氧化亚铁。

$$PbO \cdot SiO_2 + C = Pb + SiO_2 + CO \tag{2-162}$$

$$PbO \cdot SiO_2 + FeO + C = Pb + FeO \cdot SiO_2 + CO \tag{2-163}$$

$$PbO \cdot SiO_2 + CaO + C = Pb + CaO \cdot SiO_2 + CO \tag{2-164}$$

$$PbO + C = Pb + CO \tag{2-165}$$

硫化铅精矿氧化熔炼所涉及的离解反应、氧化反应、交互反应基本上发生在氧化熔炼阶段，造渣反应既发生在氧化熔炼阶段，产出高铅渣，也发生在还原熔炼阶段，产生还原炉渣。高铅渣还原反应是氧化物的还原反应，主要发生在还原阶段。基夫赛特炼铅工艺是在反应塔的不同高度同时进行氧化反应和还原反应，如在基夫赛特炉反应塔的上部空间为强氧化气氛，进行氧化反应、交互反应和造渣反应，下部为焦滤层，大部分氧化铅被还原成金属铅。其他工艺大多是在不同区域或反应器中分别进行氧化反应和还原反应。

B　铅精矿直接熔炼过程中的硫势和氧势

铅精矿直接熔炼的热力学分析主要是通过热力学方程的计算结果判断直接熔炼过程中分解反应、氧化反应、交互反应、还原反应和造渣反应进行的方向、程度，以及各相之间的平衡。为了直观起见，通常根据计算结果编制各种热力学平衡图来进行热力学分析。

a　氧势图及硫势图

氧势图（见图 2-73）是稳定单质（M）与 1mol 氧结合成氧化物（M_xO_y）的反应的标准吉布斯自由能变化 $\Delta G^{\ominus}$（即氧势）与温度 T 的关系图。它既反映同一物质在不同温度下进行氧化反应的标准自由能的变化（即氧势的变化），也反映了不同物质进行氧化反应的标准自由能与温度的关系，有助于判断直接炼铅过程中氧化物还原的热力学，能直观表明各种氧化物稳定性的次序。图中直线的位置越低，代表的氧化物越稳定。由此可见，在直接炼铅过程中氧化铅和高价氧化铁可以在还原熔炼中优先还原成金属铅和氧化亚铁。

硫势图（见图 2-74）是在标准状态下硫化反应的标准吉布斯自由能变化 $\Delta G^{\ominus}$ 与温度 T 的关系图，同样也直观反映各种硫化物的稳定性次序，图中直线的位置越低，代表的硫化物越稳定。这对于直接炼铅过程中硫化物氧化的热力学判断很有帮助。

b　Pb-S-O 系平衡状态图

Schuhmann 等人根据热力学数据分别绘制了 p_{SO_2} 为 1×10^5Pa、0.1×10^5Pa、0.05×10^5Pa 时 Pb-S-O 系 $\lg p_{O_2}$-$1/T$ 状态图，其中 p_{SO_2} 为 1×10^5Pa 时的状态如图 2-75 所示。

图 2-75 中 y 点的温度是 PbS 转变为金属铅的最低平衡温度。当 p_{SO_2} 发生变化时，y 点所示的平衡温度和平衡氧位也会发生相应变化，例如：

$$p_{SO_2} = 1 \times 10^5\text{Pa} \quad t = 960℃, \ \lg p_{O_2} = -4.5$$

$$p_{SO_2} = 0.1 \times 10^5\text{Pa} \quad t = 860℃, \ \lg p_{O_2} = -5.7$$

$$p_{SO_2} = 0.05 \times 10^5\text{Pa} \quad t = 830℃, \ \lg p_{O_2} = -6.3$$

在图 2-75 中，当 $p_{SO_2} = 1 \times 10^5$Pa 时，低于 y 点的温度，PbS 是稳定的；高于 y 点的温度，PbS 会氧化形成熔融金属铅相（Pb-PbS 液态共熔体）。在一定温度及 p_{O_2} 的范围内金属铅相是稳定的。当熔炼温度一定时，在高氧势下，熔融金属铅就会氧化，形成 PbO 和 $PbSO_4$ 的熔体混合物，其中硫酸盐的含量随着 p_{O_2} 的增大而增加；在低氧势下，熔体中的硫含量增加，所以直接炼铅产生的金属铅含硫，与炉渣中的 PbO 保持平衡。

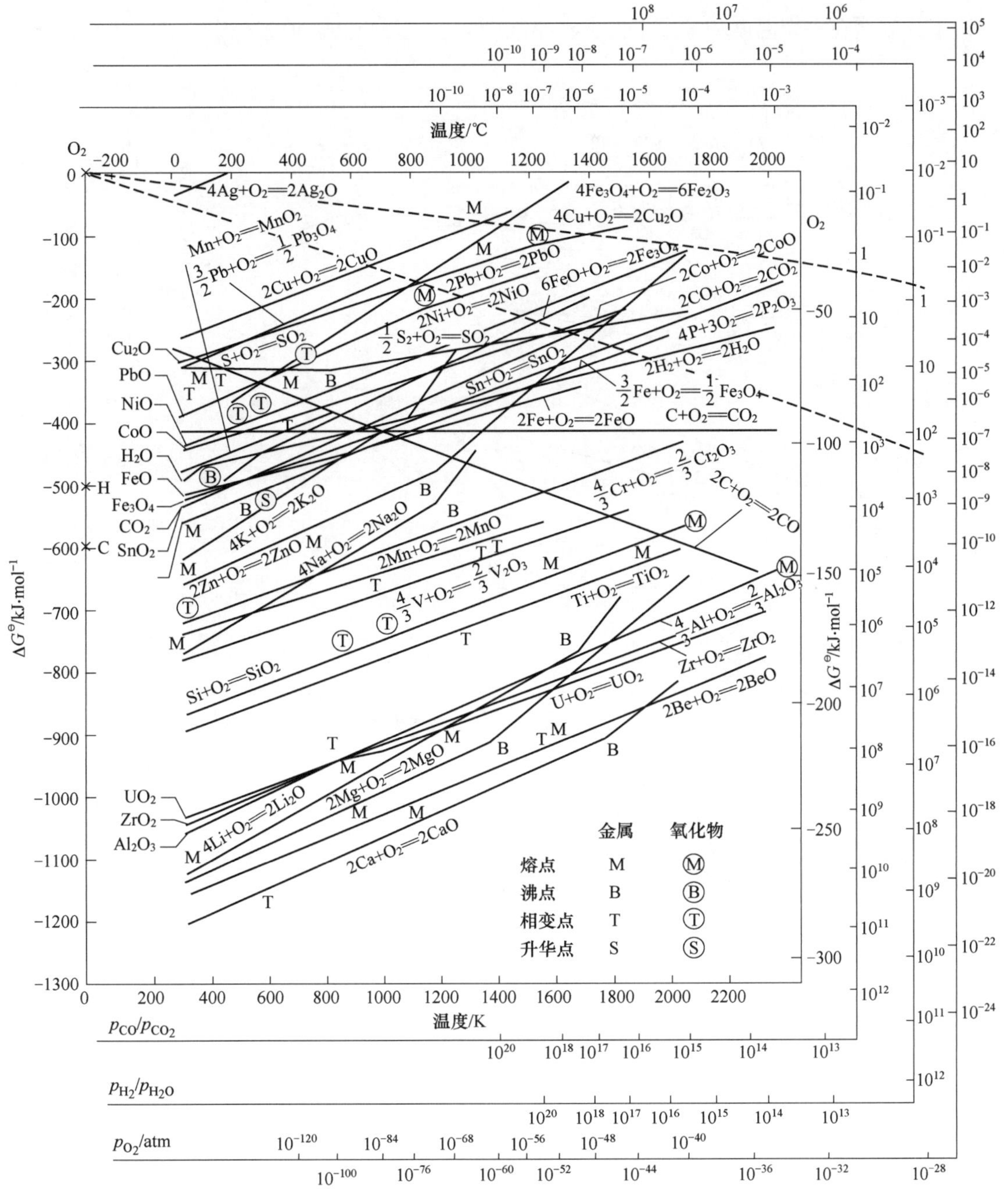

图 2-73 氧势图

（1atm = 10^5 Pa）

在直接熔炼的熔池反应中，PbS 按式（2-157）进行反应，平衡常数为：

$$K = (a_{Pb}^3 \times p_{SO_2}) / (a_{PbS} \times a_{PbO}^2)$$

如果视粗铅为稀溶液，$a_{Pb} = 1$，粗铅液中含硫用质量分数 w_S 表示，上式平衡常数可写成：

$$K' = p_{SO_2} / (w_S \times a_{PbO}^2)$$

上式表明在一定温度和 p_{SO_2} 条件下，铅液中的含硫量与共轭炉渣相中 a_{PbO} 平方成反比。

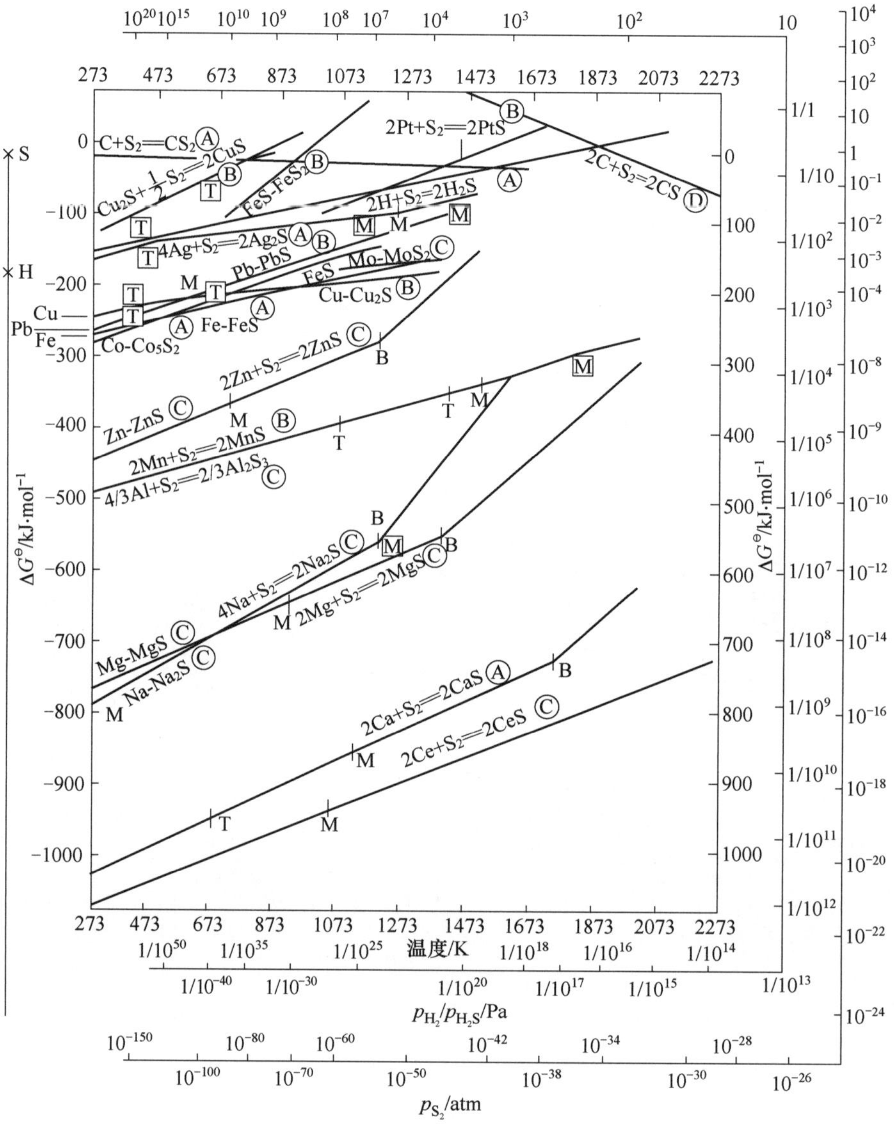

图 2-74　硫势图

（1atm = 10^5Pa）

c　Pb-S-O 系硫势-氧势图

图 2-76 给出了直接炼铅在平衡相图中的位置，是在标有“直接”字样的区域。在 1200℃高温下，只要控制适当的气氛，用空气或氧气直接氧化就会使 PbS 转变为该状态下的金属铅和含 PbO 的炉渣。

如果将直接熔炼的气氛控制在 $\lg p_{O_2}$ 为 −3 或 −4 时，产出的炉渣中 a_{PbO} 可能小于 0.1，即渣含铅可以降到 5%左右；但是得到的金属铅含硫将达到 3%左右，粗铅质量较低。这就

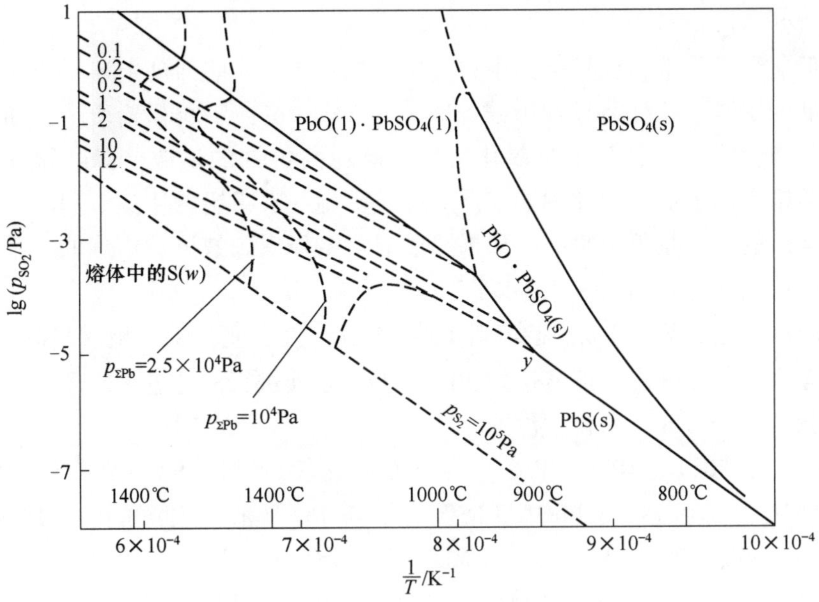

图 2-75 Pb-S-O 系平衡状态图

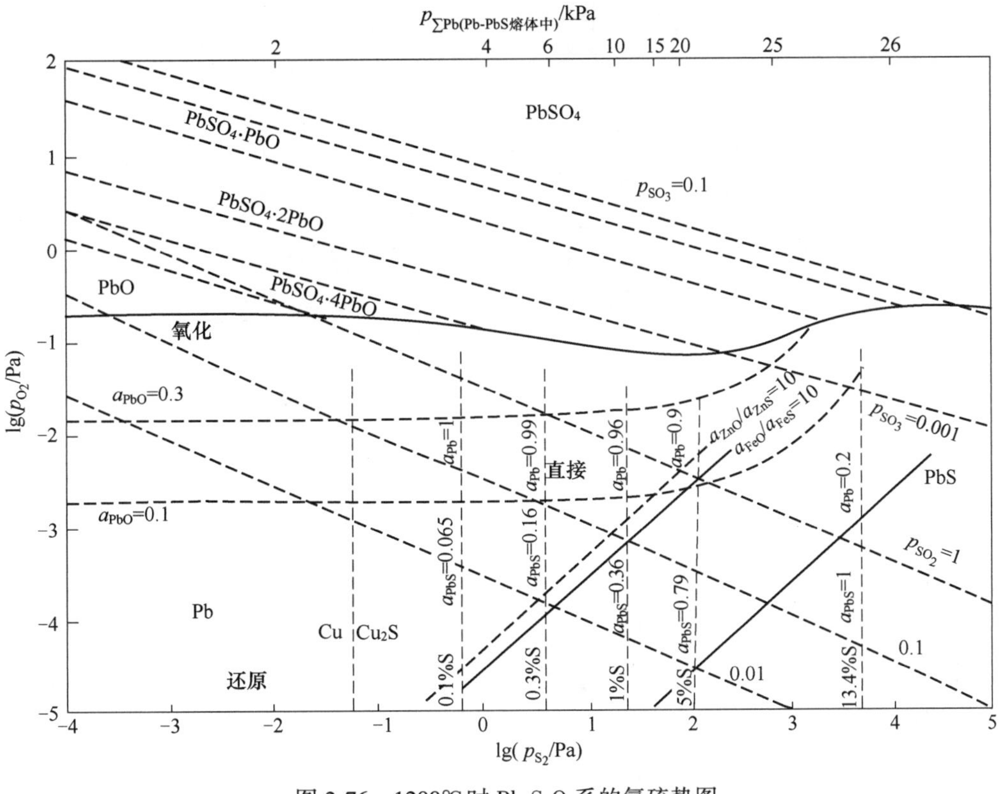

图 2-76 1200℃时 Pb-S-O 系的氧硫势图

说明，如果要在同一反应器的同一反应区域同时既保持氧化气氛又保持还原气氛是不可能实现的。因此要在氧化气氛中得到金属铅，只有通过氧化铅与硫化铅的交互反应才能实现，即反应（2-157）。

只有在低氧势条件下，保持熔体中有一定量的 PbS，才能保证上述反应顺利进行，并得到含铅较低的炉渣。这样将导致粗铅含硫高达 2%～3%，影响粗铅质量。如果在氧化熔炼过程中控制渣含铅过低，降低过氧化程度，避免高价铁的生成，就会导致粗铅含硫过高，在一次粗铅表面形成一层冰铜层或浮渣层，影响一次粗铅的质量。同时要使渣含铅降低到鼓风炉熔炼的水平是很困难的。如果要使渣含铅降低到鼓风炉熔炼的水平，炉渣放出区域的氧势需控制在 $\lg p_{O_2}$ 小于 −5 的水平。

如果将熔炼区域的氧势 $\lg p_{O_2}$ 提高到 −1 或 −2 时，就会使粗铅中硫含量降低到 0.1%以下，但是渣含铅会明显升高，可能达到 20%以上，必须进行渣的进一步还原。

d　不同温度下 Pb-S-O 系化学位图

根据固态 PbS 与 Pb、$4PbO \cdot PbSO_4$ 与 PbO、液态 Pb 与 $4PbO \cdot PbSO_4$、$PbO \cdot PbSO_4$ 与 $4PbO \cdot PbSO_4$、液态 Pb 与 $PbO \cdot PbSO_4$、液态 Pb 与液态 PbS、固态 PbS 与 $2PbO \cdot PbSO_4$、$PbO \cdot PbSO_4$ 与 $2PbO \cdot PbSO_4$、固态 PbS 与 $PbO \cdot PbSO_4$、$PbSO_4$ 与 $PbO \cdot PbSO_4$、固态 PbS 与 $PbSO_4$ 之间反应的平衡数据，绘制了 1100K 的 Pb-S-O 系 $\lg p_{SO_2}$−$\lg p_{O_2}$ 的等温化学位图（见图 2-77）。

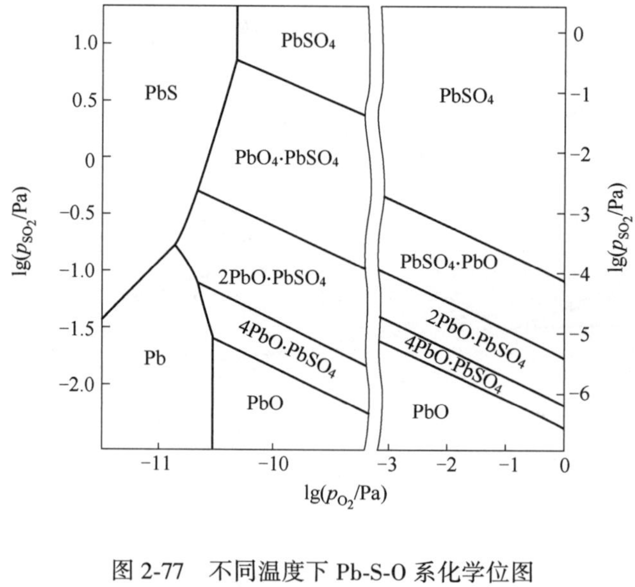

图 2-77　不同温度下 Pb-S-O 系化学位图

图 2-77 表明，PbS 进行焙烧时，可以生成氧化铅（PbO）、硫酸铅（$PbSO_4$）和碱式硫酸铅（$PbO \cdot PbSO_4$），在高氧势和高硫势条件下，PbS 氧化会生成 $PbSO_4$ 或 $PbO \cdot PbSO_4$。生成哪种铅的化合物在一定温度下取决于体系中的气相成分。在一般焙烧条件下，氧压在 $10^3 \sim 10^4$Pa 波动，当 $\lg p_{O_2} = -3$ 时，若在 1100K 下焙烧需要得到焙烧产物是 PbO，则 p_{SO_2} 必须小于 1.53×10^{-1}Pa，这在实际生产中难以实现。假如焙烧气氛控制在 $10^3 Pa < p_{SO_2} < 10^4 Pa$、$10^3 Pa < p_{O_2} < 10^4 Pa$，焙烧的最终产物是 $PbSO_4$，而不是 PbO。

当温度发生变化时，铅的化合物的稳定区域也会发生变化，其变化规律如图 2-78 所示。当温度升高时，各化合物的稳定区域向右上方移动，即 Pb 和 PbO 的稳定区域不断扩大，而 $PbSO_4$ 或 $PbO \cdot PbSO_4$ 的区域缩小，说明焙烧温度升高有利于 PbS 氧化生成 Pb 和 PbO。在直接炼铅过程中，希望硫化铅精矿氧化得到氧化铅，而不是硫酸铅。所以将硫化铅精矿直接熔炼温度控制在不小于 1200℃，氧势和硫势控制在适当范围内进行氧化熔炼得到 PbO。

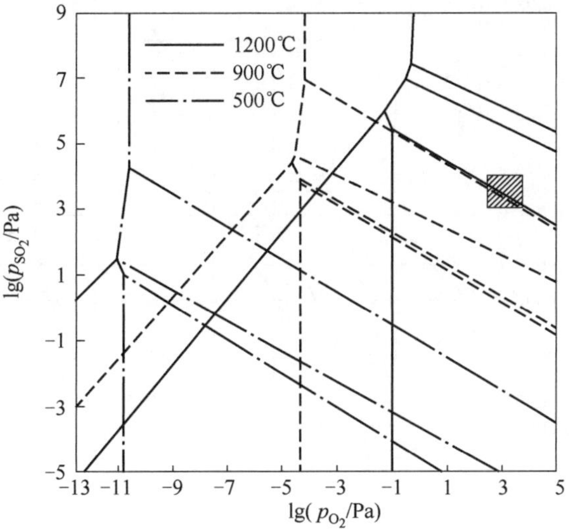

图 2-78　不同温度下 Pb-S-O 系化学位图

e　铅及其化合物的蒸气压

从图 2-79 中可以看出，铅及其化合物都具有一定挥发性，但是它们之间存在较大差异。PbS 的挥发性最强，PbO 次之，Pb 的挥发性最弱。比如在 1281℃时，PbS 的蒸气压达到 1×10^5Pa，PbO 约为 0.1×10^5Pa，仅为 PbS 的 10%，金属铅的蒸气压约为 0.03×10^5Pa，仅为 PbS 的 3%。因此在直接炼铅过程中铅的挥发主要以硫化物的形态，PbS 挥发是导致直接炼铅烟尘率高的主要原因。为了减少铅的挥发，一方面适当控制熔炼温度，但是温度过低，无法使炉料熔化，或降低熔炼强度；另一方面是加快 PbS 氧化速度，使 PbS 迅速转变为 PbO 或金属铅，减少熔体中 PbS 的活度。

直接炼铅的闪速熔炼虽然在 1300~1400℃高温下进行，但是由于硫化铅精矿的氧化过程在气相中完成，氧化速度很快，而且很完全，因此它的烟尘率要比直接炼铅的熔池熔炼低许多。

f　铅在直接熔炼产物中的分配

铅在直接熔炼产物中的分配率与粗铅含硫的关系如图 2-80 所示。当粗铅含硫增加到 1%以后，铅进入粗铅的比例就会降低；随着粗铅含硫增加，进入烟尘的铅比例增加，意味着烟尘率增加，而进入高铅渣的铅比例降低。在实际生产中，控制粗铅含硫小于 0.4%，此时约 45%的铅进入高铅渣，40%~45%的铅进入一次粗铅，10%~15%的铅进入烟尘。

铅直接熔炼的热力学分析表明，硫化铅精矿直接熔炼无法在同一熔炼区域和同一工艺

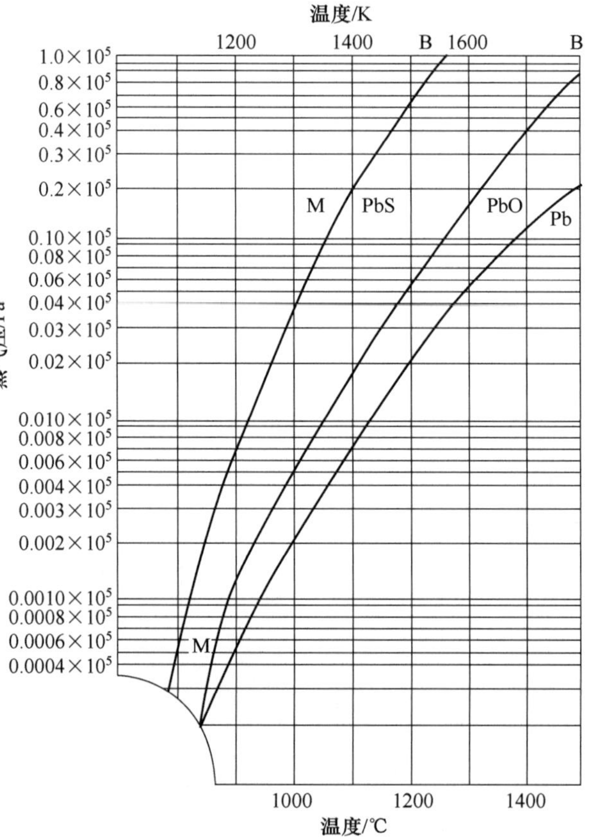

图 2-79　铅及其化合物的蒸气压

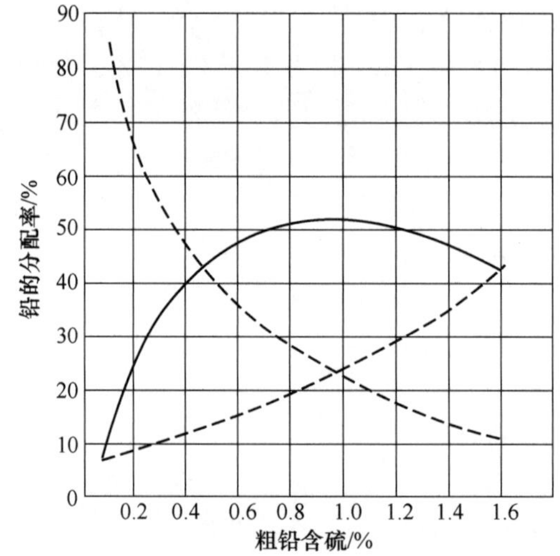

图 2-80　铅在直接熔炼产物中的分配

条件下同时得到含硫低的粗铅和含铅低的炉渣。直接炼铅的实践充分证明这一理论的正确性。结论如下：

（1）在直接炼铅的熔炼过程要同时得到含硫低的粗铅和含铅低的炉渣必须在一台炉子的两个不同区域（或两台炉子）中进行，在两个区域控制不同的技术条件。硫化铅精矿在高氧势区域（称为氧化区）或氧化熔炼炉进行氧化熔炼。在熔池熔炼中氧化区得到高铅渣和含硫较低的一次粗铅，高铅渣进入低氧势区域（称为还原区）或还原炉继续进行还原熔炼。基夫赛特炉炼铅工艺是在一个区域的两个不同空间同时进行氧化熔炼和还原熔炼，两个空间的气氛完全不同，反应塔上部为氧化空间，硫化铅精矿进行氧化熔炼和造渣熔炼，得到氧化铅。反应塔下部为还原空间，氧化物通过焦炭过滤层被还原，大部分氧化铅被还原为粗铅，部分高价铁也会被还原为 FeO。ZnO 的稳定性更强，难以被还原，基本上进入炉渣，熔体通过隔墙下方通道流入低氧势区域继续还原和澄清分离[22]。

（2）为了减少直接炼铅的挥发损失，应该尽量加快硫化铅精矿的氧化速度，使 PbS 迅速转变为 PbO 或金属铅，减少熔体中 PbS 的活度。

（3）如果直接熔炼在一台炉子中进行，氧化和还原两个区域的气相应彼此分开，分别设置各自的烟气处理系统，便于控制不同的氧势，也有利于氧化区得到高浓度 SO_2。液相可以互相连通，便于使氧化区的熔体流入还原区。

（4）直接炼铅也可以在两台炉子内进行。对于熔池熔炼，高氧势的氧化炉进行氧化熔炼，产出一次粗铅和高铅渣；高铅渣加入低氧势的还原炉进行还原熔炼，产出其余粗铅和终渣。这样更利于不同氧势的控制和设置单独的烟气处理系统。

（5）尽量避免在氧化熔炼过程中产生硫酸铅或碱式硫酸铅。只要将氧化熔炼温度控制在 1000℃以上，及时排走 SO_2 气体，保持熔炼区域的硫势在较低水平（$p_{SO_2}<101325Pa$），并保持 p_{O_2} 在 10132.5~101325Pa 的水平，就不会产生硫酸铅或碱式硫酸铅。

（6）在氧势图中，PbO 和高价氧化铁（Fe_2O_3、Fe_3O_4）的线位于较高的位置，比 ZnO、FeO、SiO_2、CaO、Al_2O_3 等氧化物的稳定性低，更容易被还原。在直接炼铅的还原过程中，利用 PbO 和高价氧化铁（Fe_2O_3、Fe_3O_4）可以被优先还原的特性，进行选择性还原，得到金属铅和 FeO，将 ZnO、FeO、SiO_2、CaO、Al_2O_3 等氧化物继续留在渣相。

2.3.1.2 铅精矿直接熔炼动力学分析

A 熔池熔炼直接炼铅动力学分析

a 硫化铅的氧化

硫化铅精矿熔池熔炼的氧化反应、造渣反应及还原反应主要在熔池熔体气-固-液三相中完成，氧化熔炼的主要反应见式（2-11）、式（2-150）、式（2-152）、式（2-157）、式（2-168）和下列反应：

$$PbS + 2O_2 \longrightarrow PbSO_4 \qquad (2\text{-}166)$$

$$PbSO_4 + PbS \longrightarrow 2Pb + 2SO_2 \qquad (2\text{-}167)$$

$$6FeO + O_2 \longrightarrow 2Fe_3O_4 \qquad (2\text{-}168)$$

其反应机理可能是：

$$PbS(s) + O_2(g) \rightarrow PbS \cdot O_{2(\text{吸附})} \xrightarrow{O_2} PbO \cdot SO \rightarrow PbO \cdot SO_3 \rightarrow PbSO_4$$

$$PbSO_4 \rightarrow PbO \cdot PbSO_4 \rightarrow 2PbO \cdot PbSO_4 \rightarrow 4PbO \cdot PbSO_4 \rightarrow PbO$$

这是因为熔池熔炼的炉料颗粒要比闪速熔炼大得多，颗粒内部温度传递相对较慢，反应温度相对较低，大部分首先生成硫酸铅，然后通过硫酸铅分解产生氧化铅。同时，氧化铅与硫化铅、硫酸铅的交互反应产生一部分金属铅，这就是氧化熔炼产出的一次粗铅。

b　熔池熔炼的流体运动

虽然在熔池熔炼过程中也有悬浮颗粒与周围介质的传递过程，但是与闪速熔炼不同的是悬浮粒子是处在一个强烈搅动的气-液介质中，受到液体流动、气体流动和两种流体相互作用及其动能交换的影响。熔池熔炼是通过喷枪从侧面、底部或上部向熔体内部鼓入气流，气流进入熔体时，受到熔体的阻碍被分散变成小股气流和气泡，这些气泡继续受到熔体阻力，会变成更小的气泡，使熔体气化膨胀。但是气泡并不是均匀分布在熔体中使熔体整体向上膨胀，而是随着流体的运动形成羽状卷流。这是因为除了气泡夹带熔体向上浮动外，更重要的是喷出口的负压与其他区域的正压形成的压力差，使流体向流股界面垂直的方向流动。滞留气体在熔体表面形成的这种羽状卷流是熔池熔炼的基本条件。羽状卷流的好坏决定了熔池内炉料的熔化、氧化和造渣速度，而且直接影响炉体耐火材料的寿命和烟尘率。

c　熔体中液体与气体的界面面积

在喷入熔池的气体形成的羽状卷流中，滞留气体与熔体之间的界面面积是传质传热的主要参数。决定其面积的因素有单位熔体的鼓风量、气泡在熔体中的停留时间、气泡的大小及熔体温度等。

由于熔池熔炼的炼铅工艺有许多种，每种工艺的炉型结构不同，包括 QSL 炉、富氧底吹炉（又称底吹炉）、富氧顶吹炉、富氧侧吹炉等，鼓风量的计算应该根据不同炉型有不同的计算方法和经验数据。

鼓风量决定熔池表面的搅动速度，也决定熔池表面的气流速度。气流速度低可以减少熔池上部空间飞溅物的数量，气流速度高将导致上部空间飞溅物及烟尘量增加。因此，鼓风量的大小不仅要根据热力学的氧气量进行计算，而且要考虑气流速度的动力学影响。

液体与气体之间的界面面积是分析熔池熔炼传质传热及化学反应的重要参数。熔池内任何瞬间的液体与气体之间的界面面积是根据理想气体定律按照球形气泡进行计算的，即

$$A = U \times T/273 \times 1/p \times t \times \sigma/d \tag{2-169}$$

式中，A 为液体与气体之间的界面面积，m^2；U 为通过喷枪或风口的气流速度，m^3/s；T 为熔体温度，K；p 为气泡内平均压力补偿系数，$p=101.325\text{kPa}$；t 为直径为 d 的气泡在熔体中的停留时间，s；σ/d 为直径为 d 的气泡表面积与体积之比。

式（2-169）表明液体与气体之间的界面面积与气流速度、熔体温度、气泡在熔体中的停留时间及气泡的比表面积成正比，与气泡直径成反比。鼓风的气流速度越高，说明气流的动能越大，克服熔体阻力的能力越强，形成的气泡直径越小；熔体温度越高，熔体的黏度越小，越容易被气流分散；气泡在熔体中的停留时间越长，熔体中的气泡数量越多。这些因素都能促使液体与气体之间的界面面积增大，有利于炉料的熔化和化学反应的进行。相反，气泡直径越大，气泡的比表面积就越小，与液体的界面面积就越小。

当然气泡在熔体中的停留时间不能过长，停留过长，说明熔体温度过低、黏度过大，气体不能及时排出就会形成大气泡，产生泡沫渣。

d 气泡在熔体中的滞留体积

气泡在熔体中的滞留体积 V 可表示如下：

$$V = U \times T/273 \times 1/p \times t \tag{2-170}$$

式中，V 为气泡在熔体中的滞留体积，m^3；其余符号表示意义与式（2-169）相同。

假设 $20m^2$ 的富氧侧吹炉，全部风口的气流速度为 $2.5m^3/s$，气泡内平均压力为150 kPa，熔炼温度为1500K，气泡在熔体内的停留时间为0.25s，由此可以计算出气泡在熔体中的滞留体积为 $2.32m^3$。如果这些气泡均匀分布在整个熔体内部，就会使整个熔体表面膨胀上升116mm。但是由于气泡随着熔体流动，事实上滞留气泡使熔体形成羽状卷流。这是熔池熔体产生强烈搅动的动能。

值得注意的是，如果熔体表面形成黏度较大的泡沫渣，化学反应生成的气体和惰性气体就不能及时排出。滞留时间仅为1s时，气泡滞留体积就会达到 $9.28m^3$，整个熔体表面上升464mm。如果滞留时间达到1min，熔体表面上涨27.8m，炉子就会冲顶，出现安全事故。遇到这种情况，事先必须停止鼓风。

e 熔体搅动能量

鼓入气体对熔体的冲击、气泡上升及膨胀的能量构成熔体的搅动能量，且与鼓风量、鼓风压力、熔体密度及风口的浸没深度有关，可表示如下：

$$P_m = 0.74 \times Q \times T \times \ln(1 + \rho Z/p_\alpha) \tag{2-171}$$

式中，P_m 为搅动能量，W；Q 为鼓入的气体流量，m^3/s；T 为熔体温度，K；ρ 为熔体密度，g/cm^3；Z 为风口的浸没深度，cm；p_α 为鼓风压力，$p_\alpha = 101.325kPa$。

熔池熔炼依靠这种搅动能量进行传质传热，加快熔炼的反应速度，强化其熔炼过程。这种搅动并非分布于整个熔池，而是只限于熔池的搅动区域，熔体需要分相分离，需要静止区域和单向流动区域。

B 氧气浓度对炼铅动力学的影响

熔炼过程的氧气量是根据炉料化学成分、物相组成、熔炼过程的各种化学反应方程式及熔炼温度进行计算的。但是富氧空气浓度的确定不仅要考虑熔炼过程所需氧气量，还要考虑富氧空气量，必须从熔体对搅动能量的需要量来确定富氧空气量，由此计算富氧空气的氧气浓度。一般来说，氧气浓度高对熔炼过程有利，氧气与炉料或熔体的接触概率增大，反应速度加快。而且带入炉内或熔体内部的惰性气体减少，烟气带走的热量减少，容易提高炉内或熔体温度。因此即使是在还原熔炼阶段也可以采用70%~80%的富氧空气浓度进行操作，仍然可以保持炉内的还原性气氛。但是并非富氧空气的浓度越高越好，富氧浓度增高，空气量就会减小，气流过小，不能满足熔体产生传质传热所需要的强烈搅动。除非增加气流的压力，但是压力过高，能耗增加，还可能使炉体产生振动，加快对喷嘴的磨损，影响喷嘴或喷枪寿命。例如顶吹熔炼的富氧空气的氧气浓度一般为30%~40%，这是因为顶吹熔炼采用单根喷枪从炉顶插入熔池，而且由于熔池面积较小，熔池深度较深，气流受到熔体阻力大，气流分散不如底吹熔炼和侧吹熔炼。氧气浓度过高，导致气体流量减小，气体的能量不足以使熔体产生强烈搅动。

2.3.2 富氧底吹炼铅工艺

目前，我国铅冶炼厂直接炼铅方法包括基夫赛特法、QSL法和卡尔多法等，且自行开发了富氧底吹炼铅法和富氧侧吹炼铅法，粗铅冶炼技术装备已经达到世界领先水平。这些炼铅方法除了西北冶炼厂的 QSL 法炼铅厂和西部矿业的卡尔多法炼铅厂处于长期停产状态外，其余方法都在进行工业化生产，其中以富氧底吹法应用最多，主要包括河南豫光金铅集团有限公司、水口山有色金属股份有限公司和山东恒邦冶炼股份有限公司。这些直接炼铅方法的共同特点是用富氧或纯氧进行氧化熔炼，烟气 SO_2 浓度提高，能够满足“两转两吸”制酸工艺的要求，从根本上解决了烧结烟气制酸困难的问题，从而解决了铅冶炼 SO_2 烟气对大气环境的污染问题。富氧底吹法将硫化铅精矿加入富氧底吹炉在富氧空气作用下进行氧化脱硫熔炼，产出部分粗铅和高铅渣，高铅渣铸成渣块，加入鼓风炉以焦炭作还原剂进行还原熔炼。近年来有使用富氧底吹法的厂家开发新的高铅渣还原工艺，采用富氧底吹炉或富氧侧吹炉进行液态渣直接还原，用煤作为还原剂，节省了高铅渣铸块这一中间环节，减少了由此带来的环境污染和能源消耗。

底吹炉还原高铅渣是将液态高铅渣直接加入卧式底吹还原炉，按照渣型计算配入熔剂，用煤粒作还原剂，天然气为燃料，维持还原温度在 1150～1200℃，反应 30～70min，用少量的煤粒替代昂贵的焦炭，即可达到较好的还原效果，终渣含铅可降到 3%左右，每吨粗铅综合能耗降到 230kg 标准煤。目前进行液态渣还原的设备有两种，分别是底吹炉和侧吹炉。液态渣直接还原与鼓风炉还原相比存在以下优点：

(1) 简化了工艺流程，减少了铸渣冷却的环节。

(2) 减少了环境污染，特别是避免了铸渣冷却过程中大量铅蒸气逸散带来的低空污染，消除了固体渣块在破碎、筛分、运输及加料过程中的粉尘污染。

(3) 液态热渣直接进还原炉，减少了固态渣重新熔化所消耗的能源，而且用煤取代焦炭用作还原剂和燃料，节约了能源，能耗由每吨粗铅 300kg 标准煤降低至 230kg，从而降低了生产成本。

(4) 减小了占地面积，节省了庞大的铸造机所占面积。

(5) 渣含铅低，可以控制在 2%～3%，比鼓风炉还原高铅渣低 2%～3%。

其缺点是液态渣直接还原的烟尘率较高，底吹炉还原一般为 12%～13%，比鼓风炉还原高铅渣高出 6%～7%。侧吹炉为 8%～10%，比鼓风炉还原高铅渣高出 2%～3%，由此导致冶炼过程的收尘负荷增加。

2.3.2.1 富氧底吹氧化熔炼

富氧底吹炼铅工艺是我国在 QSL 法基础上开发的一种直接炼铅方法[23]。图 2-81 为硫化铅精矿富氧底吹直接熔炼—还原炼铅工艺流程。富氧底吹熔炼主要包括原料制备、氧化熔炼、高铅渣铸块、烟气处理及氧气制备等 5 个系统。

富氧底吹炉氧化熔炼要精心控制氧料比，保证熔炼所需风量、分压及氧气浓度，使硫化铅精矿在炉内的氧化反应、造渣反应能够顺利进行，产出一次粗铅和高铅渣[24]。

一次粗铅采用虹吸口连续放出，虹吸口一般设置在炉子的端部，也可以设置在炉子一侧，两种布置方式各有利弊，设在端部有利于车间布置，但是距离烟气出口较近，烟道口处经常出现烟尘结瘤，烟尘脱落掉入熔池，容易将虹吸口堵塞。炉子经常需要转动 90°更换喷枪，转动时也可能使高铅渣进入虹吸口将其堵塞。具体设计可以根据工艺布置确定。

虹吸口的截面尺寸一般为 200mm×(200～300)mm。为了操作安全，虹吸口与炉子轴线呈 30°～35°夹角。

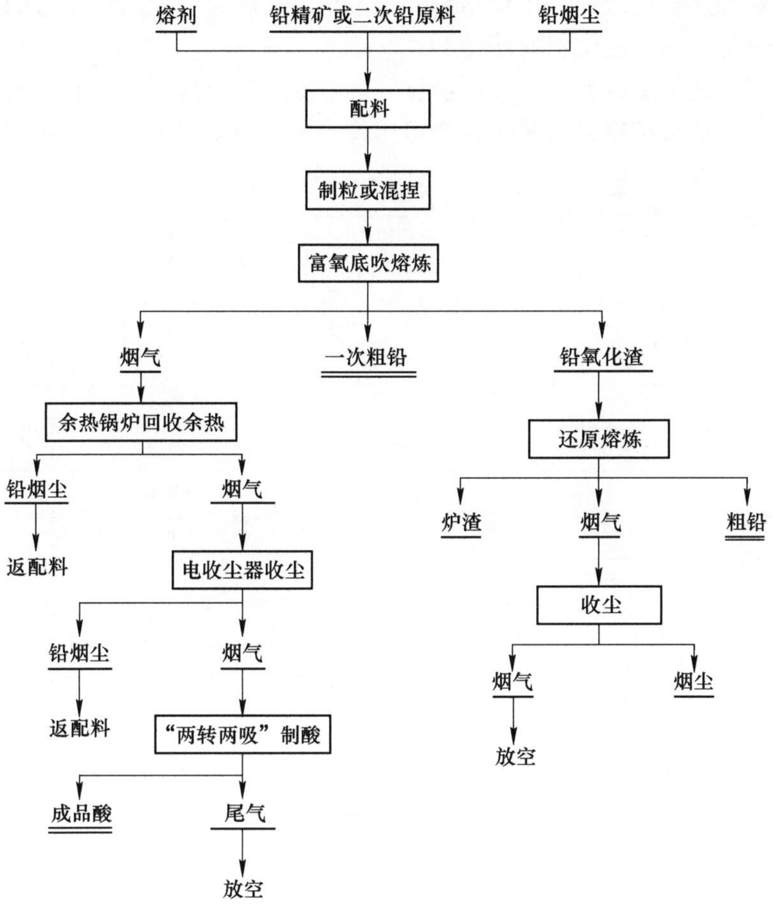

图 2-81 富氧底吹熔炼—还原炼铅工艺流程

高铅渣从设在炉子另一端放渣口间断放出，当渣面高度达到 1100mm，人工用大锤和钢钎打开放渣口，遇到困难用氧气烧开放渣口，高铅渣流入渣包，控制流量，当渣包液面接近吊耳位置时及时更换渣包，当炉内渣面下降 200mm 左右时，停止放渣，人工用黄泥将放渣口堵住。

硫化铅精矿富氧底吹炉熔炼产出的烟气 SO_2 浓度达到 10%以上，经过余热锅炉冷却、电收尘器除尘后送往制酸系统。

氧料比对炉子稳定运行至关重要，氧气量是根据炉料化学成分及准确计量进行控制的，因此炉料成分稳定及计量准确也是至关重要的。生产过程中控制的氧气量远远大于炉料完全脱硫所需的理论计算的氧气量，直接炼铅只有在过氧化条件下才能得到含硫低的粗铅。氧气量过剩，一方面有利于强化熔炼过程，另一方面熔炼温度也会升高，加速铅的氧化和高价氧化铁的增加，生成的氧化铅的挥发性强，导致熔炼过程烟尘率升高。高价铁的增加容易产生炉结，影响炉子正常运行。因此氧料比必须根据炉料化学成分、物相组成及高铅渣的渣型进行控制，当炉料变化时，必须进行及时调整。生产实践中氧料比一般控制在 100~140。

富氧底吹熔炼要求入炉炉料含铅在 40%以上，如果炉料含铅较低，难以产出一次粗铅，容易导致炉况恶化。因此，硫化铅精矿含铅品位较低时，配入一定量的含铅高的物料如废蓄电池铅膏等，对一次沉铅有所帮助。

在富氧底吹氧化熔炼过程中，其产物有一次粗铅、高铅渣、烟尘和烟气。炉料中的主要元素分布与炉料成分特别是含铅品位密切相关，大致分布情况见表 2-16。

表 2-16　富氧底吹氧化熔炼过程主要元素分布　(%)

元素	一次粗铅	高铅渣	烟尘	烟气
Pb	30~48	36~52	12~16	
Zn		68.5~90	10~31.5	
Cu	60~77	23~40		
S	1.0	0.5	9.5	89
Fe	0.006	98.5	0.4	
SiO_2		97.5	2.0	
CaO		98.5	1.2	
Au	80	20		
Ag	75	24.7	0.3	
Bi	60	30	5.0	
Sb	约 10	约 60	约 30	
As	约 10	约 60	约 30	
Cd	约 10		约 90	

2.3.2.2　富氧底吹技术特点

富氧底吹技术特点如下：

(1) 环境影响降低。由于熔炼过程在密闭的底吹炉中进行，避免了烟气外逸，SO_2 烟气经“两转两吸”制酸后，尾气排放达到了环保要求。铅精矿或其他铅原料配料制粒后直接入炉，没有烧结返粉作业，生产过程中产出的铅烟尘均密封输送并返回配料，防止了铅尘的弥散；同时在虹吸放铅口和放渣口设通风装置，防止铅蒸气的扩散，较好地解决了铅冶炼烟气、烟尘污染问题。河南豫光金铅集团经环保部门实测，生产岗位含尘量为 $7mg/m^3$，其中铅尘含量 $0.03mg/m^3$、硫酸尾气 SO_2 含量小于 $300mg/m^3$，均远低于国家排放标准。实际生产证明，富氧底吹熔炼炉前噪声较低，岗位操作环境优于氧气顶吹熔炼法。

液态高铅渣直接还原熔炼的开发应用，消除了铸渣冷却过程中大量铅蒸气逸散造成的环境污染，减少了渣块在破碎、筛分和运输过程中的粉尘逸散，使铅蒸气对环境的影响程度进一步降低[25]。

(2) 能耗比传统工艺有所下降。与传统流程相比，富氧底吹实现了自热熔炼并回收了高温烟气中的余热；与氧气顶吹熔炼相比，由于采用工业纯氧熔炼，动力消耗较少。

液态高铅渣直接还原熔炼的开发应用，使液态热渣直接进入还原炉，减少了固态渣重新熔化消耗的能源，而且用煤取代焦炭用作还原剂和燃料，节约了能源，能耗由每吨粗铅 300kg 标准煤降低至 230kg，从而降低了生产成本。

(3) 建设投资较低。每吨铅基建投资为 3000~3500 元，与国外较先进的炼铅工艺相比，相同生产规模可节省技术引进费用；由于工艺流程短，相同生产规模较传统烧结机—鼓风炉流程投资仅高出20%左右。新工艺尤其适合烧结—鼓风炉流程的技改，除烧结设施外，其余设施均可通过适当改造加以利用，从而可进一步节省技改费用。

（4）生产成本低。与国外较先进的炼铅工艺相比，投资省、折旧费用低、生产成本低；和传统流程相比，生产过程简单、动力和焦炭消耗量少、生产效率高、人工费用低，同时有价金属和硫回收率高、生产成本相对较低，据实际生产测算，和烧结机—鼓风炉流程相比，每吨粗铅生产成本降低约10%。

（5）自动化水平较高。富氧底吹熔炼过程采用DCS控制系统，实现了配料、制粒、供氧、熔炼、余热锅炉、锅炉循环水、电收尘、高温风机等全流程、全部设备的集中控制。

2.3.2.3 富氧底吹炼铅主要技术经济指标

富氧底吹炼铅的主要技术经济指标见表2-17。

表2-17 富氧底吹炼铅的主要技术经济指标

序号	实例1		实例2	
	指标	数值	指标	数值
1	日处理物料量/$t \cdot d^{-1}$	600	日处理物料量/$t \cdot d^{-1}$	650
2	炉料含铅品位/%	45~52	炉料含铅品位/%	37.74
3	粒料含水/%	8		
4	底吹炉熔炼烟尘率/%	11~16	底吹炉熔炼烟尘率/%	15
5	炉料氧料比/$m^3 \cdot t^{-1}$	90~110	炉料氧料比/$m^3 \cdot t^{-1}$	136
6	喷枪压力/MPa	0.8~1.1		
7	粗铅电耗/$kW \cdot h \cdot t^{-1}$			
8	底吹炉出炉烟气SO_2浓度/%	≥9		
9	高铅渣钙硅比	0.4~0.7		
10	高铅渣铁硅比	1.3~1.6		
11	富氧底吹熔炼炉一次粗铅产出率/%	40~60	富氧底吹熔炼炉一次粗铅产出率/%	15
12	底吹炉煤耗/%	2		
13	高铅渣含Pb/%	40~50	高铅渣含Pb/%	40
14	铅氧化渣含硫/%	<0.5		
15	粗铅含铅/%	>97	粗铅含铅/%	94.5
16	富氧底吹熔炼炉有效作业/%	>95	作业天数/d	330
17	鼓风炉床能力/$t \cdot (m^2 \cdot d)^{-1}$	45~55		
18	鼓风炉焦率/%	15	侧吹炉还原处理量/$t \cdot a^{-1}$	199664
19	Pb回收率/%	96.5	粗铅产量/$t \cdot a^{-1}$	70855
20	S回收率/%	>95	粗铅品位/%	96
21	Au回收率/%	>98	还原炉煤率/%	4
22	Ag回收率/%	>98	高铅渣耗工业氧气/$m^3 \cdot t^{-1}$	47
23	鼓风炉渣含Pb/%	3	熔剂率/%	6

续表 2-17

序号	实例 1		实例 2	
	指标	数值	指标	数值
24	氧枪寿命/d	30~40	烟尘率/%	8
25	每吨粗铅余热锅炉蒸气产出量（4.0MPa)/t	0.5~0.8	渣含铅/%	2
26			高铅渣还原炉电耗/kW·h·t^{-1}	50
27			年工作日/d	330

注：1. 实例 1 为某公司采用了鼓风炉还原时的数据，目前该公司已经开发液态高铅渣直接还原工艺，许多指标均有明显改善；

2. 实例 2 为另一家公司采用侧吹炉还原液态渣的数据。

2.3.3 富氧侧吹炼铅工艺

富氧侧吹炼铅法也是一种直接炼铅法，与 QSL 法、奥斯麦特法、ISA 法同属自热熔池熔炼，与其不同的是，侧吹法氧气或富氧空气是从设于炉墙上的风口鼓入渣层中实现铅物料的熔炼过程。该法是借鉴苏联开发的用于处理铜精矿的自热熔炼技术——瓦纽科夫法经验的基础上，由我国自行开发的新的炼铅技术[24]。

2000 年 10 月，我国某公司与俄罗斯专家合作，签订了建设一台工业试验规模的熔炼铅精矿的瓦纽科夫炉的合作协议，由俄罗斯专家负责 1.5m^2 炉子设计，中方负责全部配套工程设计。2001 年 11 月工程建成并投入试验，至 2002 年 10 月 29 日，共进行 11 次开炉试验，其中由俄罗斯专家指导开炉试验 6 次，没有达到预期的目标；俄罗斯专家撤离后，中方人员针对开炉试验中出现的一系列难以克服的问题，从理论上对其进行分析，并对炉子结构做了重大改造，从而实现了炉子的连续顺利炼铅。2004 年 2 月，炉子转入长时间连续生产运行。至 2004 年 10 月，开炉试验 26 次，处理铅精矿万余吨，证明该炉能够长期稳定生产，各项技术指标达到了预期的目标。该公司根据修改后炉子的结构特点将其命名为富氧侧吹直接炼铅炉。

目前，正在将富氧侧吹炉应用于硫化铅精矿和脆硫铅锑矿的氧化熔炼工业化生产，采用侧吹炉铅精矿氧化—侧吹炉高铅渣还原—侧吹炉炉渣烟化的工艺流程。近年来，富氧侧吹炼铅工艺的工业化应用得到迅速发展。

2.3.3.1 富氧侧吹氧化熔炼

以处理硫化铅精矿生产粗铅为例。两段工艺的富氧侧吹工艺流程有两种情形，如图 2-82 和图 2-83 所示。一种情形是双炉作业，即氧化和还原是在两台独立的侧吹炉内完成，氧化炉产生的富铅渣通过溜槽流入还原炉；另一种情形是采用双区炉，即氧化和还原是在一台炉的两段气氛不同的熔炼区间完成。

一般来说，无论氧化熔炼和还原熔炼是分别在两台侧吹炉完成，还是在一台双区炉内完成，其工艺过程基本相同，均需包括炉料准备、配料、熔炼、烟气的余热利用及收尘、烟气中 SO_2 回收、富氧空气的供应等工艺过程。

富氧侧吹熔炼的炉料准备比较简单。炉料由精矿、返尘和熔剂及少量煤组成。入炉料通常都不需要进行干燥，水分控制在 8%以下，过于干燥的精矿和返尘应预先润湿，返尘

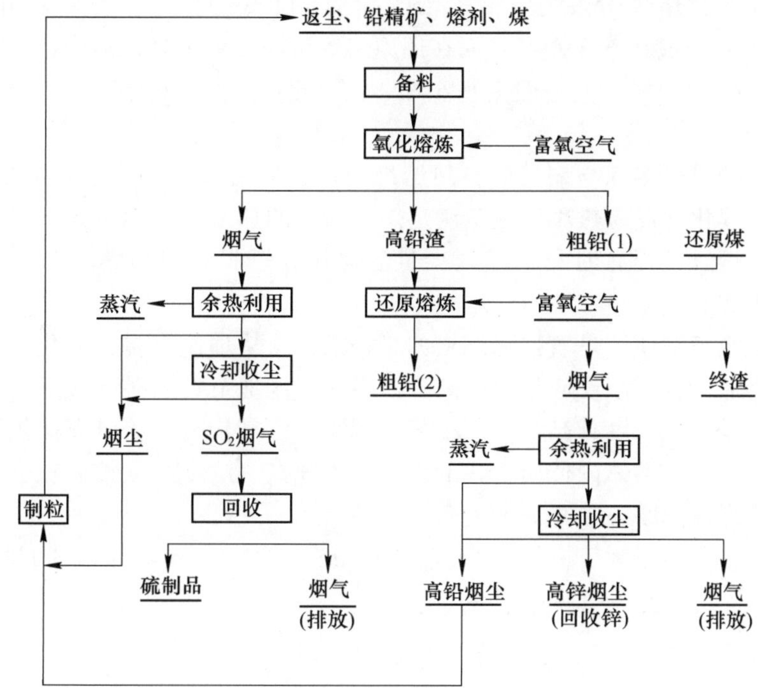

图 2-82　硫化铅精矿双炉氧气侧吹法炼铅工艺流程

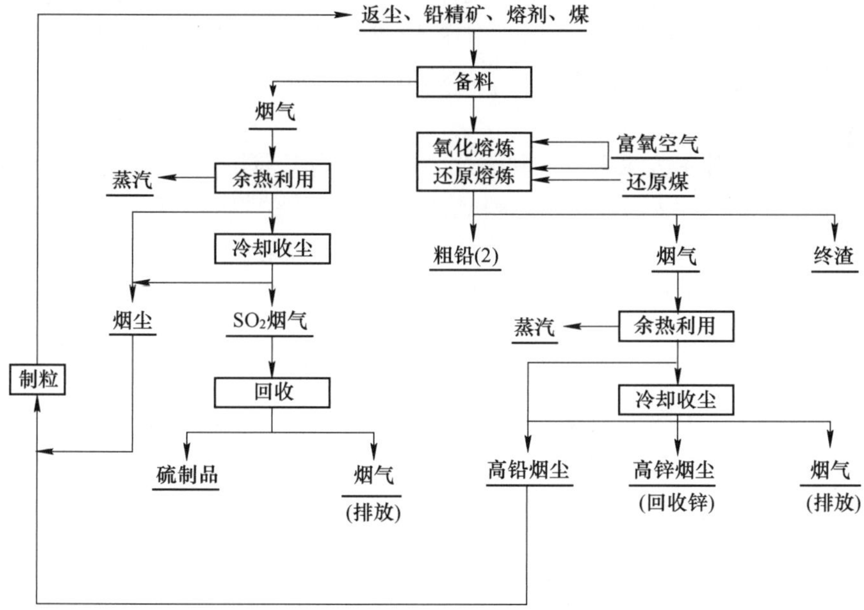

图 2-83　双区炉氧气侧吹法炼铅工艺流程

最好经过制粒，以减少气相损失和保持良好的作业环境。炉料的粒度无严格要求，一般小于 20mm。熔剂最好在氧化熔炼时一次配够，这样在还原熔炼时只需加煤作为还原剂，从而简化配料系统，有利于车间布置。但是生产实践表明，在还原熔炼阶段均需进行二次配料。这是因为在氧化熔炼阶段为了减少铅的挥发，降低烟尘率，需要采用低熔点渣型，$w(CaO)/w(SiO_2)$ 一般在 0.5 左右。而在还原熔炼阶段，为了降低渣含铅，需要适当提高钙的比例，$w(CaO)/w(SiO_2)$ 一般为 0.6~0.8，因此在二次配料中至少需要配入适量的石灰石熔剂。

虽然铅精矿的自热熔炼与铜精矿自热熔炼类似，但铅精矿中伴生元素多，成分复杂，而且含硫较低，其化学反应热难以完全满足熔炼所需的热量，有的时候不能实现完全自热熔炼。因此氧化熔炼过程有时需要配入少量的煤作为燃料。用烟煤和无烟煤作为燃料均可，粒度不大于 20mm。

纯氧或富氧空气的使用是直接法炼铅的必备条件。从理论上讲，氧化熔炼阶段，可以是纯氧或者是富氧，含氧浓度应尽可能高，以最大限度地节省燃料（接近自热）和提高床能力为限度；但是氧气浓度越高，富氧空气量越小，空气量过小，难以提供熔体搅动所需要的动能，从而会降低熔体内传质传热的效果，因此富氧浓度必须控制在合理范围。还原段熔炼熔池鼓入含氧 50%左右的富氧空气。

氧化熔炼时，脱硫率大于 97%，烟气含 SO_2 15%~25%，有利于硫的回收。

2.3.3.2　富氧侧吹炼铅技术特点

A　侧吹熔炼特点

侧吹熔炼特点如下：

（1）侧向向熔体内鼓入富氧空气，熔体激烈搅动。纯氧或富氧空气从侧墙上的风口（一般位于静置熔体平面以下约 0.5m 处）以约 100kPa 的压力送入炉内，使熔体强烈鼓泡与激烈搅动，加速了质和热的交换，加快炉渣中难熔组分的熔化速度，因而炉子的生产率很高。以 1.5m^2 工业试验炉为例，氧化熔炼床能力达到 110~125t/(m^2·d)，还原熔炼床能力达到 90~110t/(m^2·d)。

（2）硫化物和燃料在熔池内氧化和燃烧。熔体与高温燃烧气体直接接触，燃料的燃烧热和硫、铁的氧化热都能够充分利用。因此，富氧侧吹炉的热效率高而燃料消耗则较低。

（3）熔池熔体上层翻动，下层平静。富氧侧吹熔池熔炼炉的熔池深，炉内熔体按垂直方向分区，这与基夫赛特炉用挡墙将炉床分为熔炼区和沉淀区不同。富氧侧吹炉侧面鼓风作用范围内形成一个湍动区，湍动紊流区以下，即风口以下则维持一个有利于粗铅和炉渣澄清分离的相对平静区[27]。

（4）炉内用隔墙分为两个相连的熔池。如采用双区炉，则第一熔池熔炼炉料，第二熔池还原贫化炉渣，在有固体还原剂存在下，保持炉内还原性气氛，使锌与其他易挥发物挥发，使炉渣贫化，可在一个熔炼炉中直接产出弃渣（含 Pb 不大于 1%），并提高伴生元素的综合利用程度。

B　富氧侧吹炼铅工艺优点

富氧侧吹炼铅工艺优点如下：

（1）原料的适应性强，备料简单。与悬浮熔炼不同，熔池熔炼不必深度干燥，炉料的准备比较简单。侧吹炉能够处理含水 6%~8%的精矿或其他含铅物粗粒（不大于 100mm）物料，不需要像闪速熔炼那样，为得到含水低于 0.3%的粉状物料，而建设复杂备料干燥系统和密封性能较好的埋刮板运输机。

(2) 采用高浓度富氧（O_2 含量 80%~95%）鼓风熔炼。尽管炉壁、炉墙铜水套损失热量较多，但只需在炉料中补充少量燃料即可正常熔炼。以煤而不是焦炭作燃料。

(3) 熔炼炉炉体简单、合理，运行稳定可靠。根据铜冶炼工业采用富氧侧吹炉的生产实践证明，由于采用铜水套结构，炉子的大修周期达 1.5~2 年。

(4) 氧化熔炼炉烟气含 SO_2 浓度高（20%~25%），有利于从烟气中回收硫，解决了环保问题。

(5) 金属回收率高：铅不小于 97%、金不小于 97%、银不小于 96%。工业试验表明，炼铅炉还原连续排出的弃渣铅含量不小于 2%，甚至好于普通鼓风炉弃渣含铅 1%~3%的指标。

鉴于以上这些优点，与侧吹炉配套的设备较简单、投资少。另外，富氧侧吹炉可用低质煤作燃料，符合我国国情，出炉烟气二氧化硫浓度高、燃料消耗低、操作简便等。

2.3.3.3 富氧侧吹炼铅主要技术经济指标

富氧侧吹炼铅主要技术经济指标见表 2-18。

表 2-18 富氧侧吹炼铅主要技术经济指标

序号	名称	经济指标
1	熔炼温度/℃	1100~1150
2	风口压力/MPa	0.085~0.095
3	床能率/$t\cdot(m^2\cdot d)^{-1}$	110~125
4	有效作业时率/%	>96
5	精矿氧耗（100% O_2 计）/$m^3\cdot t^{-1}$	210~250
	炉料氧耗（100% O_2 计）/$m^3\cdot t^{-1}$	130~160
6	煤率（以精矿计）/%	7.26
	煤率（以炉料计）/%	4.79
7	从精矿中一次粗铅产率/%	65~70
	从炉料中一次粗铅产率/%	42~50
8	粗铅含 Pb/%	≥98
	粗铅含 S/%	≤0.3
9	烟尘率（以炉料计）/%	20~25
10	初渣（富铅渣）含 Pb/%	28~35
	初渣（富铅渣）含 Zn/%	7~9
	初渣（富铅渣）含 S/%	0.1~0.5
11	离炉烟气 SO_2 浓度（体积分数）/%	20~24
12	脱硫率/%	>97

2.3.4 富氧顶吹炼铅工艺

富氧顶吹熔炼的主要原理是通过垂直插入渣层的喷枪向耐火材料砌筑的熔池中直接吹入空气或富氧空气、燃料、粉状物料和熔剂或还原性气体，在熔体中形成强烈搅动，加速熔体内的传热传质，使炉料发生强烈的熔化、氧化、还原（依靠炉料中碳质还原剂）、造渣等物理化学过程[28]。它是一种连续的熔炼过程。燃料和粉料通过喷枪喷入熔池，块料、湿料可通过给料设备从炉顶另开的加料孔加入。它可连续进料、连续排渣，以保持熔体中体积和温度相对稳定。在排放过程中，也可以中断进料，使炉内留一层熔体用于下次给料循环。

通过调节喷枪喷入的气体性质和炉料成分，熔炼过程可以随意控制不同的气氛，以分别进行氧化和还原过程。喷枪外壁由于喷溅熔渣的黏附和枪内喷入气体的高速流动的冷却作用而形成固定的渣壳保护层，因而不致过快消耗喷枪。由于熔渣液滴被喷溅进入熔池上空，因此炉膛较高，炉渣不被溅出。同时，设有喷枪升降装置，支撑喷枪并调节喷枪的位置，既保证喷射的深度，而又避免搅动熔池的底部，在熔池底部形成金属或锍聚集体的静止区，有利于渣-金属（锍）澄清分离；被扬起的熔渣在熔池上空吸收金属蒸气、CO 等挥发物燃烧释放出热量后带回熔池。熔融产物从靠近炉体底部的水冷排放口排出，工艺烟气通过炉顶的出口排放，进入废热回收和收尘系统。

富氧顶吹炼铅技术的主要设备艾萨炉是一种用耐火材料作衬里的圆形立式固定式熔炼炉。其结构紧凑、床能力大、流程简单、对原料适应性很广。目前，采用富氧顶吹炼铅工艺的公司主要包括云南驰宏锌锗股份有限公司和云南锡业股份有限公司等。

2.3.4.1　富氧顶吹氧化熔炼

熔炼作业在一台艾萨顶吹熔炼炉中进行，炉料从炉顶加料口加入炉内，硫化铅精矿氧化所需的氧气和空气经顶部喷枪喷入炉内，氧气由氧气站供给，纯度为93%。操作温度一般控制在1050℃左右。熔炼过程中熔池剧烈搅动，硫化铅和氧气反应生成氧化铅，硫化铅和氧化铅交互反应产出粗铅、高铅渣和高浓度 SO_2 烟气。艾萨熔炼炉产出的高浓度 SO_2 烟气通过余热锅炉回收余热、收尘系统收尘后，送硫酸车间制酸。

A　熔炼温度

艾萨炉的熔炼温度主要取决于渣型选择和炉料成分，由于熔炼过程的热量30%来自于燃料的燃烧热，温度控制过高，能耗增加；温度控制过低，反应速度缓慢，炉渣黏度升高，难以正常操作。生产实践表明，在氧化熔炼过程中高铅渣含铅的高低与其熔点有直接关系，渣含铅越高，渣的熔点就越低。一般来说，高铅渣的含铅品位取决于炉料的含铅品位。生产实践中根据炉料含铅品位来控制渣含铅及操作温度。表2-19为生产实践中根据实际经验总结出来的技术参数。

表2-19　不同原料品位的控制参数

原料含铅品位/%	一次粗铅率/%	渣含铅控制值/%	操作温度/℃
60~80	75~85	40~60	1000~1100
45~60	35~60	25~40	1100
<45	25~50	20~30	1150~1250

影响熔炼温度的主要因素有富氧浓度、燃料加入量、原料含硫量、炉料组成及水分等。

（1）富氧浓度。富氧空气的氧气浓度越高，烟气量越小，烟气带走的热量就越少。但是艾萨炉采用单根喷枪操作，气流的分散性受到一定的限制，其富氧浓度不能太高，富氧浓度过高，就会导致空气量减小，鼓入炉内气量太小，就会影响熔体的搅动强度，从而影响熔体内的传质传热和熔炼强度。因此艾萨炉的富氧浓度一般控制在30%~40%。

（2）燃料加入量。燃料加入量增加，可以提高熔炼温度，但是也会导致能耗增加。

（3）原料含硫量。炉料中可燃硫的增加，可以增加化学反应热，提高熔炼温度。

（4）炉料组成及水分。熔剂的加入量越大，炉料含水量高，炉料中烟尘、渣料的比例高和高熔点杂质含量高都会导致炉内温度降低，而且炉料成分及水分、燃料的变化都可能引起炉内温度变化。

B 熔池高度

艾萨炉熔炼采用连续加料和周期性放渣、放铅的操作制度，熔炼过程中随着炉料的加入，熔体高度就会逐渐升高，喷枪也需要相应提升。当熔体上升至设定上限高度时，进行开孔放渣、放铅，当熔体液面下降至设定下限高度，停止放渣、放铅。熔体液面高度主要根据喷枪高度及插入深度、喷枪内的测压风的背压进行判断，也可以根据加料量进行推算。

在生产实践中，熔体高度一般控制在0.8~2.5m，熔体液面保持在此范围内波动。熔体过高会使熔池底部温度偏低，可能出现隔层或局部冻结，出现泡沫渣的概率增加，导致炉况恶化。同时熔体过高炉子的重心上移，影响炉体的稳定性和安全生产。熔体过高还会导致熔体喷溅，使加料口、喷枪口堵塞，增加操作难度。但是熔体过低也会带来许多问题，如熔体过低，喷枪与炉底的距离小，容易对炉底造成强烈冲刷，同时喷枪可能接触铅液，加大铅液对喷枪的腐蚀，影响炉体及喷枪的使用寿命。熔体压力较小，渣铅排放不畅。

C 烟尘率控制

在熔炼温度下铅及其化合物的挥发性都非常强，其中PbS挥发性最大，PbO次之，金属铅最小。而且温度越高，挥发量越大。铅及其化合物挥发是炼铅烟尘率高的主要原因，其次是气流带走的灰尘。烟尘率过高会造成烟尘收集、输送和处理的量增大，冶炼的有效生产能力降低，生产成本增加。艾萨炉炼铅跟其他炼铅方法一样，需要对氧化熔炼的烟尘率进行控制。

主要通过以下途径来控制烟尘率，一是合理控制熔炼温度，当熔炼温度从1050℃降至1000℃时铅及其化合物的蒸气压降低一半以上（见表2-20），但是温度过低，会使炉渣黏度增大，影响正常操作；二是适当提高富氧浓度，加快硫化物的氧化速度，减少硫化铅在炉内的停留时间，而且提高富氧浓度可以减少烟气量，从而减少气流带走的烟尘。

表2-20 铅及其化合物蒸气压与温度的关系

铅及其化合物	PbS			PbO				Pb				
温度/℃	928	975	1048	1108	850	950	1050	1100	820	960	1130	1290
蒸气压/Pa	266.8	1333	5332	13330	48	240	1000	1987	3.3	133.3	1333	6665

D 喷枪烧损控制

喷枪工作时管内通有大量富氧空气进行冷却，风管外壁就会黏结一层炉渣保护层进行自我保护，这也是喷枪在高温熔体和高温烟气环境工作而不易损坏的原因。影响喷枪使用寿命的主要因素有喷枪材质、空气流量、熔炼温度、喷枪外壁炉渣保护层厚度和喷枪插入熔体深度等。

喷枪烧损有几种情况，如喷枪端部烧损、旋流器烧损和喷枪弯曲等。由于喷枪插入熔体作业，端部烧损属于正常损耗。后两种情况可能由于操作不当所致。其可能原因包括：一是空气流量过小，不足以对喷枪外壳进行冷却，钢管外壁不能形成炉渣保护层；二是喷枪插入熔体过深，导致旋流器烧损；三是熔体温度过高，造成喷枪弯曲变形。

E　泡沫渣的控制

泡沫渣的形成机理：在富氧熔池熔炼过程中，主要依靠气流在熔体中搅动和气泡扩散进行传质传热，加速熔炼过程中气-固两相之间的各种化学反应的进行。其气流主要由两部分气体构成，一部分是为满足熔炼工艺所需鼓入的富氧空气，这部分气体具有一定压力，也就具有一定的动能，具有搅动熔体的能量；另一部分气体是化学反应和水分蒸发产生的气体，如 CO_2、CO、SO_2、H_2O 等。这部分气体不具有搅动熔体的能量，它们的扩散和排出都需要借助于鼓入空气的能量。泡沫渣的形成是气体的流量与能量之间的失衡，气流能量与炉渣阻力不平衡，气体流量不断增加，气体能量不足以克服熔体阻力进行扩散、排出，导致大量气体滞留在熔体中形成大的气泡而不能及时破裂，气流对熔体失去搅动能力，使炉渣体积迅速膨胀，渣面迅速上涨，形成泡沫渣。

产生泡沫渣的影响因素主要有炉渣熔体的黏度、密度、表面张力和熔体高度。熔融炉渣的黏度和密度越大，对气体扩散的阻力就越大，不利于气体的扩散和排出。熔体的表面张力越大，熔体与气体之间的吸引力越小，有利于气体的扩散和排出。熔体高度越高，要求喷枪的插入深度越深，气流扩散遇到的阻力就越大，如果熔体高度太高，由此形成的阻力超过气流扩散的动能，气流不能均匀扩散，传质传热的效果就会变差，熔池温度就会迅速下降，导致熔体黏度增大，熔体内部的气体更加难以扩散、排出。

铅冶炼泡沫渣的形成原因与铜冶炼有些不同，铜冶炼的泡沫渣主要因为熔炼过程中的过氧化，熔体中的铁被氧化成高价铁，Fe_3O_4 的量远远超过正常值，使其渣的黏度增加，熔体中的气体不能及时排出。但是从铅冶炼的泡沫渣物相组成的分析结果来看，其物相组成与正常的高铅渣差不多，Fe_3O_4 的量基本相同，表明铅冶炼的泡沫渣形成基本上不是由于炉渣的过氧化引起的，而是由于熔炼温度、富氧空气鼓风量、加料量和渣相等因素控制不当造成的。如熔体温度持续下降未采取有效措施使其温度恢复正常，导致炉渣黏度增大；加料量不稳定，料量突然加大，反应产生的气体突然增大，无法及时排出；配料不准确导致渣型成分变化，黏度增大；富氧空气流量及氧气浓度不稳定，造成熔体内部压力波动。

艾萨炉熔炼过程中出现的炉渣泡沫化现象分为轻微泡沫化和恶性泡沫化。炉渣出现轻微泡沫化的表现特征是喷枪出现不规则摆动，喷枪出口压力明显升高，提升喷枪时背压变化不明显，炉体及厂房出现明显晃动，炉内压力忽高忽低，炉顶间歇性冒出烟气，烟气量和 SO_2 浓度波动很大。炉膛内部炽热发白，余热锅炉蒸发量增加，电收尘器出口烟气温度升高。引起炉渣出现轻微泡沫化的原因可能是：加料量偏高、燃料率过高，使炉料不能及时反应，堆积在熔体表面，导致熔体温度降低、炉渣黏度增加；其次是工艺参数控制不合理，如空气过剩系数过高、富氧空气浓度过低、铁硅比过低、炉料水分过高等，造成熔体内部气体聚积，不能及时扩散，或者造成炉渣黏度增高。

炉渣出现恶性泡沫化时会出现如下现象：喷枪大幅度摆动导致密封圈与渣箱撞击发出响声，喷枪出口背压持续升高或不发生变化；炉体发生剧烈晃动；炉顶连续冒烟，大量炉渣喷出，加料口堵塞无法正常下料。引起炉渣恶性泡沫化的可能原因是：熔池处于高位运行，喷枪插入熔池太深；加料量太大，且时间持续太长；在持续轻微泡沫化的情况下，加大富氧空气鼓入量。

泡沫渣对熔炼过程影响很大，一般会出现炉口冒烟和喷渣，加料口及喷枪口堵塞，操作环境恶劣；喷枪插入深度无法控制，喷枪烧损加速，甚至造成喷枪弯曲或断裂；烟气 SO_2 浓度剧烈波动，烟气温度及烟尘率上升，余热锅炉及制酸系统不能稳定运行；严重时泡沫渣可能突然从炉顶喷出，导致熔炼过程操作失控，危及设备和人身安全。

理论分析及生产实践表明，合理设置炉渣的渣型、熔炼温度、加料量、富氧空气流量及富氧浓度等工艺参数是预防和控制泡沫渣出现的前提条件。严格按照设定的工艺参数进行操作和管理，保持熔炼过程各工艺参数稳定和准确是预防和控制泡沫渣产生的必要条件。这就要求提高熔炼过程的自动化控制水平，减少人为控制因素，一些重要参数出现异常，必须自动报警并停止加料；精确控制喷枪在熔体中的插入深度；保证一次仪表和配料系统的准确性，保持炉料输送加料系统畅通。及时放渣和放铅，避免高熔池操作。操作人员必须时刻监视上述工艺参数的情况，一旦发现某个参数出现波动，必须按照程序进行及时处理。

2.3.4.2 富氧顶吹炼铅技术特点

富氧顶吹炼铅技术分为两个不同技术流派，即艾萨炼铅法和奥斯麦特炼铅法，均已经过多年的工业化应用，技术上基本成熟，成为世界上较先进的熔池熔炼工艺。我国开发的艾萨炉氧化熔炼—鼓风炉还原熔炼相结合的炼铅工艺和奥斯麦特炉“一炉三段”炼铅工艺取得了较好的技术经济指标。富氧顶吹炼铅作为直接炼铅工艺之一，具有如下技术特点：

（1）富氧顶吹炼铅工艺对原料的适应性强。该工艺不仅可以处理铅精矿，还可以处理各种含铅原料，如废杂铅、废蓄电池等二次含铅物料及锌浸出渣等，也可以进行铅渣的烟化。

（2）富氧顶吹炼铅物料处理简单。对于物料的粒度、水分要求不苛刻；备料简单，混合料制粒入炉后可明显减少烟气带走的粉尘量，从而降低烟尘率。

（3）技术指标好。对于冶炼含铅较高（50%以上）、含锌较低的精矿，技术经济指标相对更优越。弃渣含铅2%~5%。

（4）具有较强的灵活性。生产操作简单，能使用各种不同的燃料，如煤、焦炭、轻油、重油；对于同一种金属物料，其金属品位可以在较大范围变化，都能取得满意结果。

（5）炉床能力高，达到90~110t/($m^2 \cdot d$)。由于使用了喷枪技术及富氧熔炼，生产能力大，炉床能力大，提升产量潜力较大。冶炼工艺的机械化、自动化控制水平高，作业率高，从而提高了企业的劳动生产率。

（6）工艺炉体结构简单。炉体散热少、操作温度相对低、占地少、厂房空间要求不高，便于配置。

（7）环保好。艾萨炉密闭性好、漏风少、环境好、烟气量少，烟气 SO_2 浓度较高，烟气送制酸后可达标排放。

（8）维护方便。生产流程短、操作简单；富氧从喷枪喷入熔池，喷枪顶部自然形成冷凝渣层可有效保护喷枪，喷枪不需额外的冷却设施，喷枪结构简单、操作灵活，寿命长，更换维护也简单。

（9）熔池高度很高。熔池高度控制在 0.8~2.5m，高于熔池熔炼的其他炼铅方法，因为需要较大的气流和压力对熔体进行搅动。

2.3.4.3　富氧顶吹炼铅主要技术经济指标

某公司富氧顶吹炼铅主要技术经济指标见表 2-21。

表 2-21　富氧顶吹炼铅炉氧化熔炼主要技术经济指标

指标	数值	指标	数值
日处理物料量/$t \cdot d^{-1}$	550~650	氧料比/$m^3 \cdot t^{-1}$	80~110
入炉炉料铅品位/%	52~59	熔池高度/m	<2.5
燃煤率/%	3~5	高铅渣含铅/%	40~50
石英石含量/%	2~5	高铅渣 $w(SiO_2)/w(Fe)$	0.7~0.9
富氧浓度/%	≥30	熔池温度/℃	950~1050
二次风量/$m^3 \cdot h^{-1}$	≥3600	一次粗铅产率/%	40~60
喷枪供风压力/kPa	150~170	烟尘率/%	14~16
床能力/$t \cdot (m^2 \cdot d)^{-1}$	80~90	烟气 SO_2 浓度/%	8~11
作业率/%	>90		

2.4　锡富氧强化熔池熔炼

2.4.1　锡生产工艺

锡在地壳中的丰度约为 6×10^{-6}。已发现的含锡矿物有 20 种，其中有工业开采价值的最主要含锡矿物是锡石（SnO_2），其次是黝锡矿（$Cu_2S \cdot FeS \cdot SnS_2$），其他锡矿物在工业上的意义不大或只作为稀有金属开采的锡矿。我国的锡资源很丰富，主要集中在云南南部、广西西北部和东北部，其次是湖南、江西、四川、广东、内蒙古等省（区）[29]。我国脉锡矿床最低品位（Sn 含量）为 0.15%~0.2%，砂锡矿床为 0.01%~0.1%。多金属锡矿的开采，其含锡品位可以更低。锡矿石经选矿后可得锡精矿，其品位为 30%~60%不等。

现代炼锡法普遍采用火法工艺，它包括炼前处理、还原熔炼、炉渣熔炼和粗锡精炼四个过程[30]。

（1）炼前处理。炼前处理的目的是除去对冶炼有害的杂质，如 S、As、Sb、Pb、Bi、Fe、W、Ta 和 Nb 等，同时综合回收各种有价金属。炼前处理包括精选、焙烧、浸出等作业，个别锡精矿也可不经过炼前处理。

（2）还原熔炼。还原熔炼也称一次熔炼，其目的是使锡的氧化物还原成比较纯净的粗锡，并使铁的氧化物还原为 FeO 与脉石成分造渣。还原熔炼的还原气氛不宜太高，熔炼温度也要适当。可是，在此情况下虽可避免金属铁的生成，但是锡的氧化物还原不彻底而只能获得必须进一步处理的高锡富渣。

（3）炉渣熔炼。富渣的处理称为炉渣熔炼，也称二次熔炼，它是加入氧化钙并在强还原条件下进行的再熔炼，产出弃渣和硬头（铁锡合金），硬头返回一次熔炼中处理以回收其中的锡，此即长期沿用的两段熔炼法。

（4）粗锡精炼。粗锡精炼分为火法精炼和电解精炼，其目的是除去粗锡中的 Fe、Cu、As、Sb、Bi、Pb、Ag 等杂质，同时回收有价金属。

2.4.2 锡精矿还原熔炼

不论锡精矿是否经过炼前处理，要想从中获得金属锡，都必须经过还原熔炼。还原熔炼目的是在一定的熔炼条件下，尽量使原料中锡氧化物（SnO_2）和铅氧化物（PbO）还原成金属加以回收，使精矿中铁的高价氧化物（Fe_2O_3）还原成氧化亚铁（FeO），与精矿中的脉石成分（如 Al_2O_3、CaO、MgO、SiO_2 等）、固体燃料中的灰分、配入的熔剂生成以铁橄榄石（$2FeO \cdot SiO_2$）为主体的炉渣，与金属锡、铅分离[31]。

还原熔炼是在高温下进行的，为了使锡与渣较好分离，提高锡的直收率，还原熔炼时产出的炉渣应具有黏度小、密度小、流动性好、熔点适当等特点。因此，应根据精矿的脉石成分、使用燃料和还原剂的质量优劣等，配入适量的熔剂，做好配料工作，选好渣型。若炉渣熔点过高，黏度和酸度过大，就会影响锡的还原和渣锡分离，并使过程难以进行。工业上通常使用的熔剂有石英和石灰石（或石灰）。

为了使氧化锡还原成金属锡，必须在精矿中配入一定量的还原剂，工业上通常使用的碳质还原剂有无烟煤、烟煤、褐煤和木炭，要求还原剂含较高固定碳。

还原熔炼产出甲粗锡、乙粗锡、硬头和炉渣。甲粗锡和乙粗锡除主要含锡外，还有铁、砷、铅、锑等杂质，必须进行精炼才能产出不同等级的精锡。硬头含锡品位较甲粗锡、乙粗锡低，含砷、铁较高，必须经煅烧等处理，回收其中的锡；炉渣含锡 4%～10%，称为富渣，现在一般采用烟化法处理回收渣中的锡。

还原熔炼的设备有奥斯麦特炉、反射炉、电炉、鼓风炉和转炉。若采用反射炉或电炉进行还原熔炼，固态的精矿或焙砂与煤经混合后加入炉内，受热进行还原反应时，是在两固相的接触处发生，这种接触面有限，而固相之间的扩散难以进行，所以金属氧化物与固相还原煤之间的化学反应不是主要的。在强化熔池熔炼的奥斯麦特炉中，是固态还原煤与液态炉渣间进行化学反应，固-液两相之间的反应当然比固-固两相间进行的反应强烈得多，这也就说明了在奥斯麦特炉内 MeO 的还原要比反射炉与电炉中进行得更快些。在奥斯麦特炉中更为重要的反应是气-液-固三相反应，即为搅拌的气相、翻腾的液相和还原煤固相之间的反应[32]。在高温翻腾的熔池中，煤中的固定碳与气相中的氧充分接触，发生煤的燃烧反应，产生气体 CO_2 与 CO，CO 即为液态炉渣中 MeO 的还原剂，这样气-液两相的还原反应速度要比固-液两相间的反应快。因此在奥斯麦特炉中 CO 气体还原剂仍然起主要作用。在电炉与反射炉内进行的还原熔炼，碳燃烧产生的 CO 更是 MeO 还原的主要还原剂。

综上所述，在还原熔炼过程中，MeO 的还原反应可用以下反应式来表示：

$$MeO + CO = Me + CO_2 \tag{2-172}$$

因此，本节讨论的基本原理主要内容包括碳的燃烧反应、金属氧化物的还原与炼锡炉渣的选择。

2.4.2.1　还原熔炼基本原理

A　碳的燃烧反应

在锡精矿的还原熔炼过程中，大都采用固体碳质还原剂，如煤、焦炭等。在熔炼温度下，当这种还原剂与空气中的氧接触时，就会发生碳的燃烧反应，根据反应过程，其反应可分为碳的完全燃烧（见式（2-20））、碳的不完全燃烧、碳的气化反应和煤气燃烧反应。

碳的不完全燃烧反应：　$$2C + O_2 = 2CO \tag{2-173}$$

碳的气化反应，也称布多尔反应：　$$C + CO_2 = 2CO \tag{2-174}$$

煤气燃烧反应：　$$2CO + O_2 = 2CO_2 \tag{2-175}$$

这4个反应除式（2-174）外，其余3个反应均为放热反应，但是其热值的大小是不一样的。如果按式（2-20）进行碳的完全燃烧反应，1mol的碳可以放出393.129kJ的热；如果按式（2-173）进行，即1mol的碳不完全燃烧时放出热量只有110.430kJ，不到式（2-20）放热的1/3，所以从碳的燃烧热能利用来说，应该使碳完全燃烧变为CO_2。这样一来燃烧炉内只能维持强氧化气氛，即供给充足的氧气才能达到。但是对于还原熔炼来说，除了要求碳燃烧放出一定热量维持炉内的高温外，还必须保证有一定的还原气氛，即有一定量的CO来还原SnO_2。

温度升高有利于吸热反应从左向右进行，即有利于式（2-174）而不利于式（2-173）向右进行。所以在高温还原熔炼的条件下，必须有足够多的碳存在，以使碳的气化反应（见式（2-174））从左向右进行，保证还原熔炼炉内有一定的CO存在，促使SnO_2更完全地被还原。

综上所述，在锡精矿高温还原熔炼的条件下，碳的燃烧反应应该是式（2-20）与式（2-174）同时进行，才能维持炉内的高温（1000~1200℃）和还原气氛。对于不同的熔炼方法，式（2-20）与式（2-174）可以同时在炉内进行，也可以分开进行。如反射炉喷粉煤燃烧时，式（2-20）主要是在炉空间进行，式（2-174）主要是在料堆内进行。电炉熔炼是以电能供热，煤的加入是在料堆内进行碳的气化反应（见式（2-174））供应还原剂CO。如果采用鼓风炉或奥斯麦特炉炼锡，则碳燃烧式（2-20）与式（2-174）必须同时在炉内风口区或熔池中进行。

B　二氧化锡的还原

精矿、焙砂原料中的锡主要以SnO_2的形态存在，还原熔炼时发生的主要反应为式（2-174）和以下反应：

$$SnO_2(s) + 2CO(g) = Sn(l) + 2CO_2(g) \qquad \Delta G(J/mol) = 5484.97 - 4.98T \tag{2-176}$$

式（2-176）为固态SnO_2被气态CO还原产生液态金属锡和气态CO_2，而大部分CO_2被固定碳还原（见式（2-174）），产生气态的CO又成为式（2-176）的气态还原剂。如此循环往复，直至这两个反应中的一固相消失为止。所以，只要在炉料中加入有过量的还原剂，理论上可以保证SnO_2完全还原。

当两反应各自达到平衡时，其平衡气相中CO与CO_2的平衡浓度会维持一定的比值。在还原熔炼的条件下（恒压下），这个比值主要受温度变化的影响。若将平衡气相中的CO和CO_2的平衡浓度之和作为100，则可绘出反应的CO含量与温度变化的关系，如图2-84所示。

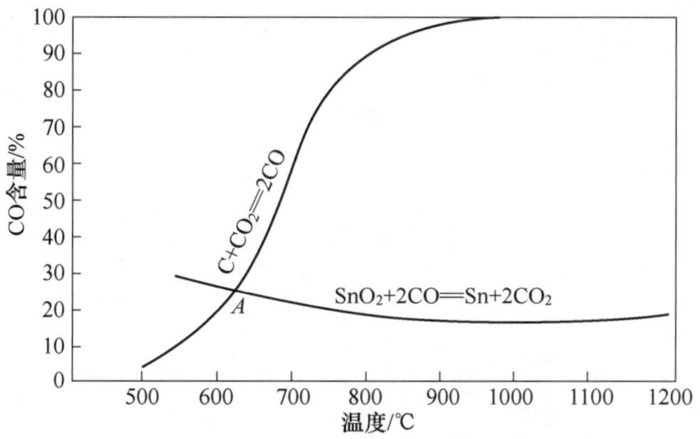

图 2-84 用 CO 还原 SnO_2 时气相组成与温度的关系

图中式（2-176）与式（2-174）的两条平衡曲线相交于 *A* 点，与 *A* 点对应的温度约为 630℃，这意味着炉内的温度达到 630℃，若气相中 CO 的含量达到 *A* 点相应的水平约为 21%，两反应便同时达到平衡。即用固体碳作 SnO_2 的还原剂时，只要炉内维持 *A* 点的温度条件，SnO_2 就可以开始还原得到金属锡。

当炉内温度从 630℃继续升高时，式（2-174）平衡气相中的 CO 含量会进一步升高，远高于式（2-176）平衡气相中 CO 含量，即温度升高有利于式（2-176）从左向右进行，式（2-176）产生的 CO_2 会被炉料中的还原剂煤所还原变为 CO，以保证式（2-176）继续向右进行。

在生产实践中，所用锡精矿和还原煤不是纯 SnO_2 和纯碳，其化学成分复杂，物理状态各异，另外受加热和排气系统等条件的限制，实际的 SnO_2 被还原温度要比 630℃高许多，往往在 1000℃以上，并且要加入比理论量高 10%～20%的还原剂，以保证炉料中的 SnO_2 能更迅速更充分地被还原。

C 锡精矿中其他金属氧化物的行为

根据金属氧化物对氧亲和力的大小，可以判断或控制其在还原熔炼过程中的变化。图 2-85 所示为氧化物的标准吉布斯自由能变化与温度的关系。从图 2-85 可以看出，低于 SnO_2 线的金属氧化物是第一类对氧的亲和力比锡大的杂质，有 SiO_2、Al_2O_3、CaO、MgO 及很少量的 WO_3、TiO_2、Nb_2O_5、Ta_2O_5、MnO 等，它们的 $\Delta G^{\ominus}$ 比 SnO_2 线的 $\Delta G^{\ominus}$ 负得多，即稳定得多，它们被 CO 还原时，要求平衡气相组成中的 CO 含量高于 SnO_2 被还原时 CO 的含量，即其平衡曲线在图 2-84 中的位置远高于 Sn 还原平衡曲线的上方，只要控制比锡还原条件还低的温度和一定的 CO 含量，它们是不会被还原，仍以 MeO 形态进入渣中。

图 2-85 中高于 SnO_2 线的金属氧化物，包括 Cu、Pb、Ni、Co 等金属对氧亲和力比锡小的杂质金属的氧化物，其 $\Delta G^{\ominus}$ 较 SnO_2 负得少些，比 SnO_2 更不稳定些，是第二类杂质，它们在锡氧化物被还原的条件下，会比 SnO_2 优先被还原进入粗锡中，给粗锡的精炼带来麻烦，应在炼前准备阶段中尽量将其分离。

第三类杂质是铁的氧化物。在图 2-85 中与 SnO_2 线临近[33]，其 $\Delta G^{\ominus}$ 值相近。生产实践表明，炉料中的铁氧化物部分被还原为金属铁溶入粗锡中，Fe_2O_3 被还原为 FeO 再与其

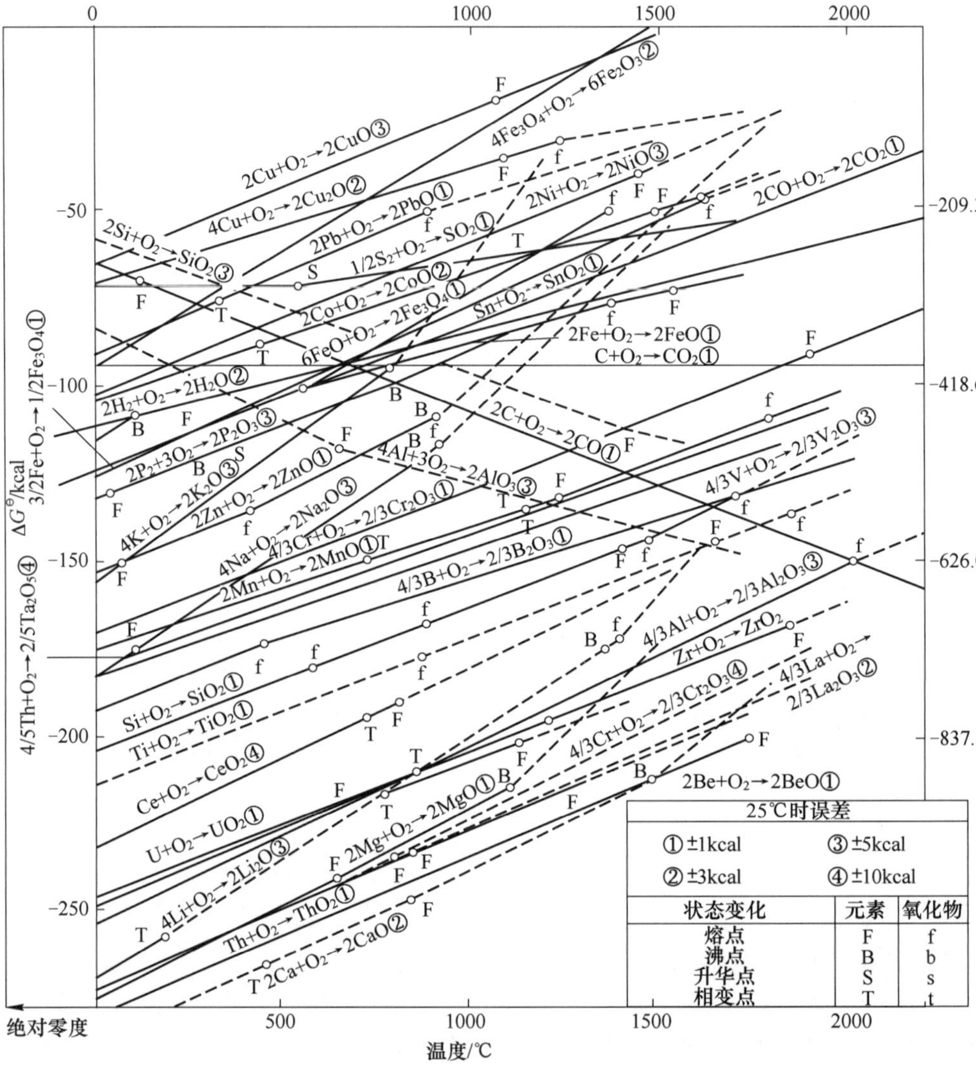

图 2-85　氧化物的吉布斯标准自由能变化 $\Delta G^{\ominus}$ 与温度的关系

（1kcal＝4.1868kJ）

他脉石 SiO_2 等造渣而入炉渣中。铁氧化物还原的这种特性，给锡精矿的还原熔炼过程造成较大的困难。要使炉渣中（SnO）很充分地还原，得到含锡低的炉渣，势必要求更高的温度与更强的还原气氛，这就给渣中的（FeO）还原创造了条件，使其被更多地还原而进入粗锡中，使粗锡中的铁含量高达 1%以上；当锡中的铁含量达到饱和程度，还会结晶析出 Sn-Fe 化合物，形成熔炼过程中的另一产品——硬头。硬头的处理过程麻烦，并造成锡的损失。所以锡原料在还原熔炼过程中控制粗锡中的铁含量，是控制还原终点的关键。在还原熔炼过程中，氧化锌的行为与氧化铁的行为类似，但由于金属锌在高温下易挥发，因此在实际生产中，锌主要分配在炉渣和烟尘中。

D　还原熔炼过程中锡与铁的分离

SnO_2 的还原分两个阶段进行，见式（2-176）和下列反应：

$$SnO_2 + CO = SnO + CO_2 \tag{2-177}$$

$$SnO + CO = Sn + CO_2 \tag{2-178}$$

式（2-177）很容易进行，即酸性较大的 SnO_2 很容易被还原为碱性较大的 SnO。锡还原熔炼一般造硅酸盐炉渣，碱性较大的 SnO 便会与 SiO_2 等酸性渣成分结合而入渣中，渣中的（SnO）比游离 SnO 的活度小，活度越小越难被还原[34]。原料中铁的氧化物主要以 Fe_2O_3 形态存在，在高温还原气氛下按下列顺序被还原：

$$Fe_2O_3 \rightarrow Fe_3O_4 \rightarrow FeO \rightarrow Fe$$

其还原反应见式（2-127）和下列反应：

$$3Fe_2O_3 + CO = 2Fe_3O_4 + CO_2 \tag{2-179}$$

$$Fe_3O_4 + CO = 3FeO + CO_2 \tag{2-180}$$

高价铁氧化物 Fe_2O_3 的酸性较大，只有还原变为碱性较大的 FeO 之后，才能与 SiO_2 很好地化合造渣融入渣中。所以总是希望 Fe_2O_3 完全还原为 FeO 而进入渣中，而渣中的 FeO 不被还原为 Fe 入粗锡中。

将上述反应式（2-176）、式（2-179）、式（2-180）、式（2-127）各自独立还原时，其平衡气相中 CO 含量与温度的关系如图 2-86 所示。

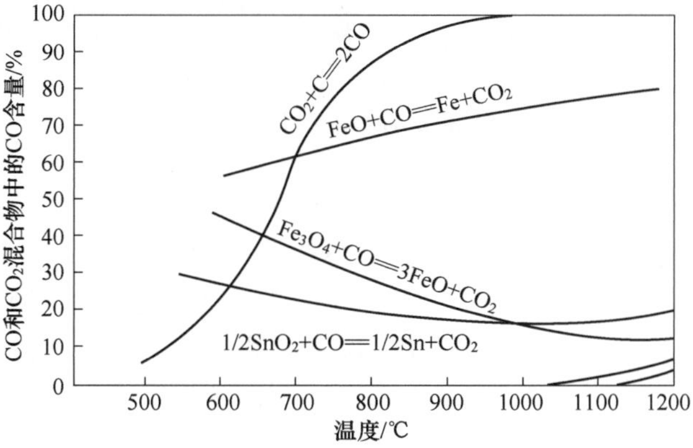

图 2-86 铁、锡（铅、锌）氧化物还原的平衡曲线（$p = 10^5$Pa）

图 2-86 表明，在还原熔炼过程中，当锡铁氧化物的还原反应独自完成并且不与精矿中的其他组分发生反应时（即其活度为 1），在一定温度下，控制炉气中 CO 含量就可使 SnO_2 还原为 Sn，Fe_2O_3 只还原为 FeO。在生产实践中，往往是 SnO 和 FeO 都要熔入渣中，使其活度变小，还原变得更为困难，要求炉气中的 CO 含量更高些，图 2-86 中的还原平衡曲线将向上移动。当 SnO 和 FeO 还原得到金属 Sn 和 Fe，它们又能互溶在一起形成合金时，合金中的 Sn 与 Fe 的活度小于 1，其活度越小渣中的 SnO 和 FeO 也越容易被还原，于是图 2-86 中的还原平衡曲线将向下移动。这种平衡曲线的上下移动关系如图 2-87 所示。

活度的变化对平衡曲线移动的影响，可用以下反应式表示：

$$(SnO) + CO = [Sn]_{Sn-Fe合金} + CO_2 \quad \Delta G^{\ominus}(J) = -11510 - 4.21T \tag{2-181}$$

$$(FeO) + CO = [Fe]_{Sn-Fe合金} + CO_2 \quad \Delta G^{\ominus}(J) = -34770 + 32.25T \tag{2-182}$$

用 $a_{(SnO)}$、$a_{(FeO)}$、$a_{[Sn]}$、$a_{[Fe]}$ 表示相应组分的活度，$a_{(SnO)}$ 越小、$a_{[Sn]}$ 越大，渣中（SnO）越难还原；$a_{(FeO)}$ 越大、$a_{[Fe]}$ 越小，渣中 FeO 越容易还原。若合金相与渣相平

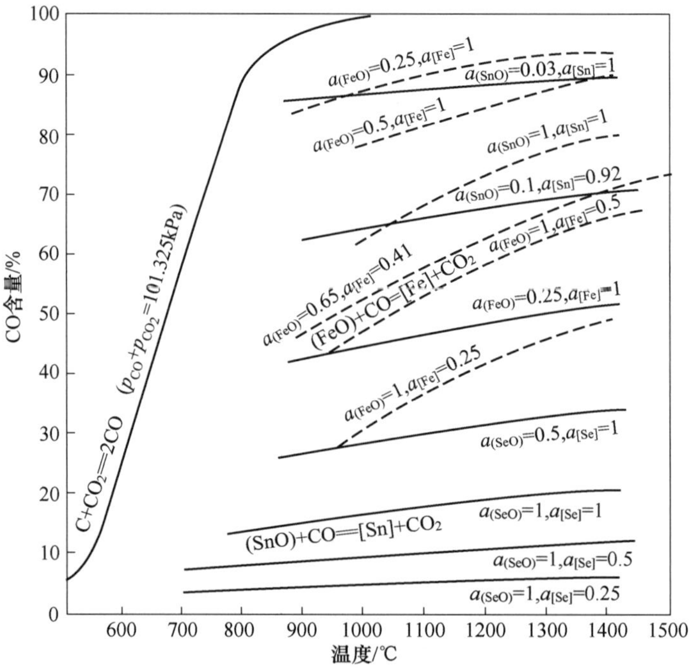

图 2-87　不同温度时反应式（2-181）、式（2-182）和式（2-174）的平衡气相组成与温度和组元活度的关系

衡时，锡和铁在两相间的分配可由下式决定：

$$[Fe]_{合金}+(SnO)=\!=\!=[Sn]_{合金}+(FeO)\qquad \Delta G^{\ominus}(J)=23260-36.46T \qquad (2\text{-}183)$$

当加入的锡精矿开始进行还原熔炼时，$a_{(SnO)}$的活度很大，返回熔炼的硬头，由于$a_{[Fe]}$大，便可作为精矿中SnO_2的还原剂。随着反应向右进行，$a_{(SnO)}$与$a_{[Fe]}$越来越小，相反$a_{(FeO)}$及$a_{[Sn]}$越来越大，反应向右进行的趋势越来越小，而向左进行的趋势则越来越大，最终达到两方趋势相等的平衡状态，从而决定了锡、铁在这两相中的分配关系。所以在锡精矿还原熔炼过程中，要较好地分离铁与锡是比较困难的。

我国锡冶金工作者经过长期研究与生产总结，采取锡精矿还原熔炼产富锡炉渣，然后将富锡炉渣进行烟化处理，优先硫化挥发锡，铁不挥发留在渣中，是目前解决锡、铁分离较为完善的方法。采用奥斯麦特炉熔炼、反射炉熔炼可有效地控制铁的还原，也可以采用高铁质炉渣，但总铁含量不应大于50%。

2.4.2.2　奥斯麦特炉富氧还原熔炼

锡精矿反射炉熔炼在锡的冶炼史上起过重要作用，其产锡量曾经占世界总产锡量的85%，在冶炼技术上也做了许多改进。由于反射炉熔炼对原料、燃料的适应性强，操作技术条件易于控制、操作简便，加上适合小规模锡冶炼厂的生产要求，目前许多炼锡厂仍沿用反射炉生产。但其生产效率低、热效率低、燃料消耗大、劳动强度大等一些缺点是难以克服的，正迅速被强化熔炼方法取代。

为进一步提高还原熔炼锡精矿的效率，2002年4月，云南锡业股份有限公司建成了世界上第二座奥斯麦特炉，设计能力为年处理50kt锡精矿。

锡精矿经沸腾焙烧脱砷、脱硫，再经磁选，使锡精矿中Sn品位提高至50%以上，As<0.45%，S<0.5%，放置于料仓内。贫渣经烟化产出的烟化尘及凝析产出的析渣焙烧后也置于各自的料仓内，其他入炉物料为还原煤。各种入炉物料经计量配料后，送入双轴混合机进行喷水混捏。混捏后的炉料经计量，用胶带输送机送入奥斯麦特炉内还原熔炼。

还原熔炼过程周期性进行，通常将其分为熔炼、弱还原及强还原3个阶段。熔炼阶段，需6~7h，熔炼结束后渣含Sn 15%左右；弱还原阶段，需20min，渣含Sn由15%降至5%；强还原阶段，需90min，渣含Sn由5%降至1%以下。强还原作业可不在奥斯麦特炉内进行，而将经熔炼和弱还原两个过程得到含Sn 5%左右的贫渣直接送烟化炉处理，这样既可增加熔炼作业时间，又可提高Sn的回收率[35]。

奥斯麦特熔炼炉产出粗锡、贫锡渣和含尘烟气。熔炼炉产出的粗锡进入凝析锅凝析，将液体粗锡降温，铁因溶解度减少而成固体析出，以降低粗锡中的含铁量。凝析后的粗锡通过锡泵泵入位于电动平板车上的锡包中，运至精炼车间进行精炼。凝析产出的析渣经熔析、焙烧后返回配料，这部分渣称为焙烧熔析渣。

熔炼炉产出的贫渣放入渣包，通过抓推车和抬车，送烟化炉硫化烟化处理，得到抛渣和烟化尘，烟化尘经焙烧后返回配料，这部分烟尘称为贫渣焙烧烟化尘。

熔炼炉产出的含尘烟气经余热锅炉回收余热，产出过热蒸汽。烟气经表面冷却器冷却，再经布袋收尘器收尘，收下烟尘经焙烧返回配料入炉，这部分烟尘称为焙烧烟尘。烟气再经洗涤塔脱除SO_2后烟囱排放。奥斯麦特炉的一般生产流程如图2-88所示。

奥斯麦特技术与传统炼锡炉相比，最大的特点是通过喷枪形成一个剧烈翻腾的熔池，极大地增强了整个反应过程的传热和传质过程，大大提高了反应速度，有效地提高了反应炉的炉床能力（炉床指数可达18~20t/($m^2\cdot d$)），并大幅度地降低燃料的消耗。

在奥斯麦特炉熔炼过程中，燃料随空气通过喷枪直接喷入炉体内部，燃料直接在物料的表面燃烧，高温火焰可以直接接触传热。并且由于熔体不断直接搅动，强化了对流传热，从根本上改变了反射炉等熔炼主要靠辐射传热的状况，从而大幅度提高利用效率，降低了燃料消耗。

锡精矿还原反应过程主要是SnO_2同CO之间的气-固反应，而控制该反应速度的主要因素是CO向精矿表面扩散和CO_2向空间的逸散速度。在其他炉型熔炼过程中，物料形成静止料堆，不利于上述过程的进行。而在奥斯麦特熔炼过程中，反应界面不断更新，以及燃料在物料表面直接燃烧的高温可形成更高的CO浓度，有力地促进了上述的扩散和逸散过程，改善了反应的动力学条件，加快了还原反应的进行。

奥斯麦特熔炼过程可以通过调节喷枪插入深度、喷入熔体的空气过剩量或加入还原剂的量和加入速度，以及通过及时排放金属等手段，达到控制反应平衡的目的，从而控制铁的还原，制取含铁较低的粗锡和含锡较低的炉渣。

由于反射炉等传统熔炼过程中渣相和金属相之间达到平衡，因此，要想得到含铁较低的粗锡而大幅度降低渣中含锡量是不可能的。渣中含锡量和金属相中的含铁量呈负相关关系，即当平衡情况下，炉渣中的含锡量低于2%时，粗锡中的含铁量将急剧上升。

在奥斯麦特熔炼过程中，由于喷枪仅引起渣的搅动，可以形成相对平静的底部金属相，因此可以在熔炼过程中连续或间断地放出金属锡，破坏渣锡之间的反应平衡，迫使式（2-183）反应向右进行，从而降低渣中含锡量。从根本上解决传统熔池熔炼过程中渣

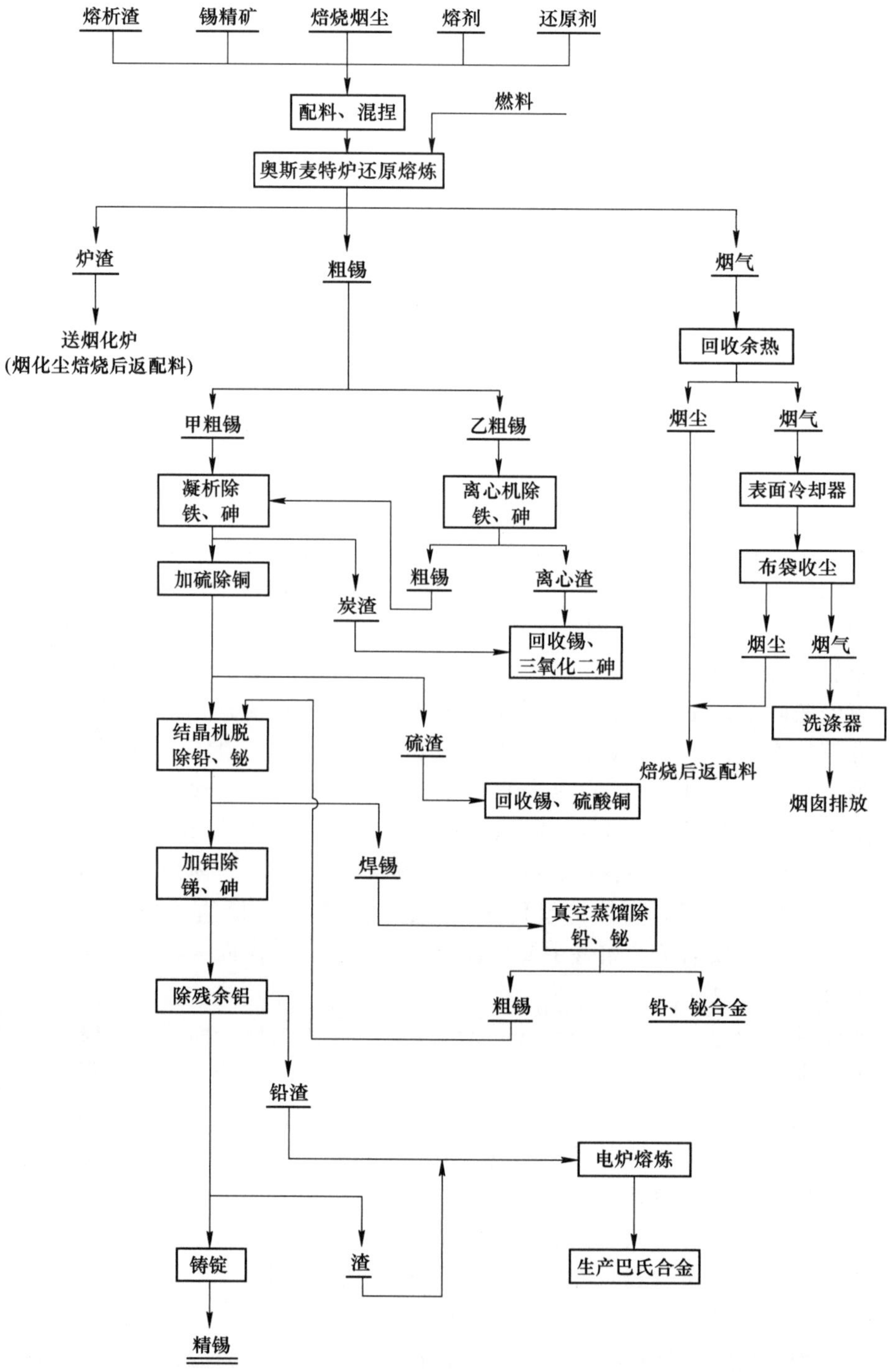

图 2-88 奥斯麦特炉炼锡的一般生产工艺流程

含锡过高的问题。这除了反应式（2-181）和式（2-183）生成的金属及时排除，迫使两个反应向右进行，还需要在渣还原过程中提高温度和快速加入还原剂，使渣表面形成较高的CO浓度。

为进一步提高奥斯麦特炉还原熔炼锡精矿的效率、节约能源、减少排放、提高产量，2006年10月起，云南锡业股份有限公司冶炼分公司开展了“锡精矿顶吹沉没熔炼炉富氧熔炼工艺技术的开发与应用”项目的实施工作。研究和开发了锡精矿顶吹沉没熔炼炉富氧熔炼工艺技术，并应用这一技术对云南锡业股份有限公司冶炼分公司的奥斯麦特炉锡精矿熔炼系统进行了全面的技术改造，有效地提高了生产效率和锡冶炼回收率，降低了生产作业成本和烟尘率。锡精矿富氧还原熔炼的生产工艺流程如图2-89所示。

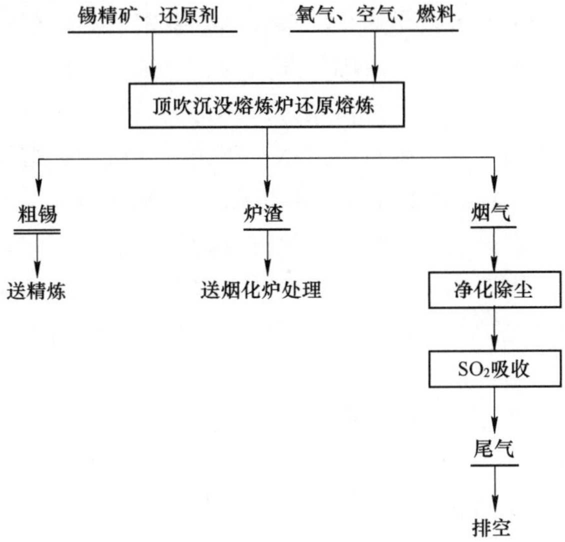

图2-89 锡精矿富氧还原熔炼的生产工艺流程

锡精矿的还原熔炼与硫化铅精矿和硫化铜精矿等硫化矿的氧化熔炼不同，由于锡精矿中锡均以氧化态（SnO_2）形态存在，因此，锡精矿的熔炼是还原熔炼。

在富氧熔炼的条件下，由于从喷枪鼓入熔池的气体中氧浓度大幅度提高，要使锡还原反应顺利进行，气氛的控制就显得非常重要，这也正是锡精矿的还原熔炼多年来未曾尝试过富氧熔炼的原因之一。

云锡在开发锡精矿富氧熔炼技术时，充分考虑了上述因素，在富氧气体与燃料的准确配入与完全燃烧上进行了认真分析和计算，确保在富氧喷入熔池的喷枪头处不出现氧化气氛，使熔池中始终保持适度的还原气氛，以保证锡精矿的迅速有效还原，同时防止炉渣中的FeO氧化为磁性铁而产生泡沫渣的危险。

锡精矿富氧喷枪顶吹浸没熔炼工艺方法的主要优点在于：

（1）在锡精矿喷枪顶吹浸没熔炼炉中采用富氧熔炼，在喷枪风中混入氧气，在单位时间内投入炉内的总气量不变的情况下，使单位时间内加入熔池的氧量增加，随之单位时间内投入炉内的燃料量、能量和处理的物料量同步增加，锡产量也随之增加。

（2）该工艺方法使熔炼速度和效率进一步提高，处理单位物料量的烟气量减少，烟尘率也随之降低，锡冶炼回收率进一步提高。

（3）该工艺方法压缩空气与氧气混合后的富氧浓度在25%~40%；与空气熔炼相比，处理量增加20%~50%，产量增加20%~50%，而尾气系统处理的烟气量与空气熔炼相比基本保持不变。

锡精矿富氧熔炼大幅度提高了生产效率，取得了良好的节能效果、环保效果、资源综合利用效果和经济效果。

2.4.3 烟化炉硫化挥发基本原理

随着锡矿的不断开采，锡矿石品位逐渐下降，难选矿石逐渐增多。为了提高锡的选矿回收率，必须降低选矿富集比，降低精矿品位产出贫锡精矿或少产高品位锡精矿，产出部分锡中矿。贫锡精矿和锡中矿大多是锡铁、锡硫结合致密、难以用物理方法使之分离而将锡富集到适合还原熔炼要求的品位，或因粒度太细、分选效率低，用现行传统的冶炼流程难以处理的矿物，必须研究适当的火法富集方法，得到适合于还原熔炼的产品。

在烟化炉处理富渣成功之前，是将富渣加石灰送进鼓风炉再熔炼，产出铁锡合金和含锡1%~3%的贫渣，铁锡合金返回和精矿一起熔炼，贫渣丢弃。

硫化挥发法处理锡中矿是在富锡炉渣硫化挥发的基础上发展起来的。硫化挥发法早在20世纪30年代就已经提出来了，各国在生产和试验中先后采用过鼓风炉、反射炉、沸腾焙烧炉、回转窑和悬浮焙烧炉等设备，都因挥发率不高等原因而未获推广。1954年，苏联波多尔斯克冶炼厂首先采用烟化炉硫化挥发处理锡贫渣，并取得成功。1963年，云南锡业公司采用烟化炉硫化挥发处理贫锡炉渣成功后，用烟化炉直接处理富锡炉渣，取代了传统的鼓风炉加石灰再熔炼法。1964年和1972年，该公司烟化炉处理富锡中矿获得成功，锡的挥发率在98%以上，烟尘含锡品位达50%以上，弃渣含锡少于0.1%，粉煤消耗约22%等，技术经济指标较好。2007年，该公司研发成功了烟化炉富氧硫化挥发工艺，使生产效率大幅提高，节能效果进一步显现。

锡中矿硫化挥发的成功，突破了传统的选矿和冶金技术的局限性，解决了矿山选矿和冶炼中精矿品位与回收率的矛盾，使锡的选冶回收率大幅度提高，是锡选矿和冶金史上的一次重大变革。

从理论到实践证明，硫化挥发法是目前世界上处理锡炉渣、锡中矿、贫锡精矿和低品位含锡物料最有效的手段。它是利用锡的硫化物的挥发性能与炉料中其他组元挥发性能的差别达到分离和富集的目的。硫化挥发法工艺流程简单，物料的适应性强，锡的挥发效率高，机械化、自动化程度高，处理能力大，生产成本低，并将锡精矿所带入的铁找到了一条较为彻底的开路，避免了铁在冶炼过程中的恶性循环。现在，烟化炉硫化挥发已被世界各国炼锡厂广泛采用。

2007年，云南锡业股份有限公司冶炼分公司成功开发应用了低锡物料烟化炉富氧侧吹烟化挥发技术。通过自主创新，研究开发了低锡物料烟化炉富氧侧吹烟化工艺技术，攻克了低锡物料烟化炉富氧还原熔炼过程中还原气氛控制的关键技术，并应用于工业生产[36]。在单位时间内投入炉内的总气量不变的情况下，使加入烟化炉的氧量增加，随之投入炉内的燃料量、能量和处理的物料量同步增加，熔炼速度和效率进一步提高，处理单位物料量的烟气量减少，锡冶炼回收率进一步提高。与原空气还原熔炼相比，处理量增加46%，而尾气系统处理的烟气量基本保持不变。

通过硫化法的实施，有效地发挥了锡烟化炉硫化挥发的效能，提高了烟化炉的炉床能力，解决了炼锡奥斯麦特炉与烟化炉产能不匹配的矛盾，同时，也提高了烟化炉热利用率、增加了发电量，降低了煤耗、能源和资源得到充分利用。

含锡物料中锡可能存在的形态为：锡的氧化物（SnO_2、SnO）、锡的硫化物（SnS）和金属锡。锡的沸点很高（2270℃），在烟化炉作业温度（1150~1250℃）条件下，其饱和蒸气压很小，为0.29~1.05Pa。二氧化锡的沸点也很高。因此，在挥发过程中锡和二氧化锡的挥发很小。氧化亚锡和硫化亚锡的沸点较低，在烟化炉作业温度条件下其饱和蒸气压较大，它们在锡的挥发过程中起到重要作用[37]。

2.4.3.1 氧化亚锡的挥发性能

在相同条件下，物质饱和蒸气压大小是衡量物质挥发能力高低的尺度。纯氧化锡的沸点为1430℃，其饱和蒸气压用下式计算：

$$\lg p_{SnO}^{\ominus} = -13161/T + 12.9 \tag{2-184}$$

其饱和蒸气压计算值见表2-22。

表2-22 氧化亚锡的饱和蒸气压

温度/K	1280	1350	1400	1500	1600
$p_{SnO}^{\ominus}$/Pa	415	1416	3157	13366	47247

氧化亚锡（SnO）是一个不稳定的化合物，根据研究表明，在温度为383℃时固态SnO稳定，在383~1100℃时范围内固态SnO不稳定，而气态SnO是稳定的，在高于1100℃时，液态SnO和气态SnO稳定存在。SnO的挥发能力的大小除与温度有关外，还与熔体中SnO的活度、气相氧分压有关。

实际含锡物料中SnO的挥发，随着锡品位的不断降低，SnO的挥发越来越困难，加之与渣中的SiO_2结合成SnO·SiO_2，SnO的挥发更困难。

2.4.3.2 硫化亚锡的挥发性能

硫化亚锡（SnS）的沸点较低，约为1209℃，其饱和蒸气压（Pa）与温度（K）的关系为：

$$\lg p_{SnS} = -10099/T + 11.822 \tag{2-185}$$

实际测定的硫化亚锡的饱和蒸气压见表2-23。

表2-23 实际测定的硫化亚锡的饱和蒸气压

温度 T/K	1273	1373	1503
p_{SnS}/Pa	7733	30530	101323

实测沸点比按式（2-185）计算的要高一些，主要由于气态中除了SnS单分子存在外，还有部分聚合分子$(SnS)_2$存在。Sn-S系中有两个稳定的化合物SnS和SnS_2，一个不稳定的包晶化合物Sn_2S_3，锡的硫化物与其他多价氧化物和硫化物一样，高温时高价硫化物不稳定，将逐级分解为稳定的低价硫化亚锡。

渣中硫化亚锡的挥发能力除与温度有关外，还与渣中硫化亚锡的活度有关。渣中硫化亚锡的蒸气压计算为：

$$p_{(SnS)} = p_{(SnS)}^{\ominus} \times a_{(SnS)} \tag{2-186}$$

根据熔体中的反应：

$$(Sn)或[Sn] + 1/2S_2 \xlongequal{} (SnS) \qquad \Delta G^{\ominus}(J) = -139846 + 64.8T \qquad (2\text{-}187)$$

反应的标准吉布斯自由能变化 $\Delta G^{\ominus}$ 和硫化亚锡的标准分解压 $p^{\ominus}_{S_2(SnS)}$ 见表 2-24。

表 2-24　渣中硫化亚锡的标准生成吉布斯自由能变化和标准分解压

温度 T/K	1000	1100	1200	1300	1400	1500
$\Delta G^{\ominus}$/J	-78986	-69810	-62045	-55446	-48848	-43924
$p^{\ominus}_{S_2(SnS)}$/Pa	5.7×10^{-4}	2.4×10^{-2}	0.4	3.6	23.2	116.3

由表 2-24 可知，渣中硫化亚锡的标准分解压随温度升高而增大，渣中硫化亚锡的标准分解压是温度和渣成分的函数：

$$p_{S_2(SnS)} = p^{\ominus}_{S_2(SnS)} \times a_{(SnS)}/a_{[Sn]} \qquad (2\text{-}188)$$

恒温时，实际控制气相硫分压 p_{S_2}：当 $p_{S_2}>p_{S_2(SnS)}$ 时，（SnS）生成；当 $p_{S_2}=p_{S_2(SnS)}$ 时，反应平衡；当 $p_{S_2}<p_{S_2(SnS)}$ 时，（SnS）分解。

因此，渣中硫化亚锡挥发过程，必须保持气相硫分压 p_{S_2} 大于渣中硫化亚锡的分解压 $p_{S_2(SnS)}$（平衡压力），硫化亚锡才能稳定存在而挥发，否则，硫化亚锡将分解为 Sn 和 S_2，影响锡的硫化挥发。由式（2-188）可知，随着渣含锡的不断降低或金属相中含锡很低，渣中硫化亚锡的分解压 $p_{S_2(SnS)}$ 将增大，也即由于溶液的存在，要使渣中的锡（无论什么形态）完全挥发是不可能的，部分锡损失于渣中是不可避免的。

综上所述，渣中硫化亚锡的挥发与氧化亚锡的挥发有相似之处，它们都随温度的升高而升高，其分解压和饱和蒸气压都增大，有利于锡的挥发；不同之处是硫化亚锡的挥发要求控制气相硫势（$RT\ln p_{S_2}$）大于渣中硫化亚锡的硫势（$RT\ln p_{S_2(SnS)}$），而渣中氧化亚锡的挥发，要求控制氧势（$RT\ln p_{O_2}$）等于纯二氧化锡的氧势（$RT\ln p^{\ominus}_{O_2(SnO_2)}$）；在相同条件下，渣中硫化亚锡的挥发能力比氧化亚锡的挥发能力大得多。

2.4.3.3　锡的硫化反应

A　硫化剂

目前，烟化炉处理锡中矿和富锡炉渣等含锡物料最常用的硫化剂是黄铁矿（FeS_2），黄铁矿受热时发生热离解反应（见式（2-1）和式（2-189））。它们的标准分解压见表 2-25。

$$FeS(s) \xlongequal{} Fe(s) + 1/2S_2 \qquad (2\text{-}189)$$

表 2-25　FeS_2 和 FeS 的标准分解压

温度 T/K	903	970	1000	1033	1100	1200	1300	1400	1500
$p^{\ominus}_{S_2,FeS_2}$/Pa	$10^{3.48}$	$10^{5.00}$	$10^{6.00}$	$10^{6.20}$	—	—	—	—	—
$p^{\ominus}_{S_2,FeS}$/Pa	$10^{-6.96}$	$10^{-5.96}$	$10^{-5.17}$	$10^{-4.69}$	$10^{-3.60}$	$10^{-2.44}$	$10^{-1.39}$	$10^{-0.59}$	$10^{-0.22}$

凡是分解压比硫化亚锡大的硫化物均能使锡硫化，这种硫化物称为锡的硫化剂。表 2-25 中所示，在相同温度条件下 FeS_2 的标准分解压比表 2-24 中所示的 SnS 的标准分解压大得

多，故 FeS_2 是锡的较强的硫化剂；FeS 的标准分解压较小，是锡的较弱的硫化剂，尽管 FeS 的标准分解压比 SnS 的标准分解压小，但处于熔体中的 SnS 的分解压更小，故 FeS 可以硫化熔体中的锡。

在还原气氛条件下，主要的硫化反应为气相硫的硫化反应，特别是气相硫中硫化锡液滴的反应。因此，烟化作业过程中在保证烟化过程正常进行的条件下，应尽可能控制较强的还原气氛，有利于增大反应进行的趋势和反应速度。

B 含锡物料的硫化挥发反应

含锡物料中锡可能以 SnO_2、SnO、Sn 的形态存在，在高温下吹入空气和粉煤，在弱还原气氛条件下加入黄铁矿，含锡物料硫化过程的主要反应见式（2-1）、式（2-11）、式（2-20）、式（2-185）和式（2-190）~式（2-200）：

$$1/2S_2 + O_2 = SO_2 \tag{2-190}$$

$$[Sn] + 1/2S = SnS(g) \tag{2-191}$$

$$2(SnO) + 3/2S_2 = 2SnS(g) + SO_2 \tag{2-192}$$

$$(SnO_2) + S_2 = SnS(g) + SO_2 \tag{2-193}$$

$$[Sn] + (FeS) + 1/2O_2 = (FeO) + SnS(g) \tag{2-194}$$

$$(SnO) + (FeS) = (FeO) + SnS(g) \tag{2-195}$$

$$3(SnO_2) + 4(FeS) = 4(FeO) + 3SnS(g) + SO_2 \tag{2-196}$$

$$[Sn] + SO_2 + 2CO = SnS(g) + 2CO_2 \tag{2-197}$$

$$(SnO) + SO_2 + 3CO = SnS(g) + 3CO_2 \tag{2-198}$$

$$(SnO_2) + SO_2 + 4CO = SnS(g) + 4CO_2 \tag{2-199}$$

$$SnS(g) + 2O_2 = SnO_2(s) + SO_2 \tag{2-200}$$

上述反应在标准状态下和在一般冶炼温度条件下均能自发进行。其中式（2-20）、式（2-174）为碳的燃烧反应，为保证反应进行提供热源，式（2-20）是控制整个体系气相氧势或气相氧分压的重要反应，其气相氧分压 p_{O_2}、$\varphi_{CO_2}/\varphi_{CO}$、$p_{CO_2}/p_{CO}$ 按式（2-201）计算：

$$\lg(p_{CO_2}/p_{CO}) = \lg(\varphi_{CO_2}/\varphi_{CO}) = 14675/T - 4.452 + 1/2\lg p_{O_2} \tag{2-201}$$

式（2-1）和式（2-11）为黄铁矿分解反应和分解后的氧化反应，式（2-190）是控制整个体系气相硫分压的重要反应。气相硫分压按式（2-202）计算：

$$\lg p_{S_2} = -38213/T - 2\lg p_{O_2} + 2\lg p_{SO_2} + 13.6 \tag{2-202}$$

由式（2-202）可以得到，在恒温、恒 p_{SO_2} 的条件下，欲使气相 p_{S_2} 增大，必须降低 p_{O_2}，即适当控制还原气氛，才有利于硫化挥发。

式（2-191）~式（2-200）为含锡物料中锡及其氧化物可能参与的硫化挥发反应。

式（2-194）~式（2-196）与其他反应相比，在相同的条件下反应进行的趋势最小，即用（FeS）硫化含锡料中的锡及其氧化物的反应趋势最小，反应式（2-191）和式（2-197）~式（2-199），即气相硫（包括 S_2、SO_2）在相同的条件下硫化反应的趋势最大，反应将优先进行。锡在渣中呈独立的金属相存在时（指当金属锡夹杂于渣中），其硫化反应的趋势最大而首先进行；锡在渣中呈金属态溶解时，其硫化趋势较小；气相硫的硫化反应，随着气相中还原气氛的增加，反应的趋势迅速增大。反应式（2-195）和式（2-196）基本上不受气氛的影响，而反应式（2-194）与其他反应相反，还原气氛增加时，（FeS）硫化金属锡的趋势下降。

综上所述，在还原气氛条件下，主要的硫化反应为气相硫的硫化反应，特别是气相硫硫化金属锡的反应。因此，烟化作业过程中在保证烟化过程正常进行的条件下，应尽可能控制较强的还原气氛，有利于增大反应进行的趋势和反应速度。

C 硫化挥发反应过程气氛的控制

根据式（2-187）可得到，只要控制气相硫分压 $p_{S_2} > p_{S_2(SnS)}$，反应就能自发进行。实际生产过程中的反应器是一个敞开体系，在一定温度范围内，供煤和空气量一定的条件下，燃烧产出的 $\varphi_{(CO_2)}/\varphi_{(CO)}$ 比值在一定范围内，对应的气相氧分压 p_{O_2} 也在一定范围，在无黄铁矿存在的条件下，也就没有 p_{S_2} 和 p_{SO_2}，含锡物料中的锡或氧化物只能进行氧化还原反应，无硫化挥发反应。一旦反应器内有黄铁矿存在，就必然有一定的 p'_{S_2} 或 p'_{SO_2} 存在，硫化反应就一定发生而产出 SnS 或（SnS）。由于反应器是一个开放的非平衡体系，产出的硫化亚锡蒸气不断被炉气稀释而逸去，使产生的 a_{SnS} 或 p_{SnS} 分压下降，与之平衡的 $p_{S_2(SnS)}$ 或 $p_{S_2(SnS)}$ 也下降，并始终小于 p'_{S_2}，从而促使反应不断进行，直到黄铁矿消耗完为止。在此，硫化挥发反应过程中气氛的控制，不仅涉及产出的硫化亚锡的 a_{SnS} 或 p_{SnS} 大小的挥发能力问题，而且涉及渣中（FeO）的还原与氧化，影响渣的基本性质。$\varphi_{CO_2}/\varphi_{CO}$ 比值应控制在渣中(FeO) 稳定存在的范围，尽量使 $a_{[Fe]}$ 和 $a_{[Fe_3O_4]}$ 最小，否则还原气氛强将使渣中的氧化亚铁还原为铁：

$$(FeO) + CO = [Fe] + CO_2 \tag{2-203}$$

铁进入金属相形成 Fe-Sn 合金，降低了锡的活度和锡硫化挥发反应的能力，使渣的性质恶化。氧化气氛太强（或还原气氛太弱），不仅使 p_{S_2} 下降，降低硫化挥发反应能力，而且使渣中的氧化亚铁氧化成磁性氧化铁（见式（2-204）），同样使渣的性质恶化。两者都使硫化挥发过程在动力学上造成巨大阻力，甚至使硫化挥发作业难于实施，导致渣放不出来而死炉。含锡物料硫化挥发反应属于多相反应，在所研究的反应中，除了反应式（2-175）和式（2-190）属于气相中的均相反应，其反应速率很快外，其他反应均属多相反应，包括了气-固、气-液、液-固、固-固等多相反应[38]。硫化挥发过程的反应如此之多，反应物和产物可能有多种相态存在，因而整个硫化挥发过程是十分复杂的反应体系。为了强化硫化挥发生产过程，提高生产率，就必须研究反应物是如何变成产物的，即它们所经历的时空-反应机理，以及影响含锡物料硫化挥发的速度因素。

$$3(FeO) + 1/2O_2 = (Fe_3O_4) \tag{2-204}$$

参考文献

[1] 刘纯鹏．铜冶金物理化学［M］．上海：上海科学技术出版社，1990.

[2] ROSENQVIST T. Principles of extractive metallurgy［M］. 2nd. Fagbokforlaget, 1983.

[3] YAZAWA A. Thermodynamic considerations of copper smelting［J］. Canadian Metallurgical Quarterly, 1974 (13): 443-453.

[4] 贺家齐．铜密闭鼓风炉熔炼强化问题探讨［J］．有色金属（冶炼部分），1987（5）：53-56.
[5] RUDDLE R W，TAYLOR B，BATES A P．The solubility of copper in iron silicate slag［J］．Trans. Instn Min. Metall，1966，75（712）：c1-c12.
[6] 刘纯鹏．火法炼铜物理化学的探讨（续）［J］．有色金属（冶炼部分），1975：36-45.
[7] NAGAMORI M．Metal loss to slag：Part Ⅰ．Sulfidic and oxidic dissolution of copper in fayalite slag from low grade matte［J］．Metallurgical Transactions，1974（5）：531-538.
[8] BELOGLAZOV I N，MORACHEVSKII A G，DAVENPORT W G，et al．Flash smelting：Analysis，control and optimization［J］．Russian Journal of Applied Chemistry，2007（80）：1930-1931.
[9] TAVERA F J，DAVENPORT W G．Equilibrations of copper matte and fayalite under controlled partial pressures of SO_2 slag［J］．Metallurgical Transactions B，1979（10）：237-241.
[10] 朱祖泽，马克毅．铜冶金学［M］．昆明：云南科学技术出版社，1995.
[11] NAGAMORI M，MACKEY P J．Thermodynamics of copper matte converting：Part Ⅱ．Distribution of Au，Ag，Pb，Zn，Ni，Se，Te，Bi，Sb and As between copper，matte and slag in the noranda process［J］．Metallurgical Transactions B，1978（9）：567-579.
[12] ALTMAN R，KELLOGG H H．The solubility of copper in silica-saturated iron-silicate slag［J］．Trans. Instn Min. Metall，1972，81：c163-c175.
[13] 重有色金属冶炼设计手册编委会．重有色金属冶炼设计手册（铜镍卷）［M］．北京：冶金工业出版社，1996.
[14] 崔志祥，申殿邦，张延安．铜的氧气底吹熔炼［M］．北京：科学出版社，2017.
[15] 李东波，陈学刚，王忠实．现代有色金属侧吹冶金技术［M］．北京：冶金工业出版社，2019.
[16] 何焕华，蔡乔方．中国镍钴冶金［M］．北京：冶金工业出版社，2000.
[17] 白雪垠．我国镍矿资源开发利用现状及其进口策略［J］．国际商贸，2014，6：123-125.
[18] 郭慧高，武拴全，高谦，等．我国大型镍矿充填采矿固废资源化利用研究进展［J］．徐州工程学院学报（自然科学版），2021，36（2）：46-52.
[19] 顾佳妮，张新元，韩九曦，等．全球铅矿资源形势及中国铅资源发展［J］．中国矿业，2017（26）：16-20.
[20] 东北工学院有色金属冶炼教研室．铅冶金［M］．北京：冶金工业出版社，1976.
[21] 张乐如．现代铅冶金［M］．长沙：中南大学出版社，2013.
[22] 宋守恒．基夫赛特炉耐火材料内衬的国产化设计研究［C］//第五届铅锌冶炼专家论坛暨深加工产品技术（装备）创新现场交流会论文集，2011.
[23] 杨华锋，翁永生，张义民．氧气底吹-侧吹直接还原炼铅工艺［J］．中国有色冶金，2010（4）：14-16.
[24] 李东波，张兆祥．氧气底吹熔炼-鼓风炉还原炼铅新技术及应用［J］．有色金属（冶炼部分），2003（5）：12-13.
[25] 王忠实．氧气底吹熔炼-鼓风炉还原炼铅工艺的开发和应用［J］．矿业研究与开发，2003（8）：149-150.
[26] 宋光辉，张乐如．氧气侧吹直接炼铅新工艺的开发与应用［J］．有色金属（冶炼部分），2005（12）：2-5.
[27] 贺菊香．基夫赛特直接炼铅技术的应用前景［J］．湖南有色金属，2011（27）：20-23.
[28] 顾鹤林，宋兴诚．顶吹炉—炉三段直接炼铅工艺的渣型选择与控制［J］．有色冶金设计与研究，2013（121）：23-25.
[29] 顾艳卿．云锡氧化矿重选锡精矿精选工艺研究［J］．云南冶金，1987（15）：35-39.
[30] 黄位森．锡［M］．北京：冶金工业出版社，2000.

[31] 宋兴诚. 锡冶金 [M]. 北京：冶金工业出版社，2011.
[32] 周方栋，伍耀明. 纳雍钼镍矿的熔池熔炼 [J]. 大众科技，2012 (1)：209-211.
[33] 叶大伦. 冶金热力学 [M]. 长沙：中南大学出版社，1987.
[34] 罗庆文. 有色冶金概论 [M]. 北京：冶金工业出版社，1986.
[35] 宋兴诚，黄书泽. 澳斯麦特炉炼锡工艺与生产实践 [J]. 有色冶炼，2003，32 (2)：15-21.
[36] 许良，陈霞. 侧吹浸没燃烧熔池熔炼炉炼锡工艺探讨 [J]. 中国有色冶金，2018 (47)：3-7.
[37] 陈广泗，万书献. 烟化炉抛渣含锡最优化 [J]. 云锡科技，1985：39-41.
[38] 肖兴国，谢蕴国. 冶金反应工程学基础 [M]. 北京：冶金工业出版社，1997.

3 混沌工程学在熔池熔炼过程中的应用

混合是化工、冶金、材料、制药、造纸、建筑、食品加工、生物和环境等领域中必不可少的操作单元之一，是相关生产工艺流程中的核心步骤。混合搅拌过程可分为物理反应过程和化学反应过程，物理反应过程中搅拌混合的目的主要是为了获取多相混合的均匀度，而在化学反应过程中搅拌混合的目的主要则是为了优化反应进程。在工业生产多相搅拌混合过程中，搅拌设备中的流体力学状态直接影响着物料的混合过程，而这些物料的搅拌混合状态直接决定着传热、传质和化学反应速率。因此，搅拌混合效果的有效评价对搅拌反应器的优化设计和反应过程的优化起到重要作用。众所周知，气-液两相流混合是指气体和液体参与的混合过程，常见于冶金、化工领域的各类物理化学反应过程。衡量气-液两相混合效果的方法比较多，主要包括搅拌功率、循环流量、排出流量及混匀时间等。混匀时间是指搅拌容器内相互混合的物料达到混合均匀状态所需要的最短时间，混匀时间是衡量气-液两相混合均匀性的重要参量之一。

自洛伦茨（E. Lorenz）发现流动系统中存在混沌现象以来，混沌理论和混沌时间序列的分析方法随着非线性科学的发展而得到了广泛的应用和研究。研究者为了提高流体的混合效率进而引入混沌概念，根据混沌现象调控流场结构（调控方式为增大混沌混合区，减小混合隔离区）达到提高流体混合效率的目的，实验证明该方法是行之有效的途径之一。在流场的混沌混合区，流体会以扩散运动和相对运动等多种形式的运动来加快流体混合进程。此外，为了进一步提取和分析搅拌槽内流体混合演化过程的细微变化特征，探索随机过程的规律，有必要对流体混合混沌特性进行分析。表征流体混合混沌特性常用的方法有 Poincare 映像法、相图法、Lyapunov 指数法和 Kolmogorov 熵等方法。但上述提到的方法在计算过程中均存在一定的问题，包括计算精度不高，容易受噪声、延迟时间及嵌入维数等因素的干扰。Gottwald 等人提出 0-1 测试方法用于识别未知动力系统的混沌特性，而且可直接针对时间序列进行操作实施，结果输出十分简单。上述理论为气-液混合过程的混沌特性识别提供了方法论基础，对开展冶金领域中的顶吹、底吹、侧吹多相搅拌混合系统混沌特性的研究工作，以及探索混沌流强化混合先进工艺、实现冶金过程降耗减排、省时节能及提升冶金产品质量等都具有重要的实践价值。

根据研究尺度的异同可以将混合过程分为微观混合和宏观混合，其中微观混合是分子尺度上的均一化过程，宏观混合则指的是整个搅拌反应器内的循环、分散和混合过程。本章立足宏观混合技术领域的研究，探索搅拌反应器内多相混合效果评价的新方法及其应用。衡量多相混合效果的方法非常多，通常采用的是计算混匀时间的方法。混匀时间是表征搅拌反应器中流体混合状况的关键参数之一，也是评估搅拌设备效率的关键指标，同时也是搅拌反应器设计及放大的主要依据之一。随着搅拌混合技术的迅速发展，搅拌反应器正朝着大型化、标准化、机电一体化、智能化、高效节能化及特殊化的方向发展。尽管如此，衡量混合效果的方法各有优缺点，且还没有形成统一的衡量标准。随着层析成像技术的发展，如电容层析成像（electron capacitance tomography，ECT）、电阻层析成像（electrical resistance tomography，ERT）、正电子发射断层扫描（positron emission tomography，PET）和核磁共振成像（magnetic resonance imaging，MRI）等非接触式成像技术能够实时地获取非透明及透明物料搅拌混合过程的图像，使其在流体混合效果评价方面的研究具有非常大的潜力。此外，可视化技术还可以通过数值模拟技术实现，在冶金、化工领域，利用 CFD 技术来研究炉内的流动过程和现象已经变得越来越广泛，但是冶金过程的实验研究仍然具有重要意义，利用数值模拟的方法描述和分析一个真实存在的冶炼反应现象时，其结果必须足够接近实物和实际过程，要做到这一点，数值模拟工作必须紧密结合实验研究。

本章研究的目的是在现有搅拌混合技术研究的基础上，运用数字图像处理技术、代数拓扑理论、混沌学及统计学来研究搅拌反应器内的多相流混合效果，提出简单易行的多相混合效果评价方法，并通过实际应用验证该技术的可行性，不仅可以为工业搅拌反应器的设计及参数优化提供技术支持，而且也为构建和完善多相混合效果评价体系提供一定的理论和方法支撑。首先介绍了混沌理论的相关理论知识和方法，尤其是给出了混沌理论在流体混合过程中的应用情况，引入了表征流体混合混沌特性的数学算法。基于多相体系混沌流强化混合效果评价问题，给出了拓扑表征方法（即 Betti 数方法）和统计学表征方法（即 RGB 颜色模型），并介绍了两类方法的理论基础。在研究顶吹、底吹、侧吹熔池熔炼技术的基础上，讨论了三类熔池熔炼技术的水模型实验，将表征方法分别应用于不同的水模型实验，验证了方法的有效性。

3.1　混沌理论与应用

3.1.1　混沌

3.1.1.1　混沌的起源与特征

混沌（chaos）是一种看似随机的运动形式，它广泛存在于自然界中。英语词 chaos 源于希腊语，原始含义是宇宙初开之前的景象，基本含义主要指混乱、无序的状态。作为科学术语，混沌一词特指一种运动形态[1]。混沌理论在物理和数学界正趋于完善，并且已经渗透到其他学科之中，尤其是在气象和地震等领域得到广泛的应用。目前，混沌理论已经形成了一套完善的理论体系，被认为是 20 世纪物理学继相对论和量子力学之后的第三次革命。

混沌研究的鼻祖是法国数学家庞加莱（H. Poincare，1854—1912 年），他在研究能否从数学上证明太阳系的稳定性问题时，发现即使只有三个星体的模型，仍产生明显的随机结果。1903 年，庞加莱在他的《科学与方法》一书中提出了庞加莱猜想。他把动力学系统和拓扑学有机地结合起来，并提出三体问题在一定范围内，其解是随机的，实际上这是一种保守系统中的混沌[2]（见图 3-1）。1963 年，美国的气象学家洛伦茨（E. Lorenz）在研究确定的二维对流数学模型时，证明了气象是不可预测的重要结论。接下来，他在《大气科学》杂志上发表了一篇名为《确定性的非周期流》的文章，首次提出并阐述了混沌的本质是对初始条件的敏感性及运动轨迹的不可预测性。人们才逐渐地认识到确定性的系统也可以产生一些看似随机的响应，而这种现象难以利用随机理论加以解释，称之为混沌。

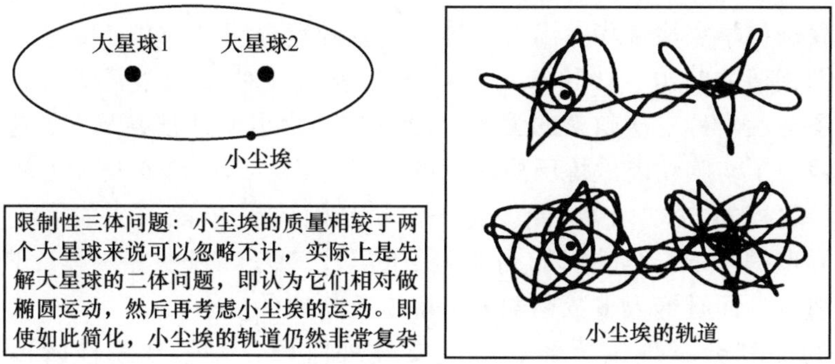

图 3-1 限制性三体问题

1971 年，D. Rulle 等人在研究流体的湍流问题时，发表了著名论文《论湍流的本质》，在学术界第一个提出用混沌来描述湍流形成机理的新观点，并证明了 L. D. Landau 关于湍流发生机制的权威理论的不正确性。他们通过严格的数学分析，独立地发现了动力系统存在一套特别复杂的新型吸引子，描述了它的几何特征，证明与这种吸引子有关的运动即为混沌，发现了第一条通向混沌的道路，并命名这类新型吸引子为奇怪吸引子。1972 年，Lorenz 在华盛顿科学进步协会上提出"在巴西的一只蝴蝶拍打翅膀会引发得克萨斯州的一场龙卷风"，这就是著名的"蝴蝶效应"。这句话的意思就是说任意一个微小的扰动可能会引起世界另一边的天气变化，这种微小的扰动如同蝴蝶扇一下翅膀，都有可能发生巨大的变化，这一现象的指出就是对混沌初值敏感性的最好诠释。1974 年，生物学家 May 在研究动物种群的繁衍规律时发现了混沌现象。1975 年，华人学者李天岩和他的导师 Yorke 发表了《周期 3 蕴涵混沌》一文，首先引入并定义了混沌这个术语。基本思想是 Yorke 受 Lorenz 1963 年的论文启发而得，李天岩给出了具体证明，这就是著名的 Li-Yorke 定理。1978—1979 年，Feigenbaum 在 May 的基础上独立地发现了倍周期分岔过程中分叉间距的几何收敛率，并发现了收敛率即每次缩小的倍数为 4.6692，即常数倍，这就是著名的 Feigenbaum 常数。Feigenbaum 还把相变临界态理论中的普适性、标度性和重正化群方法引入混沌研究，计算出了一组新的普适常数，建立了关于一维映射混沌现象的普适理论，发现了怎样做尺度变换，给出了一条走向混沌的具体道路，把混沌学研究从定性分析推进到定量计算阶段，成为混沌学研究的一个重要里程碑。

法国数学家 Mandelbrot 于 1980 年用计算机绘出了世界上第一张 Mandelbrot 集的混沌图像。1983 年，加拿大物理学家 Glass 在《物理学》杂志发表了名为《计算奇怪吸引子的奇异度》的文章，开创性地提出从实验观测数据（时间序列）计算分形维数的方法。从此，混沌研究从单纯的理论研究开始向应用方向发展。这种基于混沌理论的非线性时间序列分析方法跟传统的时域或频域的分析方法完全不一样。20 世纪 80 年代初，Takens、Packard、Farmer 等人根据 Whitney 拓扑嵌入定理提出重构动力学轨道相空间的延迟法。Grassberger、Procaccia 首次运用这种相空间重构法，从实验数据时间序列计算出实验系统的奇怪吸引子的统计特征，如分数维、Lyapunov 指数和 Kolmogorov 熵等混沌特征量，从而使得混沌理论进入实际应用阶段。1984 年，我国著名科学家郝柏林编撰的《混沌》一书在新加坡出版，为混沌科学的发展起到了一定的推动作用。1986 年，中国第一届混沌会议在桂林召开。我国科学家徐京华提出三种神经细胞的复合网络，并证明它存在混沌而且得到与人脑脑电图相似的输出。1988 年，丁明洲和郝柏林对 Lorenz 模型周期窗口进行了系统研究，找出了与反对称三次映射的关系。1989 年，卢侃、林雅谷及卢火等人在人脑脑电图的分维数上找出了与脑功能锻炼历史时间的回归方程，即林雅谷功能方程式，这为应用混沌维数找出了可行的方式。1994 年，谢法根和郝柏林在 *Physica* 上发表论文，完全解决了具有多个临界点的一维连续映射的周期数目问题。对于某些具备有限个断裂点的映射，周期数目也已清楚，而且绝大多数周期轨道都是不稳定的。

非线性时间序列分析理论历经三个主要发展阶段：一是开创性阶段（1980—1985 年），计算关联维数的 GP 算法和计算 Lyapunov 指数的 Wolf 算法等不断被提出；二是反思阶段（1986—1989 年），对先前所提出的各种算法的细节和许多问题进行了深入的探讨、批判和反思；三是深化阶段（1990 年至今），提出许多直接利用相空间轨道的性质及动力学性质对非线性时间序列进行研究的方法。非线性问题并不是刚出现的新问题，它一般是跟复杂性紧密地结合在一起。在确定论的系统中发现了混沌，极大地激发了人们去探索自然界和社会中存在的各种跟复杂性紧密相关的问题，在这个过程中逐渐认识到非线性因素是这种复杂性问题的集中表现。混沌是指发生在确定性系统中貌似随机的不规则运动，一个确定性理论表述的系统，其行为却是不确定性——不可重复和不可预测，这就是混沌现象。通过进一步研究发现，混沌是非线性动力系统固有的特性，是非线性系统中普遍存在的现象。牛顿确定性理论能够充分处理多维线性系统，而线性系统大多数都是由非线性系统简化来的。因此，在现实生活和实际工程技术问题中，混沌是无处不在的。

混沌运动是一种不稳定有限定常运动，即分为整体稳定和局部不稳定运动。整体稳定是指即使系统受到了微弱的扰动，系统依然保持原有的属性和能力。局部不稳定是指系统运动的某一些方面（如某些维度和熵）的行为强烈地依赖于初始的条件。一个系统要经过演化达到一个新的演化状态，不能使稳定性绝对化，而应在整体稳定的前提下允许局部不稳定，这种局部不稳定或失稳正是演化的基础。混沌运动具有通常确定性运动所不具备的几何和统计特征，如局部不稳定而整体稳定、无限自相性、连续的功增谱、奇异吸引子、分维、正的 Lyapunov 指数及正的测度熵等[3]。

一般情况下，我们认为混沌运动应具有 7 个主要特征：

（1）对初值的敏感依赖性。混沌系统的研究始于庞加莱、伯克霍夫与冯·诺伊曼，而“混沌”变得时髦则归功于 Li-Yorke 定理。混沌系统具有对初值的高度敏感性，不在混沌区时则无此特征。换句话来说，即使初值上有非常小的变化（如由于测量中的截断误差及噪声等引起的变化）也会导致完全不相同的结果。实际上，人们只能使初始条件达到有限的精度而不能从根本上消除误差，而误差是以指数速度增长。这就是“蝴蝶效应”和长期天气预报的不确定性的根由。

（2）确定论系统中的内在随机性，有序与无序的统一。确定论的轨道代表有序，随机性代表无序，混沌则是有序与无序的统一。这种内在的随机性与通常所讲的噪声有着本质的区别。噪声可以通过过滤和重组等手段除去，而随机性与系统同在。有序与对称性有着密切的联系，如一个圆有无穷多的对称轴，当变化为正方形时，对称轴减少至 4，变为长方形时，对称轴减少至 2，变为无规则图形，对称轴减少至零。因此对称轴减少表明有序性的增加。同时，从一个对称轴到下一个对称轴的时间间隔却在增加，即有序性也可用间隔的增加来表征。在混沌系统的倍周期分岔中，周期 1 变为周期 2，然后周期 3……，直至无穷，周期间隔逐步增加至无穷，故混沌最为有序。但通过对混沌的时间序列进行功率谱分析发现，其具有宽带功率谱，即表现出随机性的一面是混乱的。因此混沌是确定论系统中的内在随机性，是有序与无序的统一。

（3）局部不稳定而整体稳定。混沌系统相邻轨道的指数分离导致混沌系统的局部不稳定性或者发散。但是在耗散系统中由于系统在演化过程中的能量耗散，运动轨迹会向吸引子收缩。要同时满足这两个条件，只有通过拉伸与折叠变换，才可能使指数型发散的轨迹族维持在有限范围的吸引子上。同理，在保守系统中，由于 KAM 环面的存在，发散的轨迹将会被限制在局部。拉伸使初始条件的微小差异变大，折叠使系统丢失初始条件所包含的有关系统的信息。拉伸与折叠变换保证了系统整体的稳定性。

（4）奇怪吸引子。通常将渐近稳定不动点或极限环称为吸引子。这个名字来源于轨道附近的点均趋于吸引子。设想一下，假如把一个足球抛进波涛汹涌的大海，不管是从空中向下丢球，或是从水下让球向上浮，球都会向海面运动。一旦到了海面之后，它就在起伏的波涛中经历一个很复杂的运动路径。但不管这路径多么复杂，球仍然留在海面上或至少接近海面。对这一现象来说，海面是吸引子[4]。混沌系统中同样也存在着吸引子，吸引子附近的点最终会跑到混沌吸引子上，并停留在那里直到永远。此吸引子不再是不动点或极限环，而是有着特殊结构的点集。无论是零维、一维、二维还是高维，都有一个共同的特点：它们的相空间维数都是整数维。混沌吸引子则是其他类型的吸引子，具有非整数维。一方面，在整体上相空间收缩使轨道出现汇聚和归并；另一方面，在局部相互靠近的两条轨道又将指数分离、发散，为了使这两方面得到统一，唯一的办法就是让轨道无限地“弯曲、折叠”起来。所有趋向于吸引子的点集构成吸引子的吸引域。奇怪吸引子的存在表明，即使混沌轨道的具体位置具有对初值的敏感依赖性，但混沌轨道的大体位置还是清楚的，那就是在吸引子上。

（5）分形结构与无限自相似。拉伸变换使诸轨线在相空间中密集和遍历，折叠变换使吸引子具有层次结构。由于确定论系统轨道方向导数的唯一性，相邻轨道不会相交，因此吸引子的层次结构为分形，混沌系统的维数为分维。混沌轨道遍历系统的每一个角落，但轨道间总还有空洞的存在。对它的局部进行放大，便可得到整体的框架，即具有结构的自相似性。

（6）功率谱。功率谱是分析时间序列与信号的常用方法之一，它描述的是傅里叶变换后的振幅分布。功率谱的宽度代表信号中分频的范围。周期吸引子因其周期性具有分立的功率谱，噪声则因其无规性而具有连续功率谱。混沌信号也具有连续谱，即在混沌区内，确定性系统的行为表现为随机性。但混沌信号的连续谱与噪声的功率谱还是有些区别的，即前者的谱宽范围较窄，而后者的谱宽范围较宽。

（7）系统的混沌运动来自于非线性。线性微分方程或差分方程可以用傅里叶变换求解，因此不会产生混沌。非线性则是产生混沌的必要条件。具有少数自由度的非线性系统可以产生混沌并表现出复杂性。这个发现表明，许多复杂系统中观察到的复杂行为很可能源于简单的起源，并可用简单的方程来进行分析。综上所述，混沌是一个貌似无规则的运动，是指在确定的非线性系统中，不需要附加任何随机因素就可以表现出类似随机的行为（内在随机性）。混沌系统最大的特点在于系统的演化对初始条件的十分敏感性，因此从长期意义上讲，系统的未来行为是不可预测的[5]。

混沌是发生在确定性系统中的伪随机现象，它是一种动态系统的运动，它通常具有初值放大效应、不可线性迭加、奇怪吸引性、非周期性、结构自相似及分形几何特征等。一个系统中与混沌现象相关的特征是：

（1）系统的时间演化表现出对初始数据非常敏感的依赖性；

（2）实际的运动表现为非常不规则和不稳定，相空间中的轨道显示出非常复杂、扭曲及缠结的几何结构；

（3）至今没有一般性方法，使得有可能以先验的方式确定系统是否存在混沌行为；

（4）从规则的系统向混沌的系统转变既不简单，又不容易分析，有时候这种转变是突然的、几乎不连续的，但偶尔存在有限的转变区域。

近些年来，对混沌现象的实验研究取得了许多非常有意义的结果，但更多的结果还是来自对非线性系统数学模型的理论分析和数值模拟。描述这些模型的方程有：非线性迭代方程（组）、非线性自洽微分方程组和差分-微分方程（组）。此外，科学家早已经对广泛存在于自然界中的湍流现象进行研究，描述流体运动的数学模型是非线性的偏微分方程组，涉及时空两个方面，这类的数学模型比较复杂。非线性动力系统从非混沌状态到混沌状态的演化过程有多种形式，具体的情况比较复杂，但其中最典型的有三类：

（1）倍周期分叉过程。假设非线性动力系统的最初状态是定常态，随着某些控制参数的不断改变，系统状态会在达到某个控制参数值时发生突变，系统表现为稳定的周期振荡，继续改变控制参数的数值，系统状态会发生一系列的突变，表现为振荡频谱中开始出现分频或者倍周期现象。一旦系统表现为非周期的混乱振荡状态，表明系统进入混沌运动状态。这种分频现象只在非线性动力系统中控制参数的某个阈值上才会出现，它是混沌状态产生的序曲。

（2）阵发混沌过程。在产生倍周期分叉演化过程的非线性动力系统中，系统进入混沌状态之后，在控制参数的一个范围之内构成混沌区，这个混沌区域内并不是每个控制参数与之相对应的都是混沌状态，存在着许多小区间，这些控制参数对应着周期振荡状态，称这些小区间为混沌区内的周期窗口。在周期窗口的周围，状态变量随时间变化的行为呈现时而周期、时而混乱，随机地在两者之间跳跃。

（3）拟周期运动到混沌。如果非线性动力系统随着控制参数的不断增加，两个不可公约频率出现在振荡频谱之中，这种运动被称为拟周期或准周期运动。拟周期和锁频交替出现，系统最终进入混沌状态。

目前对混沌的研究虽然已经有一些严格的数学方法，但大量的研究仍然要依靠计算机数值实验。混沌的研究和很多的学科有关。在分析力学中，运用 KAM 定理可以判断一类近似可积的哈密顿系统（一种非线性动力学系统）中能否出现混沌运动。开放系统的混沌运动研究与耗散结构理论有密切联系，混沌的研究还与协同学有着紧密关系，两者都研究系统由有序向无序和由无序向有序的转化。在系统科学中，也日益增加对混沌研究的重视。对混沌研究的应用前景还有待进一步揭示。混沌现象的发现还使人们对于认识确定论与随机论之间的关系得到新的启示。

混沌研究具有多方面的实际意义：

（1）混沌运动的发现，使人们看到了普遍存在于自然界而长期视而不见的一种运动形式，从而可以理解过去难以理解的许多现象。如 1977 年后曾发现放在微波谐振腔中的超导隧道结随着增益的提高出现反常噪声，在 4K 低温下进行的实验中噪声的等效温度高达 5×10^4K 以上，如果用当时已经探索到的理论和机制是无法解释清楚的。后来发现这是因为系统进入了混沌区，噪声来自动力学本身。高能粒子加速器中的束流损失、磁约束核聚变装置中等离子体的泄漏、核电站循环水系统可能发生的有害回流等，都与混沌现象有着密切的联系。

（2）混沌运动的发现为考虑问题提供了一种新思路。如长期天气预报问题，Lorenz 吸引子的发现、大气动力学方程组解对初值的敏感性，动摇了原来以为只要提高计算精度即可解决长期天气预报的想法。而混沌吸引子的遍历性质，恰好可保证许多长时间平均量的稳定性和对初始条件的无关性。因为长期天气预报所关心的是相当长时期以后雨量、温度的平均值，混沌反而增加了长期天气预报的可靠性。另外，地磁场近百万年来的多次随机转向及影响全球天气变化的厄尔尼诺现象都可从确定性系统的混沌运动角度加以研究分析。

（3）混沌运动的研究对用物理学、数学等精确科学方法研究复杂的生命现象有重要的启发作用。如各种生物节律，既非完全周期，又非纯粹随机。它既受自然界周期过程如季节和昼夜等影响的一面，又保持着其自身内禀特性。采用耦合非线性振子等数学模型模拟配合生理实验，可以揭示各种心律不齐、房室传导阻碍、心室纤维颤动与混沌运动的可能联系。考察人类的脑电波，发现癫痫患者发病时的脑电波呈明显的周期性，而正常人的脑电波更接近随机信号。采用维数测量发现这些信号并不真正随机，而是来自维数不是很高的吸引子上的动力学行为。

（4）混沌研究改变了人类的自然观。对于统一的自然界，历来有确定论和概率论两套对立的描述体系。牛顿力学建立以来的科学传统推崇确定论体系，而把概率论描述当作不得已而为之的补充。混沌运动对确定性系统本身就存在着内禀随机性的揭示，无疑会使人们从这种人为对立的描述系统中解脱出来，深化对必然和偶然的认识，更全面地认识自然界的统一性。

混沌并不神秘，但在人类认识自然的历史上却意义空前。自从人类开始认识自然以来，一直处于盲人摸象的猜测探索方式，每一次重大的转折，往往是人们通过工具的帮助，发现了以往不知道的现象，最终引起默认思维基点改变，进而迎来认识自然的重大转折和全新的时期。混沌消除了拉普拉斯关于决定论可预测性的幻想。混沌理论帮助我们打破固有思维，再次深刻认识世界上一切矛盾体之间既对立又统一的辩证关系。它将指导我们在自然科学领域和社会科学领域进行更深入的研究。

3.1.1.2 混沌理论的应用领域

A 工程混沌的研究现状

混沌的研究始于数学和物理，现已扩及工程、信息和社会科学等领域。混沌[6-7]是非线性系统所独有且广泛存在的一种非周期运动形式，其覆盖面涉及自然科学和社会科学的几乎每一个分支。混沌学一词是为了表示非线性动力系统所表现出来的复杂行为而使用的术语。作为科学的混沌学，是希望在定义比较清楚的情况下展开研究。而混沌在数学上目前还没有统一的定义，在这种情况下，着重于应用的工程混沌一般是根据现象进行定义。要判断某一现象是否是混沌现象，起码要确定它满足的最少必要条件，如是否存在奇异吸引子，是否存在正的 Lyapunov 指数等。如果这些条件不是充分的，则要看是否存在可以进行实际观测的条件，所观察到的混沌现象还要求是可重复的。工程混沌研究是近十年发展起来的研究方向，它可以分为两个方面：一是在工程系统中寻找混沌现象；二是制造产生混沌现象的工程系统[1]。

在电气工程领域，只要用一些特定的方法进行抽象的思考，就有可能发现一些混沌现象。例如，在电路系统中，常常是通过研究其非线性特性来研究混沌现象，Keneedy 就对含有一个非线性电阻的 RLC 并联电路的分岔和混沌现象进行了详细的研究，并得出了许多有意义的结果。电力系统是典型的非线性、非自治系统，它包含丰富的动力学行为，如分岔和混沌，这些行为构成了系统安全运行的潜在威胁，可能导致系统失去稳定，所以引起了人们的广泛关注。文献［8］指出，在电力系统典型模型中同时存在 4 个不同的吸引子：一个稳定的平衡点、一个稳定的极限环和两个奇异吸引子，当系统受到大的扰动时，系统会陷入持续性的混沌振荡。文献［9］对多参数电力系统的分岔做了详细研究，分析了不同的控制参数及其极限对系统分岔及其稳定性的影响。文献［10］［12］［13］研究发现，连续倍周期分岔、扰动能量直接激发和环面分岔都可能使电力系统进入混沌状态，并且分析了混沌现象与系统不同失稳模式之间的关系，以及混沌现象在系统失稳发展过程中所处的实际位置。文献［14］研究了电力系统在周期和准周期扰动下的次同步谐振和混沌轨道存在的条件及其产生的途径。

在电力系统的运行中有过混沌振荡的实例。如 1966 年美国西北电力系统与西南电力系统在互联后一段不长的时间内情况正常，但是不久就发生了 1min 发作 6 次的振荡现象，这种振荡现象是该系统运行人员以前从未见到过的，振荡结果导致两个系统解列。对上述系统加装阻尼的 PSS（power system stabilizer）后，振荡仍有发生。随着对混沌认识的不断深化，人们逐渐认识到电力系统除了因负阻尼引起的低频振荡外，还有另一种混沌振荡的危机。混沌有望在电力系统的控制器设计、模型参数辨识、机组组合优化、经济负荷分配及电网规划等方面得到应用，这些工作很值得电力科学工作者去努力。

此后，也有文献从不同的方面对电力系统中的混沌现象进行了研究。在固体力学和结构工程中，较早发现混沌运动的例子有：屈曲结构的振动、磁动机械操纵装置及具有非线性元件的控制系统等。20 世纪 90 年代，国内外学者对许多工程中的混沌现象进行了研究，在混杂系统和工业过程中也存在混沌现象。工业过程中由于含有饱和、不灵敏区及滞环等产生混沌的非线性机制，在一定的参数条件下会产生混沌运动。随着航天技术的迅速发展，航天器的结构和运动形态日趋复杂，以航天器为对象的混沌研究也为混沌理论提供了一个具体的工程背景。国外学者还分析和研究了自适应控制和机器人控制等控制工程中的混沌现象。不仅如此，就是原子钟这样精密的仪器中也存在混沌现象。由此可见工程系统中混沌现象存在的广泛性。如果说在工程系统中寻找混沌现象仅仅是被动的观察，那么制造产生混沌现象的工程系统则是主动的研究方法。1983 年底，美国的蔡少棠首次设计出了能产生混沌现象的蔡氏电路（见图 3-2），并分别被计算机数值模拟和在实际电子元件所实现的电路实验中观察到的混沌现象所确认。蔡氏电路可以产生混沌振荡和其他各种分岔现象，由数值模拟分析的结果与实际电路的实验测量几乎完全相符，并在什尔尼科夫

(Shilnikov) 定理上得到了严格的数学证明。蔡氏电路是目前唯一可以同时应用数值模拟、数学分析和实验观察这三种标准方法进行研究的实际工程系统，得到了广泛的研究和应用，改变了混沌的研究状况，是混沌工程史上里程碑式的成就，成为混沌理论和应用研究的热点，开创了混沌研究的新篇章。

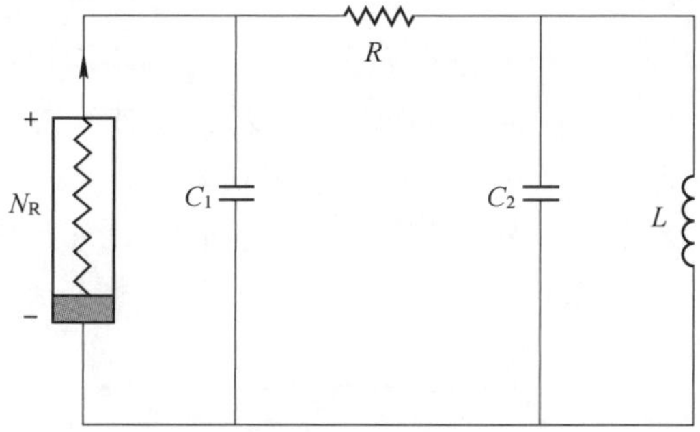

图 3-2 蔡氏电路示意图

在通信领域，主要是将同步混沌电路应用到保密通信中，以达到信息加密传输的目的。这是一个主动制造产生混沌现象并加以利用的实例。由于混沌信号具有复杂及宽带类的噪声特性，传输信息过程中，掺杂混沌信号，使窃听者无法发现和识别有效信息。混沌通信的关键技术在于长期稳定同步和延迟系统。混沌同步化首先由佩考拉与卡罗尔提出[15]，其基本思想是将一个给定的混沌系统分成主动与被动两部分，由于同一主动分量的驱动，就可在不同的被动部分的复制件之间实现同步化，故这种方法被称为主动-被动分解法。然而，“一山更有一山高”，这种基于混沌的保密通信并不是完全的“保密”。当佩考拉与卡罗尔提出混沌同步化后，混沌保密通信作为一个热点被送上“神坛”，有人指出，根本无需复制响应系统就可截取信号[16]。接着，人们发现即使信息包含在超混沌信号中，也可采用非线性动力学预言的方法进行截取[3]。消解此缺陷的一个补救措施是使用时间延迟系统的同步化。尽管延迟时间系统的物理自由度小，它却具有高维超混沌的优点且容易用电路实现，这个特性再次激起了人们的兴趣。然而不幸的是，人们再次发现可通过分析发射信号来检测延迟时间，此时重构的延迟时间相空间坍缩进低维流形。基于此发现，延迟系统的信号覆盖的信息也能被截取[17]。目前人们依然在发展新的方法，然而可以预见，加密与截取这对矛盾将会长期存在，而混沌也一直扮演不可或缺的角色。

严格意义上讲，世界是一个非线性的世界，混沌现象随处可见，尽管目前已经对混沌应用做了大量研究，但混沌至今还没有统一的数学定义，混沌应用更是个全新的学科领域，因此混沌理论及其应用都还有待于进一步探索，也预示着混沌应用具有巨大潜力。随着人们对混沌认识的不断深入，将能更好地控制和利用混沌为人类服务，甚至一些用已有的科学知识无法解决的疑难问题都将迎刃而解。

B 混沌应用研究的现状

直观上，既然混沌是“混乱无序”的东西，它不会是有益的。然而，这仅仅是事情的一个侧面[2]。近代科学技术中一些令人惊讶的发现表明，混沌在许多情况下是有益的，甚至是非常有用的。近几年人们在研究混沌理论的同时，已开始注意将其成果加以实际应用，并且这一趋势越来越引起各国学术界和工程界的重视。混沌应用可分为混沌综合和混沌分析。前者利用人工产生的混沌从混沌动力学系统中获得可能的功能，如人工神经网络的联想记忆等；后者分析由复杂的人工和自然系统中获得的混沌信号并寻找隐藏的确定性规则，如时间序列数据的非线性确定性预测等。混沌具体的潜在应用可概括如下[18]：

（1）优化。利用混沌运动的随机性、遍历性和规律性寻找最优点，可用于系统辨识、最优参数设计等众多方面。

（2）神经网络。将混沌与神经网络相融合，使神经网络由最初的混沌状态逐渐退化到一般的神经网络，利用中间过程混沌状态的动力学特性使神经网络逃离局部极小点，从而保证全局最优，可用于联想记忆和机器人的路径规划等。

（3）图像数据压缩。把复杂的图像数据用一组能产生混沌吸引子的简单动力学方程代替，这样只需记忆存储这一组动力学方程组的参数，其数据量比原始图像数据大大减少，从而实现了图像数据压缩。

（4）高速检索。利用混沌的遍历性可以进行检索，即在改变初值的同时，将要检索的数据和刚进入混沌状态的值相比较，检索出接近于待检索数据的状态。这种方法比随机检索或遗传算法具有更高的检索速度。

（5）非线性时间序列的预测。任何一个时间序列都可以看成是一个由非线性机制确定的输入输出系统，如果不规则的运动现象是一种混沌现象，则通过利用混沌现象的决策论非线性技术就能高精度地进行短期预测。

（6）模式识别。利用混沌轨迹对初始条件的敏感性，有可能使系统识别出只有微小区别的不同模式。

（7）故障诊断。根据由时间序列再构成的吸引子的集合特征和采样时间序列数据相比较，可以进行故障诊断。

自从我国 IGS 网络引入 CORS 基准站，我国 CORS 基准站获取的数据与产品被广泛地应用到军事、民营及测绘导航等许多行业领域中[19-20]，因此，对高程时间序列分析有着极其重要的意义。然而测量环境复杂多变，受其影响所得数据含有大量噪声[21-24]。目前国内对于高程时间序列分析常用的方法有最小二乘拟合、Spline 插值和 FFT 算法等[25-34]。直接对高程时间序列进行滤波、拟合和谱分析等处理方法的前提是时间序列满足高斯-马尔科夫条件或正态、稳定性[35-37]。如果研究对象具有非稳态和非线性的特性，那么无论对研究对象采用多高阶次线性数学模型都不能完美地诠释该系统，反而采用一个低阶非线性数学模型就有可能完美地描述原动力系统。因此，必须对高程时间序列进行非线性检验和稳定性检验，以及测量系统是随机机制系统还是确定性机制混沌动力学系统，这些检验有着实际的重要意义。

早在 20 世纪 80 年代中叶，美国宇航局就将控制混沌的思想、方法和技术首次成功地应用于发射宇宙飞船。美国火箭发射专家，对于著名的三体问题中存在混沌特性——对初值变化的高度敏感性，早就有充分的认识，他们把地球、月亮和宇宙飞船构成典型的三体问题，利用小微扰控制原理（尽管“控制混沌”的概念当时尚未提出），巧妙地设计了控制系统，从而使用非常少量的残余氢液燃料将一艘称为“国际太阳-地球探索者 3 号”的宇宙飞船发射到距太阳系远至 2.57 亿千米之外的科学彗星附近，顺利地执行了探测宇宙奥秘的任务。而这在非混沌系统中是不可能的，因为系统需要巨大的控制能量才能获得巨大的功效。1992 年，日本三洋电机公司率先研制出混沌控制的煤油暖风器，它可以利用对流风扇使风量上扬，进而使室温摇动，改善室温的不均匀性，提高人的舒适感。

控制混沌的思想还可以进一步发展来实现工程系统的某种特殊运动或某种运动的控制。如船用起重机吊装的货物会因船体受波浪冲击而不规则摆动，造成卸货过程难以精确定位。应用混沌控制与同步可以改善和提高激光器的性能，特别是提高功率等。如美国海军研究实验室的一个研究小组利用跟踪控制法在激光装置上不仅在很宽的功率范围内维持激光稳定运行，而且惊人地把激光输出功率提高到15倍。人们还利用混沌的遍历性特点将其用于复杂系统的优化，还将混沌的短期可预测性用于电力系统的负荷预测。人们利用混沌同步而实现的信息处理和秘密通信是近年来竞争最激烈的研究领域。混沌用于保密通信最大的实际困难是难以建立完全相同的真实电路，而目前在同一硅片上制造电路的新技术能建立保证足够长时间内产生混沌同步效应的几乎完全相同的混沌电路，再加上新型数字编码技术，大大缩短了理论与实际应用之间的差距。

在医学方面，由于混沌现象与信息生成、模式识别、记忆、推理等密切相关，人们期望混沌神经网络的研究能够对人工智能、神经计算机和认知科学的研究起推动作用。然而混沌神经网络的研究刚刚起步时，构造人工混沌神经网络的方法主要有以下两种：(1) 利用已有的神经网络模型研究它们发生混沌现象的条件；(2) 构造混沌神经元或混沌振子，将之连接成混沌神经网络[38]。加州大学柏克利分校从事了30多年大脑神经科学研究（特别是大脑神经活动的混沌现象）的Freeman教授指出："大脑中被控制的混沌现象其实不仅仅是大脑复杂性的副产品"，控制混沌现象的这种能力"可能是大脑区别于任何一种人工智能机械的主要特征"。人们已经开始了控制心脏跳动韵律的尝试：从混沌状态到规则的周期脉动，甚至控制人类大脑的活动。混沌对机体来说可能是好消息，也可能是坏消息。如心律失常，正常人心脏跳动节律总是受窦房结传出的冲动主导，其通过浦肯野氏纤维控制心脏有序地工作。在某些因素作用下可使心脏传导阻滞以致停跳；有些表现为异位兴奋节律增高，如房性早搏、室性早搏，甚至房颤、室颤，心电图呈现一片混乱。即使一个正常人，偶尔也可能不明原因地发生心慌、胸闷，心电图出现异常状态，有时用一般医学常识难以解释。有人估计，不可逆非线性动力学这一理论工具对心律失调的诊断和治疗迟早会有贡献。有人宣称在正常人和癫痫病人的脑中都找到了奇异吸引子——混沌的标志。脑细胞处在一定混沌状态，其分维数越大，随机性也就越大，或许能更好适应环境刺激。有人推测，对混沌的了解将有利于用脑电活动分析来预报癫痫发作。再如，当机体受到致热原的影响使机体发热，看似无序，然而，当体温增高，在某种程度上可调动机体的防御机能，增强免疫能力，使机体重新回到有序状态。如有试验表明，在盛有氢气和硫化氢气体混合物的容器中，常理认为混合物被加热时，它会变得更加无序，热量加得越多，气体分子就会越起劲地在容器里到处乱跑。但当容器两端保持一个很小的温度差，在容器中的两种气体将逐渐发生分离而显现出一个所谓的气体浓度梯度。说明在不可逆的非平衡过程中可以出现有序，甚至有人提出有序来自混沌。Lorenz的"蝴蝶效应"也说明了混沌现象，即小小的误差可产生宏大的差异。也就是说，混沌现象有随机性，对初值的敏感依赖性及长期行为的不可预测性等特点[39]。

在食品方面，近些年，国内外对食品检测以传统的核磁共振技术为基本方法[40]。但是事实上对于食品由于成分特征的复杂性，利用这些理论处理实际检测问题时，有时显得捉襟见肘，近年来通过大量的理论和实验研究，证明了食品中水分等成分信号具有一定的混沌特性。利用混沌理论在某些方面更能客观地反映水成分的非线性本质。对混沌的研究已经取得了重大进展，已经走过了认识混沌的最初阶段，从纯物理和数学领域扩展到工程、信息和社会等许多领域，并取得了一些成功应用。混沌理论用于食品检测是当前混沌学发展的趋势。它在食品质量与安全、食品成分分析、预测理化性质的变化和微生物活性等的应用上很有发展潜力。利用混沌现象可预测食品的货架期，并为开发耐储藏食品提供理论指导，同时可缩短新产品的开发周期，促进我国的食品加工由传统的经验型走向科学型，从粗放型向集约型、生态型转变，从定性向定量型的绿色现代化方向发展。基于混沌背景中的微弱信号检测在食品、通信、自动化等需实时处理的领域中都有很广阔的应用前景。因此若能够对已证明的混沌检测模型加以利用，寻求更好的相空间重构方法，采用混沌理论和方法检测，一方面可以有效地提高食品检测性能，另一方面也是对现有方法的补充。因此研究混沌理论在食品检测中的应用是符合时代发展的，它开辟了混沌理论新的应用领域，尝试将科学理论和工程应用进行有效的结合，这不仅为混沌理论的发展提供了一个新的研究方向和分支，同时也为工程实践提供了一个新的理论基础和支持。

此外，控制混沌的技术还被应用到力学、非线性振动、非线性电路、神经网络及具有分布参数的物理系统的研究工作中。直接开发利用混沌服务于实际生产生活的研究，国内外均没有系统展开。机械系统中，如振动分离、振动筛选和振动检验等振动作业，混沌振动都将有广阔的应用前景[41]。如研究者曾用混沌振动做过一个试验，以 18 号筛网筛选 24 号粗沙，以 90 号筛网筛选 100 号细沙，发现在同样能量下，因混沌振动比柔和的简谐振动变化剧烈，从而可提高生产率 20%~70%。另外，由于混沌激振碾压比单频激振碾压更接近于最密实碾压，因此，对一定密实度而言，混沌振动碾压比单频振动碾压效率高，经 100kN 碾压机的土槽对比实验证实，混沌振动碾压机比传统碾压机要提高碾压工效 12.2%。1997—2005 年，龙运佳先后与上海工程机械厂、徐工集团和三一重工等企业合作，开发了重型和超重型以宽频带混沌振动激振的单钢轮压路机，其中，1998 年生产的 140kN 重型宽频混沌激振压实装备的性能与可靠性已经在我国西部公路（如陕西省渭南到潼关的高速公路等）开发工程中经受了长期压实施工实践的严峻考验[42]。

人们在继续从工程中揭示混沌现象的同时，也在扩展混沌的应用领域，特别是通信和信号处理方面的应用较多，当然也有其他方面的应用，例如，用混沌度来描述某些动力系统的模型，用混沌理论来预测系统的故障及混沌在雷达方面的应用等。混沌信号是由确定性系统所产生，混沌信号具有非周期性、伪随机性和有界性等性质为雷达信号设计提供了潜力。混沌信号的非周期性和伪随机性，使得混沌雷达信号具有尖锐的自相关函数和宽谱特性。混沌信号具有图钉状的模糊函数，因此在雷达应用中不存在距离模糊和速度模糊，是一种比较理想的雷达信号。另外，混沌信号有界，容易产生并且价格低廉，使得混沌信号容易控制和处理，比普通的高斯热噪声信号具有更大的优势[43]。美国加州大学洛杉矶分校于 2004 年研制出混沌载波激光雷达演示系统。该系统中，混沌信号由光学注入的半导体激光器产生。通过实验证明生成的混沌波形具有图钉型的模糊函数、高的距离分辨率及良好的电子抗干扰能力[44]。美国麻省理工学院于 2006 年研制出混沌载波雷达实验系统，该系统采用混沌系统产生正交的混沌波形，生成的波形具有紧凑的频谱、低的距离旁瓣及几个分贝的平均发射功率[45]。日本名古屋大学和德岛大学也于 2005 年设计 UWB 混沌载波雷达，并将其应用于穿墙雷达[46-47]。从国内外已经发表的文献来看，混沌神经（元）网络方面的研究和应用较多，是目前研究的热点，尤其是在国内。

综上所述，无论是从工程中揭示混沌现象及制造产生混沌现象的工程系统的工程混沌方面，还是混沌应用方面，涉及的均是单纯的混沌特性。事实上，确定性混沌的概念正在影响着诸如计算理论、预测理论、信息理论和控制理论等基本的工程理论。工程混沌应该主要集中在考察确定性混沌和这些基本的工程理论之间的关系上，到目前为止的研究基本没有注意到这一点，也没有注意将混沌特性与已有的工程理论结合形成一些真正的新的基于混沌的边缘工程理论。在这方面，混沌与神经（元）网络相结合而形成的混沌神经（元）网络的研究和应用做得就比较好。在未来的研究中，混沌理论与控制理论的结合是一个很好的研究方向。如利用混沌的一些特性（如遍历性和对初始条件的敏感性等）与现有的控制理论（当然，这时的控制系统已经处于混沌状态，或通过反控制混沌将一个稳定的系统引导到临界稳定或混沌状态）相结合，形成一种基于混沌的控制理论。利用混沌对初始条件的敏感性与系统辨识理论相结合，形成一些新的高精度系统辨识方法，即利用混沌短期预测精度较高的特点与现有的预测控制理论相结合，形成一些新的预测控制方法等。利用混沌系统参数敏感性的混沌测量系统具有极高的精度和极强的适应性，提出一种新的基于参数敏感性的电阻测量混沌电路，并用于重量测量系统，直接将反映重量的电阻应变敏感元件的电阻值映射为二进制符号序列。该符号序列实际上就是一种对应于电阻值也即对应于重量的二进制代码，从而避开了放大器和 A/D 转换器等中间环节对重量测量精度的制约和影响。实验证明，基于混沌电路参数敏感性的新型重量测量方法，使重量测量的精度和分辨率大大提高[48]。

另外，在混沌通信的研究中，有以下方面的课题尚待研究，如混沌调制方案的性能估计，混沌调制方案的多径性能，混沌通信的仿真技术，离散时间混沌通信系统，用于混沌通信的混沌发生器，用于混沌通信的发送和接收的结构。

值得指出的是，尽管目前已存在相当大量的研究，混沌系统、工程中的混沌现象、混沌现象的控制及混沌应用仍然是一个全新的科学前沿。很多系统的理论和有效的方法尚待发展。混沌、控制混沌和混沌应用已经在工程、电子学、医学、激光、化学及生物等领域显示了巨大的应用潜力。

3.1.2 流体的搅拌混合与混沌搅拌

3.1.2.1 流体的搅拌混合

搅拌混合是指搅动流体使之发生某种方式的循环流动，从而使物料混合均匀或使物理、化学过程加速的操作。搅拌混合作为典型的过程强化操作单元之一，被广泛应用于冶金、化工、材料及制药等工业领域。在化工领域内，大多是要求参加反应物质的充分混合为前提的，目前主要采用搅拌混合等操作才能达到好的混合效果。冶金行业中有超过 50%的能量消耗在搅拌设备上，可见搅拌设备的数量之多及混合工艺对工业的重要性。此外，搅拌混合的种类繁多，可分为液-液搅拌混合、固-液搅拌混合、气-液搅拌混合和气-液-固三相搅拌混合。搅拌混合作为化工、污水处理和食品加工等行业内不可或缺的核心步骤，其目的主要体现在四个方面[49-50]：（1）使液-液两相充分混合形成混合均一的混合液，强化传质过程；（2）使气-液两相充分分散，强化气-液两相间的传质过程或提高化学反应速率；（3）使固-液两相充分悬浮，强化固体颗粒溶解、浸取过程或加速化学反应过程；（4）使搅拌反应器内物料温度分布均匀，强化物料间的传热过程，防止局部过热或过冷。如在冶金领域，艾萨炉和奥斯麦特炉等国外先进的冶炼工艺通过核心技术喷枪搅拌混合，提高炉内传热，促进化学反应等。在高分子材料方面，聚合反应器85%是搅拌混合设备，还有制药发酵过程几乎全部是搅拌混合设备。此外，在医药、食品、环境等领域有许多的液-固非均相生化反应，固体在液体中的混合均匀程度、混合效果优劣都会直接影响着产品的质量[51]。

搅拌混合设备在工业上有着举足轻重的地位，其应用涉及工业上的方方面面，在化工、制药、建筑工程、医学及生物等领域都随处可见搅拌混合设备的影子。因此，自20世纪60年代以来，对搅拌混合设备的研究就层出不穷，国内外无数科研人员都对搅拌混合的具体过程进行科学研究，并且很多专家学者针对不同搅拌混合过程总结出了很多相关的经验设计公式和经验值，并得到了很多宏观搅拌参数，如机械搅拌功率、通气量及其他参数等，这对搅拌混合过程和搅拌混合设备的研究都具有不可替代的重要意义。但是，由于某些条件限制，当时的研究大多还停留在理论研究阶段，对搅拌混合的实际过程认识还不太成熟，最重要的缺陷是实验的准确性无法验证，导致无法给实际的工业提出合理的建议。随着工业及科学技术的不断发展，流体混合技术领域在20世纪60—80年代获得了突飞猛进的发展，可见市场对搅拌混合设备的需求巨大。在快速发展的同时，复杂的工业要求对现代的机械设备都提出了更高的要求。如果缺乏对搅拌混合设备及对搅拌的具体过程的研究，这无疑使得搅拌混合设备及混合过程的研究受到了极大的约束。因此有必要利用现代的科技及现有的技术对搅拌混合设备、混合过程及混合参数等进行研究，以此促进工业的再一次创新发展。

搅拌混合的方法主要有机械搅拌和气流搅拌两种（见图3-3），其中气流搅拌是利用泵机将大量气泡通过搅拌反应器内液体使得气泡群以密集的上升作用促进液体间形成具有一定速度的对流，液体形成对流循环从而实现气体搅拌。气流搅拌作为一种不会对介质浓度或纯度造成一定影响的搅拌混合方式，被广泛应用于具有一定腐蚀性的介质中，避免了机械部件在长期运行中被侵蚀的危害。但气流搅拌存在一定缺陷，气流搅拌的搅拌能力较低，大多是只能搅拌黏度较低的液体，黏度太高的液体搅拌混合效果并不理想。而机械搅拌则可以克服气液搅拌的缺点，搅拌能力较强。机械搅拌主要是借助于搅拌桨在搅拌反应器中依靠电机带动后对液体进行搅拌，是将气体、液体或固体颗粒分散于液体中的常用方法[52]。当搅拌桨高速转动时，搅拌反应器中流体通常会形成湍流状态，湍流状态下的整个槽内会产生充分的对流运动，叶片附近的尾涡运动和湍流脉动共同存在，流体介质可以很快混合均匀。但是当搅拌混合设备应用到高黏度流体（如聚合反应）时，就需要提高搅拌速度使得搅拌反应器内高黏度流体充分混合，但是这样往往会导致能量需求的增加，甚至会超出叶片等硬件的承受能力。尤其在生物工程及制药工程等领域，由于所处理的蛋白质、高分子材料及细胞组织等介质对剪切敏感，高速的剪切运动容易使大分子长链遭到破坏[53-57]。这些情况下就需要使用低转速搅拌，流体处于低雷诺数的层流状态，导致搅拌反应器中存在不参与对流混合的混合隔离区。在一个层流搅拌反应器中，存在两个混合区域[58]：混沌混合区（active mixing region，AMR）和混合隔离区（isolated mixing region，IMR）（见图3-4）。隔离区的基本形状是以搅拌轴为中心，由KAM环面组成的具有复杂内部形态的环形涡旋，通常位于叶轮的上下方，它们在沿着搅拌桨转动方向做主流旋转的同时，还沿着图3-4（b）中横截面上箭头所指的方向进行二次循环流动。与主流相比，二次循环流要小得多，处在混合隔离区内部的流体主要以切向旋转为主，轴向和径向的液体流动速度都几乎接近于零。此外，混合隔离区的区域面积极大，可以占到搅拌反应器容积的1/5之多[59]，混合隔离区内部流体都进行规则运动，只能以线性规律被拉伸，流体之间的耦合程度非常低，两个环形隔离区内部流体将不参与对流混合，其内部流体只能依靠分子的扩散运动来实现混合，这与混沌混合区内的流体能以Lyapunov指数被拉伸混合的规律截然不同。隔离区的存在使得搅拌反应器内流体混合及反应时间增加，造成混合效率降低，可能产生一些严重的后果。比如预期的混合或反应被减缓，甚至中止，不希望的反应被强化，生成大量的副产品，造成对原材料的极大浪费。为了消除混合隔离区，提高搅拌反应器内流体混合效率，国内外学者做了大量实验研究。

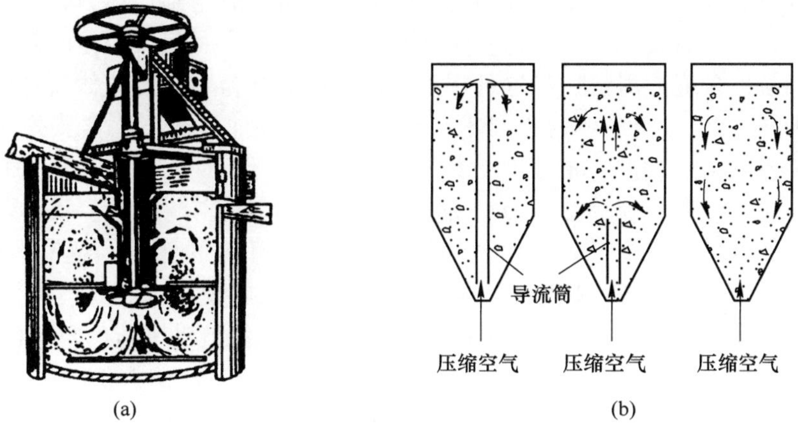

图3-3 机械搅拌与气流搅拌设备

（a）机械搅拌设备；（b）气流搅拌设备

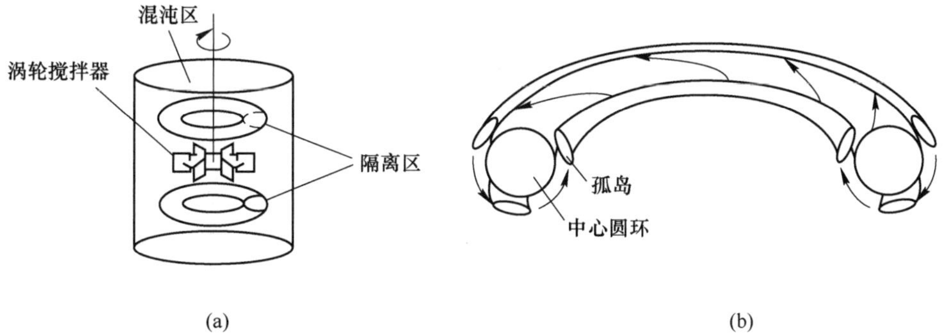

图3-4 搅拌反应器中混合隔离区示意图

（a）搅拌器上下方的混合隔离区；（b）混合隔离区的结构

3.1.2.2 流体的混沌搅拌

在混沌理论和流体动力学中，混沌混合是流动示踪剂在流体流动的作用下发展成复杂分形的过程。该流动的特征在于流体细丝的指数生长。即使非常简单的流动，如闪烁的涡旋，或有限分辨的风场，也可以从最初的简单示踪场产生异常复杂的模式。这种现象仍然没有得到很好的理解，并且是当前许多研究的主题。流体混合的两个基本机制是扩散和平流。在液体中，单靠分子扩散很难有效地混合。对流，即物质的流动，是更好地混合所必需的。流体流动遵循被称为纳维-斯托克斯（Navier-Stokes）方程的流体动力学（如质量守恒和动量守恒）基本方程。这些方程是针对欧拉速度场而不是流体粒子的拉格朗日位置而写的。然后通过对流动进行积分来获得拉格朗日轨迹。研究平流对流体混合的影响相当于描述不同拉格朗日流体颗粒如何探索流体域并相互分离。

众所周知，搅拌反应器内的流体混合过程是一个典型的远离平衡态的非线性过程，必然蕴含着大量的非线性机制，包括流场结构的形成、运移和演化，以及涡的聚并和破裂等过程，具有时空混沌的特点。混沌平流理论的诞生通常可以追溯到 Hassan Aref 1984 年的论文。在这项工作中，Aref 研究了在非黏性流体内交替切换的两个涡流引起的混合。Aref 首次将混沌的概念和流体力学结合在一起，将混合的概念应用到流体力学领域，他在研究流体沿复杂路径流动时发现，流体在对流运动时，超过一定时间，流体的对流运动将变得杂乱无章，即会出现混沌对流。当这种现象出现在以混合为主导的流体流动中时，称为混沌混合[61-62]。他指出，用简单的二维非定常流场诱发混沌混合，不需要外加机械作用就可以实现对流体的高效搅拌，达到有效地提高混合效率的目的。1989 年，Ottino 等人[63]发现流体混沌混合过程中流体能够有效地被拉伸和折叠，这有利于提高流体的混合效率。随着混沌理论的发展，混沌现象开始被利用来诱发流体的混沌混合，提高流体混合效率。在过去几十年中，动力系统和流体力学领域的早期发展使这项开创性工作成为可能。Vladimir Arnold 和 Michel Hénon 已经注意到保持区域的三维流动平流的轨迹可能是混乱的。然而，混合平流对流体混合应用的实际利用在 20 世纪 80 年代 Aref 的工作之前一直未被注意到。从那时起，动力系统和混沌理论的整个工具包已被用于通过混沌平流来表征流体混合，为流体混合开辟了新的研究思路。

为了解决上述搅拌中出现的问题，消除搅拌反应器内混合隔离区，人们提出了混沌对流理论，通过理论分析、数值计算与实验等方法对层流混沌混合进行了深入广泛的研究，认为混沌是层流条件下提高混合效率的主要方式，混沌混合被看作提高低雷诺数下流动与混合效率的唯一途径，为流体混合研究开辟了新的思路。截至目前，关于搅拌反应器内混沌混合的研究主要有变速搅拌、偏心搅拌、往复搅拌、射流搅拌及柔性桨搅拌等方法。Lamberto 等人[64]为了提高搅拌反应器内的混合效果，使叶轮以周期性方波的运动形式对搅拌反应器内流体进行搅拌，从而实现搅拌反应器的层流混沌混合，利用图像可视化实验发现，经过一定时间后，搅拌桨上下方形成的混合隔离区会慢慢消失。Mankina 等人[65]利用激光可视化实验研究了三叶片搅拌桨、四叶片搅拌桨和六叶片搅拌桨形成的不同搅拌桨下方的混合隔离区的形状和位置，并得出了雷诺数变化和混合隔离区的尺寸与位置的变化规律。Alvarez 等人[66]为了诱发层流搅拌反应器内流体的混沌混合运动，改变了叶轮偏离搅拌反应器中心的结构形式，并利用图像可视化研究证明了偏心达到一定位置时其搅拌效果要比周期性搅拌效果要好。Yao 等人[67]使叶轮以周期性的正反转运动方式及周期性方波的运动方式来诱发搅拌反应器中的流体产生混沌现象，从而提高层流搅拌反应器的混合效率。Ascanio 等人[68]采用叶轮偏离搅拌反应器中心的结构形式，叶轮周期性运动使层流搅拌反应器内流体诱发混沌混合，同时利用图像可视化实验验证了叶轮偏离搅拌反应器中心的结构形式能够改善混合效果。栾德玉等人[60]对六弯叶和错位六弯叶搅拌反应器内假塑性流体的混合特性进行了研究，结果表明，与六弯叶搅拌桨相比，错位六弯叶搅拌桨能够明显缩短流体的混合时间。刘作华等人[69]利用脱色实验对刚性桨和刚柔桨体系中流体混合时间和流场结构变化规律进行了研究，结果表明，与刚性桨相比，刚柔桨能够有效破坏混合隔离区的界面结构，缩短流体的混合时间。这些研究表明，通过有效手段破坏流场中的隔离区结构，可提高流体的混合效率，强化流体的混沌混合过程。

此外，测量搅拌反应器内流体混合效果的方法也十分重要。评价混合效果的方法主要有两类，一类是接触式测量方法，如 pH 探针法、电导率法和温差法等。但上述方法存在不准确、非可视化的缺陷。近些年，可视化手段常用于量化多相混合效果，包括激光多普勒测速技术、电子过程断层成像技术和粒子成像测速技术，上述方法能有效量化多相混合均匀性，但局限于透明或半透明液体。随着计算机技术的发展和普及，数字图像处理技术的优势越来越明显，部分学者引入数字图像处理技术研究多相混合均匀性，该技术具有非接触性、可视性、瞬时测量性及易存储性等优点。国外早些时候有通过电导法测量气-液两相流的流体特性研究，其后西安交通大学多相流实验室采用了光纤探针巧用其对汽水折射率不同的特点来测量截面含气率，该实验室研究的两相流测量技术主要有电导探针法、光导探针法和快速关闭阀口法。Xu 等人[70]借助数字图像处理技术和计算同调群理论提出 Betti 数评价方法，量化了混合时间、混合均匀程度及混合伪均匀程度。Xiao 等人[71-72]结合数字图像处理技术与假设检验理论提出了量化混合均匀性与不同混合瞬态的有效识别方法。故图像分析技术使研究混合过程简便，适用所有透明或非透明混合过程。除此之外，还有一种可快速准确且对监测过程无干扰的测量方法——电容层析成像技术。电容层析成像技术可以更准确地研究多相流混合动态分布特征，使得测量误差小、混合过程达到更高的效率及降低物料成本。电容层析成像技术是一种用于工业两相可视化过程的创新技术，作为最早开发的 PT 技术之一，其具有结构简单、成本低、无创、安全性好等优点，它已成为两相流参数检测的主要方法[73]。同时还具有快速的数据采集系统、非辐射和非危险成像技术，采用特别设计的电容层析成像系统模块可以承受高温和高压的优点，已被广泛研究应用于实时监控多相流的各种工业应用中，是各种工业层析成像方法中最成熟的技术工业，包括石油管道、气力输送、流化床及流化床干燥器、燃烧火焰等工业领域。上述研究为顶吹气-液混合特性分析提供了理论基础。开展冶金领域中顶吹混沌流强化混合效果研究工作，对于探索最佳搅拌工艺参数，实现冶金过程节能减排及提升冶金产品质量具有重要的实践价值。

为了研究多相体系混沌流强化混合过程的混合动力学机制，还需对多相流混沌混合特征做进一步分析。专家学者们通常选用经典混沌检测方法研究混沌特性，并基于非线性混沌理论对各式强化过程单元操作与实验数据提取的混沌特性进行比较研究与相关性分析。在研究时间序列数据混沌特性的过程中，国内外常用的区分规则与混沌动力系统的技术包括庞加莱截面法、Lyapunov 指数法、饱和关联维数法和 Kolmogorov 熵等方法。表征混沌混合效果的方法按照定量和定性方法区分，其中庞加莱截面法为定性方法，Lyapunov 指数法、Kolmogorov 熵及相图法等为定量的测量方法。庞加莱截面法最早是由法国数学家庞加莱提出的，结合几何的观点对非线性动力系统做深入的探索并总结得出的方法。该方法以能够刻画面的特征为主要的优势，庞加莱截面法可以定性地区分出系统的周期运动、拟周期和准周期运动及混沌运动。Lyapunov 指数法描述了系统在相空间内相邻轨道间收敛或者发散的平均指数率，Lyapunov 指数法可以定量区分出系统的周期状态和混沌状态的动力学特征。Kolmogorov 熵是表征混沌系统特性的另一重要指标，它分别给出了轨道在单位时间内产生的平均信息量的上限和下限，Kolmogorov 熵可以定量区分出系统的随机状态和混沌状态，并且可以衡量系统的混沌程度。庞加莱截面法、Lyapunov 指数法和 Kolmogorov 熵等方法常应用于大气模型、交通流和多相混合等领域进行混沌检测。上述方法均可以应用到各领域的时间序列并检测其混沌特性。但是上述方法存在一定的局限性，如庞加莱截面法只能定性地分析系统的混沌性而不能定量地判定其混沌特性，Lyapunov 指数法和 Kolmogorov 熵等需要对相空间进行重构，而且受延迟时间、嵌入维数及噪声等多因素的干扰容易产生一定的误差，缺乏客观的指标，导致测量结果不准确，同时计算烦琐、耗费的时间长。相图法则只能定量地去量化多相流混合过程的混沌特征，同样不具有说服力。混沌吸引子的分形性质一般用关联维数来刻画，G-P 算法是计算关联维数的一种主流方法。但是在用 G-P 算法计算关联维数时，没有公认的方法获得无标度区间，一般都是采用肉眼识别法，选取一段合适的直线段来计算斜率，同时该方法受时间序列长度和噪声的影响较大，随机噪声也可能得到有限的关联维数。为了克服上述传统混沌检测方法的缺点，Gottwald 等人[74]提出 0-1 测试法检测并精确量化了时间序列的混沌行为，该方法可直接应用于时间序列且 0-1 测试法不存在相空间重构中参数的不确定性，不受延迟时间和嵌入维数等因素的干扰、易于操作、结果输出简单。可直接输入离散时间序列，不需要先确定其他参数，根据返回值趋近于 1 或 0 来判断输入的时间序列是否具有混沌性，且与庞加莱截面法、Lyapunov 指数法、Kolmogorov 熵及相图法等相比该方法既可以定量地表征多相流混合过程的混沌特征，也可以定性地表征多相流混合过程的混沌特征，从而可以准确测量和表征搅拌反应器内多相流体的混合特征。同时该方法计算量相对较小，计算时间比较短，可以快速识别序列的混沌性。该方法提出后，学者们将 0-1 测试法用于各领域进行研究。Blak 等人[75]利用 0-1 测试法识别道路交通网络的动力学混沌特性。肖清泰等人[76]运用改进 0-1 测试法对顶吹搅拌混合过程中 Betti 数时间序列做混沌检测。近几年，又有学者在 0-1 测试法的基础上提出了改进 0-1 测试法，改进型 0-1 测试方法具备了传统 0-1 测试方法的所有优点，通过提取离散时间序列局部极值的方案解决了应用 0-1 测试方法时可能面临的过抽样问题，实现了混沌检测的精确数值量化，该方法已经被成功地应用于 Lorenz 系统和 Duffing 系统。

3.1.3　混合过程混沌表征方法

3.1.3.1　混沌表征的常用方法

混沌现象在自然界中是普遍存在的。自然界存在的大量运动都可以认为是混沌运动，规则运动只是相对在局部范围内和较短的时间内存在。法国的庞加莱在研究数学上证明了太阳系的稳定性问题时发现保守系统中的混沌现象[77]。1954 年，苏联数学家 Kolmogorov 在探索概率起源的过程中发表了《哈密顿函数中微小变化时条件周期运动的保持》一文。1963 年，Kolmogorov 的学生 V. I. Arnold 对此做出了严格的证明，瑞士数学家 J. Moser 进行了改进。该思想为混沌发现之初，在保守系统中如何出现混沌提供了信息。真正意义上的混沌研究开始于 1963 年美国气相学家 Lorenz 关于大气运动方程的数值研究[78-84]。1963 年，Lorenz 在《确定性非周期流》中指出：在三阶非线性自治系统中可能出现混乱解。Lorenz 方程为：

$$\begin{cases} \dot{x} = -\sigma(x - y) \\ \dot{y} = -xz + rx - y \\ \dot{z} = xy - bz \end{cases} \tag{3-1}$$

式中，x 为振幅，与运动强度具有正相关关系；y 为上升流与下降流间的温差；z 为垂直分布的非线性度；σ 为普朗特（Prantl）数；r 为瑞利数与其临界值之比；b 为正实数，没有直接的物理意义。

该方程是一个完全正确的三阶常微分方程，当其参数一定时，其解为非周期解，看起来很混乱。这是在耗散系统中，一个确定的方程却能导出混沌解的第一个实例。V. I. Arnold 讨论的是保守系统，而 Lorenz 方程讨论的是耗散系统，它们从不同角度说明，两种不同类型的动力系统，在长期的演化过程中是怎样出现混沌的。Lorenz 在发现混沌的同时，还发现混沌对初始条件极端敏感。1964 年，法国天文学家 Hénon 从研究球状星团及 Lorenz 吸引子中得到启发，给出了 Hénon 映射，即

$$\begin{cases} x_{n+1} = 1 + by_n - ax_n^2 \\ y_{n+1} = x_n \end{cases} \tag{3-2}$$

因此在 20 世纪 80 年代之前，对混沌的研究主要表现在计算机数值实验（如 Lorenz、Logistic 和强迫 Brusselor 系统等）、物理实验（如 Duffing 振动、浅水波的强迫振动、非线性电路中的混沌等）、数值模拟、观测和再现混沌行为，所借助分析的数学主要是分叉理论和突变理论。而在 20 世纪 80 年代之后，人们着重研究系统如何从有序进入新的混沌，以及混沌的性质和特点，并借助单、多变量分形理论和符号动力学进一步对混沌结果进行研究[85-89]。20 世纪 80 年代初，Takens[90]、Packard 等人[91]根据 Whitney 拓扑嵌入定理提出重构动力学轨迹相空间的延迟坐标法，从而为时间序列分析提供了一条新的思路。Grassberger 和 Procaccia[92]首次运用这种相重构方法，从实验数据时间序列计算出实验系统的奇异吸引子的统计特性，如饱和关联维数（分数维）、Lyapunovv 指数和 Kolmogorov 熵等混沌特征量，从而使混沌理论进入实际应用阶段。

3.1.3.2 混沌判别方法分类

尽管混沌有不同的定义，但是根据混沌的定义来判断识别混沌会有许多不便，所以，从混沌理论出现以来，便有许多学者致力于研究混沌的判别问题。然而到目前为止，还不存在一个普适性的混沌判别方法。由于混沌状态的高度复杂性，利用解析的方法来判别是很困难的。加之计算技术和数字信号处理技术的飞速发展，使得人们在研究混沌判别问题时，通常采用数值方法。发展至今，混沌判别方法大体上可以分为两类：

（1）直观方法。所谓直观方法，就是仅通过对分析信号的时域或者频域特征曲线的观察，直观地确定混沌存在与否。这类方法是基于理论上对混沌的认识，采用实验的手段来观察混沌现象，相对简单、直观，不需复杂的计算。这类方法包括时间历程法、相轨迹图法、频闪采样法、Poincare 截面法及功率谱法。由于直观方法具有简单易行、判别方便等

特点，因而成为判别混沌的最基本手段，很多学者在研究混沌现象时，都采用了此类方法[93-95]。但是，这类方法也有其不可否认的缺点，其中最主要的缺点就是判别不精准，利用直观方法得到的判别结果受很多因素的影响，如实验中仿真时间的长短、采样点的多少等，甚至还受到实验人员主观因素的影响。诸多因素的存在，必然造成直观方法精确性低、误差大。

作为混沌的直观判断，有其自身的优点：它可以直观地描述物理模型抽象概念所蕴含的科学内涵，使某些抽象的概念和复杂的过程视觉形象化，能较有效地探讨系统内在的本质和规律性。但是这种直观法的缺点却是不容忽视的，首先，这种方法的效率低，若想真正反映系统的特性，在计算机仿真时必须有足够长的仿真时间，选取足够多的采用点，而这势必造成实验效率的降低。其次，直观法的误差很大。造成误差大的原因很多，如计算机仿真中采样点的不足、实验人员的主观判别误差等。再次，直观法不能精确地辨识系统从混沌态向周期态的跃变。微弱信号混沌检测技术的关键是判别出系统从混沌态跃变到周期态的那一瞬间，混沌判别的精确与否直接关系到检测结果的精确度。

（2）定量方法。所谓定量方法，就是通过一定方法计算混沌的某个特征量，根据得到的特征量数值判别混沌是否存在。这些混沌的特征量包括分维数（fractal dimension）、柯尔莫哥洛夫熵（Kolmogorov entropy，简称 K 熵）及李雅普诺夫特性指数（Lyapunov characteristic exponents，LCE）。和直观方法不同，定量方法需要经过一定的计算过程，根据得到的具体数值判别而不是直观的图形判别混沌，具有直观法不可比拟的精确性。因此，当前的混沌识别研究中，越来越多的学者开始采用定量法[96-98]。

相对而言，定量分析法有着直观法不可比拟的精确性，定量分析法通过具体的数值，判别出系统是否处于混沌状态，而不会出现直观法难于判别的问题，所以定量法消除了直观法可能出现的误判情况，大大提高了判断的精确性。因此，本章主要研究定量分析法，而定量分析法中 Lyapunov 特性指数法是最基本的，也是最重要的，另两种方法，即分维数法和 K 熵法，都与之有密切联系[99]，所以本章确定采用 Lyapunov 作为混沌判据，并应用于混沌时间序列判别中。

3.1.3.3　典型的混沌系统

A　虫口模型——Logistic 映射

虫口模型由美国数学生态学家 May 于 1976 年提出。它以数学方法来刻画昆虫的数量变化，因此称为虫口模型。其表达式为：

$$x_{n+1} = x_n(a - bx_n) \tag{3-3}$$

式中，a 为增长率；bx_n 为在有限的资源条件下昆虫数量的饱和状态，即在一定范围内，由于支持该数量的昆虫所需要的食物资源是有限的，因此当特定范围内的昆虫数量过多、x 值极大时，昆虫之间就要争夺有限的食物等资源[100]。

关系式 $x_{n+1} = \mu x_n (n = 1, 2, \cdots)$ 表述虫口模型的离散动力系统，其中，$a = b = \mu$，则由 μ 的取值范围可以分为如下几种情况：

（1）当 $0<\mu\leqslant 1$ 时，$f(x) = \mu x(1 - x)$ 表示的系统是离散的，且具备简单的非线性动力学特性，仅有不动点 $x_0 = 0$ 是做周期运动的，该不动点也被称为吸引不动点。

（2）当 $1<\mu<3$ 时，$f(x)=\mu x(1-x)$ 表示的系统较为简单，此时共有两个不动点，分别是 0 和 $1-1/\mu$，同时这两点也是系统在 $0<\mu\leqslant 3$ 时仅有的两个周期点。

（3）当 $3\leqslant\mu\leqslant 4$ 时，由方程 $f(x)=\mu x(1-x)$ 确定的系统与前两种情况不一样，这时系统动力学特征变得非常复杂，并且在这种情况下，系统演化逐渐由倍周期分岔变成混沌。

（4）当 $\mu>4$ 时，系统的动力学形态更复杂。

这四种情况的 Logistic 映射倍周期分岔通向混沌图如图 3-5 所示。可以看到 Logistic 方程对应的四个阶段。在第一阶段，系统仅有 $x_0=0$ 一个不动点；而在第二阶段，系统演化为两个不动点，进行周期运动，在图上显示为两条单独的曲线；在第三阶段，系统演化进入较为复杂的过程，演化轨迹出现多处分岔，且随着参数 μ 的增大，这种分岔逐渐演化为混沌；最后，在第四阶段，系统演化出完全混沌的特征。

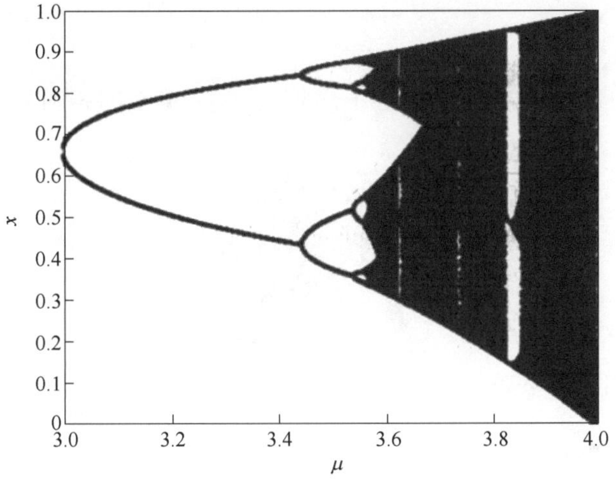

图 3-5 Logistic 映射倍周期分岔通向混沌

B Lorenz 方程——大气对流模型

Lorenz 方程所代表的混沌特性由美国气象学家 Lorenz 在 1963 年提出[78]。其具体的表达形式见式（3-1）。Lorenz 方程组为三阶常微分形式[100]。

由于等式右端的二次项 xz 和 xy 都是非线性的。由于非线性的存在，使得系统中的每个部分相互影响和作用，同时相互之间的非线性作用力使系统整体不仅等于各个部分的加和，而且可能会出现两种结果。一方面是某种量的增加或减少，且这种量的变化是区别于普通的线性增加的；另一方面，在非线性的作用下系统的频率及结构都会发生改变。若取初值 $x(0)=-1$、$y(0)=0$、$z(0)=1$，积分时间步长 $h=0.01$，对固定参数取值 $\sigma=10$、$b=8/3$、$r=28$，对其进行积分，便可得到关于 x、y、z 的时间序列，同时所对应的变量在三个平面上的投影也可以得出。

由图 3-6 可知，Lorenz 方程的曲线与无序的噪声曲线是不同的，其在不同的平面上都呈现出一定的规律性。从图中可知，处于不同侧面上的曲线沿着一定轨迹进行重复性运动，最终会趋向于相对稳定的区域。但曲线在重复的同时也在按照某种规律不断改变，这说明了混沌现象本身所具有的非周期性和随机性。

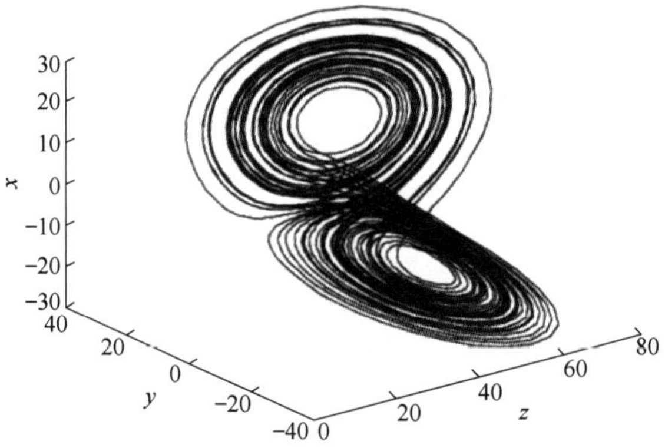

图 3-6　Lorenz 方程的三维空间相图

C　Chen's 吸引子

陈关荣在研究中发现了新的混沌吸引子[101]，其三维空间相图如图 3-7 所示。

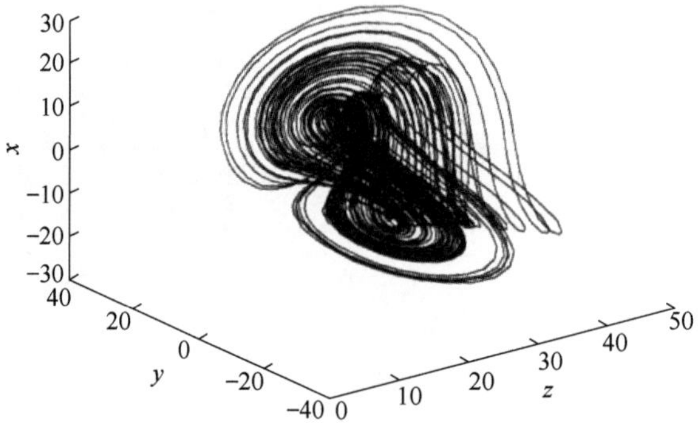

图 3-7　Chen's 方程的三维空间相图

D　Rossler 吸引子

Rossler 吸引子是最著名的混沌吸引子之一，由 Otto Rossler 于 1976 年提出，其三维相图如图 3-8 所示。

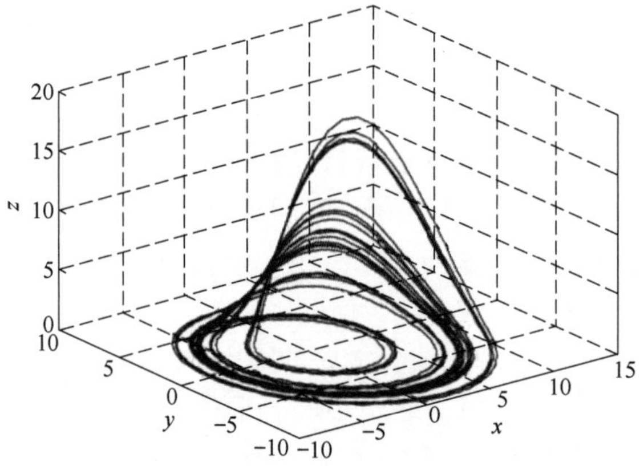

图 3-8　Rossler 方程的三维空间相图

E Hénon 映射

1976 年，法国天文学家 Hénon 在研究球状星团及 Lorenz 吸引子过程中得到启发，从而提出一种二维混沌映射，即 Hénon 映射，它是最著名的简单动力学系统之一，动力学方程可表示为：

$$\begin{cases} x(k+1) = 1 + y(k) - ax^2(k) \\ y(k+1) = bx(k) \end{cases} \tag{3-4}$$

当 $a = 1.4$、$b = 0.3$ 时，系统处于混沌状态，如图 3-9 所示。

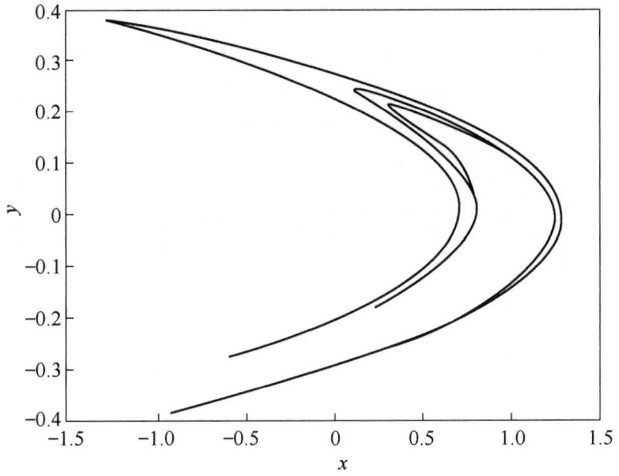

图 3-9 Hénon 方程的二维空间相图

3.1.3.4 常用的混沌时间序列预测方法

随着混沌动力学的发展，人们对时间序列预测的复杂性有了更深刻的认识。即使是一个完全确定的模型，经充分精确的数值求解，所获得的长时间演化结果也可能类似随机。动力系统长时间预测不准确的原因不是外在随机因素影响，更重要的是由系统内在的动力学所决定。混沌时间序列预测是以重相构空间理论为基础[14]。混沌时间序列的预测问题可以理解为动力系统研究的“逆问题”，它是给定相空间中的一串迭代序列，构造一个非线性映射来表示这一动力系统，这样的非线性映射就作为预测模型。

混沌是非线性动力学系统所特有的一种运动形式，它广泛地存在于自然界中。因此，确定给定的非线性时间序列是混沌还是随机信号，对于人们正确认识事物的规律性意义重大。在混沌理论的实际应用过程中，确定一个动力系统的动态行为是否是混沌状态，即是否存在混沌吸引子，一般的思路是借助混沌吸引子的两个基本特征来判断，即动力系统相空间中的吸引子是否存在自相似结构的分形维数特征和该动力系统对初始条件是否非常敏感。若所研究的吸引子具备这两个基本特征，那么就可以认为该吸引子是混沌吸引子，此时的动力系统行为就是混沌的。

混沌现象是将外在的无序性与内在的规律性进行巧妙地融合，对初始条件敏感。美国学者 Aref 首次将混沌引入流体力学领域，不需要借助外在机械的作用可以实现流体的高效搅拌，而简单的二维非定常流场可以诱发混沌混合。混匀时间作为衡量多相混合效果的一个重要指标，流体的高效搅拌能够增大混沌区以强化多相流混合过程，为研究流场的混沌特性及宏观混合效果提供了一种新思路。一般地，混沌识别方法有庞加莱映像法、相图法、Lyapunov 指数法、Kolmogorov 熵及功率谱等方法。但上述方法存在精度不高，受噪声、延迟时间及嵌入维数等因素的干扰等问题。为检测时间序列的混沌特性，引入 0-1 测试法量化时间序列的混沌行为。

3.1.3.5 混沌时间序列与 0-1 测试算法

A 0-1 测试算法

由于研究的是混合效果评价问题，故只关心最终混合的质量如何，而并不关心从开始混合到最终的状态的过程。Gottwald 和 Melbourne 提出了一种新的方法用来检测时间序列中低维混沌的存在，该方法很容易实施，且不需要基本方程、相空间重构及嵌入维数。目前，0-1 测试方法已经被成功地应用在各种系统（如 Lorenz 映射、Logistic 映射等）、有噪声和没噪声的理论时间序列及实验数据，不像经典的计算最大 Lyapunov 指数方法，0-1 测试方法结果输出简单，只有两个结果：接近 0 代表非混沌的动力系统，而接近于 1 则表示是混沌的动力系统。该 0-1 测试方法恰恰就是一种极限理论，同样只是对于最终的状态进行混沌的判别，而对于过程并不关心。因此，最新的 0-1 测试方法对于处理混合效果的评价非常有效，该方法的原理如下。

考虑一个可获得的集合 $\phi(j)$，$j=1, 2, \cdots, N$，对于 $c \in (0, \pi)$，计算转化变量：

$$\begin{cases} p_c(n) = \sum_{j=1}^{n} \phi(j)\cos(jc) \\ q_c(n) = \sum_{j=1}^{n} \phi(j)\sin(jc) \end{cases} \tag{3-5}$$

式中，$n= 1, 2, \cdots, N$。

为了确定 p_c 和 q_c 的增长，很容易就考虑到平均平方位移（MSD），定义如下：

$$M_c(n) = \lim_{N\to\infty} \frac{1}{N}\sum_{j=1}^{N} \{[p_c(j+n) - p_c(j)]^2 + [q_c(j+n) - q(j)]^2\} \tag{3-6}$$

注意到，这种定义要求 $n \ll N$。在实际应用中发现当 $n_{cut} = N/10$ 时可以得到更好的结果，该方法是基于 $M_c(n)$ 作为 n 的一个函数增长率，接下来需要对 K_c 的渐进增长率进行估计。引入关联系数的方法来确定 K_c 的数值大小，通过计算向量 $\boldsymbol{\xi} = 1, 2, \cdots, n_{cut}$ 和 $\Delta = M_c(1), M_c(2), \cdots, M_c(n_{cut})$ 来给定向量 $\boldsymbol{x}$ 和 $\boldsymbol{y}$ 的长度 q，按照平常的方式定义协方差和方差：

$$cov(x, y) = \frac{1}{q}\sum_{j}^{q}[x(j) - \bar{x}][y(j) - \bar{y}] \tag{3-7}$$

其中

$$\bar{x} = \frac{1}{q}\sum_{j=1}^{q} x(j) \tag{3-8}$$

$$var = (x) = cov(x, x) \tag{3-9}$$

定义关联系数：

$$K_c = corr(\xi, \Delta) = \frac{cov(\xi, \Delta)}{\sqrt{var(\xi)var(\Delta)}} \in [-1, 1] \tag{3-10}$$

K_c 接近于 0 代表规则动力系统，而 K_c 接近于 1 代表混沌动力系统。利用相关方法定

义均方位移 $D_c(n)$ 的渐进增长率 K_c 和利用回归方法定义 $D_c(n)$ 的渐进增长率 K_c 分别如下：

$$K_c = \frac{cov(\xi, \Delta)}{\sqrt{var(\xi)var(\Delta)}} \tag{3-11}$$

$$K_c = \lim_{n\to\infty} \frac{\ln D_c(n)}{\ln n} \tag{3-12}$$

改进型 0-1 测试方法的实施步骤如下：（1）考虑过度采样的离散时间序列 $\psi(n)$；（2）映射 $\psi(n)$ 的局部极值为 $\varphi(m)$，$m \in M$；（3）基于独立采样周期的 $c \in (0, \pi)$，利用0-1测试方法对 $\varphi(m)$ 进行混沌检测。如果 $p_c(n) - q_c(n)$ 图呈现随机布朗运动的形态、$D_c(n)$ 随时间 n 线性增长，K_c 接近于1，则判定为混沌时间序列；对于非混沌时间序列，如果 $p_c(n) - q_c(n)$ 图呈现有界的周期环、$D_c(n)$ 有界，K_c 接近于0，则判定为非混沌时间序列。

B 庞加莱截面

庞加莱截面法是法国数学家庞加莱利用几何的观点，对非线性动力系统进行了深入的探索研究，总结得出的方法。该方法主要的优势是刻画面的特征，由于本章中利用的是一种可视化技术来获得混合过程中的某一截面进行研究，故应用庞加莱截面分析混合时间序列的特征非常有效。在相空间中适当选取某一截面（要有利于观察该系统的运动规律特征和变化，如截面不能和其轨线相切，更不能包含轨线），该截面被称为庞加莱截面，而相空间的连续轨迹与此截面的交点被称为截点。假设记录获得的庞加莱点为：B_0，B_1，…，B_n，…，在该截面上使系统连续运动，降为低维的离散点之间的映射为：

$$B_{n+1} = TB_n \tag{3-13}$$

式中，T 为庞加莱映射。

庞加莱截面判断动力系统的规则如下：当系统的运动为周期运动时，在庞加莱截面上简化为 n 个点（称为周期 n 运动）；当系统的运动为拟周期或准周期运动时，在庞加莱截面上是一条闭曲线；当系统的运动为非周期的混沌运动时，在庞加莱截面上是一些成片的密集点。因此庞加莱映射可用来判断一个系统是否为混沌状态。显然，它是一种比较直观、定性的方法。

C Lyapunov 指数法

混沌运动的基本特点是运动对初始条件的敏感性，即从两个非常接近的相邻点出发的轨道，经过一段时间后，系统按指数级迅速分道扬镳，Lyapunov 指数就是定量描述这一现象的量。Lyapunov 指数的定义如下：对于 n 维相空间中的连续动力学系统，考虑一个以 x_n 为中心，$\varepsilon(x_n)$ 为半径的 n 维无穷小超球面的长时间演变行为，其中 $\varepsilon(x_0) \neq 0$，随着时间的变化，由于流形的局部变形本质，球面会逐渐演化成为一个超椭球面。按椭球第 i 个主轴的长度 $\varepsilon_i(t)$ 可定义系统的第 i 个 Lyapunov 指数为：

$$\lambda_i = \lim_{i\to\infty} \frac{1}{t}\log_2 \frac{\varepsilon_i(t)}{\varepsilon_i(0)} \tag{3-14}$$

或者定义为

$$\lambda_i = \lim_{i\to\infty} \frac{1}{t}\ln \frac{\varepsilon_i(t)}{\varepsilon_i(0)} \tag{3-15}$$

当 Lyapunov 指数大于零时，则相邻轨道随着时间演化分离，长时间行为表现出对初始条件非常敏感，运动呈混沌状态；当 Lyapunov 指数小于零时，相邻轨道随着时间演化靠拢，相体积收缩，运动变得稳定，且对初始条件不敏感；当 Lyapunov 指数等于零时，则随着时间演化相邻轨道距离保持不变，对应于稳定的边界，这表明了系统处于一种临界的情况。

混沌系统相邻的轨道是以指数形式分离的，而 Lyapunov 指数的个数往往跟重构相空间的维数一样。但混沌系统的维数是未知的，因此计算 Lyapunov 指数是基于相空间的重构。所以，人们在实际应用中，一般是计算最大 Lyapunov 指数。通常的计算方法有小数据量法、Wolf 方法、Jacobian 法和 Rosenstein 法等。由于最大 Lyapunov 指数的计算结果并不是直接得到的，而是从曲线图形中拟合直线部分得到，这种分析结果往往具有很大的变化幅度。一般地，人们常利用 Rosenstein 法计算实验获得的非线性时间序列。Rosenstein 方法的步骤是：

（1）对采样间隔为 Δt 的一维时间序列 $\{x_i\}(i=1,2,\cdots,N)$，选择适当的重构维数 m 和时延 $T=J\cdot\Delta t$，用延时法重构 m 维相空间：

$$X_i=[x_i,\ x_{i+T},\ \cdots,\ x_{i+(M-1)T}] \tag{3-16}$$

（2）按 i 的顺序寻找相空间中每一矢量点 X_j 的最近邻点 $X_{\hat{j}}$，这里要求 $|j-\hat{j}|>p$（p 为时间序列的平均周期）。

（3）一一对应地计算出 X_j 后的各点与 $X_{\hat{j}}$ 后的各点之间的距离：

$$d_j(i)=\|X_{j+i}-X_{j+i}\| \tag{3-17}$$

式中，$i=1,2,\cdots,k$，且 k 为常数。

因为最大 Lyapunov 指数 λ_1 对此距离的指数发散或者收敛起最主要作用，故有

$$d_j\approx c_j\mathrm{e}^{\lambda_1(i\Delta t)} \tag{3-18}$$

式中，c_j 为 X_i 和 $X_{\hat{j}}$ 之间的距离，$c_j=d_j(0=\|X_j-X_{\hat{j}}\|)$。

（4）对 $d_j(i)\approx c_j\mathrm{e}^{\lambda_1(i\Delta t)}$ 取自然对数，得到：

$$\ln d_j\approx\lambda_1(i\Delta t)+\ln(c_j) \tag{3-19}$$

（5）将式（3-19）对 j 取全局平均，得到 $\langle\ln d_j(i)\rangle$，这里的 $\langle\cdot\rangle$ 代表全局平均。令 $y(i)=\frac{1}{\Delta t}\langle\ln d_j(i)\rangle$，得到：

$$y(i)\approx\lambda_1 i+\frac{1}{\Delta t}\langle\ln(c_j)\rangle \tag{3-20}$$

则 $y(i)$-i 曲线在一定范围内应近似为一条直线，其斜率约为 λ_1。用 Rosenstein 方法计算最大 Lyapunov 指数的主要优点是该方法对重构维数、时延和噪声水平有一定的鲁棒性，获得的最大 Lyapunov 指数较为精确。

3.1.3.6 混沌局域预测方法

Farmer 和 Sidorowich 在相空间重构理论的基础上提出了混沌时间序列的局域预测的思想[102]，对 m 维嵌入空间中需要预测的相点相临近的 K 个状态点进行拟合，利用重构函数 F 对相空间轨迹的运动趋势进行预测。在相空间中，当系统运动所呈现的吸引子形式不稳定时，则采用局部预测方法。由于局部预测法有着适用性广、计算所需的数据量小、运算

速度快的优点，更能体现混沌系统的动态性，具有比全局法更好的预测性能，因此得到广泛的应用。目前，常用的局域法有基于 Lyapunov 指数的局域法、零阶局域法、一阶局域法及高级局域法等，其根据应用环境的不同而有所区分。而全局预测算法是另一类重要的预测方法，它利用全部已获得的信息，来推测混沌系统未来的发展轨迹。全局预测算法由于适用范围广，因此备受关注。常用的全局预测算法有全局多项式预测、神经网络预测。其中全局多项式预测函数本身构成一组完备的正交基，理论上能够以任意的精度逼近任何连续的函数，因此常被应用于混沌序列全局预测中；而神经网络预测应用于混沌时间序列预测始于 20 世纪 80 年代，最早采用的前馈神经网络是多层感知机网络和径向基函数网络，其基本预测方法是在混沌时间序列的相空间重构中，利用神经网络逼近相点的演化规律。当然还有自适应预测等方法，在实际应用中，自适应算法能够根据输入信号自动调节自身的参数，以达到最佳输出效果。因此，自适应预测算法成为混沌信号处理走向实用的重要组成部分。自适应算法并非独立于局域方法和全局方法，它只是一种实现方式，其基础仍然是局域方法和全局方法。自适应预测技术根据所用函数，同样可以分为线性方法和非线性方法。常用的线性方法包括经典的 FIR 和 IIR 滤波预测。但是，多数线性方法过于简单，不能有效地跟踪混沌信号的变化，因此使用较少。自适应算法仍然存在一些问题，首先是基函数的选择是人为的，因此使用范围有限；其次经典的优化算法对于混沌信号并非是最佳的，需要进一步改进。

3.2 多相体系搅拌混合效果评价理论与方法

3.2.1 计算同调群理论与 Betti 数

在代数拓扑和抽象代数中，同调是将一个阿贝尔群或者模的序列和特定数学对象（例如拓扑空间或者群）联系起来的过程。其过程如下：给定一个对象 X，首先来定义链复形，它包含了 X 的信息。一个链复形是一个由群同态联系起来的阿贝尔群或者模 A_0，A_1，A_2，… 的序列，群同态 $d_n: A_n \to A_{n-1}$，满足任何两个相连的同态的复合为 0：$d_n o d_{n+1} = 0$，对于所有 n 都成立。这代表第 $n+1$ 个映射的像包含在第 n 个映射的核之中，定义 X 的第 n 阶同调群为因子群（因子模）为：

$$H_n(X) = \frac{\ker(d_n)}{im(d_{n+1})} \tag{3-21}$$

链复形称为正合的，如果 $(n+1)$ 阶映射的像总是等于 n 阶映射的核。因此 X 的同调群是 X 所关联的链复形和正含有“多远”的衡量。

推论：任何有限生成的阿贝尔群 G 是同构的，对于这样的一组形式：

$$Z^r \oplus Z_{b_1} \oplus Z_{b_2} \oplus \cdots \oplus Z_{b_k} \tag{3-22}$$

式中，r 为非负整数；Z_b 为整数模 b 的群，$b_i > 1$ 以 $k > 0$ 为条件，b_i 除以 b_{i+1} 其中 $i \in \{1, 2, \cdots, k-1\}$ 以 $k > 1$ 为条件，那么，r，b_1，b_2，…，b_k 是由群 G 唯一确定的；Z^r 为一个自由阿贝尔群；Z_{bi} 为有限循环群，尽管如此，从分类的角度来看重要的是同构的每个有限生成的阿贝尔群正是通过唯一的有限数集 r，b_1，b_2，…，b_k 来确定的；r 为自由子群 Z^r 的秩，称为 G 的 Betti 数；b_1，b_2，…，b_k 为挠系数。

在代数拓扑学中，拓扑空间的 Betti 数 b_0，b_1，b_2，… 是一组重要的不变量，取值为非负整数或无穷大。直观地看，b_0 是连通成分的个数，b_1 是沿着闭曲线剪开空间而保持连通的最大剪裁次数。更高次的 b_k 可有同调群定义，空间 X 的第 k 个 Betti 数（k 为非负整数）定义为：

$$b_k = dimH_k(X;\ Q) \tag{3-23}$$

式中的同调群可以任意域为系数。有限单纯复形或 CW 复形的 Betti 数有限。当 k 大于复形维度时，$b_k = 0$。对于有限 CW 复形，定义其庞加莱多项式为 Betti 数的生成函数：

$$P_X(z):=\sum b_k z^k k \tag{3-24}$$

对于任意的 X 和 Y，有

$$P_{X\times Y}(z) = P_X(z)P_Y(z) \tag{3-25}$$

对于 n 维可定向闭流形 X，庞加莱对偶定理给出 Betti 数的对称性：

$$b_k(X) = b_{n-k}(X) \tag{3-26}$$

每一个同调群测量一个不同的几何属性，$H_0(X)$ 计算空间 X 连通分支或块的数量，更确切地说，如果 $\beta_0 = k$，那么 X 恰好有 k 个成分组成。$H_1(X)$ 提供了结构中通道的数量，在二维区域中，比如图 3-10 中，通道被降低到环或者圈，尽管如此，连通分支的大小或者形状在圈或环的定义上并不起任何作用。对于一个三维结构的圈或者环就是通道，而通道的宽度或者长度是无关紧要的，比如说一个洗衣机有一个宽的但是非常短的通道，然而一个花园的水管有一个窄且非常长的通道。尽管如此，对于一个一般的三维区域 β_2 代表封闭体或者腔的数量。同调的直观解释如下：如图 3-10 所示，在圆环中闭曲线 C_1 是所围区域的边界，称为一维闭链 C_1 同调于零；而 C_2、C_3 都不是自己所围区域的边界，称 C_2 和 C_3 均是不同调于零的闭链。但 C_2 和 C_3 合起来是共同所围区域的边界，则称一维闭链 C_2 和 C_3 同调。类似地，可对各维闭链定义同调的概念。用同调这等价关系对各维闭链进行等价分类，就得到各维同调群，用它来刻画拓扑空间包含各维洞的情况。

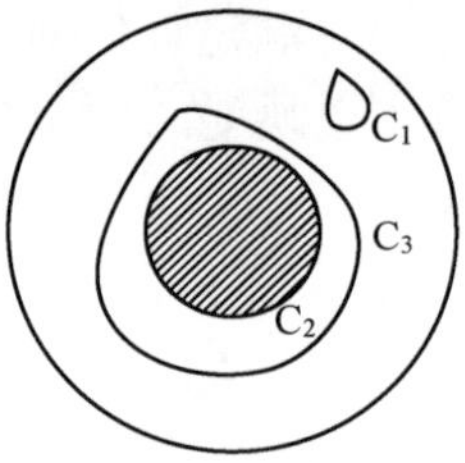

图 3-10　同调直观图

从计算的角度来讲，确定一个复杂三维结构的 Betti 数并不是简单的。事实上，计算同调群的最新进展使得直接计算 Betti 数成为可能，运用免费的软件包 CHomP 不仅可以计算二维区域，而且也可以计算三维区域的 Betti 数大小。

3.2.2　多相混合效果的同调刻画

尽管由法国学者 Le Coënt 提出的计盒维数-腐蚀法能够量化混合的均匀性，但是这种方法不能够应用来量化混合的非均匀性或伪均匀性。正如在实验过程中所看到的，经过相当长的混沌流强化混合后，一些团聚、结块（其中还有洞）仍然存在于反应容器中，这恰恰反映了混合的非均匀性。为了同时获得混合均匀性和非均匀性的量化，提出了一种基于计算同调群的原始分析方法。

众所周知，0 维（β_0）和 1 维（β_1）Betti 数在代数拓扑中具有以下几何信息：0 维 Betti 数代表所构成空间的连通分支的数量，1 维 Betti 数则提供了结构中通道数量的量化，如图 3-11 所示。在二维空间中，这些通道被缩小为圈。简而言之，0 维 Betti 数表示图样中块的个数，1 维 Betti 数指的是区域中洞的个数。一般而言，如果玻璃反应器中块的个数足够多，那么混合效果就足够好，此外，在这些团聚的结块中洞的个数，反映了混合非均匀的程度，往往有洞的区域存在团聚或大块，如图 3-12 所示。因此，0 维 Betti 数和 1 维 Betti 数被用来分别获得混合均匀性和混合非均匀性这样一种表征。尽管如此，在一些非常特殊的情况下，具有相同 Betti 数的图像中块的分布也会非常不同。

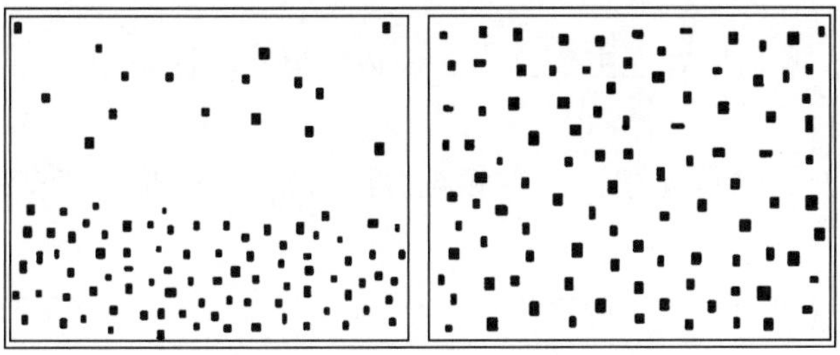

图 3-11 块的个数为 100 的图样

（$\beta_0=100$ 和 $\beta_1=1$）

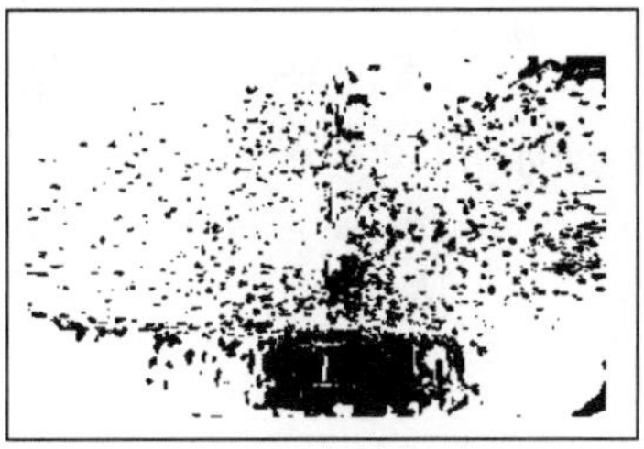

图 3-12 Betti 数计算结果

（$\beta_0=633$ 和 $\beta_1=77$）

通过借助 CHomP 软件包来计算不同喷枪浸入长度和气体流量下二值图的 0 维 Betti 数及 1 维 Betti 数，如图 3-12 所示，0 维 Betti 数 $\beta_0=633$，1 维 Betti 数 $\beta_1=77$，简而言之，说明此时的混合图样中存在 633 个“块”，77 个“洞”。从图 3-12 可以清楚地看到，这些有“洞”的区域往往是大块聚集的区域才会形成洞，这种非均匀性通过 1 维 Betti 数得到了有效的量化，而 0 维 Betti 数恰恰量化了混合的均匀性程度。

基于获得的 0 维和 1 维 Betti 数时间序列，为了衡量整个混合过程的混合效果，探索混合效果的评价，需要定义量化混合效果的一个重要参数，即混合时间 T（单位为 s）。关于 T 的定义如下：二值图像的 0 维 Betti 数等于每一组实验产生的所有二值图像的 Betti 数的平均值。0 维 Betti 数的平均值 $\overline{\beta_0}$ 是指 $t>T$ 之后稳定状态下对 0 维 Betti 数计算的平均值，混合时间 T 的数值可以被用来估计实验中需要产生更好的混合效果的最短混合时间。

考虑集合：

$$x^+:=\{t\,|\,\beta_0(t)\ \overline{\langle\beta_0,\ t\rangle T}\}\tag{3-27}$$

$$x^-:=\{t\,|\,\beta_0(t)\ \overline{\langle\beta_0,\ t\rangle T}\}\tag{3-28}$$

$$A:=\frac{1}{2}\left[\frac{1}{m}\sum_{t\in x^+}\beta_0(t)-\frac{1}{n}\sum_{t\in x^-}\beta_0(t)\right]\tag{3-29}$$

式中，β_0 为在时间 T 时刻捕捉到图样二值图的 0 维 Betti 数；m，n 表示 x^+，x^- 中元素的个数；A 为估计 0 维 Betti 数偏离它的平均值 $\overline{\beta_0}$ 的幅度，即振幅。

通过计算同调群的程序对实验获得的每一组实验数据进行计算，获得关于 0 维 Betti 数和 1 维 Betti 数随时间演化的时间序列曲线，通过计算最短混合时间 T、振幅 A 及 0 维 Betti 数和 1 维 Betti 数的平均值，建立最优化模型对每一种混合工况下的混合效果进行评价，得出最优解，为多相流混合效果评价体系的建立提供方法借鉴，同时为工业设计搅拌反应器提供理论和技术指导。

基于图像形态学与计算同调群理论测定气-液两相流混匀时间的具体实施步骤如下：

（1）试验图像进行二值化处理。设定图像中 (i, j) 点的灰度值为 $\boldsymbol{P}_{ij}(t)$，选取灰度阈值为 l，则

$$\boldsymbol{P}_{ij}(t) = \begin{cases} 1 & \boldsymbol{P}_{ij}(t) > l \\ 0 & \boldsymbol{P}_{ij}(t) \leqslant l \end{cases} \tag{3-30}$$

（2）二值化图像进行形态学处理。形态学处理主要分为图像边缘提取和区域填充，具体实施如下：

1）边缘提取。像素矩阵 $\boldsymbol{P}_{ij}(t)$，B 为结构元素，示踪颗粒边缘为 $f_{ij}(t)$，形态学运算公式如下：

$$f_{ij}(t) = \boldsymbol{P}_{ij}(t) - (\boldsymbol{P}_{ij}(t) \circ B) \tag{3-31}$$

式中，$\boldsymbol{P}_{ij}(t) \circ B$ 为结构元素 B 腐蚀像素矩阵 $\boldsymbol{P}_{ij}(t)$ 后得到的图像。

2）区域填充。像素矩阵为 $\boldsymbol{P}_{ij}(t)$，$\boldsymbol{P}_{ij}(t)$ 的补集是 $\boldsymbol{P}_{ij}(t)^C$，D 为结构元素，填充过程是从图像边界内某一点 Q 开始做以下迭代运算：

$$X_k = (X_{k-1} \oplus D) \cap \boldsymbol{P}_{ij}(t)^C \tag{3-32}$$

式中，$k = 1, 2, 3, \cdots$；X_k 为填充后的目标区域。

（3）计算图像的 Betti 数。利用 CHomP 软件计算出形态学处理后图像的 Betti 数，第 0 维 Betti 数 β_0 表示图像中块的个数，选取 β_0 作为衡量图像混合均匀效果的指标，从而得到关于第 0 维 Betti 数 β_0 的时间序列为 $L_1, L_2, L_3, \cdots$。

（4）确定混匀时间。观察第 0 维 Betti 数 β_0 时间序列 $L_1, L_2, L_3, \cdots$ 的变化规律，利用平均值法确定混匀时间。画出 β_0 随时间 t 的变化曲线，曲线变化趋势由起始缓慢上升过渡到最终平稳波动状态，选取首次达到平稳状态时（β_0 平均值）的时刻为混匀时刻，从而确定混匀时间 $T_{\beta E}$。

3.2.3 流型图像特征提取与 RGB 颜色模型

3.2.3.1 图像灰度分层法

灰度图像上 (x, y) 点处的灰度值为 $p(x, y)$，像素点从黑色到白色的变化对应于 $p(x, y)$ 从 0 到 255 的灰度值变化过程。如图 3-13 所示，定义 $[L_0, L_m]$ 为灰度级（其中，L_0 表示纯黑 $p(x, y)=0$，L_m 表示纯白 $p(x, y) = 255$）。令垂直于灰度轴的 k 个平面为灰度级 $L_0, L_1, L_2, \cdots, L_k(0 \leqslant k \leqslant m)$，由 k 个平面将图像灰度平均分为 $k+1$ 个灰度区间，即将图像灰度分层为 $k+1$ 层。

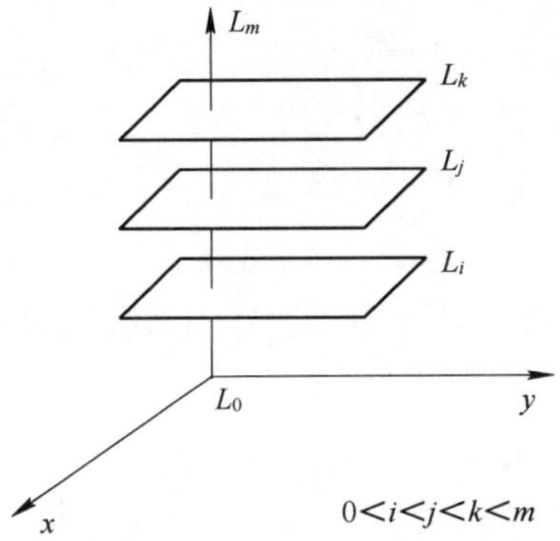

图 3-13 图像灰度分层图

基于图像灰度分层测定气-液两相流混匀时间的具体实施步骤如下：

(1) 试验图像进行图像分割处理。将图像转变为灰度图，并以像素矩阵 $\boldsymbol{P}_{ij}(t)$ 来表征。选取适宜的像素阈值 w，用于分割每一像素，阈值 w 采用自适应法选取，分割出图像中的示踪颗粒，则

$$\begin{cases} \text{if} \quad \boldsymbol{P}_{ij}(t) > w, \ \boldsymbol{P}_{ij}(t) = 0 \\ \text{if} \quad \boldsymbol{P}_{ij}(t) < w, \ \boldsymbol{P}_{ij}(t) = 1 \end{cases} \tag{3-33}$$

(2) 对分割后的图像 $F(t)$ 进行二值化处理，利用 Matlab 软件中的 bwlabel 函数对二值化图像 $I(t)$ 作用，生成标签矩阵 $L(t)$，共标记了 l 个目标区域，其中标签矩阵 $L(t)$ 由标记出的局部区域 $L_1(t)$，$L_2(t)$，$L_3(t)$，…，$L_l(t)$ 和背景区域 $L_b(t)$ 组成。

$$L(t) = \begin{cases} L_1(t), \ L_2(t), \ L_3(t), \ \cdots, \ L_l(t) \\ L_b(t) \end{cases} \tag{3-34}$$

(3) 基于图像的局部属性，利用 Matlab 软件中的 mean intensity 函数计算出分割后图像 $F(t)$ 的局部区域 $L_1(t)$，$L_2(t)$，$L_3(t)$，…，$L_l(t)$ 像素的平均值，分别为 K_1，K_2，K_3，…，K_l，并利用计算出的平均值替换原区域中的像素值。以局部区域 L_1 为例：

$$\begin{cases} \text{if} \quad \boldsymbol{P}_{ij}(t) = K_1 \quad \boldsymbol{P}_{ij}(t) = \boldsymbol{P}_{ij}(t) \\ \text{if} \quad \boldsymbol{P}_{ij}(t) \neq K_1 \quad \boldsymbol{P}_{ij}(t) = K_1 \end{cases} \tag{3-35}$$

式中，(i, j) 点为局部区域 $L_1(t)$ 中的像素点；$\boldsymbol{P}_{ij}(t)$ 为局部区域 $L_1(t)$ 中 (i, j) 点的像素值。

(4) 对替换后的图像进行分层处理，$K_{\max}$、$K_{\min}$ 分别为图像局部像素平均值 K_1，K_2，K_3，…，K_l 的最大值和最小值，$S = K_{\max} - K_{\min}$ 为像素值分层区间，采用平均分层的方法，$s = \dfrac{S}{k}$ 为每一层像素分层区间，k 为分层数量，则

$$\begin{cases} C_1(t) \quad K_{\min} < \boldsymbol{P}_{ij}(t) < K_{\min} + s \\ C_2(t) \quad K_{\min} + s < \boldsymbol{P}_{ij}(t) < K_{\min} + 2s \\ \quad \vdots \qquad\qquad \vdots \\ C_k(t) \quad K_{\max} - s < \boldsymbol{P}_{ij}(t) < K_{\max} \end{cases} \tag{3-36}$$

式中，$\boldsymbol{P}_{ij}(t)$ 为替换后 l 个目标区域中像素点的像素值，分层数量 k 由具体试验图像决定，$C_1(t)$，$C_2(t)$，$C_3(t)$，…，$C_k(t)$ 为分层后的 k 层图像。

（5）利用 CHomP 软件分别计算 $C_1(t)$，$C_2(t)$，$C_3(t)$，…，$C_k(t)$ 每一层图像的 Betti 数 $\beta_1(t)$，$\beta_2(t)$，$\beta_3(t)$，…，$\beta_k(t)$，从而得到 k 个 Betti 数的时间序列。

（6）分别画出 k 个 Betti 数时间序列变化曲线，利用平均值法分别确定每一层图像的混匀时间，选取 k 层首次共同达到混合均匀的时刻为混匀时刻，从而确定混匀时间 T_H 。

3.2.3.2 RGB 颜色模型

在红（R）、绿（G）、蓝（B）三基色模型（简称 RGB 颜色模型）中，每一种颜色都能够被表示为纯红、纯绿和纯蓝的 0~255 之间不同水平的混合，对于任意像素颜色 C 都可以通过改变三基色的数量混合得出，其表达式为下式：$C=r\times R+g\times G+b\times B$（其中，$r$、$g$、$b$ 分别为参数）。基于笛卡尔坐标系，对任一像素颜色的 R、G、B 三基色进行归一化处理，使所有的值都在区间［0，1］中，如图 3-14 所示。在直角坐标系中，红（R）、绿（G）、蓝（B）三基色分别对应 x 轴、y 轴和 z 轴。其中，（1，0，0）点表示纯红，（0，1，0）点表示纯绿，（0，0，1）点表示纯蓝，从（0，0，0）点到（1，1，1）点表示由纯黑到纯白的颜色变化过程。其他颜色分别对应于坐标系中的点。因此，对于任一像素颜色 C 都对应于 RGB 颜色模型坐标系中的点（r，g，b）。

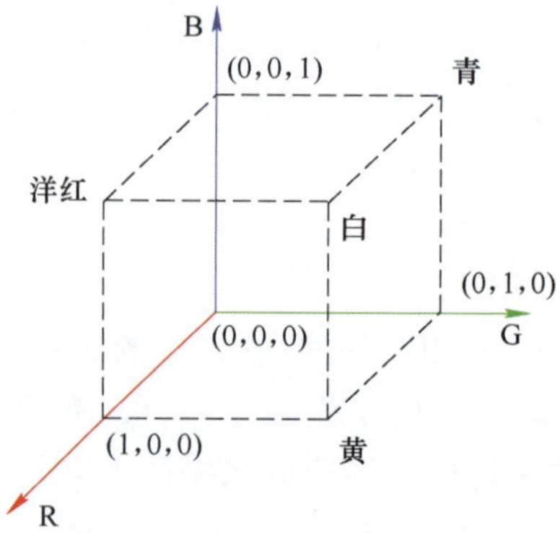

图 3-14 RGB 颜色模型坐标系

基于 RGB 颜色模型测定气-液两相流混匀时间的具体实施步骤如下：

（1）以像素矩阵 $\boldsymbol{P}_{ij}(t)$ 来表征目标区域，获取和分解像素矩阵：

$$\boldsymbol{P}_{ij}(t)=(\boldsymbol{R}_{ij}(t),\ \boldsymbol{G}_{ij}(t),\ \boldsymbol{B}_{ij}(t)) \tag{3-37}$$

式中，i，j 分别为像素位置；t 为时间；$\boldsymbol{R}_{ij}(t)$、$\boldsymbol{G}_{ij}(t)$、$\boldsymbol{B}_{ij}(t)$ 分别为红、绿、蓝三组分的像素矩阵。

（2）定义每一像素的阈值（β_{ij}^{R}，β_{ij}^{G}，β_{ij}^{B}）：

$$\boldsymbol{\beta}_{ij}^{R}=\boldsymbol{R}_{ij}^{0}+X(\boldsymbol{R}_{ij}^{\infty}-\boldsymbol{R}_{ij}^{0}) \tag{3-38}$$

$$\boldsymbol{\beta}_{ij}^{G}=\boldsymbol{G}_{ij}^{0}+X(\boldsymbol{G}_{ij}^{\infty}-\boldsymbol{G}_{ij}^{0}) \tag{3-39}$$

$$\boldsymbol{\beta}_{ij}^{B}=\boldsymbol{B}_{ij}^{0}+X(\boldsymbol{B}_{ij}^{\infty}-\boldsymbol{B}_{ij}^{0}) \tag{3-40}$$

式中，$\boldsymbol{R}_{ij}^{0}$、$\boldsymbol{G}_{ij}^{0}$、$\boldsymbol{B}_{ij}^{0}$ 分别为试验处于起始时刻（即 $t=0$ 时）像素 $\boldsymbol{P}_{ij}(t)$ 的红色组分、绿色组分和蓝色组分的像素值，此时的示踪颗粒分布尚未发生变化；$\boldsymbol{R}_{ij}^{\infty}$、$\boldsymbol{G}_{ij}^{\infty}$、$\boldsymbol{B}_{ij}^{\infty}$ 分别为试验处于结束时刻（即 $t=\infty$ 时）像素 $\boldsymbol{P}_{ij}(t)$ 的红色组分、绿色组分和蓝色组分的像素值，此时的示踪粒子均匀分布于搅拌容器内；X 为设定的阈值分数，取［0，1］之间的任意参数。

（3）对 RGB 组分进行像素分离。在混合过程中，随每一像素的像素值变化，利用定义的阈值去分离混合过程中红、绿、蓝三组分中每一像素为混匀像素还是未混匀像素。如果在混合过程中以红色组分为例，随着颜色的变化，像素 $\boldsymbol{P}_{ij}(t)$ 的红色组分像素值增加，那么一旦 $\boldsymbol{R}_{ij}(t) > \boldsymbol{\beta}_{ij}^{R}$，则认为像素 $\boldsymbol{P}_{ij}(t)$ 为混匀像素；而如果随着颜色的变化，像素 $\boldsymbol{P}_{ij}(t)$ 的红色组分像素值减少，那么一旦 $\boldsymbol{R}_{ij}(t) < \boldsymbol{\beta}_{ij}^{R}$，则认为像素 $\boldsymbol{P}_{ij}(t)$ 为混匀像素，如图 3-15 所示。

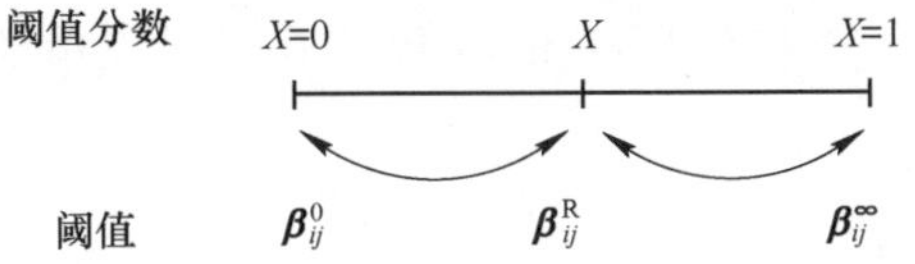

图 3-15　红色组分像素分离图

（4）计算混匀像素比，绘制混合曲线图。对于每张从视频中捕获的图样，首先计算混匀像素的数目 $N_{\mathrm{MixedPixels}}$，其次计算混匀像素比值 $M = N_{\mathrm{MixedPixels}}/N_{\mathrm{TotalPixels}}$（其中，$N_{\mathrm{TotalPixels}}$ 为目标区域像素数目总数），最终绘制混匀像素比 M 值随时间 T 变化的混合曲线图。

（5）确定混匀时间。在混合曲线图中，观察曲线的变化规律，发现曲线由起始波动上升的状态逐渐过渡到最终的稳定波动状态，与 Betti 数法测定混匀时间的曲线类似，因此利用 3σ 方法确定试验的混匀时间。即分别对各组分曲线应用 3σ 方法确定混匀时间，最终选取各组分首次均达到混合均匀的时刻为试验的混匀时刻，从而确定混匀时间 T_{M}。

3.3 气体强化搅拌多相混沌混合的水动力学实验

3.3.1 实验材料与模型确定

之所以选择最有代表性的多相流混合水力学实验进行研究，目的在于提出并阐述一种通用的衡量混合效果的方法，然后通过比较国内外先进的混合效果评价方法来验证方法的有效性和准确性，实现多相混合效果的评价和模型的验证。由于实际生产中涉及多相流的混合搅拌反应器非常多，根据冶金过程中艾萨炉实体模型，搭建顶吹混沌流强化水动力学实验平台即水动力学模型实验平台。运用可视化手段研究气-液两相在顶吹搅拌反应器中的混合特性，特别地，顶吹搅拌反应器采用透明有机玻璃器皿。实验主要由顶吹搅拌单元、图像采集单元及数据处理单元等构成。顶吹搅拌单元包括铁架台、透明圆柱形有机玻璃容器、喷枪、黑色聚苯乙烯颗粒、直尺、玻璃转子流量计及氮气瓶。其中，透明有机玻璃容器的体积为 5L、直径为 17.2cm、高为 26.8cm；喷枪的直径为 9.6mm；采用直径为

0.45mm 黑色聚苯乙烯颗粒作为示踪粒子；直尺的测量范围为 1～20cm；玻璃转子流量计用来测量和控制气体喷吹流量的大小，其流量范围为 250～2500L/h。图像采集单元为 AVI 格式，用每秒 30 帧的摄像机记录混沌流强化过程，数据处理单元（即个人电脑）的作用是存储及处理所捕获的视频。透明圆柱形有机玻璃容器内液面（水）的高度为 10cm，调节喷枪插入液面的深度，插入深度设定为 50～70mm，喷吹气体流量范围设定为 1000～2000L/h。三脚架的主要作用是稳定摄像机，以便保证摄像机与顶吹搅拌反应器间距离及摄像机高度保持不变。

氮气通过一根垂直移动的玻璃管喷枪由上往下喷射，喷枪的口径大小是不变的，但是气体的流量和喷枪的浸入深度是可以改变的。水的质量及固体颗粒的质量都是一定的，其中聚苯乙烯黑色颗粒在进行实验时是被平铺在玻璃反应器的底部，仅仅通过喷射氮气作为动力进行混沌流强化混合，在化学反应器中的氮气、聚苯乙烯颗粒和水就是通过这样的搅拌方式而形成一些特殊的流动图样。由于氮气在搅拌反应器中主要起到搅拌的作用，而着重在于量化固-液混合流型，图像处理和 Betti 数的计算仅仅指的是在混合过程中由多相中占据主导的固体颗粒的图样。

3.3.2　实验设计方法与过程

通过设计水动力学实验，确定了混合系统中的气体、固体和液体多相作为研究对象，其中固体在混合过程中明显区分于其他两相，因此通过高速摄像机记录整个混合过程，则实际上记录下了固体颗粒的流动分布状态，整个装置是在一个透明的玻璃容器内，实验的方法与步骤如下：

（1）通过改变主要影响多相流混沌混合效果的搅拌条件，主要考虑了顶吹喷枪的气体流量大小及喷枪浸入液体中的深度的改变，在其他条件均相同的条件下进行实验。气体的流量大小通过调节玻璃转子流量计的开关控制，而喷枪的浸入深度可以通过固定支架提升装置来实现，且喷枪位于搅拌反应器的中心位置不变。所有的实验初始条件均为水静止，且黑色聚苯乙烯小颗粒均匀地散布在搅拌反应器的底部。

（2）通过改变不同的搅拌条件，利用高速摄像机拍摄记录下固体颗粒的分布形态变化图像，运用视频处理工具将图像按每一帧进行存储，记录时间为 3～5min，每一组实验均记录 10000 张图样，为下一步进行数字图像处理做准备。

（3）运用现有的数学工具软件 Matlab，对每一组实验获得的 10000 张图像首先进行二值化处理，也可以运用二值化处理的程序包进行计算，速度更快。

（4）为了验证评价方法的准确性和有效性，有必要跟目前国外先进的计盒维数-腐蚀法进行比较，因此需要对二值化图像进行图像腐蚀操作，并计算其盒子维数。实验的整体设计如图 3-16 所示。

搭建顶吹混沌流强化混合水动力学模型实验平台，通过摄像机拍摄透明有机玻璃容器中的气-液两相混合情况并存储为视频，运用图像处理技术对视频进行预处理，为量化气-液两相混合效果方法的应用提供实验支持。为了比较混合效果，并验证有效性。顶吹混沌流强化混合水动力学模型实验中考虑喷枪插入深度及喷吹气量的变化对实验的影响，具体实验工况的设计见表 3-1。

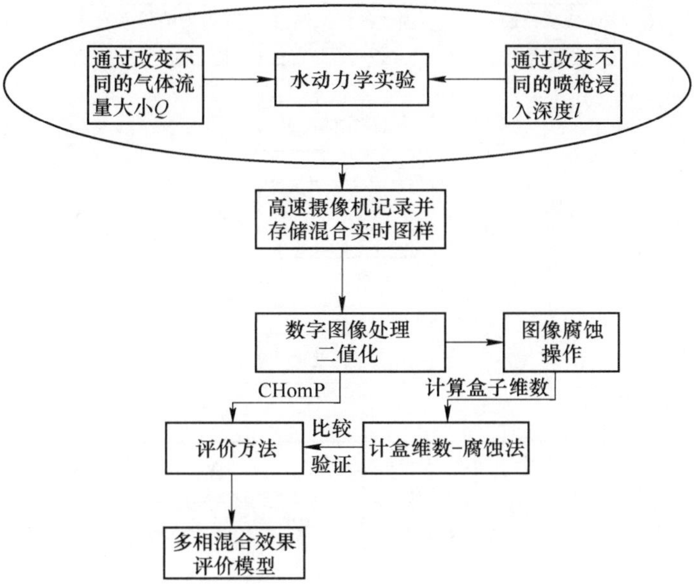

图 3-16　实验步骤

表 3-1　顶吹混沌流强化混合水动力学模型实验工况设计参数

实验工况	插入深度 l/cm	喷吹气量 Q/L·h^{-1}
C_1	5	1000
C_2	5	2000
C_3	6	1000
C_4	6	2000
C_5	7	1000
C_6	7	2000

搭建顶吹混沌流强化混合水动力学模型实验平台，观察示踪粒子的运动轨迹判断透明玻璃容器内流场的变化过程。捕获透明搅拌反应器中示踪粒子的分布情况，运用图像分析技术判断气-液两相流的混合效果，实验步骤如图 3-17 所示，具体如下：

（1）搭建顶吹混沌流强化混合水动力学模型实验平台，调节喷枪插入深度 l 和喷枪喷吹气量 Q，获取不同工况示踪粒子的分布图像，分析各工况的混合程度。实验的初始状态保持液面静止，示踪粒子均匀地分布在透明的搅拌反应器底部。

（2）改变搅拌条件进行多组实验，利用摄像机记录各实验中示踪粒子的分布情况并存储为视频（每组工况记录时间为 3～5min），运用 KMPlayer 软件将获取的视频截取为序列图像（bmp 格式，分辨率为 320×240），所有工况均保存前 2000 张图像以便后续研究。

（3）对获取的序列图像进行图像预处理，为表征气-液混合效果的测定方法提供了有效的实验图像。

（4）基于计算同调群理论、偏差理论和标准差分别计算各工况序列图像的 Betti 数、偏差和标准差，运用平均值法获取试验工况的混匀时间。

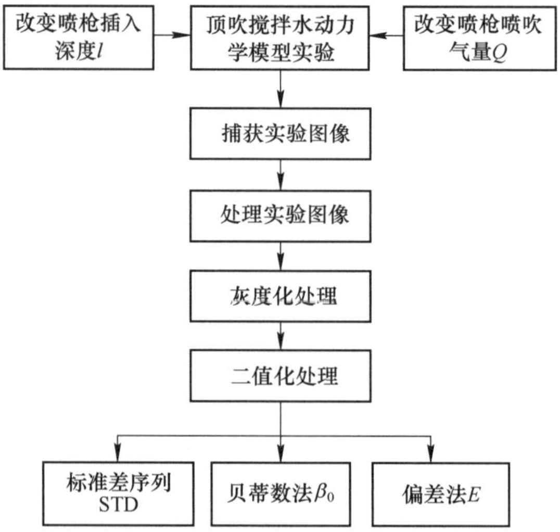

图 3-17　顶吹混沌流强化混合水动力学模型实验步骤

3.3.3　混合均匀性表征实验结果与分析

3.3.3.1　图像灰度分层法应用

针对二维图像分析三维空间信息丢失的问题，首先采用灰度分层对灰度图像进行分层处理，根据像素灰度值的不同进行灰度分层，分层的目的是还原二维图像中各像素点在三维空间中的位置信息。其次，计算出分层后每一层图像的 Betti 数，从而确定每一层流动图像的混匀时间。最后，确定各层首次均达到混合均匀的时刻为混匀时刻。针对喷枪喷吹流量为 1500L/h 及插入深度为 8cm 的试验工况，进行图像灰度分层处理，共分为四层，计算出分层后每一层流动图像的混匀时间分别为 12.66s、12.70s、12.60s、12.63s。分析结果发现，基于灰度分层法能够用于测定气-液两相流混匀时间，通过电导率法测定的混匀时间验证了该方法的可行性，为解决二维图像分析三维空间信息问题提供了一种新思路。

A　试验图像分割

针对工况中获取的流动试验图像，首先利用自适应法对图像进行分割，目的是把图像中示踪颗粒从背景图像中分割出来，基于分割出的示踪颗粒分布信息能够更精确地测定出搅拌容器内流场的变化情况。以试验工况在 $t=5$s 时获取的图像为例，图 3-18 为分割后的图像，从图中可以看出，图像背景部分像素的值被设定为零，即背景图像为纯黑色，示踪颗粒保持原有的像素值。

B　试验图像灰度分层

对分割后的图像进行图像灰度分层处理，分层数量由具体工况确定。如图 3-19 所示，试验工况在 $t=5$s 时对图像进行图像分层，共分为四层，分层后的图像为二值图像。

从图 3-19 中可以看出，白色目标区域为每一层图像中示踪颗粒，黑色为背景区域。第一层图像中示踪颗粒数量相对较少，分布相对集中，主要为分布在搅拌容器壁面附近位置的示踪颗粒。第四层图像的示踪颗粒数量相对较多，分布相对均匀，主要为分布在搅拌容器中间位置的示踪颗粒。由此可以看出，采用图像灰度分层处理可以基于二维图像还原

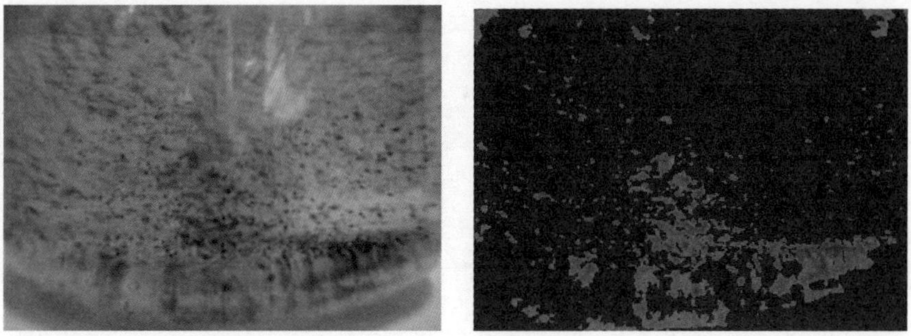

(a)　　　　(b)

图 3-18　工况试验图像分割

（a）实验原图；（b）实验原图背景部分像素的值被设定为零

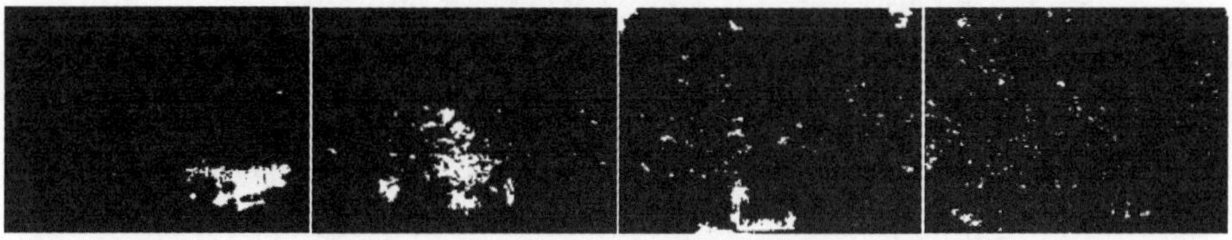

(a)　　　　(b)　　　　(c)　　　　(d)

图 3-19　工况试验图像灰度分层

（a）第一层；（b）第二层；（c）第三层；（d）第四层

图像中像素点的三维空间位置信息，为测定多相体系混沌流混匀时间提供精确的示踪颗粒分布信息。

C　计算分层 Betti 数

利用 CHomP 软件计算出每层流动图像的 Betti 数，选取第 0 维 Betti 数 β_0 作为确定该层混匀时间的指标，利用平均值法确定每层混匀时间。设定分层数量为 1 ~ 5 层，分别做出各层混合曲线图，如图 3-20 所示。确定各层首次均达到混合均匀的时刻为混匀时刻，从而确定相应分层情况下的混匀时间。测定出试验工况分层数量为 1 ~ 5 层的混匀时间分别为 13.46s、13.40s、13.36s、12.70s，12.73s。

D　选取适宜的分层数量

混匀时间变化曲线如图 3-21 所示。曲线变化随着分层数量呈现出递减趋势，当分层数量 $k \geq 4$ 时，分层数量的变化对混匀时间的影响较小。同时当分层数量 $k < 4$ 时，混匀

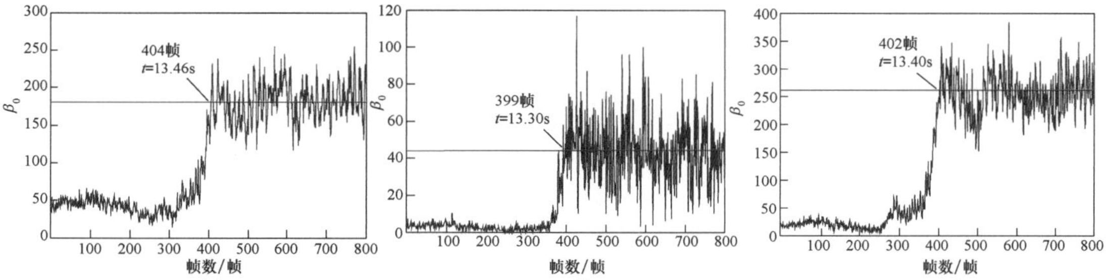

(a)　　　　(b)　　　　(c)

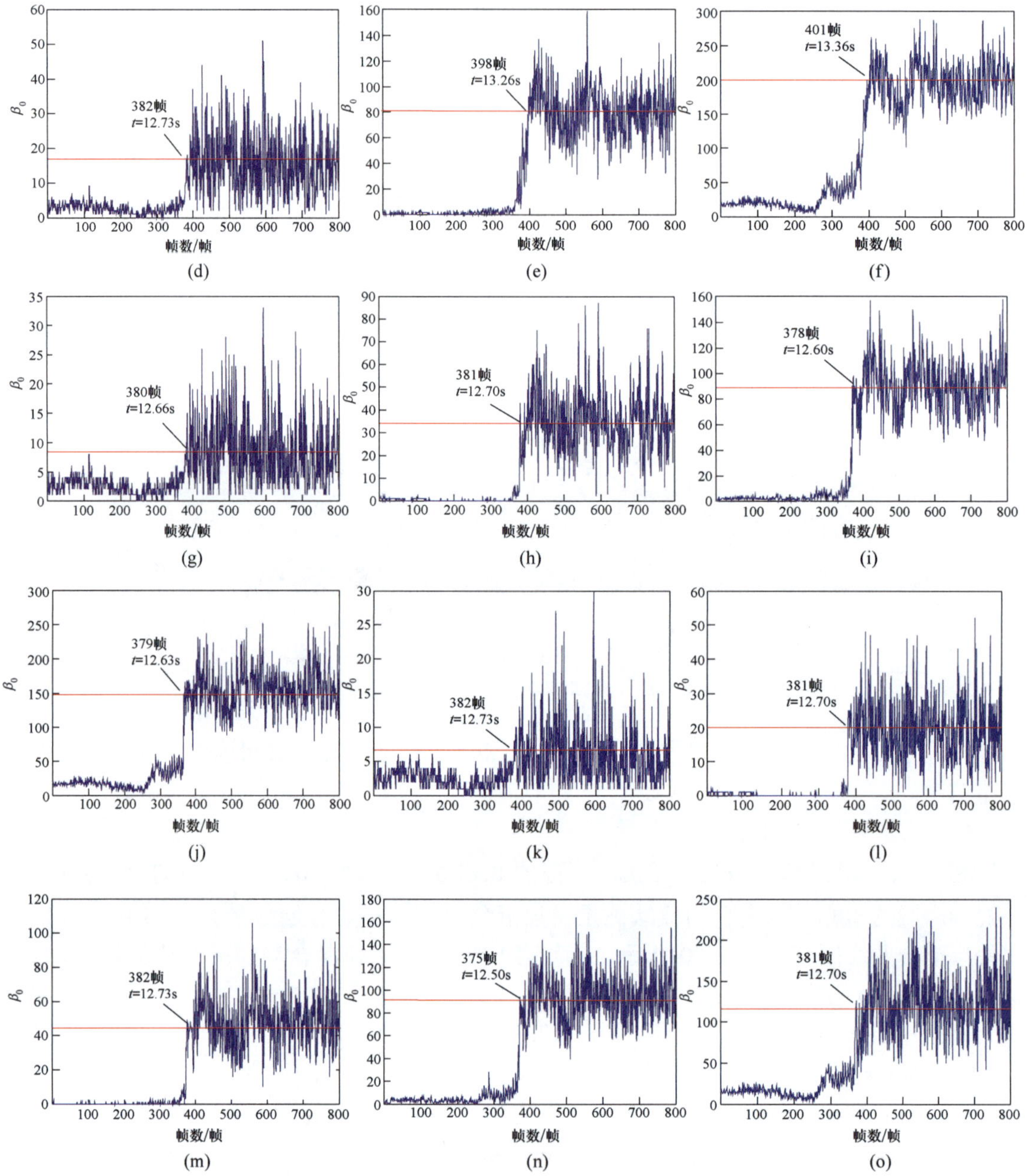

图 3-20 图像灰度分层

(a) 分1层；(b) 分2层（第1层）；(c) 分2层（第2层）；(d) 分3层（第1层）；(e) 分3层（第2层）；(f) 分3层（第3层）；(g) 分4层（第1层）；(h) 分4层（第2层）；(i) 分4层（第3层）；(j) 分4层（第4层）；(k) 分5层（第1层）；(l) 分5层（第2层）；(m) 分5层（第3层）；(n) 分5层（第4层）；(o) 分5层（第5层）

时间随分层数量的增加迅速减少，可见第四层为拐点，因此试验工况应该选取分层数量 $k=4$ 来确定混匀时间。结合实际情况考虑，当随着分层数量逐渐增大时，分层后，部分图层的示踪颗粒数量将呈现出极大的差异，基于各层首次均达到混合均匀的时刻确定混匀时间，测定出的混匀时间将随着分层数量逐渐增大，混匀时间的误差也逐渐增大。由此确定试验工况的混匀时间为 T_H = 12.70s。

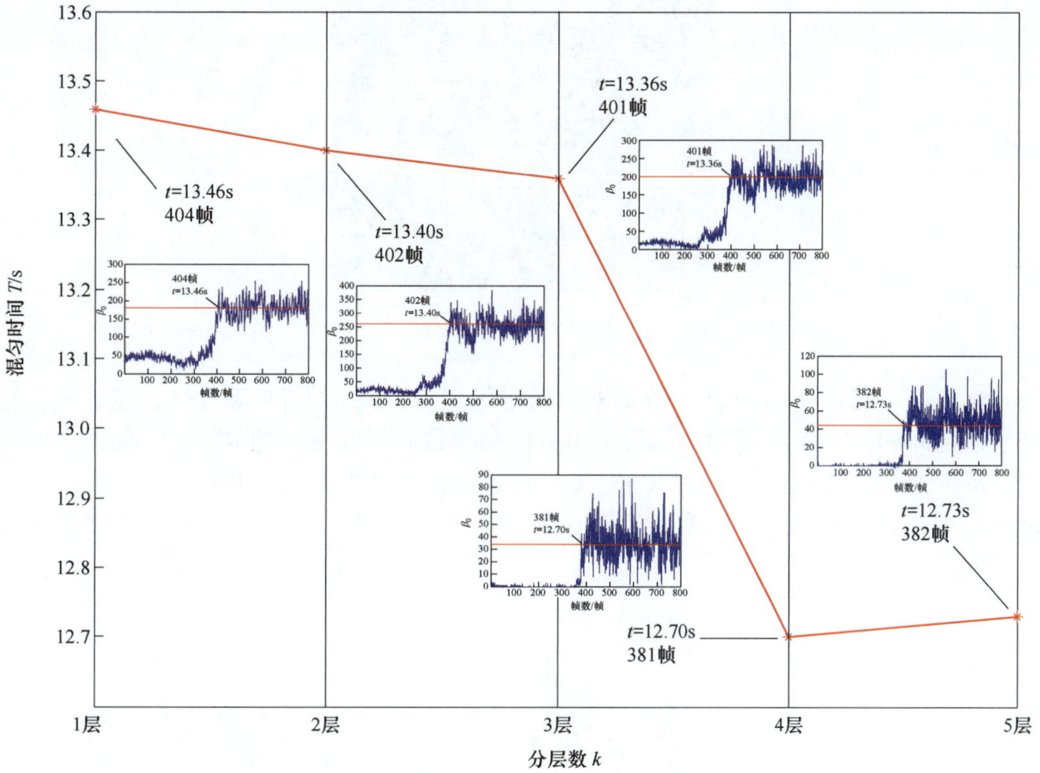

图 3-21 分层混匀时间对比图

E 方法验证

基于灰度分层测定多相流混匀时间的方法主要适用于试验获取灰度图像的测定，通过对二维图像的处理和分析提取出图像中各像素点的三维分布信息，为解决二维图像信息丢失问题提供了一种新的思路。试验中由电导率法测定的混匀时间为 T_{ec} = 13.00s，由此验证了图像灰度分层法的有效性。该方法的优点在于提取出了二维图像中的三维信息，利用提取的三维信息能够更准确地测定出混匀时间。

3.3.3.2 RGB 颜色模型法的应用

针对测定顶吹混匀时间的方法研究，基于混合过程中示踪颗粒的分布随时间演化规律的 RGB 颜色模型来确定搅拌反应器内的宏观混匀时间。通过定义像素阈值分离每一像素，构建混匀像素比 M 值作为确定混匀时间的指标，观察 M 值的变化规律，利用 3σ 方法确定混匀时间。针对某试验工况，选定阈值分数 X = 90%，测定混匀时间为 13.30s。分析结果发现 RGB 颜色模型能够基于混合过程中示踪颗粒的分布情况确定混匀时间，且与 Betti 数法和电导率法测定的混匀时间偏差均不超过 10%。为基于获取的彩色图像测定气体喷吹搅拌过程的混匀时间提供了一种新方法。

A 确定工况混匀时间的组分

在混合过程中，分别选取目标区域中的两个不同像素点位置，如图 3-22 中 A、B 两点，*A* 点位置最终达到混合均匀，*B* 点位置始终未达到混合均匀。

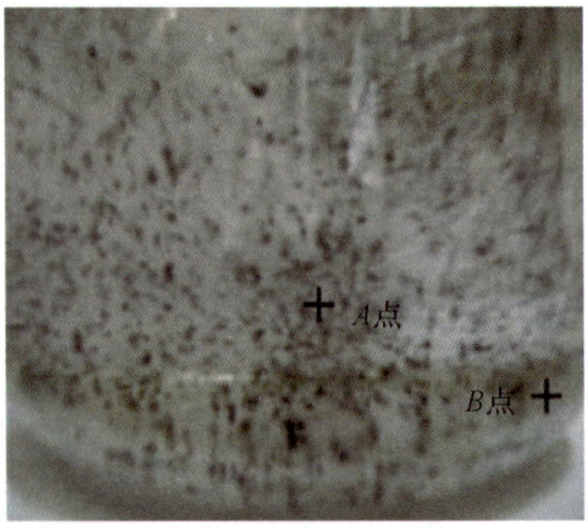

图 3-22　像素点位置

观察这两个像素点的 RGB 组分像素值随时间变化情况，*A* 点位置的红、绿、蓝三组分的像素值随时间的变化逐渐增加，且三组分的像素值随时间变化趋势相同，如图 3-23（a）所示。*B* 点位置的红、绿、蓝三组分的像素值随时间变化几乎保持不变，且三组分的像素值随时间变化趋势也相同，如图 3-23（b）所示。因此选取红、绿、蓝三组分来确定最终混匀时间。

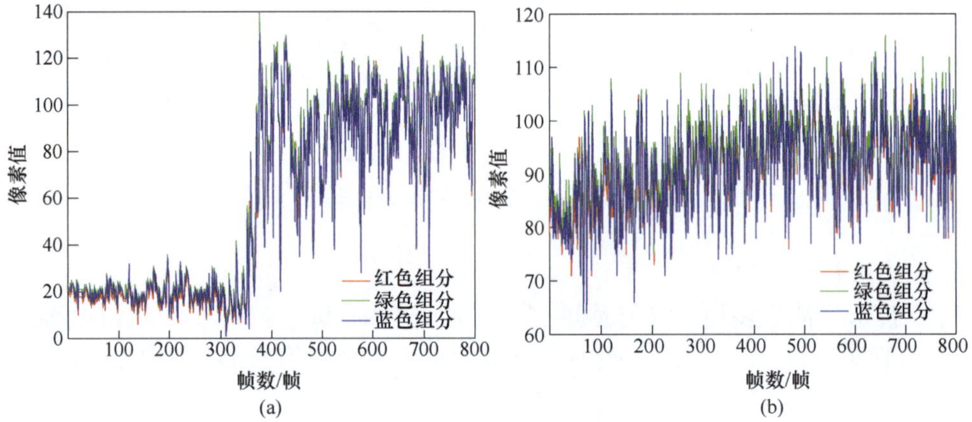

图 3-23　像素值随时间变化曲线

（a）*A* 点位置；（b）*B* 点位置

B　确定工况中混匀时间的阈值分数 *X*

为了确定不同阈值分数 *X* 对混匀时间的影响，取值间隔以 5%设定不同阈值分数 *X*，分别作出三组分基于不同阈值分数的混合曲线图，如图 3-24 所示。从图中可以直观地看出，各组分基于不同的 *X* 值，*M* 值均呈现出相同的变化趋势。

混匀像素比 *M* 在不同时刻 *T* 随阈值分数 *X* 的变化曲线如图 3-25 所示。混匀像素比 *M* 随阈值分数 *X* 的增加逐渐增加，最终相对趋于稳定。选取曲线趋于稳定时最接近拐点处的 *X* 值作为最适宜确定混匀时间的阈值分数。在拐点处，混匀像素比 *M* 随阈值分数 *X* 的变化较小，相对稳定。因此，拐点处的阈值分数 *X* 适宜作为确定分离每一像素的阈值。在试验中，从图 3-25 可以看出，红、绿、蓝三组分的拐点均出现在 $X = 90\%$ 附近，因此确定试验

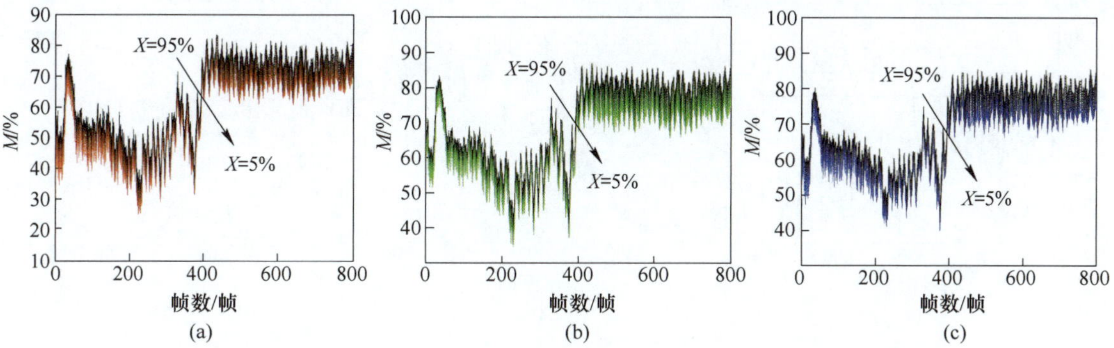

图 3-24 基于红（a）、绿（b）、蓝（c）三组分水平分离的混合效果

工况 L12 混匀时间的阈值分数为 $X=90\%$。在设定不同阈值分数 X 值时，控制取值间隔为 5%，足以确定试验的最佳阈值分数。

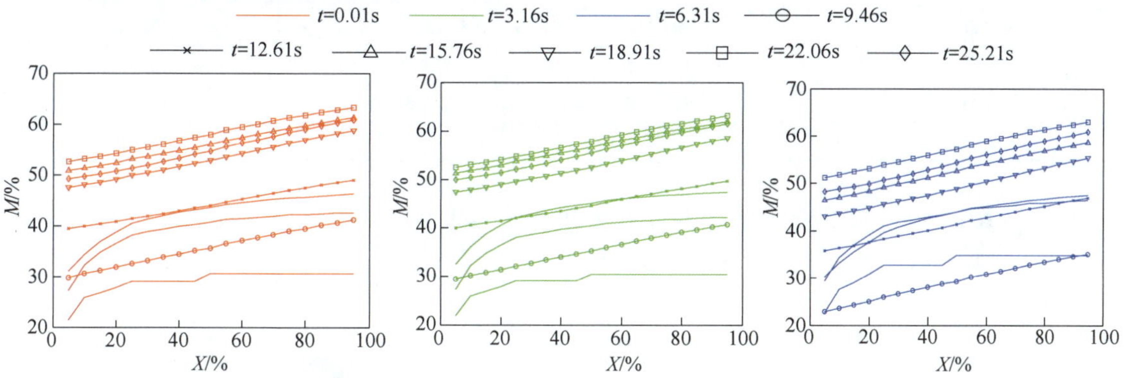

图 3-25 RGB 组分 M 值在不同时刻随 X 值的演变

C 确定混匀时间

基于上述分析，当阈值分数 $X=90\%$时，RGB 三组分的混合曲线如图 3-26（a）所示。红、绿、蓝三组分的混匀像素比 M 随时间 T 变化趋势相同，开始时曲线波动较大，最终稳定于 $M=70\%$附近。利用 3σ 方法确定实验的红、绿、蓝三组分的混匀时间分别为 13.27s、13.28s 和 13.30s，因此确定试验的混匀时间 T_M = 13.30s。基于二维平面进行混合效果分析的局限性，当 M 值稳定于 $M=70\%$的稳定水平，即认为目标区域是混合均匀的。

D 方法验证

利用 RGB 颜色模型确定试验工况的混匀时间 T_M = 13.30s，相同试验工况下，基于图像处理的 Betti 数法确定的混匀时间 T_β = 12.50s，如图 3-26（b）所示。利用电导率法测定混匀时间时，按照国际上通用的 95%原则，电导率值达到最终稳定值（$\mu=6800$S/cm）的±5%所用的时间为混匀时间 T_{ec} = 14.00s，如图 3-26（c）所示。同时，选取另外三组不同试验工况 L6、L10、L11。分别利用电导率法、Betti 数法和 RGB 颜色模型法测定混匀时间，测定结果见表 3-2。针对上述 4 组试验工况，分析喷枪不同喷吹气量和插入深度对混匀时间的影响，可以发现试验工况 L12 的混匀时间最短，混合效果最佳。

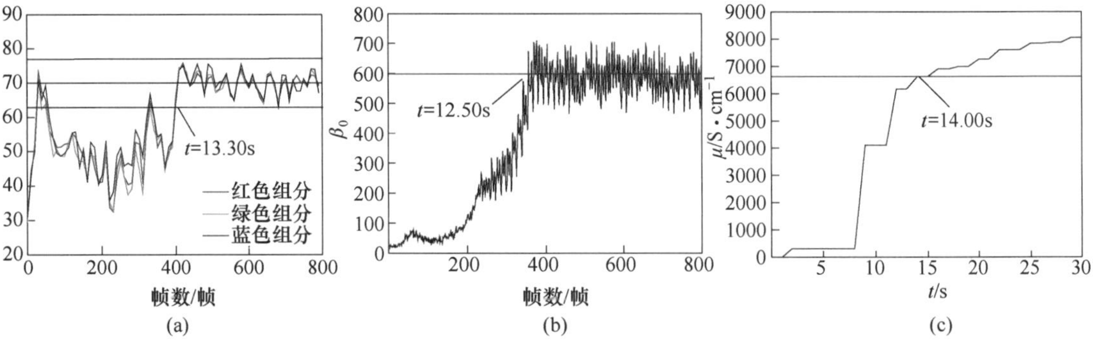

图 3-26　混匀时间对比图

（a）RGB 颜色模型法；（b）Betti 数法；（c）电导率法

表 3-2　不同工况下三种测定方法确定的混匀时间　（s）

试验工况	电导率法	Betti 数法	RGB 颜色模型法
L6	14.00	12.50	13.30
L10	19.16	20.90	20.81
L11	14.97	14.67	14.53
L12	13.07	13.13	12.48

做出 RGB 颜色模型法分别与 Betti 数法和电导率法测定四组试验工况的混匀时间相对误差图，如图 3-27 所示。从图中可以看出，对于四组不同试验工况，Betti 数法和电导率

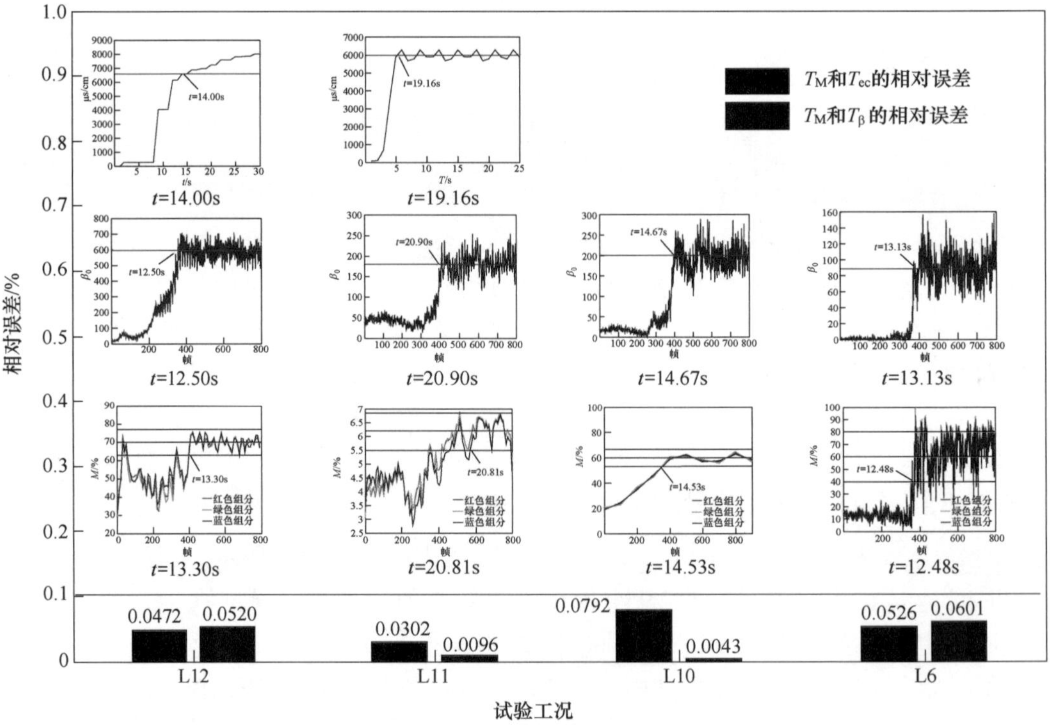

图 3-27　混匀时间相对误差图

法测定的混匀时间与 RGB 颜色模型法测定结果的相对误差均不超过 10%，验证了基于 RGB 颜色模型测定气-液两相流混匀时间方法的有效性。

RGB 颜色模型法主要适用于试验获取的彩色图像，通过对 RGB 图像三种颜色组分的分析，从而获取精确的混匀时间。该方法的主要优点在于克服了局部估测法对流场的干扰作用，以及全局估测法的主观性问题。同时该方法是基于彩色图像进行图像分析，彩色图像更符合实验观测人员的视觉需求，存储更多的图像信息。因此基于流动彩色图像进行混合效果分析时，能够更精确的测定出每一帧图像的混匀像素比，从而得到更精确的混匀时间。

3.4 熔池熔炼混沌流强化过程中混沌特性分析

3.4.1 顶吹混沌流混合过程中混沌特性分析

3.4.1.1 顶吹混沌流混沌混合效果表征

为了进一步定量研究不同混合效果的差异性，借助非线性时间序列分析手段对多相混合效果进行了混沌混合特征的进一步分析，通过定量的研究获得不同混合工况下的混合效果的有效量化。主要的研究内容包括引入 0-1 测试方法对 0 维 Betti 数和 1 维 Betti 数时间序列进行混沌特性表征，借助 0-1 测试方法的 K_c 图和 $p_c(n)$-$q_c(n)$ 图分别对不同混合效果进行定量和定性的分析，然后通过引入庞加莱截面法、经典Lyapunov指数法进一步论证了 0-1 测试方法的有效性，最终获得多相混合效果的有效表征及量化。

A 混沌混合的 0-1 测试表征

通过对不同混沌流强化混合条件下的 Betti 数时间序列分析，以及评价模型的计算结果，在所有的混沌流混合水动力学实验过程中，主要存在正常的混合效果和非正常的混合效果。其中所谓的正常混合效果的表现是 0 维 Betti 数 $\beta_0(t)$ 和 1 维 Betti 数 $\beta_1(t)$ 在 $t > T$ 后，就开始在其平均值附近平稳振荡。尽管如此，在少数实验中仍然存在所谓的非正常混合效果，这种情况的 1 维 Betti 数快速的偏离其平均值附近，说明混合效果可以由混合的非均匀性迅速改变。

为了进一步论证提出的评价模型的有效性，基于实验获得的非正常混合效果和正常的混合效果情况，同样地选择了具有代表性的 6 个不同的混合工况，一类是混合效果最好的工况（l = 8cm、Q = 1000L/h）和相对较好的两个工况（l = 5cm、Q = 1500L/h 和 l = 6cm、Q = 1000L/h），另一类是在实验中出现的非正常的混合效果的 3 个工况（l = 5cm、Q = 1900L/h，l = 5.5cm、Q = 2000L/h，l = 6.5cm、Q = 2000L/h）。引入 0-1 测试判断混沌的方法来研究多相混合效果，该方法的基本原理已经详细地介绍过，主要是利用关联系数的方法来确定 K_c 值的大小，通过计算 K_c 的中值结果接近于 0 或者接近于 1 来判断 Betti 数的时间序列是否是混沌，K_c 值接近于 0 是非混沌的，K_c 值接近于 1 则是混沌系统，而且该方法实现了判断混沌存在的具体数值量化，不像其他判别方法如 Lyapunov 指数法，最大 Lyapunov 指数为正才能判断系统是混沌的。

利用 0-1 测试方法检测 Betti 数非线性时间序列的混沌状态，实验结果证明多相流混合过程中的混沌行为可以通过计算 K_c 的中值接近于 0 或 1 确定。之所以选择中值作为判断的标准，是因为伴随着共振 K_c 的中值相对于极端值表现为鲁棒性，应该选择 K_c 中值而不是平均值。并且计算过程要避免过度取样而导致 0-1 测试方法计算结果不是很准确。为了避免过度取样的问题，一种精确的方法是利用互信息的第一个最小值来获得采样时间，通过 0-1 测试方法的计算，结果表明所有混合工况的结果均不同程度地接近于 1，说明顶吹气体在不断的外力搅拌作用下，流体混合变为湍流，系统进入混沌状态，同时也获得了混合均匀性程度及混合非均匀性程度的混沌表征。

图 3-28（a）中计算结果显示 l = 8cm、Q = 1000L/h 工况下 0 维 Betti 数的 K_c 中值为 0.9937，图 3-28（b）中显示了 l = 8cm、Q = 1000L/h 工况下 1 维 Betti 数的 K_c 中值为 0.9971，图 3-28（c）中显示了 l = 5cm、Q = 1500L/h 工况下 0 维 Betti 数的 K_c 中值为 0.9727，图 3-28（d）显示了 l = 5cm、Q = 1500L/h 工况下 1 维 Betti 数的 K_c 中值为 0.9952，图 3-28（e）显示了 l = 6cm、Q = 1000L/h 工况下 0 维 Betti 数的 K_c 中值为 0.9769，图 3-28（f）则显示 l = 6cm、Q = 1000L/h 工况下 1 维 Betti 数的 K_c 中值为 0.9942。分别对混合效果最好的工况和混合效果较好的工况进行了 0-1 测试计算，结果表明所有的混合工况均为混沌状态，同时也获得了不同混合工况下混合均匀性及非均匀性程度的量化。在这些实验中，l = 8cm、Q = 1000L/h 工况下 0-1 测试计算的 K_c 中值较其他工况的数值要更接近于 1，说明系统混沌混合的效果较好，这跟本章中提出的混合效果评价模型计算结果保持一致，一定程度上验证了多相混合效果评价模型的有效性。在对每一组

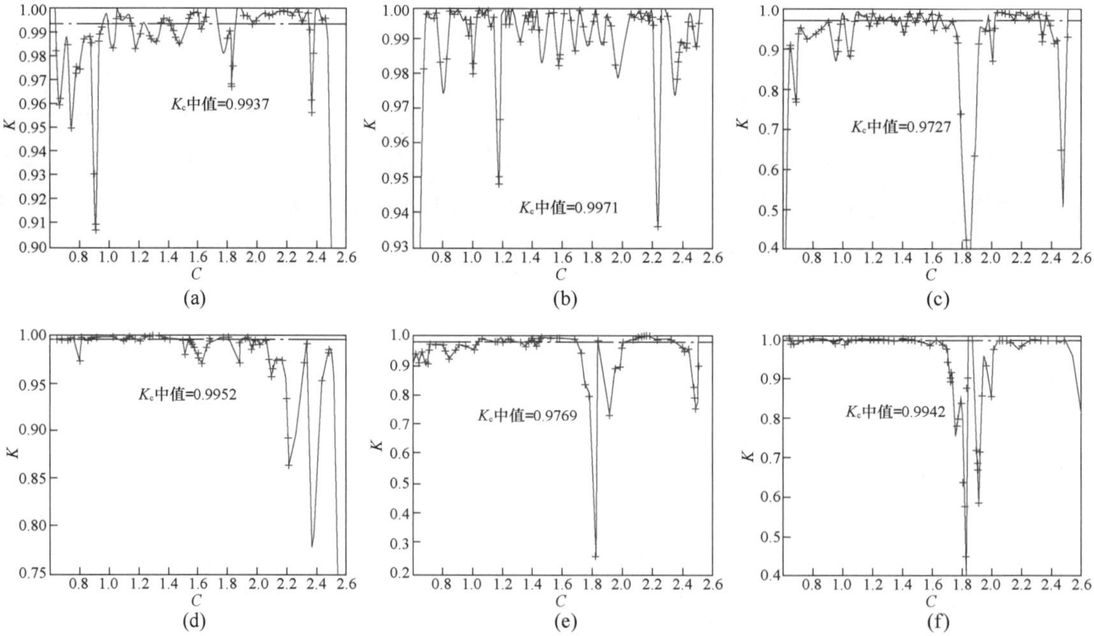

图 3-28　不同工况下 0 维 Betti 数和 1 维 Betti 数的 K_c 中值

（a）l = 8cm、Q = 1000L/h 的 0 维 Betti 数；（b）l = 8cm、Q = 1000L/h 的 1 维 Betti 数；（c）l = 5cm、Q = 1500L/h 的 0 维 Betti 数；（d）l = 5cm、Q = 1500L/h 的 1 维 Betti 数；（e）l = 6cm、Q = 1000L/h 的 0 维 Betti 数；（f）l = 6cm、Q = 1000L/h 的 1 维 Betti 数

Betti 数时间序列进行 0-1 测试计算过程中，尽管同一组数据计算多次所输出的计算结果不尽相同，但其数值波动非常小。

图 3-29 中所显示的结果为非正常的混合效果，这些工况表现为 1 维 Betti 数迅速偏离平均值，然而通过 0-1 测试方法其所有 K_c 中值均非常接近于 1，说明系统虽然出现数据突变，但是其最终仍然通向混沌状态；也表明 K_c 的中值伴随 Betti 数的共振具有鲁棒性，在一定的参数摄动下维持系统的混沌性。

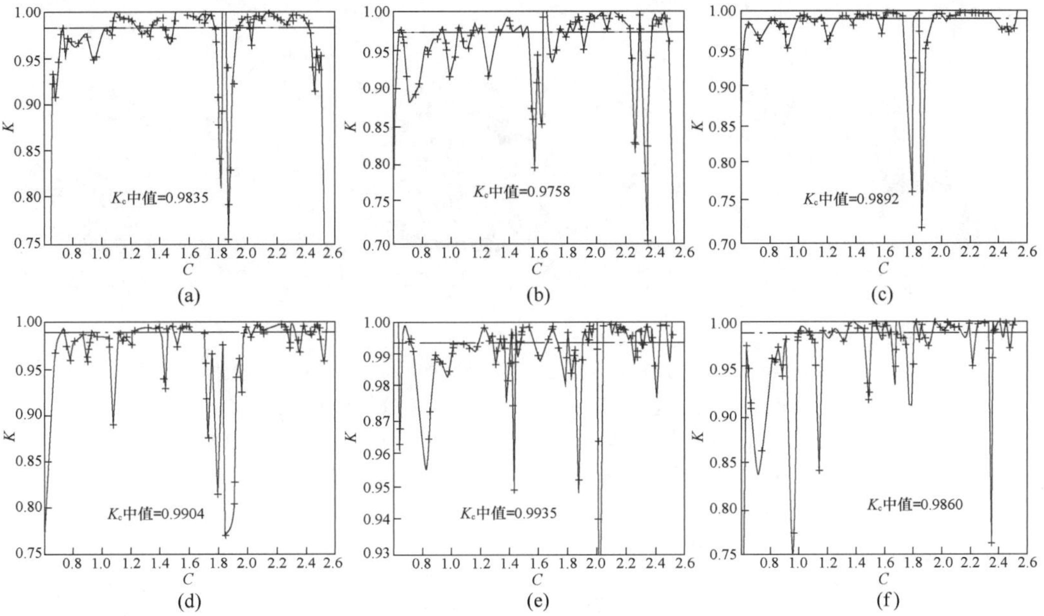

图 3-29 不同工况下 0 维 Betti 数和 1 维 Betti 数的 K_c 中值

(a) l = 5cm、Q = 1900L/h 的 0 维 Betti 数；(b) l = 5cm、Q = 1900L/h 的 1 维 Betti 数；
(c) l = 5.5cm、Q = 2000L/h 的 0 维 Betti 数；(d) l = 5.5cm、Q = 2000L/h 的 1 维 Betti 数；
(e) l = 6.5cm、Q = 2000L/h 的 0 维 Betti 数；(f) l = 6.5cm、Q = 2000L/h 的 1 维 Betti 数

0-1 检验方法不仅可以通过输出 0~1 之间的数值判断系统是否通向混沌，而且该方法还提供了一个简单的视觉测试动力系统是否是混沌的方法，即 p-q 图。如果 p-q 轨道的行为表现为布朗运动，则代表动力系统是混沌的，如果 p-q 轨道是有界的，则代表系统是非混沌的。如图 3-30 和图 3-31 所示，充分说明这些最好的混合工况（l = 8cm、Q = 1000L/h)、较好的混合工况（l = 5cm、Q = 1500L/h，l = 6cm、Q = 1000L/h）及非正常的混合工况（l = 5cm、Q = 1900L/h，l = 5.5cm、Q = 2000L/h，l = 6.5cm、Q = 2000L/h）在经过足够长的混合之后终归进入混沌状态。0-1 测试中的这种 p-q 图的方法属于一种定性的判断混沌状态的方法，而 0-1 测试输出的计算结果位于 0~1 之间的数值属于一种定量的判断。这样使得 0-1 测试方法具有明显的优势区别于其他的判别方法。

通过 0-1 测试的 p-q 图，可以很直观地分辨出混沌和非混沌状态，图 3-30 和图 3-31 中所示均为布朗运动，对于非混沌的 p-q 图往往是一个有界的周期环。为了进一步验证 0-1 测试方法的有效性，区分复杂系统的各种状态，接下来，将引入庞加莱截面法和经典的 Lyapunov 指数法对其混沌行为进行研究，获得其不同混沌特征的描述。

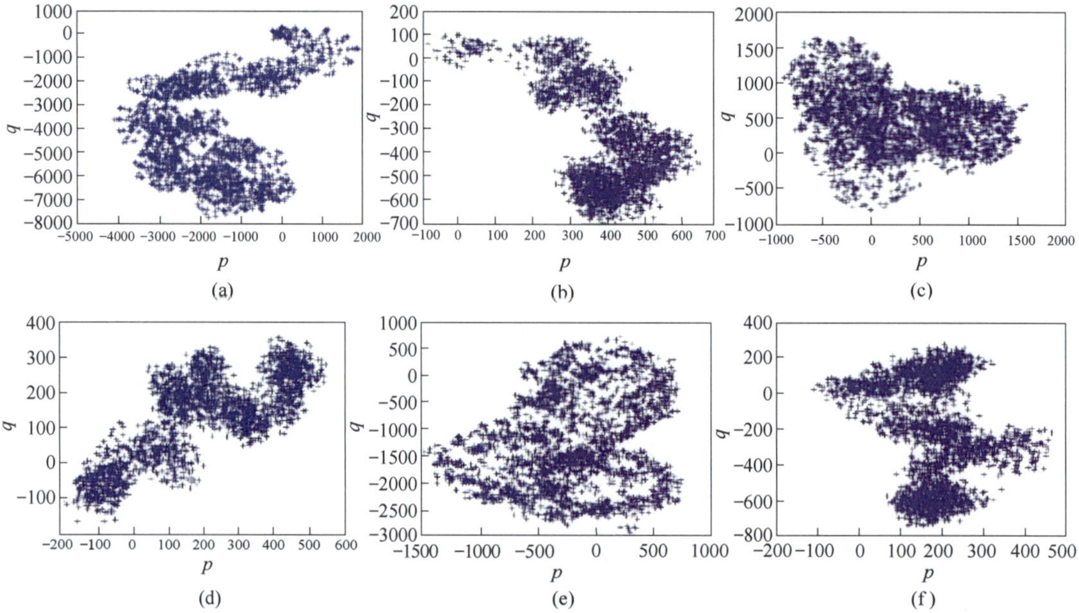

图 3-30　0 维 Betti 数和 1 维 Betti 数的时间序列 *p*-*q* 轨迹图

(a) l =8cm、Q=1000L/h 的 0 维 Betti 数；(b) l =8cm、Q=1000L/h 的 1 维 Betti 数；
(c) l =5cm、Q=1500L/h 的 0 维 Betti 数；(d) l =5cm、Q=1500L/h 的 1 维 Betti 数；
(e) l =6cm、Q=1000L/h 的 0 维 Betti 数；(f) l =6cm、Q=1000L/h 的 1 维 Betti 数

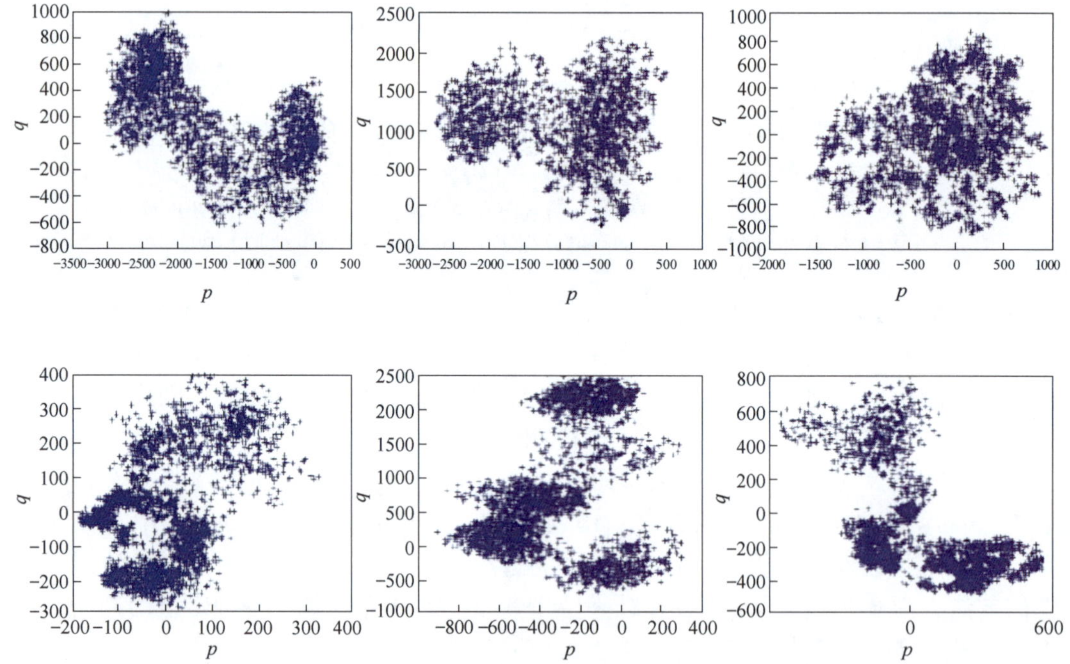

图 3-31　0 维 Betti 数和 1 维 Betti 数的时间序列 *p*-*q* 轨迹图

(a) l =5cm、Q=1900L/h 的 0 维 Betti 数；(b) l =5cm、Q=1900L/h 的 1 维 Betti 数；
(c) l =5.5cm、Q=2000L/h 的 0 维 Betti 数；(d) l =5.5cm、Q=2000L/h 的 1 维 Betti 数；
(e) l =6.5cm、Q=2000L/h 的 0 维 Betti 数；(f) l =6.5cm、Q=2000L/h 的 1 维 Betti 数

B 庞加莱截面图表征

庞加莱截面方法的判断规则如下：(1) 当系统的运动为周期运动时，在庞加莱截面上简化为一个固定点或者一些离散的点；(2) 当系统的运动为准周期运动时，在庞加莱截面上是一条封闭曲线；(3) 当系统的运动为混沌运动时，在庞加莱截面上是一些成片的密集点。因此，庞加莱截面可用来判断一个系统是否为混沌系统，显然，它是一种比较直观的方法。

图 3-32 和图 3-33 中的庞加莱截面图清晰地显示了一些成片的密集点，尽管如此，同样是混沌的特征图，也存在一些不同的结构特征，尤其是这些较好的混合工况下的 1 维 Betti 数时间序列明显区别于非正常混合工况。所有的 0 维 Betti 数时间序列的庞加莱截面图均有一个共同的特征，即呈“棒槌形状”，且由分散点到聚集形态，而这种成片的密集区域恰恰表现了混合过程混沌特征变化，由规则到不规则过渡。从 0 维 Betti 数时间序列的庞加莱截面图可以看出，在较好的混合效果工况下，其庞加莱截面的特征是由分散的点快速地转化为成片的密集区域，即稳定区域；而在非正常的混合工况下，其庞加莱截面图的特征是由分散的点逐渐过渡为较密集区域，其最终稳定的区域明显没有在较好混合工况下的稳定区域密集度高，这也在一定程度上反映了混合效果的优劣。

图 3-32 和图 3-33 中 1 维 Betti 数时间序列的庞加莱截面图具有明显的区别，在混合效果较好的工况中，其庞加莱截面图出现成片的密集点，且有层次结构，而在非正常的混合工况中，其庞加莱截面图由成片的密集点到分散，同时说明了混沌的不规则程度的变化趋势。

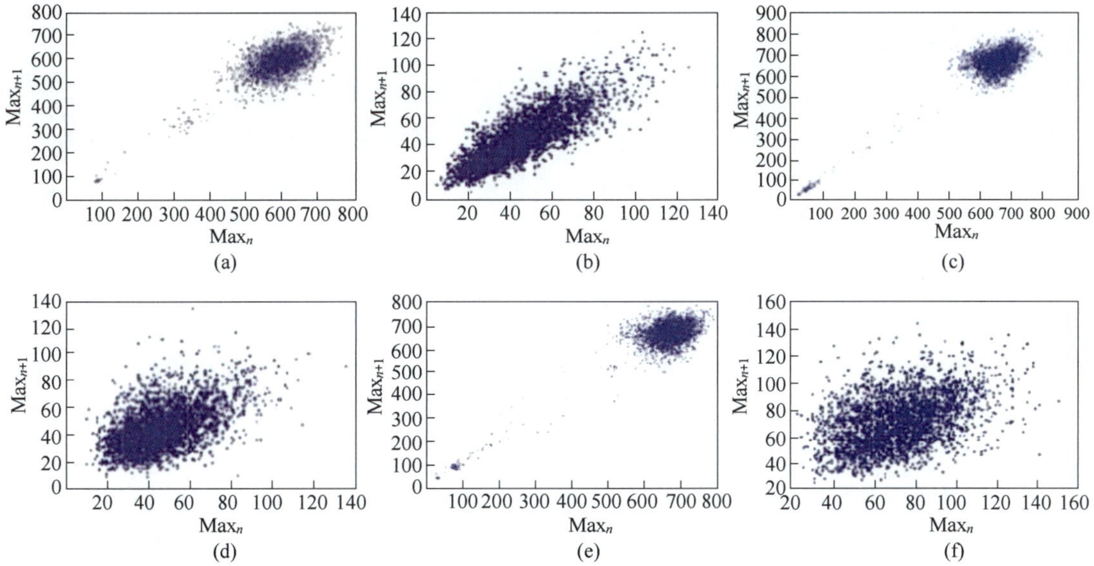

图 3-32 0 维 Betti 数和 1 维 Betti 数的庞加莱截面图

(a) l =8cm、Q=1000L/h 的 0 维 Betti 数；(b) l =8cm、Q=1000L/h 的 1 维 Betti 数；
(c) l =5cm、Q=1500L/h 的 0 维 Betti 数；(d) l =5cm、Q=1500L/h 的 1 维 Betti 数；
(e) l =6cm、Q=1000L/h 的 0 维 Betti 数；(f) l =6cm、Q=1000L/h 的 1 维 Betti 数

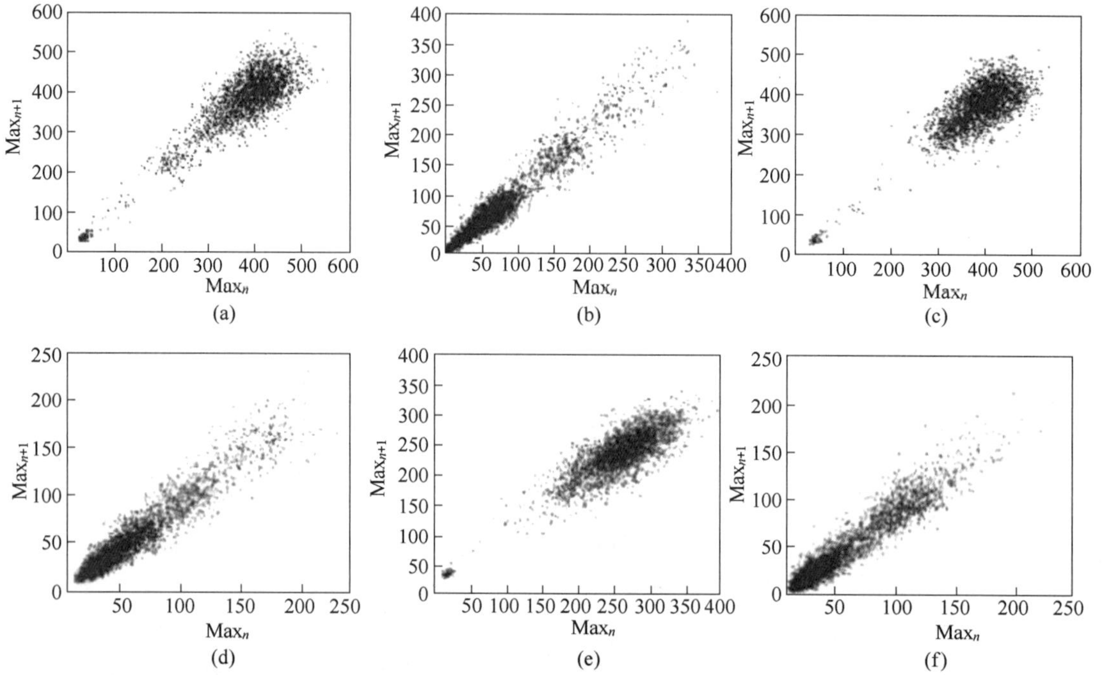

图 3-33　0 维 Betti 数和 1 维 Betti 数的庞加莱截面图

(a) l =5cm、Q=1900L/h 的 0 维 Betti 数；(b) l =5cm、Q=1900L/h 的 1 维 Betti 数；
(c) l =5.5cm、Q=2000L/h 的 0 维 Betti 数；(d) l =5.5cm、Q=2000L/h 的 1 维 Betti 数；
(e) l =6.5cm、Q=2000L/h 的 0 维 Betti 数；(f) l =6.5cm、Q=2000L/h 的 1 维 Betti 数

C　其他方法表征

Lyapunov 指数作为沿轨道长期平均的结果，是一个整体特征，其数值总是实数，可正可负，也可以为零。在 Lyapunov 指数小于零的方向，相体积收缩，运动稳定，且对初始条件不敏感；在 Lyapunov 指数大于零的方向轨道迅速分离，长时间行为对初始条件敏感，运动呈混沌状态；Lyapunov 指数等于零对应于稳定边界，属于一种临界情况。若系统的最大 Lyapunov 指数大于零，则该系统一定是混沌的。所以，时间序列的最大 Lyapunov 指数是否大于零可作为该序列是否混沌的一个判据。

利用 Rosenstein 方法计算 Lyapunov 指数，经过计算，所有的混合工况的 0 维 Betti 数和 1 维 Betti 数的计算结果均为正的斜率，其所有图形和图 3-34 趋势一样，即所有的混合工况混合状态都是混沌的，对散度的对数和时间平均值进行最小二乘法拟合，这种方法较容易实施，因为它是利用一个简单的指数分离度来衡量。图 3-34 中所示的虚线的斜率等于最大 Lyapunov 指数的理论值，从图中可以清楚地看出其斜率为正，这意味着系统是混沌的。

Lyapunov 指数的判别方法不仅需要知道时间序列的嵌入维数大小，而且还需要获得其时间拖延。如图 3-35 所示，运用 FNN 法计算时间序列的嵌入维数 D，以及运用平均互信息法来计算时间拖延 t，而 0-1 测试方法不需要系统的任何信息，方法更简单。

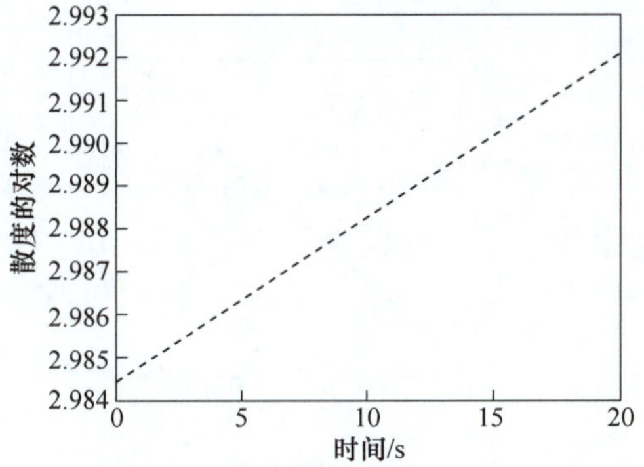

图 3-34 混沌时间序列的 Lyapunov 指数

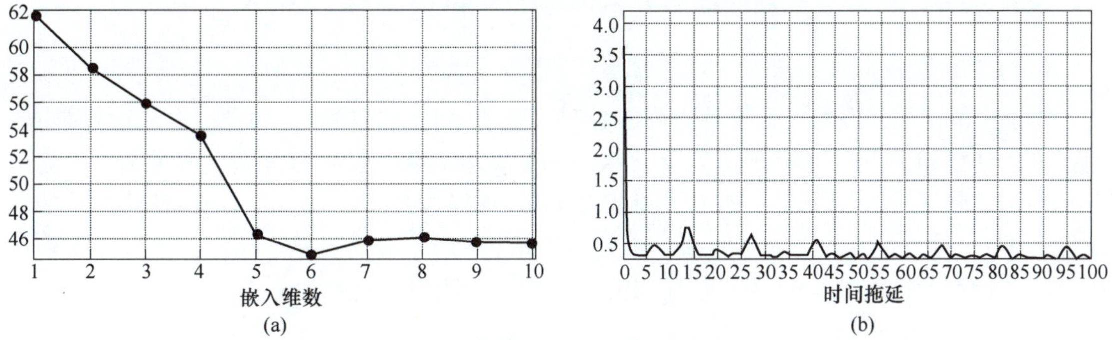

图 3-35 利用 FNN 法计算嵌入维数（a）和平均互信息法计算时间拖延（b）

3.4.1.2 混沌混合的改进型 0-1 测试表征

A 混沌特性图示

Betti 数的 $p_c(n)$-$q_c(n)$、$M_c(n)$-t 和 K_c-c 相位图分别如图 3-36 和图 3-37 所示。观察发现，函数 $p_c(n)$ 和 $q_c(n)$ 的轨迹均表现为随机布朗运动，$M_c(n)$ 随时间 t 线性增长，K_c-c 值绝大部分聚集在 1 的附近。其他代表性工况也出现了相同的结果。因此可以初步判断：所有工况下基于 Betti 数的多相混合过程均呈现混沌特征。改进型 0-1 测试方法不仅可以简单地观察图示进行测试，还可输出精确数值识别动力系统的混沌特性。

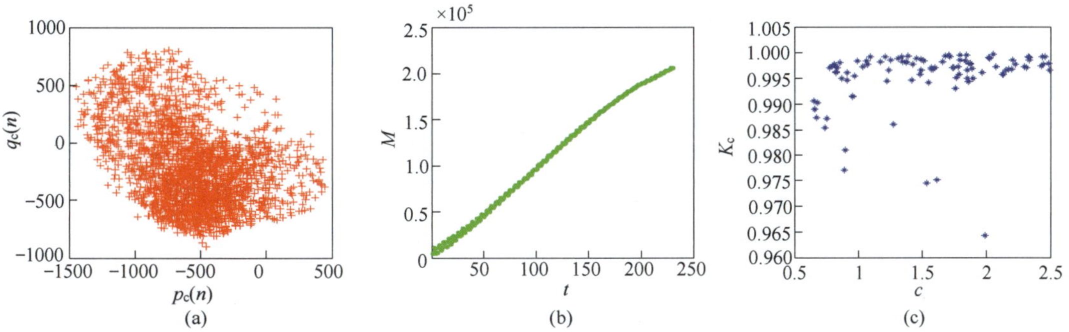

图 3-36 β_0 时序的混沌检测

(a) $p_c(n)$-$q_c(n)$ 轨迹图像；(b) 均方位移 $M_c(n)$-c 图像；(c) 渐进增长率 K_c-c 值图像

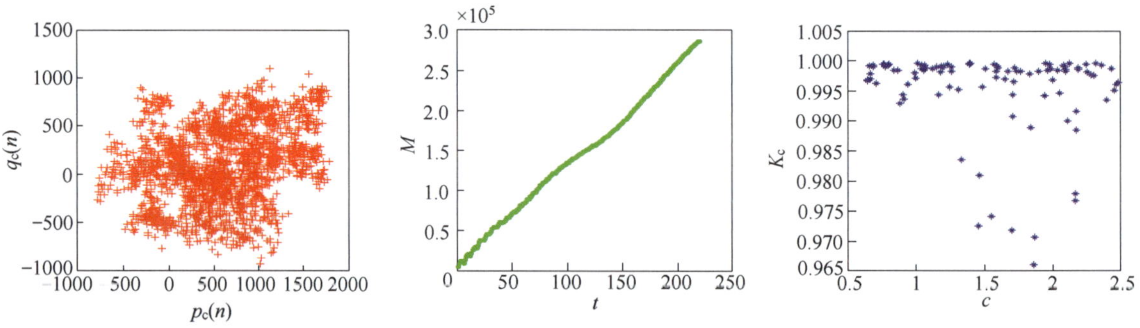

图 3-37　β_1 时序的混沌检测

(a) $p_c(n)$-$q_c(n)$ 轨迹图像；(b) 均方位移 $M_c(n)$-c 图像；(c) 渐进增长率 K_c-c 值图像

B　K_c 中值对比

由于中值伴随共振的抗干扰性更强，且对极端值表现出鲁棒性，因此，利用改进型 0-1 测试方法基于相关方法（记为①）计算 K_c 中值作为检测依据更为合理。改进型 0-1 测试方法基于回归方法（记为②）和 0-1 测试方法基于相关方法（记为③）对比计算，全部结果见表 3-3。改进型 0-1 测试方法基于相关方法求得的 K_c 中值更接近于 1，这是由于新算法克服了过度取样的关键问题，而且相关方法相对于回归方法更加显著。

表 3-3　β_0 和 β_1 时序的 K_c 中值

Betti 数	方法	工况					
		L_1	L_2	L_3	L_4	L_5	L_6
β_0	①	**0.9983**	**0.9980**	**0.9982**	0.9961	0.9979	0.9925
β_0	②	0.9181	0.9192	0.8951	0.8325	0.9326	0.7713
β_0	③	0.9983	0.9973	0.9973	0.9972	0.9978	0.9943
β_1	①	**0.9983**	**0.9983**	**0.9979**	0.9972	0.9981	0.9974
β_1	②	0.8687	0.9011	0.9082	0.8969	0.8909	0.9097
β_1	③	0.9967	0.9934	0.9964	0.9946	0.995	0.9975

C　K_c 中值的相关性度量

计算表 3-3 中 β_0 和 β_1 时序各自的 K_c 中值之间 Pearson 线性相关、Kendall 秩和 Spearman 等级相关的相关系数分别为 0.8614、0.9636 及 0.9852，表明新方法揭示了更强的相关性，更加符合 Betti 数的代数拓扑学意义和工程意义。

D　混沌特征与混合效果相关关系

为详细区分不同混沌流强化混合条件下的混合效果和混沌特性，计算了 6 种搅拌条件下 Betti 数时间序列的统计参数，见表 3-4，混合时序长度均为 10000，混合均匀时序长度取 5000。统计发现，β_0 和 β_1 时序并不完全符合正态分布。

表 3-4 β_0 和 β_1 时序统计参数

统计参数	工况											
	L_1		L_2		L_3		L_4		L_5		L_6	
	β_0	β_1	β_0	β_1	β_0	β_1	β_0	β_1	β_0	β_1	β_0	β_1
均值	**536**	54	**614**	38	**624**	61	334	39	335	3	254	70
标准差	62	16	57	15	55	20	66	23	53	2	37	38
偏度	−0.26	0.21	0.08	0.73	−0.06	0.43	−0.51	0.18	0.06	0.77	−0.41	0.42
峰度	2.89	2.90	2.88	3.80	2.68	2.97	2.88	2.35	2.62	2.99	3.42	2.74

由表 3-4 可知，L_1、L_2、L_3 的 β_0 时间序列下的 K_c 均值较大，呈现正常的混合效果；L_4、L_5 和 L_6 的 β_0 时间序列下的 K_c 均值较小，呈现非正常的混合效果。β_1 时序的偏度均为正且接近于零，说明其服从右偏分布。$L_1 \sim L_5$ 的 β_0 时序的峰度均小于 3，说明 Betti 数总体分布密度曲线在其峰值附近比正态分布来得平缓，而极度非正常混合的 L_6 则比较陡峭。选取水动力实验中第 10000 张图样及混合时间作为验证图样，见表 3-5。对比表 3-4 和表 3-5 可以发现，最好的混合效果具有最大的 β_0 时序 K_c 中值。β_0 时序 K_c 中值与混合均匀后 Betti 数的统计指标（均值比上标准差）之间 Person 线性相关系数为 0.645，存在中度相关性。另外，L_1 具有最大的混沌度，其混合时间也是最短的。

表 3-5 水动力学实验验证

实验案例	L_1	L_2	L_3	L_4	L_5	L_6
原始彩色实验图样		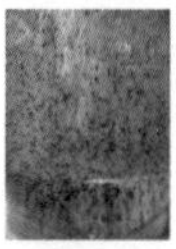	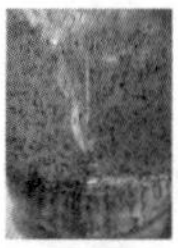		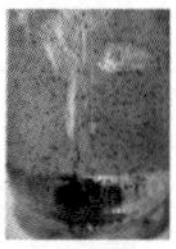	
混合效果	最好	较好	较好	非正常	非正常	非正常
图像处理实验图样						
β_0	**593**	**587**	**715**	339	516	317
β_1	22	24	43	24	45	123
混合时间	**9.166**	12.50	12.33	12.7	9.866	9.466

综上可知：(1) 利用改进型 0-1 测试方法，研究发现量化流体混合均匀性的 β_1 非线性时序和伪均匀性的 β_1 非线性时序具有混沌特征。多相混合效果中的均匀性程度和非均匀性程度均得到了良好的混沌表征。(2) K_c 中值在一定程度上反映了不同混合过程的混沌程度。最好混合效果对应最接近于 1 的 K_c 中值，反映最大的混沌度。另外，K_c 中值的相关性度量表明 K_c 中值与 Betti 数的代数拓扑意义及工程意义相一致。(3) K_c 中值作为

评价特征值和混合均匀后 Betti 数的统计指标间的 Person 线性相关系数为 0.645，存在较强的相关性。同时，此结果得到了水动力实验的验证。（4）K_c 中值在最大的实验案例中混合时间也最短。上述 4 点结论为发掘多相混合过程中混沌行为的时空规律提供了新的思路和途径，对于拓展和丰富 Betti 数混合效果评价方法具有重要意义。下一个研究问题将是如何在此基础之上改变混合系统的操作控制参数，以更快地使系统达到混沌状态。

3.4.2　底吹混沌流强化混合过程的混沌特性分析

冶金炉窑中金属熔体、烟气等高温流体的多相流动参数测试关系到冶金过程反应的效率与冶金炉窑的安全使用寿命。特别地，富氧底吹铜熔池熔炼过程呈现流体混合、传热传质、动量传递及化学反应等复杂的多相流动现象。金属熔体混合质量的优劣直接影响传热传质过程，因此研究铜熔体在底吹铜熔炼炉内的混合过程及影响参数十分必要。水模型实验法对熔池熔炼炉内各类参数测定提供了便利手段[3]。在研究方法方面，众多国内外专家学者采用水模型实验方法或结合数值模拟方法，对底吹铜熔炼炉水模型展开系列研究。上述研究对优化底吹熔炼炉的结构设计与生产过程控制具有参考价值。

在常见的气-液两相混合系统中，局部气泡大小分布是刻画气泡形态学特征的重要参数。近年来，数字图像处理技术作为一种常见的现代化信息处理技术，以其非接触、可视化的优势在多相流参数检测方面的应用引起了中外学者的广泛关注。高速摄影法结合图像分析手段对于冶金反应过程多相混沌流强化混合体系混合流型快速准确地非接触式评定具有重要参考价值。基于上述，数字图像处理技术作为富氧底吹铜熔池熔炼过程水模型实验的研究手段尚未充分报道，尤其是在融合数理统计理论“强大数据建模能力”的技术研发方面仍具有更深层次的研究空间，亟待丰富与发展。鉴于此，本节通过参考实际底吹炼铜炉结构参数制作水模型试验台，并基于图像处理技术深入挖掘底吹搅拌反应器混合特性。

3.4.2.1　剖线分析与波动演化分析

基于水模型原理，考虑实验原型与模型主要尺寸的几何相似开展实验研究。参照某炼铜企业底吹熔炼炉实际尺寸，制作底吹炉的水模型，如图 3-38 所示。其中，冷态混沌流强化混合系统忽略了实际底吹熔池熔炼过程的传热单元，搅拌反应器主体采用透明材质制作，因此有利于利用可视化手段对气-液两相在其中的混合特性开展针对性研究[7]。

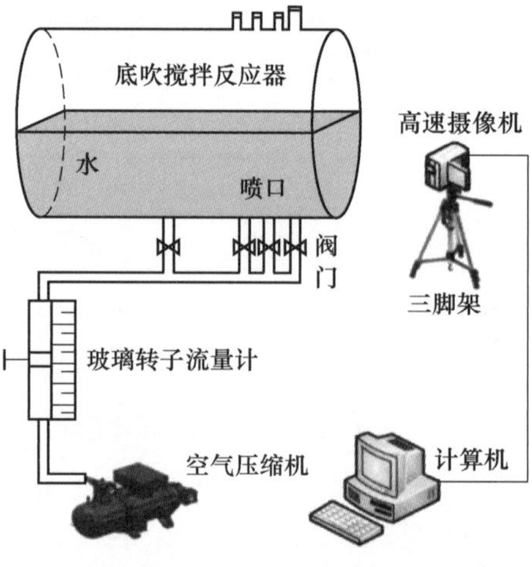

图 3-38　底吹熔池熔炼过程水模型试验台

试验系统主要由底吹搅拌单元（透明有机玻璃，60L）、图像采集单元（高速摄像机，AVI 格式，50 帧/s）及数据处理单元等三大单元组成。其中，玻璃转子流量计规格为 16~160L/h、喷口直径为 4mm、搅拌反应器内液位为 180mm、喷口气体流量保持 45L/h 不变。三脚架的主要作用是稳定高速摄像机，使得高速摄像机与底吹搅拌反应器间距离及高速摄像机高度保持不变，保证试验拍摄的视频基本一致。空气压缩机的主要作用是向炉内输送气体。在试验过程中，利用高速摄像机记录试验的全过程，随后借助于视频处理软件保存为 bmp 格式图片。气泡图像处理过程均在 Matlab 环境下进行，通过内置函数、自行设计程序完成计算。试验工况设计具体参数见表 3-6。其中，喷口倾角有 0°、7°、14°三种情形，除 C_4 为双排喷口外，其余喷口均为单排设计。

表 3-6 水模型试验设计中的因素与水平

实验案例	喷枪角度/(°)	喷口数目/个
C_1	0	1
C_2	7	1
C_3	14	1
C_4	0，0	2
C_5	7，7	2
C_6	14，14	2

气体对熔池的混沌流强化混合存在一个动态平衡过程，单纯分析混沌流强化混合初期不够准确，下文考虑熔池动态平衡阶段气泡扰动流场的混合瞬态情形，图 3-39 给出了工况 C_1 第 250 帧时动态平衡流场图像的处理过程。其中，图 3-39（a）为实验获取的原始 RGB（彩色）气泡图像，喷口上方的气柱振荡区域和水面上方的气泡破碎区域可明显识别。图 3-39（b）为依据如下加权平均公式获取的气泡灰度级图像：$C(i,\ j)=\ 0.3R(i,\ j)+0.59G(i,\ j)+0.11B(i,\ j)$（其中，$C(i,\ j)$ 为 RGB 图像中第 i 行、第 j 列的灰度级强度；$R(i,\ j)$、$G(i,\ j)$ 及 $B(i,\ j)$ 分别为 RGB 图像中第 i 行、第 j 列的红色、绿色和蓝色分量）。图 3-39（c）为依据 Otsu 法进行灰度图像二值化操作之后得到的气泡边界轮廓图，由此可知喷口上方附近的微小气泡被误消除，因此气泡图像灰度化操作并未有效提取原始 RGB 图像中的明显特征。图 3-39（d）~（f）分别展示了图 3-39（a）的 RGB 颜色成分，图 3-39（g）~（i）分别对应图 3-39（d）~（f）的气泡边界轮廓图。由此可知，底吹混沌流强

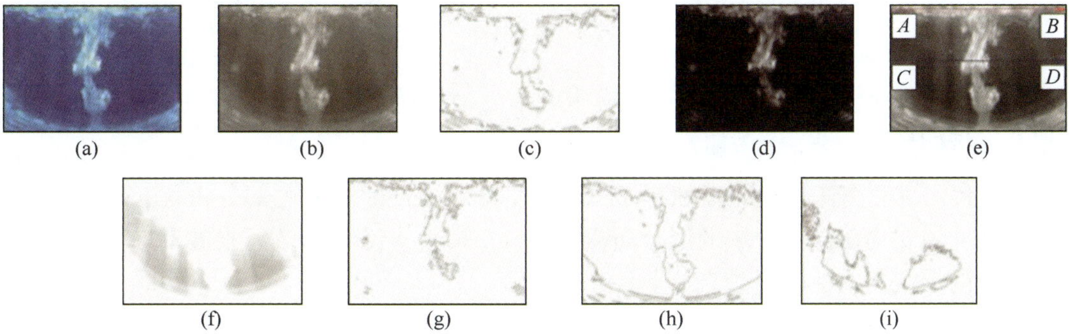

图 3-39 单喷口工况下动态平衡流场的气泡图像处理过程

化混合反应过程中气泡 RGB 图像的红色成分较好地提取了气泡扰动流场的上半部分特征，其蓝色成分较好地提取了气泡扰动流场的下半部分特征，而只有绿色成分较为完整地提取了气泡扰动的整个局部混合区域的流场特征。

富氧气体由底吹熔炼炉底部的喷口高速喷吹进入熔池内部产生气泡并形成气柱，不仅起到氧化剂作用促进反应进行，而且提供了金属熔体流动的动力来源。为首先从直观上直接观察气泡形成并长大的过程，特选取图像帧数 f 分别为 9、11、13、15、17、19、21、23 及 25 等时刻的流场瞬态彩色图像，如图 3-40 所示。由此可知，在气体喷吹的初始阶段，气泡逐渐形成并长大；当气泡长大到一定程度后，会与喷口端面发生些许分离；随着气量持续地鼓入，大气泡脱离于后续气泡，后续气泡将继续生长为大气泡，因此气泡搅拌形成的动态流场实现了炉内多相流体的接触混合。

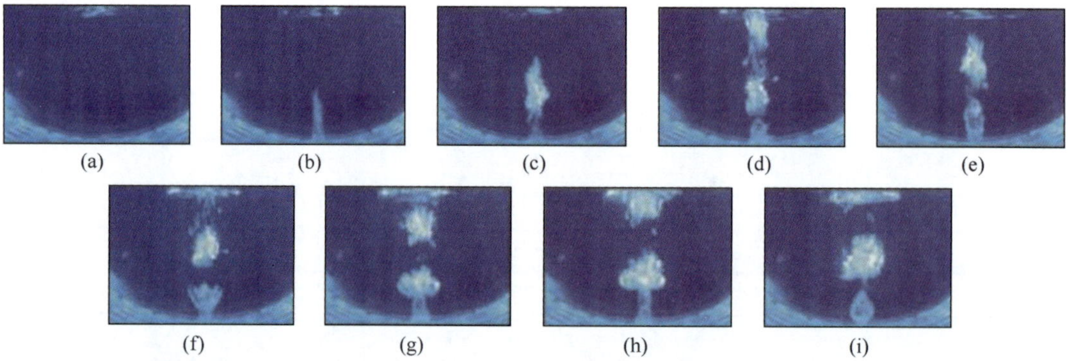

图 3-40　底吹炉喷口上方气柱的形成过程

(a) $f=9$；(b) $f=11$；(c) $f=13$；(d) $f=15$；(e) $f=17$；(f) $f=19$；(g) $f=21$；(h) $f=23$；(i) $f=25$

人们普遍采用化学脱色法进行流体混合质量评价，但每次试验需依赖观察者主观判断，且只能获取混合时间参数，无法知晓整个混合过程中的瞬态混合状况。此外，试验研究重点在于如何改进底吹炉喷口结构设计以便金属熔体更快更好混合，流体性质并非主要研究因素。因此，依据现存试验条件，提出利用气泡扰动的流场图像信息定义底吹铜熔池熔炼炉内气-液两相流直接接触混合系统的局部混合度，其计算公式为：

$$\overline{C} = \frac{1}{n}(c_1 + c_2 + \cdots + c_n) \tag{3-41}$$

$$S = \left\{\frac{1}{n-1}[(c_1 - \overline{C}) + (c_2 - \overline{C}) + \cdots + (c_n - \overline{C})]\right\}^{\frac{1}{2}} \tag{3-42}$$

式中，$\overline{C}$ 为局部混合区域灰度级强度的平均值；c_n 为局部混合区域的灰度级强度；n 为局部混合区域的像素个数；S 为像素波动情况。

$\overline{C}$ 越大，说明图像元素更多地趋于 255，即局部混合区域白色部分占优，气体搅拌较好；反之，说明局部混合区域的混合质量较差。S 越小，说明图像元素波动较小，但只是局部区域的混合均匀性较好的充分条件。

A　剖线分析

为验证试验条件下所获混合瞬态图像能够真实反映气-液混合效果，即图像元素差异反映了气-液接触系统中目标（气相）与背景（液相）的分离，以取自熔池动态平衡阶段的图为研究对象进行剖线分析。图 3-41 展示了图中两条水平线上的灰度级强度变化大小，A→B 提取的是气泡扰动流场上表面的图像特征，可以发现其像素灰度值基本稳定在 200 附近，存在一些空隙的波动，这是由于底吹大气泡在液体与空气接触表面破碎造成的；C→D 提取的是气泡扰动流场的中间区域特征，可以发现在 C_1 稳定时刻，局部混合区域的中间位置会形成较为稳定的竖直气柱，因此区域中间位置的灰度级强度值与两端位置的灰度级强度值呈现明显差异，整体序列出现单峰。C→D 段的中间位置呈现喷口鼓出气体形成的大气泡，A→B 段整体呈现了大气泡破碎形成小气泡或微气泡的流型特征，因此从图像分析的角度，两者呈现相同的灰度级强度，说明气泡的图像元素值较大。

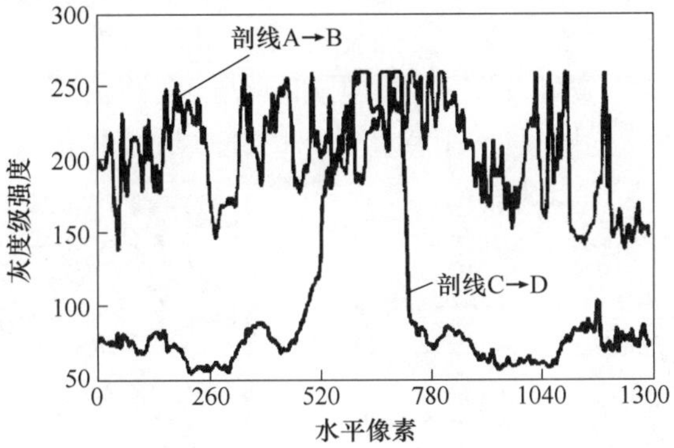

图 3-41 气泡图像顶部和中部的剖线灰度级强度

为了论证从灰度级强度判断不同喷口设计优劣的科学性与合理性，表 3-7 给出了试验中 6 组工况剖线截取的位置参数，用以说明图像元素强度差异能够有效提取气-液两相的图像特征。其中 A→B 段全部截取的是气泡扰动流场气-液分界面附近的水平剖线，C→D 段和 E→F 段为气泡扰动流场局部混合区域中间位置附近的水平剖线；由于在单喷口 0°情形下的气柱在图像中竖直向上，因此不考虑 E→F 段（以—表示）。为从局部气泡大小分布角度准确分析和提取气泡图像特征，不同实验案例 C→D 段和 E→F 段的选择依据实际特征明显程度而定。

表 3-7 不同工况条件下的气泡图像剖线位置参数

实验案例	A→B	C→D	E→F
C_1	33	333	—
C_2	33	240	333
C_3	33	240	400
C_4	33	200	361
C_5	33	222	400
C_6	33	300	400

图 3-42 中（a）与（b）取自熔池动态平衡阶段，分别显示了单喷口工况条件下实验案例 C_2 与 C_3 中气体搅拌流场混合瞬态的绿色成分图像；图 3-43（a）与（b）也取自熔池动态平衡阶段，分别显示了双喷口工况条件下实验案例 C_5 及 C_6 中气体搅拌流场混合瞬

态彩色图像的绿色成分。而图 3-42（c）与（d）和图 3-43（c）与（d）用以观测气-液两相混合图像的像素差异。鉴于实验案例 C_2 与 C_3 为单喷口结构情形，发现其对应的灰度级强度时间序列图呈现单峰形状特征；工况 C_5 与 C_6 为单排双喷口结构情形，发现其对应的灰度级强度时间序列图呈现双峰的形状特征；说明气相的图像元素对应较高的强度值，而液相的图像元素对应较低的强度值，因此符合实际图像特征提取，可从灰度级强度的角度判断不同喷口设计的优劣。图 3-42 和图 3-43 分别对应 0°、7°及 14°三种单喷口倾角的灰度变化情形，图 3-42（c）中灰度级分布更为集中，气液接触表面气泡破碎程度处于另外两者之间，但局部混合区域灰度级整体较高，说明气柱形态更加坚挺，因此喷枪角度为 7°时的流场内呈现出了较为强烈而连续的气泡搅拌效果。比较图 3-42（c）与（d）可以发现，后者双峰间的距离要长于前者，说明前者的局部混合搅拌区域较大，即喷枪角度为 7°的工况比 14°的工况表现更剧烈的混沌流强化混合效果。另外，局部混合区域的灰度级较大的范围更大，说明双排双喷口设计创造了更加剧烈的混沌流强化混合效果，而双排的双喷口结构参数明显优于单排单喷口的结构参数，图像分析结果符合实际。

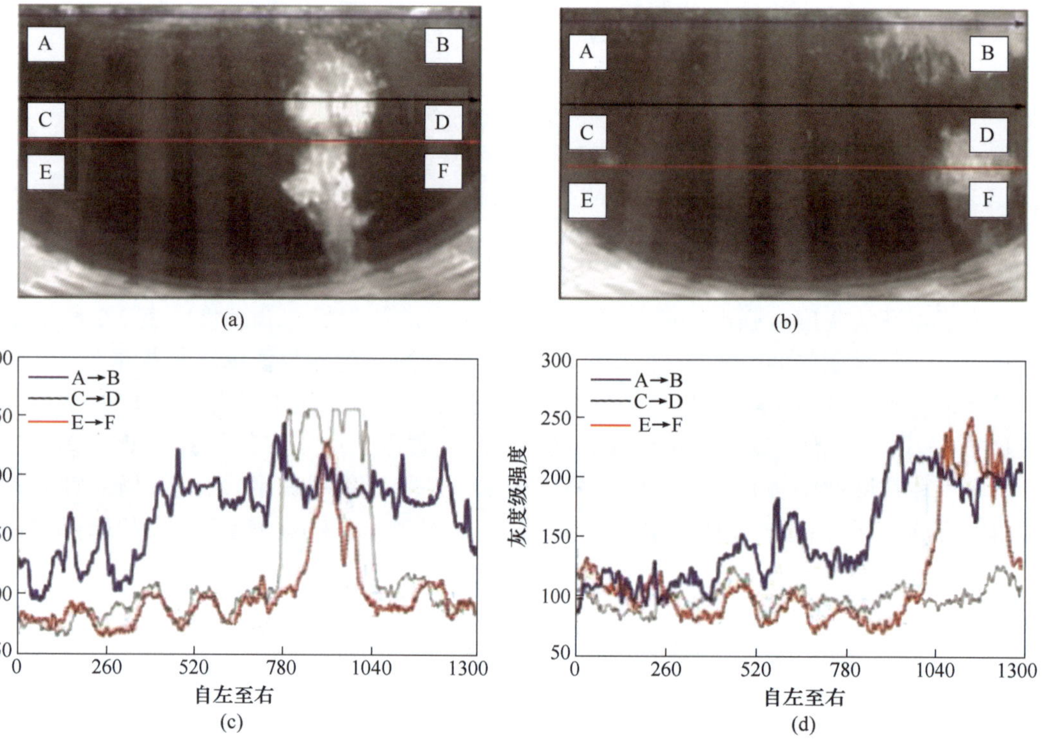

图 3-42 单喷口工况条件下实验案例 C_2 与 C_3 的气泡搅拌图像及其剖线灰度级强度

（a）C_2 中气体搅拌流场混合瞬态的绿色成分图像；（b）C_3 中气体搅拌流场混合瞬态的绿色成分图像；（c）图（a）中水平剖线 A→B、C→D 及 E→F 的灰度级强度值；（d）图（b）中水平剖线 A→B、C→D 及 E→F 的灰度级强度值

除此之外，喷口排布方式对熔池的气-液两相流的混沌流混合效果还主要体现在熔池气含率、气-液两相流混合时间、气体在熔体内停留时间等多个方面。但是鉴于实验条件所限，气体在熔体内停留时间的测定较烦琐，测定气-液两相流混合时间缺乏实时性，且干扰流场状态的可能性较大（如电导率法）。对于混合瞬态时刻的情形，考虑基于常用的

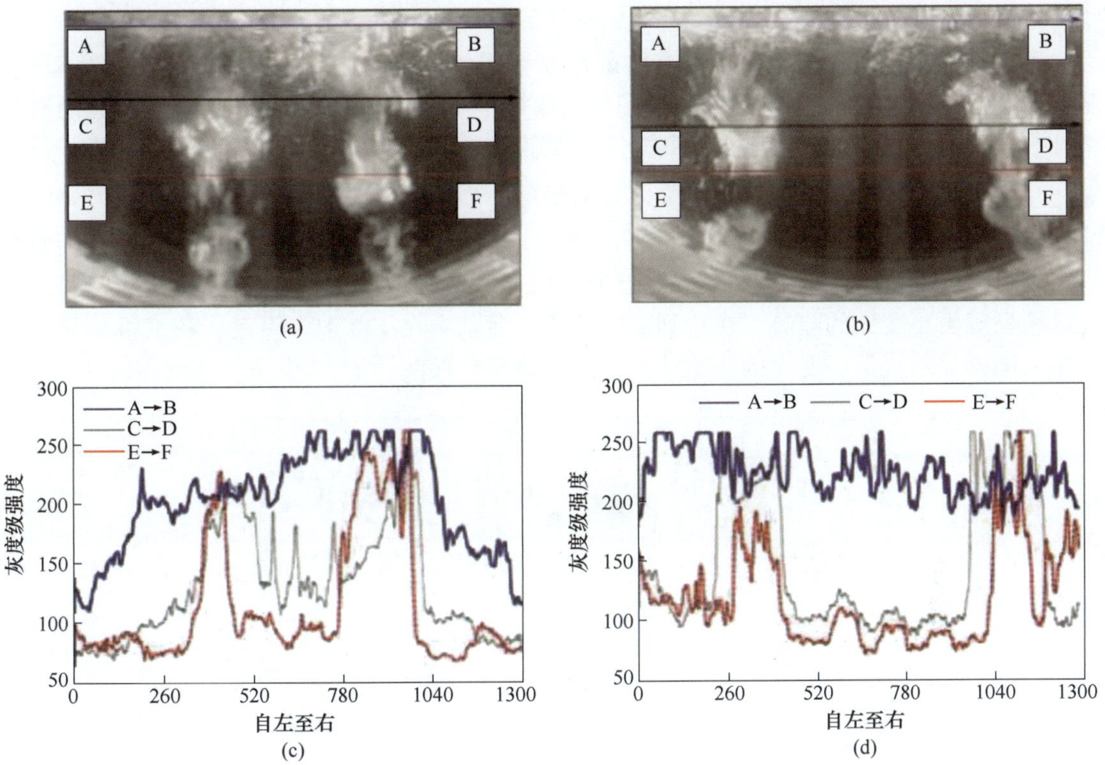

图 3-43 双喷口工况条件下实验案例 C_5 及 C_6 的气泡搅拌图像及其剖线灰度级强度

(a) C_5 中气体搅拌流场混合瞬态的绿色成分图像；(b) C_6 中气体搅拌流场混合瞬态的绿色成分图像；(c) 图 (a) 中水平剖线 A→B、C→D 及 E→F 的灰度级强度值；(d) 图 (b) 中水平剖线 A→B、C→D 及 E→F 的灰度级强度值

Otsu 法计算熔池内的气含率，以此对所提的研究方法加以论证。由于透明的容器壁也呈现较高的像素值，因此选取图 3-40 中的上半区域（第 1～360 行，避免搅拌容器的壁面干扰熔池内气-液两相图像元素）为研究区域，以区域内气相部分与气-液混合部分的占比作为熔池气含率，对比研究区域内灰度级强度值的均值和标准差变化。表 3-8 给出了 6 种情况下熔池气含率与灰度级强度均值、标准差的比较结果（工况 C_1 与 C_4 中气柱的位置相同，故未展现工况 C_4 的对应图像），说明所提方法与生产实际及现存手段的研究结果基本一致，即双喷口设计要优于单喷口设计，但规避了灰度图像的二值化，没有阈值选择的困扰，更加精确地体现图像元素的差异。另外，工况 C_3 的灰度标准差最小，这是由于气体搅拌区域太小，液相仍占据大部分范围而引起的，体现了灰度信息的敏感性。

表 3-8 熔池气含率与灰度级强度均值、标准差比较结果

实验案例	气含率	灰度均值	灰度标准差
C_1	0.3895	129	57
C_2	0.3352	124	49
C_3	0.2537	121	36
C_4	0.389	125	64
C_5	0.5284	143	55
C_6	0.604	158	51

B　波动演化特性

鉴于高速摄像机在捕获底吹熔池熔炼水模型中气泡扰动流场图像方面存在的局限性，截取原始图像中不包含底部壁面的部分（图像第1~400行）作为气泡扰动流场波动演化特性表征的研究区域。基于前文所述，选取原始气泡RGB图像中的绿色成分，利用Matlab软件中的内置函数获取所选区域灰度级像素的均值与标准差（即$\overline{C}$、S），其随时间演化趋势分别如图3-44和图3-45所示（对应C_1）。图示均反映了案例C_1从实验开始时刻到结束时刻气泡扰动流场图像特征的波动特性，灰度级像素均值序列显示在初始阶段的研究区域呈现由小变大的趋势，在达到稳定阶段以后基本在130上下浮动；灰度级像素标准差序列同样显示出从小变大的初始特征，并在稳定阶段波动于55上下。

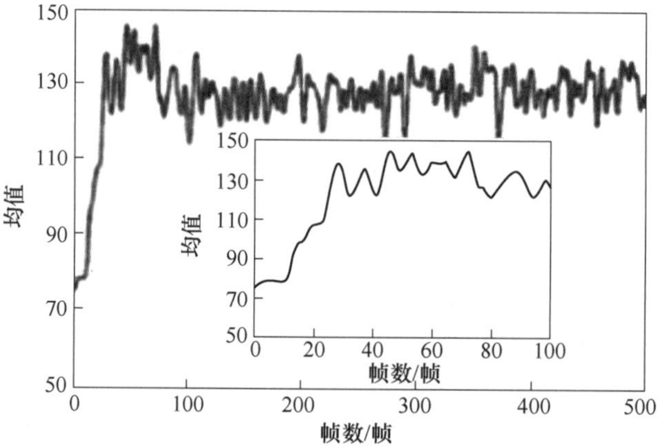

图3-44　实验案例C_1研究区域内灰度级强度随时间变化的均值序列

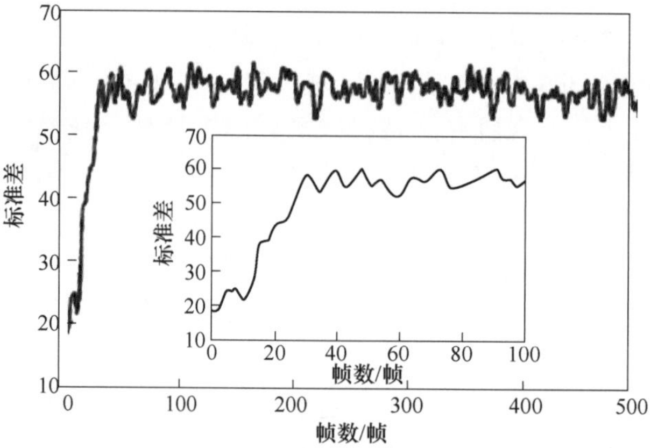

图3-45　实验案例C_1研究区域内灰度级强度随时间变化的标准差序列

表3-9给出了实验案例研究区域的气含率与灰度级强度时间序列的统计参数值。由表3-9可知，双喷口的结构设计要优于单喷口设计（C_4、C_5与C_6灰度均值的数学期望均大于C_1、C_2与C_3，与气含率的变化趋势相一致，但规避了图像的深度处理，有利于避免信息损失），符合实际，也说明该方法的有效性；各评价指标随时间变化值的标准差说明了实验过程的稳定程度，标准差时间序列给出了评价混合质量优劣的充分条件。在单喷口情

形下，喷枪角度为0°设计扰动的流场强度更大；在单排双喷口情形下，喷枪角度为14°的设计要优于7°的设计，此是因为每个喷口气量相同，所选取的区域仅包含了靠近空气的液面部分，喷枪角度为14°的设计对于该区域的搅拌作用更为明显。

表 3-9 不同实验案例研究区域内气含率与灰度级强度时间序列统计参数

参数	C_1	C_2	C_3	C_4	C_5	C_6
气含率均值	0.4060	0.3434	0.2915	0.4222	0.5231	0.6250
气含率标准差	0.0350	0.0438	0.0405	0.0331	0.0508	0.0508
均值时间序列均值	127.56	123.58	121.98	125.60	142.29	155.84
均值时间序列标准差	4.83	5.70	3.60	6.24	5.97	4.98
标准差时间序列均值	57.16	50.69	35.17	61.20	53.62	51.43
标准差时间序列标准差	1.89	2.75	2.84	3.55	2.96	1.99

另外，为测试试验工况的实际数据是否服从正态分布，采用 Lillietest 测试（鉴于样本容量很小，不采用 Jarque-Bera 测试）。对于均值序列，除 C_4 外的结果为 0，说明大部分稳定阶段的均值试验数据均服从正态分布；对于标准差序列，C_1、C_2 及 C_6 计算结果为 0，C_3、C_4 及 C_5 计算结果为 1，说明稳定阶段的标准差值试验数据并非全部服从正态分布。一方面，试验案例间的差异由不同试验设计参数造成的，即气流在上升过程中会发生摇摆振荡；另一方面，试验过程中实验仪器的振动带来一定的误差。

以富氧底吹熔池熔炼过程为研究对象，搭建底吹炼铜炉水模型试验平台，捕获搅拌反应器内动态平衡阶段气泡扰动流场的 RGB 图像。发现在该试验条件下，加权平均灰度化不能准确提取流场图样特征；利用边界轮廓图，发现绿色成分对图像特征识别与提取更为准确。随后，对 6 种试验案例中取自熔池动态平衡阶段的混合瞬态进行水平剖线分析，发现对于喷枪角度为 0°、7°及 14°等单排单喷口案例与 0°双排的双喷口案例，水平剖线的灰度级强度值呈现单峰；对于喷枪角度为 7°与 14°单排双喷口案例，水平剖线的灰度级强度值呈现双峰；表明绿色成分能够用于测度与比较气泡扰动流场的混沌流混合质量。最后，测算研究区域的灰度级强度均值时间序列和标准差时间序列，以熔池气含率作为论证参数，说明了灰度方法的有效性；同时发现大部分熔池动态平衡阶段的时间序列在统计学意义上服从正态分布。采用数字图像处理技术研究底吹搅拌反应器的混合特性，为推进透明或半透明搅拌反应器气-液两相混合特性研究提供了参考依据，一定程度上丰富和发展了冶金反应过程多相流特性的研究手段。

3.4.2.2 气含率与混沌检测结果

本节针对气体底吹混沌流强化混合实验的混沌行为进行研究，提出了 0-1 测试法表征气-液两相混合的混沌特性。搭建熔池气体底吹混沌流强化混合水动力学模型实验平台，捕获并存储彩色实验图像。首先，对实验图像进行灰度级强度分析；其次，运用 Otsu 法获得最佳阈值，提取气泡图像的特征，将图像分割为气相和液相；然后，对图像进行气含率演化分析。对所得到的 6 组实验工况的气含率演化曲线进行分析，通过判定 $p_c(n)$-$q_c(n)$ 轨迹图和 $M_c(n)$-n 图定性地表征实验工况的混沌行为，通过判定 K_c 值的大小表征实验工况的混沌特性。

A　实验图像前期处理与实验图像特征提取

底吹混沌流强化混合水动力学实验中摄像机的采样点定在底吹熔炼炉的一个侧面，首先，固定摄像机并记录实验过程的 RGB 图像，其次利用 KMPlayer 软件获得系统中气泡形态变化的序列图像并加以计算得到时间序列的实验数据。限于实验条件和计算成本，实验中仅捕获底吹熔池熔炼炉的纵截面，以表示底吹熔池熔炼炉内的气泡形态变化。图 3-46（a）为实验工况第 1000 帧图像，图 3-46（b）为摄像机获取并保存的原始的流场图像，图 3-46（c）为底吹炉的炉底对应图像底部。为研究底吹搅拌反应器中气-液系统的动力学特性，避免炉底对图像处理的影响，以原始 RGB 流场图像的上半部分作为认识流场演变的数据来源，引入 0-1 测试法来表征气-液两相混合动力系统的混沌程度。实验过程中的数据处理均是在 Matlab 软件中进行的，也利用到了图像处理工具箱中 filter2、im2bw 等部分内置函数。

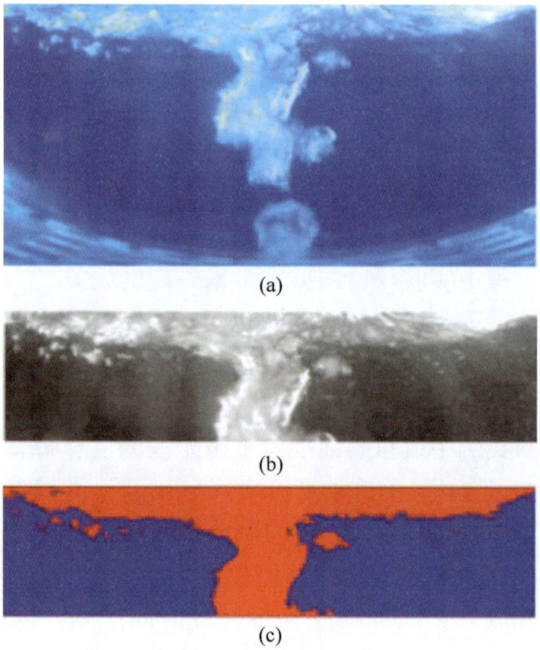

图 3-46　实验图像数据处理过程

a　灰度级强度分析

获取的实验数据是流场的 RGB 图像，为后续处理方便计，需要对原始 RGB 图像进行灰度化处理。鉴于以往的研究工作，实验中流场 RGB 图像的绿色通道成分相较其他通道成分最为完整地保留了流型信息。基于该事实，后续流场图像的特征提取均基于绿色通道来进行。图 3-47 分别展示了 6 组实验各自第 1000 张图（即 t = 20s）的横纵灰度级强度的均值（即对某图像所有横、纵元素分别取均值）序列线图，观察图 3-47 可知，在单喷枪不同倾斜角度的布置方式下，横向的灰度级强度均值都呈现单峰形态，并明显地观察到实验工况 C_2 即单喷枪 $7\pi/180°$ 时像素值的峰值最大，相较于实验工况 C_1 与 C_3，实验工况 C_2 非峰时的像素值也较大，说明由底部喷射出的气泡到达液面顶部后破碎形成更多的小气泡，即单喷枪在倾斜角度为 $7\pi/180°$ 下相较于其他两种布置方式产生了更大范围的气泡区域，表现为气泡搅动更为剧烈。由图 3-47（b）可知，实验工况 C_1 中的喷枪方向竖直向上，其研究区域内的底部并未产生剧烈的混沌流混合效果，因此其对应的像素均值最小。另外，容易得知气泡从底部喷射后逐渐上升，最终在液相与空气的接触面扩散开来，带动界面波动，出现大范围的破碎气泡，因此均值曲线呈现逐渐减小的变化特征。在双喷枪不同方向角度的布置方式下，图 3-47 清晰地展现了像素值处于双峰状态，但是由于采用的布置方式是双喷枪前后方向布置，因此黑线依然是单峰形状。同时可以明显地观察到 7π/90°时像素值双峰间距较大，这一现象说明很大的倾斜角度能够使得气泡搅动在更宽的流场。同样的，也呈现出灰度均值下降的态势，能够发现在双喷枪布置的情形下，纵向灰度均值差别不大，表明研究区域内的气泡搅动范围相近。

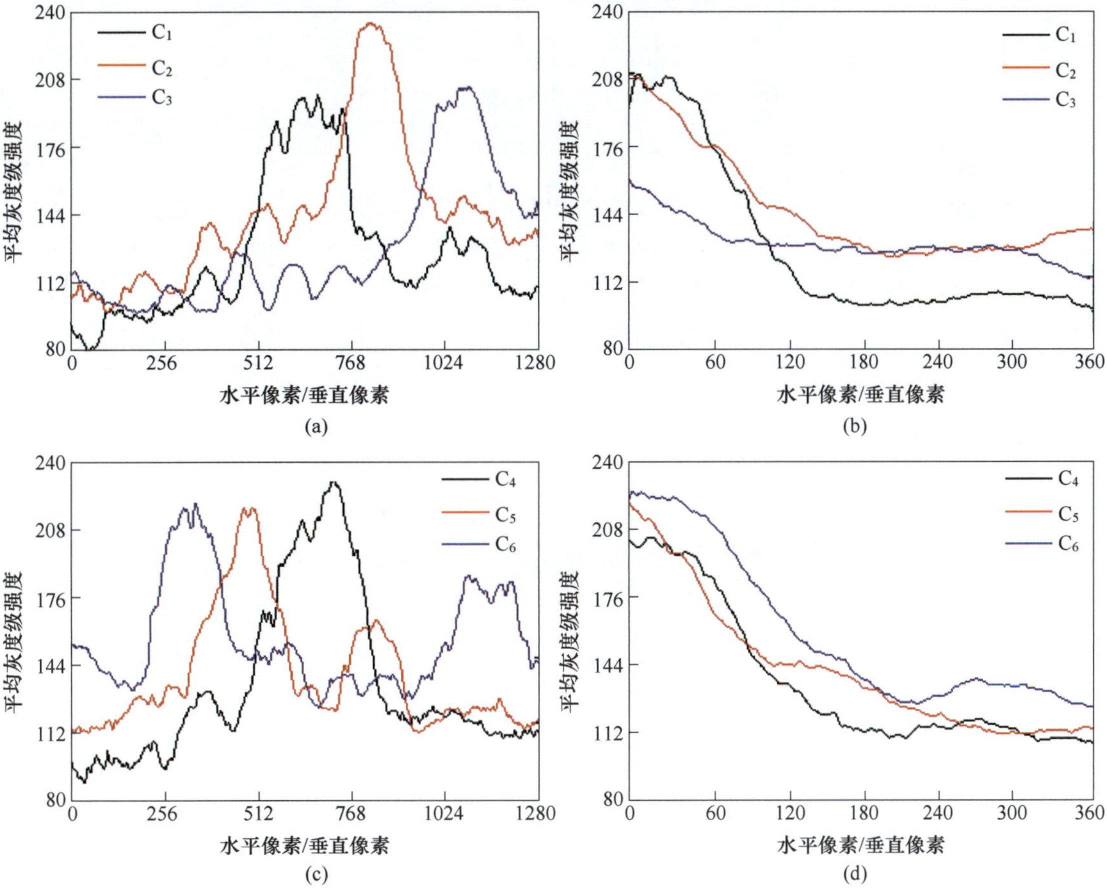

图 3-47 6 组工况在 $f=1000$ 时流场图的平均灰度级强度

b 气泡图像特征提取

图 3-48 为流场第 1000 帧图像灰度级强度的直方分布图，能够发现研究区域内灰度级强度的分布呈双峰现象，大部分的像素值处于 50～255 之间，说明液相（像素值处于 50～160 之间的第一个峰）和气相（像素值处于 160～255 之间的第二个峰）在灰度值上得到了明显区分。因此，可以利用最大类间方差法（也称 Otsu 法）获得最佳阈值。能够明显地看到，研究区域内的气体是从喷口向上喷吹，当气泡在上升的过程中形成气柱，在到达液

相与空气的相界面时，气泡从中间向两边散开，带动界面波动。

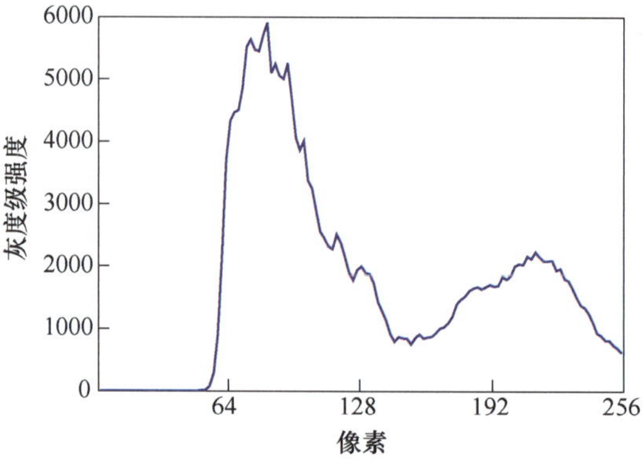

图 3-48 第 1000 帧图像灰度级强度直方图

c 气含率演化分析

基于前述图像分割的基础上，将气相面积在研究区域内的像素占比 P 视为局部气含率的估计。图 3-49 为实验工况 C_1 气含率随实验时间的演化趋势图，易知在实验的起始时刻对应的气含率为零，随着实验的进行，搅拌容器内的气体含量逐渐增加；当气体经过一个急剧增加的过渡期以后，气含率均值将保持在相对稳定的一个平衡状态。关键时刻点为帧数 $f=45$，此时对应的气含率为 0. 3294。结果表示其余工况的气含率演化均呈现相类似的变化趋势。

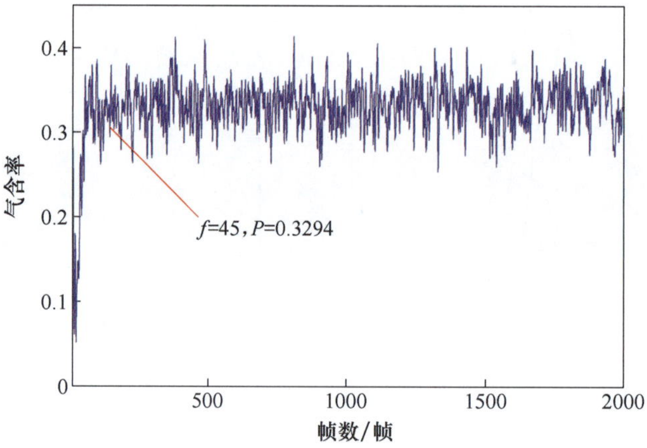

图 3-49 实验案例 C_1 的气含率 P 演化曲线图

B 0-1 测试法表征混沌行为

遵照上述 0-1 测试法的计算过程，将时间序列长度为 2000 的气含率序列经 $p_c(n)$ 和 $q_c(n)$ 转换为 $p_c(n)$-$q_c(n)$ 轨迹图像，均方位移 $M_c(n)$ 及其对应的渐进增长率 K_c 值计算结果如图 3-50 所示。观察图可以看出，$p_c(n)$-$q_c(n)$ 轨迹表现为近似布朗运动，$M_c(n)$ 随 t 的增长呈线性增长趋势，K_c 值几乎全部趋近于 1。观察其余工况发现均出现类似的情况，可以定性判定所有工况均呈现出了混沌特征。

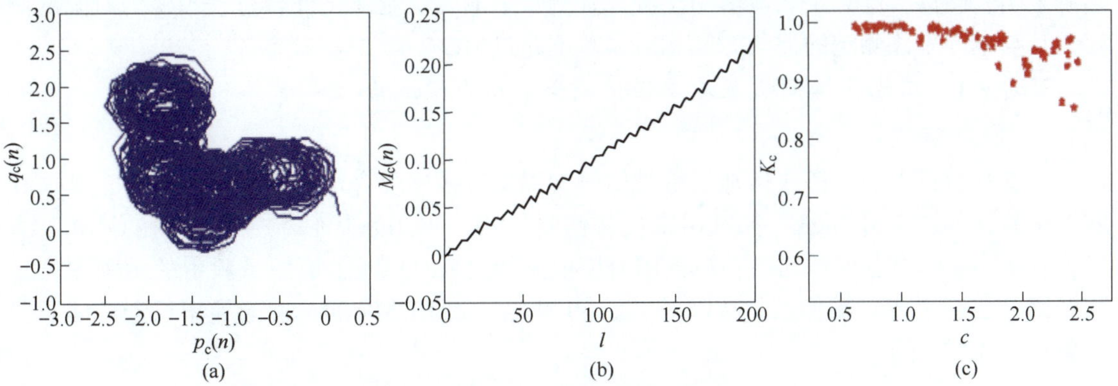

图 3-50 气含率序列的 0-1 测试

(a) $p_c(n)$-$q_c(n)$ 轨迹图像；(b) 均方位移 $M_c(n)$ 图像；(c) 渐进增长率 K_c 值图像

在 K_c 中位数比较方面，分别试算 10 次、100 次、1000 次与 10000 次，经过多次试算得到 K_c 中位数的均值见表 3-10。易知，实验工况 l_3 的 K_c 中位数最大，实验工况 l_4 的 K_c 中位数最小。仔细探究其缘由，每次实验的气量保持不变，实验工况 l_3 为单边喷枪更加靠近气-液界面，既缩短气泡的上浮路程，也增加气泡在水平方向的速度分量，形成强的气-液混合区，使得气-液混合的波动在气-液界面更加剧烈；而查阅现有的研究表明：反应容器结构的非对称布置能够造成流体流动更为剧烈的动力学扰动，导致能在反应器内部引发更大范围的混沌。实验工况 l_4 是前后双排喷枪布置，气量被分流吹入容器，本节仅截取了一侧的二维平面，导致气-液波动相对更加平稳；实验工况 l_6 同样是因为气体分流对吹造成气流平均速度减小及气含率减小，形成稳定的气-液混合区，致使混沌流强化混合的波动相对稳定。综上所述，K_c 中值在一定程度上反映了不同混合过程的混沌强弱程度。与其他领域的研究有类似的发现，0-1 测试法不仅能够区分搅拌反应器内的混沌特性强弱，还能够探索底吹混沌流强化混合过程中的混沌动力学指数与喷枪布置方式之间的相关性。

表 3-10 K_c 中位数比较

实验工况	试算次数			
	10	100	1000	10000
l_1	0. 9793	0. 9787	0. 9793	0. 9794
l_2	0. 9962	0. 9963	0. 9962	0. 9962
l_3	0. 9977	0. 9976	0. 9977	0. 9977
l_4	0. 9732	0. 9712	0. 9711	0. 9710
l_5	0. 9763	0. 9763	0. 9747	0. 9745
l_6	0. 9725	0. 9751	0. 9746	0. 9744

3.4.3 侧吹混沌流强化混合过程的混沌特性分析

针对侧吹模式下熔池混沌流强化混合效果进行了气体侧吹搅拌混合水模型试验研究。考虑喷枪插入深度、喷枪流速和喷枪直径等不同喷吹条件对熔池混沌流强化混合效果的影响，利用图像灰度分层法测定出不同浸入式侧吹模式下熔池混沌流强化混合的混匀时间。

结果表明，图像灰度分层法能够用于浸入式侧吹熔池混沌流强化混合过程中混匀时间的测定，且与电导率法测定的混匀时间相对误差不超过10%。

3.4.3.1　熔池气体侧吹混沌流强化混合水动力学试验

A　试验装置

借鉴瓦纽科夫炉，搭建熔池熔炼气体侧吹混沌流强化混合水动力学试验平台，其搅拌容器试验图如图3-51所示。氮气用来代替侧吹气相，水用来代替搅拌容器内的液相，直径为0.45mm的黑色聚苯乙烯颗粒被用来模拟固相（ZnO，即水模型试验中的示踪颗粒）。其余试验装置主要有摄像机（AVI格式，30帧/s）和DDSJ-308A型电导率仪，具体试验装置如图3-52所示。

图3-51　侧吹搅拌容器试验

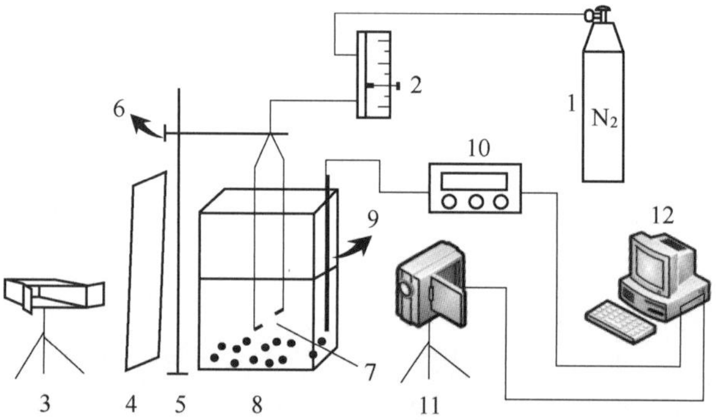

图3-52　试验装置图

1—N_2；2—玻璃转子流量计；3—光源；4—白板；5—铁架子；6—起升开关；7—喷枪；8—透明有机玻璃容器；9—探头；10—DDSJ-308A型电导率仪；11—仪摄像机；12—电脑

B　试验方法

水模型侧吹搅拌容器试验过程中，在透明有机玻璃容器周围通过喷枪向容器内喷射氮气，同时倒入饱和食盐水电导液。通过喷射氮气作为动力进行混沌流强化混合，黑色聚苯乙烯颗粒由试验起始的静止状态逐渐过渡到均匀分布在搅拌容器内。设定熔池混沌流强化混合的不同侧吹模式，见表3-11，即在其他条件均相同的情况下，通过改变喷枪插入深度l、喷吹气量Q、喷枪直径R来研究不同侧吹模式对熔池混沌流强化混合效果的影响。利用摄像机记录下搅拌容器内黑色聚苯乙烯颗粒的分布形态变化图像，记录时间为3~5min。

表3-11　不同喷吹条件

试验工况	喷吹气量 Q/L·h^{-1}	插入深度 l/cm	喷枪直径 R/mm
L20	1250	2.5	2
L21	1500	3.0	2.5
L22	1750	3.5	5

C　图样获取与处理

利用视频处理软件KMPlayer按帧将记录的每一组侧吹混沌流强化混合试验视频存储为800张流动图样（图像格式为bmp，分辨率为320×240像素）。试验过程中，由于搅拌容器内安装了电导率仪的探头，为了避免探头对试验结果产生影响，试验图像中均切去了电导率仪探头的图像。同时，为了防止容器对获取的试验图样造成几何失真，所有图像均采用几何位置确定和像素灰度确定的方式对试验获取的失真图像进行图像复原处理。

熔池气体侧吹混沌流强化混合水动力学试验中，示踪颗粒随着喷枪的喷吹作用分布形态发生明显变化。在试验开始时刻 $t=0s$，搅拌容器内水静止，聚苯乙烯颗粒平铺在容器的底部，如图 3-53（a）所示。试验过程中 $t=40s$ 时，聚苯乙烯颗粒均匀分布在搅拌容器内，如图 3-53（b）所示。

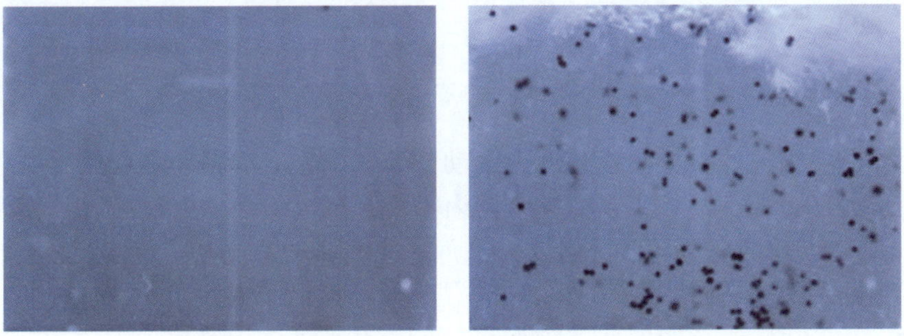

(a) (b)

图 3-53 处理后的试验图像

（a）$t=0s$；（b）$t=40s$

3.4.3.2 气体侧吹混沌流强化混合水动力学试验的混匀时间测定

A 图像分割

选取试验工况 L20 在 $t=40s$ 时的图像进行图像分割，如图 3-54 所示。通过自适应法选取像素分割阈值对试验灰度图像进行分割，把图像中示踪颗粒分割出来。由分割后的图像生成标签矩阵，基于图像局部属性对分割后的图像进行灰度分层处理，灰度分层后的图像如图 3-55 所示。从图中可以看出，图像灰度分层处理是基于二维试验图像进行像素点三维空间位置重构，还原二维图像中像素点在三维空间中的位置信息，从而能够更精确地提取出示踪颗粒在搅拌容器内的分布信息。

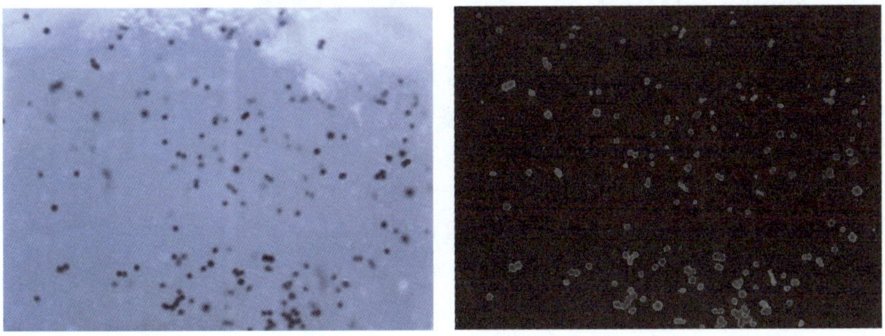

(a) (b)

图 3-54 图像分割

（a）原图；（b）分割后图像

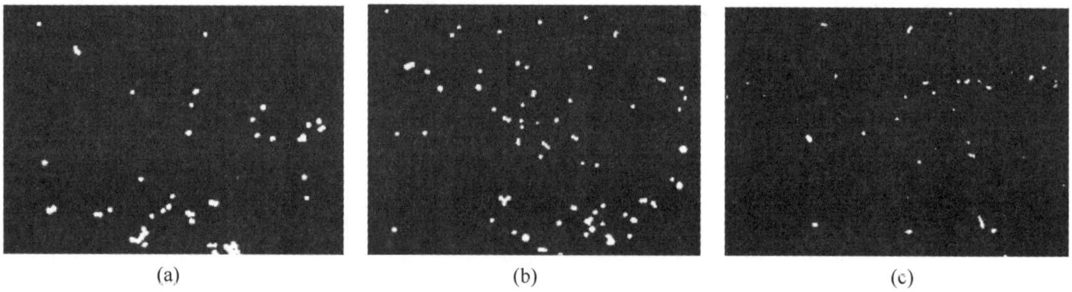

图 3-55　试验工况 L20 图像灰度分层
（a）第一层图像；（b）第二层图像；（c）第三层图像

B　计算分层 Betti 数

上述操作把熔池侧吹混沌流强化混合水动力学试验获取的图像进行分层处理，每一层图像中示踪颗粒的分布信息代表了搅拌容器内相应区域内流场的变化情况。设定分层数量为 1~5 层，利用计算同调群理论分别计算出每一层图像的 Betti 数，并做出第 0 维 Betti 数 β_0 随时间变化曲线图。图 3-56（a）（b）为分两层处理后第 0 维 Betti 数 β_0 随时间变化曲线，图 3-56（c）~（f）为分四层处理后 β_0 随时间变化曲线。以各层首次均达到混合均匀的时刻为混匀时刻，确定试验工况 L20 测定的分层数为 1~5 层的混匀时间分别为：7.01s、6.98s、6.87s、6.96s、6.97s。

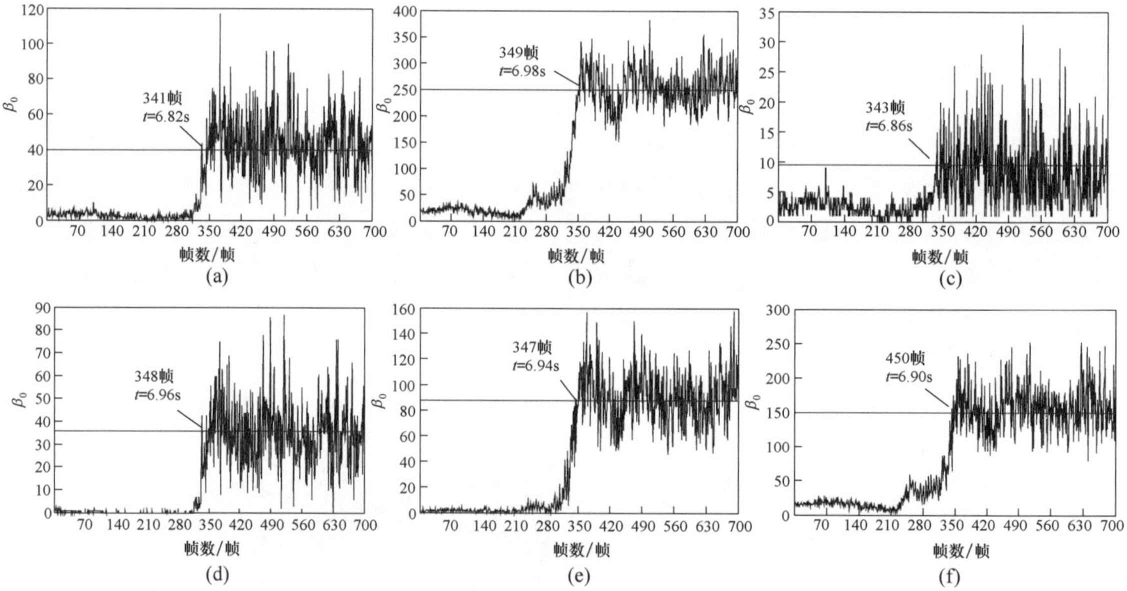

图 3-56　分层混合时间曲线
（a）分 2 层（第 1 层）；（b）分 2 层（第 2 层）；（c）分 4 层（第 1 层）；（d）分 4 层（第 2 层）；
（e）分 4 层（第 3 层）；（f）分 4 层（第 4 层）

C　确定工况 L20 混匀时间的分层数量

图 3-57 为分层数在 1~5 层时确定的各层混匀时间变化曲线。从图中可以看出，当分

层数量 $k \leqslant 3$ 时，混匀时间 T 随分层数量 k 的增加迅速减少。当分层数量 $k > 3$ 时，混匀时间 T 随分层数量 k 的增加迅速增加。由曲线变化趋势可以确定第三层为拐点，因此选取确定工况 L20 混匀时间的分层数量 $k = 3$。

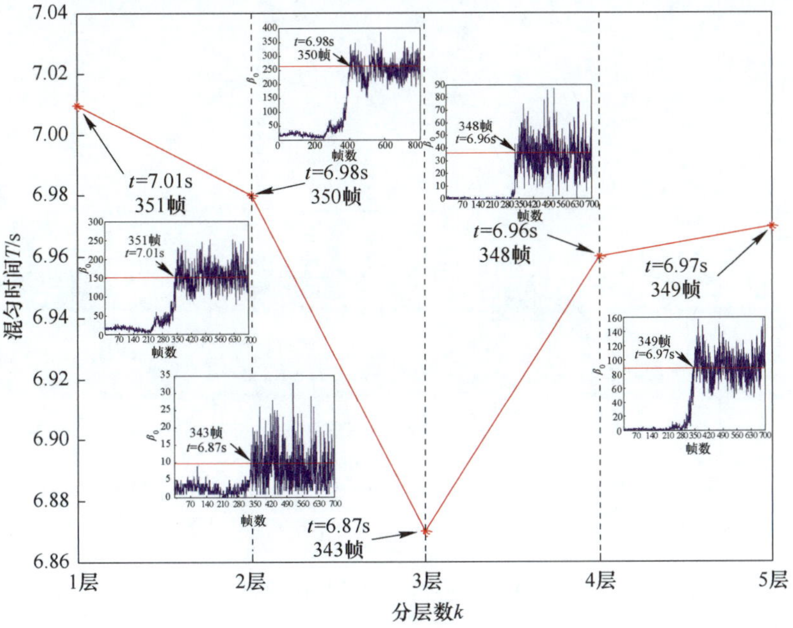

图 3-57　分层混匀时间对比图

D　工况 L20 混匀时间的测定与方法验证

基于上述确定了用于测定试验工况 L20 混匀时间的分层数 $k = 3$，分层后各层首次均达到混合均匀的时间为 6.87s，即工况 L20 的混匀时间为 $T_H = 6.87$s。运用上述测定混匀时间的方法和电导法测定出其他两组熔池气体侧吹混沌流强化混合试验的混匀时间见表 3-12。

表 3-12　不同工况下测定的混匀时间　(s)

试验工况	电导率法	图像灰度分层法
L20	7.00	6.87
L21	5.40	5.45
L22	5.13	5.02

分别计算出利用图像灰度分层法测定的混匀时间与电导率法测定混匀时间的相对误差，做出三组相对误差图，如图 3-58 所示。可以看出，利用图像灰度分层法测定的混匀时间与电导率法测定的结果相对误差均不超过 10%，由此可以得出图像灰度分层法能够用于测定熔池气体侧吹混沌流强化混合水动力学实验的混匀时间，进一步验证了图像灰度分层法的有效性。

3.4.3.3　混合过程的混沌特征分析

由于在熔池熔炼的实际过程中，高温熔渣具有很强的腐蚀性，当对熔池内部的研究存

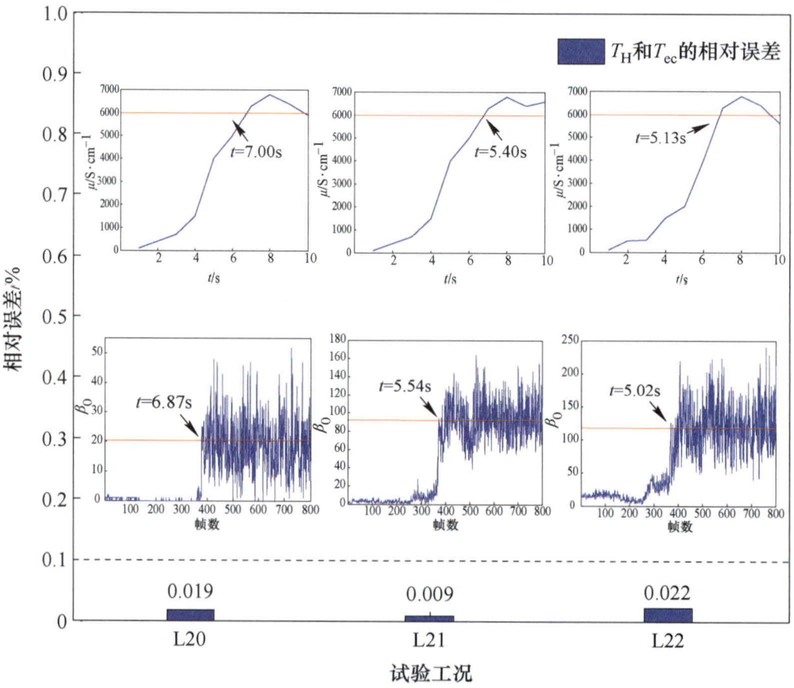

图 3-58　混匀时间的相对误差

在着很大的困难，通过电探针进行测量分析，难以获得连续准确的数据，同时也无法获得熔池内部流场流动特性的全部信息。因此，按照一定的比例制作了瓦纽科夫炉冷态模型，用以研究混沌流强化过程中炉内流体的流动现象[8]。

为了使模型和原型的主要流动特征相符，从模型的流动过程能够预测出原型的结果，就必须使模型和原型在流动上相似，而互为相似的流动现象所对应部位上的对应物理量都应当有一定的比例关系，即相似流动应保证两者之间有几何相似、运动相似及动力相似，流动相似的判定条件如图 3-59 所示。几何相似是指两流动的对应边长成同一比例、对应角相等；运动相似是指两流动对应点上的流体速度矢量成同一比例；动力相似是指两流动对应部位上同名力的矢量成同一比例。综上所述，要保证流动相似，就需要两者在时空相似的条件下受力相似，而动力相似可以用相似准数进行表示，若各同名相似准数均相等，则模型和原型可称为完全动力相似。

图 3-59　流动相似的判定条件

但在实际情况下，要完全满足所有的相似条件是不可能的，只能满足起主导作用的相似准则数。考虑到瓦纽科夫炉内流体流动主要受惯性力、浮力和黏滞力的共同作用，为了保证模型与原型之间流动的相似性，在满足几何相似的基础上，还应该满足动力相似，即保证模型和原型的修正弗鲁德数和雷诺数分别相等。

$$Fr'_{m} = Fr'_{p} \tag{3-43}$$

即

$$\frac{u_m}{(\rho_m - \rho_g) g d_m} = \frac{u_p}{(\rho_p - \rho_g) g d_p} \tag{3-44}$$

式中，ρ_m 为模型内液体的密度，kg/m^3；ρ_p 为原型内熔体的密度，kg/m^3；ρ_g 为气体的密度，kg/m^3；u_m 为模型内流体的速度，m/s；u_p 为原型内流体的速度，m/s；g 为重力加速度，取值为 9.8m/s^2。

$$Re_m = Re_p \tag{3-45}$$

所以

$$\frac{d_m u_m}{\mu_m} = \frac{d_p u_p}{\mu_p} \tag{3-46}$$

式中，μ_m 为模型内液体的黏性系数，kg/(m·s)；μ_p 为原型内熔体的黏性系数，kg/(m·s)；d_m 为模型的特征长度，m；d_p 为原型的特征长度，m。

瓦纽科夫炉水力学模型由透明有机玻璃制成，按照实际原型炉体 1∶10 的比例制作，模型的主体尺寸为 0.8m×0.25m×0.2m，具体结构尺寸如图 3-60 所示。在实验过程中，要同时严格满足两种相似准则数具有较大的困难，但雷诺数在超过第二临界值后继续增大，流体的紊乱程度及速度剖面几乎不再发生变化，使得雷诺准则数失去判别相似的作用。水力学实验过程中采用水来模拟高温熔体，其物理性质见表 3-13，根据计算结果，水力学模型与原型均处于第二自模区内，可以保证流动特征的相似性。

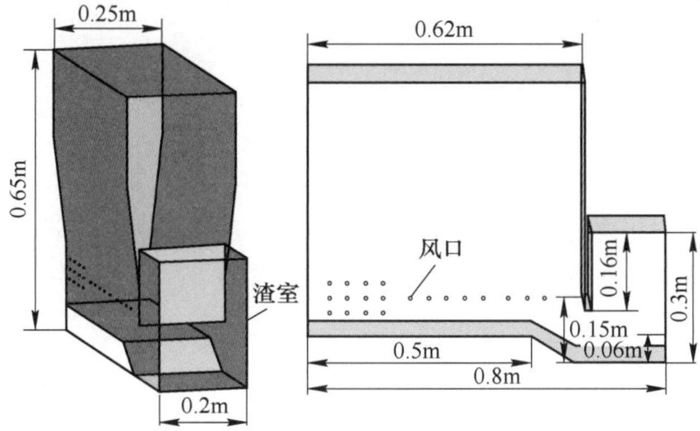

图 3-60 瓦纽科夫炉水力学模型结构尺寸

表 3-13 流体的主要物理性质

名称	密度/kg·m^{-3}	黏度/kg·(m·s)$^{-1}$
炉渣	3000	0.012
水	1000	0.001

实验系统包括瓦纽科夫炉水力学模型、供气系统及数据/图像采集系统，如图 3-61 所示。在实验过程中气体通过固定在炉体两侧风口处的 L 形喷枪对炉内熔池进行喷吹搅拌，喷枪由带孔胶塞固定在风口处。水力学模型内部液体为水，液体高度为 20cm，喷枪距液面处的垂直距离可进行调节，调节高度分别为 2.5cm、5cm 和 7.5cm。小型空气压缩机通过 PVC 透明管与玻璃转子流量计相连接，玻璃转子流量计再通过 PVC 透明管连接到喷嘴

上，其中玻璃转子测量范围为 0.25～2.5m^3/h，小型空气压缩机的额定功率为 2.5HP（1HP＝0.7457kW）、额定压力为 0.8MPa、容积流量为 120L/min，并带有一个 24L 的储气罐具有稳定压力的作用。高速摄像机放置在水力学模型的后侧进行拍摄，根据拍摄需要，水力学模型的另一侧（渣室侧）贴有黑纸或白纸可以最大限度地减少外部光线的影响，有助于提高所拍摄照片的对比度，考虑到多组喷枪共同工作时，射流之间不仅会相互影响，同时也会相互遮挡，使得后续的量化处理存在较大的困难，因此实验过程中只对一组相对喷枪进行研究，其他不使用的风口通过胶塞进行封堵。

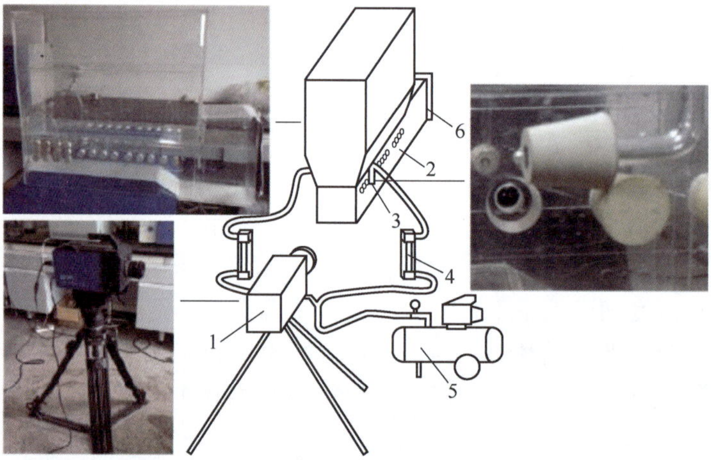

图 3-61　实验装置

1—高速摄像机；2—瓦纽科夫炉水力学模型；3—喷枪；4—玻璃转子流量计；5—小型空气压缩机；6—背景

由于高速气体射流具有不稳定性，在液体中的形态变化极快，因此必须通过高速摄像机对气体射流运动过程中的形态变化进行实时记录，所拍摄的图像可通过数据线传输并保存在电脑上，这给后续的分析工作提供了丰富的数据，可以利用视频图像中丰富的信息，对其进行编码并提取表征气-液接触面积的特征量，这些特征量简单直观，便于进行相关的处理。

高速摄像机的核心成像部件采用了具有超高感光度和超高像素的 CMOS 图像传感器，可捕获到轮廓鲜明的高清单色图像，所记录的图像直接存储到相机的内存中，可以通过千兆网线或 USB2.0 数据线直接传输到电脑。在全分辨率 1920×1080 像素下的最高摄像速度为 2128 帧/s，1008×1000 像素下拍摄速度为 3822 帧/s，最短快门时间为 1.5μs，其自带内存为 36GB，在拍摄过程中，可以通过配套软件来调整拍摄的视野范围，拍摄窗口的面积越小，拍摄速率就越大，拍摄过程的可持续时间也就越长。高速摄像机的性能见表 3-14。

表 3-14　高速摄像机性能参数

窗口范围	拍摄帧速/帧·s^{-1}	拍摄持续时间/s
1920×1440	1107	8.3
1920×1080	1547	10.2
1728×908	2002	12

续表 3-14

窗口范围	拍摄帧速/帧 · s^{-1}	拍摄持续时间/s
1392×716	3005	14
1104×620	4000	14.2
864×608	5014	14.8
672×600	6005	18.4
768×464	7011	18.2
480×428	10042	24.2
288×256	20070	36
144×96	50188	42
144×16	100755	120

“人不能两次踏进同一条河流”描述了湍流的运动过程存在着很大的随机性，同时其运动又受到 N-S 方程的支配，因此湍流是一个典型的混沌系统，湍流强度则反映了系统对初值的敏感性。基于 Lyapunov 指数法来描述变频工况下混合过程的混沌特征，并对混合过程中微观混合效果进行评价。通过 Visual Recurrence Analysis 软件使用虚假邻点法和平均互信息法计算时间序列的嵌入维数 d 和延迟时间 t，计算过程如图 3-62 和图 3-63 所示，并对相空间进行重新构建，图 3-64 显示了 0 维 Betti 数时间序列的最大 Lyapunov 计算过程。

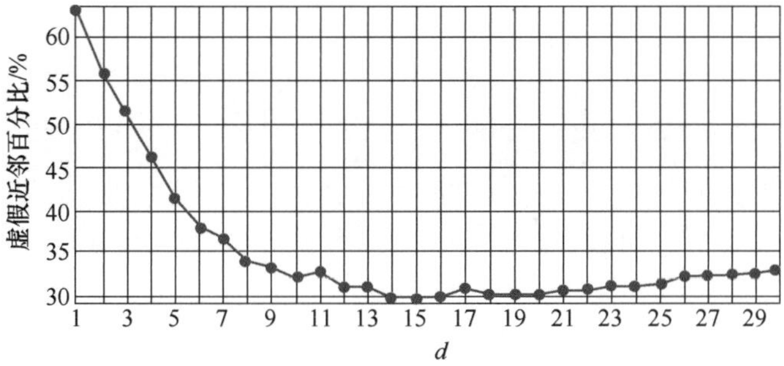

图 3-62 时间序列的嵌入维数

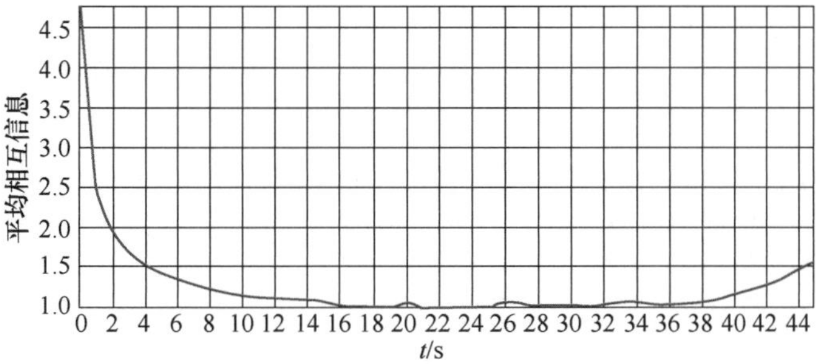

图 3-63 时间序列的延迟时间

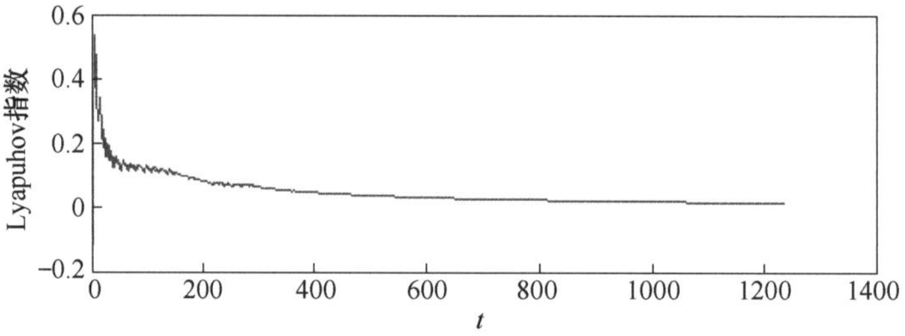

图 3-64 0 维 Betti 数时间序列的最大 Lyapunov 指数

不同工况下最大 Lyapunov 指数的计算结果见表 3-15，它表明在所有的工况下的混合过程都是混沌的，同时采用变频工况可以有效地提升系统的混沌程度，增加小尺度涡流的产生，以及促进熔池的微观混合过程。且变频幅度越大系统对初值的敏感性越强，而变频间隔时间的改变也使得系统对初值敏感性有一定程度的增强，但影响并不是十分明显。

表 3-15 最大 Lyapunov 指数的计算结果

工况	d_0/mm	Q/$m^3 \cdot h^{-1}$	T/s	t/s	d	最大 Lyapunov 指数
L2	2	1. 25	∞	2	3	0. 191
L23	2	1. 4/1. 05	6	2	8	0. 458
L24	2	1. 4/1. 05	8	3	7	0. 416
L25	2	1. 4/1. 05	10	3	3	0. 425
L26	2	1. 6/0. 8	6	1	4	0. 682
L27	2	1. 6/0. 8	8	2	6	0. 623
L28	2	1. 6/0. 8	10	1	5	0. 596

均匀混合时间的长短反映了水力学模型内流体的混沌流强化混合效率，测定均匀混合时间的方法主要有电导率法和 pH 值法。电导率法是将一定质量的电解质瞬间加入流体中，并通过电导率仪对流体内的电导率变化进行连续检测，最终得到电导率变化曲线，当流体的电导率达到稳定时所经历的时长即为均匀混合时间。pH 值法的测量过程与电导率法相似，一般加入硫酸或盐酸作为指示剂。均匀混合时间是流体混合效果的宏观表征，并不能说明流场内是否存在着流动死区，因此不能用来单独评价混合效果。作为一台智能型常规分析仪器，电导率仪可以准确地测量水溶液的电导率及温度，电导率的测量范围为 0～$1.999 \times 10^5 \mu S/cm$，电导率仪具有自动温度补偿功能，所测量的数据可以传输并贮存到电脑上。

为了验证 0 维 Betti 数混合特性的表征方法及实验结果的可靠性，对所有工况下的混合过程进行了电导率测量实验，根据瓦纽科夫炉冶炼过程流体流动过程的特点，将测点选择在熔炼区域内靠近渣室端，测量时间间隔为 1s，为了保证结果的准确性，每个工况重复测量 5 次并选择测量结果的中间值作为最终结果，不同工况下的电导率曲线如图 3-65 所示。从图 3-65 中可以发现，变频工况与正常工况相比，电导率曲线在攀升过程中的波动更大，这是由于流体中剧烈的流形振荡所引起的，同时振荡作用也促进了流体迅速达到混

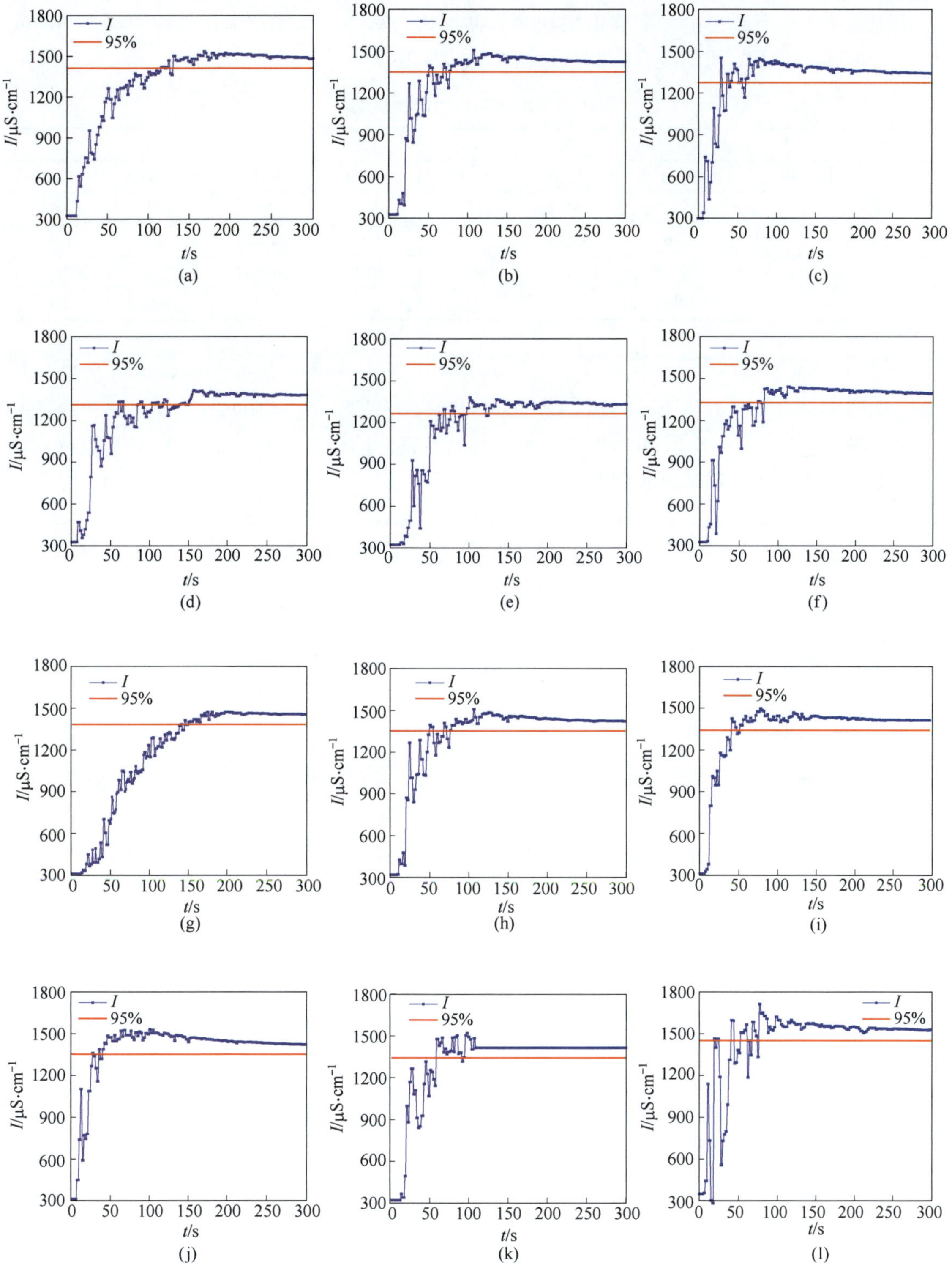

图 3-65 12 个工况的电导率测量曲线

(a) L1；(b) L2；(c) L3；(d) L4；(e) L5；(f) L6；(g) L13；(h) L14；(i) L15；(j) L16；(k) L25；(l) L28

合均匀状态。所记录的曲线可以按照国际上通用的95%规则来判断均匀混合时间，即曲线上出现连续三个点跳出电导率终值的95%，便可认为第一个跳出点为达到均匀混合的时间节点，不同工况下的均匀混合时间测量结果见表3-16。

表3-16　均匀混合时间测量结果

工况	L1	L2	L3	L4	L5	L6	L13	L14
$\overline{\beta_0}$	42.1	89.4	140.33	31.32	46.23	64.96	24.91	117.37
t/s	130	76	61	151	125	83	150	76
工况	L15	L16	L23	L24	L25	L26	L27	L28
$\overline{\beta_0}$	174.73	222.98	152.62	146.33	138.92	188.04	176.59	178.18
t/s	54	40	57	56	59	47	50	49

根据表中的计算结果，基于最小二乘法对0维Betti数和$1/t$之间的线性关系进行拟合，如图3-66所示。0维Betti数和$1/t$之间的线性关系为：$\overline{\beta_0}=10983/t-44.696$，线性相关系数为0.989。说明0维Betti数与$1/t$之间具有良好的线性关系，证实了Betti数混合特性的表征方法及实验结果的可靠性。

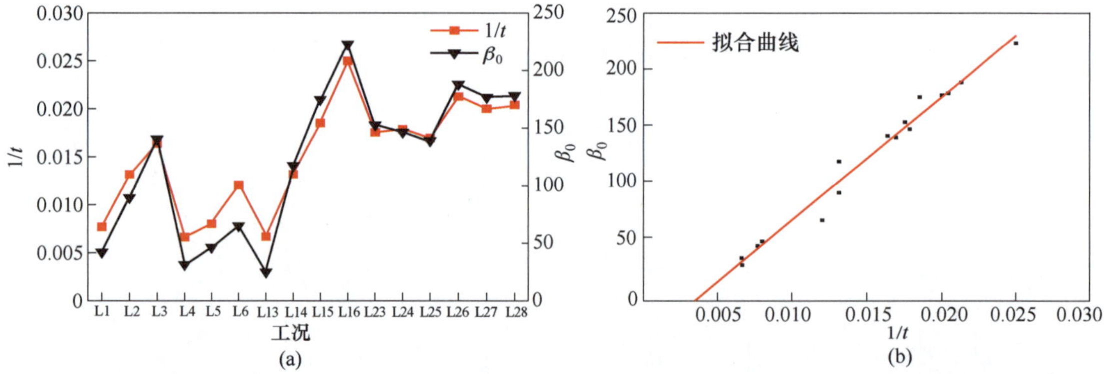

图3-66　不同工况下$1/t$与0维Betti数（a）和0维Betti数与$1/t$（b）之间的线性关系

参考文献

[1] 尹逊和，蔡晓，赵栋，等. 工程混沌及混沌应用的研究现状与展望［J］. 系统工程与电子技术，2001（12）：71-76.

[2] 邹恩，李祥飞，张泰山. 混沌与混沌应用［J］. 计算机工程与应用，2002（11）：53-55，67.

[3] 徐建新. 多相体系搅拌混合效果评价方法及其应用研究［D］. 昆明：昆明理工大学，2012.

[4] 武凯. 基于图像处理测定气液两相流搅拌混匀时间的方法［D］. 昆明：昆明理工大学，2017.

[5] 武凯，肖清泰，王仕博，等. RGB颜色模型应用于评价顶吹混匀时间的方法［J］. 化工进展，2016，35（9）：2728-2734.

[6] 肖清泰，王华，王仕博，等. 基于改进0-1测试的多相宏观混合效果混沌表征［J］. 化学工程，2016，44（2）：46-51.

[7] 肖清泰，王仕博，李鹏，等. 基于图像分析的底吹搅拌反应器混合特性［J］. 化工进展，2017，36（9）：3195-3202.

[8] 刘泛函．瓦纽科夫炉熔池侧吹强化搅拌过程数值模拟及混合效果评价方法研究［D］．昆明：昆明理工大学，2016.
[9] TAN T, ZHANG Y, ZHONG Q. Multi-parameter bifurcation analysis of AC/DC power system［J］. Electric Power Automation Equipment, 2012, 32（2）：23-38.
[10] YU Y X, JIA H J, WANG C S. Chaotic phenomena and signal stability region of electrical power systems［J］. Science in China（Series E）, 2001 , 41（2）：187-199.
[11] 贾宏杰，余贻鑫，李鹏．电力系统混沌现象及相关研究［J］．中国电机工程学报，2001，21（7）：26-30.
[12] 贾宏杰，余贻鑫，李鹏，等．电力系统环面分岔与混沌现象［J］．中国电机工程学报，2002，22（8）：6-10.
[13] 贾宏杰，余贻鑫，李鹏，等．电力系统混沌现象与不同失稳模式之间的关系［J］．中国电机工程学报，2003，23（3）：1-4.
[14] 柳明，吴捷．微扰电力系统中的次谐及混沌轨道［J］．电力系统自动化，2002，26（15）：9-14.
[15] PECORA L M, CARROLL T L. Synchronization in chaotic systems［J］. Phys. Rev. Lett., 1990, 64：821.
[16] PEREZ G, CERDEIRA H A. Extracting messages masked by chaos［J］. Phys. Rev. Lett., 1995, 74：1970.
[17] HEGGER R, BUNNER M J, KANTZ H, et al. Identifying and modeling delay feedback systems［J］. Phys. Rev. Lett., 1998, 81：558.
[18] 李士勇．模糊控制·神经控制和智能控制论［M］．哈尔滨：哈尔滨工业大学出版社，1996.
[19] 尹子明，陈明剑，闫键巧．CNSS 多路径和信噪比相关性分析［J］．测绘与空间地理信息，2017，40（2）：109-112.
[20] BIAN J H, LI A N, SONG M Q. Reconstruction of NDVI time datasets of MODIS based on savitzky-golay filter［J］. Journal of Remote Sensing, 2010, 14（4）：725-732.
[21] 田慧，程鹏飞，秘金钟．不同插值法对 CORS 高程时间序列的影响分析［J］．测绘科学，2013，38（1）：16-18.
[22] 桂新，秦海波，王胜平．基于相关系数迭代法的水下地形测量时间延迟探测方法研究［J］．测绘通报，2015（5）：57-59.
[23] 姚任贵，张坤龙．时间序列流 Top-K 不协调子序列的发现［J］．计算机应用研究，2016，33（12）：3607-3610.
[24] 王新迎，韩敏，王亚楠．含噪混沌时间序列预测误差分析［J］．物理学报，2013，62（5）：1-7.
[25] BIAN J H, LI A N, SONG M Q. Reconstruction of NDVI time datasets of MODIS based on Savitzky-Golay filter［J］. Journal of Remote Sensing, 2010, 14（4）：725-732.
[26] 田慧，程鹏飞，秘金钟．不同插值法对 CORS 高程时间序列的影响分析［J］．测绘科学，2013，38（1）：16-18.
[27] 桂新，秦海波，王胜平．基于相关系数迭代法的水下地形测量时间延迟探测方法研究［J］．测绘通报，2015（5）：57-59.
[28] 姚任贵，张坤龙．时间序列流 Top-K 不协调子序列的发现［J］．计算机应用研究，2016，33（12）：3607-3610.
[29] 王新迎，韩敏，王亚楠．含噪混沌时间序列预测误差分析［J］．物理学报，2013，62（5）：1-7.
[30] 赵知劲，吕曦，尚俊娜．利用功率谱最大最小值的频谱感知算法［J］．信号处理，2017，33（2）：152-157.
[31] 李婉秋，王伟，郭秋英，等．多通道奇异谱分析提取的 CORS 站大地高形变信息［J］．测绘科学，2021，46（11）：1-5，17.

[32] DONG D, FANG P BOCK Y. Anat-any of apparent seasonal variations from GPS - derived site position time series [J]. Journal of Geophysical Research, 2002, 107 (B4): 1029-2001.
[33] 王伟，王迪晋，聂兆生．利用陆态网络连续 GNSS 资料分析流动站速率精度与可靠性 [J]. 大地测量与地球动力学，2017，37 (1)：26-29.
[34] 李昭，姜卫平，刘鸿飞．中国区域 IGS 基准站坐标时间序列噪声模型建立与分析 [J]. 测绘学报，2012，41 (4)：496-503.
[35] 李衡，赵毅强，杨瑞霞．基于小波降噪数据处理的硬件木马检测优化 [J]. 计算机工程与应用，2017，53 (1)：49-53.
[36] 林洪华．测量误差与不确定度评估 [M]. 北京：机械工业出版社，2010.
[37] 张恒璟，程鹏飞．基本经验模式分解的 CORS 站高程时间序列分析 [J]. 大地测量与地球动力学，2012，32 (3)：133-134.
[38] 黄洁．混沌神经网络的研究现状及应用 [J]. 信息工程学院学报，1997 (2)：25-32.
[39] 郑华．机体的“混沌”观象 [J]. 医学与哲学，1996 (10)：57.
[40] 姜潮，韩剑众，范佳利，等．低场核磁共振结合主成分分析法快速检测掺假牛乳 [J]. 农业工程学报，2010，(9)：340-344.
[41] 王聪玲，龙运佳．关于混沌振动的研究 [J]. 中国农业大学学报，1997，2 (6)：5.
[42] 龙运佳．宽频混沌激振压实 [J]. 今日工程机械，2005 (8)：85-86.
[43] 杨启伦．混沌噪声雷达信号模型及其应用研究 [D]. 北京：中国科学院研究生院，2015.
[44] LIN F Y, LIU J M. Ambiguity functions of laser-based chaotic radar [J]. IEEE Journal of Quantum Electronics, 2004, 40: 1732-1738.
[45] WILLSEY M S, CUOMO K M, OPPENHEIM A V. Quasi-orthogonal wideband radar waveforms based on chaotic systems [J]. IEEE Transactions on Aerospace and Electronic Systems, 2011, 47: 1974-1984.
[46] WEINBERG G V A, ARIS. Examples of a Class of Chaotic Radar Signals [J]. Examples of a Class of Chaotic Rodar Sighals, 2005: 1-37.
[47] VENKATASUBRAMANIAN V, LEUNG H. A novel chaos-based high-resolution imaging technique and its application to through-the-wall imaging [J]. IEEE Signal Processing Letters, 2005, 12: 528-531.
[48] 杜柳青，余永维，唐其林．基于混沌电路的高精度重量测量系统设计 [J]. 仪器仪表学报，2009，30 (6)：1202-1206.
[49] 陈志平，章旭文，林兴华，等．搅拌与混合设备设计选用手册 [M]. 北京：化学工业出版社，2004.
[50] 程绍杰．搅拌式生物反应器的模拟、优化设计与放大研究 [D]. 大连：大连理工大学，2009.
[51] 冯伟．机械搅拌反应器三维流场的数值模拟 [D]. 哈尔滨：哈尔滨工业大学，2007.
[52] 张公一．裂隙岩样渗透实验系统叶轮式搅拌池流场仿真及分析 [D]. 徐州：中国矿业大学，2015.
[53] 高殿荣，李岩．层流搅拌槽内几何非对称三维混沌混合流场的 CFD 模拟 [C] //第四届全国流动及控制学术会议：564-570.
[54] 高殿荣，郭明杰，李岩，等．变速搅拌混沌混合的 PIV 试验研究 [J]. 机械工程学报，2006，42 (8)：44-48.
[55] ARRATLA P E, KUKURA J, LACOMBE J, et al. Mixing of shear-thinning fluids with yield stress in stirred tanks [J]. AIChE Journal, 2006, 52 (7): 2310-2322.
[56] ZALC J M, SALAI E S, AIVAREZ M M, et al. Using CFD to understand chaoticmixing in laminar stirred tanks [J]. Fluid Mechanics and Transportpheno-Mena, 2002, 48 (101): 2124-2134.
[57] LAMBERTO D J, MUZZIO F J, SWANSON. Using time dependent RPM to enhancemixing in stirred vessels [J]. Chemical Engineering Science, 1996, 53: 733-741.

[58] 杨锋苓，曹明建．涡轮梁变速搅拌槽内湍流混合的实验研究［J］．燕山大学学报，2010，34（4）：313-317.

[59] 邓远锋．机械搅拌槽混合数值模拟及实验研究［D］．南宁：广西大学，2017.

[60] 栾德玉．错位桨搅拌假塑性流体流动与混合特性研究［D］．济南：山东大学，2012.

[61] AREF H. Stirred by Chaotic Advection [J]. Fluid Mesh，1984，143：1-21.

[62] AREF H，BALACHANDAR S. Chaotic advection in a Stokes flow [J]. Phys. Fluids，1986，29：3515-3521.

[63] OTTINO J M. The kinematics of mixing：stretching，chaos and transport [M]. Cambridge：Cambridge University Press，1989.

[64] LAMBERTO D J，MUZZIO F J，SWAILSON. Using time dependent RPM to enhance mixing in stirred vessels [J]. Chem. Eng. Sci.，1996，53（5）：733-741.

[65] MANKINA T，KAISE T，OHMURA N，et al. Laser-optical observation of chaotic mixing structure in a stirred vessel [C] //Proceeding of 10th International Symposium on Applications of Laser Techniques to Fluid Mechanics，2000.

[66] ALVAREZ M M，ARRATIA P E，MUZZIO F J. Laminar mixing in eccentric stirred tank systems [J]. Chem. Eng. J，2002，80（8）：546-557.

[67] YAO W G，SATO H，TAKAHASHI K，et al. Mixing performance experiments in impeller stirred tanks subjected to unsteady rotational speeds [J]. Chem. Eng. Sci.，1998，53（17）：3031-3040.

[68] ASCANIO G，BRITO-BAZAN M，CARREAU P J，et al. Unconventional configuration studies to improve mixing time in stirred tanks [J]. Chem. Eng.，2002，80（8）：558-565.

[69] 刘作华，陈超，刘仁龙，等．刚柔组合搅拌桨强化搅拌槽中流体混沌混合［J］．2014，65（1）：61-70.

[70] XU J X，WANG H，FANG H. Multiphase mixing quantification by computational homology and imaging analysis [J]. Applied Mathematical Modeling，2011，35（5）：2160-2171.

[71] XIAO Q T，PAN J X，XU J X，et al. Hypothesis-testing combined with image analysis to quantify evolution of bubble swarms in a direct-contact boiling heat transfer process [J]. Applied Thermal Engineering，2017，113：851-857.

[72] XIAO Q T，XU J X，WANG H. Quantifying the evolution of flow boiling bubbles by statistical testing and image analysis：toward a general model [J]. Scientific Reports，2016，6：31548.

[73] HADDADI M B，MADDAHIAN R. A new algorithm for image reconstruction of electrical capacitance tomography based on inverse heat conduction problems [J]. IEEE Sensors Journal，2016，16（6）：1786-1794.

[74] GOTTWALD G A，MELBOURNEI. On the implementation of the 0-1 test for chaos [J]. Siam Journal on Applied Dynamical Systems，2009，8（1）：129-145.

[75] KRESS B，GOVEKAR E. Analysis of traffic dynamics on a ring road-based transportation network by means of 0-1 test for chaos and Lyapunov spectrum [J]. Transportation Research Part C：Emerging Technologies，2013，36（11）：27-34.

[76] 肖清泰，王华，王仕博，等．基于改进 0-1 测试的多相宏观混合效果混沌表征［J］．化学工程，2016，44（2）：46-51.

[77] GleickJ. 混沌学传奇［M］．卢侃，孙建华，译．上海：上海译文出版社，1991.

[78] LORENZ E N. Deterministic non- periodic flows [J]. Journal of Atmospherie Science，1963，20（2）：130-141.

[79] PARKER T S，CHUA L O. Practical Numerical Algrithms for Chaotie Sysems [M]. New York：Spring-

Verlag World Publishing Corp, 1989.
[80] PARKER T S, CHUA L O. Chaos: a tutorial for engineers [J]. Proceedings of the IEEE, 1987, 75 (8): 982-1008.
[81] GREENWOOD A L. Science at the Frontier [M]. New York: National Academy Press, 1992.
[82] LT Y, YORKE J A. Period three implies chaos [J]. American Mathermatical Monthly, 1975, 82: 1031-1037.
[83] SMALE S. Diffeomorphigms with many periodic pointe [M] //CAIRMS S. Differential and Combinatorial Topology. Princeton: Princeton University Press, 2005.
[84] 郝柏林. 从抛物线谈起混沌动力学引论 [M]. 上海: 上海科技教育出版社, 1993.
[85] NICOLIS C, NICOLIS G. Is there a climatic attractor [J]. Nature, 1984, 311 (5986): 529-532.
[86] FRAEDRICH K Fstimating the dimension of weather and climate attractor [J]. Joumal of the Atmospderic Sciences, 1986, 43 (5): 419-432.
[87] KURTHS J, HERZEL H. An atractor in solar time series [J]. Physica D, 1987, 25: 165-172.
[88] Hense A. On the possible existence of a strange attractor for the southerm oscillation [J]. 1987, 36: 112-119.
[89] RODRIGUEZ-IURBE L, POWER B F D, SHARII M B, et al. Chaos in rainfall water resources research [J]. Water Resources Research, 1989, 25 (7): 1667-1675.
[90] TAKENS F. Detecting strange ttractors in turbulence [J]. Lecture Notes in Mathematics, 1981, 898: 366-381.
[91] PACKARD N H, CRUTCHFLELD J P, FARMER J D, et al Gecometry from a time series [J]. Physical Review Leters, 1980, 45 (9): 712-716.
[92] CRASSBERGER P, PROCACCIA L. Measuring the shangeness of strange attactore [J]. Pysica D, 1983, 9 (1/2): 189-208.
[93] 黄胜伟, 郑天柱, 王得信. 可视化分析非线性强迫振动的混沌现象 [J]. 河海大学学报, 2002 (3): 42-46.
[94] 李韶华, 杨绍普. 具有滞后非线性的汽车悬架中的混沌 [J]. 振动、测试与诊断, 2003 (2): 86-89.
[95] 于国安, 黄胜伟, 方维风. 混沌吸引子特征的计算机模拟分析 [J]. 计算机与现代化, 2003 (5): 14-16.
[96] 韦岗, 陆以勤, 欧阳景正. 混沌、分形理论与语音信号处理 [J]. 电子学报, 1996 (1): 23-27.
[97] 张培琨, 张纪岳. 三次谐波系统动态行为的 Lyepunov 指数分析 [J]. 量子电子学报, 1997, 6: 487-492.
[98] 李开富, 李立. 双杆摆机构中混沌现象的数值分析 [J]. 机械科学与技术, 2002 (4): 596-599.
[99] PESIN Y B. Families of inwariant manifolds corresponding to non- zero characteristie expo-nents [J]. Mathematics of the USSR-levestija, 1976, 10 (6): 1261-1305.
[100] 吕金虎, 陆君安, 陈士华. 混沌时间序列分析及其应用 [M]. 武汉: 武汉水利电力大学出版社, 2002.
[101] CHEN G, LAI D. Feedback anticontrol of discrete chaos [J]. International Joumal of Bifurceation & Chaos, 1998, 8 (7): 1585-1590.
[102] FARMAR J D, SIDOROWICH J J. Predicting chaotic time seris [J]. Physiceal Review Letters, 1987, 59 (8): 8452-8480.

4 富氧熔池熔炼过程的数值模拟与优化

4.1 熔池熔炼数值模拟研究现状

4.1.1 计算流体力学简介

计算流体力学（computational fluid dynamics，CFD）是一门将流体力学和计算机科学相结合的新学科，也是研究自然和工程现象中输运过程的一种新兴手段，即借助软件科技对流体流动、传热、燃烧、雾化等现象的模拟研究。计算流体力学基本思想是把原来时间域及空间域上连续的物理量场，如速度场和压力场，用有限个离散点上的变量值的集合来代替，通过一定的原则和方式建立起关于这些离散点上场变量之间关系的代数方程组，然后求解代数方程组获得场变量的近似值[1]。根据对控制方程离散格式的不同分为有限差分法、有限元法、有限体积法。以多相流为例，利用计算流体力学对其进行研究可选择三种方法的任何一种来实现。

有限差分法是应用最早、最经典的 CFD 方法，它将求解区域划分为差分网格，用有限个网格节点代替连续的求解域，然后将偏微分方程的导数用差商代替，推导出含有离散点上有限个未知数的差分方程组。这是一种直接将微分问题变为代数问题的近似数值解法。在此基础上发展起来的方法有 PIC 法、MAC 法，以及由美籍华人学者陈景仁提出的有限分析法[2]等。

有限元法是 20 世纪 80 年代开始应用的一种数值解法，它吸收了有限差分法中离散处理的内核，又采用了变分计算中选择逼近函数对区域进行积分的合理方法。它将一个连续的求解区域任意分成适当形状的许多微小单元，并于各小单元分片构造插值函数，然后根据极值原理，将问题的控制方程转化为所有单元上的有限元方程，把总体的极值作为各单元极值之和，即将局部单元总体合成，形成嵌入了指定边界条件的代数方程组，求解该方程组就得到各节点上待求函数值。在有限元法的基础上，英国 Brebbia 等人[3]提出了边界元法和混合元法等方法。

有限体积法是将计算区域划分为网格，并使每个网格点周围有一个互不重复的控制体积；将待解微分方程对每一个控制体积积分，从而得出一组离散方程。其中未知数是网格点上的因变量。为了求出控制体积的积分，必须假定变量值在网格点间的变化规律。从积分区域的选择方法来看，有限体积法属于有限元中加权余量法的子域法，从未知解的近似方法看，有限体积法属于采用局部近似的离散方法。1980 年，Patanker 在其专著 *Numerical Heat Transfer and Fluid Flow*[4] 中对有限体积法作了全面的阐述后，该方法得到了广泛的应用。

冶金工艺流程是一种与流体流动及传热传质有着密切关系的生产过程。从矿石到金属成品，其间的各个冶炼环节几乎都是在液态流动状态下进行的。因此，充分运用流体力学的知识和方法，是现代冶金生产中各种先进的工艺流程得以发明和成功应用的基本条件之一。在大部分冶炼工艺过程中，尤其是熔池熔炼工艺中，常见的共性流动状态包括气体射入液体的羽流，气、固、液之间的两相流及多相流，金属熔池的自然对流和机械、电磁、吹气搅拌下的强制流动，表面张力流及气泡和液滴的行为等。

在 CFD 多相流模型中，具有相同类别的物质被定义为相，该类物质在所处的流动中具有特定的惯性响应并与流场发生相互作用[5-8]。也就是说，即使是相同材料的固体物质颗粒，如果具有不同尺寸，也要把它们看作不同的相来处理，这是因为具有相同尺寸粒子的集合与流场相互作用时会产生相似的动力学响应。在利用数值计算方法处理多相流方面，欧拉-拉格朗日方法和欧拉-欧拉方法逐渐成为主流。

这两类方法中的连续相均采用 N-S 方程组对流场进行模拟，而对于离散相，欧拉-拉格朗日法[9-12]是基于对流场中的粒子运动进行跟踪计算得到的，离散相的体积比例一般不超过 10%，粒子的运动受到流体影响，而流体几乎不受粒子影响。而欧拉-欧拉法[13-17]将计算区域内的不同相流体看作相互贯通的连续介质，对各相均采用三大守恒方程进行求解，包括流体体积模型、欧拉模型及混合物模型等。此两种方法的连续相均采用 N-S 方程对流场进行数值模拟，根据 N-S 求解方法的不同可分为直接数值模拟法（DNS）、雷诺平均法（RANS）和大涡模拟法（LES）。此三种方法各有利弊，直接数值模拟方法无需对湍流流动做任何简化或近似，从理论上讲可以得到较为精确的计算结果。但是直接数值模拟方法对计算资源的要求太高，到目前为止计算机的发展并没有解决计算资源不足的问题。由于直接求解 N-S 方程非常困难，因此采用雷诺平均的方差对方程进行处理，雷诺平均法的基本思想是对 N-S 方程进行平均，将非定常的湍流问题转化为定常问题进行研究，由于此方法占用计算资源较小，成为解决工程问题比较有效、切实可行的手段。但雷诺应力的主要贡献来自大尺度脉动，而大尺度脉动的性质及结果与流动的边界条件密切相关，因此雷诺应力的封闭模型不可能是普适的[18]。大涡模拟方法区别于直接数值模拟和雷诺平均方法，其基本思想是把湍流运动分成大尺度和小尺度两部分运动，小尺度量通过模型建立与大尺度量的关系，大尺度量通过数值计算得到，从而能够捕捉到 RANS 方法所无能为力的许多非稳态、非平衡过程中出现的大尺度效应和拟序结构，同时又克服了直接数值模拟由于需要求解所有湍流尺度而带来的巨大计算资源不足的问题，但由于计算耗费依然很大，目前大涡模拟还无法在工程上广泛应用[19-20]。

用 CFD 技术处理冶金过程中的流体流动问题包括前处理、求解及后处理过程（见图 4-1）。前处理过程是将所建立的模型进行网格划分，网格的数量及形状影响了求解的精度。将前处理过的模型带入模拟软件，通过建立相关控制方程求解。后处理器主要是对所求解的数学模型进行验证修改并调节误差精度。

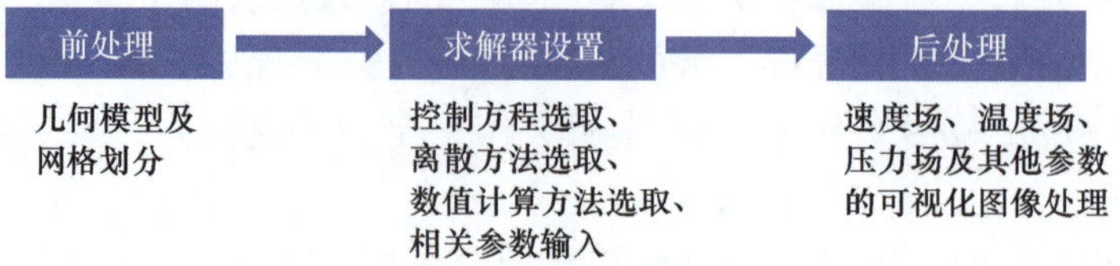

图 4-1　模拟流程图

作为有色金属及粗钢产量连续多年位居世界第一的冶金大国，我国冶金行业在生产工艺领域、设备制造和开发领域及冶金学学科的理论研究领域里，应承担起在未来引领世界冶金技术继续发展的重任。要实现这一目标，富有创新潜力的研发队伍、良好的研究环境和先进的冶金过程研究方法将起到至关重要的作用。而运用 CFD 的知识和方法对冶金过程和现象进行数值模拟和分析，已经成为了冶金过程研究的重要手段。

4.1.2　数值模拟的应用

4.1.2.1　顶吹熔池熔炼数值模拟研究现状

根据气体进入熔池的位置，熔池熔炼主要分为顶吹式、侧吹式和底吹式。而使用顶吹的冶炼工艺中，熔炼过程采用浸没式顶吹，喷枪伸入渣层表面，依靠气泡在熔池内部扩散来搅拌熔池，起到熔炼的效果；但后续吹炼采用非浸没式顶吹，喷枪置于渣层上方，通过喷入高速气体对熔池产生冲击，使得渣层与气体反应，生成的高纯度金属沉降至粗铜层；因此，需要使用不同的模拟分析方法对其搅拌效果进行评价。在实际生产中，顶吹炉仍存在喷枪使用寿命短、飞溅现象严重、搅拌效果差及熔池内气含率分布不均等现象，影响正常的生产操作[21-23]。因此，针对顶吹冶炼环境恶劣复杂、高温高压及在工业实验中难以直接研究的特性，各国学者大多基于相似原理进行水模型实验和数值模拟对熔池内流动特性进行预测。

彭军等人[24]采用 Fluent 软件模拟了铜顶吹熔炼炉内的多相流动，以气含率、熔体平均速度作为铜顶吹炉熔炼效果/效率的评价指标，分析了喷枪外径、喷枪空气流量及喷枪浸没深度对铜顶吹炉内多相流的影响。Liu 等人[25]对喷枪喷嘴向熔池传递的能量进行了数值模拟，对 260t 工业炼钢转炉的六喷嘴氧枪进行了模拟，对喷吹过程中不同部分如耗散、熔池搅拌、空腔形成和飞溅所消耗的能量根据喷枪高度进行量化。Zhao 等人[26]研究了喷枪失效对喷枪及炉体的流场、溅渣、壁面剪切的影响（见图 4-2），以探索限制喷枪使用寿命的因素。模拟结果表明，在喷枪弯曲时不利于原料的混合，造成大量溅渣。

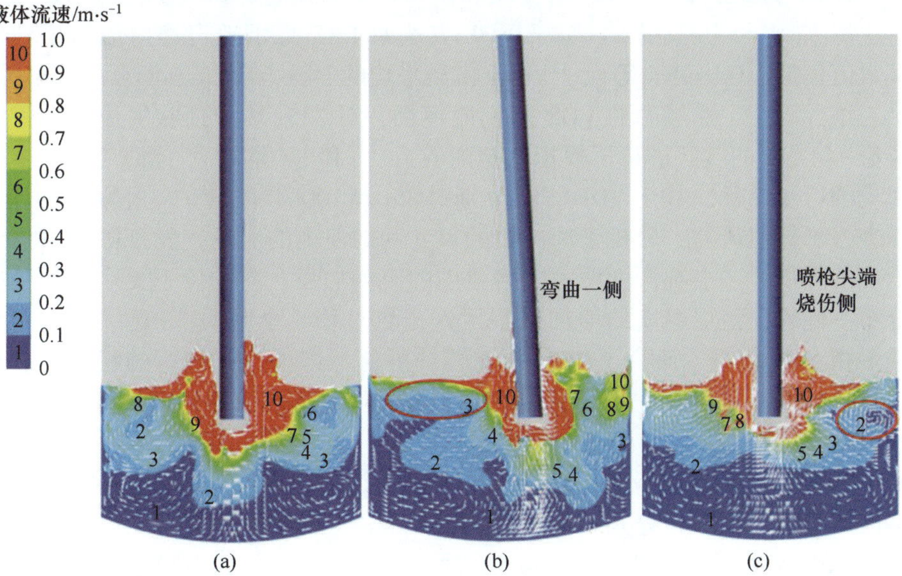

图 4-2　正常和失效喷枪的平均速度分布
（a）正常；（b）弯曲；（c）尖端烧毁

数学模型的建立与选取是熔池多相流体流场模拟的基础。J. Szekely 等人[27]首次提出了顶吹气体射流冲击下熔池流场的数学模型，把凹陷面处理为圆锥面边界条件，湍流模型采用 Prandtl-Komogorov 单方程模型。M. Salcudean 等人[28]建立了出钢过程的数学模型，其预测结果用水模型实验进行了验证。李有章等人[29-30]对顶吹气体射流冲击下熔池内的液体流场，将物理模型的实验测定与数学模型方程的数值求解相配合进行了研究，数值求解得到熔池流场涡量、流函数、湍动能、湍动能耗散率、涡旋黏性系数、速度、含气率及密度等的分布，实验测定结果对模拟研究结果进行了很好的验证。杜嗣琛等人[31]研究了凹陷面上的剪应力分布，重新确定了凹陷边界上涡量的边界条件，其数值计算结果与文献结果基本一致且速度分布更接近实验测定值。李宝宽等人[32]给出了一种分析液态金属熔池内流体三维流动的方法，建立了适合计算偏心喷吹的熔池流场非规范型正交曲线坐标系，预测出了熔池及其模型内的流动状态，计算的熔池模型流场速度值同实验结果很接近。P. Gittler 等人[33]为实现炼钢过程的高效率、高产量、高品质生产，对炼钢过程用 CFD 进行了模拟研究，流体采用 k-ε 湍流模型，粒子传输采用欧拉-拉格朗日方程，模拟结果对喷吹位置布置方式进行了优化，并取得了较好的混匀效果。H. Laux 等人[34]利用 CFD 软件对出钢过程合金的添加进行了三维模拟研究，着眼于计算流体力学方法在该过程的应用，模拟结果有助于实际冶炼过程中确定添加合金的时间、位置及种类等，并对合适量的合金料喂料速率进行了评估。D. Nakazono 等人[35-37]开发了超声速射流对高温液态金属的冲击模型，模型中考虑了气相反应，而液相表面冲击坑几何形状可通过射流冲击力、剪切应力、表面张力和浮力的平衡关系获得。Y. Doh 等人[38]通过两个独立模型方法分析了氧气转炉内发生的不同现象，描述了由高速氧气射流冲击金属熔池自由液面而产生的凹坑，该模型主要采取分区方法处理，即只有高速射流区的气体认为是可压缩的，其他区域均认为是不可压缩气体，并用 VOF 方法处理金属熔池自由液面的变形。曹玲玲[39]以钢厂 80t 转炉为研究对象，采用物理模拟结合数值模拟方法，揭示了不同冶炼工艺生产实践条件下转炉熔池气-渣-金多相流行为规律，为复吹转炉熔池多相流行为研究提供参考。

王广连等人[40]与 He 等人[41]基于 VOF 方法对 EAF 炼钢超声速射流对熔池的穿透行为进行了数值模拟。Odenthal 等人[42]基于雷诺平均的 N-S 方程和标准的 k-ε 湍流模型，开发了一个三维、瞬态、非等温的 VOF 多相流模型，对 335t 转炉顶吹射流喷射过程冲击坑的形成及渣-金界面的破碎进行了模拟。董凯等人[43]和 Lv 等人[44]同时考虑了上部熔渣层及气体射流的可压缩性，基于 VOF 方法分别对 85t 和 100t 顶吹转炉 4 孔氧枪射流喷射到熔池的过程进行了数值研究，分析了冲击坑的尺寸和熔池内的流场。发现随着气体流量的增大或者枪位的降低，冲击坑深度增大，熔池内的流动加强，高枪位下更利于熔池径向速度的均匀分布。此外，渣层厚度的增加减小了冲击坑直径。李明明[45]建立了可压缩、非等温、三维多相 VOF 模型，研究了 150t 顶吹转炉射流与熔池交互过程的特征物理现象，探究了吹炼过程气-渣-金界面轮廓变化、揭示了液滴喷溅形成机理、定量分析了射流与熔池的动量和能量交换。

Asahara 等人[46]利用 CFD 研究了多孔氧枪射流特性对冲击液面形成的凹坑形状及熔池喷溅特性的影响。李智峥等人[47]分析了枪位对熔池流动的影响，发现低枪位利于增加冲击深度，促进熔池表面液体流动，高枪位利于增大冲击面积。魏鑫燕等人[48]模拟了氧枪喉口、出口直径及氧流量对射流的影响。吕国成等人[49]进行了聚合射流氧枪射流的实验研究，证明常温下伴随气体压力增加，沿中心线射流的轴向速度衰减变缓，其射流的超声速区域比传统射流更长。程怀吉等人[50]通过对聚合射流氧枪进行数值模拟，证明了聚合氧枪在距喷孔同等距离时对熔池的冲击力更大，可增加气-液之间的反应面积。王杰杰[51]研究了传统四孔氧枪和四孔聚合射流氧枪的搅拌效果，运用 VOF 模型对两种氧枪顶吹转炉模型进行了模拟，从冲击深度与冲击面积两个方面进行了对比，并通过开展水模型实验验证了枪位变化对这两个方面的影响。Dong 等人[52]采用流体体积法（VOF）比较了传统喷枪和单流式二次燃烧（PC）喷枪对渣层表面的冲击效果，如图 4-3 所示，模拟结果表明 PC 喷枪更有利于熔池的搅拌和混合。

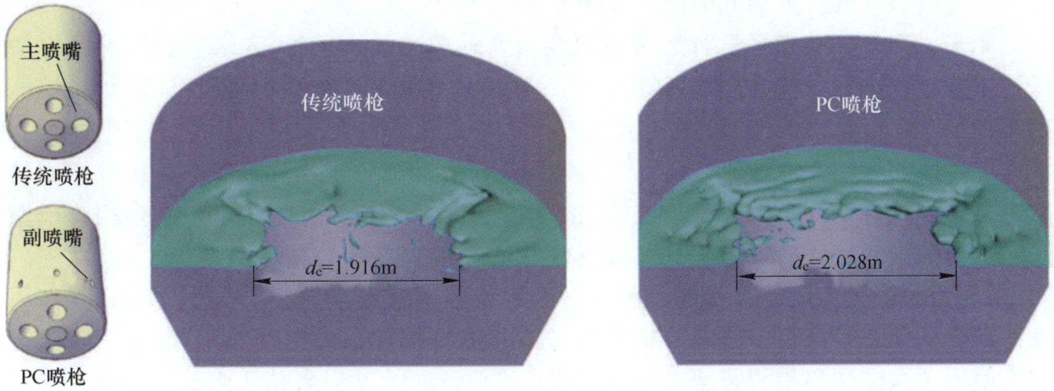

图 4-3　传统喷枪和 PC 喷枪对渣层表面的冲击效果

Hu 等人[53]研究了氧枪喷嘴与底吹风口之间的径向夹角对熔池流动特性的影响，揭示了顶底复吹转炉内流体流动机理，建立了描述转炉衬板侵蚀行为的数学模型，研究了顶底复吹转炉衬板侵蚀特性。Li 等人[54]将流体体积模型（VOF）和离散相模型相结合，建立了顶底复吹炼钢转炉气-液两相流动的数学模型。研究了底部风口数量、位置和顶部喷枪高度对气-液两相流动的影响，并通过实测结果验证了预测的正确性。Seshadri 等人[55]采用数学建模和仿真技术，对顶底复吹转炉工艺进行了研究，研究了顶部渣的存在、氧气速度、喷枪的几何形状、马赫数等参数对射流撞击位置产生的凹坑特性影响。Li 等人[56]研究了顶底复吹对熔池流动和混合行为的影响，并从底吹羽流的特性、羽流与上吹射流的相互作用及熔池流动结构的变化等方面阐明了混合结果的内在原因。顶底复吹对熔池的搅拌效果如图 4-4 所示。

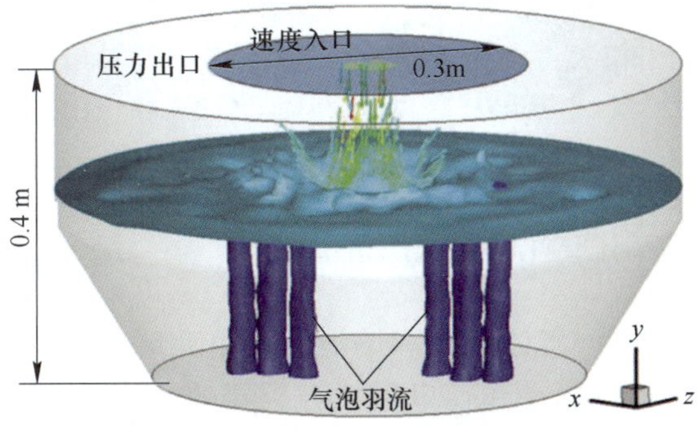

图 4-4　顶底复吹对熔池的搅拌效果

4.1.2.2　底吹熔池熔炼数值模拟研究现状

卧式底吹熔炼炉是一种圆柱形状的熔池熔炼炉，高压富氧空气从炉体底部喷枪位置处鼓入熔池，所生成的气泡流剧烈搅动熔池中的熔体并与之快速发生氧化反应。卧式底吹熔炼炉具有搅拌能力强、熔池反应速度快且炉渣中金属含量低及氧气利用率和热吸收效率高的特点，广泛用于铜、铅、锑等金属的捕集冶炼[57]。熔池熔炼过程中气泡和熔体的多相流动决定了反应效率和冶金炉窑的安全使用寿命。由于高温熔池内部气泡、铜锍、渣及下料颗粒的运动过程难以观察，而数值模拟方法能够通过理论得到熔池内实时参数分布，已成为一种解决氧气底吹炼铜问题的重要研究方法[58-62]。

近年来，国内外的许多学者通过数值模拟及实验方法即 CFD 和水模型实验的方法对铜熔池熔炼过程进行了研究。李晟等人[63]采用流体体积即 VOF 模型对底吹转炉中熔池内部的熔体在吹炼过程中的气-液两相流动进行了单根喷枪的数值模拟，研究了气体喷吹时熔池内部熔体的运动特性和流态，以及气体穿透深度和喷枪处压力变化、喷枪处壁面的剪切应力分布、气含率分布规律等数值结果。郭学益等人[64-65]也采用了 VOF 多相流模型研究底吹炉熔池中的熔体内气泡生长和破裂行为及规律，如图 4-5 所示，分析了熔池中内部气-液两相分布的分布规律、气泡形状、气泡生长频率及气泡直径和气泡间的相互作用如形变、聚合和破裂等过程，对氧枪枪位布置方式进行优化。王书晓等人[66]对于底吹转炉铜冶炼使用了水模型实验的方法进行研究喷枪口位置处的气泡蘑菇头生成的过程，实验发现气泡蘑菇头生成后的大小、孔隙率及形成稳定蘑菇头形状所耗费的时间是受到气体喷吹流速影响为主要因素，对于氧枪倾角在气泡蘑菇头的形成其影响是比较小的。

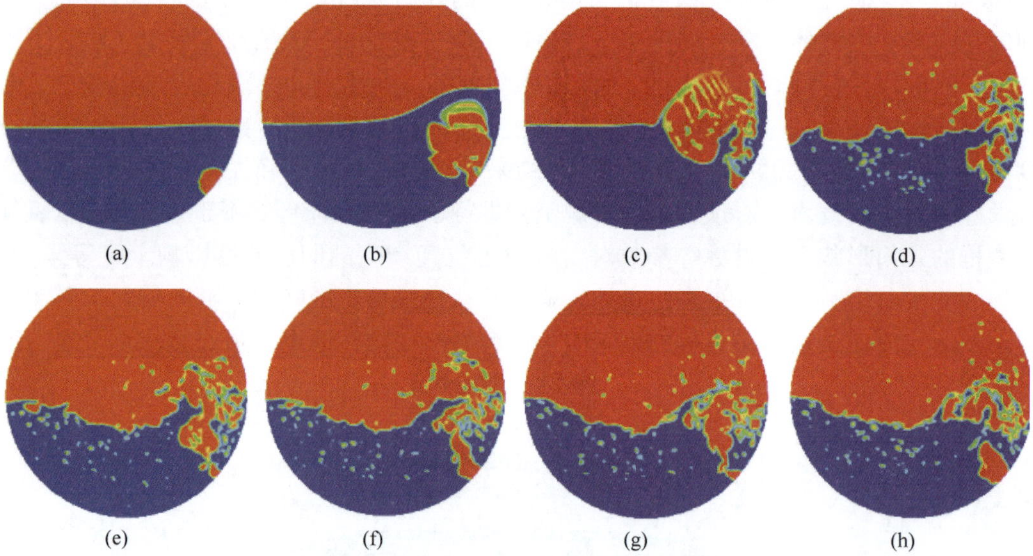

图 4-5　不同时刻单喷枪气泡运动过程模拟

(a) t=0.05s；(b) t=0.5s；(c) t=0.8s；(d) t=14s；(e) t=14.69s；(f) t=14.77s；(g) t=14.86s；(h) t=14.95s

肖俊兵[67]实验研究了不同气体流速和熔池深度下底吹熔池喷嘴几何结构对进出口压降的影响，研究发现喷嘴水里直径和孔口尺寸对压降的影响较大。邓伟鹏等人[68]针对生物柴油浸没燃烧熔池熔炼建立了计算模型，分析了熔池内气泡轨迹行为曲线和气泡形状变化。Shui 等人[69-71]利用水模型实验，通过两种不同密度且不融合的液体研究了底吹炉渣眼大小的影响因素，并且开发了数学模型对渣眼的产生区域进行模拟研究，得出混合时间与气流速度及熔池深度的关系式，以及底吹铜炉内单只喷嘴喷吹的混匀时间变化规律。Wang 等人[72]通过建立三维湍流-多相凝固/熔化耦合数学模型研究了不同底吹条件下炼钢转炉中的熔融金属流动和废钢融化形为，并通过热态实验验证了数学模型。

郗文龙等人[73]采用数值模拟的方式对底吹炉分别在单位体积功率消耗、修正弗劳德数、雷诺数及单位体积流量四种不同放大准则下产生的放大效应进行研究，结果表明，修正弗劳德数的气含率及混合时间的放大效果更好，更适合作为底吹炉的放大准则。董择上等人[74]对卧式底吹转炉内部的渣-锍-气三相的流动特性及流场分布规律进行了相关的仿真模拟研究，对底吹炉中熔体的气-液两相运动特性、熔池中渣锍相的速度场分布和底吹炉中熔体的溅射原因进行了结果分析，以获得对于熔池内部熔体各流动区域的流动特性。余跃[75]对卧式底吹炉熔池内部的渣-锍-铜-气之间的多相流流动特性利用 VOF 模型进行了数值模拟研究，并且研究了气体流量对铜底吹炉吹炼过程的影响，并进一步对底吹熔池中的不同喷枪内部结构对底吹炉中的流场运动影响进行了分析研究。穆亮照等人[76]对国内单体最大的卧式底吹冶炼炉所存在的缺陷如熔炼效率低、渣含铜过高等问题进行了数值模拟研究，为进行优化改进提供了可靠的数据理论基础，对底吹熔炼炉中熔体的气-锍-渣多相流场进行了数值模拟及结果分析，对喷枪支数对于底吹炉中流场的影响也进行了分析（见图 4-6），最终得出合适的优化方案。

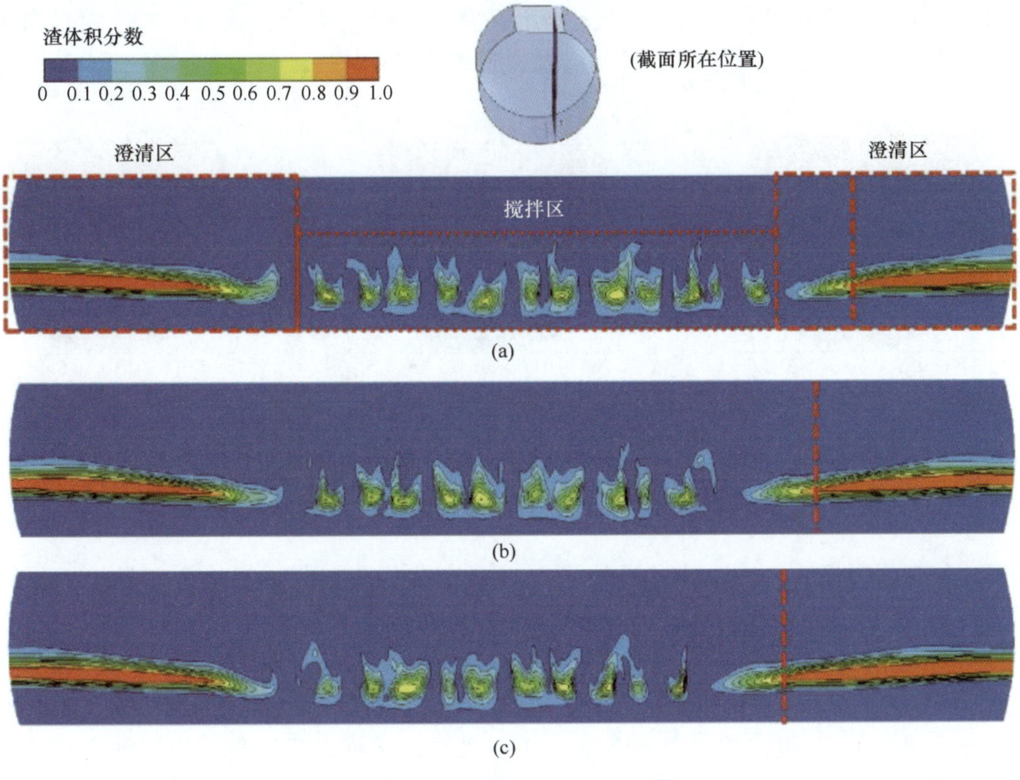

图 4-6 底吹炉内气-液分布图

（a）原工况；（b）关闭两支喷枪；（c）关闭四支喷枪

邵品等人[77]采用欧拉模型模拟了熔池内的气-液两相流动行为，将模拟情况与水模型实验进行比较，在吻合结果良好的基础上，采用数值模拟的方法研究了不同对喷角度对底吹炉内流体流动行为和气泡分布的行为规律。王东兴等人[78-81]应用相似原理搭建了铜底吹炉的水模型实验装置，对混合效率和气泡行为进行了水模型的实验探究，得出了通过改变各种参数下，混匀时间和气泡尺寸的经验公式。张振杨等人[82]利用 CFD 商业软件中的 k-ε 湍流模型探究了在实际工况下喷嘴排布方式与喷嘴半径对熔池影响。

Valencia 等人[83]在特尼恩特炉模型内利用数值模拟的研究手段通过改变喷吹角度探究熔池内流体的流动情况，对比分析熔池内的气体穿透深度、流体的速度矢量、熔池液面的扰动情况和液相体积分数，得出底吹与侧吹的复合喷吹方式对熔池的混合效果最佳。Ma 等人[84]用等比例缩小的镍吹炼转炉的冷态模型得出风眼角度与喷吹时间对熔池内熔渣喷溅现象影响很大。Vaarno 等人[85]利用 CFD 模拟软件对 PS 转炉熔池内的流动进行了探究，并得到转炉内流动规律与速度大小。张廷安等人[86]采用欧拉-欧拉模型描述底吹冰铜吹炼炉内气-液两相流行为，对比双喷嘴不同喷吹角度下气-液两相流行为及气含量的模拟计算结果，如图 4-7 所示，得到单排 14°氧枪倾角喷吹下喷溅现象最为严重，同时考虑到双喷嘴夹角越大会使得喷嘴口距离液面垂直距离越小，气泡在熔池中的停留时间反而减小，利用水模型实验，探究铜底吹炉内 9 个喷嘴排布方式的差异对熔池内混合效率的影响，并证明喷嘴三排排布要优于单排与双排排布。Yu 等人[87]应用 VOF 模型数值模拟的方法探究铜底吹熔炼炉水力模型中 4 种不同结构的喷嘴对铜底吹熔池内熔体流动规律，得出弥散型喷嘴在熔池扰动和反应方面优于其他喷嘴，缺点是氧枪出压力过大、缩短氧枪寿命；其次也探究了熔池内气泡的生成、长大和脱离等过程。

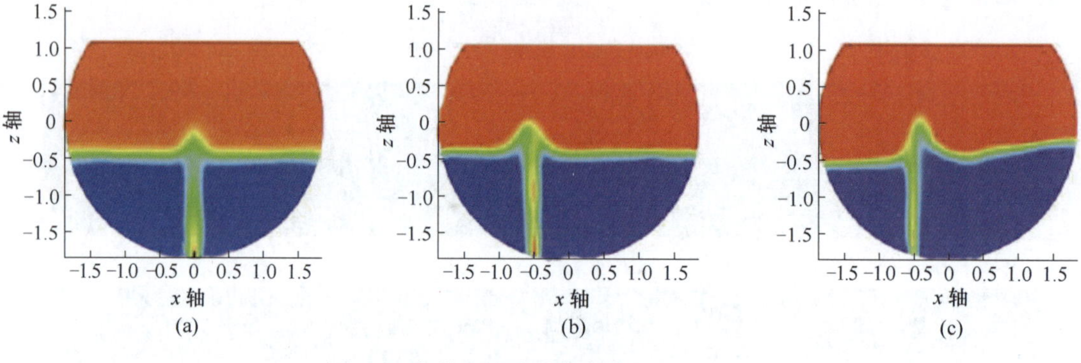

图 4-7　各排布下喷溅高度模拟预测截面

（a）单排 0°喷嘴截面；（b）单排 14°喷嘴截面；（c）双排交叉喷嘴截面

国内外学者对底吹气体搅拌过程的研究方兴未艾，在有色金属冶金领域，王书晓等人[88]研究了蘑菇头存在情况下底吹炉内流体的流动情况，对气流喷吹过程气泡形貌变化、上升时间及蘑菇头存在情况下炉内气-液两相流动的影响进行了研究。王亲猛、郭学益等人[89-91]通过分析氧气底吹铜熔炼渣及铜锍中 Fe、S、Cu 等组元含量变化趋势，结合冶金过程原理，研究了渣-铜锍间多组元含量的映射关系及熔炼过程优化，为氧气底吹炼铜过程工艺性能分析及过程优化提供理论指导。Zhou 等人[92]以流动相似和自模化理论为基础，并借助水模型实验，研究了底吹熔炼炉内流体流动特征，分析了影响气泡直径的因素。

4.1.2.3 侧吹熔池熔炼数值模拟研究现状

一些学者采用 VOF 模型模拟侧吹气团流动时，认为气团是可形变的，并且能够模拟气团的自由液面。Yang 等人[93]将分数体积（VOF）模型与其他多相模型进行了比较，发现 VOF 模型对气-液界面的模拟效果更好。实验结果表明[94-99]，VOF 模型对于预测大气泡运动、破碎和气-液相界面的稳态和瞬态处理具有优良的表现。

魏季和与史国敏等人[100-104]使用修正 k-epsilon 模型对宝钢分公司的 120t 顶侧复吹 AOD 转炉内的流体流动过程建立了三维数学模型，得到了熔池内的流场，并考察了侧吹和顶吹气量、侧枪数目及相邻喷枪夹角等因素对熔池混合效率的影响。Real 等人[105]利用大涡模拟法模拟了连铸结晶器内钢液的流场，并对流体的动态特性进行了分析。事实证明，使用大涡模拟可以得到周期性变化的湍流流场，这与物理模拟中所得到的结果是一致的，其流动变化周期与流体的流速有关。刘燕庭等人[106]使用几种湍流模型来计算和比较侧吹流场，并发现可实现的 k-ε 湍流模型与实验结果接近，数值模拟结果如图 4-8 所示。张红亮等人[107]在 Ansys Fluent 平台上建立了一个非稳态三维多相流模型，对瓦纽科夫炉内流体的流动过程进行模拟，并研究了富氧空气流速对渣相流场的影响，该模型可以较为准确地计算炉内多相流体的运动形态、界面波动和涡流形态及结构。李小龙等人[108]为定量的描述侧吹熔池熔炼中熔体的乳化现象，采用相似原理建立了侧吹炼铜物理模型，以气体流量为考察指标，对熔池中乳化层的形成及乳化液滴的几何尺寸进行了研究，建立了传质界面面积的估算方法。Liu 等人[109]根据相似性原理建立了双侧吹水模型实验台，并模拟计算了气-液两相流动过程中气流速度、氧枪浸没深度和角度的影响。祝振宇等人[110]针对于富氧侧吹炉内的气液两相流动过程，在不同的喷吹方式及喷吹速度下进行数值模拟，结果显示：在风速相同的条件下，采用低风口对吹能够使熔池内部熔体的平均速度更大，对熔体的搅拌更剧烈，同时，熔体对炉墙壁面的冲刷也越严重。

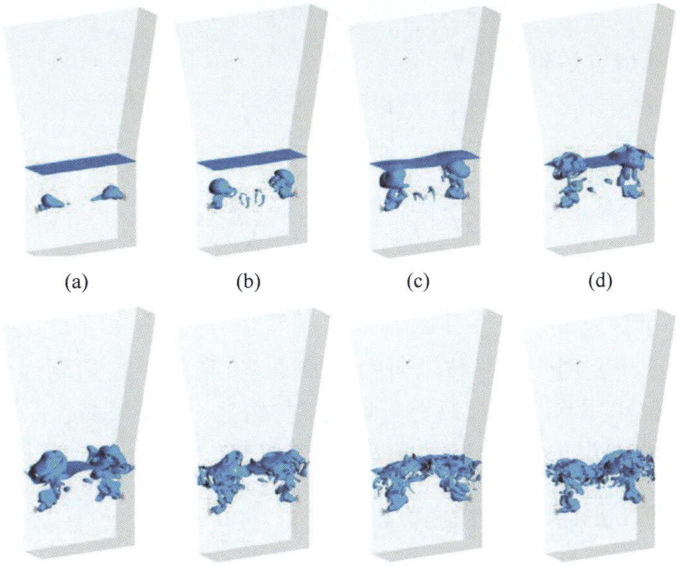

图 4-8 不同时间空气体积分数等值面

(a) $t=0.1$s；(b) $t=0.2$s；(c) $t=0.3$s；(d) $t=0.4$s；(e) $t=0.5$s；(f) $t=0.6$s；(g) $t=0.8$s；(h) $t=1.0$s

4.1.3 冶金炉窑全时空最低燃耗强化供热理论

我国冶金炉窑约为14万台，年耗能超过8亿吨标准煤，占全国总能耗的20%。冶金炉窑种类繁多，代表性的有冶炼炉和加热炉，冶炼炉中对有色金属矿进行熔池熔炼处理的熔炼炉最为典型，加热炉中对金属工件进行热处理的加热炉最为典型。随着有色金属工业的快速发展，现代有色金属冶炼企业一般采用先进的富氧强化熔炼技术，其中富氧熔池熔炼技术的产能占比为45%~50%，但存在以下技术难题：实际生产中强化供热的操作往往是基于加大富氧喷吹量来实现，导致搅拌混合不均匀，喷溅冲刷严重致使炉体和喷枪寿命短、富氧利用率低，造成炉渣中金属含量高和能耗高。金属材料热加工过程中，加热炉强化供热往往是基于加大燃料供给量来实现，导致燃料燃烧不完全、高温炉气分布不均匀，炉温过高且不均匀或不稳定；工件加热温度曲线难以精准控制，易发生加热不均匀、加热过快或冷却过急，金属工件出现变形、性能不足、过热过烧及表面氧化烧损严重等加热缺陷，造成产品质量下降、成材率低及能耗高。上述技术难题已成为制约我国冶金炉窑升级发展的技术瓶颈，是我国冶金工业向高端化转型发展的“卡脖子”技术。

由于熔池熔炼炉和热处理用加热炉的供热技术复杂性极为典型，本书作者带领冶金化工节能环保技术国家地方联合工程研究中心及其国内外合作的联合产学研创新团队，对其强化供热基础理论和技术研发进行了长期持续科技攻关，针对传统的冶金炉窑强化供热往往是用增大热负荷（富氧或燃料供给量）的方法来实现强化供热，从而导致搅拌不均匀、反应/燃烧不彻底、加热不均匀等问题，构建了冶金炉窑热过程热场-浓度场-流场三场非线性协同强化的学术思想，首次提出了在满足熔炼或加热工艺要求的前提下，基于混沌数学以旋流混沌强化方法进行强化热负荷供给并精确调控热负荷配置，达到冶金炉窑单位空间及时间内富氧/燃料消耗最低的冶金炉窑全时空最低燃耗强化供热理论，其数学模型表达式为：

$$Q = K\int_0^L\int_0^\tau q(x,t)\,\mathrm{d}x\mathrm{d}t = Q_{\min} \tag{4-1}$$

对于周期性熔池熔炼炉可简化为：

$$Q = K\int_0^\tau q(t)\,\mathrm{d}t = Q_{\min} \tag{4-2}$$

对于连续式加热炉可简化为：

$$Q = K\int_0^L q(x)\,\mathrm{d}x = Q_{\min} \tag{4-3}$$

式中，Q为总供热量，kJ/h；$q(x,t)$为冶金炉内x处的瞬时供热量，kJ/h；K为比例系数；L为炉长，m；τ为供热时间，h。

将上述基础理论研究用于指导技术研发，如图4-9所示，在达到强化供热的同时，用最小的搅拌动能或最低的燃料消耗实现充分均匀搅拌熔池、减小喷溅、促进氧-硫的放热反应彻底，以及燃烧完全、高温炉气均匀充满炉膛、精准加热、提高产品质量和节能增效的目的。

4.1.4 熔池熔炼炉气泡强化热质传递机理

单个泡滴在互不相溶流体中的直接接触换热过程一直是国内外研究的热点问题。目前单泡滴生长及传热模型主要有两种研究思路，一是以学者Sideman的论文为代表，在两相泡滴生长几何模型中，气相位于上部，未蒸发的液相由于重力作用，以镰刀形态位于下

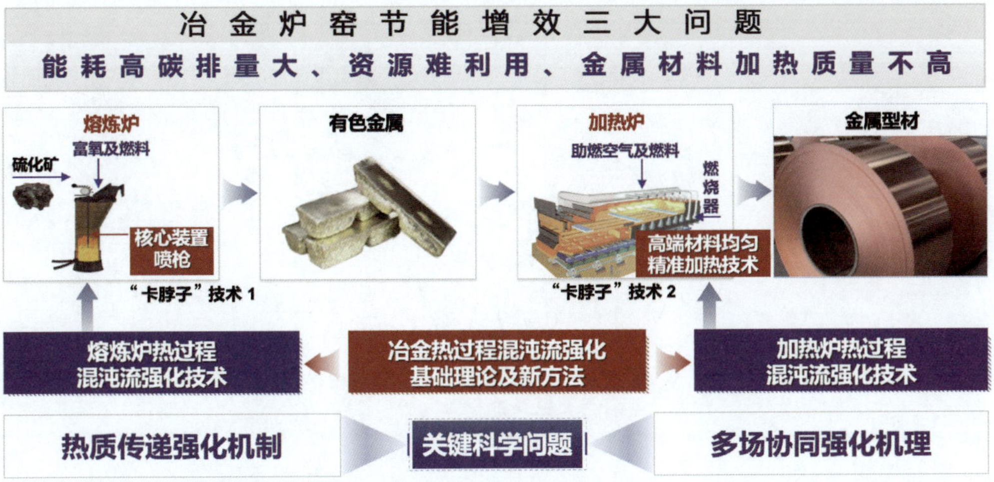

图 4-9　以有色金属矿物冶炼至材料制备流程为例的冶金炉窑全时空最低燃耗强化供热理论模型的工业化应用

部，如图 4-10（a）所示。二是两相泡滴生长几何模型为同心球模型，泡滴生长过程中忽略重力作用的影响，汽化核心的中心为球心，以球形向周围蒸发，即两相泡滴内部为气相，而液相均匀地分布在气相球的外部，如图 4-10（b）所示。

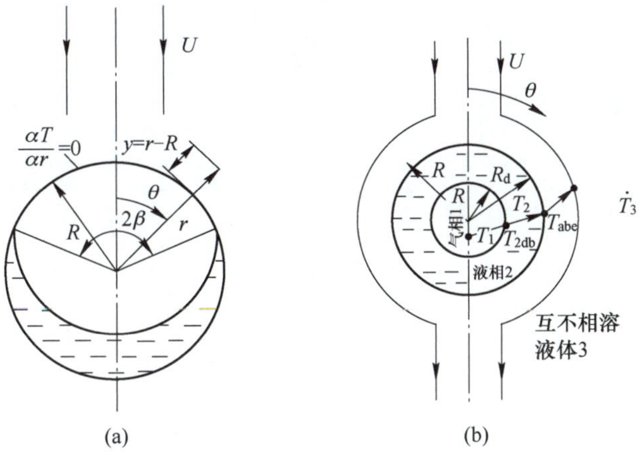

图 4-10　经典泡滴生长几何模型

本书作者团队所提出的单泡滴生长传热几何模型如图 4-11 所示。该模型完善了经典模型的不足，一是考虑了泡滴传热过程的实际形状，即液相由于重力作用以镰刀形分布于两相泡滴的下部；二是传热过程综合考虑了热对流和热传导的共同作用，热量同时以热对流和热传导的方式从连续相流体传递到泡滴内部，而开口角 2β 限定了两相泡滴中气相的边界条件。

气体在熔融金属中的射流搅拌过程非常复杂，而且涉及包括整个熔池内再循环流动的熔池尺度等较大跨度的长度尺度变化，如分析气泡聚合、破碎及变形的气泡尺度至今还没

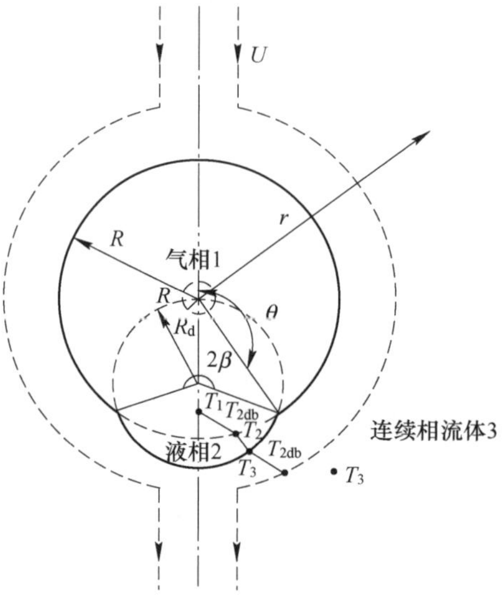

图 4-11　单泡滴生长传热几何模型

有数学模型能够模拟熔池内的全部现象。传统的努塞尔数不能满足熔池内单气泡的机理研究，为了深入探究气泡强化热质传递机理，本书作者团队构建了熔池熔炼炉单气泡努塞尔数理论模型。单个泡滴的瞬时传热公式为：

$$h = \frac{q}{\Delta T \cdot A} = \frac{L\rho}{\Delta T \cdot 4\pi R^2}\frac{\mathrm{d}V}{\mathrm{d}t} \tag{4-4}$$

努塞尔数 Nu 与单气泡半开放角 β 和无量纲时间 τ 的关系如图 4-12 所示。

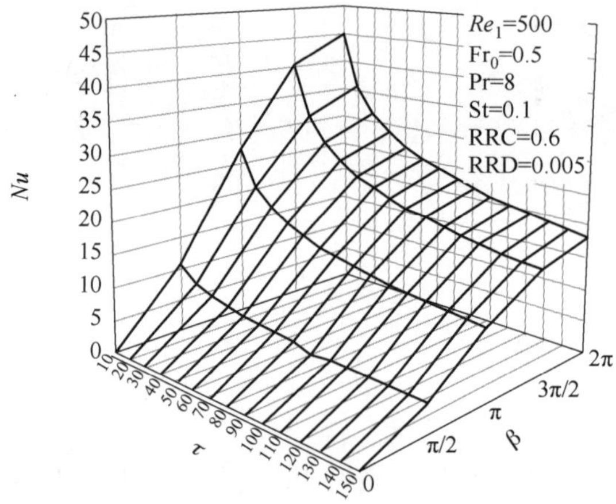

图 4-12　努塞尔数与单气泡半开放角 β 和无量纲时间 τ 的关系

与伪均匀平衡模型相同，漂移通量模型建立在将混合作为总体分析的概念上，而不是作为分离相进行研究。漂移通量模型的优势在于它解释了相之间的相对运动，为描述流体相之间存在可测量漂移的流动提供了模型。基于漂移通量模型，本书作者团队构建了气泡群容积换热系数关联式。

结合上述公式有：

$$h_v(z) = \frac{2h_{bo}}{D_0 Bz}\left\{3\alpha Bz_a + \frac{\alpha_{max}}{1-\alpha_{max}}\left\{\left[1+\frac{7}{2}Bz_a + 21(1-\alpha_{max})B(z-z_a)\right]^{\frac{1}{7}} - \left(1+\frac{7}{2}Bz_a\right)^{\frac{1}{7}}\right\}\right\} \tag{4-5}$$

4.2 气泡在黏性流体中上浮过程的数值模拟

熔炼炉内富氧射流从喷枪喷入熔池成为气泡群所产生的大量气泡要经历复杂的运动状态变化，包括高速气泡到达穿透深度处的减速下潜过程，到达最低点后向自由熔池面的上浮过程，气泡到达熔池自由面后的脱气过程及被剧烈扰动的熔池液面喷溅出的液滴落回熔池产生新的气泡等，所有这些气泡的运动状态最终决定了强化富氧喷枪对熔池的最终搅拌效果。因此利用气泡的运动模拟来验证以上数学模型的准确性是十分必要且恰当的。

4.2.1 单气泡上升的三维模拟及验证

气泡运动是气-液两相流动中的基本研究对象，它是一种具有气-液界面的非定常流动。在气-液相交界面的两边，通常存在物性的突变，如果在模拟计算过程中用通常的差分格式进行数值计算，而不对界面附近的物性参数突变进行有效处理，低精度的差分格式会导致过度的数值扩散，往往会把界面淹没掉。但如果采用精度较高的差分格式计算，其迭代过程的稳定性又比较差，在存在物性参数的急剧变化时，通常会导致数值振荡或得不到收敛的解。因此考虑到自由液面波动的气泡上升运动需要采用与物理过程相匹配的合适的差分方法。

国内外很多论文在模拟三维圆形气泡上升时多采用在静止、无限大流场的计算域设置，即不考虑液面的波动，而是将计算区域的上、下边界即气泡上升的竖直方向采用周期边界条件，其余两个相对的壁面边界采用无滑移条件。吴锤结、李霞[111]模拟了三维气泡在液流中上升并与自由表面相互作用的运动过程，但只给出了中心界面上二维的气泡形态，液面的波动也没有三维场的表达形式。在前人工作的基础上，充分考虑壁面边界对相界面（包括气泡边界面和自由液面）的形变影响，建立起三维六面体的物理模型网格架构。由于初始计算域形状规则，PLIC 界面捕捉方法又允许在计算过程中用直线拟合正六面体中所存在的波动界面，因此整个计算域的网格均采用规则的六面体网格结构，最大限度地避免了因网格质量所带来的计算误差。但该模型中需要一定的网格密度来保证气泡及自由液面的边界清晰度，在保证单机运算速度及精度的前提下，模型网格数达到 $50\times50\times50=125000$，如图 4-13 所示。

所有计算模型的初始条件均为一正圆形气泡静止于水层中部，之后在重力和浮力作用下，气泡上浮、变形直至浮到水面与水面融合并引起自由水面的波动振荡。不同深度、不同气泡直径的初始相图分布如图 4-14 所示。

本节采用 VOF 中的 PLIC 界面捕捉方法来计算自由液面受气泡上浮影响所产生的波动，结合考虑表面张力的湍流运动方程，模拟单个三维气泡在重力作用下的上升、形变运

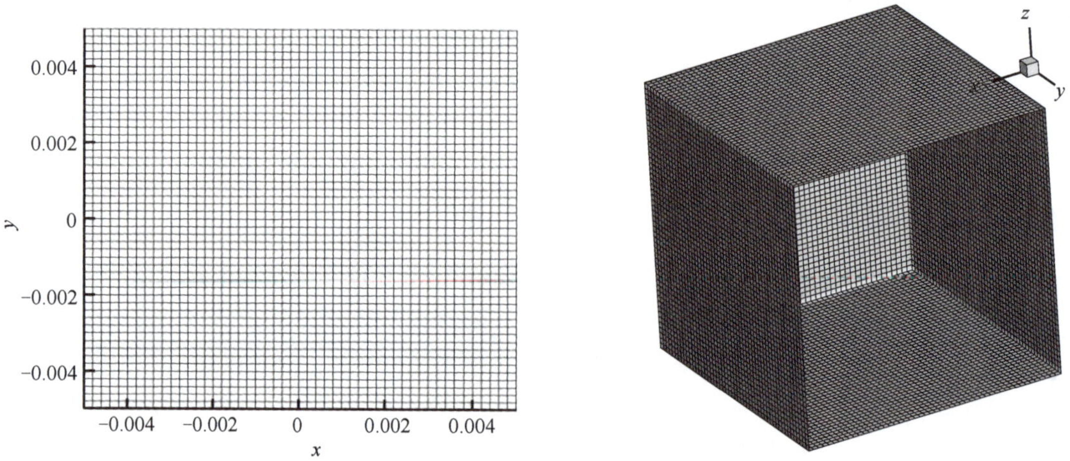

图 4-13　气泡上升三维计算模型的网格划分

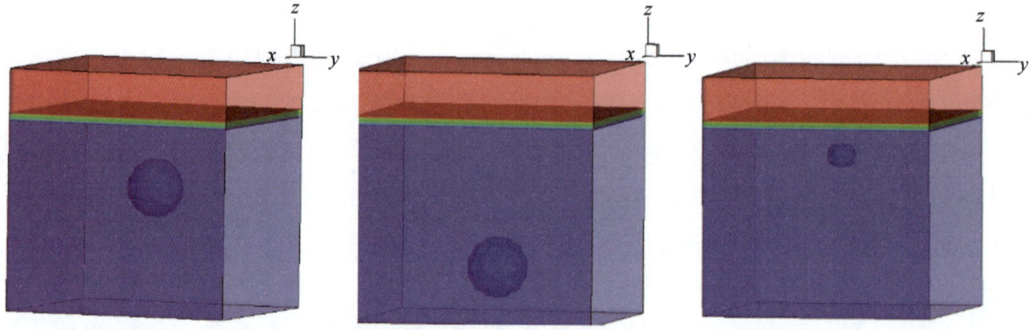

(a)　(b)　(c)

图 4-14　气泡上升三维计算的初始相图分布

（a）气泡直径 2mm、深度 3mm；（b）气泡直径 2mm、深度 6mm；（c）气泡直径 0.5mm、深度 1.5mm

动及与自由液面的融合过程。

控制方程采用考虑表面张力的动量方程：

$$\rho(\partial \boldsymbol{u}/\partial t + \boldsymbol{u} \nabla \boldsymbol{u}) = - p + 2\mu D + \sigma k \delta_{\mathrm{s}} n + \rho_{\mathrm{g}} \tag{4-6}$$

式中，ρ 为密度；$\boldsymbol{u}$ 为速度矢量；$\nabla \boldsymbol{u}$ 为速度矢量场的梯度；p 为压强；μ 为动力黏度；D 为应力张量；σ 为表面张力；k 为界面的曲率；δ_{s} 为与界面有关的 Dirac 分布；n 为界面单位法向矢量。

D 满足：

$$D_{ij} = \frac{1}{2}(\partial u_j/\partial x_i + \partial u_i/\partial x_j) \tag{4-7}$$

不可压缩流体连续方程中：

$$u = 0 \tag{4-8}$$

采用 VOF 方法模拟气泡界面的体积函数 C 满足：

$$\frac{\partial C}{\partial t}+uC=0 \tag{4-9}$$

对于两相流，式（4-6）中的 μ 和 ρ 均由体积函数 C 决定：

$$\begin{cases}\rho=\rho_1 C+\rho_2(1-C)\\ \mu=\mu_1 C+\mu_2(1-C)\end{cases} \tag{4-10}$$

式中，ρ_1、ρ_2、μ_1、μ_2 分别为两种流体的密度和动力黏度。

PLIC 方法实质上是在单个网格内用直线段近似曲线界面的方法进行相界面重构，在控制计算量的前提下尽可能取得相对精确的相界面瞬态波动。首先确定界面法向量 $\boldsymbol{m}$，将 $\boldsymbol{m}$ 定义在网格中心，步长为 h。以简单的二维网格为例，网格中心法向量 $\boldsymbol{m}$ 可由 4 个角点处的 m 值确定：

$$\boldsymbol{m}_{ij}=\frac{1}{4}(m_{i+\frac{1}{2},\ j-\frac{1}{2}}+m_{i-\frac{1}{2},\ j-\frac{1}{2}}+m_{i+\frac{1}{2},\ j+\frac{1}{2}}+m_{i-\frac{1}{2},\ j+\frac{1}{2}}) \tag{4-11}$$

相界面的位置由界面法向量和同样定义在网格中心的体积函数 C 确定，并采用 Lagrangin 方法跟踪随气泡上升而波动的相界面。

由于单个气泡的上升过程边界条件相对简单、稳定，计算域基本上是对称分布，因此动量方程的离散过程采用了 MAC 交错网格及经典的中心差分格式。另外，考虑到在相界面处存在密度、黏度和压强的突变，计算过程中采用多重网格技术将每个节点处的密度和黏度采用简单的网格体积平均进行计算。

为便于计算，式（4-6）可表示为：

$$\frac{\partial u}{\partial t}=-\frac{1}{\rho^{\mathrm{p}}}+L_{\mathrm{i}}(C,\ u)+L_{\mu}(C,\ u)+L_{\mathrm{s}}(C)+g \tag{4-12}$$

其中惯性项为：

$$L_{\mathrm{i}}(C,\ u)=-(u\otimes u) \tag{4-13}$$

黏性项为：

$$L_{\mu}(C,\ u)=\frac{1}{\rho}(2\mu D) \tag{4-14}$$

表面张力项可表示为如下形式并按照连续表面体积力进行离散：

$$L_{\mathrm{s}}(C)=1/\rho[(1-n\otimes n)\sigma\delta_{\mathrm{s}}]=1/\rho[(|C|-C\otimes C/|C|)\sigma] \tag{4-15}$$

压强在迭代过程中通过 Possion 方程与速度分量耦合求解。

从图 4-15 中可以看到，在不同的初始高度下，气泡均在浮力和重力的作用下开始上升。由于下表面与上表面的压力差导致由底部诱导出一个推向上表面的射流，并使得气泡底部边界向气泡内部凹陷，使整个气泡外形呈现帽子形状。由于计算域内存在自由水面，可直观地观察到自由液面随着气泡上升逐渐呈现弧形突起状。当气泡破裂时，其上升速度并没有发生突变，在破裂之后，底部射流继续上升到某个最大高度后再下降，并最终经自由液面回落到液体里。

整个计算区域为 10mm×10mm×10mm 的立方体，水层高度 8mm，气泡初始直径 2mm。首先改变气泡初始位置的深度，使气泡分别从距自由液面 3mm、4. 5mm 和 6mm 处开始自由上浮，取中心截面显示气泡上升过程中的相图变化，考察 0. 1s 时间内三种不同起始深度工况下气泡的形变、运动速度和自由液面的波动情况，如图 4-16 所示。

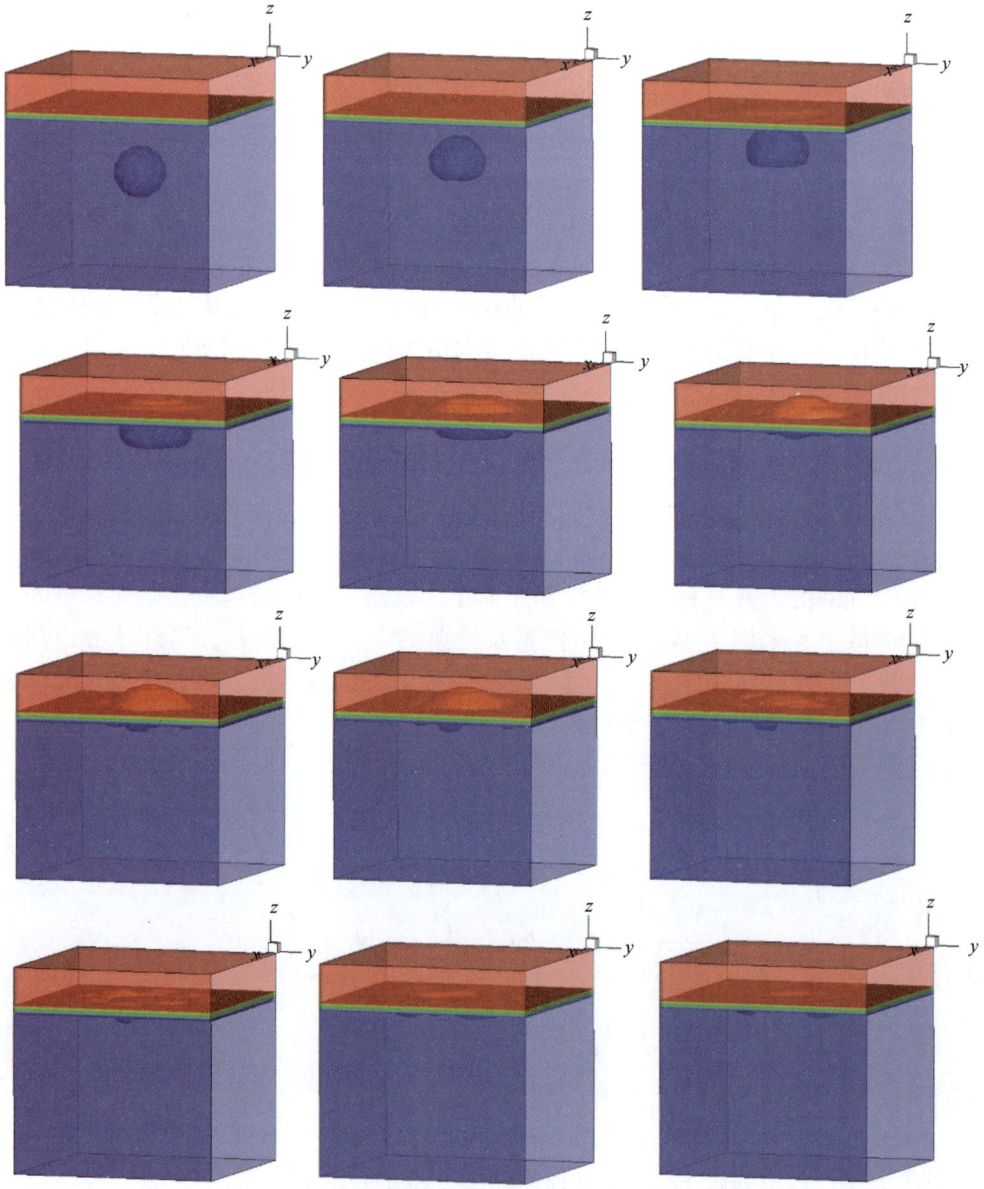

图 4-15　单气泡上升过程的三维非稳态计算结果

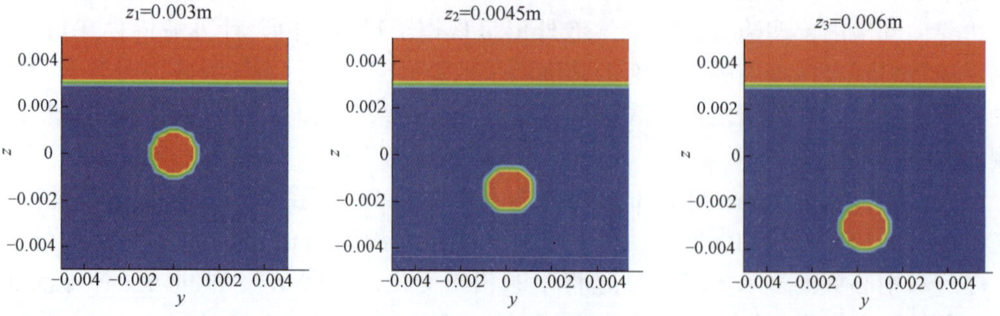

0s

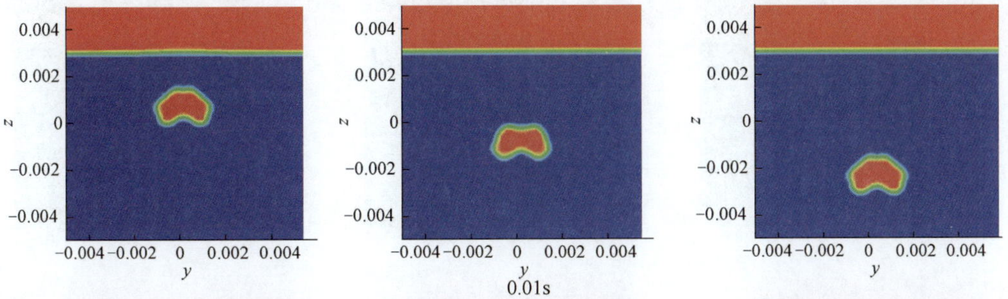

0.01s

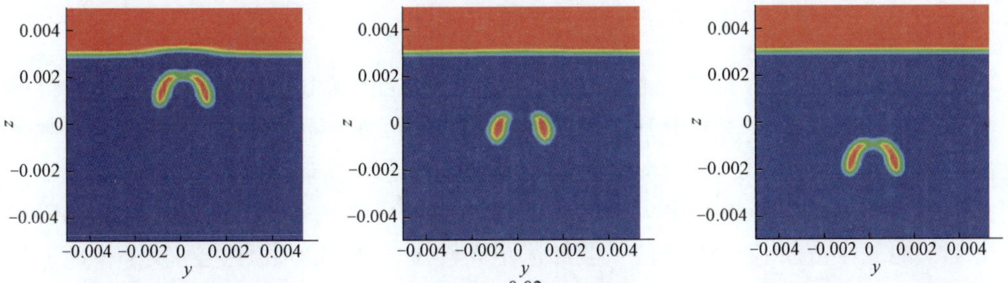

0.02s

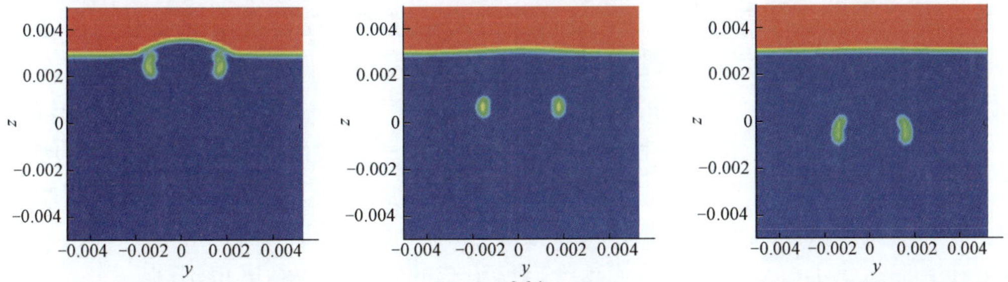

0.04s

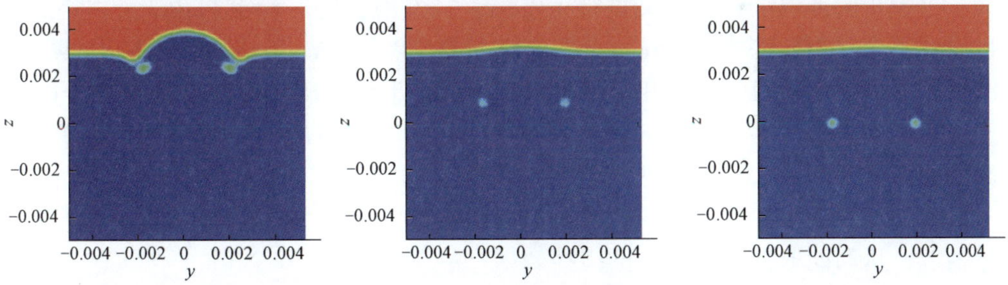

0.06s

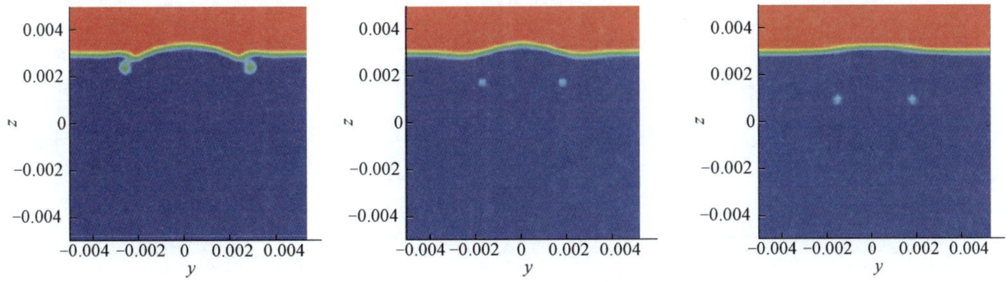

0.08s

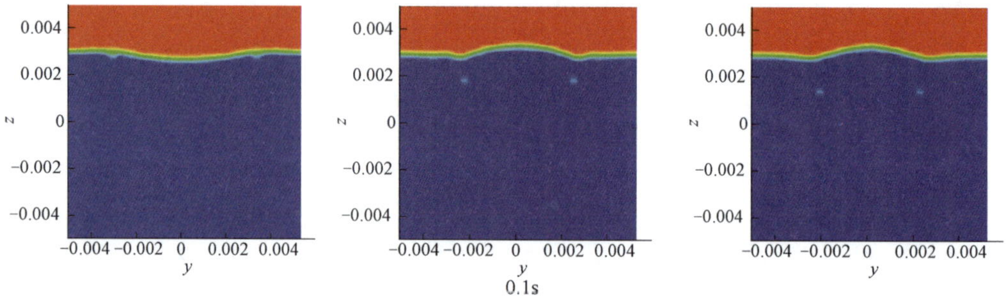

图 4-16　不同深度工况下气泡上浮过程的对比

从图 4-16 可以看出，接近自由液面的气泡在破裂前就将压力差带来的动能传递给了自由液面，在自身获得了较大上升速度的同时使自由液面产生了较大的波动。而随着气泡初始位置远离自由液面，在气泡形变过程中其上下边缘不断靠近，压力差逐渐变小，上升速度在达到自由液面前即达到最大，之后大气泡开始分裂为小气泡继续向自由液面运动。尽管由于气泡变小重新获得压力差，但加速距离较短，达到液面时速度较小，因而液面的上升高度变小。

当气泡在 z_1 深度开始上升，由于比较接近自由液面，在与自由液面融合前，其底部射流还没来得及充分横向发展，使得在相对较窄的范围内获得了较大的上升速度，加上与自由液面相互影响，产生了较大的向上的压力梯度。当这种指向上方的压力梯度较大且分布相对集中时，有利于气泡快速上升，同时使得气泡一段时间内保持较大的上升加速度，但当气泡开始与液面融合引起液面的隆起后，其上升速度就开始减小。当气泡初始位置较低时，底部射流很快向气泡内凹陷，导致接近自由液面时底部射流已经充分横向发展，没有深度浅时那么集中，从而在与液面融合后所引起的液面隆起高度也不高。

为了进一步验证以上分析，又进行了不同直径气泡在同一深度自由上浮的三维模拟。计算域设置不变，初始深度为 15mm，气泡直径分别为 2mm、4mm 和 6mm。从图 4-17 的计算结果可看出，小直径气泡的相对形变量较小，上下表面压差使其更快地与自由液面相融合，并未引起液面的剧烈波动。而大直径气泡尽管形变量较大，到达液面的速度较小，但其影响的流场范围较大，从而造成自由液面较大的波动。由此可知，对于单气泡而言，大尺寸气泡在黏性流体中上升速度较慢，但其形变量大，通过相界面的动量传递所影响的流场范围广，从而能取得更为理想的搅拌效果。

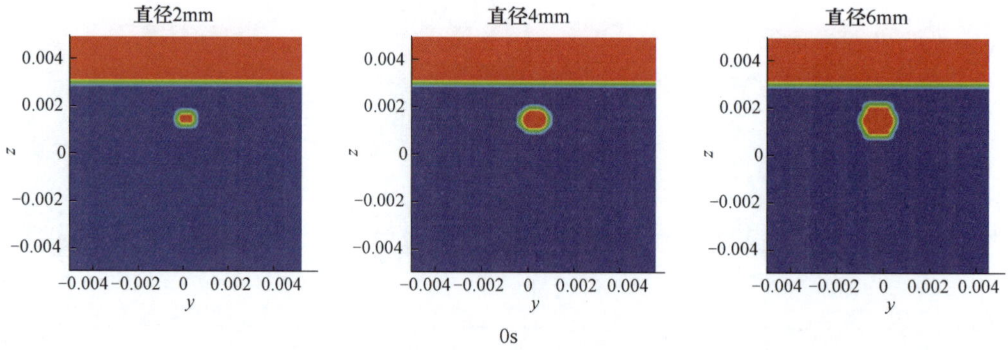

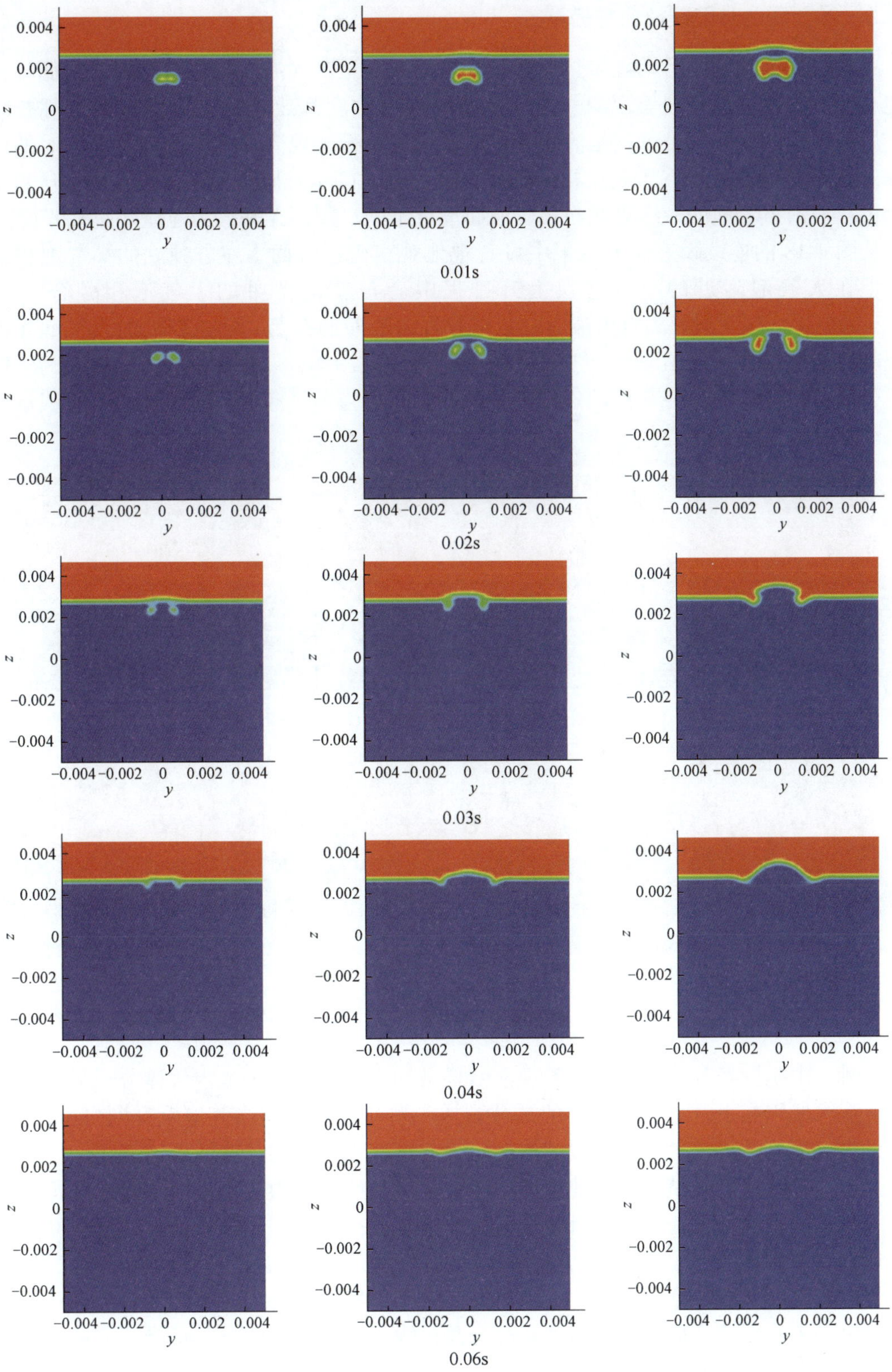

图 4-17 不同直径气泡上浮过程的相图计算结果对比

4.2.2 多气泡上升破裂及合并仿真

一般来说，气泡的运动规律与液滴有许多相同之处，气泡内部也可能出现内循环，大气泡有变形、振荡和分裂等现象。但气泡的密度、黏度都比连续相低得多，常可忽略不计。熔池模拟的另一大难点就是液面下气泡群的运动行为规律及气泡群到达液面时的脱气过程。VOF 法的优势就在于利用相函数 F 在每一个时间步长同步地重构相界面，从数学形式上讲，液面下气泡的边缘界线与自由液面没有不同，因而无需人为地设定脱气假设。

从图 4-18 的连续瞬态计算结果中可直观地观察到，液面下左方独立的小气泡相对稳定，但在大气泡附近的小气泡在上升过程中会与变形严重的大气泡相融合（见图 4-18（b）（c））。气泡脱离自由液面时会引起自由液面的振荡，初速较大的大气泡在液面破裂时在表面张力的作用下会产生飞溅的小液滴（见图 4-18（e）（f）），小液滴的下落同样会引起自由液面的振荡（见图 4-18（g）（h）），这与单气泡上升的计算结果所展示的气泡运动及变形规律相吻合。

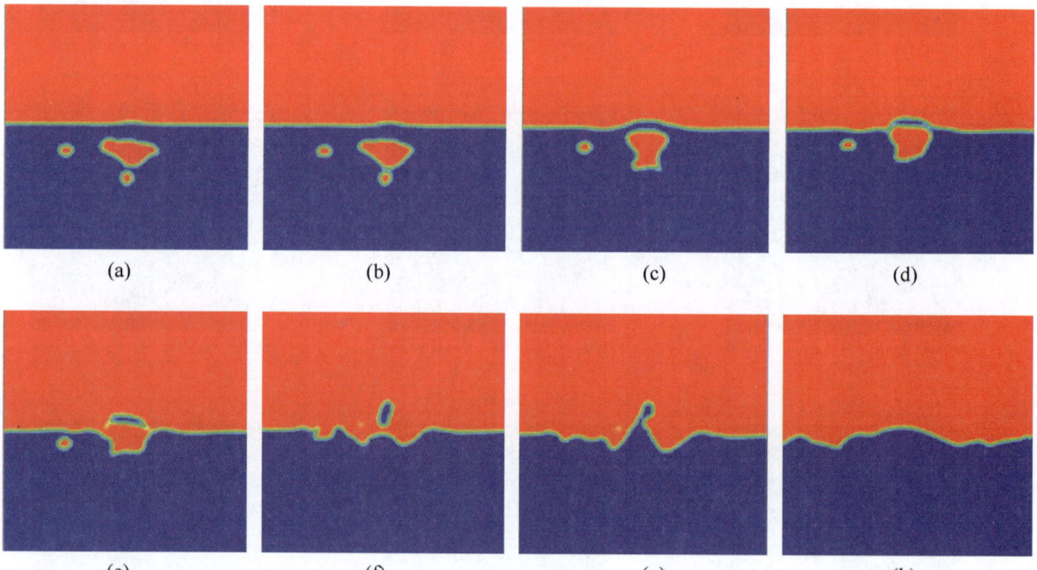

(a) (b) (c) (d) (e) (f) (g) (h)

图 4-18 液面下气泡的融合与脱气计算结果

同时，由生活经验和水模型实验观察结果可知，大气泡由于泡内气体分子运动剧烈及压差射流等原因在上升过程中更多的是分裂成一些小气泡，但当气泡上升到自由液面时，反而是小气泡兼并成大气泡而破裂的概率较大，这些都与下述计算结果相符合。

为进一步优化以上模拟计算的边界条件，设置初始状态为 3 个不同直径的气泡悬浮于水面下的不同深度位置，采用无量纲数进行二维非稳态的多相流模拟计算，计算结果如图 4-19 所示。从图 4-19 可以看出，当气泡初始位置足够深时，压差射流有充分的发展空间，使得气泡在上升过程中分裂为尺寸更小、更稳定的小气泡群折线向上运动，导致流场迹线迅速变化。为了更清晰地展示气泡破裂过程及折线上浮的运动状态，将最下方的气泡周围的计算域放大显示，如图 4-20 所示。

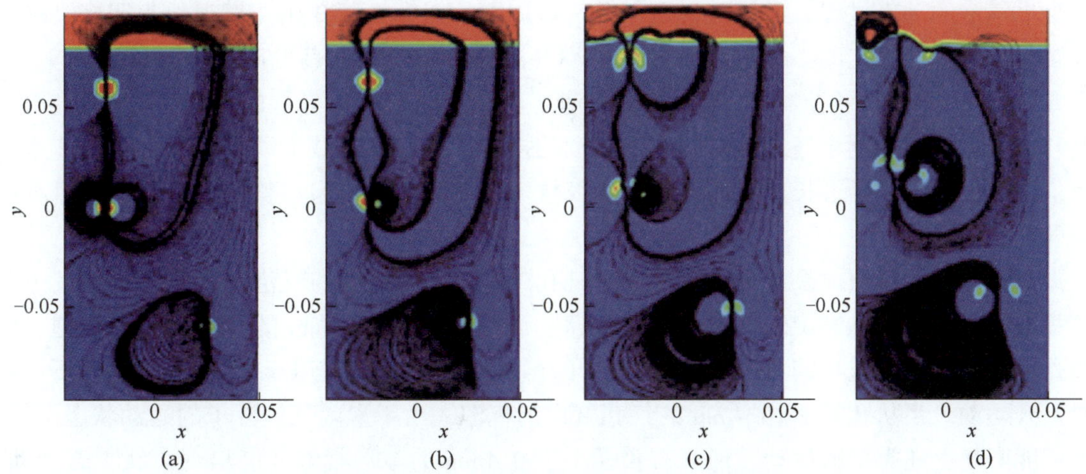

图 4-19 不同直径气泡在不同深度位置自由上升的二维计算结果
(a) 0.005s; (b) 0.02s; (c) 0.07s; (d) 0.17s

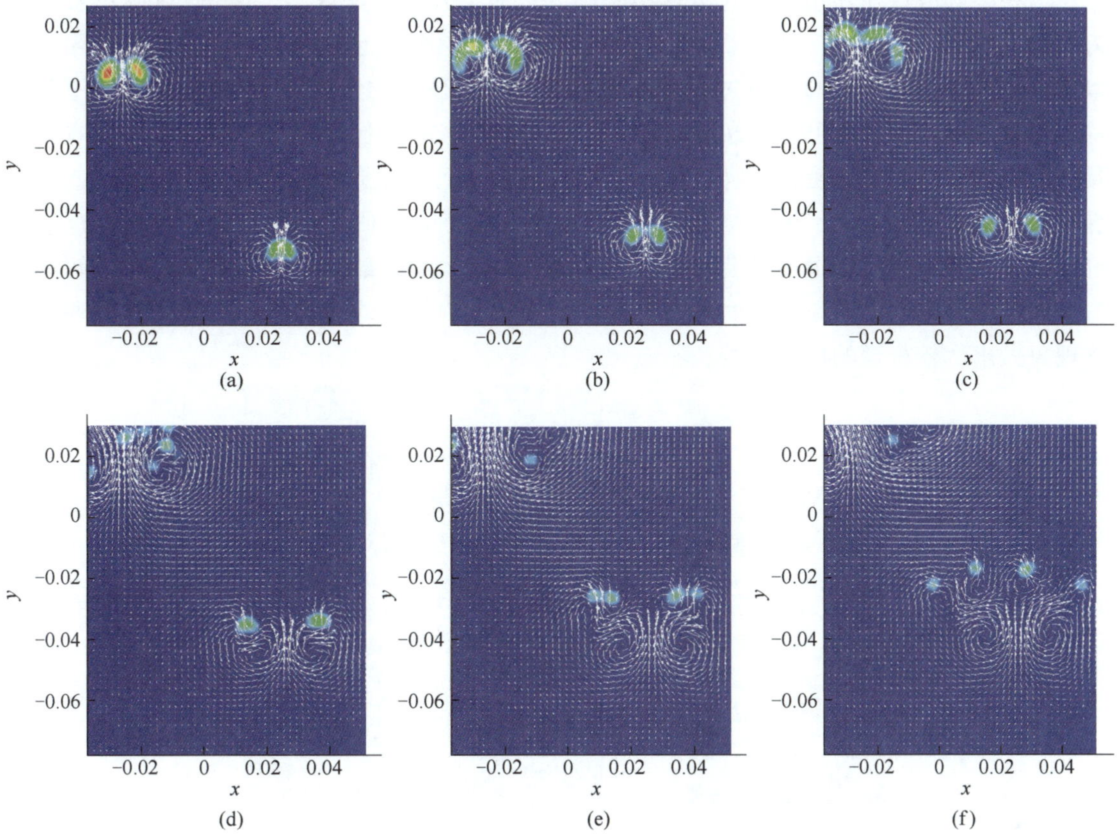

图 4-20 多气泡上浮分裂的动态计算结果
(a) 0.055s; (b) 0.015s; (c) 0.01s; (d) 0.25s; (e) 0.45s; (f) 0.35s

图 4-20 显示了初始位置远离自由液面的两个气泡在上升过程中被压差射流冲击成若干个小气泡的动态过程。通过两气泡上升区域周围的速度矢量变化，直观地表明当大气泡分裂为若干相对稳定的小气泡群后，单个小气泡均沿着曲线振荡的路径向液面方向上浮。下方靠近左壁面的小气泡同时受到左侧气泡运动和右侧壁面边界层的影响，振荡幅度小，上升速度慢。最左侧小气泡受右侧气泡运动的排挤，向左侧区域折线振荡运动，其速率最快，但由于所走路径最长，因而上升速度仅快于最左侧的小气泡。整个分裂及上升过程符合理论预测。

很多学者的科研成果都显示，由水中气孔产生的不同大小的气泡在脱离孔径后其上升过程会经历曲折的、螺旋的或不规则的线路。当从孔径 $\phi>0.4$mm 的气孔冒出的气泡，脱离孔口后很快就变成扁圆盘形状的气泡，并开始做螺线型、准谐振动型和翻滚型等不规则的上升运动。当从孔径 $\phi<0.4$mm 的气孔冒出的气泡，由于泡内气体分子的运动状态不同，也可能产生上述类型的运动，但只有直径小于 0.4mm 的球形气泡才能出现直线上升运动。在本节的仿真实验中，大多数情况下尽管气泡直径远大于 0.4mm 但都是呈现直线上升的运动趋势，这是由于在模拟中气泡的初始形态都是理想的球形，而这在实验中是无法实现的。

但在多气泡存在互相干扰的仿真实验中，气泡上升过程呈现出显著的螺旋线型运动。为了验证模拟的准确性，进行了注射器水下注气形成单个气泡的螺旋向上运动，并用高速摄像仪记录下单个气泡的上升过程各时刻的位置。如图 4-21 所示，将所有时刻的位置图片进行叠加得到单气泡上升的螺旋路径，这条螺旋路径的形状（图中红线所示）与本书仿真实验中气泡的上升路径完全吻合，且恰好是沿着气泡分裂所形成的双螺旋尾流的迹线边缘运动。这一方面验证了仿真结果的正确性，另一方面也为研究气泡破裂及不规则运动轨迹提供了一个新思路。很多早期的文献大多数是从用气泡内部能量的不稳定分布来解释气泡分裂及不规则运动的原因，而本书的计算结果从气泡内、外部的流场变化同样能够对上述现象做出比较合理的机理分析。

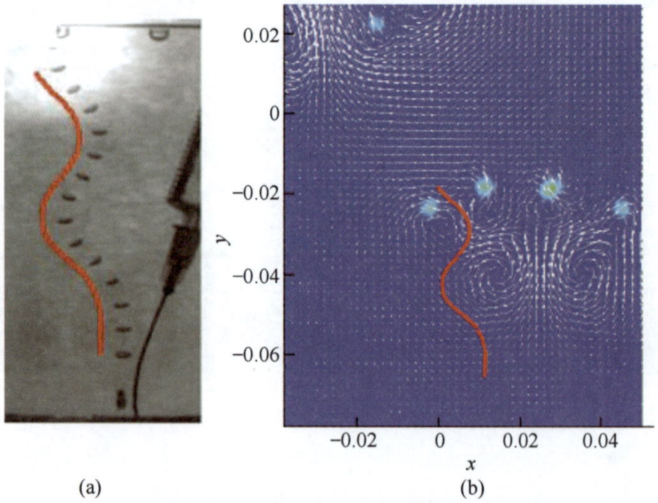

图 4-21　多气泡上浮分裂的动态计算结果

4.2.3 液滴下落与自由液面融合过程数值模拟

在熔池冶炼过程中，喷枪鼓入的富氧空气在高温熔池内形成气泡羽流剧烈搅拌渣层，沸腾翻滚的熔池表面会将渣层中的大量高温液滴喷溅至熔池上方一定高度再落回熔池。要实现热态熔池的三维模拟计算，有必要对单个液滴自由下落冲击自由液面的动态过程进行深入了解及模拟仿真，将优化 VOF 模型结合合理的壁面函数应用于下落液滴与自由液面相互作用过程中强非线性的复杂液面波动的计算。

为了与前人的既有研究成果进行有效地对比验证，将物理模型设定为直径 2.89mm 的液滴从 170mm 高处自由滴落冲击水面的动态过程。同时利用水模型平台，采用滴定管滴定的方式取得近似大小的水滴在同一高度自由下落冲击静止水面。采用高速摄像仪在辅助光源的合理照明环境中拍摄整个滴溅过程，取得每秒 1000 张的连续图像，以便于和前人的实验照片及模拟结果进行双重对比验证。水模型实验台如图 4-22 所示。

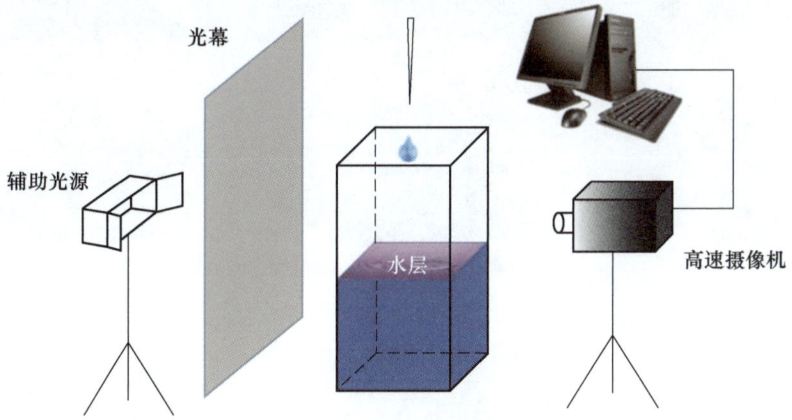

图 4-22　水模型实验台

图 4-22 中光幕的作用是将辅助光源的散射光转换为平行光，同时为水模型实验的拍摄提供相对纯净的背景。实验室根据室内的自然光条件，随时调整辅助光源到光幕的距离，确保高速拍摄时气泡和自由水面等相边界层能得到最恰当的曝光效果，以便和模拟计算结果对比验证。

从多相流模型的计算角度来说，液滴下落和气泡上升过程并没有本质上的不同，一个是空气相区内有球形的流体相区，另一个是流体相区内存在球形的气体相区，计算过程都是独立相区一边进行自身的形变，一边向同相区运动并融合的过程，所采用的方程和基本计算思路相同。不同之处是气泡上浮的关键在于气泡的形变与自由液面之间的动量传递，而液滴下落的关键在于自由液面受液滴冲击后相融合区域的起伏振荡向四周的动量传递。图 4-23 是液滴下落三维非稳态计算结果。小液滴在初始圆球形开始自由下落的过程中受重力作用开始呈现纵向拉长的变形趋势，在与液面初始接触融合的过程中，前半部分引起自由液面冲击区域开始圆环形隆起、中心下陷的时刻，后半部分液滴还保持着下落状态的圆锥状形态。随着全部液滴落入水中，中心下陷深度达到最大值后开始恢复原状，液面上的圆环形区域继续将冲击动量向四周传递。在液面恢复到原始高度后，因惯性作用，冲击区域中心下陷深度最大的部分流体继续向上运动，直至最高点形成一个相对独立的小液滴后才开始再次向自由液面回落，引起液面的第二次下陷，动量传递和第一次冲击的动量传递相叠加，造成整个自由液面的大面积振荡。

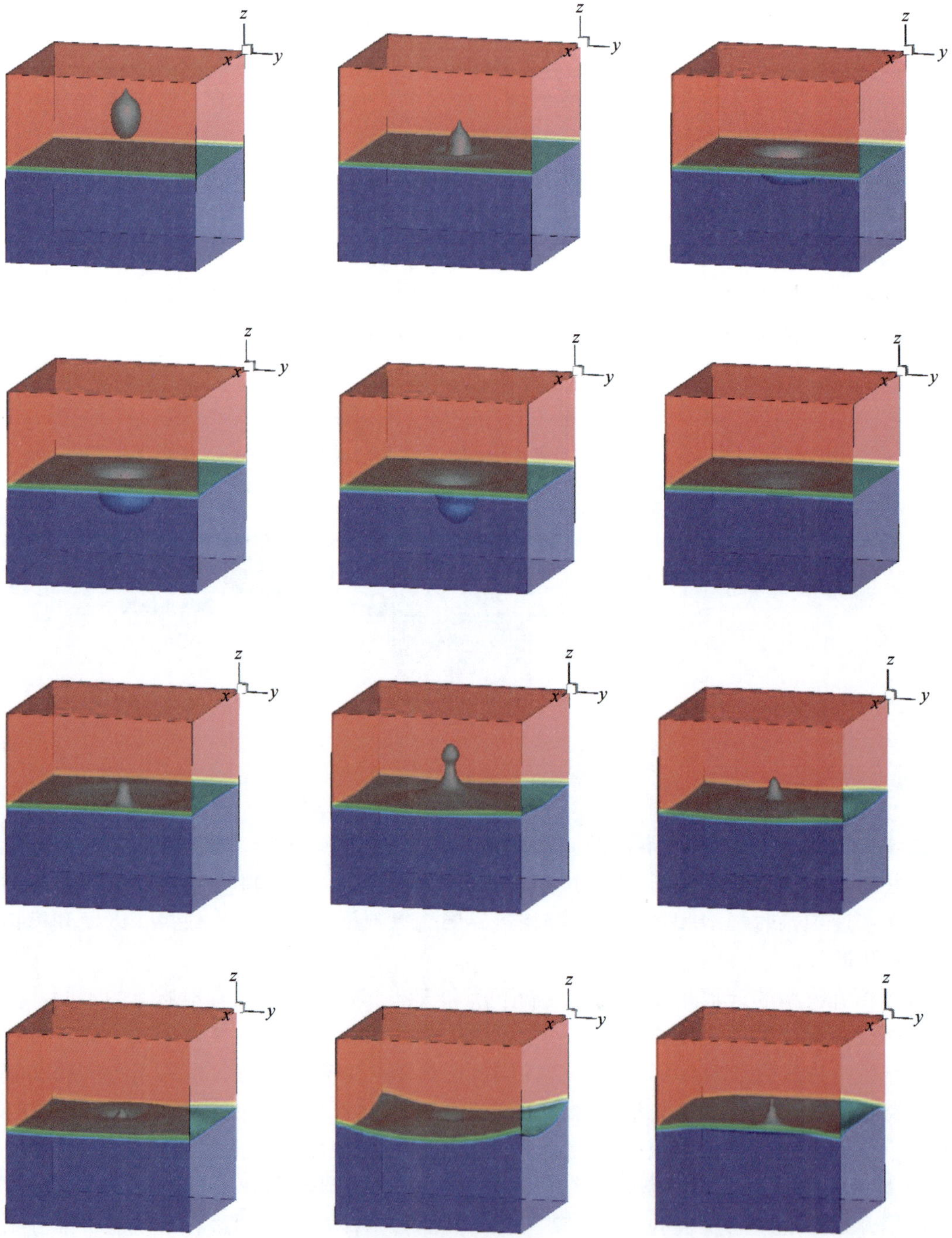

图 4-23　液滴下落三维非稳态计算结果的展示

文献［112］对上述过程进行了模拟计算，并与文献［113］的实验照片进行了对比验证。但文献中的模拟计算为二维模型。图 4-24 将文献［112］的二维模拟计算结果（第

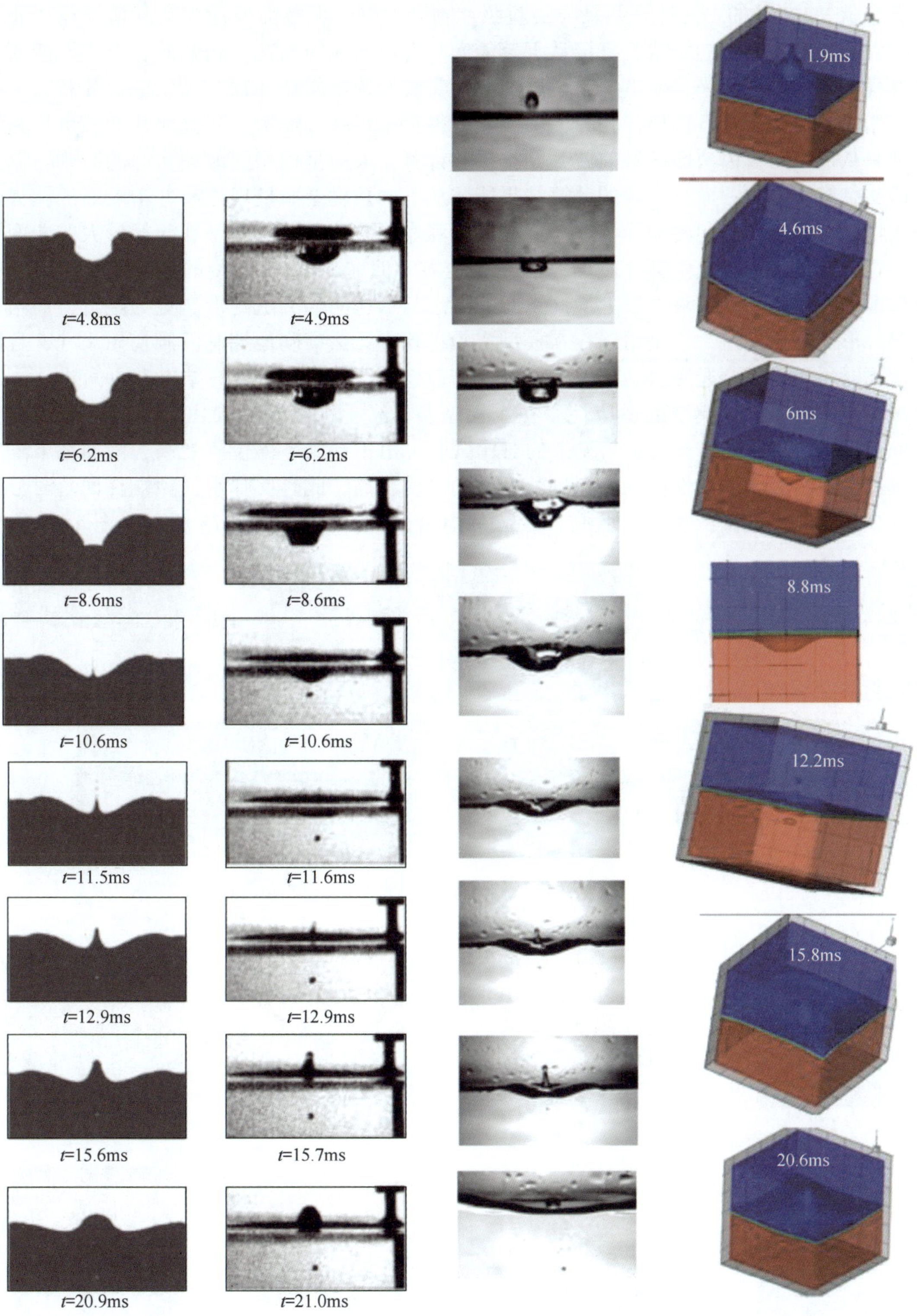

图 4-24 液滴冲击自由液面的实验照片和三维模拟结果与经典论文的对比验证

一列)、文献［113］的实验照片（第二列和第三列）及三维模拟计算结果进行对比验证。尽管文献［112］的二维计算结果与实验照片吻合较好，但液面波动与实际情况相比还存在较大的误差，而且初始状态直接从下落液滴与自由液面的相互作用开始，没有同液滴下落过程有机地结合起来，显得缺乏说服力。而实验照片与文献［12］的实验照片相比，由于采用了透明容器进行拍摄，相界面的波动显得更接近真实情况。实验照片和三维计算结果都是从液滴与自由液面接触前就开始拍摄和计算，液面呈现相同波动状态的时刻与以上两篇文献基本一致，而且三维的计算结果能够从不同角度全面呈现液滴冲击液面的相界面分布情况，冲击所引起的动量传递与壁面的相互作用导致自由液面呈现起伏较大的曲面形态，这些都是优于以上两篇文献研究成果的地方。但在 20.6ms 时刻的计算结果，即中心流体因惯性作用运动到液面以上最高点时的形态与上述两篇文献的形态更为接近，而与实验照片形态有所偏差。这是由于在水模型实验过程中无法准确地控制液滴初始尺寸，且液滴落下时也不能完全避免抖动的发生，因此与理想情况下得到的计算结果有所偏差。

为了进一步验证模型的适应性，在水模型实验台上改变液滴自由下落的初始高度为 190mm，又拍摄了一组流态更为复杂的对比试验。由于起始下落位置变高，液面在下陷后恢复原状的过程中因惯性作用反弹到液面上的高度更高，此时反弹水柱顶端在回落时分裂成 3 个独立的小液滴依次落入水中，引起持续的液面振荡，如图 4-25 所示。图 4-26 是改

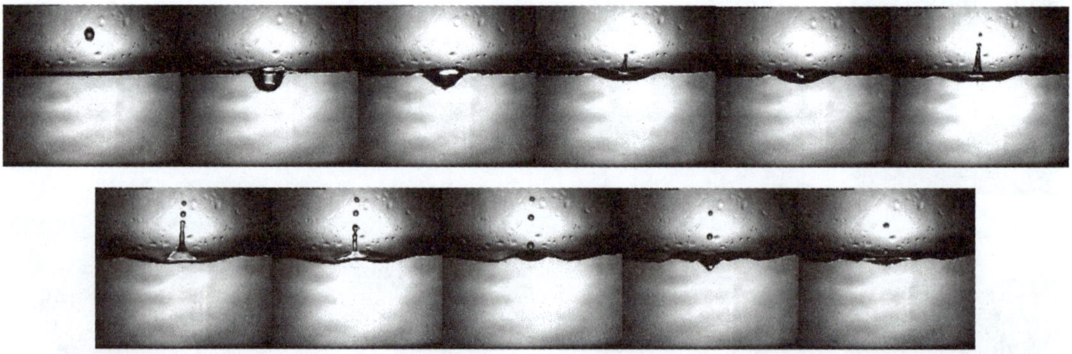

图 4-25 改变条件后的液滴冲击自由液面的实验验证

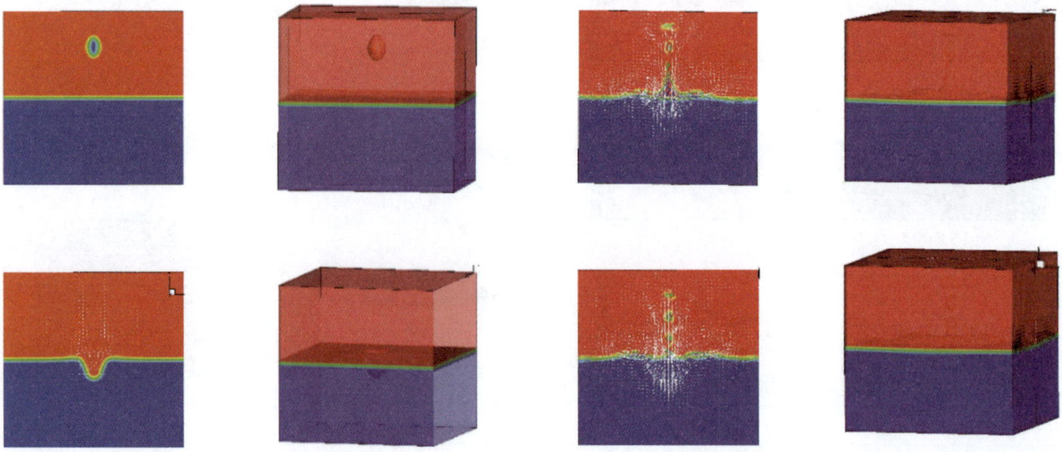

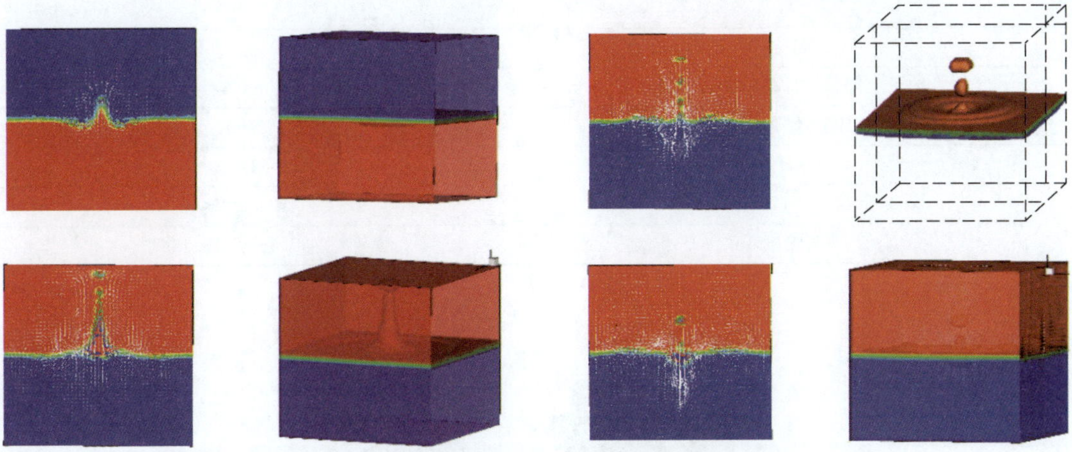

图 4-26 改变条件后的液滴冲击自由液面的三维模拟结果

变液滴下落高度后的计算结果，可以看出，由于反弹水柱分裂成 3 个独立的小液滴依次冲击自由液面，引起自由液面更多、更密集的振荡涟漪，相图变化形态在各个时刻与实验现象吻合度均较高，说明使用的多相流算法及模型网格质量的适应性都较强，能够满足三维非稳态流体计算的精度要求。

4.3 富氧浸没式顶吹熔池熔炼旋流搅拌过程的数值模拟与优化

在顶吹炉熔池熔炼过程中，气泡的形成及其因浮力而上升运动是熔池中气-液两相流中重要的基本现象。气泡的大小、上升速度决定着气-液相间的接触时间，支配着相界面传递现象和熔池整体的混合效应。而气泡的大小、形状、运动等动力学问题与喷枪结构、体系物理性质、表观速度、熔池温度、压力等有关。同时，气泡上升过程中可能发生并合、变形、分裂等现象，呈现不同形状的气泡在运动过程中会伴随不同尾流，从而诱导局部液体运动，反过来液体的流动又会影响气泡的形成及其上升运动，因此气泡的形变运动和液体的流态变化是相互耦合的强非线性关系。对顶吹气泡的形成过程进行实验及数值模拟研究，掌握其形变运动对液体流态变化的影响规律，对优化顶吹强化熔炼过程具有重要意义。

4.3.1 顶吹炉三维数学模型及边界条件

顶吹炉炉型为一个直立的圆筒反应器，由炉体和炉顶两部分组成。炉体为直立圆筒形的钢壳内衬砌耐火材料，采用铜水套冷却或外壁淋水冷却。底部设有一个或多个熔体排放口。顶吹炉炉体尺寸和三维炉体模型见表 4-1 和图 4-27（a）。

表 4-1 顶吹炉炉体主要尺寸

名称	规格、性能
炉内径/mm	ϕ4400
炉子高度（不包括底部炉壳）/mm	14718
炉膛高度/m	13.6
炉子下部圆柱体炉膛高度/mm	7528

续表 4-1

名称	规格、性能
炉子上部斜锥体炉膛高度/mm	6072
斜锥体倾角/(°)	60
炉床面积/m^2	15.2
矩形烟气出口/mm×mm	4160×2840
顶吹喷枪/m	ϕ0.4，长 18.144

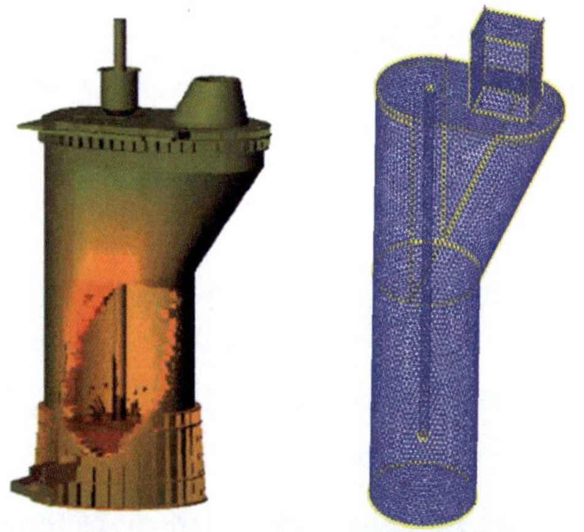

(a)　　(b)

图 4-27　顶吹炉三维几何体模型（a）及网格（b）

此模型中最小几何单元（喷枪直径）与最大几何单元（炉高）相差 6 倍，这就给网格划分增加了很大难度。要在喷口附近网格数与整体网格数量之间取得一个平衡。经过多次尝试与优化，将网格数量由最初的 168 万个减少到 197633 个，如图 4-27（b）所示。

在以上三维顶吹炉物理模型的基础上，应用所构成的顶吹流动与传热数学模型，构建起顶吹炉炉膛顶吹熔池三维流动与传热过程耦合的模拟仿真平台，采用商业 CFD 软件 Fluent 实现以上一系列强非线性偏微分方程组的数值解算。

4.3.2　三维温度场、流场的数值计算与分析

4.3.2.1　三维热态计算结果分析

根据炼铜顶吹炉实际生产操作参数，先在建立的三维炉体模型上进行初始喷吹速度为 24m/s 的顶吹搅拌计算，以水为计算介质，图 4-28 为 $t=0.0257$s 时刻初始流线及温度场分布。此时迭代进行时间不长，时间步长设得极小，大量的计算换来的只是流场的微小变化。但这段时间是检验模型是否完备、边界条件是否合理的重要时期。很多模型选择不当或边界条件不适合控制方程的错误设置都会在开始迭代阶段就显露出来，导致解算失败。经过多次尝试及修改，在出错过程中不断有目的性地优化网格，直至计算过程能够稳定地继续下去。图 4-28 中还看不到明显的气泡，但已能够算出喷枪口附近的流体运动趋势及自由液面上的温度梯度。

当计算到 $t=0.247$s 时刻，喷枪插入深度分别为 20mm 和 40mm 的温度场都发生了显著

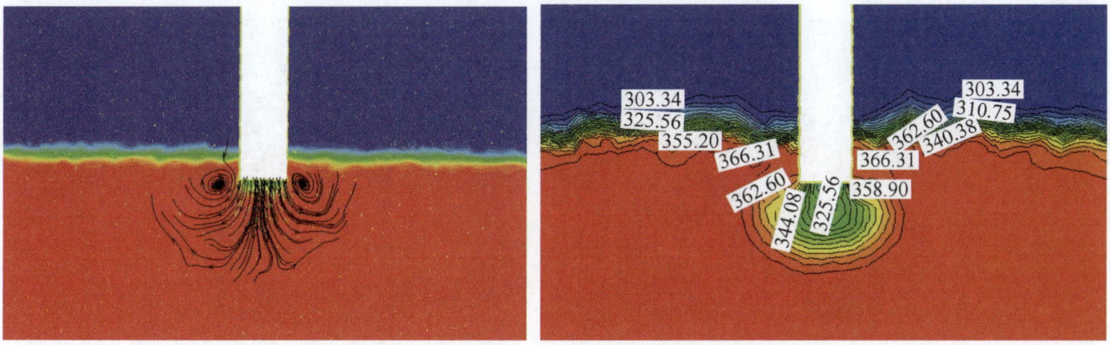

图 4-28　$t=0.0257$s 时刻初始流线及温度分布

的变化，温度梯度加大，液面都有较明显的波动，图 4-29 为插入深度为 200mm 和 400mm 情况下 $t=0.247$s 时刻的二维温度场分布，可清晰地看到气泡的二维形态及所引起的羽流形态。说明气泡已初步形成。从温度场分布判断，插入深度 400mm 产生的气泡更大，所引起的温度变化和液面波动范围也更广。

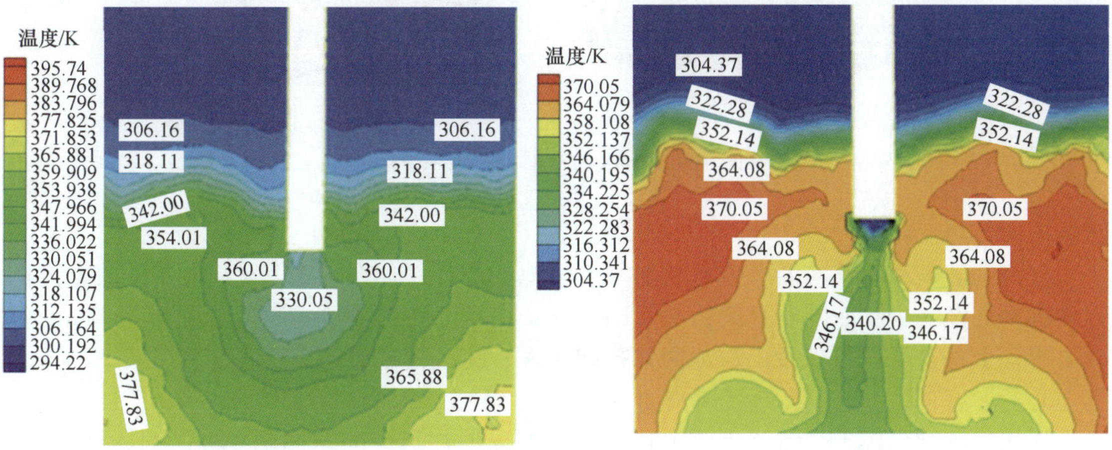

(a)　　　　(b)

图 4-29　$t=0.247$s 时刻的二维温度场分布

（a）插入深度 200mm；（b）插入深度 400mm

图 4-30 为三维气泡在液面下的形态及液面的波动情况。而图 4-30（d）则是插入深度 200mm 情况下同一时刻的鼓泡三维形态，仅仅刚鼓出半球形的气泡，且液面波动不大，与深度 400mm 的情况形成了鲜明对比。

既然喷枪插入深度不同所产生的气泡形态大异，那么所造成的温度场的分布也必然大不相同。图 4-31（a）为喷枪插入深度 400mm 时熔池内温度等值面分布。参照图 4-29（b）的平面温度分布，选取 $T=355$K、360K、370K 三个特殊的等值面显示在图 4-31（b）中，可以看出同图 4-29（b）的温度分布丝毫不差，但温度场在三维空间上的分布情况则一目了然。图 4-31（c）即是插入深度 200mm 时熔池内温度等值线。同样参照图 4-29（a）所示的平面温度分布选取 $T=318$K、329K、343K 三个特殊温度等值面显示在图 4-31（a）中。图 4-31（a）的等值面比图 4-31（b）的等值面连贯得多，说明由于喷枪插入深度不够，

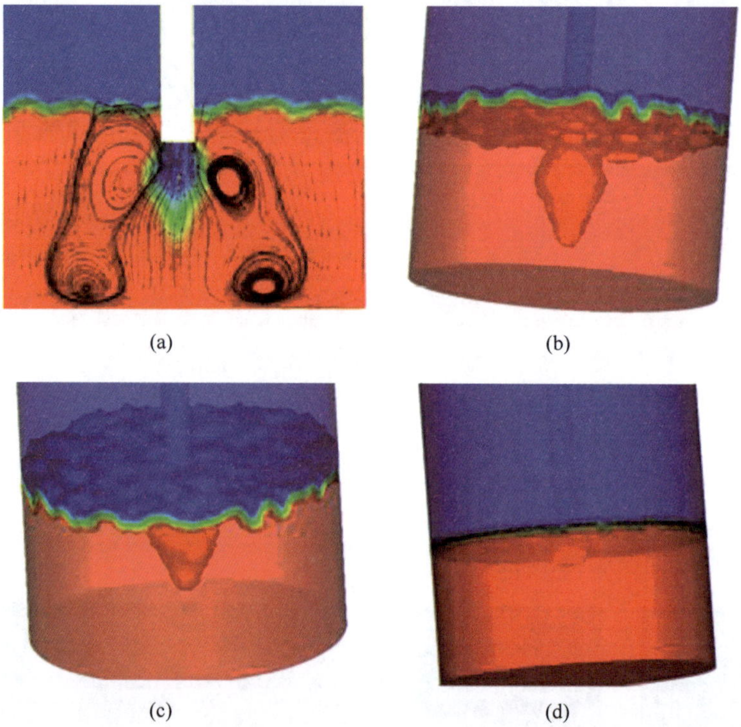

图 4-30　$t=0.247$s 时刻三维相分布

流场内的传热变化不大。

气泡的破裂和新气泡的产生不断加剧着熔池的搅拌，如图 4-32（a）所示，熔池内的温度梯度逐渐减少，而剧烈翻滚的液面则将热量由熔池传向炉膛空间。从图 4-32（b）的 $y=0$ 界面上的迹线图可以看出熔池内如预期出现了旋涡成对现象。

4.3.2.2　多工况计算结果对比分析

在实际生产过程中，喷枪进口流量及插入深度根据需要随时调整变化，对熔体流态、喷溅高度及炉膛内温度变化产生巨大的影响。采用不同喷枪进口流量及插入深度进行计算

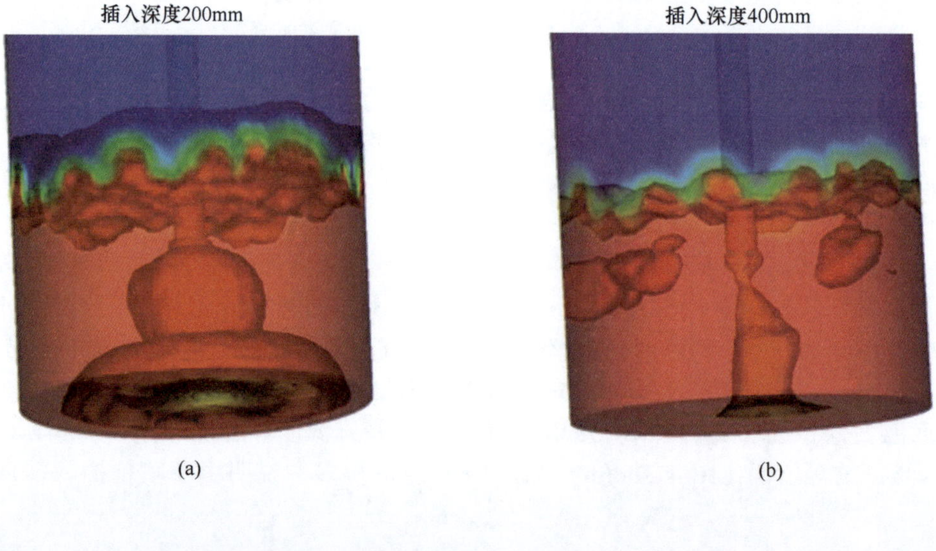

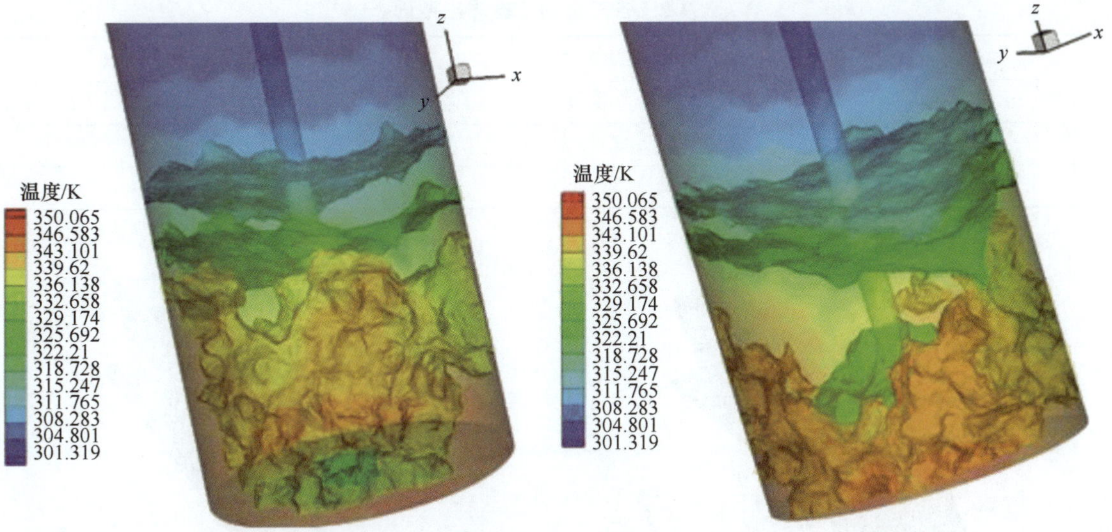

(c) (d)

图 4-31 $t=0.247$s 时刻三维温度等值面分布

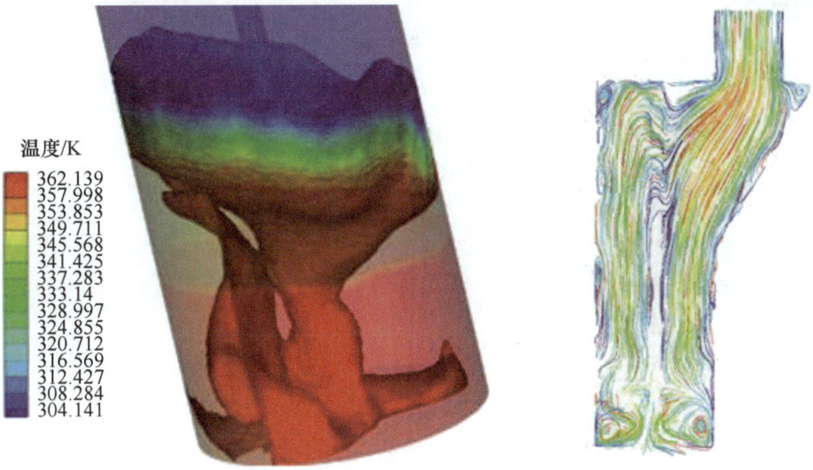

(a) (b)

图 4-32 $t=2.24$s 时刻三维温度等值面、相分布及迹线图

（a）温度等值线图；（b）迹线图

流体力学仿真实验，得到大量不同流量、不同喷枪插入深度的流场和温度场计算数据，即在 24m/s 的流速下考察 3 组不同深度对流场、温度场的影响，再在同一深度下考察大、中、小流量的影响。

取冰铜密度为 4400kg/m^3，喷吹气体的密度为 1.288kg/m^3，冰铜与富氧空气的表面张力为 0.25N/m，计算初始设置熔池深度 3.3m、温度 1450K，按照表 4-2 在每种工况下建立喷枪口、原始熔池自由表面、表面上 2.114m 和距炉底 7.528m 高处取垂直于 z 轴方向的横截面作为数据输出面，如图 4-33 所示。

表 4-2 各工况的数据输出截面

喷枪流速/m·s^{-1}	喷枪插入深度/m
24	1300
28	1300
20	1700

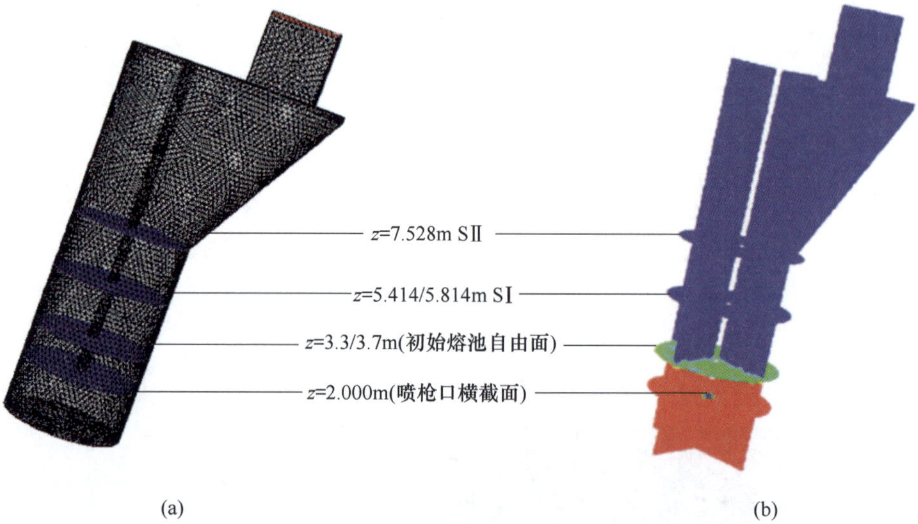

图 4-33 三维模型中典型截面位置示意图
(a) 网格图；(b) 初始相图

显然，每个截面上的物理量分布都是不均匀的，为了方便比较，将温度场等变量和小面面积 A_i 相乘，然后再将乘积加和，最后再除以总的表面积 A 从而得到物理量在指定面上的面积加权平均，即

$$\frac{1}{A}\int\phi \mathrm{d}A = \frac{1}{A}\sum_{i=1}^{n}\phi_i\,|A_i| \tag{4-16}$$

在得出面积加权平均的同时也计算出每个截面的物理量分布的标准方差，以表征物理量在数量大小及空间分布上的不均匀性，从而更全面地了解三维炉膛内的温度及流场分布。

图 4-34（a）是流量分别为三种工况下距离初始熔池高 2.114m 处横截面（工况 1、工况 2 为 z=5.414m，工况 3 为 z=5.814m，以下简称截面Ⅰ）和炉膛中部距炉底 7.528m 处横截面（以下简称截面Ⅱ）的温度面加权平均值的比较，可以看出，由于喷枪插入深度较大，使得熔池上方 2.114m 处的温升较快且近似线性，三种工况的温度面加权平均值相差不大。而到了炉膛中部，温升速率减慢，明显呈现出流量越大温升越快的趋势。尽管图 4-34（b）显示了流量越大纵向两截面的温差也更大的趋势，但工况 1 和工况 2 的温差相差已经不大。截面温度分布的标准方差能够表征炉膛内温度分布的均匀性，图 4-34（c）显示了三种工况的方差在经历了计算初始阶段的振荡后均有较快的增长，到 3.5s 左右温度的不均匀性几乎相同。3.5s 后大流量的工况 2 的方差首先出现下降趋势，小流量的工况 1

和工况 3 的方差经历了缓慢上升期后，在 5.5s 后也均开始下降。而到了炉膛中部的截面Ⅱ处，面温度分布趋于均匀，但此处大流量的温度不均匀性更大了。为了说明以上温度分布的成因，有必要给出整个炉膛的三维相分布、流场及温度场分布。从图 4-34 观察到 3.5s 时刻各截面的面平均温度的标准方差比较接近，而 5.5s 后截面的温度方差均开始下降，因此选取这两个时刻观察炉膛内三维流场和温度场分布情况。

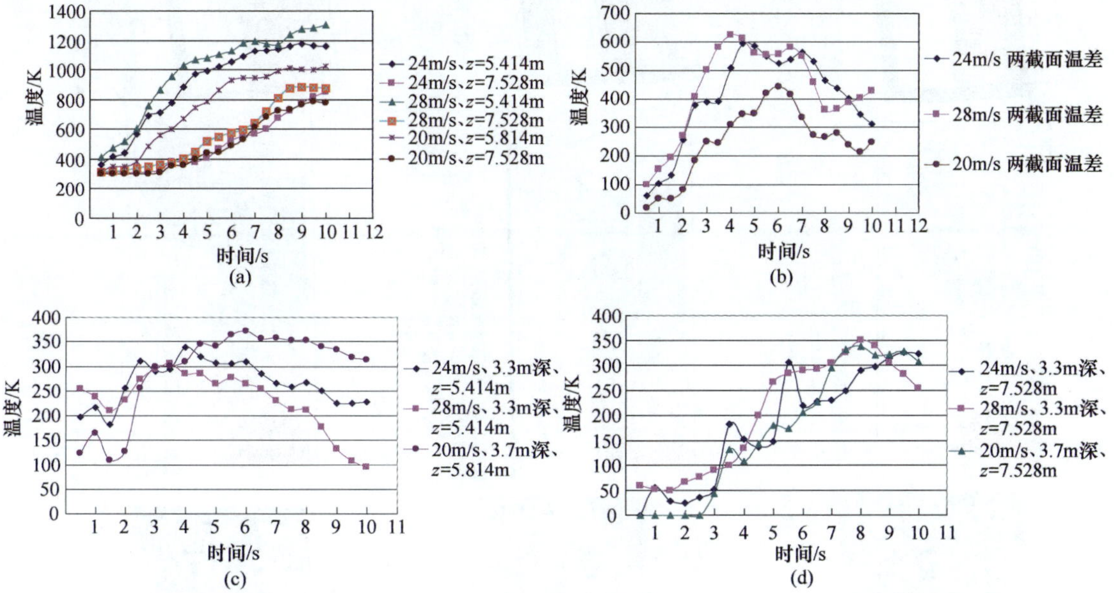

图 4-34 不同流量及喷枪插入深度下典型截面温度加权平均及标准方差值比较

（a）两截面温度面加权平均值比较；（b）两截面温度加权差值比较；（c）截面Ⅰ温度分布标准方差比较；（d）炉膛中部截面Ⅱ温度分布标准方差比较

首先比较熔池深度同为 3.3m、流量分别为 24m/s 和 28m/s 的工况 1 和工况 2 的温度场、流场及熔池自由面的波动情况。在流量为 28m/s、3.5s 时刻，熔池中心比较均匀地喷溅隆起，最大喷溅高度为 1.34m。富氧空气从喷枪射出后迅速变为气泡群，气泡最大下潜深度 0.65m，之后在浮力作用下向熔池面移动，带动整个熔池运动，形成气泡羽流。此刻为喷吹初期，气泡集中的主要反应区刚刚形成，熔池的液面波动较为平稳，熔池内部的羽流形态也基本对称。到了 5.5s，随着大气泡破裂成小气泡群，引起大块的熔体飞溅，飞溅高度达到 1.74m，造成液面下近壁区域产生零散的小气泡。气泡破裂、上升的影响也明显反映在熔池自由面的巨大波动上。熔池内部的气泡羽流不再对称，靠近烟道侧的温升很快，充分展示了加大流量对熔池搅拌的影响。

但从图 4-35 观察流量为 24m/s、5.5s 时刻 $y=0$ 截面上炉膛中部的温度比 28m/s 同时刻的温度还高，这是由于 $y=0$ 这个特殊截面不能准确地反映出炉膛内的三维温度分布。而图 4-34（a）的横截面温度加权平均值则准确反映了流量越大对熔池的搅拌作用越强，炉膛内的平均温度也越高的趋势。充分说明了对于三维非稳态计算结果的处理，恰当的截面物理量的加权平均值比单纯的二维截面的物理量梯度值更能反映真实的三维物理量场。

图 4-36 为流量减小而喷枪插入深度加大的对比计算。当插入深度加大后，气泡集中的

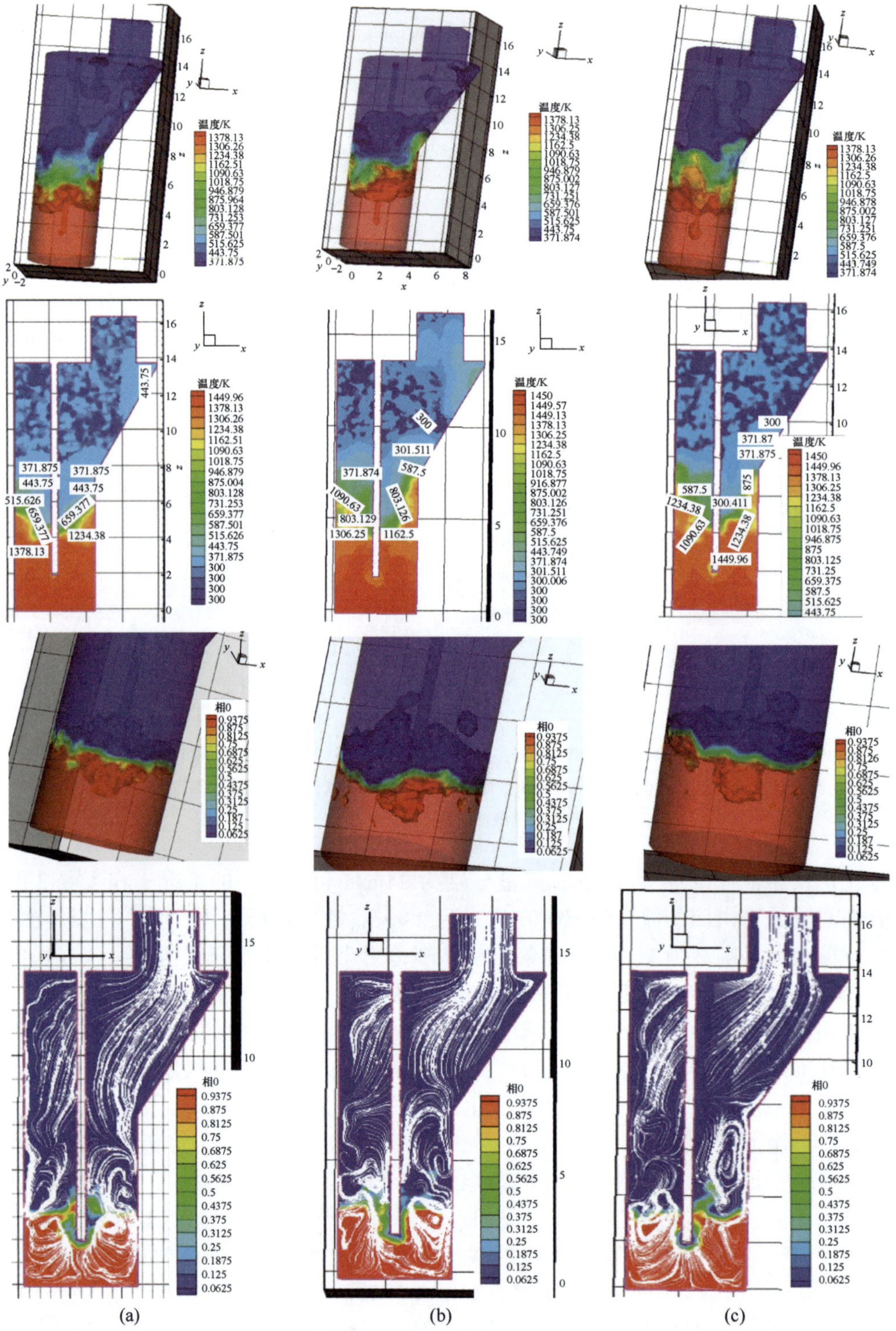

图 4-35　同一插入深度不同流量的比较

（a）流量 28m/s、插入深度 3.3m、时间 3.5s；（b）流量 28m/s、插入深度 3.3m、时间 5.5s；
（c）流量 24m/s、插入深度 3.3m、时间 5.5s

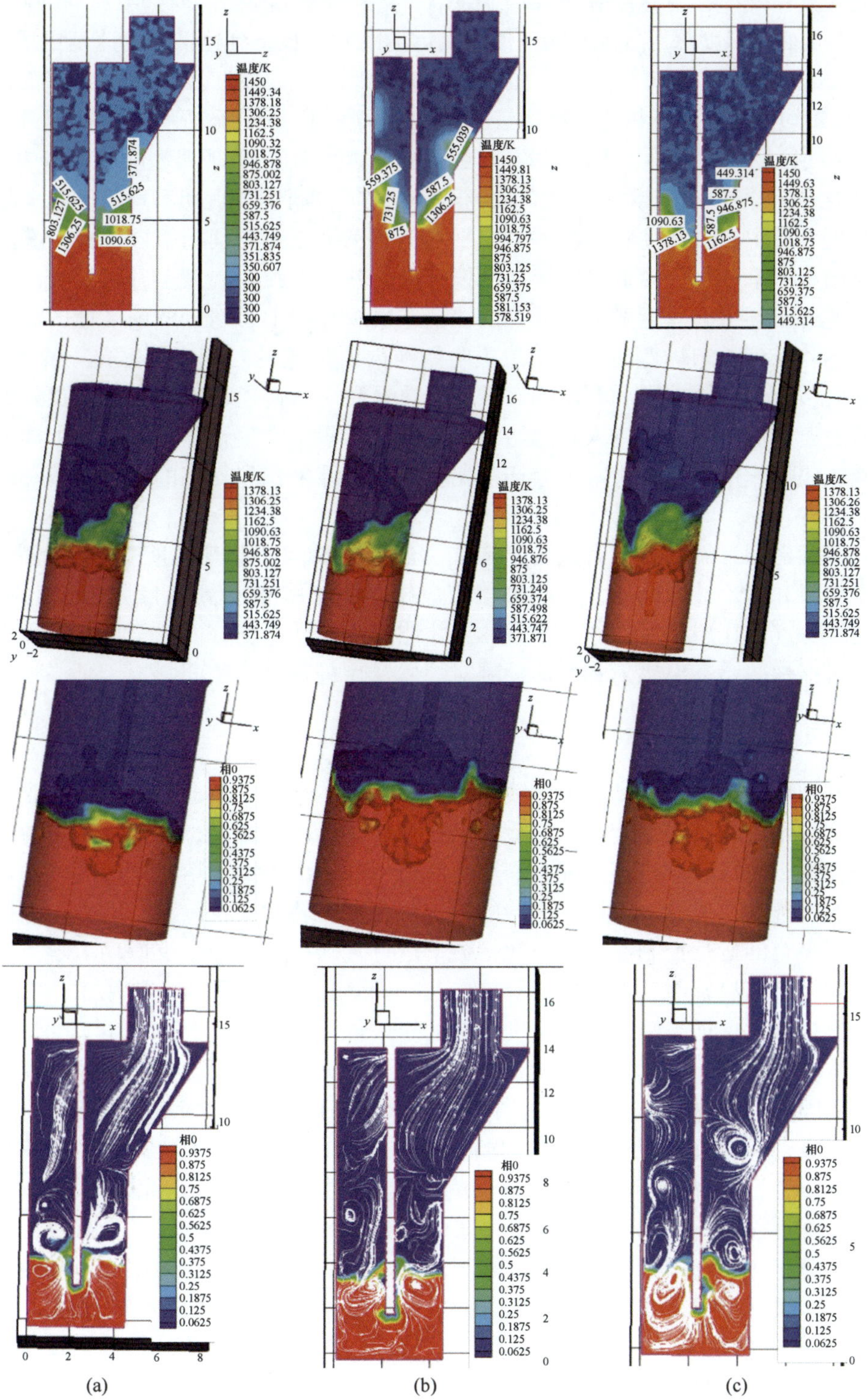

图 4-36 小流量、大插入深度的对比

(a) 流量 24m/s、插入深度 3.3m、时间 3.5s；(b) 流量 20m/s、插入深度 3.7m、时间 3.5s；(c) 流量 20m/s、插入深度 3.7m、时间 5.5s

主要反应区直径变小，但深度和 24m/s 流量下的相等，气泡都是离开喷口后 50cm 左右开始上浮。由于插入深度深，气泡在熔池内向上运动的时间长，到达液面的速度更快，因此脱离液面时对熔池的扰动也更加剧烈。如图 4-36 迹线图所示，很多涡旋更贴近壁面，因此和 24m/s 的相对均匀的温度场相比，小流量、大插入深度的工况导致靠近壁面的温升明显快于炉膛中心轴线区域的温升，加上出口的负压影响，温度等值面呈现典型的马鞍型曲面。这就解释了图 4-30（c）中小流量开始阶段界面温度最均匀，而到了后期不均匀性越来越大的原因。由此更表明了二维截面物理量的加权平均值和三维立体物理场结合分析的重要性。

以上计算结果表明，大流量对熔池的搅拌更剧烈，炉膛内温度上升得比较均匀。而喷枪插入深度过大会引起靠近壁面的温升加快，造成炉膛内中心与近壁面区域的温度分布相差较大，不利于延长炉衬寿命。顶吹炉顶吹熔池内所形成的三相卷流区是一个热量集中、熔体动量大、气泡充分发展和滞留的区域，为热量和质量传递都创造了非常良好的动力学条件。但由于气泡从喷枪口进入高温熔池环境内，体积将产生剧烈膨胀，加上浮力功和旋流动力能的叠加作用下，在实际中会产生比模拟计算结果剧烈得多的熔池翻腾和熔体喷溅现象。

因此，考虑到计算过程没有包含气泡在高温下的瞬间膨胀现象所带来的巨大搅动能，综合生产实际和理论计算结果，顶吹炉喷枪最佳气体流速应控制在 12～15m/s，插入渣层深度与熔池深度的比应控制在 0.03～0.08，才能保证在创造良好的冶金反应动力学条件的同时又尽可能地减缓高温辐射和熔体冲刷对炉体及喷枪寿命的负面影响。

4.3.3　在顶吹熔炼工艺优化中的应用

针对剧烈搅拌熔池造成高温熔体喷溅冲刷影响炉体及喷枪寿命、渣中金属含量高等搅拌不均匀的技术难题，根据冶金炉窑最低燃耗强化供热理论模型，对富氧旋流顶吹喷吹混沌搅拌过程的影响机制进行了研究。利用数学模型计算出了不同熔炼阶段喷枪随熔池液面起伏变化的最优工艺风量、喷枪旋流器的最佳尺寸、安装形式及旋流角度等炉膛内热质传递多场协同耦合的运行控制参数。在此参数下运行，确保良好冶金反应动力学条件的同时尽可能地减缓了高温辐射、熔体冲刷对炉体及喷枪寿命的负面影响，应用于顶吹炉中喷枪位置的精准控制，保证了喷枪插入深度始终处于最佳搅拌位置。

根据数学模型指导对喷枪及其旋流器进行研发，成功研发了新型旋流器及旋流喷枪，构建了防止喷溅的旋流混沌搅拌强化供热技术，搅动面积扩大 20%，富氧利用率提高了 6.9 个百分点，解决了搅拌强度不足、搅拌不均匀导致炉内精矿中硫分与氧气放热反应不充分的技术难题，实现了以最小湍流动能达到充分搅拌熔池、减小喷溅，氧-硫放热反应彻底、能耗降低，喷枪平均使用寿命提高了 120%。

该技术分别应用于中国铜业有限公司下属的西南铜业分公司、滇中有色、四川凉山矿业昆鹏公司、赞比亚谦比希铜业的 4 座顶吹炼铜炉（年处理矿量能力分别为 86 万吨、42 万吨、48 万吨和 88 万吨），以及易门铜业年产粗铜 10 万吨底部供热炉和赤峰云铜年产粗铜 14 万吨侧吹炉，取得了良好的效果。顶吹喷枪寿命最长可达 23 天，为同类喷枪寿命全球之最；炉体寿命由 28 个月延长至平均 35 个月，提高了 25.0%，最长炉体寿命达 50 个月；渣中铜含量降低了 25.42%。底部供热炉年产粗铜由 6 万吨提升至 10 万吨，使原先无法处理的含铅锌高、铜品位低的复杂铜矿实现了高效环保利用，氧枪使用寿命达 5000h 以上，吨铜能耗降下降了 64.7%；熔炼炉渣的铜含量降低了 20.23%。侧吹炉单炉年生产能力由 8 万吨提高至 14 万吨粗铜，提高了 75%，吨铜综合能耗下降了 38.5%，熔炼渣含铜降低了 38.8%。

该技术应用于金川公司年处理高镁复杂铜矿（入炉精矿含镁 5.8%～8.7%，含铜 15%～18%）48 万吨的顶吹炼铜炉。炉体寿命由设计值 12 个月延长至 72 个月，产能由 5.2 万吨提高至 7.5 万吨，提高了 44.2%；吨铜能耗降低了 34.3%；烟气含硫（标态）小于 190mg/m^3，达标排放。还应用于金川公司年处理量 100 万吨、年产 13 万吨高镍锍的顶吹炼镍炉，实现产能扩大的同时单位产品能耗降低了 18.5%，炉体寿命由 28 个月提高到 43 个月，提高了 53.6%。

4.4 富氧底吹旋流脉动振荡混沌搅拌过程的数值模拟与优化

底吹富氧搅拌是熔池熔炼的一种关键强化技术，对品位低、杂质多的矿产资源具有很好的适应性。前人对底吹气体搅拌的研究大多是以直管氧枪为研究对象，而在实际生产过程中已普遍采用多孔道氧枪，国内外学者对多孔道氧枪底吹强化机理的研究并不多见，同时，底部富氧喷吹是一个气-固-液互相耦合的多相流动过程，其混合流动和搅拌过程比较复杂，是国内外研究的热点。

4.4.1 多孔道底吹喷枪物理模型的建立

底吹喷枪是底吹熔炼炉的核心部件，在熔炼过程中，气体通过喷枪射入炉内，为反应提供氧化剂和熔体搅拌所需动力，直接影响底吹炉负荷率、作业率、炉寿、炉况及附属设备的能耗。本节经过实际生产考察和水模型实验，确定了新型多孔道喷枪结构，通过相似水模型实验与三维非稳态数值模拟相结合的方法对所建立的数学模型的可靠性进行验证，并以熔体中气泡上升时间、熔体气含率方差和熔体平均湍流强度等为衡量标准，对比分析了直管和多孔道喷枪熔池熔炼过程的强化搅拌效果，并分析了其强化搅拌的机理。

为单纯得到喷枪结构对熔体的作用，采用如图 4-37（a）所示模型展开研究，简化后的模型直径为 600mm、高为 900mm，静止状态下熔池液面高度为 600mm，多孔道氧枪浸没在液体中的长度为 50mm。

如图 4-37（b）所示，为保证网格质量及提高计算效率，该模型采用多面体网格进行划分，并且模型内部采用一定准则进行网格质量优化使计算精度得到提高。对于流体速度梯度较大的喷枪出口处及运动比较集中的计算域，为了能够准确模拟出流场变化，对气-液两相主要作用区域网格进行加密处理。网格质量大于 0.85，不存在负网格，最大网格尺寸为 6mm。

底吹气-液两相流是一种复杂的混合搅拌行为，搅拌过程中流体系统稳定性降低，从而产生高雷诺数的湍流现象，虽然国内外学者对湍流的研究已有上百年，但是仍然没有一套精准的湍流理论，目前已知的湍流流动具有明显的随机性，流动中产生的涡流会消耗一部分能量，即能量损失。气体以一定速度喷入熔池中表现为带有涡旋的强烈湍流状态，而 RNG k-ε 模型在处理应变率及流线弯曲较大的涡旋流动中更具有优势。鉴于以上原因，宜采用 RNG k-ε 模型来对底吹强化搅拌进行模拟。

氧枪入口为速度入口边界条件，入口喷吹速度为 2.0m/s，入口压力为 0.5MPa；炉膛

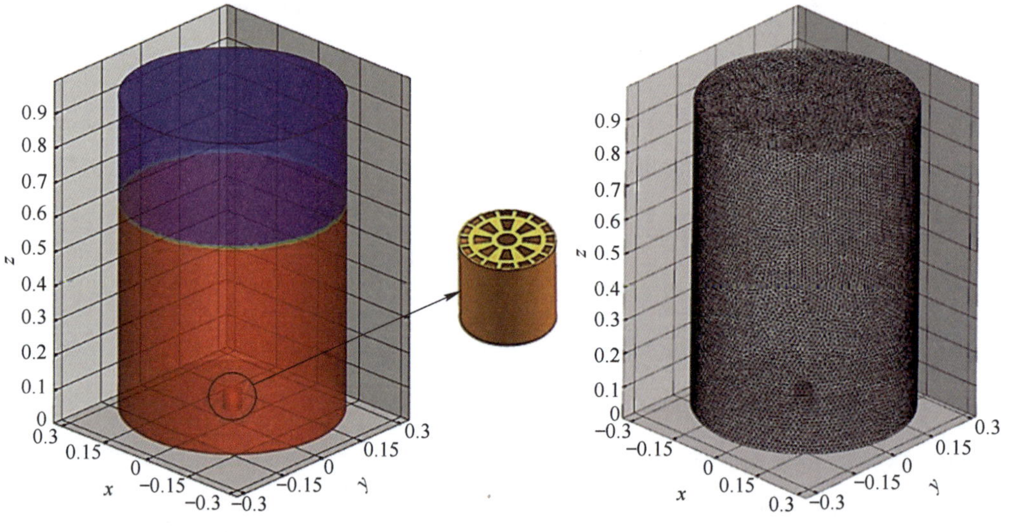

图 4-37　多孔道底吹喷枪结构（a）及计算区域和多面体网格（b）

出口设置为压力出口边界条件，出口压力为负。在大多数情况下，湍流是在入口后面一段距离经转捩形成的，所以入口边界设置为均匀湍流以便简化模型设置。流动状况为非定常流动，压力速度耦合选择 SIMPLEC 算法、动量项采用二阶迎风格式，湍流项采用一阶迎风格式。

为确保模拟计算结果与网格数量无关，对模型进行网格无关性检验，分别对网格数量为 25 万、55 万、85 万、115 万、145 万和 175 万的模型进行模拟计算，模拟结果如图 4-38 所示。由图可知，网格数量为 145 万时，第一个气泡达到液面的时间约为 0. 59s，之后随着网格数量的增加所需时间基本不随网格数量的大小而变化。在满足网格质量前提条件下，应尽量选择网格数量较小的模型以节省计算时间，所以最终确定网格数量为 145 万。

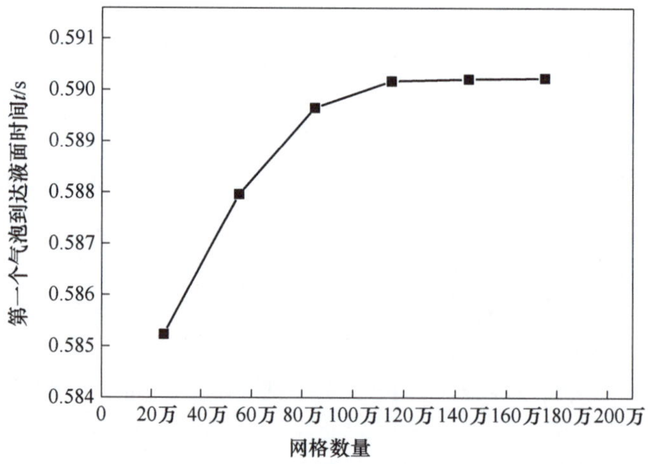

图 4-38　网格无关性检验

4.4.2 多孔道底吹喷枪的数值计算与分析

4.4.2.1 计算结果与水模型的验证

利用高速摄像机对水模型试验装置中的气-液两相流混合搅动情况进行拍摄，将捕捉的图像与模拟结果进行对比，验证水模型实验的可靠性及模拟的准确性。水模型尺寸及实验参数见表 4-3。

表 4-3 模型尺寸及实验参数

模型炉膛直径/m	炉高/m	喷枪直径/m	液面高度/m	入口速度/$m \cdot s^{-1}$
0.6	0.9	0.05	0.6	2

分别对直管喷枪和多孔道喷枪喷吹模拟进行实验验证，以第一个气泡形成到第一个气泡到达液面破碎这一段时间展开研究。图 4-39（a）为气泡形成阶段，随着进气量不断增加，气泡不断长大直到脱离喷枪口。随着气泡的上升，气泡受到周围液体的压力越来越小，气泡不断膨胀，同时受表面张力和浮力作用，气泡呈现出帽状样式，如图 4-39（b）所示；随后帽状气泡两侧尖端破碎并分离出小气泡，如图 4-39（c）所示。气泡形成帽状后上升速度明显变慢，被随后而来的气泡冲击冲碎为多个小气泡，小气泡又不断融合形成大气泡，最终气泡到达液面破碎，如图 4-39（d）~（f）所示。

直管喷枪和多孔道喷枪喷吹过程中都经历了气泡的形成、膨胀、分离、融合和破碎等行为，不同的是多孔道喷枪喷吹过程气泡表现得更为连续，形状类似气泡簇，且气泡在流体搅动作用下更易破碎成多个小气泡，相比于直管喷枪喷吹产生的气泡，这种行为的出现能够降低熔池喷溅现象，从而避免因熔体喷溅导致下料口堵塞问题的发生。

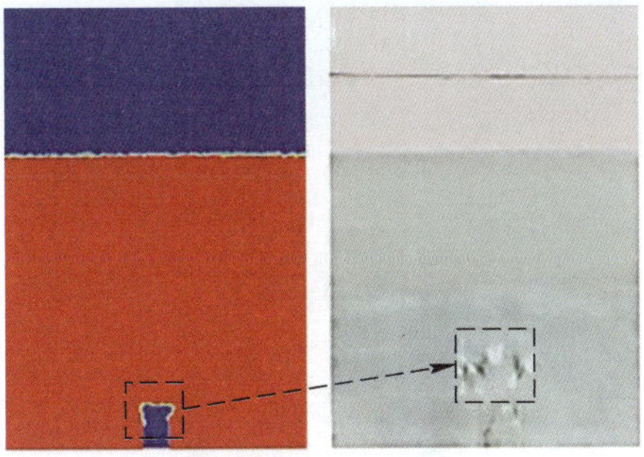
(a)

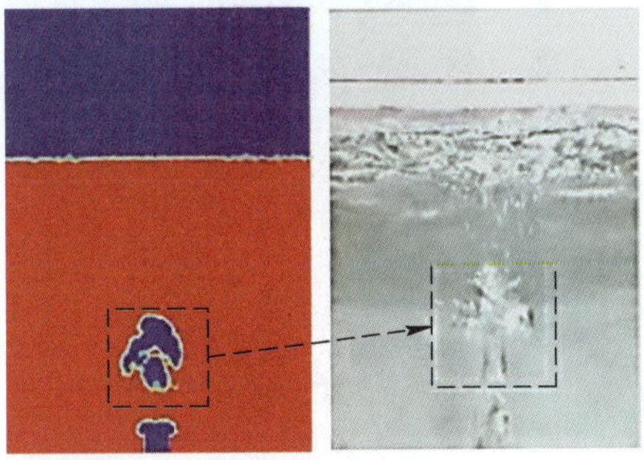
(b)

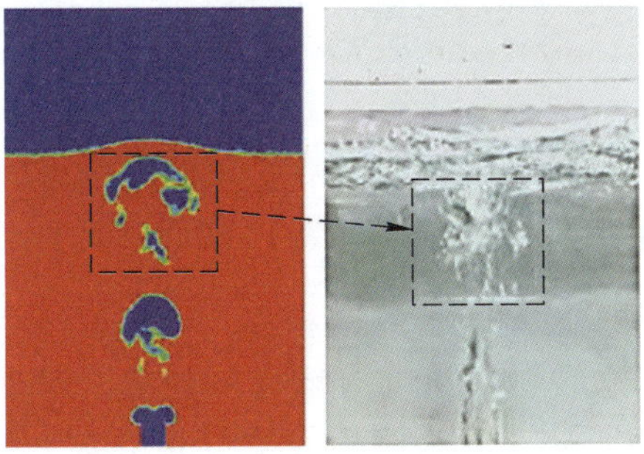
(c)

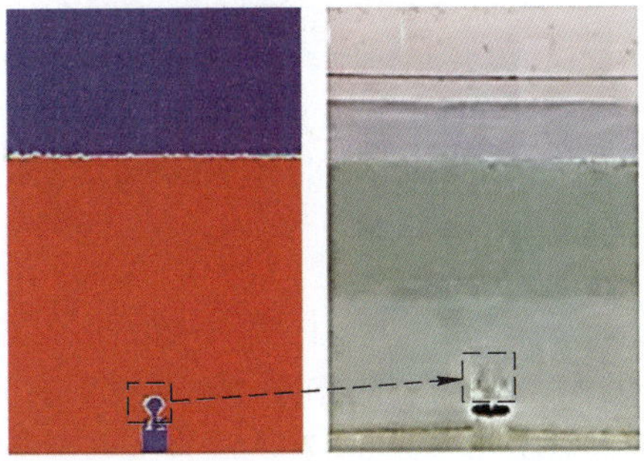
(d)

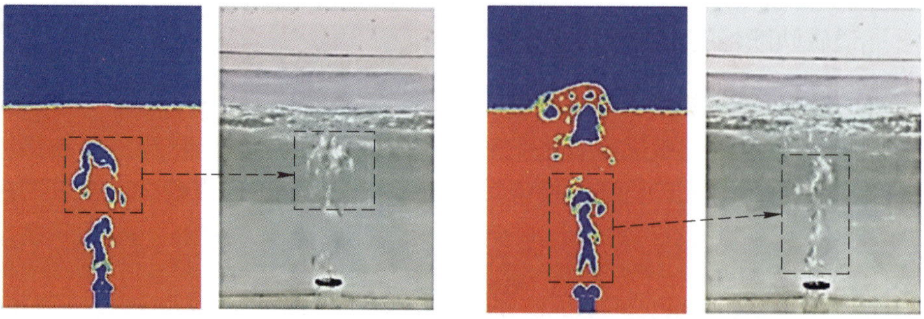

(e)　　　　　　　　(f)

图 4-39　直管喷枪和多孔道喷枪喷吹模拟结果与实验结果的对比

以上通过对底吹熔炼炉水模型实验结果和数值模拟结果的定性分析可看到，水模型实验拍摄的气泡运动行为和数值模拟的结果很相似，这证实了水模型实验的可靠性，并且也证实了数值模拟中建立的数学模型所采取的一系列求解方法的准确性和可行性，为进一步对直管喷枪和多孔道喷枪喷吹的深入分析提供了保障。

4.4.2.2　多孔道底吹喷枪强化搅拌机理分析

图 4-40 是直管氧枪和多孔道氧枪气体喷吹过程的等值面流场图。从图 4-40（b）可以看出，从多孔道氧枪喷吹出的气泡呈帽状，横向膨胀比较明显，这使得流场速度方向不再只是竖直方向，横向速度也得到提升。同时还可看出，帽状气泡的体积明显大于直管氧枪气泡的体积，这使得气-液接触面积有所增加，能够加快物料反应。

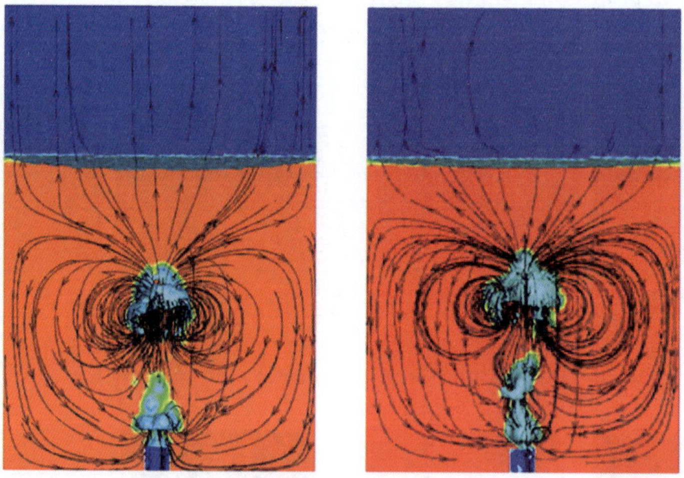

(a)　　　　　　　　(b)

图 4-40　气体喷吹过程的流场图

（a）直管氧枪；（b）多孔道氧枪

测定第一个气泡从产生到到达液面所用时间，发现直管氧枪和多孔道氧枪所用时间分别为 0.59s 和 0.50s，这表明气体经过多孔道氧枪后喷吹速度有增大的趋势。对动态平衡前后多孔道氧枪熔池不同深度处的速度进行监测，定义 h 为距离氧枪口的距离，取 h 分别为 0.05m、0.25m 和 0.45m。从图 4-41 可以发现，动态平衡前后靠近多孔道氧枪 0.05m 位置处都会出现速度的突增，这种速度突增现象类似于拉瓦尔管效应，如图 4-42 所示。多孔道的存在使得氧枪内部压力大于氧枪外部压力，喷枪内外形成了一个压力差，气体通过多孔道时压力降低，速度增大，因此相比于直管氧枪，多孔道氧枪对熔体的喷吹速度有所增大，喷吹速度的增大使气体具有更大的动能带动周围流体的流动，增强熔池内部流体的扰动力，实现气泡对熔体的强化搅拌。动态平衡后，速度在 x 轴方向上的影响范围变大，即气泡对熔体的横向搅拌能力得到加强，从而使搅拌过程中的气液混合均匀性得到提高。

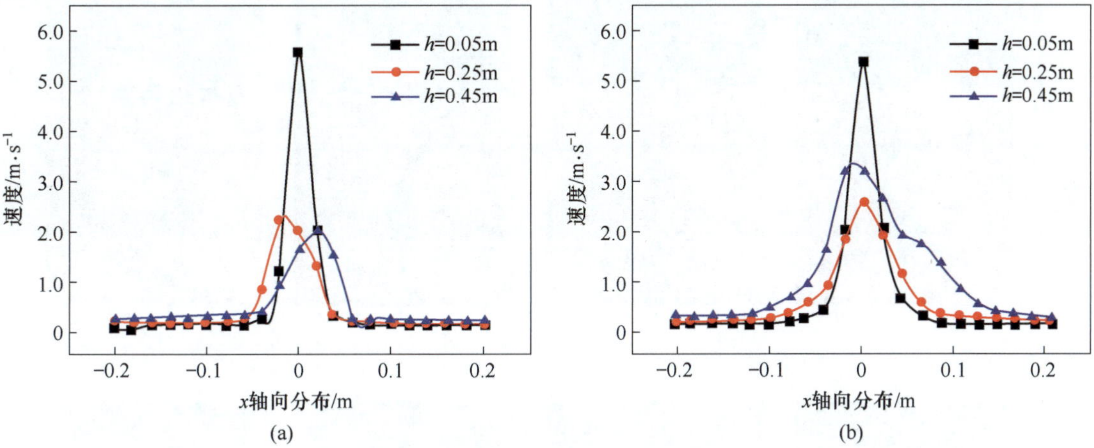

图 4-41　动态平衡前后速度在 x 轴向位置的分布

（a）动态平衡前；（b）动态平衡后

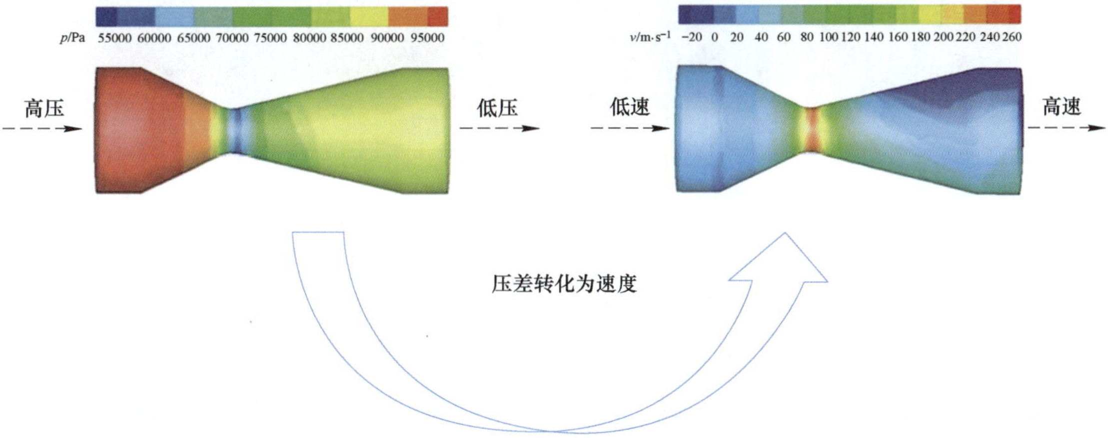

图 4-42　拉瓦尔管效应

观察气泡上升过程流型的变化，图 4-43 为直管氧枪和多孔道氧枪喷吹过程中气泡的连续性变化相图，图 4-44 为采用拉普拉斯边缘检测对气泡连续性变化相图处理后所获得的气泡边缘图，气泡边缘检测可以大大减少不相关数据信息量并保留图像的重要结构属性，通过边缘检测获得的图像可以更好地显示流型的变化。通过观察相图和边缘检测图发现，气柱经过多孔道氧枪后变成疏松多孔的小气泡，且气泡在流体中连续上升，在气泡将要上升至液面时，气泡已破碎成众多小气泡群，不同于直管氧枪熔体中气泡到达液面时才发生破碎，这就避免了气泡因在液面破碎产生的液体飞溅。从气泡动力学角度分析，气泡在液面下破碎将破碎产生的能量作用于周围熔体，从而对熔体起到强化搅拌作用，而直管喷枪气体喷吹产生的气泡在上升过程中体积较大且在达到液面后才破碎，导致液面波动大，甚至出现液体飞溅。

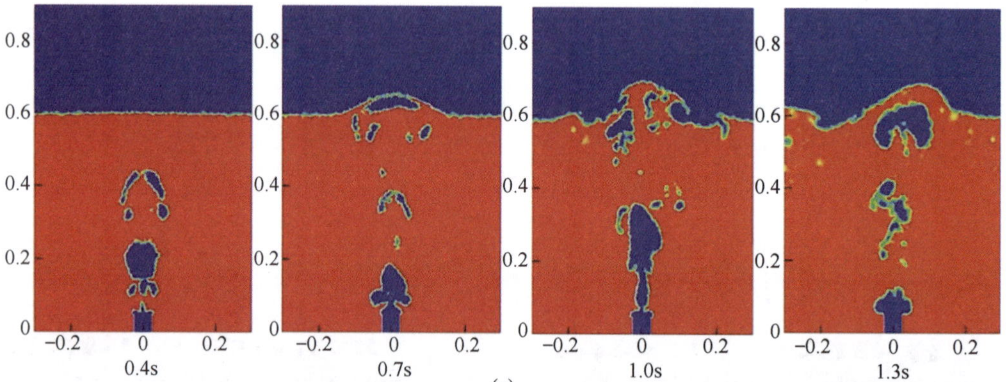

(a)

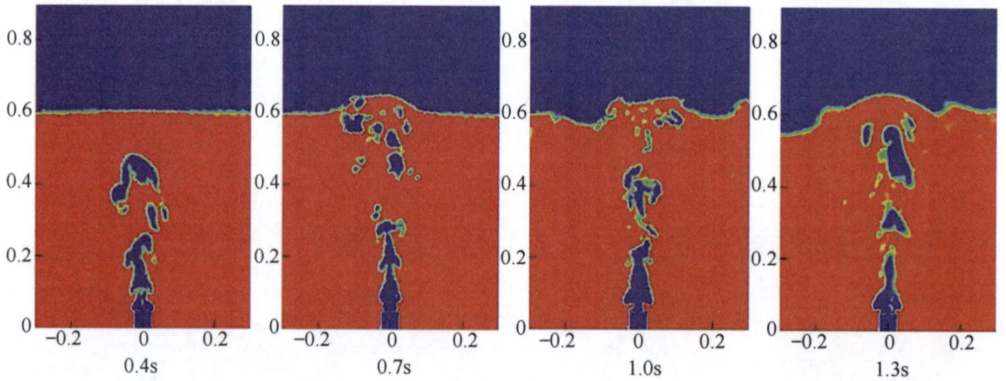

(b)

图 4-43　直管氧枪（a）和多孔道氧枪（b）喷吹过程中气泡的连续性

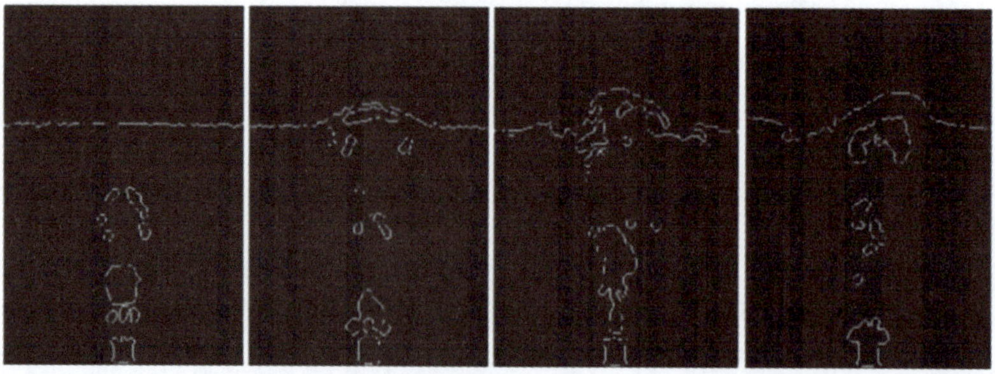

(a)

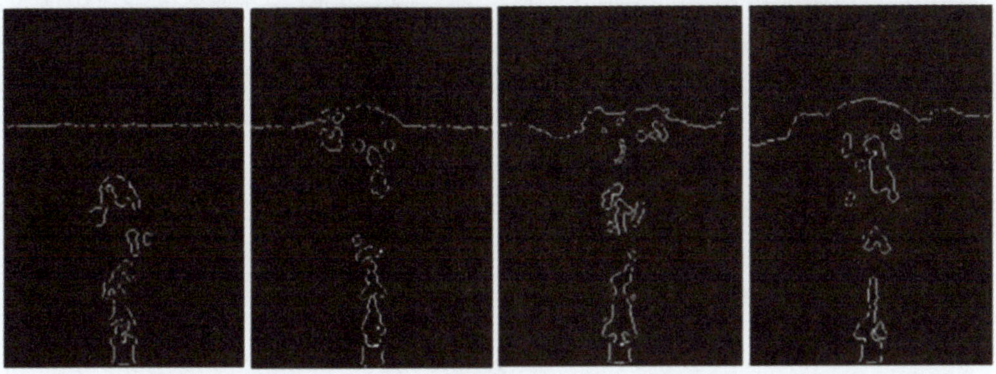

(b)

图 4-44 直管氧枪（a）和多孔道氧枪（b）喷吹过程的气泡边缘检测

对两种喷枪熔体的气含率方差进行分析，得到直管氧枪和多孔道氧枪熔池熔体中气含率方差随时间的变化，如图 4-45 所示。从局部看，在气体喷出的 0.4s 内直管氧枪熔池熔体的气含率方差较小，原因是多孔道氧枪出口面积较小阻碍了气体的喷出，直管氧枪中的气体率先喷出，表现为直管氧枪熔池熔体中气相分散程度较高；在 0.4~2.9s 多孔道氧枪熔池内气含率方差呈先增后减趋势，最高值达 0.0062，最小值达 0.00055，直管氧枪熔池内气含率也呈先增后减趋势，最高值达 0.0127，最小值达 0.002，两者对比发现多孔道氧枪熔池气含率方差值及其振幅较小，表现为多孔道氧枪熔体中气相分散程度较高；在 2.9s 之后，两者气含率方差振幅越来越小最终趋于一较小区间内波动，并且方差波峰也逐渐减小，表现为两者气相分散程度逐渐增高。从整体上分析，两者相同之处在于气含率方差呈先增大后减小的趋势，不同之处在于多孔道喷枪气含率方差率先达到稳定值且稳定值较直管喷枪小 0.00268，这表明在相同初始条件下，多孔道氧枪熔池熔体的气相分散程度较高，有利于提高气-液接触面积，促进气体与物料之间的反应。

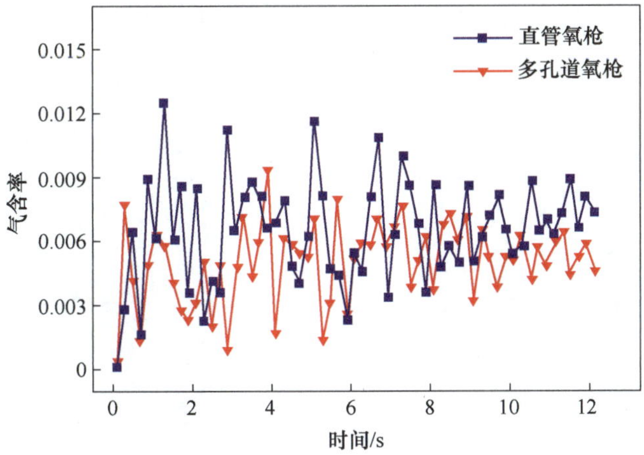

图 4-45 熔体气含率方差随时间的变化

对两种氧枪熔池熔体中的平均湍流强度进行分析，如图 4-46 所示。在 0~9.1s 内，多孔道氧枪熔池熔体的湍流强度呈小幅度震荡上升趋势，在 9.1s 后湍流强度趋近于动态平衡，平均湍流强度值维持在 11.75%～13.0%；在 0～11.3s 内，直管氧枪熔池熔体中湍流强度呈大幅度振荡上升趋势，在 11.3s 后趋近于动态平衡，平均湍流强度值维持在 10.86%～11.66%。从图中可以看出，直管氧枪熔池熔体中湍流强度脉冲波动变化较大，在 5.5～8.5s 出现 3 个比较大的峰值，这是气体喷吹过程中氧枪上方出现的“气泡后坐”现象所引起的，而多孔道氧枪产生的“气泡后坐”现象较小，所以脉冲波动也较小。从图形走势还可看出，多孔道氧枪熔池熔体的平均湍流强度较早达到动态平衡，且湍流强度值较直管喷枪熔液湍流强度大，强化了气-液两相的混合搅拌能力。

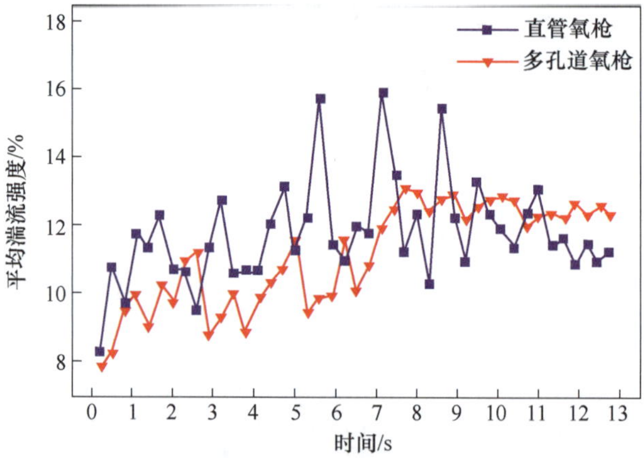

图 4-46　熔体平均湍流强度随时间的变化

对达到动态平衡后的两种氧枪熔池熔体的湍动能进行分析，如图 4-47 所示。从湍动能分布来看，多孔道氧枪熔池中湍动能分布范围比较广，对熔体的搅拌作用范围比较大，避免了熔池中死角区域得不到搅拌的问题；从湍动能等值线的极大值分布来看，直管氧枪熔池中出现 3 个极大值点，且这 3 个极大值点在熔池中大致呈一条线竖直分布，而多孔道氧枪熔池中出现 5 个极大值点，这 5 个极大值点在熔池中分布比较分散，特别是上方区域，相比直管氧枪出现的 3 个极大值点，表明多孔道喷枪对熔池中上部湍动能具有较强扩

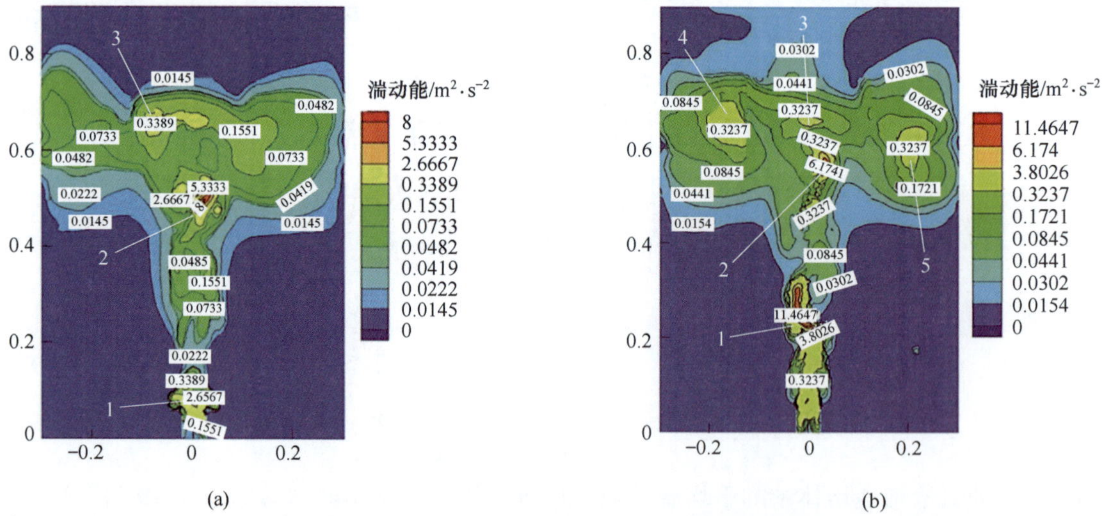

图 4-47　直管氧枪（a）和多孔道氧枪（b）的湍动能分析

散作用。在实际熔池熔炼中，熔池中上部湍动能的横向扩散作用能提高富氧利用率，有利于实现熔池更充分地自热。

4.4.3 底吹分层流体的数值计算与分析

通过对多孔道氧枪气体喷吹过程的研究，阐明了多孔道氧枪气液强化搅拌的机理，多种评价方式表明多孔道氧枪在底吹熔池熔炼过程中的优越性。为进一步了解基于多孔道氧枪的卧式底吹炉内分层流体的多相流动特性，以实际生产当中的卧式底吹炉为样本进行研究。图 4-48（a）为卧式底吹炉物理模型结构图，炉内流体从上到下依次为空气、铜渣、铜锍，实际生产中铜精矿从熔炼炉顶部加料口加入底吹熔炼炉，多孔道氧枪位于底吹炉最下方，富氧空气通过多孔道氧枪喷入熔池中，为反应提供氧化剂和熔池熔体搅拌所需动力。

对卧式底吹炉进行网格划分，如图 4-48（b）所示，炉膛中间区域流体速度梯度变化较大，为保证其精确度故采用多面体网格并对多孔道氧枪出口区域进行网格加密处理，其他区域采用结构性网格。

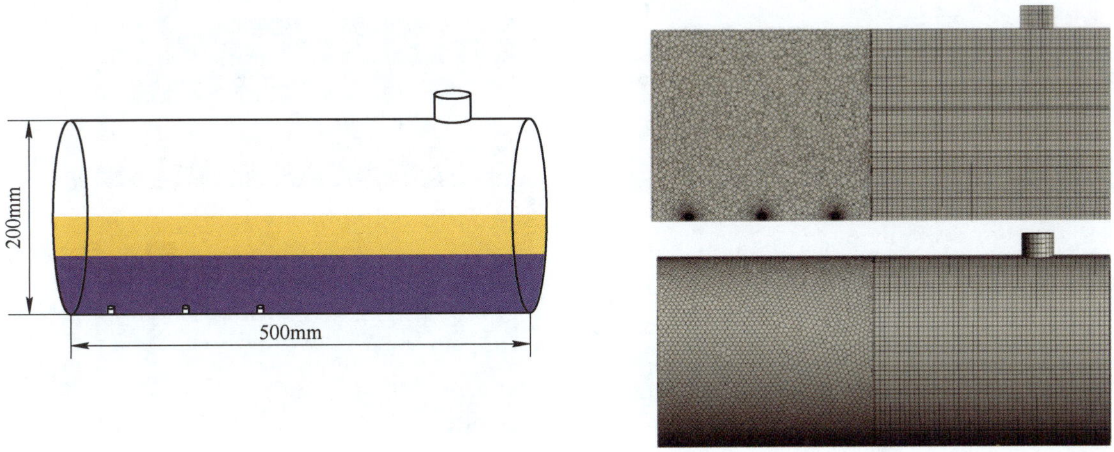

(a) (b)

图 4-48 卧式底吹炉结构图（a）和计算区域及多面体网格（b）

根据现场测量和相关文献提供的数据，底吹炉产出铜锍品位为 55%~65%，其中富氧空气是将纯氧和空气混合而成，最高氧气浓度能达到 75%，其余气体主要为氮气及少量的 CO_2。由此得出熔池内各相的物性参数见表 4-4。

表 4-4 熔体内各相系物性参数

相系	密度/kg·m^{-3}	动力黏度/Pa·s	表面张力/N·m^{-1}
渣	3400	0.137	0.33
锍	4500	0.002	0.318

对熔池中气相分布规律的研究有助于熔池熔炼工艺的优化，熔池中的气相分布直接影响气团的运动及熔体气含率。图 4-49 为熔池不同径向、轴向气相分布图，从图中可看到，

气相主要分布于氧枪上方区域，随着富氧空气的喷入，气泡开始脱离多孔道氧枪，脱离气泡首先进入铜锍层，在铜锍层发生分离、破碎、融合等行为，当气泡到达渣-铜相界面时，由于铜渣层黏度较大，气泡会受到挤压，导致气泡横向发展，在后来气泡的推动下冲破渣-铜相界面进入渣层，后来气泡则在前一气泡引起的流场作用下被牵引向上运动，最终气泡穿过渣层溢出液面破碎，由此可见熔池反应区主要集中于氧枪上方及靠近熔池液面的区域。从图 4-49（b）的气相等值面可看出，液面波动主要发生在氧枪上方液面区域，远离氧枪上方区域的液面波动较小，这有利于熔池熔炼过程中铜锍和铜渣的沉降分离，降低渣含铜量，提高铜的回收率。

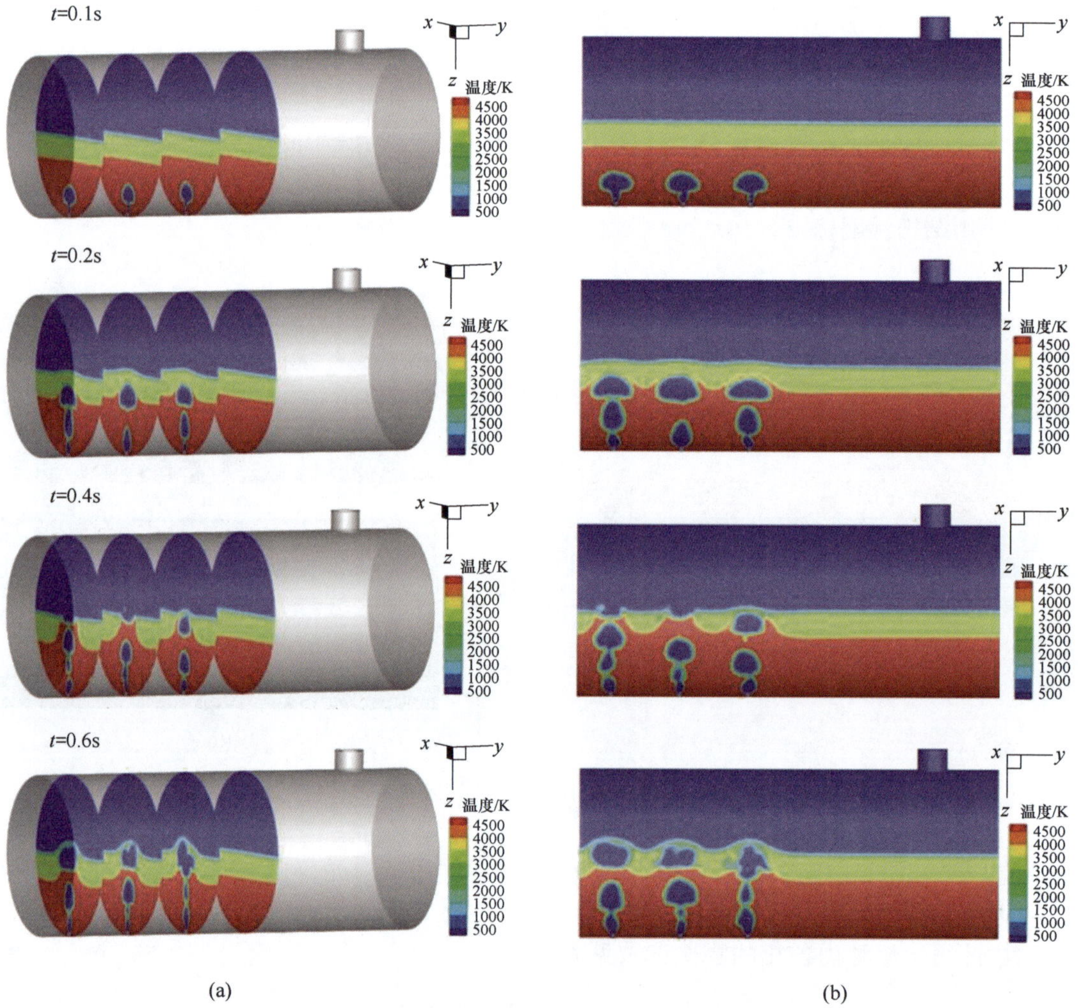

图 4-49　底吹分层流体内部气相分布图

（a）径向气相分布；（b）轴向气相分布

图 4-50 为底吹分层流体内部的温度场分布情况，开始时，铜渣层和铜锍层由于本身物料性质影响温度呈分层均匀分布，随着多孔道氧枪气体开始喷吹，铜锍层温度开始波动，受低温气体喷吹的影响，多孔道氧枪上方铜锍温度出现局部下降。在气体喷吹搅拌下，铜锍被带到铜渣层与铜渣混合，铜渣在高温熔体卷吸作用下与富氧空气发生剧烈反

应，从而完成造渣和造锍反应，反应过程中会释放出大量的热，即在没有添加助燃剂的情况下利用自热完成了高温熔池熔炼。从温度场分布可知，随着时间的推移，靠近出烟口的地方热量容易溢出。

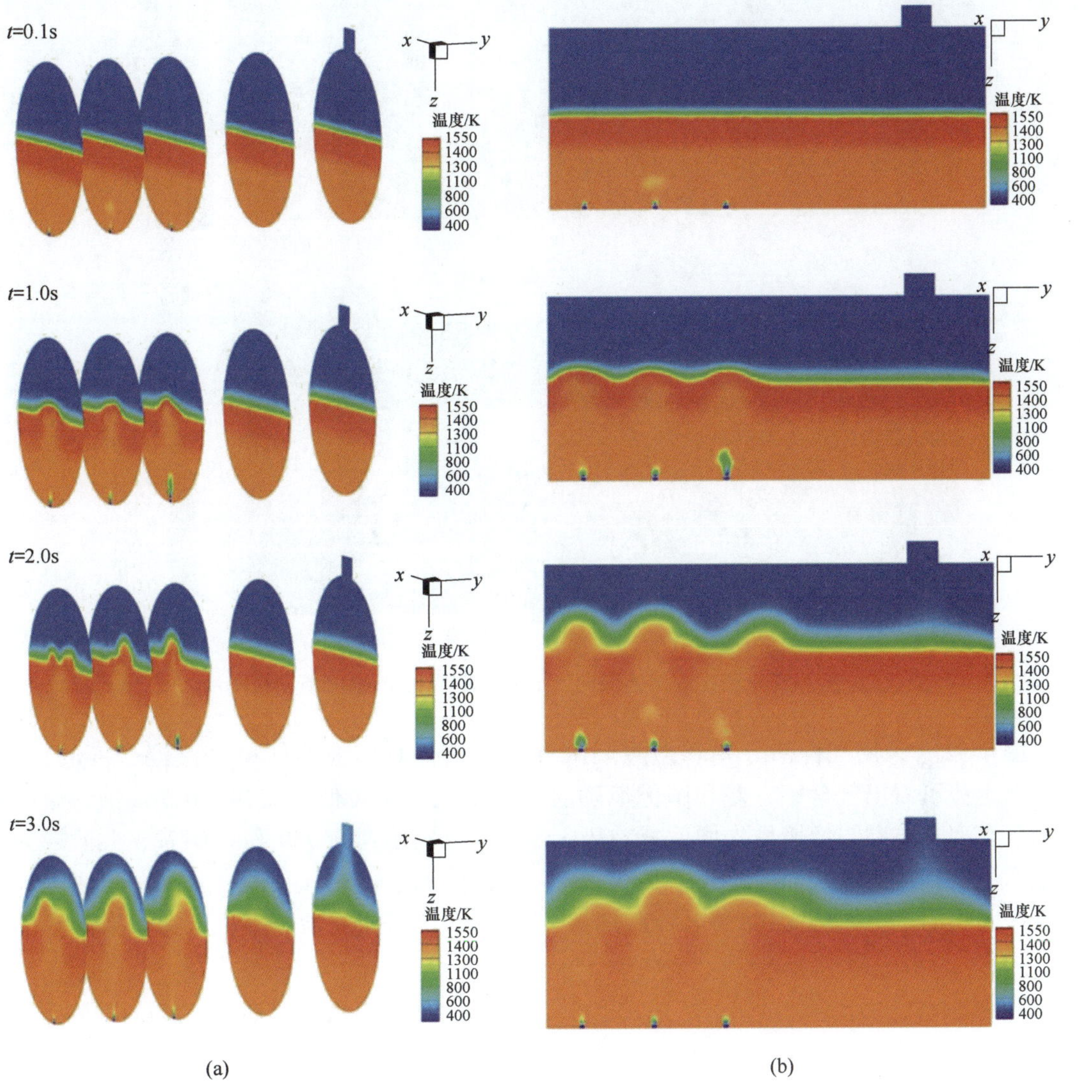

图 4-50 底吹分层流体内部温度场分布图

(a) 径向温度场分布；(b) 轴向温度场分布

底吹熔炼炉内动量分布对炉内物料混匀度有着重要影响，对炉内动量分布的研究有利于熔池熔炼工艺的优化。炉内熔体的动量分布及传递直接体现于熔体的速度分布特征，图4-51为炉内熔体径向、轴向速度分布图，由图可知，将速度分布分成两个主要区域，一个是熔体反应区，另一个是烟气出口区。熔体反应区速度分布梯度较大，且气泡运动速度明显高于周围熔体速度，气泡的运动速度带动了周围熔体的流动，熔池搅拌效果得到强化。烟气出口区域速度分布梯度变化较小且流动平稳，无旋涡存在，这有利于熔池熔炼过程中炉内大量烟气的顺利排除。

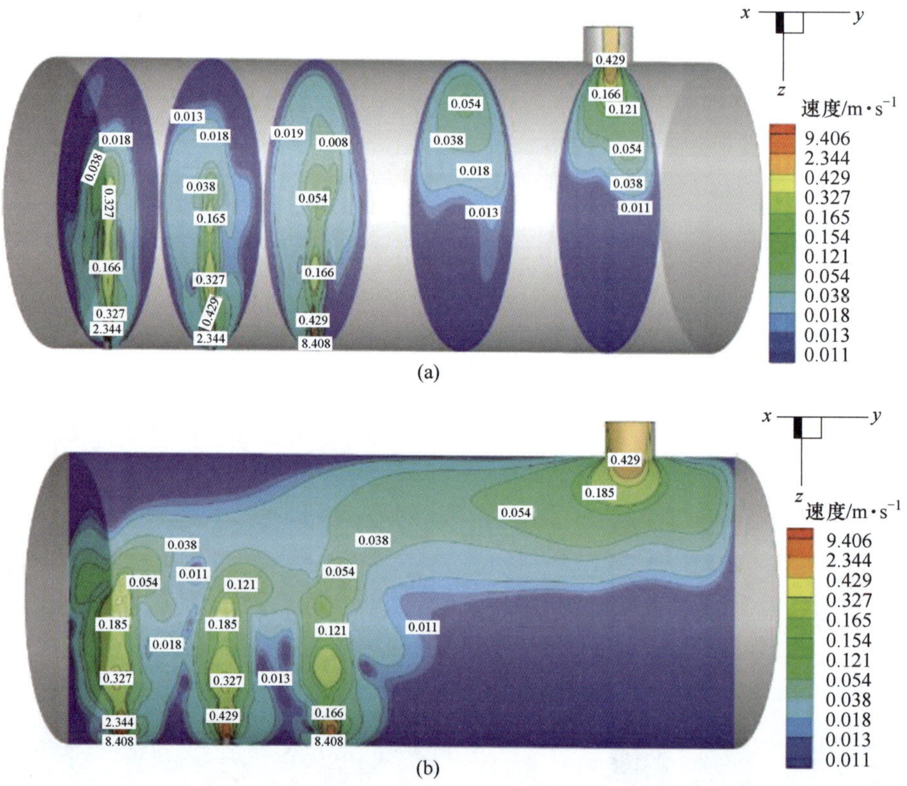

图 4-51 底吹炉熔体径向（a）和轴向（b）速度场分布图

图 4-52 为采用气含率方差和图像熵两种考察指标对熔池熔体中气液混合度的评价，从图形走势可看出气含率方差和图像熵随时间的变化有着类似的规律：0. 76s 前，熔池熔体中气含率方差和图像熵呈先增后减趋势，最大值分别达到 0. 030 和 0. 0172，此阶段为从气泡产生到到达液面破碎的过程；在 0. 76~3. 0s，熔池熔体的气含率方差和图像熵随时间呈现区间内的上下振荡变化，并且随着时间的推移振荡区间逐渐缩小，气含率方差和图像

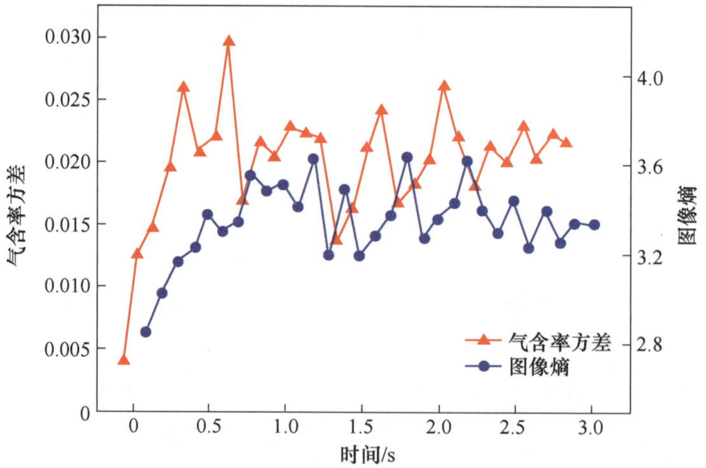

图 4-52 气含率方差和图像熵随时间变化

熵分别维持在 0.018~0.022 和 3.252~3.410 小范围区间内振荡，此阶段为气泡持续喷吹引起熔池熔体振荡并最终趋于动态平衡状态的过程。通过以上两种不同考察指标对熔池熔体变化过程的分析，可得出两种方法在表述熔体均匀混合度上的一致性，为单因素影响分析和正交试验设计的权矩阵分析提供了合理的考察指标。

平均湍动能是衡量湍流强化搅拌能力的重要评价方法，当今铜冶炼产能趋向于大型化，粗铜产能的提高依托于底吹强化搅拌能力的提升，但熔体搅拌过于激烈易造成锍-渣分离效果差，渣含铜量过高。对基于多孔道喷枪的卧式底吹炉熔体平均湍动能进行分析，如图 4-53 所示。在 0.75s 前，即第一个气泡产生到到达液面破碎，气泡上升过程引起周围铜锍和铜渣流体的湍流发展，熔体中平均湍动能呈上升趋势；当第一个气泡破碎后湍流衰退，平均湍动能下降，在 0.9s 时湍动能下降到 0.39m^2/s^2；在 0.9~2.2s，随着气泡持续喷吹，熔池中速度场不断变化，引起铜锍和铜渣不断振荡，表现为熔体平均湍动能的上下振荡；2.2s 后，熔池波动逐渐趋于动态平衡，平均湍动能的振幅逐渐减小，此时平均湍动能最大值为 0.49m^2/s^2，最小值为 0.40m^2/s^2。因此，可将熔体反应区平均湍动能大小作为评判熔体搅拌效果好坏的重要考察指标。

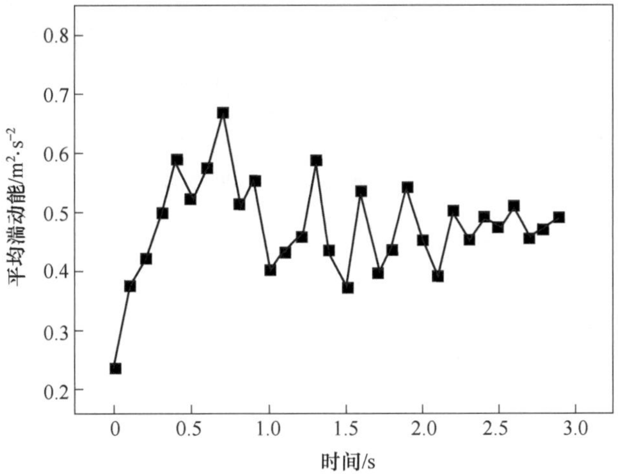

图 4-53 平均湍动能随时间的变化

4.4.4 多孔道氧枪在生产实践中的应用

生产系统作业率的高低是衡量一种工艺先进性的关键指标，作业率的制约因素较多，其中对于底吹熔炼技术来说，底吹炉的长周期运行是保证系统作业率的关键，氧枪作为底吹炉的核心部件，底吹炉的长周期运行具体表现在氧枪供风、供氧的压力和流量的稳定运行。将多孔道氧枪运用到某铜熔炼公司进行生产实践，得到应用前与应用后关于风氧量、压缩风压力和氧气压力的变化情况。从图 4-54 和图 4-55 可知，底吹炉转入生产 12h 后，直管氧枪风氧量快速下降，压缩风量（标态）由 3600m^3/h 降至 3000m^3/h 以下、压力由 0.56MPa 上升至 0.7MPa 以上，氧气流量（标态）由 8400m^3/h 降至 8000m^3/h、压力由 0.60MPa 上升至 0.65MPa 以上。当压缩空气和氧气开始排空，随着喷吹过程中压缩风及氧气供入条件的不断恶化，造成熔池混合氧浓度的增大，最高达到 75%以上（见图 4-56），过高的氧浓度会加剧喷枪的烧损，导致喷枪使用寿命降低。而使用多孔道氧枪进行生产，可以发现风氧量及其压力变化都较为稳定，混合氧浓度维持在控制要求的 70%～72%以内（见图 4-56），熔池渣层波动小，并且氧枪运行周期延长至 5 天以上。

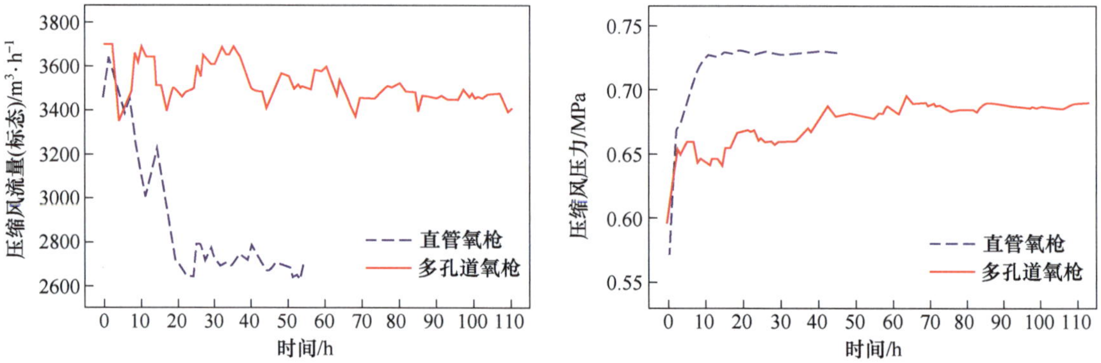

图 4-54 压缩风流量及压力随时间的变化

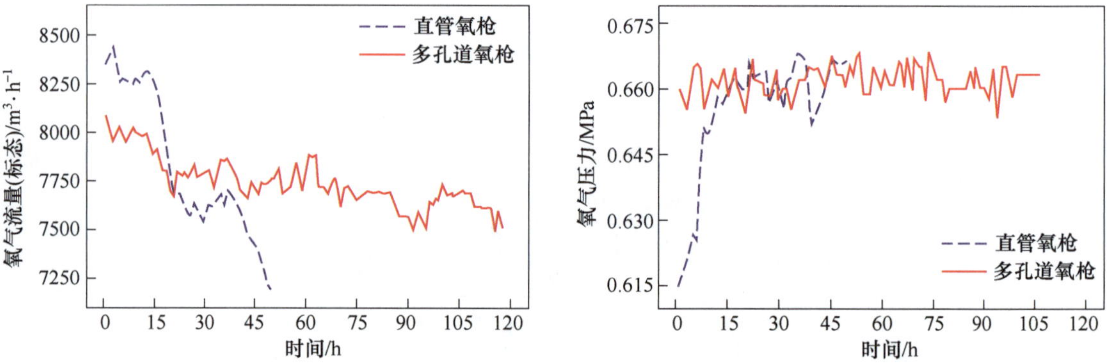

图 4-55 氧气流量及压力随时间的变化

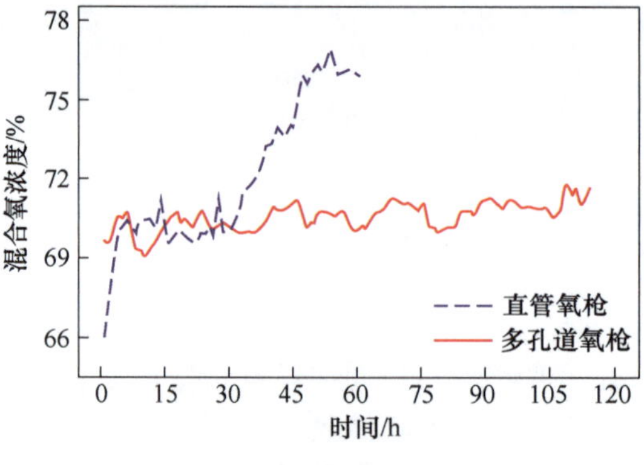

图 4-56 混合氧浓度随时间的变化

将理论应用于生产实践中，通过比对直管氧枪和多孔道氧枪喷吹熔炼过程中风氧量及对应压力的变化，证明了多孔道氧枪在底吹熔炼炉中的强化搅拌作用，大大降低了生产能耗，提高了企业生产效率。表 4-5 为两种氧枪喷吹熔炼过程的生产指标。这从生产实践上验证了多孔道氧枪在熔池熔炼过程中的优越性，和前文对直管氧枪和多孔道氧枪模拟结果的分析相一致。

表 4-5 直管喷枪与多孔道喷枪生产指标的对比

喷枪类型	作业率/%	负荷率/%	煤耗/kg·t^{-1}	电耗/kW·h·t^{-1}	能耗（以标准煤计）/kg·t^{-1}
直管氧枪	85.97	97.08	283	1602	411
多孔道氧枪	91.55	98.36	67	1374	225
对比/%	5.58↑	1.28↑	76.33↓	14.23↓	45.26↓

4.5 富氧双侧吹熔池熔炼旋流搅拌过程的数值模拟与优化

对于铜富氧双侧吹熔池熔炼过程来说，熔池反应器中的气液混合行为反映了其在传输过程中的动力学条件，直接决定反应过程。而目前工业上还无法确定熔池内部流体的流动规律，不明确熔池内部是否有死区存在，这在工业实际生产中还是一个盲区。理论上认为，上层的渣层搅动能力越强越好，强烈的搅动有利于铜锍滴碰撞凝聚长大，并使悬浮在炉渣中的钢锍滴与底部铜镜成分保持一致，减少铜在炉渣中的溶解，且强化了难熔组分的扩散过程。同时，对熔体的剧烈搅拌还能充分利用熔体内部产生的热量，有利于热量在体系中的扩散，不至于造成局部过热，损害炉体寿命的情况。熔池内剧烈的鼓泡搅动还能大大地改善 Fe_3O_4 还原的动力学条件。但是，要求在上层渣层剧烈搅动的同时，还不能给下面的冰铜层带来过多的搅动，否则会使冰铜中夹带的渣相增多，降低冰铜的品位，这就要求在渣与冰铜两相之间应该存在一个明显的稳定的界面，保证生产的正常进行。本节主要基于 Fluent 软件建立一个可以预测瓦纽科夫炉内流体运动的三维三相模型，并对泡状流和射流区制下的喷流流速对炉内熔体的流动和传热规律的影响进行计算和分析。

4.5.1 富氧侧吹炉物理及数学模型的建立

模拟对象是瓦纽科夫炉内熔体在喷吹作用下的流动过程，瓦纽科夫炉的结构如图 4-57 所示，炉体两侧共设置有 26 个风口，风口位于渣层以下 0.5m 处，泡状流区制下的风口直径为 5cm，射流区制下的风口直径为 2cm。瓦纽科夫炉内的初始温度设置为 1473K，鼓入的富氧空气温度为 293K，炉体的壁面边界条件被设置为绝热。熔炼过程中，富氧空气通过风口鼓入渣层内，为熔体提供强大的搅拌能，有效地促进了多相流体间的传热传质及反应过程，在正常的熔炼过程中开启风口的个数为 12~14 个，模拟过程中流体的物性参数设置见表 4-6。

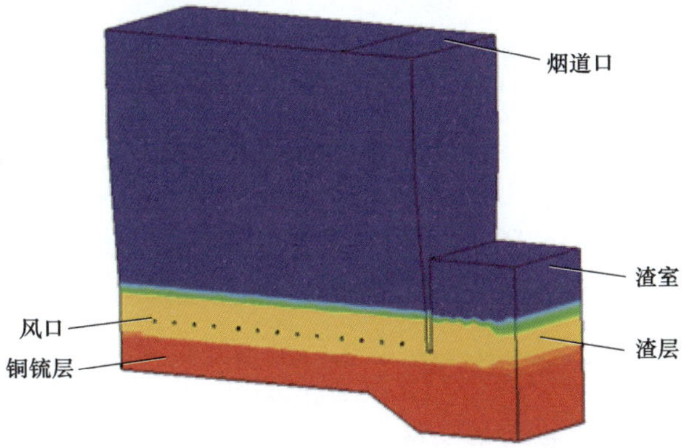

图 4-57 瓦纽科夫炉物理模型

表 4-6 熔体内各相系物性参数

相系	密度/$kg \cdot m^{-3}$	动力黏度/$Pa \cdot s$	比热容/$kJ \cdot (kg \cdot K)^{-1}$	导热系数/$W \cdot (m \cdot K)^{-1}$
炉渣	3000	0.012	1.05	0.4
铜锍	5000	0.004	1.24	8.9
富氧空气	1.375	1.79×10^{-5}	1.46	0.0242

为了准确模拟炉内的流动现象，减少不必要的干扰因素，在研究过程中对物理模型进行了必要的简化，由于二次风对熔体运动的影响很小，同时为了方便建模及简化模拟过程，只考虑了炉膛区域作为流体的计算区域，忽略进料口及二次风。

瓦纽科夫炉模型的网格结构如图 4-58 所示。由于计算区域的形状不规则，因此整个计算区域的网格均采用六面体/楔形网格结构，对于流体速度梯度较大的风口区域进行了网格加密。该模型需要一定的网格密度来保证自由液面和相界面边界的清晰度，在保证单机运算速度和精度的前提下，模型的网格数达到 161062。

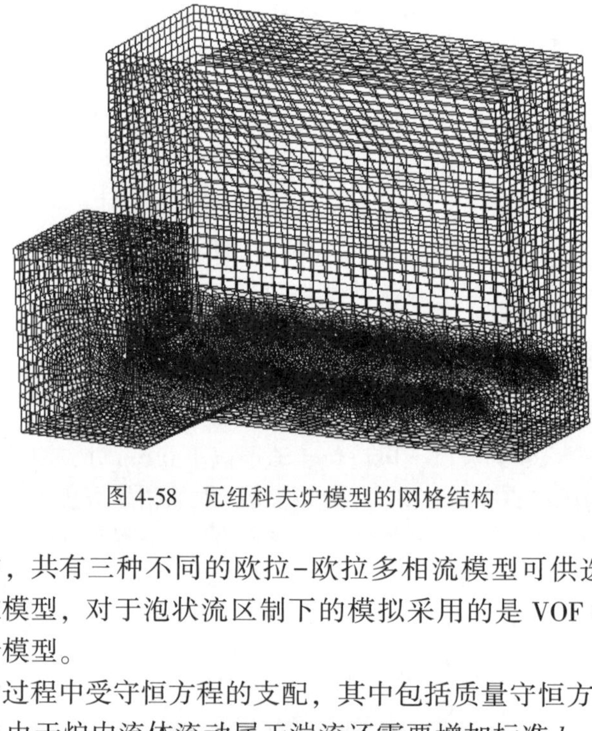

图 4-58 瓦纽科夫炉模型的网格结构

在 Fluent 软件中，共有三种不同的欧拉-欧拉多相流模型可供选用，分别是 VOF 模型、混合模型和欧拉模型，对于泡状流区制下的模拟采用的是 VOF 模型，而射流区制下的模拟采用的是混合模型。

炉内流体的运动过程中受守恒方程的支配，其中包括质量守恒方程、动量守恒方程及能量守恒方程，此外由于炉内流体流动属于湍流还需要增加标准 k-ε 湍流模型。在 Fluent 软件的解算过程中，动量方程和连续性方程式是按顺序进行求解的，在这个顺序格式中，连续性方程作为压力的方程来使用。而对于连续性方程，Fluent 软件提供了三种可供选择的压力速度耦合算法，分别是 SIMPLE、SIMPLEC 和 PISO。该模拟所选择的 SIMPLE 算法通过压力和速度之间的相互校正关系来强制质量守恒并获取压力场。

4.5.2 泡状流和射流区制下的模拟结果

4.5.2.1 泡状流流场模拟结果及分析

根据瓦纽科夫炉冶炼过程中的实际生产操作参数，使用风口直径为 5cm 的模型，将风口的喷吹速度设置为 125m/s。在该工况下，风口的喷吹速度相对较小，喷流处于泡状流区制，气相等值面随时间演化过程的模拟计算结果如图 4-59 所示。

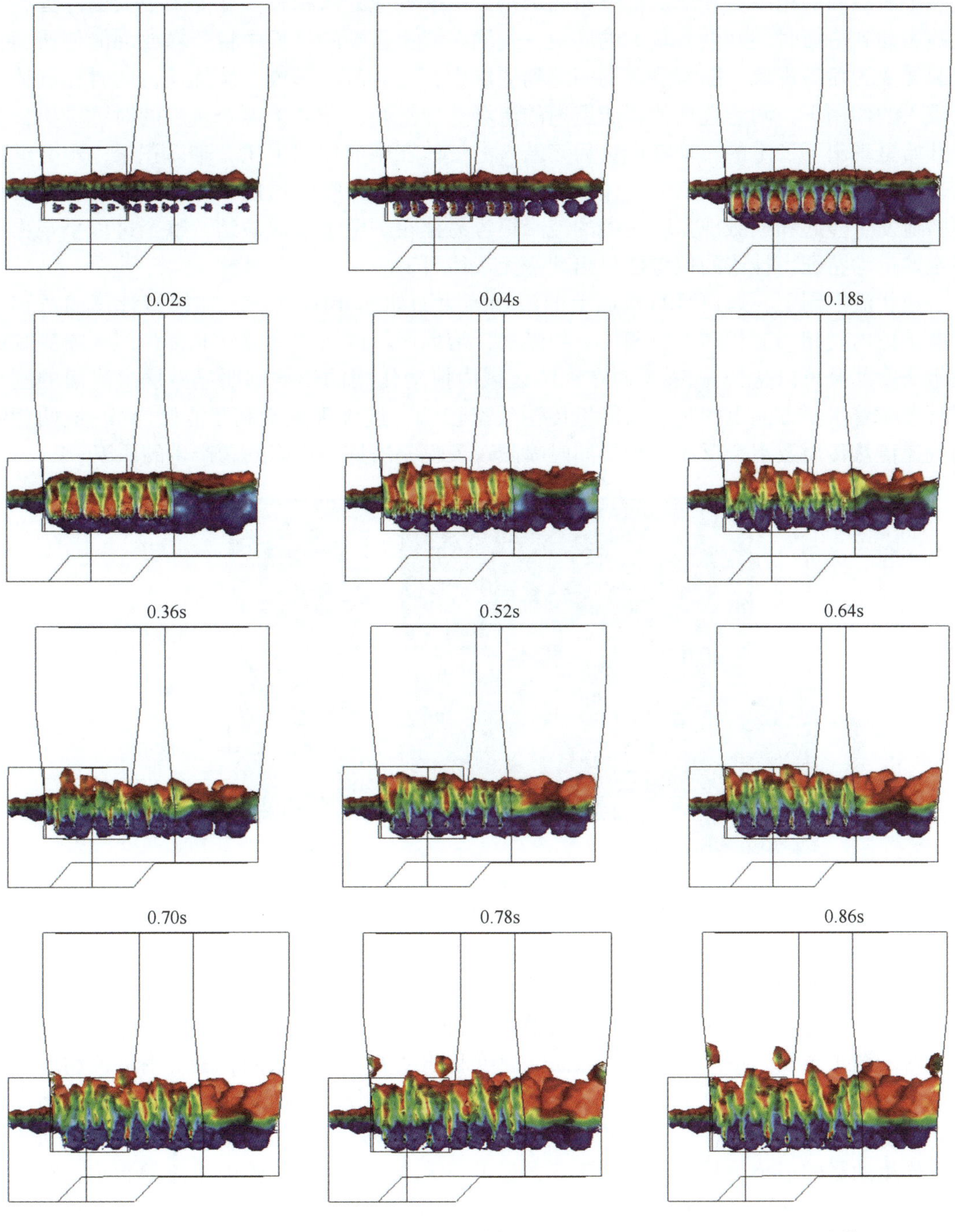

图 4-59 气相等值面随时间演化过程

在喷吹初始阶段，渣层内没有其他扰动，入鼓的气体在渣层中产生气泡并不断地生长。当气泡长大到一定程度时，便在浮力的作用下开始向渣面运动，在气泡上浮过程中，渣面出现十分明显的隆起现象，此时气泡还没有破裂，渣层内的压力分布还较为均匀，因此整个渣层内的相图呈现出对称分布的结构。由于气泡的体积较大并受到很大的浮力，当气泡运动到渣面时还残余着较大的动能，气泡在渣面破裂的过程中将会释放动能使渣面从隆起转变为喷溅现象。随着隆起物回落到渣层中，会对渣层形成二次扰动，同时在气体不断鼓入的作用下，两者叠加使得渣层内的流场更加复杂，破坏了整个渣层的对称结构，熔体开始呈现出不稳定的流动特征。后续鼓入的气体在尾流作用下压力难以积聚，不会继续出现气泡的生长过程，鼓入的气体呈现出泡状或柱状。在喷吹后期，剧烈的搅动使得熔体不断地发生隆起和喷溅现象，飞溅的液滴很容易挂在炉壁上形成炉结，整个过程呈现出不稳定的运动特征，挂渣的位置随机出现毫无规律可言。

泡状流区制下，风口竖直截面上的渣相等值面如图 4-60 所示，在模拟计算的过程中考虑了炉内气相、渣相和铜锍相的三相流动，熔炼区域内渣面的波动非常强烈，喷溅物的飞溅高度甚至可以达到 3.5m，而在铜锍区域内搅动作用的影响则明显减弱。渣面的剧烈喷溅意味着水平方向上的物质与能量传输效率较低，这种现象不利于渣层内气-液两相间的快速传热传质及混合反应过程，同时喷溅现象也是冶炼中许多问题产生的原因。

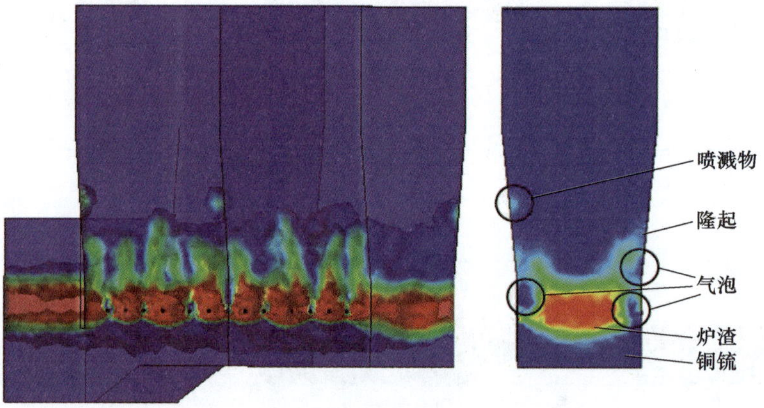

图 4-60 风口竖直截面上的渣相等值面

图 4-61 为泡状流区制下炉内流体的运动迹线及不同高度水平截面上的速度和速度矢量分布，可以发现瓦纽科夫炉渣层内的流动较为复杂，而渣面以上的烟气流动较为平缓，几乎没有涡流产生，这使得烟气不易夹带烟尘和熔体，这可能是得益于瓦纽科夫炉上方空间独特的渐扩炉型。不同高度水平截面上速度和速度矢量分布表明，渣层内的搅动对渣室区域几乎没有影响，可以保证铜锍与炉渣的静置沉淀和分离，而对于熔炼区域不同高度的熔体流动则具有各自的特点。在风口以下渣-锍交界的截面上（$z=1.2$m），熔体受到气体喷吹作用的影响很小，只有在风口正下方很小的区域内略微受到喷流尾流的影响；在风口高度的水平截面上（$z=1.5$m），喷流受到浮力作用沿炉壁迅速上浮，搅动作用只对熔池边缘区域有较大的影响，而对中间区域的影响较小；在风口上方区域的截面上（$z=1.8$m），喷流在浮力的作用下动能逐渐增大，使得搅动作用能够影响的区域越来越大；在渣面的水平截面上（$z=2$m），搅动作用的影响区域达到最大，只有熔池中间的几个小块区域速度在 0.2m/s 以下，同时可以发现由于风口之间的间隔较大，相邻喷流之间没有直接的相互影

响，只能通过熔体的流动造成间接的影响。综上所述，在泡状流区制下熔池内还存在着较大的搅拌死区，死区主要位于渣层的中间区域并随着高度的降低而增大，死区的存在减少了瓦纽科夫炉的有效利用空间，不利于瓦纽科夫炉床能力的提高。

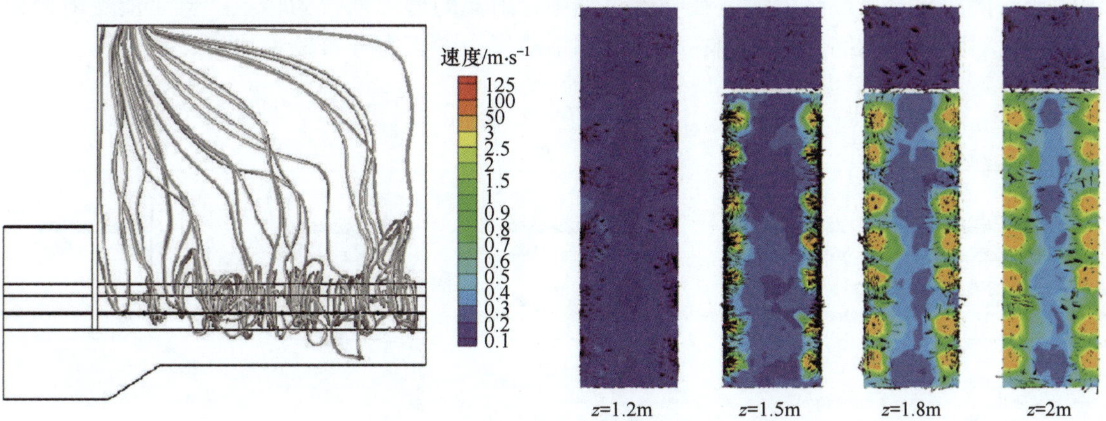

图 4-61 炉内流体的运动迹线及水平截面上的速度场分布

图 4-62 为泡状流区制下炉内流体的速度矢量及通过风口的竖直截面上速度和速度矢量分布，从速度矢量图可以看出只有渣层内的流动状态最为复杂，烟气的流动则较为平缓，几乎没有出现涡流。通过竖直截面可以观察到鼓入渣层内的气体穿透深度非常小，在上升过程中携裹着熔体不断冲刷炉壁，影响炉壁寿命。炉体上方空间的渐阔炉型有助于放缓烟气的流动速度，使得烟气有充足的时间发生反应，有助于降低烟气中单体硫含量和携尘量。随着 x 方向距离的增加，炉体上方空间内烟气的流速不断减小，即距离风口越近烟气的流速越大，因此投料口应设置在炉顶与风口相对的另一端，以防止炉料被烟气卷带进入烟道。

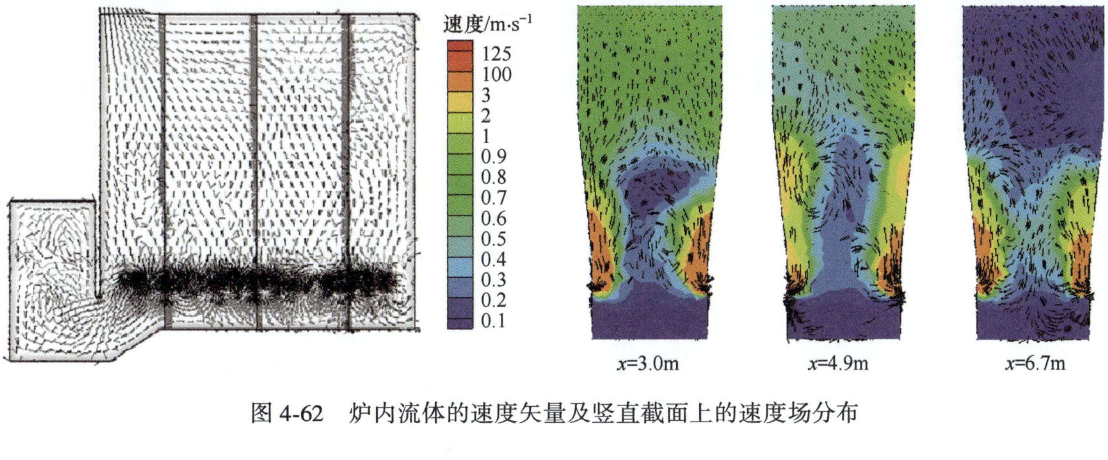

图 4-62 炉内流体的速度矢量及竖直截面上的速度场分布

4.5.2.2 射状流流场模拟结果及分析

使用风口直径为 2cm 的模型，并将风口的喷吹速度设置为 250m/s，在该工况下，风口的喷吹速度较大，气相等值面随时间变化演化过程的模拟计算结果如图 4-63 所示。在喷吹初始阶段，较大的初速度使得射流在熔体内具有一定的穿透能力，随着穿透深度的增加，射流的速度不断降低，当射流的动能不足以支持其在水平方向上继续前进，便在浮力的作用下向渣面运动，射流运动的过程中不断卷吸并携带熔体一起运动，使其能够对渣层内部形成良好的搅拌效果。在射流的上升运动过程中，其动能大部分都消耗在渣层内部的搅拌中，因此渣面较为平静没有喷溅现象产生。随着喷吹的进行，气相等值面不断下降，说明渣层内的含气率逐渐增大，在喷吹过程中，射流的形态都较为稳定，整个渣层内的相图呈现出对称分布的结构，说明在射流区制下渣层内的压力分布较为均匀。

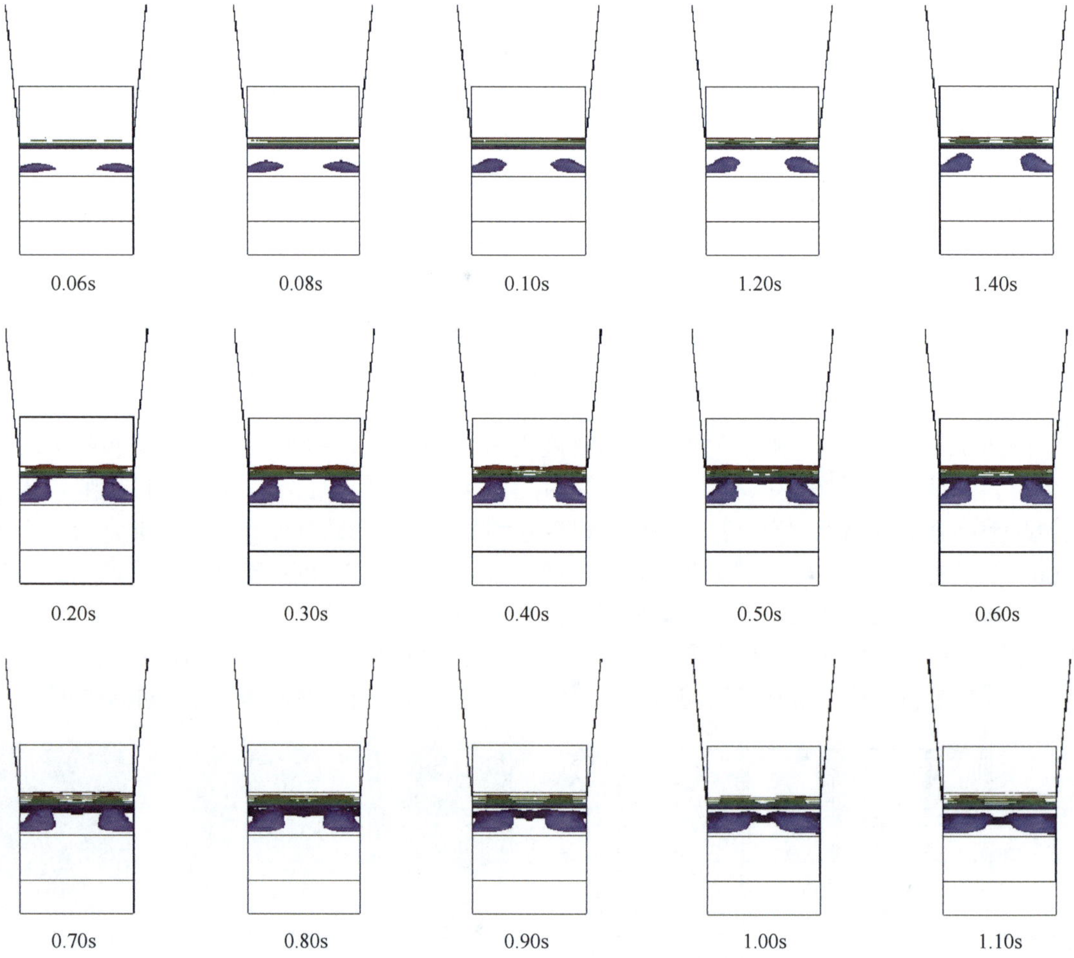

图 4-63 气相等值面随时间变化演化过程

气体喷流处于射流区制，风口竖直截面上的渣相等值面如图 4-64 所示，熔炼区域内渣面和渣锍交界面都较为平静没有出现形变现象，说明射流的搅拌作用主要集中在渣层内。通过观察渣相等值线可以发现射流内部存在着含气率较高的射流核心，随着射流的运动过程中不断卷吸入熔体，使得射流内的含气率随运动路程的增加而逐渐降低，相分布的模拟结果与萧泽强等人在水中的实测结果具有良好的一致性。

图 4-65 为射流区制下炉内流体的运动迹线及不同高度水平截面上的速度和速度矢量分布。从图中可以看出，瓦纽科夫炉不仅渣层内的流动较为复杂，渣面上方的烟气也存在着许多小型涡流，而上方空间的流动则较为平缓。不同高度水平截面上速度和速度矢量分布表明，在射流区制下熔体的流动速度明显要比泡状流区制下大得多，渣室内的熔体也受

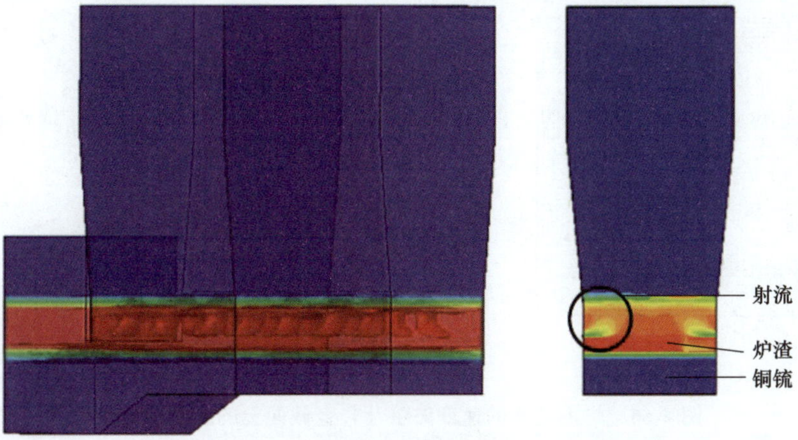

图 4-64 风口竖直截面上的渣相等值面

到一定的扰动，在隔板的作用下熔体受到的扰动强度随高度的增加而逐渐降低。在熔炼区域内射流上升并运动到渣面时，气体散逸到烟气中，而射流所携裹的熔体则向四周扩散，形成多个小型环流均匀地分布在熔池内，这也使得渣层内的搅拌十分均匀，既没有随高度变化的趋势，也不存在明显的死区，这对熔炼反应是十分有利的。

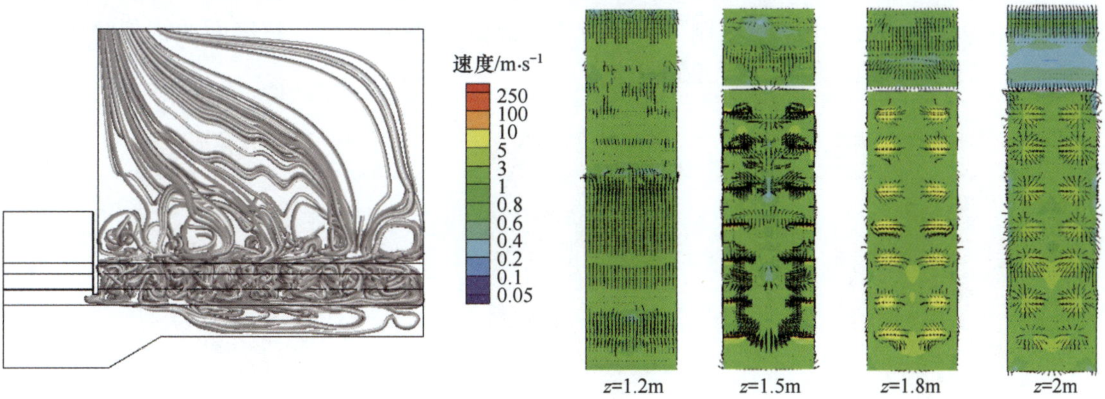

图 4-65 炉内流体的运动迹线及水平截面上的速度场分布

图 4-66 为射流区制下炉内流体的速度矢量及通过风口的竖直截面上的速度场分布。从速度矢量图可以看出在渣面上方存在着许多无规则的小型气体涡流，但涡流层的高度并不大，随着炉体宽度的增加，烟气的流动也变得平缓起来。在射流区制下，整个渣面都有气体逸出，在射流中心区域气体的逸出量更大，这就使得渣面上方的气体流速并不均匀，当气流掠过渣面时就会引起扰动形成涡流。而在泡状流区制下，气体在渣层内没有过多停留，直接沿炉壁上浮并逸出渣层进入炉体的上层空间，渣面上方边缘区域的空气流速较大，而中间区域的空气几乎没有流动，因此难以产生气体涡流。在射流区制下，流动主要集中在渣层内，射流的搅拌作用良好，有效地促进了两相间的传热传质过程，而在泡状流区制下，流动主要集中在炉壁两侧，死区内的熔体几乎不流动，不能对熔体形成有效的搅拌作用。

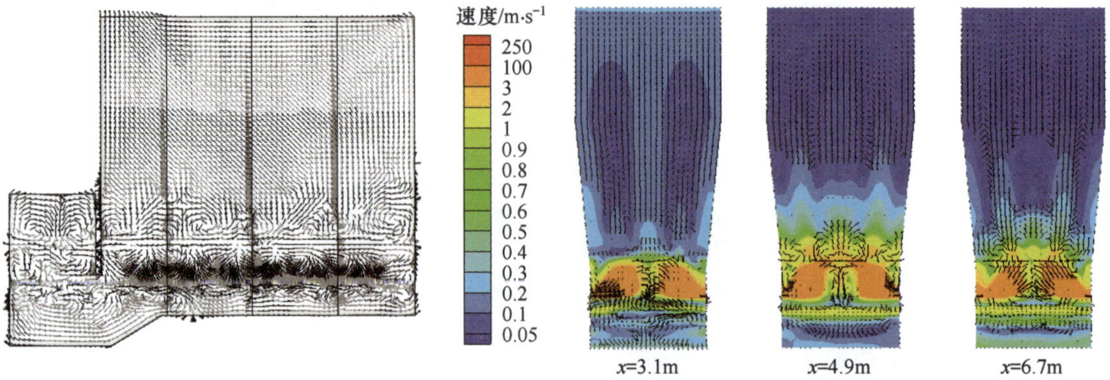

图 4-66　炉内流体的速度矢量及竖直截面上的速度场分布

喷溅现象对冶炼过程可以说是有百害而无一利，其造成的危害主要有使烟气的含尘率提高、增加金属及温度的损失；容易挂渣并形成炉结，喷溅造成搅拌动能的损失及影响冶炼过程的稳定性。因此防止和减少喷溅现象的产生是冶炼过程的重要任务之一。在射流区制下，渣面几乎不发生喷溅现象故不作研究，而对于泡状流区制下，风口喷吹速度与喷溅高度的模拟计算结果如图 4-67 所示，随着风口喷吹速度的增大，渣面喷溅的剧烈程度增加得十分明显，在 100m/s、125m/s 和 150m/s 工况下渣面的最大喷溅高度分别为 3. 2m、3. 5m 和 3. 9m。因此在泡状流区制下，随意增大鼓气量很可能会导致渣面的剧烈喷溅，从而带来一系列的问题，使得炉况迅速恶化。

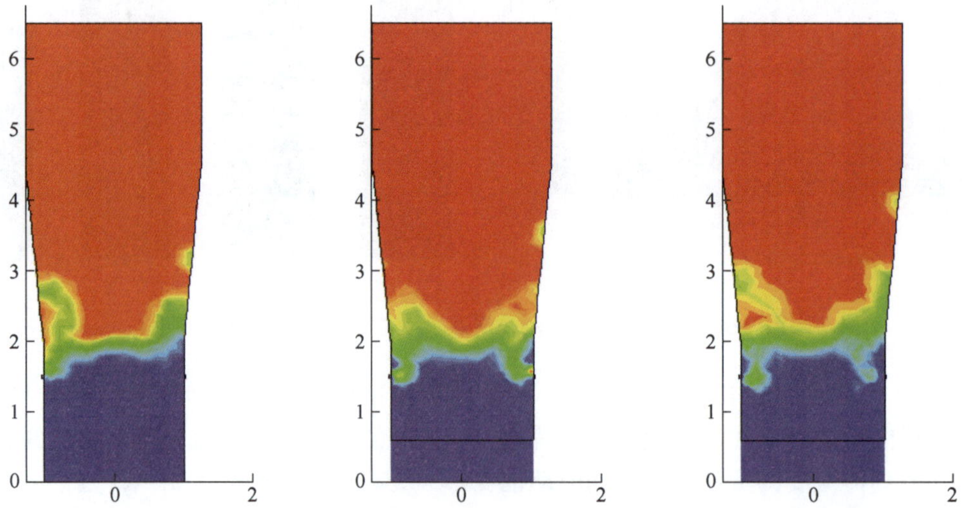

(a)　(b)　(c)

图 4-67　不同喷吹速度下的喷溅高度

(a) 100m/s；(b) 125m/s；(c) 150m/s

在射流的模拟过程中发现了一个十分有趣的现象，在喷吹过程中当同侧风口间距过小时，同侧射流会相互吸引、靠近并最终聚合在一起，如图 4-68 所示。这是由于射流在喷吹过程中通过两侧射流边界上卷吸作用吸入的熔体质量基本相等，但由于射流两侧存在着不平衡条件，射流的左侧为壁面而右侧为射流，右侧区域共有两个射流同时进行卷吸作用，而左侧区域只有一个射流进行卷吸作用，那么就使得两射流之间的区域内有更多的熔体被卷吸入射流之中，造成右侧区域的压力更低，使得两射流相互吸引并靠近，此后右侧区域内将会有更多的熔体被卷吸入射流当中，使得射流最终将聚合在一起。由于炉内两端的射流天然存在着不平衡条件，因此聚合现象首先发生在炉体两端的射流上，随着射流间的平衡条件不断被打破将形成连锁反应，最终所有射流两侧的平衡条件都会被打破并都出现聚合现象，整个渣层内的流场也会变得十分混乱，这一现象对熔炼过程的具体影响还有待进一步的深入研究。

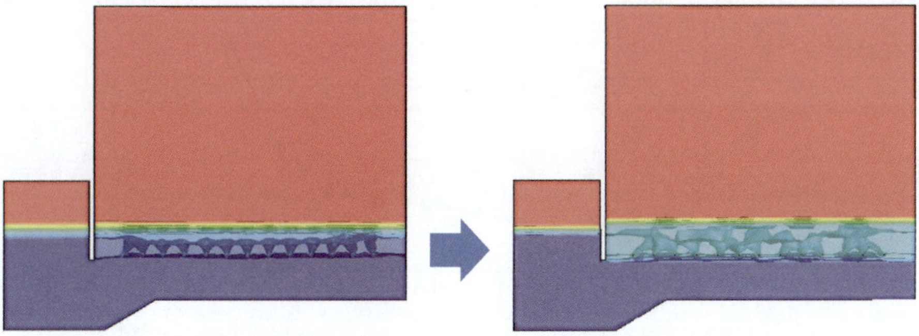

图 4-68 射流聚合现象的演化过程

4.5.2.3 熔池内的含气率及温度分布

图 4-69 为泡状流和射流区制下不同高度渣层的气相等值面模拟结果。在泡状流区制下，渣层内的气体呈现出气泡或气柱形态，气相的分布主要集中在风口正上方的小块区域内，而其他区域的含气率较低。气体在上升的过程中扩散程度不大，渣层中下层区域的含气率都较低，并且存在着大块的熔炼反应死区，而渣层上层区域的含气率则有显著的提高，这是由于渣面剧烈喷溅回落的过程中卷入了一部分烟气。在射流区制下，整个渣层内的含气率都较为均匀，在风口正上方区域的含气率只是略有提高。渣层内不同高度水平截

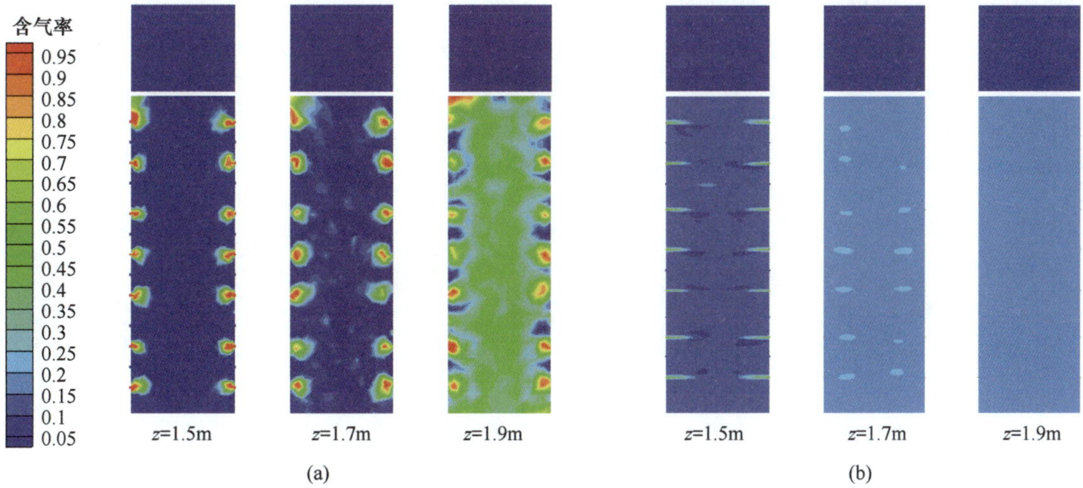

图 4-69 不同高度渣层的气相等值面

(a) 泡状流区制；(b) 射流区制

面上的含气率变化曲线如图 4-70 所示，含气率曲线在风口处有一个明显的拐点，风口以上区域的含气率明显要高于风口以下。在 $z=1.8$m 以下的区域内，射流区制下渣层的含气率约为泡状流区制的两倍，而在 $z=1.8$m 以上靠近渣面区域，在剧烈喷溅的作用下，泡状流区制下渣层的含气率则有显著的提高。

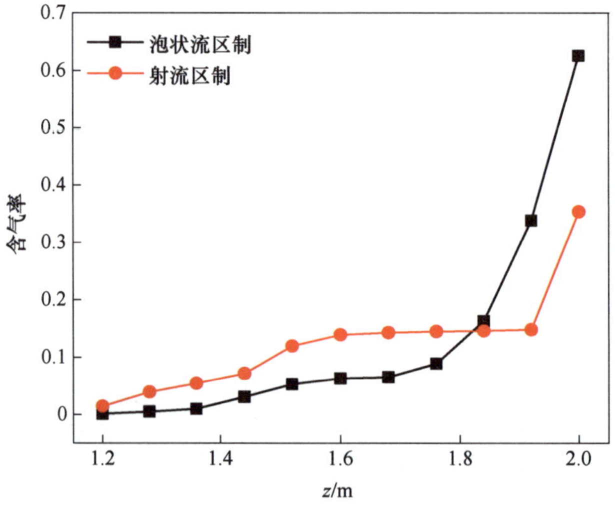

图 4-70　渣层的含气率与高度之间的关系

由于不考虑渣层内的化学反应放热过程，因此模拟结果并不能反映出渣层内各点的真实温度值，但温度分布却可以反映出渣层内反应热力学和动力学条件的优劣。图 4-71 为喷吹搅拌初期温度场的演化过程，在射流的搅拌及卷吸作用下，热量在渣层内迅速扩散，说明炉渣与射流之间的混合换热进行得非常充分，混合效果良好。图 4-72 为温度等值面的演化过程，在射流作用下，渣层混合得十分均匀，渣层内的温度等值面明显减少。同时，高温的渣层开始逐渐向铜锍层及渣面上方传递热量，由于渣面上方存在着涡流层对温度场形成了一定的扰动，使得温度等值面的分布并不均匀。在喷吹搅拌后期，炉内的温度变化幅度不大，使得熔炼过程较为稳定。

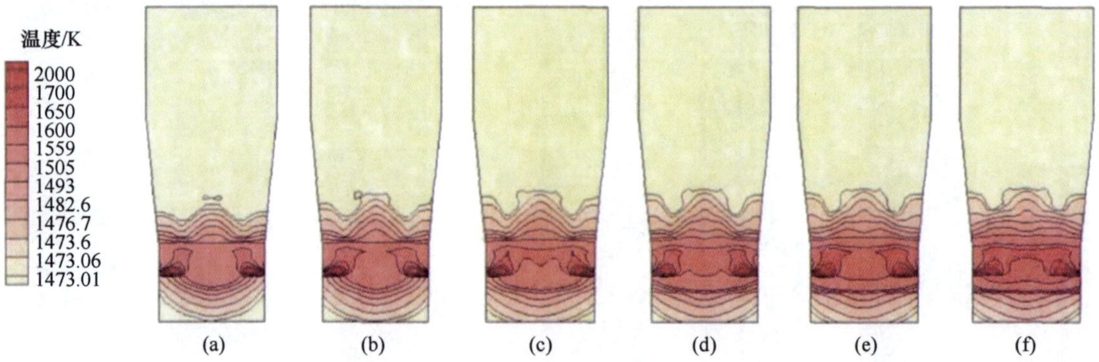

图 4-71　射流区制下温度场随时间演化过程

(a) 0.5s; (b) 0.6s; (c) 0.7s; (d) 0.8s; (e) 0.9s; (f) 1.0s

图 4-73 为泡状流和射流区制下截面上的温度分布模拟结果，在泡状流区制下，渣层靠

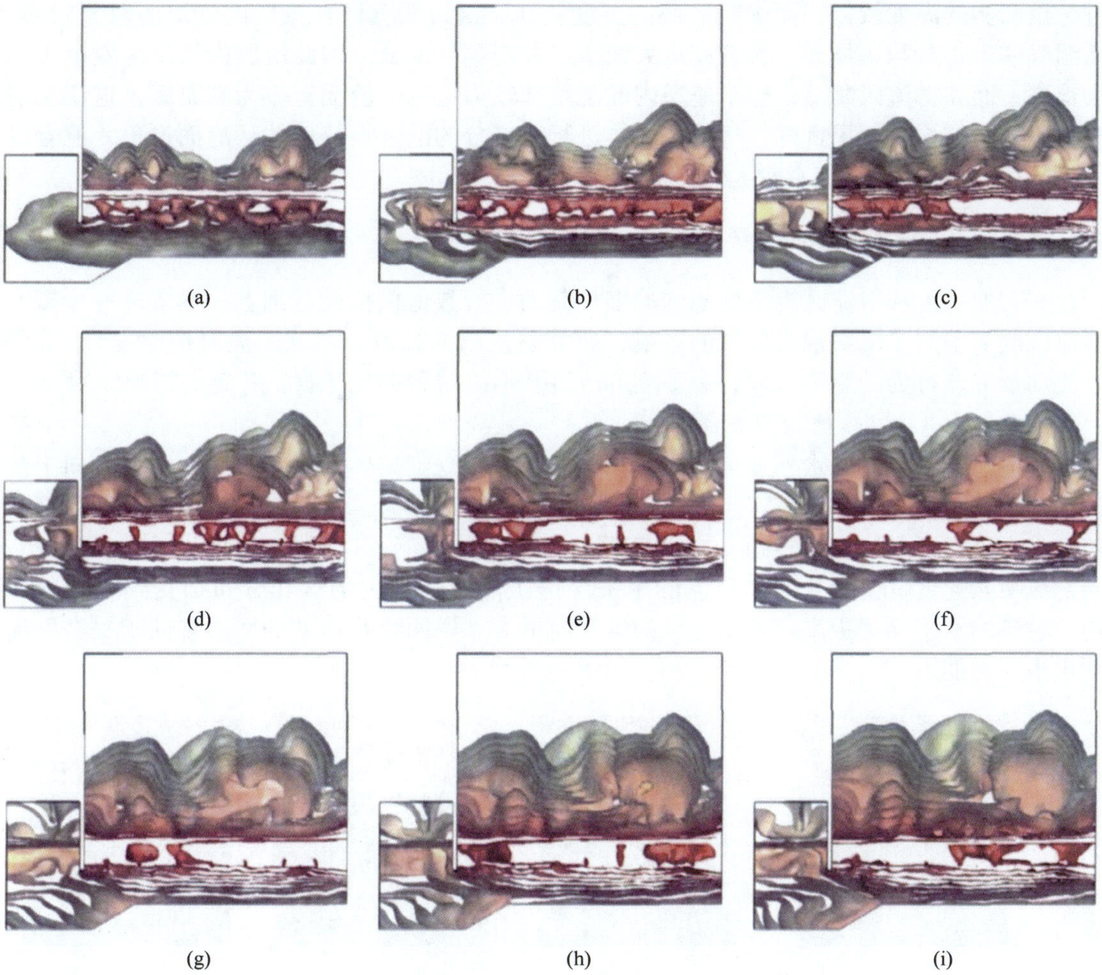

图 4-72 射流区制下温度等值面随时间演化过程

（a）1.0s；（b）2.0s；（c）3.0s；（d）4.0s；（e）5.0s；（f）6.0s；（g）7.0s；（h）8.0s；（i）9.0s

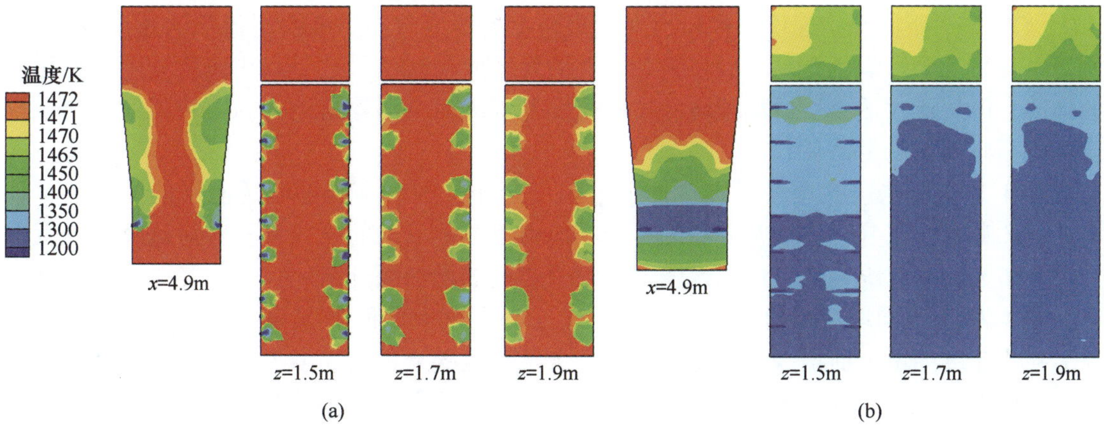

图 4-73 截面上的温度分布

（a）泡状流区制；（b）射流区制

近炉壁两侧的温度较低，而中间区域的温度较高，这说明气体在渣层内停留的时间较短，低温气体来不及与熔体充分换热就从渣面逸出并与烟气混合，因此渣层内的反应效率也不会很高。而在射流区制下，整个渣层内的温度都较为均匀，渣面上方为高温区，这说明射流在渣层内的搅拌效果良好，气体与熔体进行了充分的混合换热后才从渣面逸出，混合过程对气-液两相间的反应有较大的促进作用。

4.5.3　不同工况下的混合效果

在对泡状流和射流区制下熔池内的多相流动进行数值模拟的基础上，本节进一步探究射流区制下不同工况对混合效果的影响，研究射流喷吹速度、对吹距离对熔池内气-液两相流动及混合行为的影响规律，为炉型的改进及冶炼过程的优化提供一定的指导作用。

4.5.3.1　射流喷吹速度的影响

气体射流以一定的水平速度从风口喷出后，由于受到熔体的阻力作用，水平方向上的速度逐渐减小，当水平速度不足以支持射流继续向前运动时，在浮力的作用下逐渐以上升速度为主，直至到达渣面。图 4-74 为不同射流喷吹速度下风口所在纵截面上的气相分布，当射流喷吹速度发生变化时，射流的水平穿透距离及熔池内的气相分布都受到明显的影响，射流的水平穿透距离随喷吹速度的增加而增大，说明喷吹速度的增加有助于提高射流的水平穿透能力。

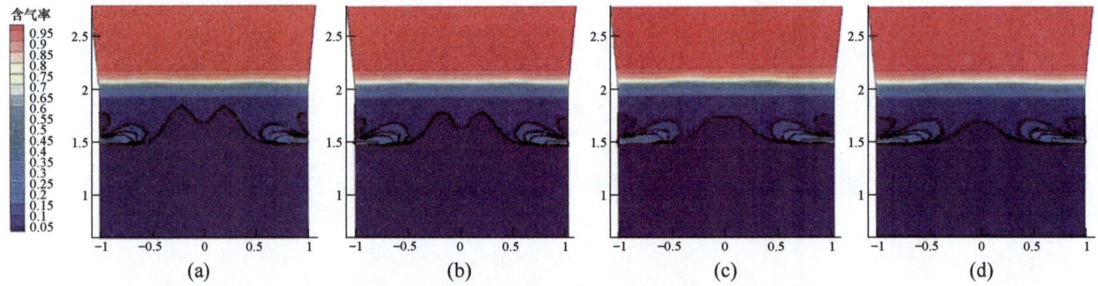

图 4-74　不同射流喷吹速度下纵截面的气相分布

（a）$u=250\text{m/s}$；（b）$u=280\text{m/s}$；（c）$u=310\text{m/s}$；（d）$u=330\text{m/s}$

图 4-75 为不同喷吹速度下风口所在横截面上的速度分布，随着射流喷吹速度的增加，所带来的另一个影响就是风口所在横截面上的死区面积减少，这一点在速度场中有着明显的体现，但射流吹透渣层后继续增大喷吹速度并不能完全消除熔池内的小块死区，同时也会产生不必要的能量消耗。

图 4-76 为不同喷吹速度下纵截面上的温度分布，在射流能够吹透渣层的前提下，纵截面上的混合效果并没有非常明显的提升，但由于纵截面上的含气率随着射流喷吹速度的增加而增大，导致纵截面上的温度随射流喷吹速度的增加而升高。

图 4-77 为不同射流喷吹速度下渣层的高度与含气率之间的关系曲线，气体流量随着射流喷吹速度的增加而增大，使得渣层内的含气率也随之提高，增大射流喷吹速度对风口以上区域内渣层的含气率有明显的影响，而对风口以下区域受到的影响不大。渣层的喷吹速度与平均含气率之间的关系曲线如图 4-78 所示，增加射流喷吹速度有助于提高渣层内的平均含气率，从而提升熔炼反应速率。

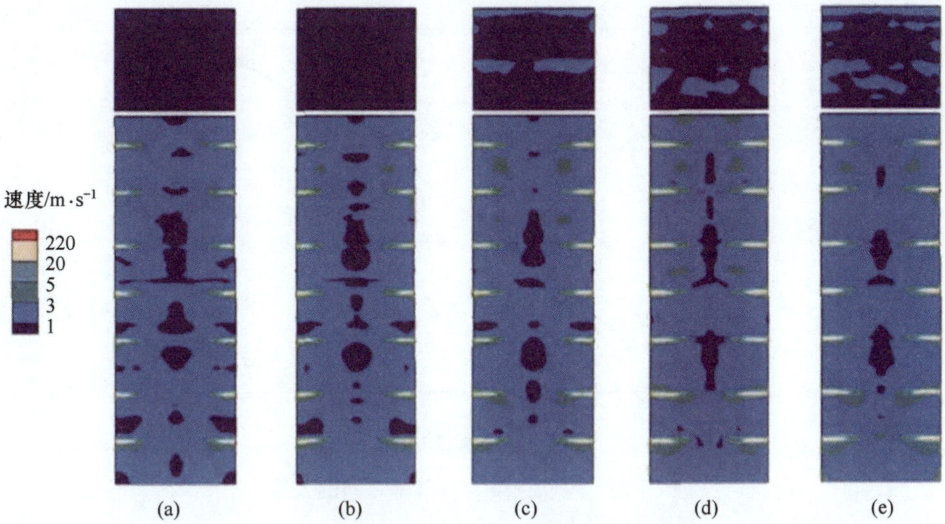

图 4-75 不同射流喷吹速度下横截面的速度分布

（a）u=220m/s；（b）u=250m/s；（c）u=280m/s；（d）u=310m/s；（e）u=330m/s

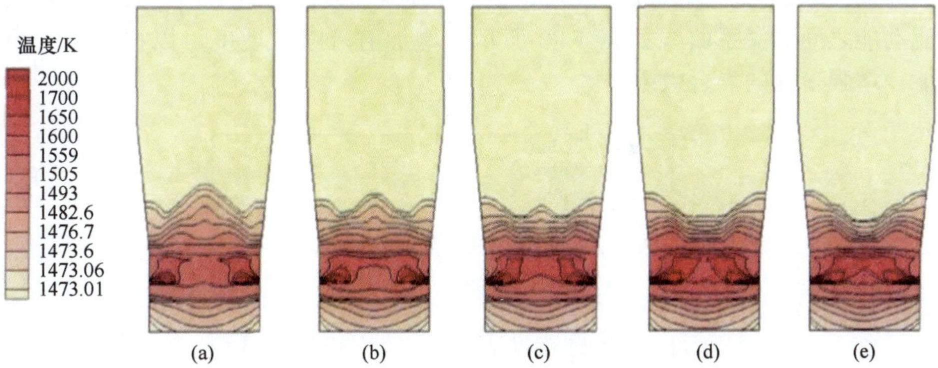

图 4-76 不同射流喷吹速度下纵截面的温度分布

（a）u=220m/s；（b）u=250m/s；（c）u=280m/s；（d）u=310m/s；（e）u=330m/s

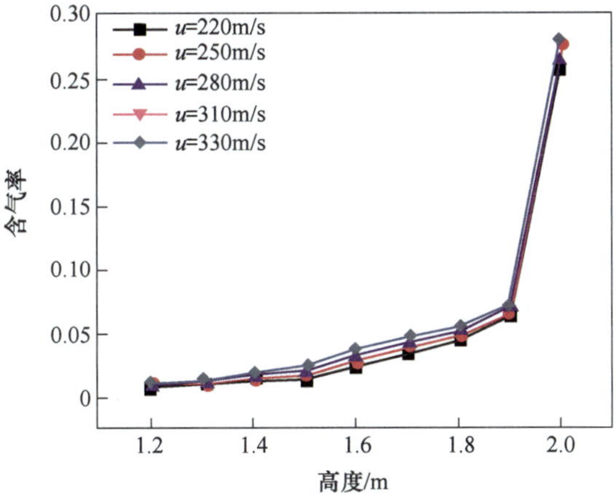

图 4-77 不同射流喷吹速度下高度与含气率之间的关系

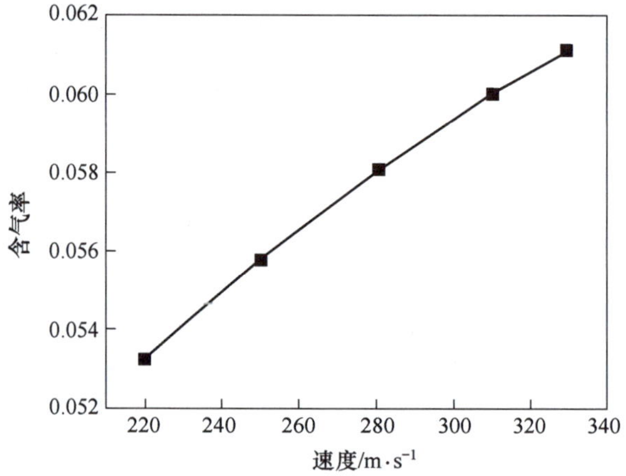

图 4-78 喷吹速度与含气率之间的关系

图 4-79 为不同射流喷吹速度下渣层的高度与湍流动能之间的关系曲线，风口所在横截面上的湍流动能受射流喷吹速度变化的影响最大，风口以上区域内渣层所受到的影响随着高度的增加而降低，而风口以下区域几乎不受喷吹速度变化的影响。渣层的喷吹速度与平均湍流动能之间的关系曲线如图 4-80 所示，增加射流喷吹速度可以提高渣层内的平均湍流动能，增强熔池的混合效果。

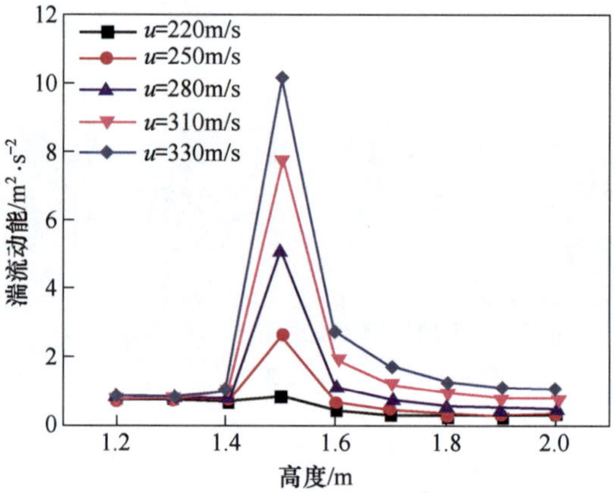

图 4-79 不同射流喷吹速度下高度与湍流动能之间的关系

综上所述，增加射流喷吹速度能够提高渣层内的含气率和湍流动能，减少熔池内的死区面积，对反应过程是有利的，但需要消耗更多的功率。

4.5.3.2 对吹距离的影响

侧吹射流的喷吹速度与对吹距离之间应当相互协调，存在着一个最佳的对应关系使得瓦纽科夫炉的熔炼能力和性能都保持在一个较高的水平，同时最大限度地减少不必要的能量消耗。图 4-81 为不同对吹距离下风口所在纵截面上的气相分布，当对吹距离较小时，两侧射流可以连成一片，而随着对吹距离的增加，两侧射流分离使得中间区域的含气率明显降低。

图 4-82 为不同对吹距离下风口所在横截面上的速度分布，死区的面积随着对吹距离

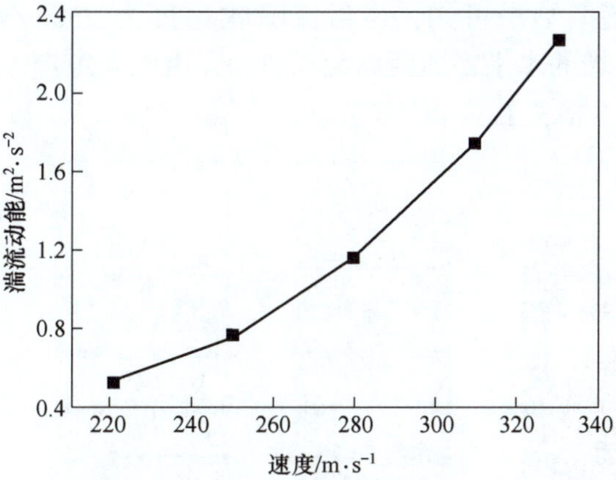

图 4-80 喷吹速度与湍流动能之间的关系

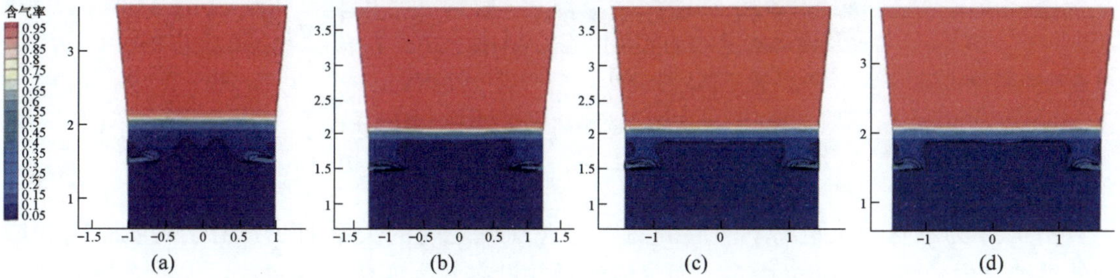

图 4-81 不同对吹距离下纵截面的气相分布

（a）$D=2m$；（b）$D=2.5m$；（c）$D=2.8m$；（d）$D=3m$

的增加而增大，当 $D=2.5m$ 时熔池内的死区还未连成一片，而当对吹距离继续增加时，射流无法吹透渣层，熔池中间区域出现大片的死区。这一点在温度场中也有着明显的体现，如图 4-83 所示，在 $D=2.8m$ 和 $D=3m$ 工况下，熔池中间明显出现了低温区域，说明射流

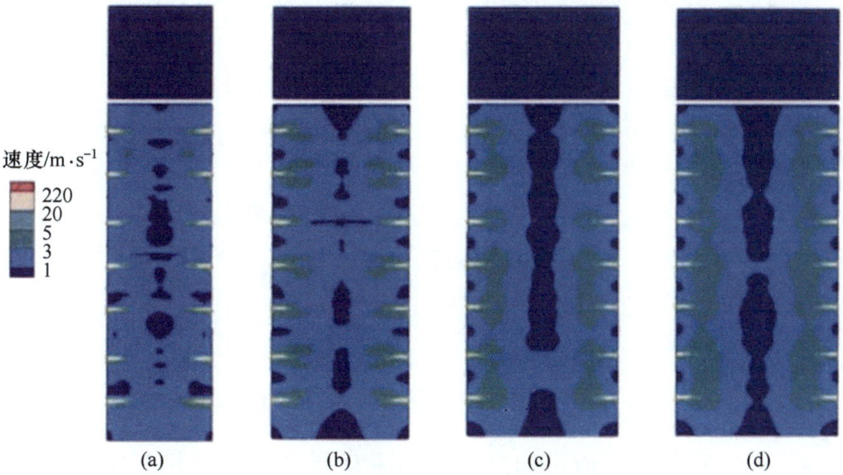

图 4-82 不同对吹距离下横截面的速度分布

（a）$D=2m$；（b）$D=2.5m$；（c）$D=2.8m$；（d）$D=3m$

难以吹透渣层。根据模拟结果可知，当射流喷吹速度为 250m/s 时，炉体最佳宽度为 2. 5m，此时射流核心区域的水平穿透距离为 0. 26m，由此确定炉体的最佳宽度为射流核心区域水平穿透距离的 9. 5 倍左右。

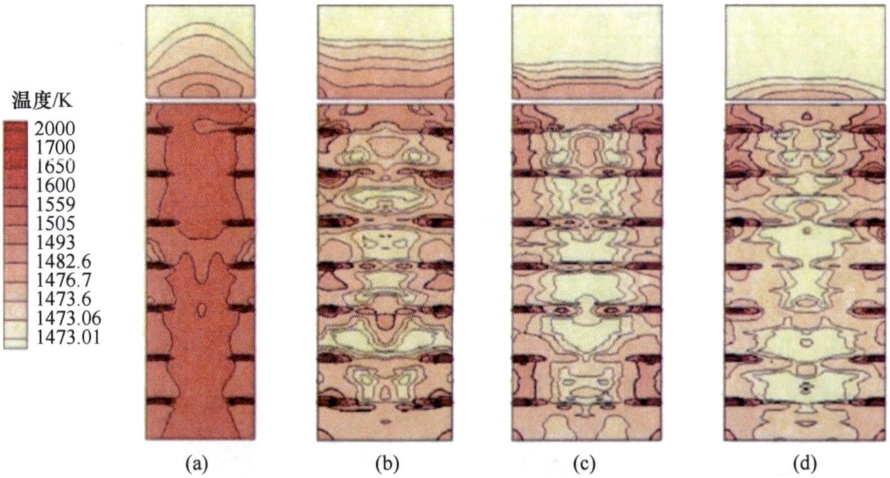

图 4-83　不同对吹距离下横截面的温度分布

（a）$D=2$m；（b）$D=2.5$m；（c）$D=2.8$m；（d）$D=3$m

图 4-84 为不同对吹距离下渣层的高度与含气率之间的关系曲线，由于对吹距离的增加使得熔池内的炉渣也随之增多，而气体流量并没有发生变化，导致渣层内的含气率随对吹距离的增加而降低，对吹距离的改变对 $z=1.5\sim1.8$m 区域内渣层的含气率影响较大。对吹距离与平均含气率之间的关系曲线如图 4-85 所示，当射流能够吹透渣层时，对吹距离的改变对渣层含气率的影响较小；而当射流无法吹透渣层时，熔池内将会出现成片的死区，使得渣层内的含气率迅速降低。

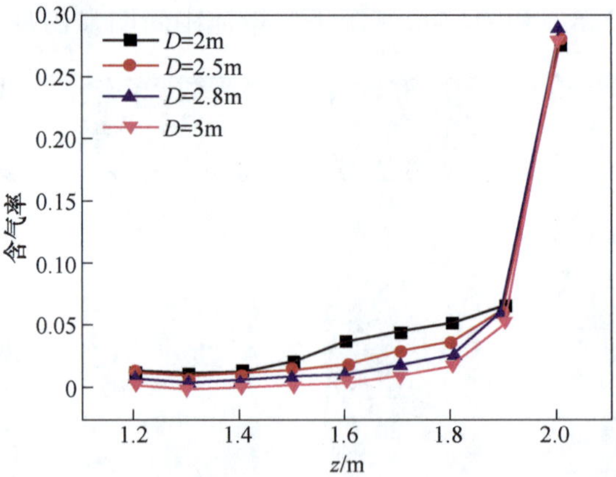

图 4-84　不同对吹距离下渣层高度与含气率之间的关系

图 4-86 为不同对吹距离下渣层的高度与湍流动能之间的关系，各高度下渣层的湍流动能全都随着对吹距离的增加而降低。平均湍流动能的变化趋势与含气率相似，当射流能够吹透渣层时，渣层湍流动能的下降幅度是较小的，如图 4-87 所示。

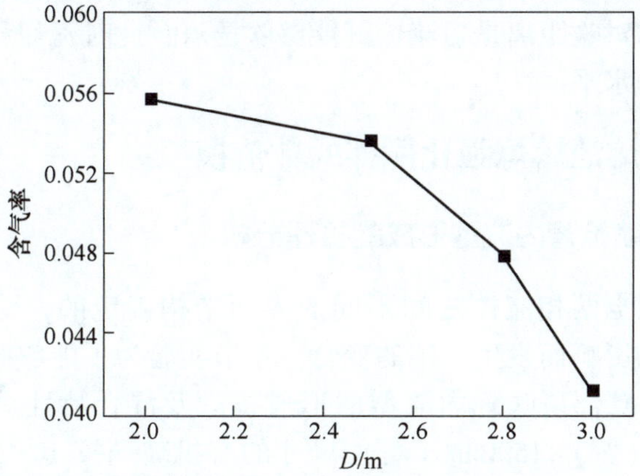

图 4-85 对吹距离与含气率之间的关系

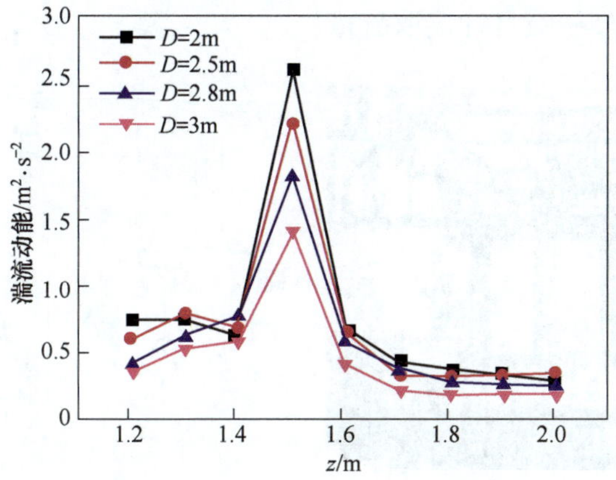

图 4-86 不同对吹距离下渣层高度与湍流动能之间的关系

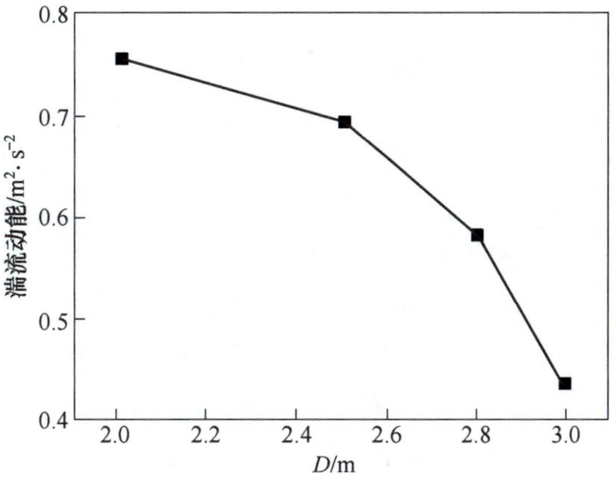

图 4-87 对吹距离与湍流动能之间的关系

综上所述，增加对吹距离能够提高瓦纽科夫炉的熔炼能力，但渣层内的含气率和湍流动能都会降低，最佳的对吹距离是射流恰好能够吹透渣，此时瓦纽科夫炉的熔炼能力和性能都保持在一个较高的水平。

4.6　气液混合顶吹熔池熔炼强化搅拌的数值模拟

4.6.1　气液混合顶吹喷枪管内流型形成的机理分析

两相流的流型是根据两相流体之间不同的界面结构确定的，受到流体性质、流道尺寸、流动方向等因素的影响而发生一定的变化。本节实验为了能够获取经典流型及相关实验数据，分析了气-液混合顶吹管内流型的形成机理及混合特性对搅拌形态的影响。将2000mm(长)×1000mm(宽)×1500mm(高) 尺寸的有机玻璃按 10：1 制作水模型试验台，如图 4-88 所示。实验所选取的 Y 形管，主管垂直，支管以 45°交叉至主管。主管内径16mm 为液相管，支管内径 10mm 为气相管，主管总长 1500mm，实验介质为水和压缩空气。管道一端固定在铁架上，一端不固定并浸没于水中，插入深度为 150mm±5mm，使用气体转子流量计和液体转子流量计读取流量。

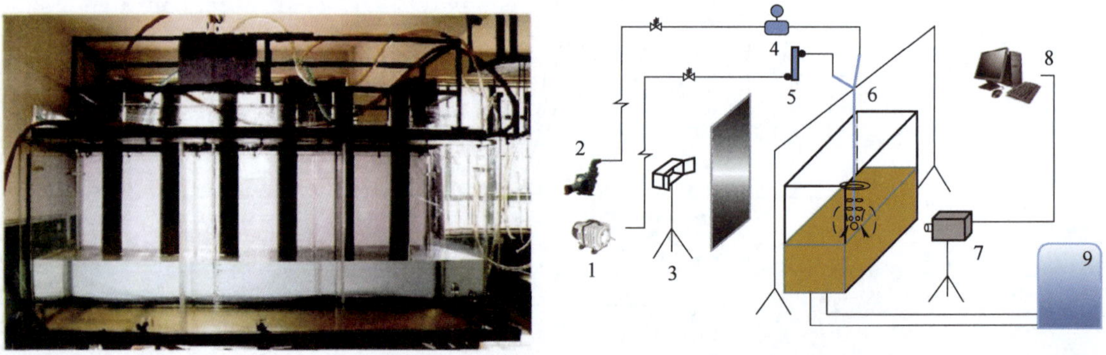

(a)　　　　(b)

图 4-88　水模型实验台

1—气泵；2—水泵；3—补光灯；4—液体流量计；5—气体流量计；6—Y 形管；7—高速摄像仪；8—服务器；9—储液罐

图 4-89 为垂直管内经典流型。泡状流直管内液相是连续的，而气相则是小气泡分散在液相中。帽形泡状流广义上讲也是一种泡状流，由于液相中的气泡密度增加而团聚形成较大的气泡，其特殊性在于只存在下降管中，造成这种差异的原因是下降管泡状流中管子中心的气体浓度更高。当帽形的气泡凝结成形似子弹的形状时被称为弹状流，弹状气泡的头部并不指向管子中线。搅拌流的形成机理目前还没有一个统一的理论，有些学者以流体的湍流作用达到粉碎大气泡而形成泡沫作为搅拌流的主要标志，也有些学者认为搅拌流的产生是由于气量增加使平稳的气-液界面遭到破坏，液膜产生流向反转从而破坏了稳定的弹状流。环状流是一种常见的流型，从外向内液相包裹着气相。

实验中气流量保持为零但并不抽空，液相流量分别为 0.42m/s、0.2m/s、0.17m/s、0.13m/s、0.1m/s、0.05m/s，管内流型从液相以 0.42m/s 时的帽形泡状流演变成 0.05m/s 时的环状流，随着气液比的变化实验中得到了如图 4-90 展示的 7 种管内气液两相流动型

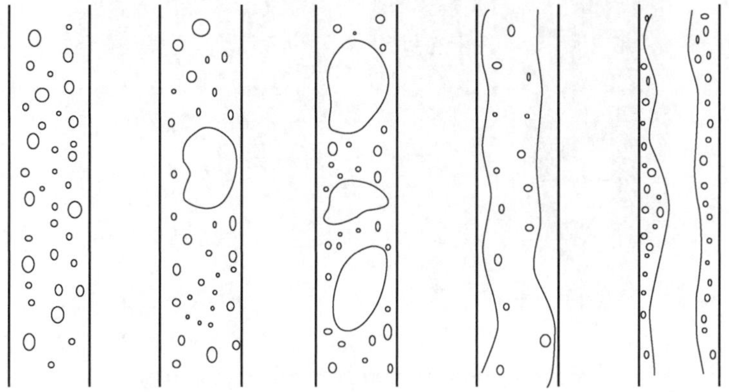

(a) (b) (c) (d) (e)

图 4-89 垂直管内经典气-液两相流流型

(a) 泡状流；(b) 弹状流；(c) 搅拌流；(d) 环状流；(e) 液膜流型

态。在顶吹喷枪的流型获取实验中，并未在喷枪浸没部以上观察到稳定的典型泡状流型，稳定的泡状流型仅在喷枪的浸没部分被观察到。而环状-泡状流是一种由环状流直接过渡到泡状流的流动形态，虽然是一种过渡形态但是由于其长时间动态存在，也可以视为适用于浸没式顶吹喷枪的一种稳定的管内流型。在浸没式顶吹喷枪（$D=16$mm）的 Y 形两相混合区域会产生三种稳定的气-液混合的界面，如图 4-91 所示，分别为泡型界面、线性界面和半球界面。在气液比（体积比）为 0∶10 范围内产生的是线性界面，其他两种混合界面只在气液量均极小或两者相差很大的极端情况下出现。

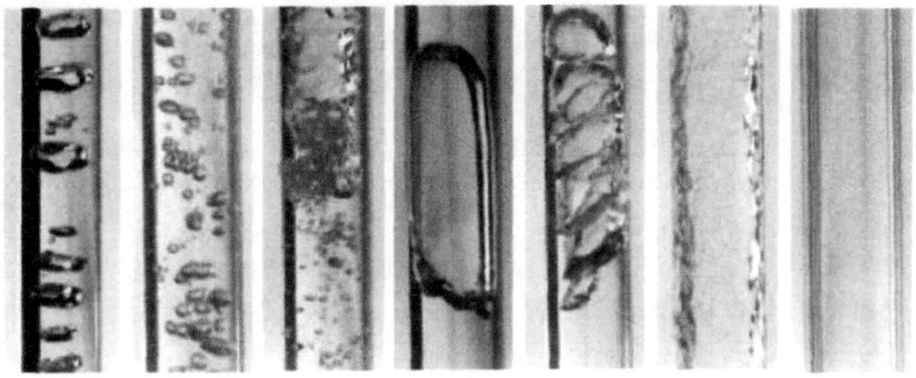

(a) (b) (c) (d) (e) (f) (g)

图 4-90 实验中获取的流型

(a) 帽形泡状流；(b) 泡状流；(c) 环状-泡状流；(d) 弹状流；(e) 搅拌流；(f) 环状流；(g) 纯环状流

从实验中可以观察到，不同气液比造成顶吹管内不同的两相流流型，而每一种两相流流型所形成的气泡群深度、宽度呈现明显的周期性变化。气含量不同时气泡群密度和下潜深度不同，都随气含量增加而增大，且管内气液流型也从泡状流向环状流过渡，最终形成完全的环状流。图 4-92 为在液相流保持不变的情况下，逐渐增加气相流，管内流型变化与熔池内的搅拌关系。

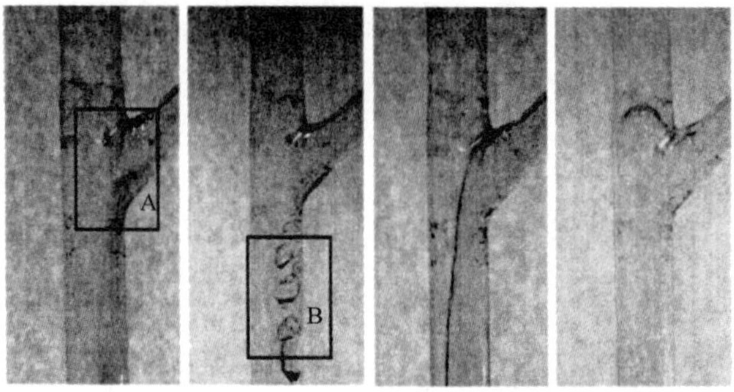

图 4-91 Y 形气-液混合顶吹管内界面类型
（A、B 为高低速曝光下界面流形）
（a）泡型界面（低速曝光）；（b）泡型界面（高速曝光）；（c）线性界面；（d）半球界面

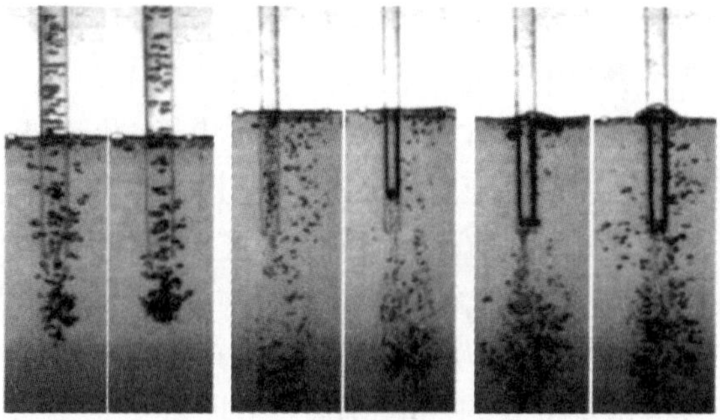

图 4-92 顶吹管内两相流流型与气泡群形态的对应关系
（a）泡状流；（b）泡状流演化为环状流；（c）环状流

在后续的三维模拟过程中，数值模拟所得到的结果与实验观察得到的结果吻合。如图 4-93 所示，Y 形管的交口处出现线性界面时，管内因液相体积突然减小导致管内的压力降低，而支管气相仍源源不断地鼓入，导致气相压力相对液相压力增大，最终在压力作用下气泡相互凝聚，形成弹状流的形态。当熔池页面处捕捉到大气泡时，Y 形管管内出现弹状流，气体开始从管口喷出后即可产生鼓泡现象，气泡在运动一小段距离后上浮，在浮力及气泡羽流的作用下，气泡群不再一味地向下运动，而是被带着向上，气泡群的下潜深度有所降低，而气体射流周围产生的大量小气泡也被带动进行周向运动，形成小气泡包裹大气泡的形态，增加了气泡群宽度值，最终在熔池内形成柱形-梨形气泡搅拌群，此时在熔池中层捕捉到小气泡分散形态。

图 4-94 为气液比不同时熔池内气泡群形态。在支管气量较小的情况下，熔池内会产生细碎的气泡群，横向搅拌范围变小，纵向深度先变深后变浅，呈周期性变化；增大支管气量的情况下，小气泡聚集形成大气泡，大气泡的运动对整个流场产生牵引作用，影响了细碎气泡群的运动，使得整个气泡群的横向搅拌范围在一个稳定的数值左右波动，熔池内部的纵向深度逐渐变深，呈周期性变化，但大气量的运动周期与小气量相比略有增大。

总而言之，不同的流型所产生的喷吹气泡群搅拌的形态及尺寸差异很大，这主要取决

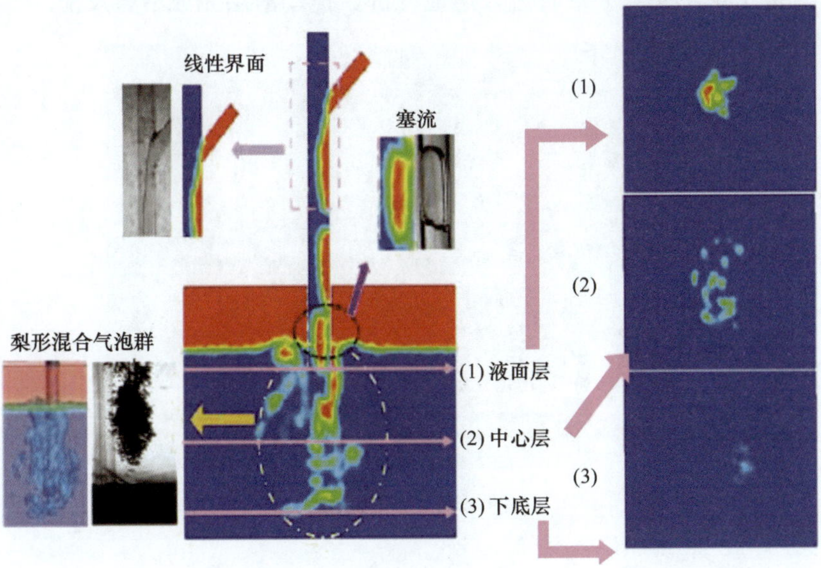

图 4-93　水模型实验结果与三维数值模拟结果比对

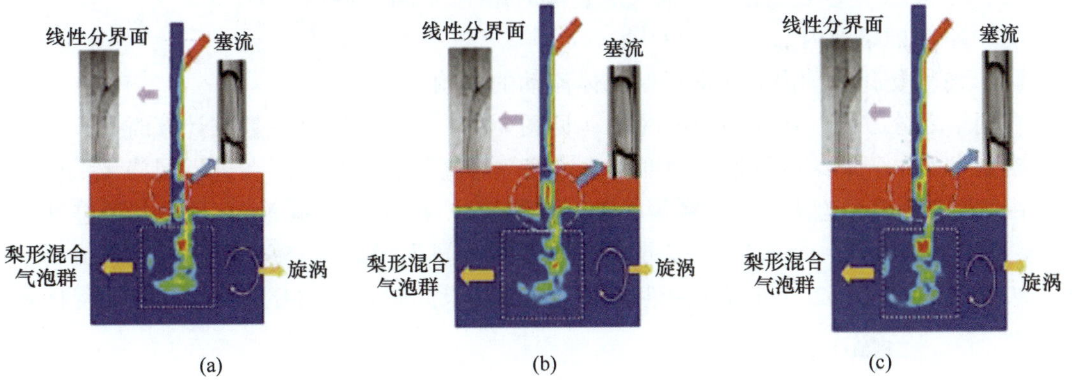

图 4-94　气液比不同时熔池内气泡群形态

(a) $v_g:v_l=1:1.5$; (b) $v_g:v_l=1:2$; (c) $v_g:v_l=1:2.5$

于气泡群所受到的浮力大小，当大型气泡生成后，气泡群的深度减小而宽度增加。增加气液比以形成环状流可以加强横向搅拌并减小喷吹深度，这对于贫化电炉顶吹还原反应而言是有益的。

4.6.2　单根 Y 形喷枪强化顶吹的模拟研究

本节以不同油气比情况下单支 Y 形喷枪的油气混合物和过程为研究对象，建立了三维贫化电炉顶吹熔池熔炼模型，求解管内流动过程及熔炼炉内搅拌形态。

4.6.2.1　气液混合顶吹模型的建立及网格划分

贫化电炉如图 4-95 所示。贫化电炉主体为一个长方形炉腔，在炉体内部是 4~6 根电极给熔池内部供热，在电极中间布置有 Y 形气液混合枪，主管为进油口，支管为进气口，熔炼过程中，油气混合液经 Y 形管流入熔池内部，搅动渣层完成冶金反应。

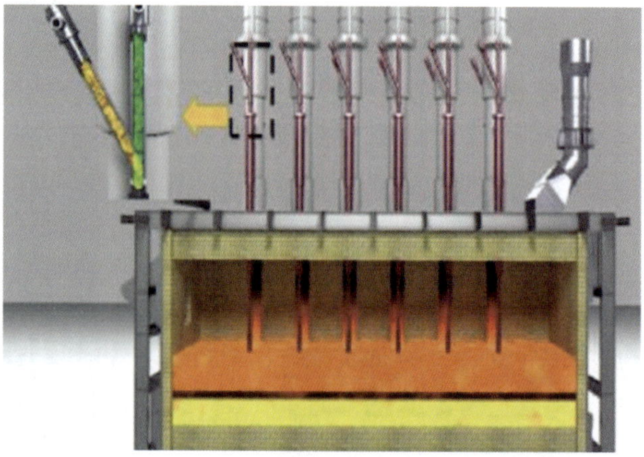

图 4-95　贫化电炉

在贫化电炉的物理建模过程中，采用了如下简化及假设：

（1）忽略加料口及出料口对熔池内部流动的影响；

（2）只考虑单支 Y 形管喷入油气混合液时熔池内部的搅拌形态；

（3）不考虑熔池内部的化学反应；

（4）忽略贫化电炉内加热电极对流体流动的影响。

在网格划分方面，选择多面体网格（见图 4-96（a）），以减少数值计算时间，且多面体网格技术相对于非结构网格准确度高、计算效率高、适用性广。在进行网格无关性检查时，由于采用 VOF 模型，对网格精度有一定要求，故选取相同油气比（主管进油速度 1m/s，支管进气速度 3.5m/s），以混合气液喷出时间为指标，分别使用数量为 36 万、41 万、47 万、53 万和 62 万进行无关性验证，验证结果如图 4-96（b）所示。不同网格数量

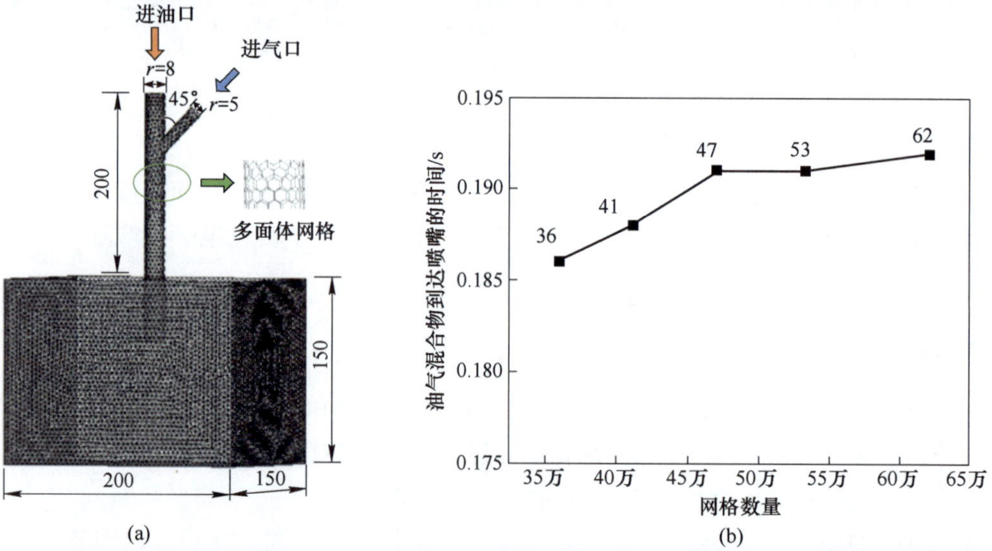

图 4-96　模型及网格划分（a）和网格无关性验证（b）

下计算结果基本一致，且符合客观物理现象，网格数量为 30 万和 45 万时，时间较短，这是因为网格的精度不够，后续时间基本一致。为精简计算成本，选择合理的网格数量为 47 万。

4.6.2.2 计算结果分析

对主管进油、支管进气的三维顶吹模型进行数值模拟计算，为了说明不同油气比情况下对熔池内部搅拌形态的影响，构建了工况 A（油气速度比为 1∶0、流量比为 5.12∶0）、工况 B（油气速度比为 1∶2、流量比为 1.28∶1）及工况 C（油气速度比为 1∶3、流量比为 0.853∶1）。

由图 4-97 可得，工况 A 的支管气体流量为零，主管油相经主支管交叉部分后自由下落；工况 B 的主管流量略大于支管流量，气相对液相的扰动作用使得混合液刚进入熔池就形成表面不平整的气泡，由于浮力及气泡羽流作用，最终形成大气泡和小气泡混合环绕形态；工况 C 的支管流量略大于主管流量，此时管内动力来源为支管气相，混合液进入熔池后对熔池的搅拌更为剧烈，最终在熔池内部形成小气泡环绕的形态。此时，小气泡横向扩散效果好于工况 B，说明油气混合液在管内的打散效果更佳。

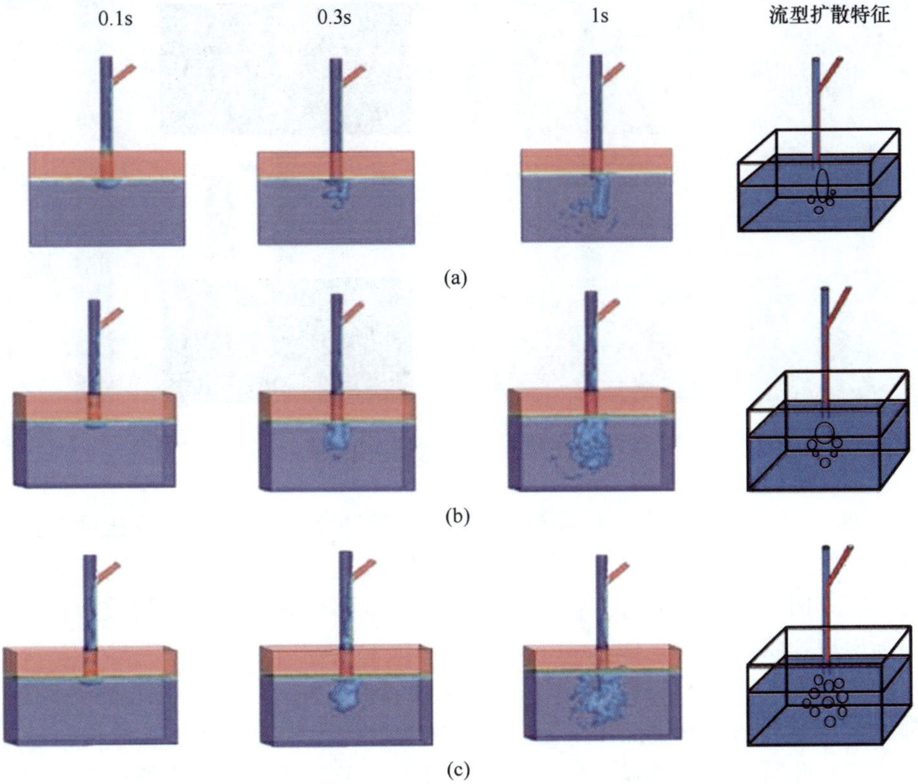

图 4-97 工况对比特点
(a) 工况 A；(b) 工况 B；(c) 工况 C

为保证统一分析，熔池内部水平速度、垂直速度等均取同一时刻，如图 4-98 所示，随着支管气量的增大，三个工况管内及熔池内部的水平速度逐渐增大，水平速度最大值均出现在 Y 形管管内。三个工况管内垂直速度逐步增大，但工况 B 比工况 A 垂直速度略有减小，说明支管速度小于主管速度时，主管液相提供主要动力，由于液相为气体的卷吸提供水平动能，因此垂直速度远大于水平速度。随着支管速度的增大，油气两相开始逐步管内混合，横向动量开始增强，管内的水平、垂直速度都逐渐增大。

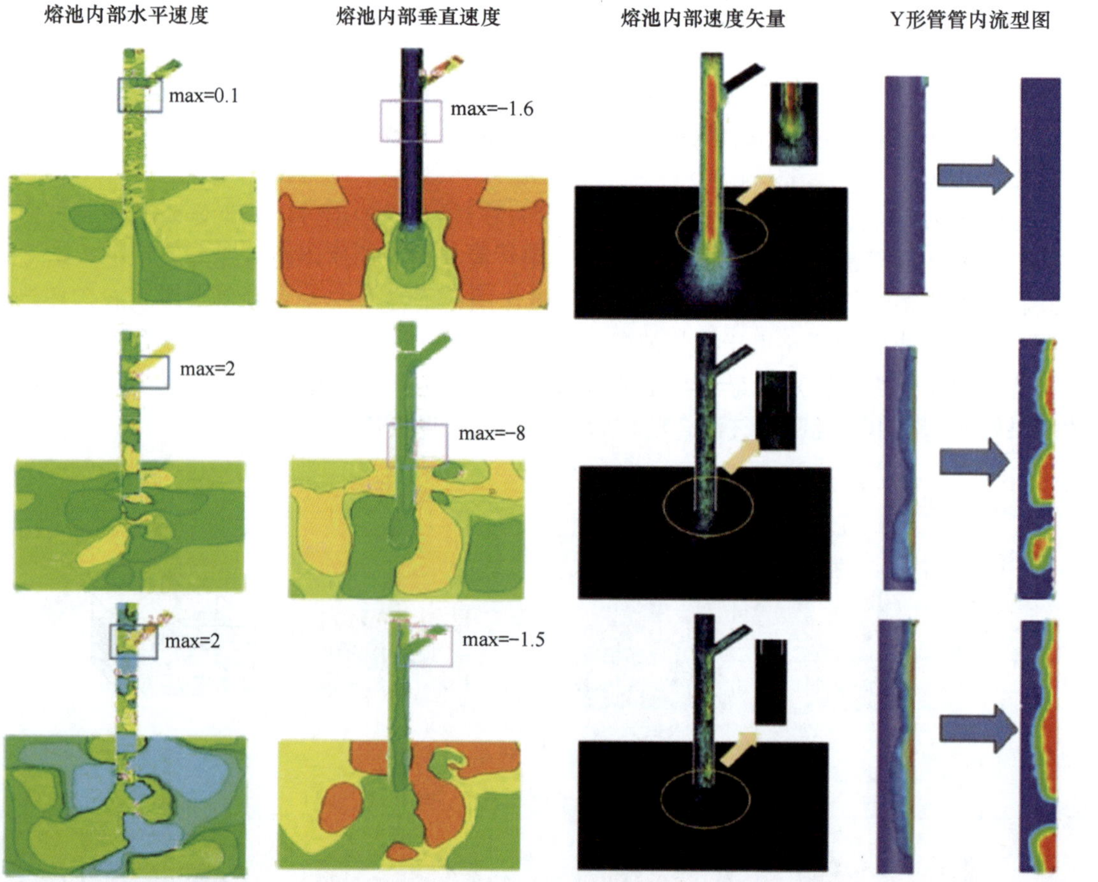

图 4-98 工况速度大小比对

由图 4-98 可以看出，支管气量远小于主管油相气量时，Y 形管管内速度矢量方向均为垂直向下的，管内主要物相是甘油，气相较少，管内无具体流型出现。随着支管气量的增大，管内速度方向呈波浪状下行，直至 Y 形管管口处不再垂直，而呈发散状向下扩散，管内开始逐渐出现弹状流流型。

工况湍流强度对比如图 4-99 所示。工况 A 由于支管流量为零，气相未主动进入管内，熔池内部液体主要受油相动量而向下运动，且内部并未出现旋流，主管油相经过 Y 形管后也未出现旋流，此时管内旋流强度数值相等且最大。工况 B 由于 Y 形管内气相加入，有稳定流型（弹状流）出现，使 Y 形管管口出现散状气泡，且管内旋流强度远大于熔池内旋流强度，油气在管内发生扰动。其伴随混合液进入熔池，并形成涡旋，强化了熔池内部的搅拌效果。工况 C 由于涡旋动量扩散强化了气泡的分散，最终在 Y 形管管口出现了柱形-梨形的气泡群。但随着支管流量较之前有所增大，熔池内部搅拌更为剧烈，涡旋产生得更为明显且数量更多，但由于纵向动量增大，使得气泡群的下潜深度增大。

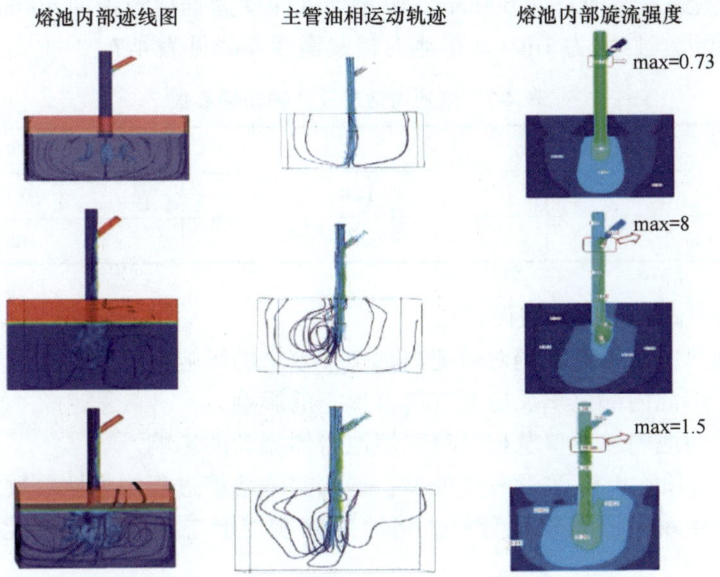

图 4-99 工况湍流强度对比

在气液两相流量都小且气相相较于液相流量小时，管内易形成泡状流，此时气相分布是小气泡，管内主要相是液体。气体流量增大，气泡发生聚集，形似子弹的弹状流形态，任由部分气泡分布周围。但随着流量及气量不断增大，气泡聚合成气柱，由于液相的影响存在旋流，两相间液膜反转形成搅拌流形态。当气体流速不断增大，气体显现对液体的挤压作用，形成气体为主的环状流流型。

根据上述内容，Y 形顶吹喷枪中来自支管气相气压对主管油相产生了切向扰动，切向力的存在使垂直管内形成气液弹状流，弹状流的存在使得油气混合液从 Y 形管管口喷出后即带有周向速度。此外，油气混合液所带有的周向速度在熔池内形成涡旋，在大涡旋破裂成小涡旋、小涡旋迁移的过程中，增加了气泡群的宽度，最终在熔池内部形成梨形气泡群，强化了柴油在熔池内部的动量扩散，验证了气液混合顶吹对搅拌的强化作用。

4.6.2.3 单根 Y 形喷枪应用于贫化电炉的模拟

单根喷枪贫化电炉模型网格划分如图 4-100 所示，炉腔长 1000mm、宽 2000mm、高 1500mm，Y 形氧枪主管内径 16mm、支管管径 10mm，加热电极半径 100mm，炉体内部由

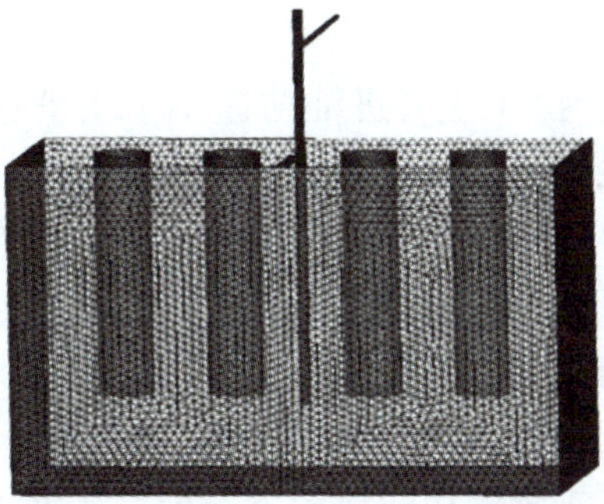

图 4-100 单根 Y 形氧枪贫化电炉顶吹模型网格划分

4 根电极给熔池供热。熔池总深 600mm，喷枪插入深度为据熔池液面 400mm，主管进油速度为 2m/s，支管进气速度为 1m/s。熔池内相关物性参数见表 4-7。

表 4-7 熔池内熔渣及冰铜物性参数

物性	熔渣	冰铜层
黏度/Pa·s	0.1490	0.02823
密度/kg·m^{-3}	3700.00	4200.00

在计算过程中做出了以下假设：

（1）忽略加热电极中电磁场对熔池内部搅拌效果的影响；

（2）不考虑熔池内部化学反应对气泡群形态的影响；

（3）不考虑熔池内加料口及出料口对熔池熔体流动的影响。

针对气液混合顶吹单根 Y 形氧枪模型，选取实际熔炼过程中物性参数，对固定油气比情况下熔池内搅拌效果进行模拟分析。熔池内部搅拌形态随时间的变化规律如图 4-101 所示。

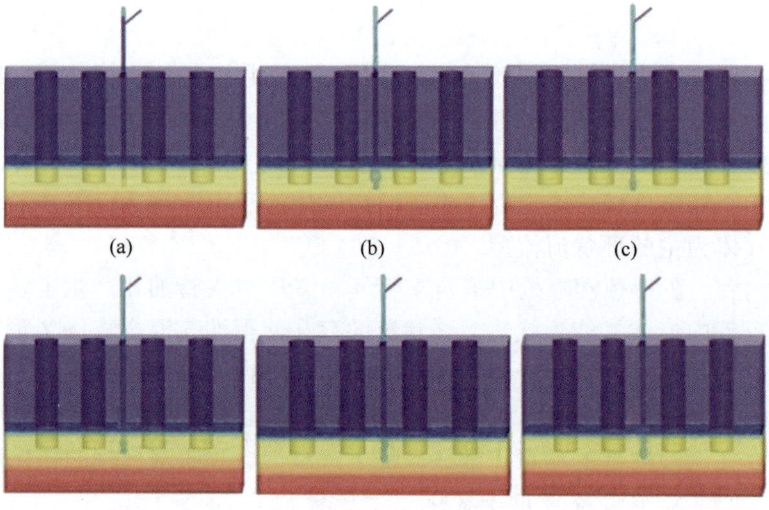

图 4-101 熔池内部搅拌形态随时间变化规律

(a) 0.1s；(b) 0.5s；(c) 0.9s；(d) 1.3s；(e) 1.7s；(f) 2.1s

在固定油气比为 1∶2 时，由于主管进油初速小于支管进气初速，最开始管内主要部分为支管喷入的气体，在氧枪进口提供源源不断的动力的影响下，气流柱垂直向下运动，先于油气混合液从管口喷出，此时氧枪口处形成大气泡的形态，大气泡受熔池内部浮力及熔体压力的影响，沿氧枪外壁上浮，到熔池液面处破裂而产生喷溅。此后因油气两相在管内混合需要一定时间，枪内前端的气流柱经枪口喷出后重复大气泡—气泡上浮—气泡破裂的过程。随着主管油相的持续喷入，垂直管内油相在 Y 形管交界处对支管内气相形成卷吸作用，故经支管喷入的气相在主管油相的作用下不会直接沿枪壁下降，而是在枪内形成弹状流-搅拌流的过渡状态，此时油气两相在管内混合较均匀，经主管喷出后形成油气混合梨形气泡群的形态。管内弹状的气泡经管口喷出后受小气泡及切向力的影响，形成表面不均匀的泡状气泡群，气泡群受到熔池内浮力、压力、枪内动量及熔体黏度等因素的影响而上浮，带动喷枪插入位置周围的熔体向上运动。

在前期得到的最佳油气比条件下，对熔池内部进行分层且带入实际冶炼过程中的物性参数，最终结果表明，单根氧枪在油气比为 1∶2 时，在管内形成弹状流-搅拌流的过渡流型，喷出后形成的气泡羽流带着油气混合液上浮并搅动渣层，不影响冰铜层。

对于熔池内搅拌形态随时间变化相图仅选取 2s 内变化规律，这是因为 2s 后熔池内搅拌形态趋于稳定形态。为了进一步说明 2~3s 熔池内搅拌过程较稳定，选取氧枪出口处中心点为监测点，监测出口处压力及速度随时间的变化规律，如图 4-102 所示。1.4s 时，油气混合液经氧枪喷出后在熔池内形成较稳定的形态，且在枪口监测点处压力及速度均达到动态平衡，该工况趋于稳定，管内油气混合均匀，气泡群趋于稳定大小。该结论与相图规律保持一致。

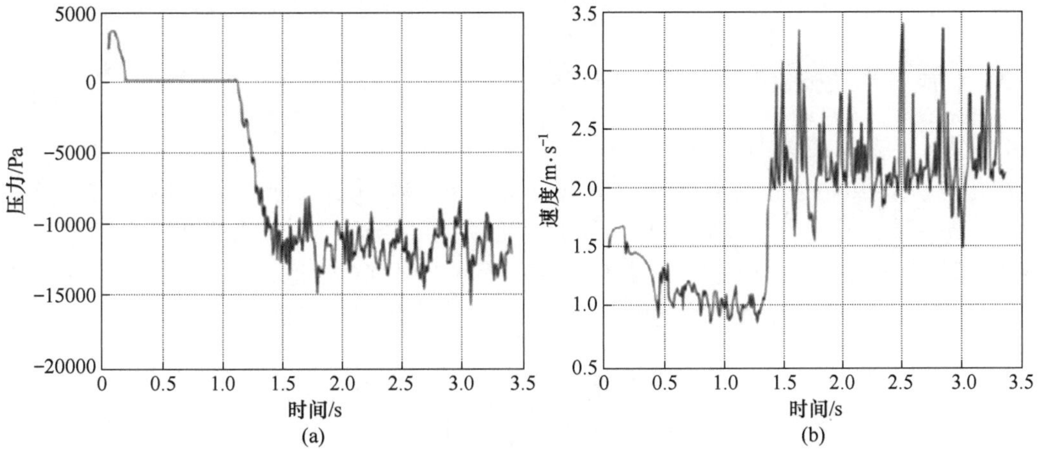

图 4-102 氧枪出口处压力（a）及速度（b）随时间的变化规律

选取渣层为主要研究对象，监测 3s 时刻整个熔池内部迹线分布情况如图 4-103（a）所示，涡旋在 Y 形氧枪出口处聚集，最终在氧枪口处（渣层内）形成大涡旋，少量小涡旋由于动量扩散传递到冰铜层，由于冰铜层的物性（黏度及密度）发生改变，小动量涡旋可能未搅动冰铜层。取 3s 时熔池及氧枪内部 x-y 截面并选取湍流强度云图，如图 4-103（b）所示，湍流强度最大值在氧枪内部出现，从 Y 形管主管与支管的交口处至氧枪口处最大，湍流强度均为 $1.11m^2/s^2$，氧枪下方即冰铜湍流强度为 $0.03m^2/s^2$，说明在 Y 形氧枪管内油气混合均匀性较好，且由于切向力的作用进入熔池后动量横向扩散，对冰铜层的影响不大。

根据上述分析，油气混合三维模型所得出的最优油气比 1∶2 适用于实际贫化电炉熔炼工艺中。在单根气液混合顶吹喷枪喷吹情况下，管内仍出现弹状流，形成了带有周向速度的气泡群搅动渣层，并未扰动冰铜层。此外，湍流强度与湍流耗散率变化规律一致，可应用于气液混合顶吹过程中。

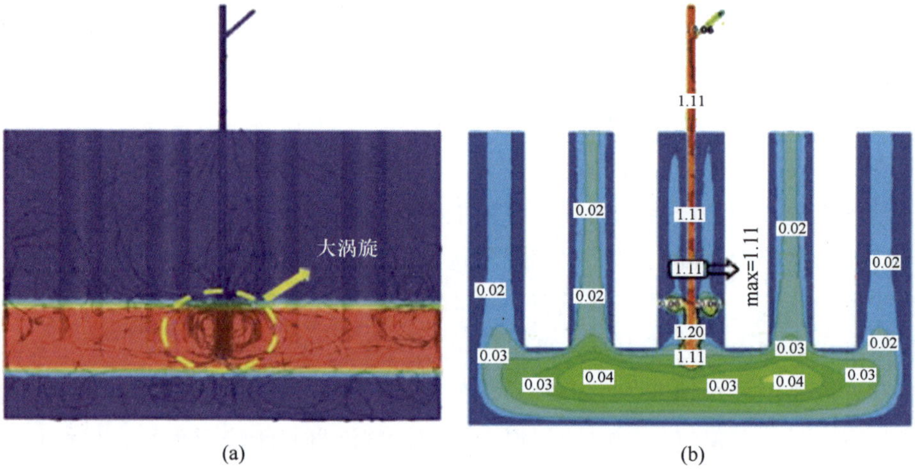

图 4-103 3s 时熔池内迹线（a）及湍流强度（b）

4.6.3 双根 Y 形喷枪强化顶吹的模拟研究

4.6.3.1 模型建立与参数设置

贫化电炉双根喷枪模型及整体网格划分如图 4-104 所示。选定熔池内部物性参数与 4.6.2.3 节一致，其他参数设置不变，基于单枪模型的结论，本节内容改变了氧枪的插入深度为液面下方 450mm，讨论了在喷枪口更接近冰铜层时对熔池内搅拌效果的影响，对喷枪内部及熔池内喷枪出口处周围进行加密，总体网格数为 1381364。

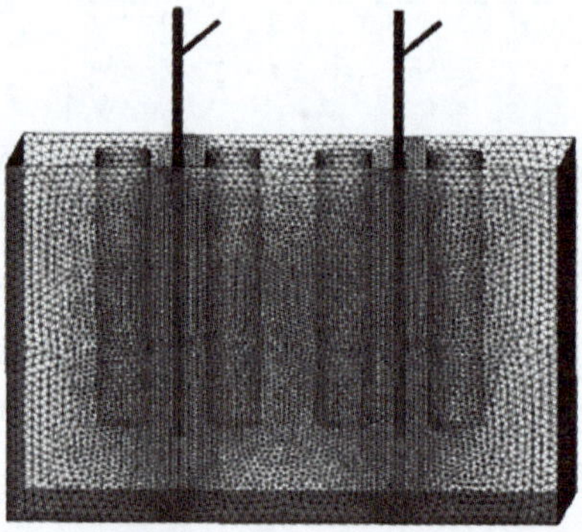

图 4-104 双根 Y 形喷枪气液顶吹贫化电炉模型及网格划分

4.6.3.2 计算结果分析

针对气液混合顶吹双根 Y 形氧枪模型，选取实际熔炼过程中物性参数，对固定油气比情况下熔池内搅拌效果进行模拟分析。熔池内部搅拌形态随时间的变化如图 4-105 所示。在固定油气比为 1∶2 时，双根氧枪喷吹过程中油气混合液最开始是因为主管进油初速小于支管进气初速，故最开始管内主要部分为支管喷入的气体，在氧枪进口提供源源不断的动力的影响下，气流柱垂直向下运动，先于油气混合液从管口喷出，此时氧枪口处形成大气泡的形态，大气泡受熔池内部浮力及熔体压力的影响，沿氧枪外壁上浮，到熔池液面处破裂而产生喷溅。

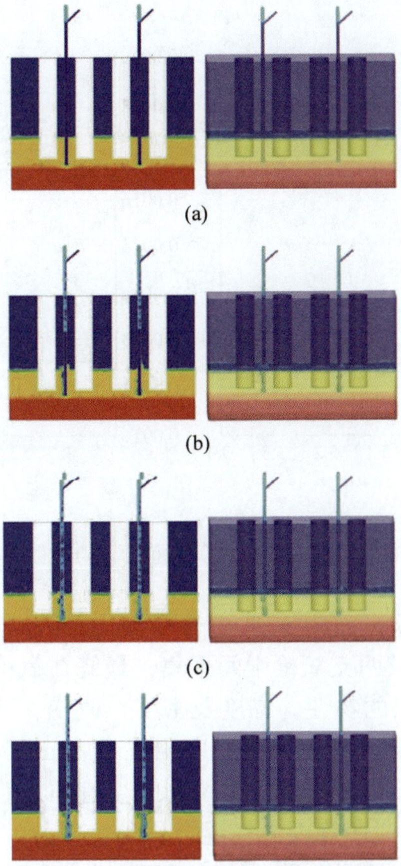

图 4-105 熔池内部搅拌形态随时间变化规律

（a）0.2s；（b）0.8s；（c）1.4s；（d）2.0s

但双根喷枪模型中由于插入深度的改变及双根喷枪间动量的相互影响，喷溅相较于单根喷枪模型较为剧烈。此后因油气两相在管内混合需要一定时间，枪内前端的气流柱经枪口喷出后重复大气泡—气泡上浮—气泡破裂的过程。随着主管油相的持续喷入，垂直管内油相在 Y 形管主管和支管的交界处对支管内气相形成卷吸作用，故经支管喷入的气相在主管油相的作用下不会直接沿枪壁下降，而是在枪内形成弹状流-搅拌流的过渡状态，此时油气两相在管内混合较均匀，经主管喷出后形成油气混合梨形气泡群的形态。管内弹状的气泡经管口喷出后受小气泡及切向力的影响，不再垂直向下运动，而是受到熔池内浮力、压力、枪内动量及熔体黏度等因素的影响而上浮，气泡羽流带动喷枪插入位置周围的熔体向上运动。该计算结果与单根喷枪模型基本一致，但由于插入深度加深导致搅拌过程会影响到冰铜层。

同单根氧枪一样，在熔池内部选取监测点进行监测，不同的是，因监测点位置相同，此时已不位于氧枪出口处而位于两根氧枪出口的中心点处，该监测点可以说明两根两枪之间的动量传递情况，而不能说明气泡群形态是否达到了动态平衡。整个工况监测点处压力和速度随时间变化规律如图 4-106 所示，监测点处压力在管内气泡喷出后变化较小，速度变化也较小。

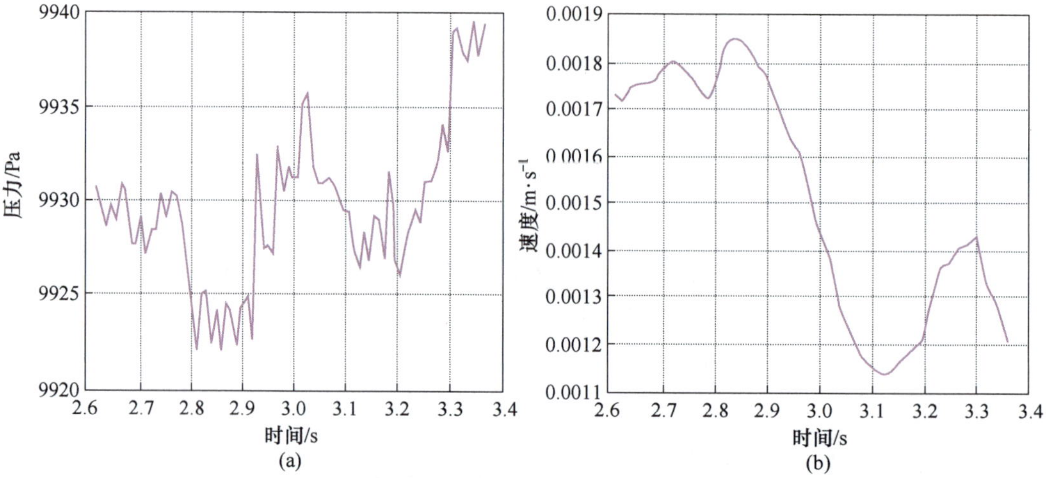

图 4-106　氧枪出口处压力（a）及速度（b）随时间的变化规律

选取渣层为主要研究对象，监测 3s 时整个熔池内部迹线分布情况如图 4-107（a）所示，涡旋在 Y 形氧枪出口处及两支氧枪中间聚集，最终在氧枪口处形成大涡旋，由于渣层内动量波动较大，即使冰铜层的物性（黏度及密度）改变，动量传递在冰铜层内也形成小涡旋。取 3s 时熔池及氧枪内部 x-y 截面并选取湍流强度云图（见图 4-107（b）），湍流强度最大值在两根氧枪内部及出口处出现，从 Y 形管主管与支管的交口处至氧枪口处湍流强度值最大且均为 $0.13m^2/s^2$，说明管内油气混合均匀性较好。且由等值面云图可以看出相较于单根喷枪模型，双根喷枪模型动量在传递过程中会相互影响，最终两根氧枪中间会形成搅拌区，此处的湍动能相较熔池四周增大。

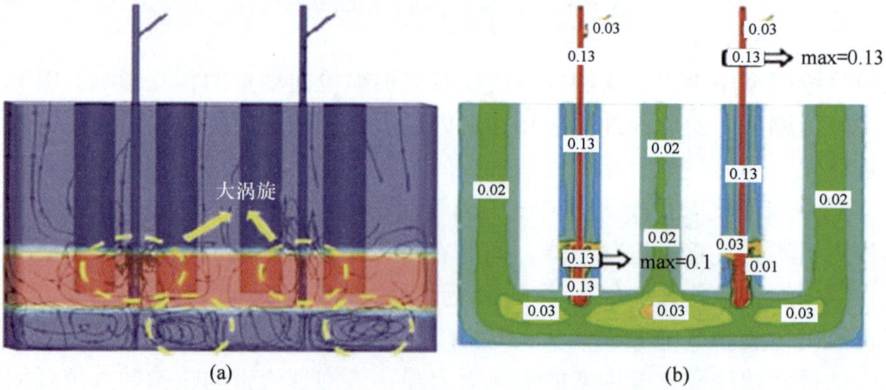

图 4-107　某时刻时熔池内迹线（a）及湍流强度（b）

为了进一步说明油气比为 1∶2 时，双根喷枪之间的动量传递，对渣层的搅拌效果及冰铜层的影响程度，选取熔池内部 x 方向线 1～线 4 及 y 方向线 5～线 8 对熔池内线速度进行分析，如图 4-108 所示。线 1 和线 5 位于熔池液面处，能说明熔池液面的喷溅枪口及搅动范围，线 2 和线 6 位于渣层靠近熔池液面处，能说明气泡群对渣层的搅动情况，线 3 和线 7 位于渣层靠近冰铜层处，能说明气液混合在渣层的扩散范围及气泡群宽度，线 4 和线 8 位于渣层与冰铜层的交界处，能表征气液混合对冰铜层的影响程度。

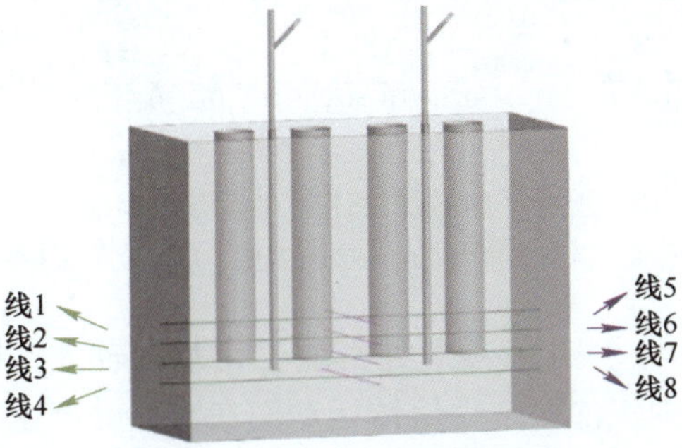

图 4-108　贫化电炉双根喷枪模型参考线位置

在 x 方向，线 1~线 4 处动态平衡后瞬时速度如图 4-109 所示。4 条参照线上横向速度均大于单根喷枪模型，绝对值最大处出现在线 2 和线 1 处，线 1 处横向动量大说明液面波动较大喷溅较为严重，线 2 处横向速度大说明气泡群宽度大。线 3 处纵向速度最大，说明管内垂直动量大，但因为气体对液体的喷吹作用，气液混合流进入熔池内部后纵向动量开始向横向扩散。线 4 几乎无变化，说明气泡群在搅动渣层的同时未影响冰铜层。

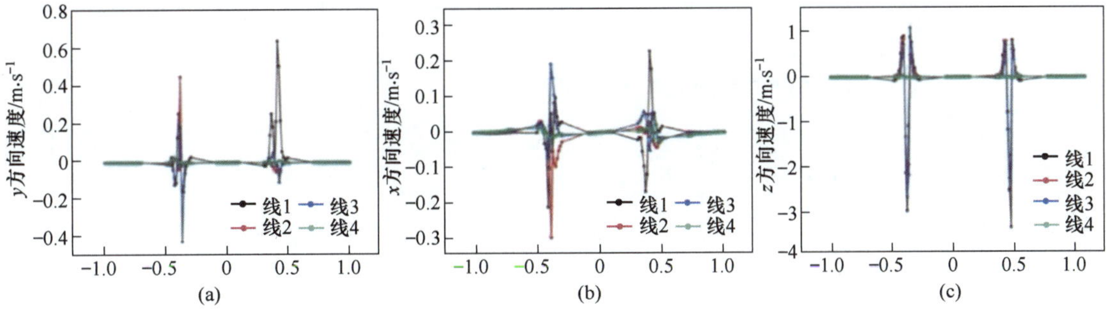

图 4-109　动态平衡后瞬时速度对参考线 1~线 4 的影响

（a）x 方向速度；（b）y 方向速度；（c）z 方向速度

在 y 方向，线 5~线 8 处动态平衡后瞬时速度如图 4-110 所示。双根喷枪模型在 y 方向线处的变化规律与单根喷枪模型变化规律不一致，是因为 y 方向线在双根喷枪模型中是两根枪的中心位置而不是针对单根枪的 y 方向速度分布规律，故此时 y 方向速度可以表征两根枪中间动量混合区域的搅拌效果。线 5 处的速度变化范围最大，同时纵向速度也最大，说明由于两根枪的动量相互影响，动量碰撞导致液面处的波动范围最大，喷溅较剧烈，液面波动最大处不再是喷枪两侧。线 6 和线 7 处速度变化范围大但波动较稳定，说明此时气泡群带动熔渣横向运动，熔体运动至熔池中心处混合产生波动，但搅动较平稳且范围较单根喷枪增大。线 8 处纵向及横向速度变化较为平缓，说明对冰铜层的影响较小。

因柴油、氮气、铜熔渣、冰铜的密度差异较大，可选用密度表征来说明不同位置的气

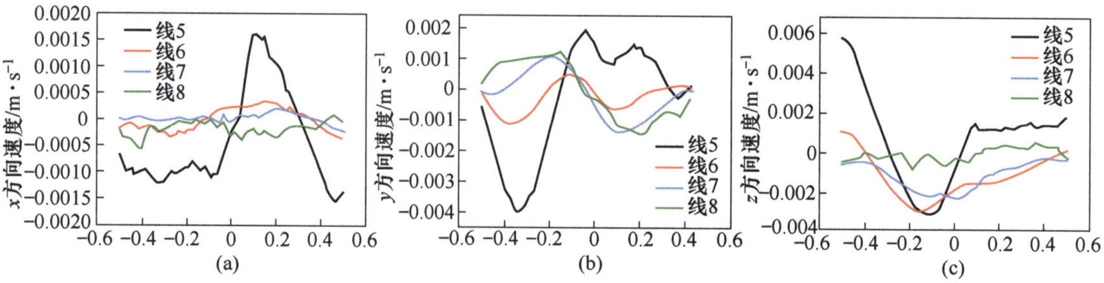

图 4-110　动态平衡后瞬时速度对参考线 5~线 8 的影响
（a）x 方向速度；（b）y 方向速度；（c）z 方向速度

液混合效果如图 4-111 所示。线 1 和线 5 处密度变化范围较大，枪径内部因油气混合产生密度差，枪径外说明熔池内气泡群带动熔体运动而在液面处产生喷溅导致了液面波动产生了密度差。线 2 和线 6 处密度在枪口处较低，但熔池中心处几乎无变化。这是因为此时管内气液混合，气相影响油的密度所造成的波动随动量传递至熔池中心但熔池内无相变。线 3 和线 7 处密度规律与线 2 和线 6 处相似，在此时刻管内油气混合效果较好，且喷出气泡群对熔池内搅拌效果较好。线 4 和线 8 为熔渣层与冰铜层交界，枪口密度发生了少量波动且熔池中心处密度也产生波动，说明枪口处气泡群对渣层的搅动导致了动量传递而对冰铜层产生粘黏效果，且枪口处的动量更大造成的密度差更大，而熔池中心处双根喷枪动量相互作用也对冰铜层造成了影响。

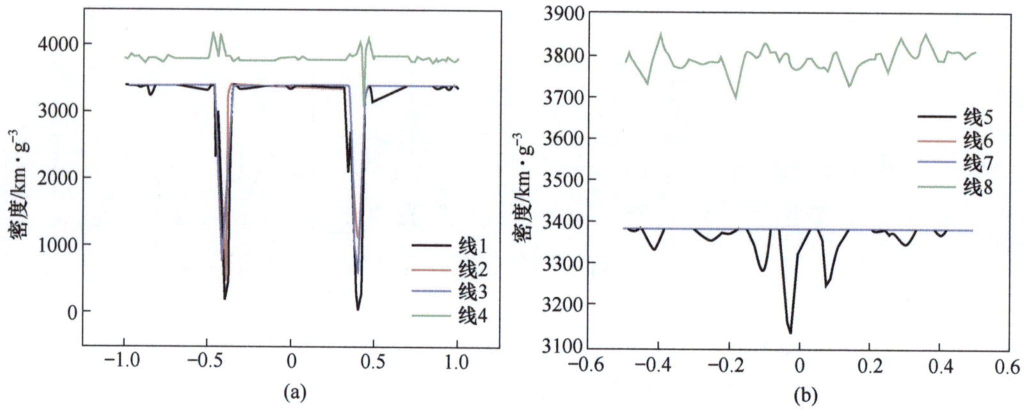

图 4-111　动态平衡后密度表征
（a）x 方向参考线；（b）y 方向参考线

4.6.4　湍流耗散率在气液混合顶吹过程的运用

湍流运动过程可看成由时均流动与脉动流动叠加而成，则消耗的总能量可表示为时均能量耗散与脉动能量耗散的总和，在湍流运动中，脉动黏性耗散越大，证明用于颗粒碰撞的功越大，产生的微涡旋数量越多，其反映了多相体系中气泡分散及其运动规律。

4.6.4.1　单根喷枪模型湍动能及湍流耗散率

图 4-112 为 x 方向及 y 方向线上湍动能分布规律，其规律与速度规律基本一致。这是

因为单根喷枪管内气液混合产生扰动，因此枪内线 2 和线 6 处湍动能峰值都分布在氧枪内部。而油气混合液喷出后由于切向力的作用，在熔池内部发生横向扩散，故线 3 和线 7 处峰值范围增大，但仍位于枪口周围。而熔池内气泡带动熔体运动，气泡沿氧枪壁面上浮，最终在熔池液面处气泡破碎产生喷溅，故线 1 和线 2 处湍动能峰值也位于氧枪插入位置周围。而因熔池内部搅拌几乎未对冰铜层产生影响，仅有少量冰铜粘黏，故线 4 和线 8 处湍动能几乎无变化。

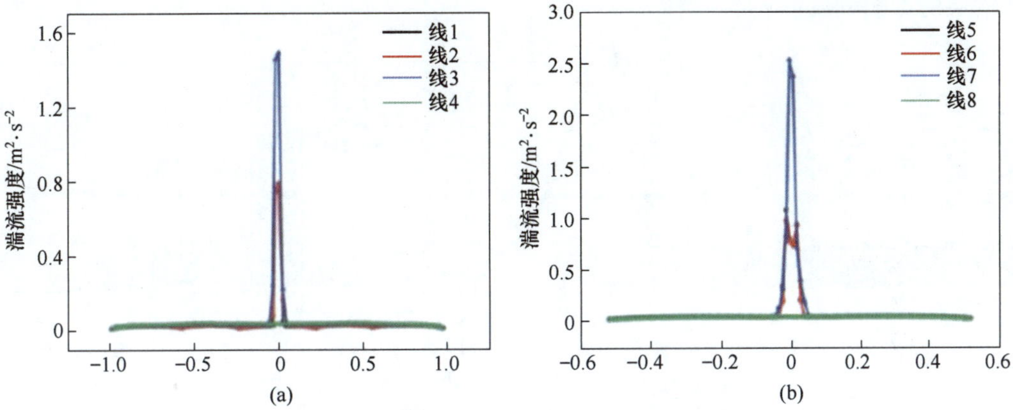

图 4-112 单根喷枪模型动态平衡后湍流强度表征

(a) x 方向参考线；(b) y 方向参考线

图 4-113 为 x 方向线及 y 方向线上湍流耗散率分布规律，其规律与湍动能分布规律基本一致。这是因为在氧枪内部，由支管喷入的气体对主管内的油产生了切向扰动，在管径内两相混合，最终在垂直管内形成了弹状流-搅拌流流型，在枪径内部两相混合产生了旋流。而油气混合液经管口喷出后具有较高速度，且受切向力作用而在熔池内部产生涡旋。在渣层内的大尺度涡旋产生了较高的湍流动能，大尺度涡旋在动量传递的过程中能量产生耗散，形成了较高的湍流耗散率，因此在单根氧枪插入位置均具有较高的湍流动能和湍动能耗散率。而在涡旋逐步破碎后能量减少，整体的耗散率降低，所以线 4 和线 8 在渣层与冰铜层交界面耗散率几乎为零。

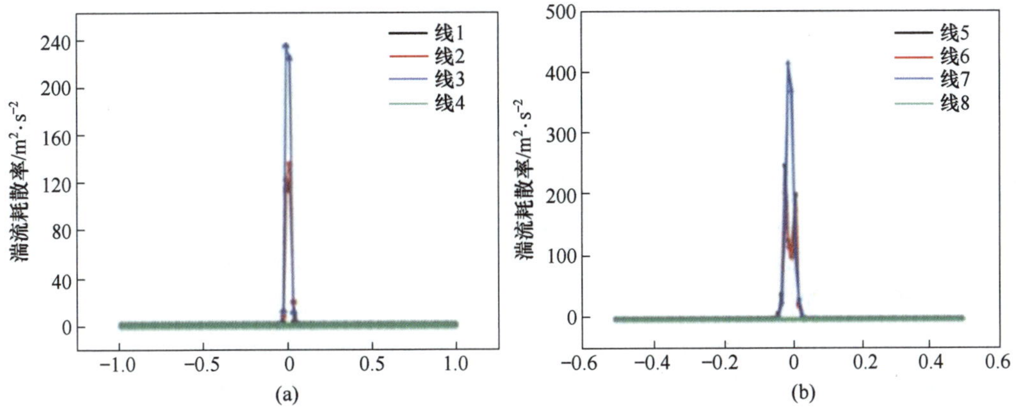

图 4-113 单根喷枪模型动态平衡后湍流耗散率表征

(a) x 方向参考线；(b) y 方向参考线

为了进一步说明油气比为 1∶2 时，气液混合搅拌过程在渣层的搅拌效果及其对冰铜层的影响程度，选取熔池内部参考面面 1（$z=-0.2$）、面 2（$z=-0.3$）、面 3（$z=-0.4$）和面 4（$z=-0.5$）对贫化电炉内面平均湍动能及面平均湍流耗散率进行分析，如图 4-114 所示。面 1 位于熔池液面处，能说明熔池液面的喷溅枪口及搅动范围；面 2 位于渣层靠近熔池液面处，能说明气泡群对渣层的搅动情况；面 3 位于渣层靠近冰铜层处，能说明气液混合在渣层的扩散范围及气泡群宽度；面 4 位于渣层与冰铜层的交界处，能表征气液混合对冰铜层的影响程度。

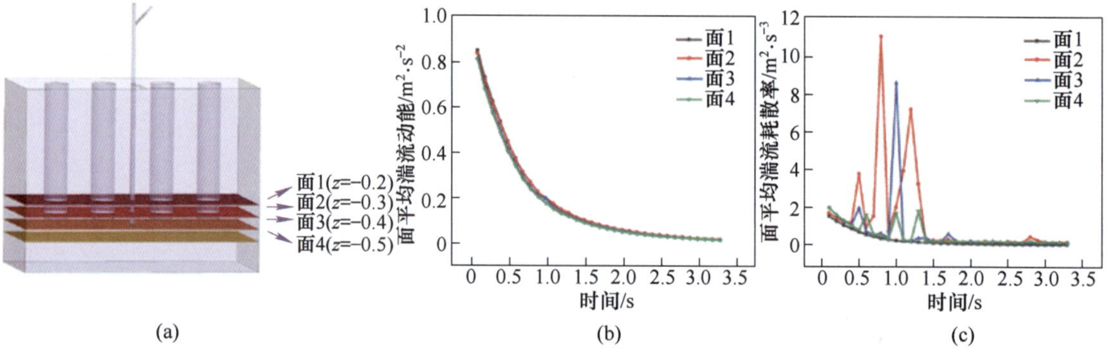

图 4-114　参考面选取（a）及单根喷枪模型面平均湍动能（b）和面平均湍流耗散率（c）随时间变化规律

每个参考面的面平均湍动能均随时间的增长而下降，且面 2 的平面湍动能与其耗散率均较大，这是因为面 2 位于渣层偏上方，油气混合液喷入熔池后动量开始扩散，气泡羽流带动熔体运动。面平均湍动能耗散率总体是随时间增大而减少的，但面 2、面 3、面 4 出现极值点。面 2 第一个峰值出现是因为管内原有气体受压迫，气泡破裂而发生动量耗散，第二个峰值出现是因为支管先运动至熔池内部的气泡破裂，此时气泡所带有的能量大于受压迫的第一个大气泡，故相较于第一个峰值耗散率增大，第三个峰值出现是因为油气混合液到达熔池内部，气泡群动量耗散而引起的突变。因面 3 位于面 2 下方，每个峰值出现时间都略晚于面 2，但规律一致。面 4 湍流耗散率出现峰值是因为气泡破裂粘黏冰铜层导致湍流耗散。

4.6.4.2　双根喷枪模型湍动能及湍流耗散率

图 4-115 为 x 方向线及 y 方向线上湍流强度分布规律，x 方向线上湍流强度分布规律和速度规律基本一致，但 y 方向线上湍动能分布规律与速度分布规律不一致。这是因为双根喷枪管内气液混合过程及喷出后在熔池内的搅拌过程与单根喷枪模型基本一致，但双根喷枪之间动量传递相互影响而造成了 y 方向线上分布规律不一致。速度分布较为平缓，但湍流强度分布规律基本上呈现抛物线样式，由于中间加热电极的影响，导致中间范围的湍动能稍稍减小。线 4 湍动能几乎无变化，说明熔池内部搅拌未对冰铜层产生影响，但线 8 说明有少量冰铜粘黏。

图 4-116 为 x 方向线及 y 方向线上湍流耗散率分布规律，x 方向线上的湍流耗散率分布规律与湍动能分布规律基本一致，但 y 方向线上湍流耗散率分布规律与湍动能分布规律不一致，且湍流强度较大的地方湍动能较小。这是因为双根喷枪模型与单根喷枪模型的混合规律是一致的，都是由于气液混合在管内产生的弹状流-搅拌流过渡流型，而使得油气

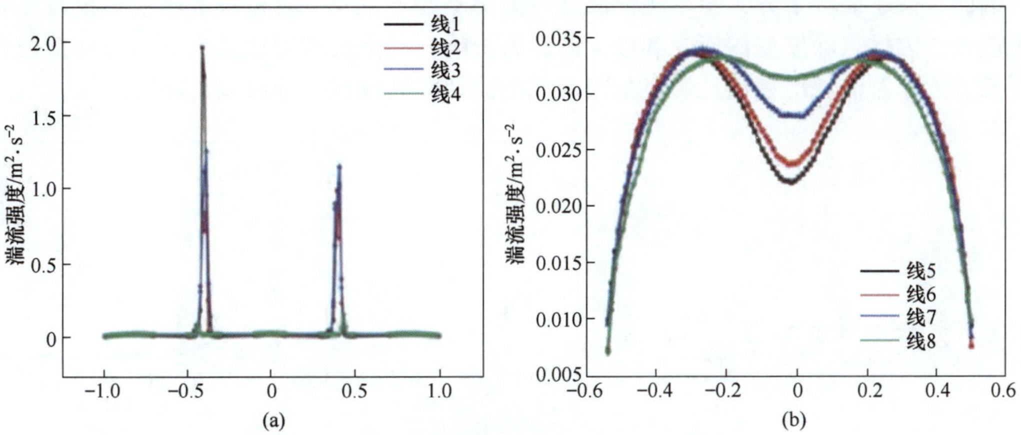

图 4-115　双根喷枪模型动态平衡后湍动能表征

（a）x 方向参考线；（b）y 方向参考线

混合液经 Y 形管喷出后即带有周向速度，从而在熔池内部产生大涡旋，大涡旋传递动量而产生了动量耗散，在涡旋逐步破碎后能量减少，整体的耗散率降低，因此线 4 在渣层与冰铜层交界面耗散率几乎为零。但是在 y 方向线上是因为位于熔池中心处，虽然双根喷枪油气混合互相产生了搅动，但湍动能变化范围较小，湍流耗散率变化范围也较小。

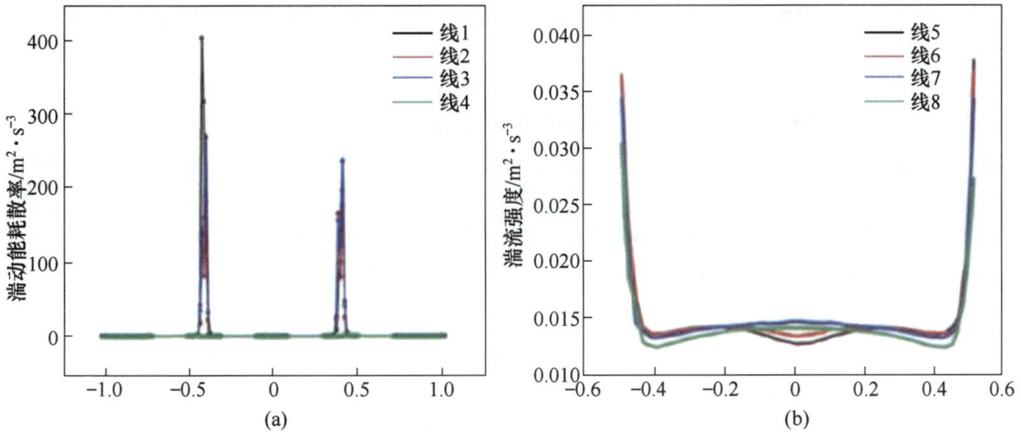

图 4-116　双根喷枪模型动态平衡后湍流耗散率表征

（a）x 方向参考线；（b）y 方向参考线

如图 4-117 所示，双根喷枪模型每个参考面的面平均湍动能均随时间的增长而下降，且数值几乎一致，但双根喷枪面平均湍流耗散率总体极值大于单根喷枪模型，这是因为双根喷枪模型的双根喷枪动量相互影响且气泡破裂耗散加剧。面平均湍流耗散率总体是随时间增大而减少的，在面 2、面 3、面 4 出现极值点。面 2 第一个峰值出现是因为管内原有气体受压迫，气泡破裂而发生动量耗散；第二个峰值出现是因为支管先运动至熔池内部使气泡破裂，此时气泡所带有的能量大于受压迫的第一个大气泡，故相较于第一个峰值耗散率增大；第三个峰值出现是因为油气混合液到达熔池内部，气泡群动量耗散而引起的突变。因面 3 位于面 2 下方，每个峰值出现时间都略晚于面 2，但相较于单根喷枪模型第一个极值点，因插入深度变深而受到更大的压力影响，气泡破裂形成更大的涡旋而造成更大的耗散。面 4 湍流耗散率出现峰值是因为气泡破裂粘黏冰铜层导致湍流耗散。

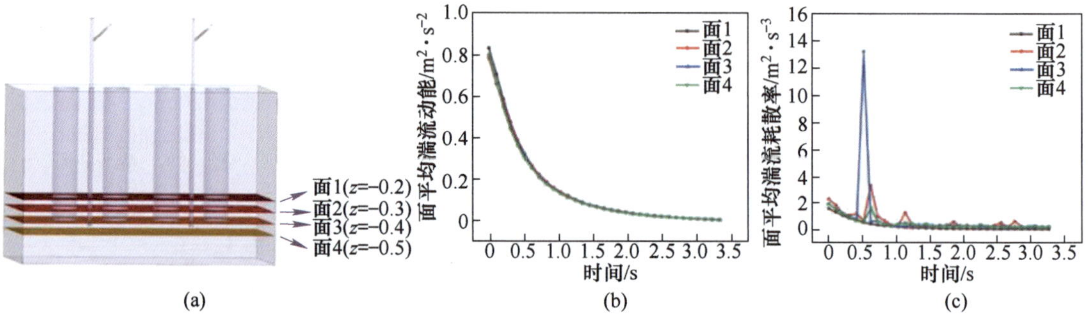

图 4-117 贫化电炉双根喷枪模型面（a）及平均湍动能（b）和面平均湍流耗散率（c）随时间变化规律

参考文献

[1] 周雪漪．计算水力学［M］．北京：清华大学出版社，1995.

[2] 王福军．计算流体动力学分析-CFD 软件原理与应用［M］．北京：清华大学出版社，2004.

[3] BREBBIA C A. The boundary element method in enginering practice［J］. Engineering Analysis, 1984, 1: 3-12.

[4] PATANKAR S V. Numerical Heat Transfer and Fluid Flow［M］. Chemical Rubber Company Press, 2018.

[5] 温正，石良辰，任毅如．Fluent 流体计算应用教程［M］．北京：清华大学出版社，2009.

[6] 韩占忠，王敬，兰小平．Fluent 流体工程仿真计算实例与应用［M］．北京：北京理工大学出版社，2004.

[7] 王瑞金，张凯，王刚．Fluent 技术基础与应用实例［M］．北京：清华大学出版社，2007.

[8] 江帆，黄鹏．Fluent 高级应用与实例分析［M］．北京：清华大学出版社，2008.

[9] GOUESBET G, BERLEMONT A. Eulerian and Lagrangian approaches for predicting the behaviour of discrete particles in turbulent flows［J］. Progress in Energy and Combustion Science, 1999, 25（2）: 133-159.

[10] BHALLA A P S, NANGIA N, DAFNAKIS P, et al. Simulating water-entry/exit problems using Eulerian-Lagrangian and fully-Eulerian fictitious domain methods within the open-source IBAMR library［J］. Applied Ocean Research, 2020, 94: 101932.

[11] ZUZIO D, ESTIVALÈZES J L, DIPIERRO B. An improved multiscale Eulerian-Lagrangian method for simulation of atomization process［J］. Computers & Fluids, 2018, 176: 285-301.

[12] ADENIYI A A, MORVAN H P, SIMMONS K A. A coupled Euler-Lagrange CFD modelling of droplets-to-film［J］. The Aeronautical Journal, 2017, 121（1246）: 1897-1918.

[13] FERRY J, BALACHANDAR S. A fast Eulerian method for disperse two-phase flow［J］. International Journal of Multiphase Flow, 2001, 27（7）: 1199-1226.

[14] SUN D, GARMORY A, PAGE G J. Simulation of inertial behavior of dilute particle flow in horizontal channel with Eulerian method of velocity-reassociated quadrature-based method of moments［J］. Powder Technology, 2016, 304: 157-163.

[15] KUMAR A, LIPIŃSKI W, KIM J S. Numerical modelling of radiation absorption in a novel multi-stage

free-falling particle receiver [J]. International Journal of Heat and Mass Transfer, 2020, 146: 118821.
[16] BECCATI N, FERRARI C, PARMA M C O, et al. Eulerian multi-phase CFD model for predicting the performance of a centrifugal dredge pump [J]. International Journal of Computational Methods and Experimental Measurements, 2019 (4): 316-320.
[17] REZA A, FARZAD P, ABOLFAZL A, et al. Eulerian-Eulerian multi-phase RPI modeling of turbulent forced convective of boiling flow inside the tube with porous medium [J]. International Journal of Numerical Methods for Heat & Fluid Flow, 2019, 30 (5): 2043-2052.
[18] 张强. 两方程湍流模型的应用研究 [D]. 西安: 西北工业大学, 2004.
[19] 苏铭德. 大涡模拟——研究湍流的一种新手段 [J]. 力学进展, 1984 (4): 440-451.
[20] 苏铭德. 大涡模拟的代数模型 [J]. 力学学报, 1987 (S1): 1-8.
[21] 付江, 王华. 艾萨熔池熔炼的应用与优化 [J]. 工业加热, 2007, 36 (1): 35-40.
[22] DIAZ C M, MACKEY P J. The Copper-cobre Series of Conferences: A Prime Forum for Active Discussion of Copper Smelting [C] // Canadian Institute of Mining, Metallurgy and Petroleum. Proceedings of the Sixth International Copper-Cobre Conference. 2007: 3-37.
[23] 马鹏, 刘发存. 铜冶炼闪速熔炼及熔池熔炼技术探讨 [J]. 世界有色金属, 2016 (1): 89-90.
[24] 彭军, 陈卓, 刘思璇, 等. 铜顶吹炉内多相流数值模拟与单因素影响分析 [J]. 过程工程学报, 2017, 17 (5): 926-935.
[25] LIU G Q, LI J, XU D, et al. Energy balance between multiple supersonic jets and molten bath in BOF steelmaking [J]. Ironmaking & Steelmaking, 2022: 1-11.
[26] ZHAO H L, LU T T, LIU F Q, et al. Computational fluid dynamics study on a top-blown smelting process with lance failure in an Isa furnace [J]. JOM, 2019, 71 (5): 1643-1649.
[27] SZEKELY J, ASAI S. Turbulent fluid flow phenomena in metals processing operations: Mathematical description of the fluid flow field in a bath caused by an impinging gas jet [J]. Metallurgical and Materials Transactions B, 1974, 5 (2): 463-467.
[28] SALCUDEAN M, GUTHRIE R I L. Fluid flow in filling ladles [J]. Metallurgical Transactions B, 1978, 9 (2): 181-189.
[29] 李有章, 李顶宜. 顶吹气体射流冲击下熔池内液体流场的研究 [J]. 北京钢铁学院学报, 1983.
[30] 李有章, 郭鸿志. 底吹气体搅拌下熔池内流场的研究 [J]. 工程热物理学报, 1984 (1): 97-104.
[31] 杜嗣琛, 张家芸, 魏寿昆. 顶吹气体射流冲击下熔池流动的数学模型 [J]. 金属学报, 1986, 22 (5): 137-139.
[32] 李宝宽, 赫冀成, 陆钟武. 偏心底吹熔池内三维流动的数值计算 [J]. 金属学报, 1992, 28 (11): 7.
[33] GITTLER P, KICKINGER R, PIRKER S, et al. Application of computational fluid dynamics in the development and improvement of steelmaking processes [J]. Scandinavian Journal of Metallurgy, 2000, 29 (4): 166-176.
[34] LAUX H, JOHANSEN S T, BERG H, et al. CFD analysis of the turbulent flow in ladles and the alloying process during tapping of steel furnaces [J]. Scandinavian Journal of Metallurgy, 2000, 29 (2): 71-80.
[35] NAKAZONO D, ABE K, NISHIDA M, et al. Supersonic O_2-jet impingement on liquid iron with surface chemistry [J]. ISIJ International, 2004, 44 (1): 91-99.
[36] KORIA S C, LANGE K W. Penetrability of impinging gas jets in molten steel bath [J]. Steel Research, 1987, 58 (9): 421-426.
[37] SHARMA S K, HLINKA J W, KERN D W. The bath circulation, jet penetration and high-temperature reaction zone in BOF steelmaking [C] // Open Hearth and Basic Oxygen Steel Conference, 1977.

[38] DOH Y, CHAPELLE P, JARDY A, et al. Toward a full simulation of the basic oxygen furnace: Deformation of the bath free surface and coupled transfer processes associated with the post-combustion in the gas region [J]. Metallurgical and Materials Transactions B, 2013, 44 (3): 653-670.

[39] 曹玲玲. 转炉熔池气-渣-金多相流行为的模拟研究 [D]. 北京: 北京科技大学, 2018.

[40] 王广连, 朱荣, 何春来. 氧气射流作用下的电弧炉熔池两相流数值模拟 [J]. 过程工程学报, 2010, 10 (4): 625-631.

[41] HE C L, ZHU R, DONG K, et al. Three-phase numerical simulation of oxygen penetration and decarburisation in EAF using injection system [J]. Ironmaking & Steelmaking, 2011, 38 (4): 291-296.

[42] ODENTHAL H, KEMPKEN J, SCHLUTER J, et al. Advantageous numerical simulation of the converter blowing process [J]. Iron and Steel Technology, 2007, 4 (11): 71.

[43] 董凯, 朱荣, 何春来, 等. 氧气顶吹转炉的三相流数值模拟 [J]. 过程工程学报, 2011, 11 (1): 20-25.

[44] LV M, ZHU R, GUO Y G, et al. Simulation of flow fluid in the BOF steelmaking process [J]. Metallurgical and Materials Transactions B, 2013, 44 (6): 1560-1571.

[45] 李明明. 转炉超音速射流行为及其与熔池作用的基础研究 [D]. 沈阳: 东北大学, 2015.

[46] ASAHARA N, NAITO K, KITAGAWA I, et al. Fundamental study on interaction between top blown jet and liquid bath [J]. Steel Research International, 2011, 82 (5): 587-594.

[47] 李智峥, 朱荣, 刘润藻, 等. 转炉氧枪枪位对炼钢熔池流速的影响 [J]. 北京科技大学学报, 2014, 36 (1): 15-20.

[48] 魏鑫燕, 朱荣, 刘立德, 等. 100t 转炉氧枪射流的数值模拟研究 [J]. 炼钢, 2012, 27 (6): 2830.

[49] 吕国成, 刘坤, 包丽明, 聚合射流氧枪射流特性的实验研究 [J]. 特殊钢, 2014, 35 (4): 5-7.

[50] 程怀吉, 张芳萍, 来飞, 等. 基于聚合射流氧枪数值模拟的研究 [J]. 太原科技大学学报, 2014, 35 (4): 271-273.

[51] 王杰杰. 转炉聚合射流氧枪射流特性的模拟与分析 [D]. 唐山: 华北理工大学, 2016.

[52] DONG P Y, ZHENG S G, ZHU M Y. Numerical study on gas-metal-slag interaction with single-flow postcombustion oxygen lance in the steelmaking process of a top-blown converter [J]. JOM, 2022, 74 (4): 1509-1520.

[53] HU S, ZHU R, LIU R, et al. Research on the flow properties and erosion characteristics in combined blown converter at steelmaking temperature [C] //TMS Annual Meeting & Exhibition. Springer, Cham, 2018: 159-171.

[54] LI Y, LOU W T, ZHU M Y. Numerical simulation of gas and liquid flow in steelmaking converter with top and bottom combined blowing [J]. Ironmaking & Steelmaking, 2013, 40 (7): 505-514.

[55] SESHADRI V, RODRIGUES E F, DA SILVA C A, et al. Modeling and CFD simulations of multiphase melt flows in steelmaking converters under combined blow conditions [C] //5th International Symposium on High-Temperature Metallurgical Processing. Hoboken, NJ, USA: John Wiley & Sons, Inc., 2014: 435-442.

[56] LI M, LI L, LI Q, et al. Modeling of mixing behavior in a combined blowing steelmaking converter with a filter-based Euler-Lagrange model [J]. JOM, 2018, 70 (10): 2051-2058.

[57] WANG Q M, GUO X Y, TIAN Q H. Copper smelting mechanism in oxygen bottom-blown furnace [J]. Transactions of Nonferrous Metals Society of China, 2017 (27): 946-953.

[58] 郭学益, 姜保成, 王亲猛, 等. 氧气底吹炼铜模拟仿真研究进展 [J]. 有色金属科学与工程, 2022, 13 (3): 9-19.

[59] 谭金池, 张斌, 袁富, 等. 板坯连铸结晶器三维流场模拟仿真研究 [J]. 江西冶金, 2020, (40): 11-15.

[60] 戴志海，张斌，彭金鹏，等．底吹炼铜熔池液面波动数值模拟［J］．有色金属科学与工程，2021，12（6）：9-16.
[61] 袁启盛，张斌，戴志海，等．底吹炼铜喷口区多相流动特性数值模拟研究［J］．世界有色冶金，2021，（2）：6-10.
[62] 李明周，童长仁，黄金堤，等．底吹炼铜工艺全流程模拟计算［J］．过程工程学报，2016，16（6）：1028-1037.
[63] 李晟，李玉晓，刘志高．铜锍转炉中气液两相流动的数值模拟［J］．过程工程学报，2016，16（1）：55-61.
[64] 郭学益，王双，王亲猛，等．氧气底吹熔池熔炼过程气泡生长行为仿真研究［J］．中国有色金属学报，2018，28（6）：1204-1215.
[65] 郭学益，闫书阳，王亲猛，等．氧气底吹熔炼氧枪枪位优化［J］．中国有色金属学报，2018，28（12）：2539-2550.
[66] 王书晓，余跃，温治，等．铜底吹炉氧枪出口端蘑菇头生成过程水模实验研究［J］．中国有色冶金，2018（1）：47-53.
[67] XIAO J B，YAN H J，MARKUS S，et al．Effect of nozzle geometry on pressure drop in submerged gas injection［J］．Journal of Central South University，2019，26（8）：2068-2076.
[68] 邓伟鹏，张小辉，张广君，等．铜熔池熔炼过程中生物柴油浸没燃烧数值模拟［J］．中国有色金属学报，2021，29（12）：2809-2818.
[69] SHUI L，CUI Z X，MA X D，et al．Mixing phenomena in a bottom blown copper smelter：A water model study［J］．Metallurgical and Materials Transactions B，2015，46（3）：1218-1225.
[70] SHUI L，CUI Z X，MA X D，et al．Understanding of bath surface wave in bottom blown copper smelting furnace［J］．Metallurgical and Materials Transactions B，2016，47（1）：135-144.
[71] SHUI L，CUI Z X，MA X D，et al．Study of plume eye in the copper bottom blown smelting furnace［J］．Metallurgical and Materials Transactions B，2019，50（2）：782-789.
[72] WANG J H，ZHU W J，ZHANG H，et al. Effect of asymmetric bottom blowing on melting behavior of steel scrap in a converter［J］．Metall Mater Trans B，2024，55：3208-3221.
[73] 郗文龙，宋锦波，牛丽萍，等．不同放大准则对底吹炉放大效应的影响研究［J］．中国有色冶金，2022，51（5）：86-92，101.
[74] 董择上，李东波，姚心，等．富氧底吹熔炼炉内气-液多相流研究［J］．有色设备，2019，2：36-41.
[75] 余跃．气体流量对底吹炼铜炉吹炼过程的影响［J］．有色金属（冶炼部分），2020（8）：1-8.
[76] 穆亮照，赵洪亮，王正，等．大型富氧底吹铜熔炼炉气-锍-渣多相流模拟及澄清区优化研究［J］．有色金属（冶炼部），2021（1）：1-9.
[77] 张振杨，陈卓，闫红杰，等．富氧底吹熔炼炉内气液两相流动的数值模拟［J］．中国有色金属学报，2012，22（6）：1826-1834.
[78] 王东兴，张廷安，刘燕，等．氧气底吹造锍过程中气泡行为的水模实验［J］．东北大学学报，2013，34（12）：1755-1758.
[79] WANG D X，LIU Y，ZHANG Z M，et al．Dimensional analysis of average diameter of bubbles for bottom blown oxygen copper furnace［J］．Mathematical Problems in Engineering，2016，2016：1-8.
[80] WANG D X，LIU Y，ZHANG T A，et al．Effects of blowing conditions on the dispersion states of materials charged into bottom blown oxygen smelting furnace［J］．8th International Symposium on High-Temperature Metallurgica Processing，2017，51：689-701.
[81] WANG D X，LIU Y，ZHANG Z M，et al．PIV measurements on physical models of bottom blown oxygen copper smelting furnace［J］．Canadian Metallurgical Quarterly，2017，56（2）：221-231.
[82] 张振杨．底吹熔炼炉内多相流动行为研究与优化［D］．长沙：中南大学，2012.

[83] VALENCIA A, ROSALES-VERA M, ORELLANA C. Fluid dynamics in a teniente type copper converter model with one and two tuyeres [J]. Advances in Mechanical Engineering, 2013, (1): 323-335.

[84] MA D G, CHEN W Q, CHE X M. Physical modelling of slag splashing in nickel converter [J]. Canadian Metallurgical Quarterly, 2012, 51 (1): 31-38.

[85] VAARNO J, PITKALA J, AHOKAINEN T, et al. Modelling gas injection of a Peirce-Smith-converter [J]. Applied Mathematical Modelling, 1998, 22 (11): 907-920.

[86] 邵品，张廷安，刘燕，等．底吹冰铜吹炼炉中气-液流动状况的数学模拟 [J]. 东北大学学报（自然科学版），2012, 33 (9): 22.

[87] YU Y, WEN Z, LIU X L, et al. Hydraulic model experiment and numerical simulation of bottom-blowing copper smelting furnace [J]. Applied Mechanics and Materials, 2014, 602-605: 546-553.

[88] 王书晓，余跃，温治，等．蘑菇头对铜底吹炉内气液流动影响数值模拟研究 [J]. 中国有色冶金，2018, 47 (2): 23-27, 43.

[89] 郭学益，王亲猛，田庆华，等．氧气底吹铜熔炼工艺分析及过程优化 [J]. 中国有色金属学报，2016, 26 (3): 689-698.

[90] 王亲猛，郭学益，廖立乐，等．氧气底吹炼铜多组元造锍行为及组元含量的映射关系 [J]. 中国有色金属学报，2016, 26 (1): 188-196.

[91] 王亲猛，郭学益，田庆华，等．氧气底吹铜熔炼渣中多组元造渣行为及渣型优化 [J]. 中国有色金属学报，2015, 25 (6): 1678-1686.

[92] ZHOU J M, GAO Q, LIU L, et al. Fluid-flow characteristics and critical phenomenon in a bottom blowing bath [J]. Advanced Materials Research, 2012, 402: 365-370.

[93] YANG H, VANKA S P, THOMAS B G. Mathematical modeling of multiphase flow in steel continuous casting [J]. ISIJ International, 2019, 59 (6): 956-972.

[94] NABAVI M, SIDDIQUI K, CHISHTY W A. 3-D simulations of the bubble formation from a submerged orifice in liquid cross-flow [C] //Fluids Engineering Division Summer Meeting. 2009, 43727: 863-869.

[95] MOHAMMADI FARHANGI M, PASSANDIDEH-FARD M, BAGHERIAN B. Bubble rise and departure from a viscous liquid free surface [C] //ASME International Mechanical Engineering Congress and Exposition. 2008, 48715: 1893-1900.

[96] LIU H, XIE M Z, YIN H C, et al. VOF simulations of gas bubbles motion in a reciprocally stirred flow [C] //Applied Mechanics and Materials. Trans Tech Publications Ltd., 2011, 44: 2494-2498.

[97] WANG X, DONG H, ZHANG X, et al. Numerical simulation of single bubble motion in ionic liquids [J]. Chemical Engineering Science, 2010, 65 (22): 6036-6047.

[98] WU X L, WU E H. Bubble creation and multi-fluids simulation [J]. Journal of Computer Aided Design & Computer Graphics, 2010, 22 (9): 1463-1467.

[99] WANG H, ZHANG Z Y, YANG Y M, et al. Numerical investigation of the interaction mechanism of two bubbles [J]. International Journal of Moderm Physics C., 2010, 21 (1): 33-49.

[100] 魏季和，贺元，史国敏．侧顶复吹条件下 AOD 转炉熔池内流体流动的数学模拟：流动的数学模型 [J]. 过程工程学报，2010, 10 (S1): 231-235.

[101] 魏季和，贺元，史国敏．侧顶复吹条件下 AOD 转炉熔池内流体流动的数学模拟：模型对侧顶复吹过程的应用及结果 [J]. 过程工程学报，2011, 11 (1): 40-43.

[102] WEI J H, HE Y, SHI G M. Mathematical modeling of fluid flow in bath during combined side and top blowing aod refining process of stainless steel: application of the model and results [J]. Steel Research International, 2011, 82 (6): 693-702.

[103] WEI J H, HE Y, SHI G M. Mathematical modeling of fluid flow in bath during combined side and top

blowing AOD refining process of stainless steel: Application of the model and results [J]. Steel Research International, 2011, 82 (6): 703-709.

[104] 史国敏. 侧顶复吹条件下 AOD 转炉熔池内流体流动现象的数学和物理模拟 [D]. 上海: 上海大学, 2007.

[105] REAL C, MIRANDA R, VILCHIS C, et al. Transient internal flow characterization of a bifurcated submerged entry nozzle [J]. ISIJ International, 2006, 46 (8): 1183-1191.

[106] 刘燕庭, 杨天足, 陈卓, 等. 富氧侧吹氧化炉内两相流动的实验和数值模拟 [J]. 中国有色金属学报, 2020, 30 (1): 249-258.

[107] ZHANG H L, ZHOU C Q, BING W U, et al. Numerical simulation of multiphase flow in a Vanyukov furnace [J]. Journal of the Southern African Institute of Mining and Metallurgy, 2015, 115 (5): 457-463.

[108] 李小龙, 刘燕, 王东兴, 等. 侧吹炼铜过程中乳化现象的模拟 [J]. 东北大学 (自然科学版), 2018, 39 (5): 649-653.

[109] LIU Y T, YANG T Z, CHEN Z, et al. Experiment and numerical simulation of two-phase flow in oxygenriched side-blown fumace [J]. Transactions of Nonferrous Metals Society of China, 2020 (30): 249-258.

[110] 祝振宇, 周萍, 陈卓, 等. 气体喷吹对富氧侧吹炉内两相流动影响的数值模拟 [J]. 中南大学学报 (自然科学版), 2022, 53 (2): 398-408.

[111] 吴锤结, 李霞. 三维气泡与自由表面相互作用的直接数值模拟 [J]. 固体力学学报, 2006, 27: 13-109.

[112] PETER L, MURRAY R, LIOW J L. Numerical modelling of free surface flows in metallurgical vessels [J]. Applied Mathematical Modelling, 2002, 26: 113-140.

[113] VIVEK V, BUWA A, GERLACH D, et al. Numerical simulations of bubble formation on submerged orifices: Period-1 and period-2 bubbling regimes [J]. Chemical Engineering Science, 2007, 62: 7119-7132.

5 浸没燃烧原理及其在富氧强化熔池熔炼中的应用

在富氧强化熔池熔炼过程中，无论是顶吹、底吹还是侧吹，由于燃料与空气接触比燃料与熔体接触早，富氧空气与燃料的混合物会在被高温熔体包裹的气泡内部燃烧，如图 5-1 所示。燃烧的高温气泡在流动、破碎或聚并过程中与熔体发生热交换，对于液体燃料而言，还存在着气化、裂解及液体燃料颗粒的分散过程，是多尺度、多相耦合和多场协同的过程。

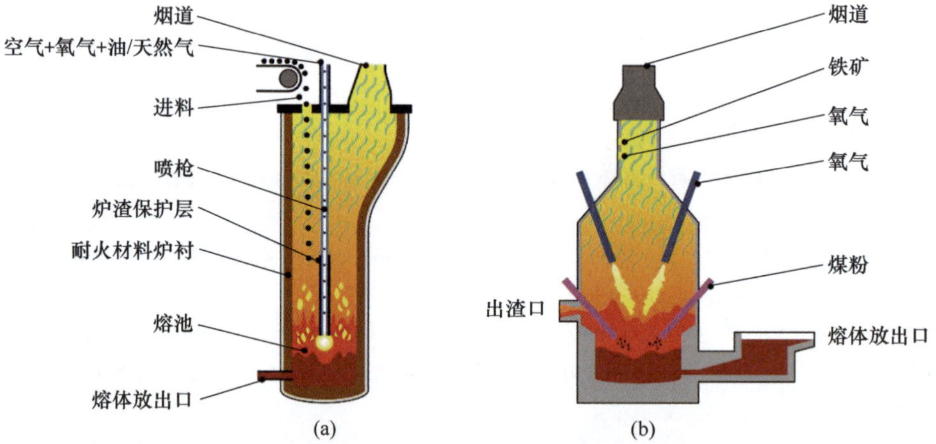

图 5-1　浸没燃烧熔池熔炼（a）与液面上燃烧熔池熔炼（b）示意图

燃料燃烧导致的气泡膨胀、气泡上升过程中的运动及破碎都强化了对熔体的搅拌，使得熔体内多相界面接触更均匀，造锍反应更快。同时由于连续喷吹及气泡与熔体的直接接触换热，使得熔体的压力和温度不断波动，这种波动造成了气泡的无规律脱离、破碎和形变，进而对气泡内燃料的分散和燃烧产生影响[1]。由此可见，熔池内的浸没燃烧是复杂多相流动中的燃烧，是流动与传热的耦合。而传统的浸没燃烧实质强调的是高温烟气与液体的直接接触换热，用以强化换热效果，而随着目前对熔池熔炼过程研究的不断深入，以及研究手段的加强，对熔池熔炼过程中的浸没燃烧研究逐渐成为热点。本章将重点围绕熔池熔炼过程含碳燃料在熔池内的氧化还原过程的基本原理及不同形态燃料在熔池浸没状态下的燃烧特性展开论述。

5.1 浸没燃烧技术的发展及现状

传统的浸没燃烧又称为液下燃烧，该技术并非是将燃烧火焰放在液体内部，而是将燃烧产生的高温烟气通入液体内，使烟气与被加热液体直接接触进行换热的一种新型液体加热技术。通常浸没燃烧比仅通过浸入液体的管道鼓吹热空气要复杂得多，图 5-2 为一种浸没燃烧装置示意图，一般而言，浸没燃烧装置除去辅助的设备配件以外，包括燃烧装置、贮液装置和排烟装置三种主要设备。燃烧头固定在水箱上部，燃烧室位于液面的上方，燃烧室与浸没在液体中的鼓泡管连通。燃气管道输送的燃气与风机送入的空气在燃烧室内充分混合后进行完全燃烧，燃烧产生的高温烟气流经烟道并通过鼓泡管上的烟孔喷入液体中。高温烟气在穿过液层过程中与液体进行传热传质，然后烟气离开液层并由烟囱排出。

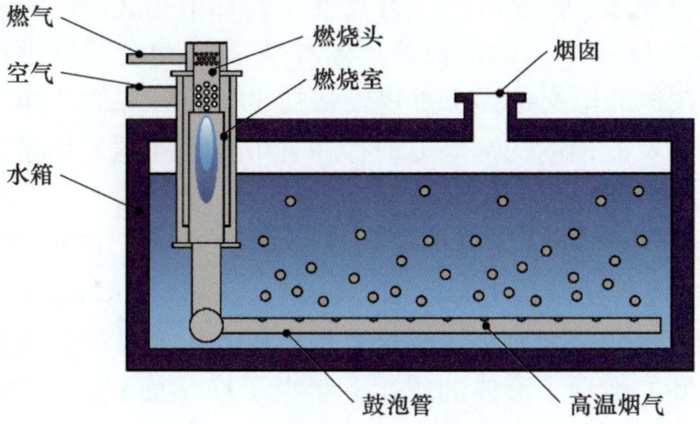

图 5-2 传统浸没燃烧装置原理图

5.1.1 浸没燃烧技术的发展

传统浸没燃烧装置最初由英国的 Collier 提出，如图 5-3 所示，该装置中不存在燃烧室，燃烧的火焰直接喷射入水浴中，因此得名浸没燃烧。由于该装置过于简单，同时火焰与水直接接触极易造成火焰燃烧不稳定、燃气完全燃烧比较困难。1901 年 Smethurst 首次尝试在化工领域应用浸没燃烧技术。1923—1925 年经过 Brunler 和 Hammond 等人的努力，设计出了能实现控制的燃烧器喷嘴，使浸没燃烧装置能够安全可靠运行。1931 年后浸没燃烧技术开始在工业上大规模使用。1931 年 Hammond 将浸没燃烧技术应用于磷酸的蒸发，后来 Swindin 在金属企业的废液回收过程中应用此技术进行酸类和碱类的回收，继而将浸

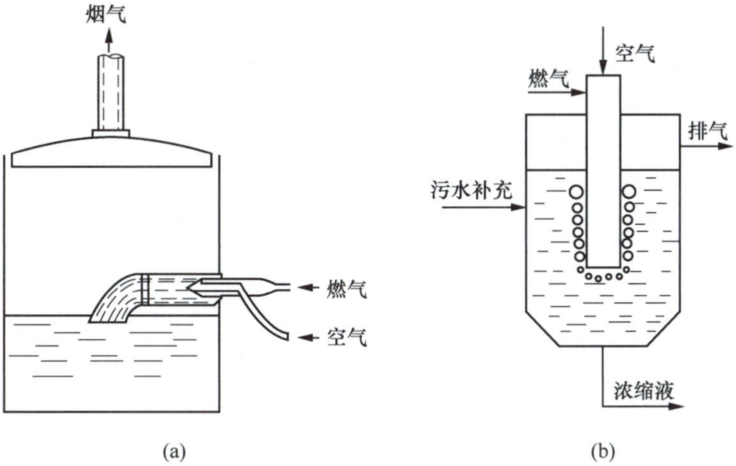

图 5-3 Collier 浸没燃烧器（a）和浸没燃烧原理（b）图

没燃烧技术逐渐用于其他的一些酸类与碱类的浓缩处理。在这一阶段，浸没燃烧技术经济性低，燃烧理论发展不成熟导致浸没燃烧技术仅是一门新技术而非可靠节能的加热技术。虽然浸没燃烧技术提出较早，但是一直发展较为缓慢，许多问题碍于当时的技术无法解决，因而大规模的工业应用一直无法实现。

直到第二次世界大战前后才迎来浸没燃烧技术的快速发展，美国在第二次世界大战期间开始对其进行大规模使用，欧洲在战后开始使用，日本在战后才开始对浸没燃烧技术进行研究。Andreson 在 1945 年开始采用液体燃料作为浸没燃烧蒸发燃料，提高了燃烧的强度。1957 年，Fraser 在他的论文中提出燃烧设备初步的设计原则。虽然浸没燃烧法发明较早，但由于喷嘴的性能及贮槽的构造等方面存在若干技术问题未能解决，因而在工业上使用较晚，1954 年开始在工业上应用。

1965 年，Udyma 对带有浸没烧嘴的设备进行研究论述。1968 年 Losievskii、Volov 和 Virich 对天然气浸没燃烧蒸发设备进行了试验研究。Volov 和 Kukharev 在 1970 年对浸没燃烧用于浓缩盐溶液做了研究，并对浸没燃烧喷头进行了研究，研究表明，带有内部循环管的喷头使液体形成循环，增强了液体的扰动，增大了换热面积，显著提高了换热效果[2]。后来 Alabovskii 等人对此进行了实验验证，结果表明带有循环管的浸没燃烧设备较之没有循环管的浸没燃烧设备在强化换热方面确实有显著效果[3]。

1973 年，Babich 和 Effmov[4]通过浓缩 NaCl 溶液得出浸没燃烧系统各部分工作参数，为控制系统提供了有效的设计依据。1977 年，Alabovskii[5]对带有浸没燃烧器的浸没燃烧设备燃烧产物在蒸发流体中推进过程的热质交换进行了研究，得出平衡浸没深度的试验关系式。1978 年，Gruzdev 等人[6]研究了热燃烧产物浸没喷射的点火能力问题。1981 年，Rao 和 Sunavala[7-8]将浸没燃烧技术应用在污水浓缩，通过实验提出可能影响系统工作的因素，如加热液体的发泡、有机物在燃烧器的碳化问题；1982 年，两人通过建立通用燃料火焰稳定性图表设计出浸没燃烧器，并应用在浓缩 14%~65%的污水处理工艺上。1989 年，Gostintsev 等人[9]建立了一个浸没氢气-空气喷射的爆炸数值模型。在浸没燃烧过程中，主要的传热方式是通过高温气泡与加热液体的直接接触实现质量和热量的传递。1993 年，Williams 等人[10]研究了在改变操作条件的情况下，影响浸没燃烧浸没火焰点火与维持稳定的因素。

浸没燃烧技术在国内的发展相对较晚，直到 1959 年杨友麒、富培等人发表了《浸没燃烧蒸发器的初步研究》文章，才标志着国内浸没燃烧技术研究的开始。这篇文章简要介绍了浸没燃烧的概念，并依据实验数据讨论了浸没燃烧蒸发器的影响因素，如燃料与空气混合、燃烧过程、两相热交换过程及流体力学。该研究所得到的重要结果为：（1）保持持久、稳定的燃烧过程，空气过剩指数的范围是 0.7~4.0，最适宜的操作条件是 1.2~1.4；（2）浸没燃烧蒸发器热效率通常在 90%以上，蒸发效率在 80%以上，是热利用很好的设备，效率随着燃烧强度升高而增高；（3）用浸没燃烧蒸发器来浓缩氯化铵液热法生产氯化铵在技术上是可能并且经济合理的。这些研究结果促进了浸没燃烧技术在国内的发展[11]。1962 年，丁德承的文章《浸没燃烧蒸发器及其应用》在浸没燃烧蒸发器的初步研究基础上进一步肯定了浸没燃烧在化学工业中的应用，并探讨了在各种不同的工业物料生产中，浸没燃烧烧嘴的精确燃烧强度。1963 年，刘燕玲在《浸没燃烧蒸发器的设计》中精确了燃烧室各部分的尺寸，指出燃烧室的尺寸可以根据通入的燃烧混合气体量及适当的流速来确定[12]。

国内对于浸没燃烧的研究对象多是浸没燃烧蒸发器在生产化学物料中的应用。1982年，高福烨在《玻璃熔窑应用浸没燃烧技术与节能》中介绍了浸没燃烧技术在玻璃熔窑中的应用效果[13]。随后程星一在《玻璃熔化浸没燃烧方法》中介绍了浸没式燃烧工艺的熔窑特点及存在的问题[14]。

进入21世纪之后，浸没燃烧技术在欧美等发达国家首先进入大规模工业应用。Bagley在《化学进展》的"热交换"专栏及网络上，公布了把浸没燃烧技术作为生产蒸汽的主要技术的观点，因为传统锅炉效率较低[15]。2005年，Ribeiro和Lage[16-19]对气液直接接触蒸发进行了全面论述。近20年来随着全球化石能源逐渐枯竭，而能源的需求量却越来越大，人类对自然环境的重视程度也越来越高，研究节能减排的加热设备越来越紧迫，对浸没燃烧技术的研究也越来越重视，各国也将浸没燃烧设备列为主要的液化天然气（LNG）的汽化器之一。

2006年，Yoshimichi Ikeda[20]在美国化学工程师协会春季会议上介绍了低排放的浸没燃烧蒸发器的设计理念。2011年，Giulio Tagliafico等人[21]提出在使用浸没燃烧汽化器汽化LNG的同时，结合一台燃气涡轮机和一台气-汽联合共生发电单元进行发电，节约了SCV汽化LNG时所使用的燃料，节能率超过15%以上。印度学者Gulawani等人[22]对浸没气体喷入一个液体槽的研究进行了全面的论述与回顾。

目前，传统浸没燃烧技术在国际上应用较为普遍，研究水平较高，基本上是成熟的技术，设备自动化程度高。从废酸的浓缩、碱性废液的中和到生产惰性气体和还原性气体用于热处理工艺乃至液体的汽化，以及如液化石油气、液化天然气、液氨、液氮、液氧等汽化工艺中都有应用。传统浸没燃烧技术比电热式或热水锅炉、热水循环式汽化装置紧凑，而又有较好的经济性。美国的T-Thermal公司专长于低温领域的加热和蒸发，它最早提出将浸没燃烧系统用于LNG的蒸发。目前世界上75%的LNG的再汽化设备都采用了浸没燃烧技术，而T-Thermal公司已经占有了全球80%的浸没燃烧器的市场份额。浸没燃烧汽化器与LNG汽化系统如图5-4所示。

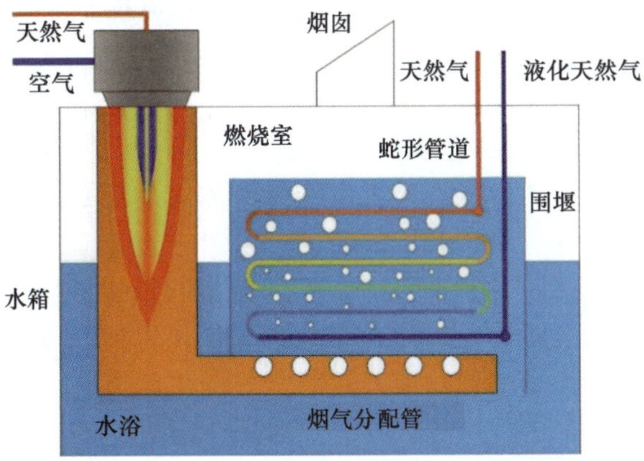

(a)

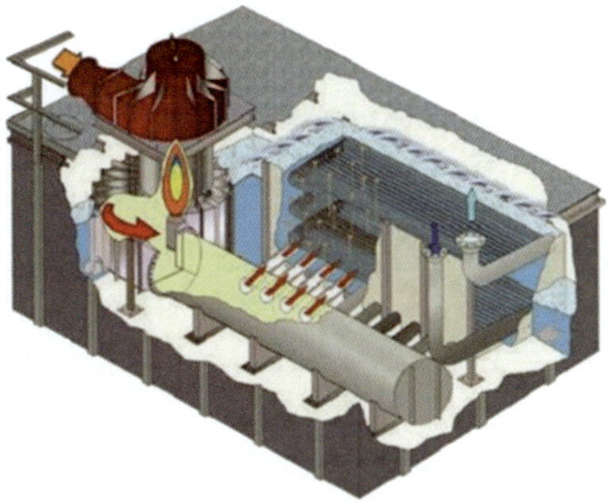

(b)

图5-4 浸没燃烧汽化器示意图（a）与LNG汽化系统（b）

5.1.2 传统浸没燃烧技术的特点

由于传统浸没燃烧技术是直接换热，不需要换热壁面，高温烟气直接与被加热液接触，这样浸没燃烧的传热面积就比间壁式换热器大得多，因此这种技术的换热效率非常高。不仅如此，气泡进入液体，也增大了紊流扰动，使气液两相流迅速达到温度均匀，这也是浸没燃烧法传热迅速高效的原因之一。该技术特别适用于对强腐蚀性及易结晶的溶液进行热处理，避免了传热面结垢和腐蚀的现象。当然，如果要求被加热溶液品质较高，不被污染，这种技术的应用是受到一定限制的，或者需要进一步的净化工艺。

传统浸没燃烧技术的优点主要有：

（1）将燃烧产生的高温烟气直接吹入被加热液体中，烟气在被加热液体中形成气泡并上浮，气泡在上升过程中与被加热液体不断进行热交换，热效率极高，可达到95%以上。

（2）因为是气液两相直接接触换热，高温烟气与被加热液体之间没有固定的换热面，与间壁式换热器相比不会有加热面锈蚀或被冲刷问题，可以一直保持较好的换热能力，而且节省很多换热面所需的材料，设备简单紧凑。

（3）实现了常温下的减压蒸发效果。燃烧产生的烟气主要成分包括 CO_2、O_2、N_2、水蒸气等，水蒸气分压小于 0.101MPa，与其接触的液相连续相压力也小于 0.101MPa，因此所对应的液体的恒温蒸发温度小于 100℃。

（4）燃烧之后的高温烟气很快就被通入液体中进行换热，烟气在高温时停留时间短，因此热力型 NO_x 的产生明显减少。

（5）加热腐蚀性液体时，需要防腐的部分为设备内壳和浸没管，而仅有浸没管处于高温下工作，因而减少了既耐高温又耐腐蚀材料的消耗，壳体内壁温度不高，可采用非金属衬里或涂防腐材料。

由于浸没燃烧法有上述优点，特别是提高了装置的能源利用率，减少了污染物排放，因此，在稠的、有腐蚀性等特殊液体加热的应用中具有明显优势。但由于传统浸没燃烧存在燃烧室背压不稳定的问题，易造成燃烧室燃气燃烧不稳定，浸没燃烧法加热装置必须有鼓风设备或引风设备，才能使气体克服表面张力、液层静压力等阻力逸出液面，完成鼓泡、气液换热过程。同时，传统浸没燃烧存在的另一个问题是，气液两相对流换热系数小、换热面积小。

5.1.3 传统浸没燃烧的应用

由于浸没燃烧装置的贮液设备既可以作为气体的发生器又可以作为液体的加热器、蒸发器，还可以作为化学反应器，因此浸没燃烧装置应用领域非常广泛。

（1）液体加热。在液体加热领域浸没燃烧技术应用比较广泛，例如城市的采暖供热系统、生活热水的制备、列车用热水的加热、酸碱洗液的预热等。在家庭取暖和生活热水提供方面，浸没燃烧技术安全、高效、节能、环保，是一种发展前景非常好的供暖方式。现有一种新型的热水锅炉，高温烟气先通过烟管与水进行换热得到的热水用于家庭采暖，经过烟管换热后的烟气再通入浸没燃烧装置与箱体内的水浴直接接触换热，得到可供洗浴用生活热水。这种锅炉与传统的燃气锅炉相比，热效率高、经济适用。用浸没燃烧技术加热酸液，酸洗金属的温度与蒸汽加热酸液相比低 10~15℃，这可以节省两倍的酸消耗量，而且贮槽内的酸液具有稳定的温度和浓度，使金属材料表面得到酸液的均匀清洗。

（2）废酸液再生与浓缩。废酸液的再生与浓缩过程一般都是在真空条件下利用蒸汽进行加热，这样就会有盐和金属锈蚀产物在加热表面附着，长此以往就会使传热效率降低。为了设备的正常运转就需要定期停产对加热表面进行清洗，这样无法实现设备的连续运转，利用浸没燃烧技术可以克服上述缺点。在垃圾填埋场中，填埋气体伴随着渗滤液产生，可以作为气体燃料回收利用。利用浸没燃烧蒸发工艺对填埋气体和渗滤液进行综合治理是控制填埋场环境污染的最有效方法。某垃圾填埋场运用了二段浸没燃烧蒸发工艺，一段蒸发器主要是从渗滤液中蒸发挥发性有机物，并将蒸汽送入二段蒸发器的燃烧室进行焚烧净化，经过两段蒸发器的协作，最终形成了浓缩渗滤液及洁净的尾气，如图 5-5 所示。

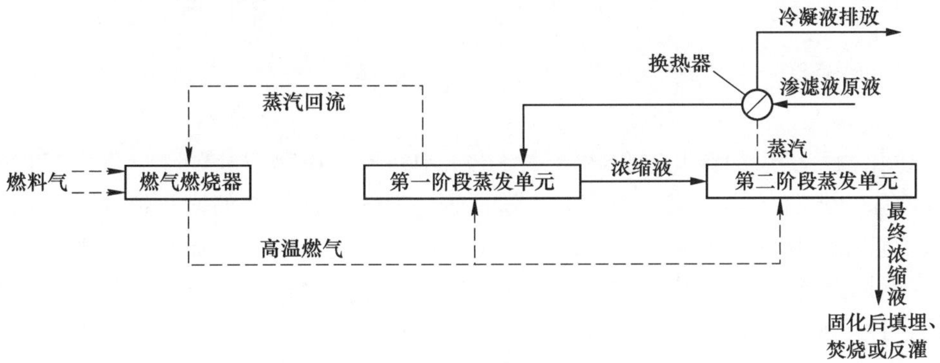

图 5-5 某垃圾填埋场二段式浸没燃烧蒸发工艺

（3）生产 45%碱液。可利用浸没燃烧法生产 45%的碱液作为片碱的原料。该设备以氢气作为燃料，氢气与空气燃烧后产生的高温烟气将碱液加热至 135℃左右，碱液浓度增加到 45%再被送入下游工段。该应用的优点是设备维修保养方便、经济效益高，对于氢气富足而其他气源不足的氯碱企业来说十分适用。

（4）工业污水净化。有些工业污水中含有表面活性物质、重碳氢化合物及矿渣等成分，这些污水具有发泡的倾向，利用常规的分离、沉降等方法难以实现净化。采用无压缩设备的浸没燃烧装置和发泡蒸发器可以解决常规方法难以奏效的问题，污水进入发泡蒸发器后被鼓入的空气燃气发泡，并一起进入燃烧室燃烧及加热汽化，污水中的有机物同样与空气发生燃烧反应，从而净化污水，如图 5-6 所示。这种装置结构简单、高效节能、投资回报率较高。

（5）油气田污水处理。在油气田开采生产过程中会伴随着污水的产生，污水的来源主要有四种，分别为油田采出水、洗井污水、含盐量较高的原油用清水洗盐后的污水及三采污水。这些油气田污水若不经过处理就进行排放将会造成严重的环境污染和巨大的经济损失。将污水经过一系列的工艺处理后降低其中的污染物浓度，使其符合国家的排放标准是最积极的处理方法。我国将浸没燃烧技术加入污水处理过程中，主要用于去除污水中含量较高的氯化物，污水经由浸没燃烧装置后，氯化物和 COD 的去除率分别能达到 95% 和 40%。

（6）煤层气采出水的处理。存储于煤层中的天然气称为煤层气，煤层气在开采过程中排出的地下水就是煤层气采出水。煤层气采出水除了含有多种矿物质外还含有硫酸盐、碳

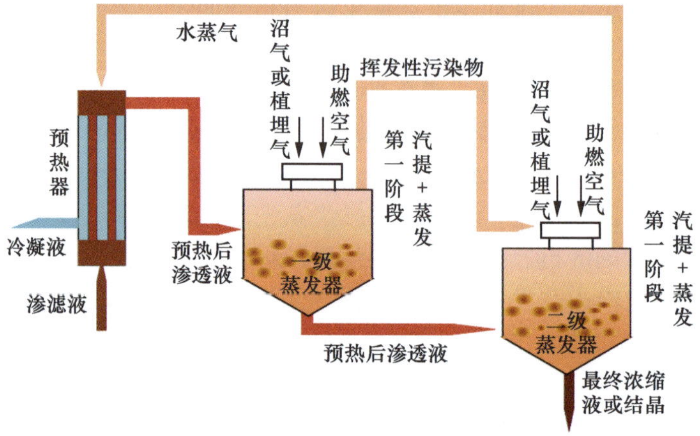

图 5-6　工业污水净化工艺

酸氢盐、氯化物及少量的铁和硫化物等。采出水中所有无机物成分的总量代表了它的矿化度，如果将采出水直接排入当地的河流，随着矿化度的升高将会加剧土地的盐碱化，使植被遭到毁灭性损伤从而降低它的防风固沙能力，导致土地沙漠化。通常对于煤层气采出水的处理有两种方法，一种是将采出水排入蒸发池内蒸发，这种做法可能会产生采出水泄漏的情况而使地下水遭到污染；另一种是将采出水处理后回注，这种做法的缺点是回注困难且投资成本高。浸没燃烧装置可以作为气田的加热设备，采出水经过加热后水分蒸发，盐类从溶液中析出，有用的组分可以回收利用。这样既不会造成地下水污染又能节省投资。

（7）生物制取中的原料加热。利用工业条件下的生物化学法将有机废料经发酵得到高质量的生物气（沼气），它可作为电站和锅炉的燃料及生产浓缩蛋白质的原料。原料液进入微生物反应器前要预热到 33～55℃进行热补偿，若采用间接管式换热器进行预热，在换热管表面很快会形成沉积物，降低换热效率。采用过热蒸汽预热，随着加热过程的进行生物原料会被冷凝的蒸汽稀释，降低反应效率。使用浸没燃烧技术预热原料液不仅能够克服上述两种方法的缺点，还能起到杀菌、消毒和除杂质等作用。

（8）贮罐、管道及设备容器的内表面清洗。贮罐、管道和设备容器的内表面很难进行清洗，利用浸没燃烧技术产生的烟气与饱和蒸汽的混合气定量送入所需清洗的容器内，混合气冷凝后产生的冷凝液及溶解其中的 CO_3^{2-} 会对容器进行清洗。冷凝液量的多少受到容器容量和容器对环境的放热强度的影响，对于某一确定的容器应该控制清洗过程中引出容器的冷凝液量。

（9）液化天然气（LNG）的汽化。随着我国天然气生产和消费量的逐步升高，液化天然气（LNG）的应用范围越来越广泛，LNG 的汽化也开始进入人们的视野。LNG 汽化器分为开架式、空温式、中间介质管壳式和浸没燃烧式[23-26]。在浸没燃烧式汽化器中，燃烧产生的高温烟气先与水箱中的水进行汽液两相换热，LNG 流经浸在水中的盘管被加热汽化。与其他几种汽化方式相比，浸没燃烧式汽化器不受季节、地域的限制，设备结构紧凑占地面积小、换热效率高。

浸没式燃烧汽化器（submerged combustion vaporizer，SCV）是一种主要利用多相流换热和跨临界换热技术结合浸没燃烧技术联合开发的新型高效换热设备，其中水为中间介质，实现高温烟气与蛇形管内 LNG 之间的换热。典型的 SCV 结构主要包括换热束管、水箱（水浴）、浸没式燃烧器、烟气分布器和围堰等。主要燃料为 LNG 储运过程中产生的自然汽化的低压天然气或者终端的 LNG，在运行时，燃料和空气的混合气体在燃烧室内被点燃，产生的高温烟气通过烟气分布器被排入水箱中，高温烟气与水充分混合实现直接接触式换热，水温度升高，高速湍动的水将烟气热量传递给换热管束中的低温 LNG，以往的实验表明 LNG 汽化所吸收的热量主要由高温烟气提供，因而水的温度基本保持不变，又由于烟气与水之间直接接触能将所有的显热和潜热传递给水，因此烟气最终排出温度基本与水温度相当，变化不大。

作为一种燃烧型汽化器，SCV 相比于传统的开架式汽化器（open rack vaporizer，ORV）、中间介质式汽化器（intermediate fluid vaporizer，IFV）等，具有启动快、热效率高等优点，汽化器容量通常在 100GJ/h 以上，能够应对下游用气激增的状况[27]。在汽化过程中，由于水浴环境受到烟气扰动，形成的气-液两相流会不断冲刷管壁，因此不易产生结冰现象、传热速率大大提高、使换热结构更加紧凑、占地面积更小、设备成本更低，其结构如图 5-7 所示[28]。另外，由于 SCV 的热源来自燃料气燃烧，故其在寒冷地区也能够正常工作。而由于水浴回流，使水浴可以重复利用，不需要连续供应及排放水，排放的烟气经过换热后温度也仅仅略高于水浴环境，使其对环境影响小。因此，SCV 是一种理想的负荷型、调峰型汽化器。

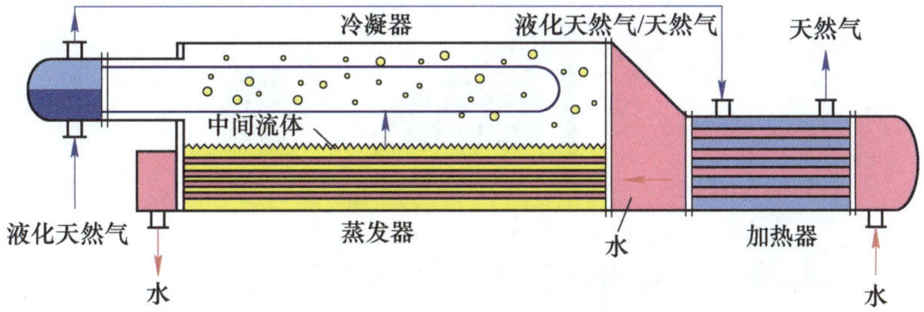

图 5-7 中间介质式汽化器示意图

SCV 的热效率高达 95%以上，并且安全可靠、占地面积适中、维护需求和设备价格较低，主要用于调峰型装置和紧急使用的情况。国内天然气接收站使用的 LNG 浸没式 SCV 技术和设备主要从日本、德国、韩国进口，我国对 LNG 浸没式燃烧汽化器的研究主要为结构上的改造和改进，直到 2016 年由中国寰球工程公司联合渤海装备辽河热采机械公司、江苏液化天然气有限公司制造的首台国产化 SCV 在江苏 LNG 接收站正式投入使用，在这之后，无锡特莱姆气体设备有限公司、江苏中圣压力容器装备制造有限公司等陆续实现了 SCV 的自主研发和制造，使得我国在 SCV 自主研发和制造方面逐渐形成了与德国和日本等国齐头并进的发展态势。

5.1.4 熔池熔炼过程中的浸没燃烧研究现状

浸没燃烧熔池熔炼技术是以多通道喷枪向熔池内高速喷入富氧空气和燃料，用以剧烈搅动熔体和直接燃烧向熔体补热。当炉料加入熔池后，随熔体的搅动快速散布于炉内，与周围熔体发生快速传热和传质，促进炉料的加热、分解、熔化等过程。

由中国恩菲提出的浸没燃烧熔池熔炼技术是一种强化熔池熔炼技术，该技术最初是利用侧吹炉替代鼓风炉还原液态高铅渣和处理锌浸渣，并于2010年进入商业化推广阶段[29-31]，如图5-8所示。目前该技术已在液态铅渣还原、铜精矿、废铅酸蓄电池铅膏、有色金属冶炼废物、锌浸渣等固体废物和有价金属回收等领域实现工业化应用。如中国恩菲利用浸没燃烧熔池熔炼技术处理废铅酸蓄电池铅膏，于2012年在湖北金洋股份有限公司投产国内第一条生产线，实现铅膏中铅回收率高于98.5%，锑、锡回收率高于95.0%。目前，中国恩菲浸没燃烧熔池熔炼技术在上述应用所取得的成功的基础上，开发出侧吹熔池熔炼协同处理技术，其投资低、占地小、金属回收率高且环境友好，正不断向废线路板、电镀污泥等多金属资源回收领域推广应用[32]。中国恩菲还将浸没燃烧熔池熔炼技术应用在污泥无害化处置上，设计了国内第一条采用侧吹浸没燃烧熔池熔炼技术无害化处置污泥的生产示范线，已于2020年4月顺利投产。固体危险废弃物在1200℃以上的高温熔池条件下形成熔融炉渣，既可实现危险废物稳定化、无害化处置，又可回收其中的有价金属元素，实现资源化利用[33]。

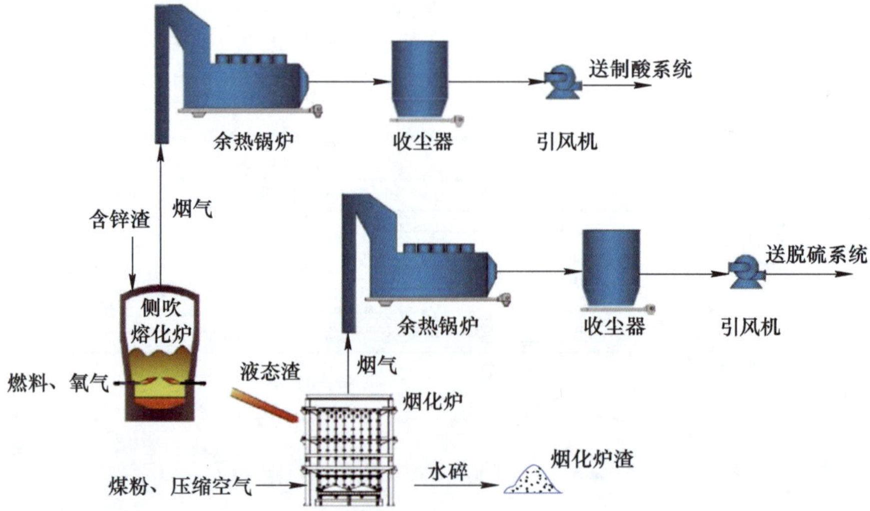

图5-8 中国恩菲开发出的侧吹浸没燃烧炉+烟化炉处理锌渣工艺

中国恩菲专有的氧气侧吹（SSC）、底吹（SKS）熔炼技术一直引领着行业的发展。中国恩菲在底吹炼铅、炼铜技术的创新研发应用方面早已成为行业翘楚。结合有色金属冶炼行业的经验，中国恩菲开展了多项专长技术的革新和新技术研发，已形成工业废弃物领域国内最完整的技术体系，覆盖火法冶金、湿法冶金、稀有金属冶金和环境治理等多专业多学科领域，为我国工业废弃物绿色清洁处置领域的规模化发展，提供了能与国际先进技术相媲美的技术支撑。

5.1.4.1 侧吹熔炼

侧吹浸没燃烧熔池熔炼技术是中国恩菲研发出的一种全新的技术先进、加工成本低、环境友好的资源化绿色冶炼工艺。该技术适用范围广，目前已用于熔融高铅渣的还原熔炼、废旧铅酸电池铅膏的回收、各类渣处理，适用于各类物料的熔化、还原、氧化、挥发等工艺。SSC属于侧吹熔池熔炼技术类。中国恩菲侧吹浸没燃烧熔炼技术发展经历了三个阶段。

第一阶段：2009年，中国恩菲在河南金利金铅公司液态铅渣侧吹还原炉工业试验成功。同年在驰宏会泽公司和四川什邡锌冶炼厂分别开展侧吹处理锌浸渣和侧吹挥发炼磷的工业试验。

第二阶段：中国国内第一条用于处理未脱硫铅膏的SSC炉试验示范生产线于2012年在中国湖北省金洋冶金公司投产。2013年，液态铅渣侧吹还原炉分别在湖南华信有色金属有限公司和驰宏会泽公司项目投产成功。

第三阶段：中国国内第二条SSC炉工业生产线于2016年9月在河南豫光金铅公司投产。第三条SSC炉工业生产线（即第一台试验炉的改造）于2017年8月在湖北金洋冶金公司投产。

富氧侧吹熔炼炉主体的反应区一端是铜锍虹吸池，另一端是渣虹吸池，侧墙上设有一次风口，炉缸采用镁铬砖和水套砌体，反应区均为水套。冶炼用的富氧空气通过风口鼓入熔池，使熔池处于强烈搅拌状态。通过炉顶加料管加入的炉料直接落入强烈搅拌的熔池，被卷入熔体，与吹入的氧快速反应，被迅速熔化生成铜镜小颗粒，并逐渐长大，向下沉淀进入铜锍层，鼓入的富氧空气中氧的利用率可达98%~99%。铜锍和炉渣分别从两端的虹吸池放出。铜锍送去吹炼成粗铜，炉渣目前多送去选矿，产生的烟气经余热锅炉降温、电收尘器收尘后送到硫酸系统[34]。富氧侧吹熔炼炉的高富氧空气吹入熔池渣层中，有利于水套挂渣，可以减少热损失，安全可靠。富氧侧吹熔炼炉与瓦纽科夫炉都用于矿铜冶炼，但结构不完全相同。侧吹熔炼过程中，渣层中鼓入的高富氧空气产生剧烈搅拌的泡沫层，使炉料迅速熔化并产生强烈的氧化和造渣反应生成铜锍和炉渣[35]，反应热基本能满足自热熔炼的需要，过程中产生的过氧化反应可控。

经过多年实践，SSC技术已经发展成为一种近似理想的技术，SSC技术的冶炼原理如图1-13所示。该技术是处理高铅渣废旧铅酸蓄电池、废旧印刷电子线路板、二次铅杂料、二次锌杂料、锑尘、锡精矿及锡中矿等不发热物料最先进的冶炼工艺。随着有色金属行业有价金属综合回收需求的增加，以及侧吹浸没燃烧熔池熔炼工艺具有的浸没燃烧直接给熔体内部补热、对不发热物料熔化、还原及炉渣贫化的独特冶炼优点，有色金属冶炼企业对侧吹熔池熔炼技术的需求也会日益增加[36]。同时，随着近年来中国“一带一路”倡议和国际产能合作的推进，侧吹浸没燃烧技术逐步推向海外市场，为世界贡献中国的绿色冶炼方案。

侧吹浸没燃烧技术的核心特点是：处理不发热物料时，侧吹喷枪直接向熔池内部补热。该技术思路由我国知名的重有色金属冶炼专家王忠实最早提出，其后在中国恩菲李东波、陈学刚等人开展大量工艺研究和工程实践探究工作下，在2015年第三届全国熔池熔炼会议上以“侧吹浸没燃烧熔池熔炼技术”首次正式对外提出。

侧吹浸没燃烧熔池熔炼工艺操作与采用铜水套直接挂渣、喷嘴不进燃料的其他类型侧吹炉有明显区别，其优点是：（1）熔池温度易于控制、保持连续稳定的恒温作业、操作简单安全；（2）喷枪将燃料和富氧空气直接送入熔池内部，防止熔体局部过氧化产生泡沫渣；（3）喷枪可以直接向熔体内部喷射燃料，富氧浓度高、热利用率高；（4）安全性好，炉墙采用两层结构形式，内层为耐火砖砌体，外层为铜水套镶嵌耐火砖，镶嵌的耐火砖能有效保护铜水套；（5）作业率高，年作业时间可达300~330天，炉子整体中修周期在2年以上，大修周期在5年以上；（6）喷枪寿命长，通过喷枪结构和布置的优化，提高了熔池搅动效率和反应速率，同时使喷枪使用寿命达 6 个月以上；（7）烟尘率低，侧吹浸没燃烧熔池熔炼烟尘率低，用于液态铅渣直接还原时烟尘率一般为 7%；（8）有价金属综合回收率高，该工艺独特的炉体结构，使得炉内熔池各相分离率高，同时排出弃渣含铅率低于 2%。

5.1.4.2　底吹熔炼

底吹浸没燃烧熔炼技术是具有我国自主知识产权的连续喷吹技术，最早也称为水口山炼铜法（SKS）。1991—1992 年，由中国有色工程设计研究总院（现中国恩菲）与水口山有色金属集团公司共同在湖南水口山冶炼厂日处理 50t 炉料的装置上进行了半工业试验并取得了满意的技术经济指标，1994 年获得中国专利授权，被命名为水口山炼铜法。2008 年实现工业化生产应用；2015 年，底吹熔炼单系列精矿年处理能力达到 160 万吨；到目前为止，底吹熔炼技术仍然在不断发展和完善[36]。

自氧气底吹炼铜技术自工业化应用以来，经历了两个发展历程：

（1）以“底吹熔炼”为核心的第一代底吹熔炼技术，又称氧气底吹熔炼技术。底吹炼铜技术率先实现无碳熔炼，先后应用于处理含砷复杂物料和黄金冶炼等领域，底吹炼铜技术在生产规模上实现了大幅度提高。底吹熔炼炉如图 5-9 所示。

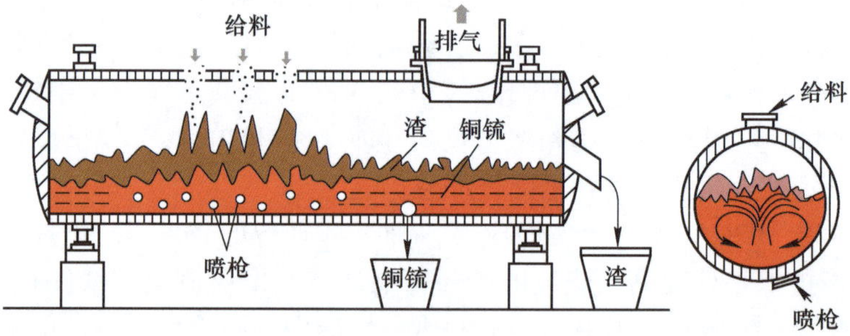

图 5-9　底吹熔炼炉

（2）以“连续吹炼”为核心的第二代底吹炼铜技术，又称氧气底吹连续炼铜技术。与第一代不同的是，第二代底吹炼铜技术采用底吹连续炼铜技术改造替代 PS 转炉技术，跨入了“双底吹”“三连炉”的连续炼铜时代。

氧气底吹炼铜技术为我国铜冶炼的发展作出重大贡献，多年来，中国恩菲与相关企业共同将该技术在国内外铜冶炼行业大力推广应用，由此开启了铜冶炼的新时代。底吹技术的不断进步也取得了众多的知识产权和成果奖励，得到了业界的肯定，英国《金属导报》在 2013 年 3 月的“前瞻”栏目中评价：“该技术指明了金属冶炼行业乃至多个领域未来十年、数十年乃至上百年的发展方向。”

氧气底吹技术的应用成果：

（1）富氧底吹炼铜法于 1993 年获得部级科技进步奖一等奖，1994 年获国家专利权，1997 年获得中国专利优秀奖，2003 年获得中国有色金属工业科技进步奖一等奖，2009 年获得国家优秀专利奖。

（2）2014 年，中国恩菲“富氧底吹炼铜炉和富氧底吹炼铜工艺”荣获北京市第三届发明专利二等奖。

（3）“富氧底吹高效铜冶炼工艺产业化开发”项目荣获 2010 年中国有色金属工业科学技术奖一等奖。

（4）豫光金铅“底吹连续炼铜”工业化示范项目获得 2016 年部级科技进步奖一等奖。

（5）恒邦冶炼厂“底吹收砷技术”工业化项目获得 2016 年部级科技进步奖一等奖。

（6）恒邦冶炼厂“底吹处理复杂金精矿技术”获得 2017 年部级科技进步奖一等奖。

（7）2018 年成功申报了“一担挑”炼铜法的新底吹炼铜专利。

富氧底吹熔池熔炼技术是一种高效、节能、反应速度快、金属回收率高的铜冶炼方法。它是在一个可以转动的卧式圆筒炉内进行熔炼，炉膛中下部分为熔体，中间为反应区，两端为沉淀区。用氧枪从底部将富氧空气鼓入炉内，对炉中的熔体进行剧烈搅拌，与其发生反应。底吹熔炼技术的工艺流程如图 5-10 所示。造锍熔炼过程会发生一系列物理化学反应，主要包括蒸发、硫化物分解和氧化、造锍和造渣反应等。

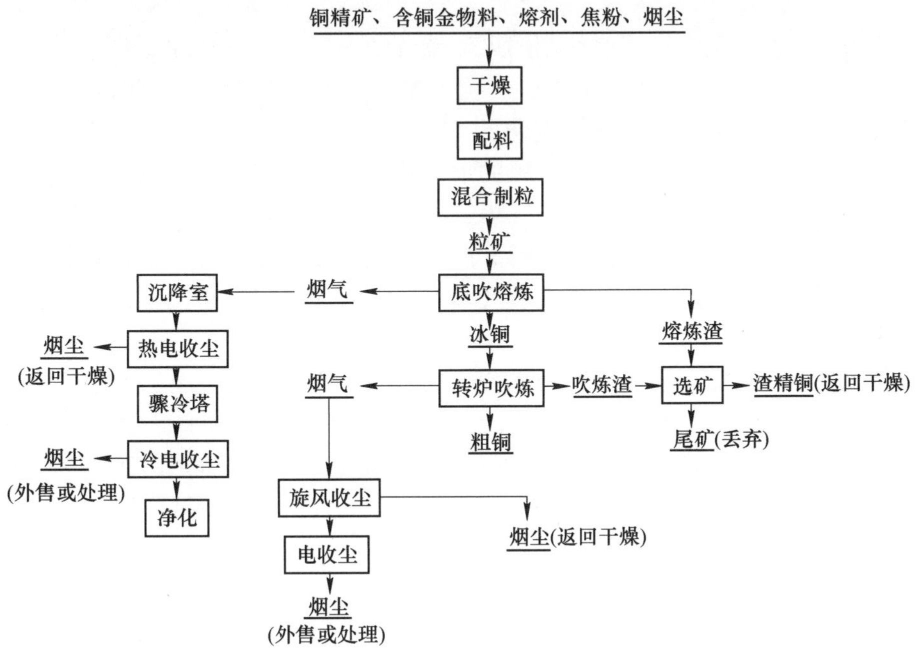

图 5-10 氧气底吹熔炼技术工艺流程

富氧底吹熔炼技术是将富氧空气通过氧枪从炉底的铜锍层鼓入炉内，并且富氧空气与铜锍发生的剧烈反应是不接触铜渣层的，因此炉渣不会过氧化而造成喷炉事故。铜锍起着缓冲作用，使氧量短期过剩时不会造成炉渣过氧化而产生泡沫渣，而顶吹和侧吹的氧枪则在渣层喷吹，如果发生氧过剩或炉料不足的情况就会产生大量 Fe_3O_4 而喷溅泡沫渣。底吹炉这样的喷吹方式决定了它操作起来的灵活性。

富氧底吹熔炼技术通过将气体从炉膛底部氧枪喷入炉内，形成了气-液两相流，根据区域内成分与流体流型特点划分为纯气流区、气相连续区、液相连续区。富氧空气喷入炉内后，熔体与喷入的气体形成相界面，但是相界面处于不稳定状态，这是因为空气射流时卷吸了周围的熔体，导致炉内流体的流动域不断增加。喷射富氧空气的氧枪的喷吹特性对炉内流体流动、枪口的寿命、炉内反应的稳定性都发挥着极为关键的作用，通过其动量交换作用对炉内熔体进行搅动，而自身动能逐渐降低，因此对炉衬和烟道的损害较小。在高温熔池熔炼过程中，向炉内喷射的富氧空气不但可以对熔体进行搅拌，而且是一种氧化剂，可以加速熔炼反应，目前各种冶金化工工艺正广泛使用该技术。

5.2　浸没燃烧反应机理

目前，国内外铜火法精炼使用的还原剂主要有重油、柴油、液化石油气、天然气、氨、丙烷、原木、木炭粉等。最早使用的是原木，因为原木富含碳氢化合物，能满足工艺要求。木炭粉还曾被我国炼铜厂长期使用过，如云铜集团（现中铜集团西南铜公司）在2000年以前一直用木炭粉作为火法精炼的还原剂。如果单纯从木炭粉的性能和还原工艺的适应性看，木炭粉可列为最佳还原剂，这是因为其在高温下化学反应活性大、有害杂质少、使用方便、操作环境好，但毕竟木炭来源需要伐林烧炭，来源有限，因此不被允许使用。

重油是我国大型炼铜企业主要使用的火法精炼还原剂，其基本原理是通过喷管插入铜熔体内将重油喷出与熔体充分混合接触完成还原除氧工作。这就需要克服熔体对喷嘴的压力，完成重油的顺利畅通喷吹。这样为满足工艺需求，单位时间内喷入炉内的大量重油瞬时不能与熔体完全接触反应，大量以炭黑的形态从熔体中溢出，不仅浪费能源，且对环境污染严重。另外，近些年重油供需矛盾突出，所供重油均系石化工业将重油进一步分解后的渣油，黏度发生很大变化，且油带水现象严重，使还原工艺的弊端显得更为突出，每吨铜还原油的单耗高达16~25kg。液化石油气和天然气在还原过程中同样出现单耗高和易冒黑烟的问题。

将褐煤作为还原剂运用于冶金工业的设想首见于1985年昆明理工大学李振家提出的一篇发明专利《褐煤炼锡》，该方法是将低铁锡精矿造球，在耐火罐中直接还原得到金属锡，在还原条件下精矿和褐煤中的少量杂质也进入锡中。据相关报道，2002年广州铜材厂有限公司使用了一种新型煤基 $\alpha_2\beta_2\gamma_3$ 还原剂，其优点有：可改善环境状况，较重油还原时间缩短50%，能耗降低，节约材料，保障收尘设备的安全。

随着环境问题日益严重，在选择燃料时，生物质燃料成为了人们的焦点，与传统燃料相比生物质燃料具有以下优点：它属于可再生能源，可循环利用；如采用合理高效的利用方式，燃烧产生的 CO_2 的排放量极低，对于我国的经济发展及生态环境的意义更加重大。相比于其他生物质能源技术，生物质颗粒燃料技术可以更好地实现大规模的生产使用，因此，在国外的很多生物质能源技术和生物质能源配套装置已经可以与传统的燃油、燃气装置相媲美，也达到了商业应用程度。在20世纪70年代研究出了生物质颗粒成型燃料，并研究开发了配套生物质颗粒燃料且用于家庭供暖或暖房取暖的生物质颗粒燃料的炉灶。到目前为止，颗粒成型燃料年产量可达80万吨。同时，在北美部分地区使用生物质燃料炉灶的家庭已约有50万户。我国从“六五”计划开始在气化、固化、液化等方面研究生物质的应用技术，并经过20多年的不断努力取得了飞速进展。

根据燃料在熔池中的存在形式，将浸没燃烧分为C-O系、H-O系和C-H-O系熔池浸没燃烧反应，在本节中对其进行了论述。和很多金属一样，铜也是通过氧化物还原制取获得的。根据燃料的物理性质可将熔池浸没燃烧分为固体、液体和气体燃料的浸没燃烧，接下来的三节内容将分别对这三种燃料的浸没燃烧特性进行详细的阐述，并分别以碳颗粒、生物柴油及 CH_4 的浸没喷吹为例进行了应用过程的数值模拟。

5.2.1 C-O 系熔池浸没燃烧反应热力学

由于液体燃料在熔体内的分散效果及含氢的特点，其对熔体的还原性和浸没燃烧扩散性均优于固体颗粒燃料，因此现代熔池熔炼过程喷吹的燃料由以煤粉为主逐渐转变为以液体燃料（重油等）为主。

C-O 系在高温熔体内的反应速率因氢的存在而大大提高，即使是 20×10^{-6} 量级的氢，也会大大提高其反应速率。

在大多数实际反应系统中，C-O 的反应是通过含有氢组分的路径进行。本节只讨论 C-O 系的氧化机制。无氢存在时，一氧化碳氧化初始激发反应为：

$$CO + O_2 = CO_2 + O \tag{5-1}$$

这是温和的放热过程，该氧化过程的后续反应涉及氧原子，其支链反应将以下述步骤发生：

$$O + O_2 + M = O_3 + M \tag{5-2}$$

这种反应很慢，但可以支持反应的进行。O_3 是该过程中的亚稳态组分，并且可以引起支链反应：

$$O_3 + CO = CO_2 + 2O \tag{5-3}$$

由于 CO 是被 O_3 分解形成的氧原子氧化，而 O_3 不会与低于 523K 的 CO 反应，因此该反应具有较高的活化能（120kJ/mol）。在高温熔池环境下，CO 被氧原子的氧化被认为是快速的，但需要注意的是这是一种三分子化合反应。

对 $CO-O_2$ 反应进行的光谱分析表明，可能存在激发态的 CO_2 分子。如果能证明 O 不能与 O_2 反应形成臭氧，那么 O 必须与 CO 反应，因此有以下可供选择的支链反应体系：

$$CO + O = CO_2^* \tag{5-4}$$

$$CO_2^* + O_2 = CO_2 + 2O \tag{5-5}$$

式中，CO_2^* 为火焰出现时的活化分子。

这个过程是放热的，在这个反应体系中的三分子化合反应是：

$$CO + O + M = CO_2 + M \tag{5-6}$$

也有研究者提出该反应应包括初始激发反应[2]，并通过随后的三分子化合反应和下述反应放出大量能量：

$$O + O + M = O_2 + M \tag{5-7}$$

5.2.2 H-O 系熔池浸没燃烧反应热力学

随着现代有色金属熔池熔炼中液体燃料使用的增加，相比较早期的煤粉喷吹系统，在熔池内极易形成 H-O 系，因此，在熔池条件下，H-O 系燃烧反应占有重要地位。

对熔池内 H-O 系反应的初始激发反应是：

$$H_2 + M = H + H + M(\text{温度很高时}) \tag{5-8}$$

$$H_2 + 2O_2 + M = 2HO_2 + M(\text{其他温度}) \tag{5-9}$$

式（5-8）大约需要能量 435kJ/mol，式（5-9）中生成的 HO_2 是一种稳定的自由基。认为熔池内的初始激发反应以式（5-8）为主。

包含自由基 O、H 和 OH 的链式反应如下：

$$H + O_2 = OH + O \quad (5\text{-}10)$$

$$O + H_2 = OH + H \quad (5\text{-}11)$$

$$OH + H_2 = H_2O + H \quad (5\text{-}12)$$

$$O + H_2O = OH + OH \quad (5\text{-}13)$$

式（5-10）是吸热链式反应，吸热为 66kJ/mol，式（5-11）为链式放热反应，放热为 8kJ/mol。式（5-11）和式（5-12）都有 H 自由基再生。由于自由基反应迅速，它们在许多系统中的浓度非常小，因此，式（5-10）~式（5-12）的逆过程可以忽略。一般情况下，不考虑自由基之间的反应，除非在反应后期，当浓度较高、只有稳定的产物种类存在时，才考虑终止步骤。

包含自由基 O、H 的链式中断反应是三分子化合反应[1]：

$$H + H + M = H_2 + M \quad (5\text{-}14)$$

$$O + O + M = O_2 + M \quad (5\text{-}15)$$

$$H + O + M = OH + M \quad (5\text{-}16)$$

$$H + OH + M = H_2O + M \quad (5\text{-}17)$$

要完整地表达这一机理，需要包含过氧羟自由基 HO_2 和双氧水 H_2O_2 参与的反应，当反应式（5-18）变得活跃时，式（5-19）~式（5-27）反应才开始起作用。

$$H + O_2 + M = HO_2 + M \quad (5\text{-}18)$$

$$HO_2 + H = OH + OH \quad (5\text{-}19)$$

$$HO_2 + H = H_2O + O \quad (5\text{-}20)$$

$$HO_2 + O = O_2 + OH \quad (5\text{-}21)$$

$$HO_2 + HO_2 = H_2O_2 + O_2 \quad (5\text{-}22)$$

$$HO_2 + H_2 = H_2O_2 + H \quad (5\text{-}23)$$

$$H_2O_2 + OH = H_2O + HO_2 \quad (5\text{-}24)$$

$$H_2O_2 + H = H_2O + OH \quad (5\text{-}25)$$

$$H_2O_2 + H = HO_2 + H_2 \quad (5\text{-}26)$$

$$H_2O_2 + M = OH + OH + M \quad (5\text{-}27)$$

其中式（5-27）是一个三分子反应，M 通常是第三分子，它带走了游离的稳定氢原子和 O_2 结合所必需的能量，该反应是满足其他反应的先决条件，早期该反应被式（5-28）替代。

$$M + H_2 + O_2 = H_2O_2 + M \quad (5\text{-}28)$$

该反应只需要 210kJ/mol，但是三分子反应速率很慢。

根据温度、压力和反应程度的变化，这些逆反应都可能变得很重要。上述反应只是 H-O 氧化机理的部分反应，H-O 系熔池浸没燃烧要考虑 40 多个反应，包括 8 种组分：H_2、O_2、H_2O、OH、O、H、HO_2 和 H_2O_2。

5.2.3 H-O 系和 C-H-O 系熔池浸没燃烧反应

5.2.3.1 含氢条件下的 CO 燃烧

低浓度的含氢物质能催化 CO-O_2 的反应。催化反应主要以式（5-4）、式（5-5）、式（5-10）、式（5-11）、式（5-13）及式（5-29）为主：

$$CO + OH \longequal CO_2 + H \tag{5-29}$$

存在氢的条件下，为了描述 CO 的氧化就要包括全部的 H_2-O_2 反应系统。当 HO_2 存在时，即存在反应式（5-18）。

还存在 CO 氧化的另一个途径：

$$CO + HO_2 \longequal CO_2 + OH \tag{5-30}$$

在高压或烃氧化的初始阶段，高浓度的 HO_2 可使反应式（5-29）与反应式（5-30）竞争，但在大多数燃烧情况下反应式（5-29）与反应式（5-30）一样重要。然而任何含氢的 CO 氧化机制必须包含所有的 H_2-O_2 反应步骤。在建立烃类氧化机理时，重要的一点是，任何高温烃氧化机理都涉及 H_2 和 CO 氧化动力学，并且大多数形成的 CO_2 由反应式（5-29）产生。反应式（5-29）实际上是通过四原子活化络合物进行的，并不像反应式（5-30）是简单的反应步骤。

正如氢自由基对于任何含氢燃烧系统中 H_2-O_2 的反应顺序的速率至关重要，羟基自由基的浓度在 CO 氧化速率中也是重要的。在 H_2-O_2 反应中，反应式（5-29）比羟基自由基与典型烃类之间的反应慢，因此，可以得出结论，碳氢化合物抑制了 CO 的氧化。

在烃氧化过程中，CO 是主要产物并且大量形成。而且大量的实验证据表明，在反应中，CO 氧化为 CO_2 的时间较晚。CO 到 CO_2 的转化被延迟，直到所有原始燃料和反应中形成的碳氢化合物的消耗殆尽。当这些组分消失时，羟基浓度升高到高水平并将 CO 转化为 CO_2。如图 5-11 所示，式（5-29）的反应速率在反应达到 1100K 以上的温度之前不会

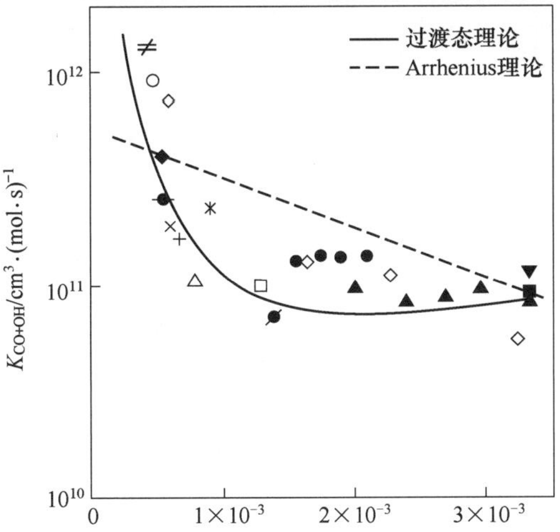

图 5-11 CO + OH 反应的反应速率常数与温度倒数的关系

（图中各点为不同研究者所得实验数据）

开始明显上升。因此，在温度为 1100K 及以下的实际烃类燃烧系统中，CO 到 CO_2 的完全转化一般不会发生。

图 5-12 是在恒定温度和恒定压力下，少量 CO 在 O_2 和 H_2O 浴中反应的物质分布。形成自由基并达到超平衡浓度的诱导期持续约 5ms。在 CO 开始反应后不久，自由基获得其最大浓度，然后与 CO 一起消耗，直到大约 30s 后达到热力学平衡，大约在 80ms 内 90%的 CO 被消耗。在贫燃料条件和 1100K 温度下，OH 和 O 中间体是最丰富的自由基。对于 CO 氧化及 H_2 氧化，诱导时间和着火时间是相同的。

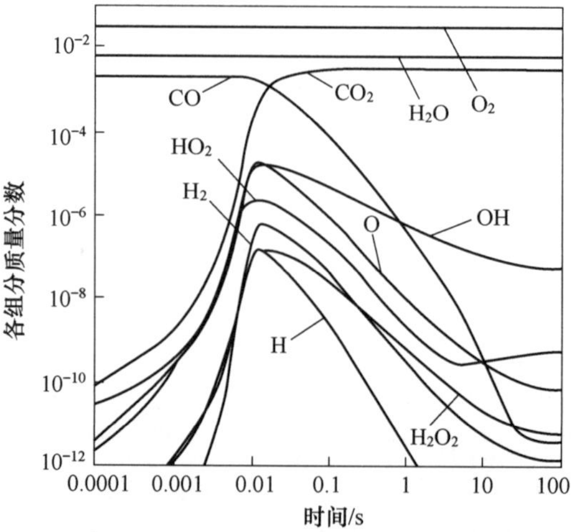

图 5-12 含氢条件下 CO 恒温氧化各反应物质量分数的分布

（初始条件：1100K、101325Pa、初始摩尔分数 $x_{CO}=0.002$、$x_{H_2O}=0.01$、$x_{O_2}=0.028$，其余为 N_2）

诱导时间描述了早期的自由基建立和燃料消耗的开始，而着火时间描述了显著放热的开始时间，对于烃类氧化，两者通常是不同的。通过相关灵敏度分析方程的求解（见图 5-13）给出了 CO 质量分数相对于各种速率常数的标准化线性灵敏度系数。按降序排列的最重要反应的等级排序是：

式(5-29)： $CO + OH = CO_2 + H$ (f)

$CO_2 + H = CO + OH$ (b)

式(5-18)： $H + O_2 + M = HO_2 + M$ (f)

式(5-10)： $H + O_2 = OH + O$ (f)

$O + OH = H + O_2$ (b)

式(5-23)： $O + H_2O = OH + OH$ (f)

$OH + OH = O + H_2O$ (b)

以上反应编号中的 f 和 b 分别代表的是正反应和逆反应。反应式（5-29b）在系统平衡之前没有效果，此时两个系数 $\partial \ln Y_{CO}/\partial \ln k_{5\text{-}29f}$ 和 $\partial \ln Y_{CO}/\partial \ln k_{5\text{-}29b}$ 的大小相等，但在含义上相反。在平衡时，这些反应在微观上是平衡的，因此扰动速率常数的净效应为零。然而比率（$K_{5\text{-}29f}/K_{5\text{-}29b}=K_{5\text{-}29}$）的扰动在所有参数中对 CO 平衡浓度的影响最大。类似地分析表面反应式（5-23）和式（5-5）在诱导期后不久就平衡，反应产率分析也揭示了相同的趋势。

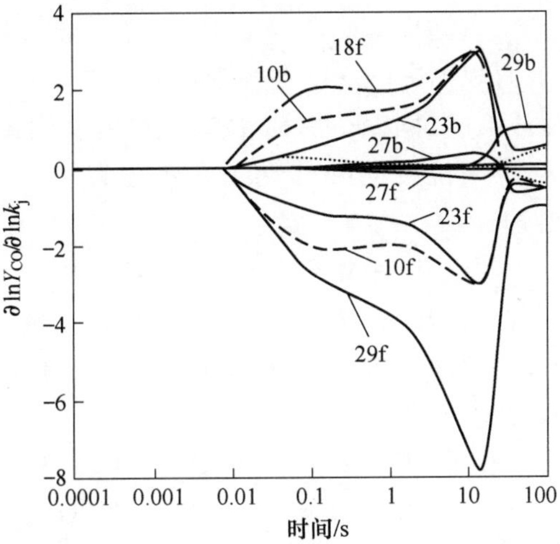

图 5-13 各种反应速率常数下 CO 质量分数的标准一阶元素灵敏度系数

5.2.3.2 碳氢化合物的氧化

本节讨论高链烷烃类（$n>2$）的一般氧化过程。对于高链烷烃类，主要对氧化反应过程进行一个总的描述，指出其最关键的反应步骤。然后再讨论已获成功应用的多步总包反应。

链烷烃的氧化可以分为以下三个过程：

（1）燃料分子受到 O 原子和 H 原子的撞击而分解，先分解成烯烃和氢，在有氧存在的情况下，氢被氧化。

（2）不饱和的烯烃进一步氧化成为 CO 和 H_2，H_2 被氧化。

（3）CO 通过反应 $CO + OH = CO_2 + H$ 进一步燃尽。在总的燃烧过程中释放的热量几乎都发生在这一步。

以丙烷（C_3H_8）的氧化为例，这三步反应过程可补充为如下步骤。

第 1 步：在初始的燃料分子中一个 C—C 断裂。由于 C—C 键较弱，C—C 键比 C—H 键先断裂。

$$C_3H_8 + M = C_2H_5 + CH_3 + M \tag{5-31}$$

第 2 步：形成的两个碳氢自由基进一步分解，产生烯烃（有双碳键的碳氢化合物）和氢原子。从碳氢化合物中分解出氢原子的过程称为脱氢。这一步生成了乙烯和亚甲基，即

$$C_2H_5 + M = C_2H_4 + H + M \tag{5-32}$$

$$CH_3 + M = CH_2 + H + M \tag{5-33}$$

第 3 步：从第 2 步中产生的 H 原子开始产生一批自由基，即

$$H + O_2 = O + OH \tag{5-34}$$

第 4 步：随着自由基的积累，就开始了新的燃料分子被撞击的过程，即

$$C_3H_8 + OH = C_3H_7 + H_2O \tag{5-35}$$

$$C_3H_8 + H = C_3H_7 + H_2 \tag{5-36}$$

$$C_3H_8 + O = C_3H_7 + OH \tag{5-37}$$

第 5 步：与第 2 步一样，碳氢自由基再次通过脱氢反应分解为烯烃和 H 原子，即

$$C_3H_7 + M = C_3H_6 + H + M \tag{5-38}$$

这一分解应依据 β-剪刀规则进行。这一规则指的是断裂 C—C 或 C—H 键将是离开自由基位置的一个键，即离开不成对电子的一个位置在自由基位置处的不成对电子加强了相邻的键，引起的结果是从这一位置向外移动了一个位置。对于从第 4 步产生的自由基 C_3H_7，有以下两种可能的途径：

$$C_3H_7 + M = C_3H_6 + H + M \tag{5-39}$$

$$C_3H_7 + M = C_2H_4 + CH_3 + M \tag{5-40}$$

第 6 步：第 2 步和第 5 步所产生的烯烃的氧化是由氧原子撞击所激发的，这会产生甲酸基（HCO）和甲醛（H_2CO），即

$$C_3H_6 + O = C_2H_5 + HCO \tag{5-41}$$

$$C_3H_6 + O = C_2H_4 + H_2CO \tag{5-42}$$

第 7 步：甲基自由基（CH_3）氧化→甲醛（H_2CO）氧化→亚甲基（CH_2）氧化。

第 8 步：按含氢的 CO 机理进行 CO 的氧化，反应前述已给出。

从上面的过程可以看出，高链烷烃的氧化机理实际是相当复杂的。这一机理的细节仍需要继续研究。

5.2.3.3　总包和准总包机理

根据系列的总包和准总包反应步骤中总的特性可导出经验的总包反应模型。针对一系列碳氢化合物，提出了一步、两步和多步的总包反应动力学。总包反应模型虽然不涉及碳氢化合物氧化的细节，但对于工程近似是很有用的。工程上可用下面的一步表达式进行近似：

$$C_xH_y + \left(x + \frac{y}{4}\right)O_2 \xrightarrow{k_G} xCO_2 + \frac{y}{2}H_2O \tag{5-43}$$

$$\frac{dc_{C_xH_y}}{dt} = -A\exp[-E_a/(R_uT)]c_{C_xH_y}^m c_{O_2}^n \tag{5-44}$$

式中，A 为指前因子；E_a 为化学反应表观活化能；R_u 为经验的摩尔气体常量。各参数具体数值见表 5-1。

表 5-1　式（5-44）单步反应的速率参数

燃料	指前因子 A①	活化温度 (E_a/R_u)/K	m	n
CH_4	1.3×10^8	24358②	−0.3	1.3
CH_4	8.3×10^5	15098③	−0.3	1.3
C_2H_6	1.1×10^{12}	15098	0.1	1.65
C_3H_8	8.6×10^{11}	15098	0.1	1.65
C_4H_{10}	7.4×10^{11}	15098	0.15	1.6
C_5H_{12}	6.4×10^{11}	15098	0.25	1.5
C_6H_{14}	5.7×10^{11}	15098	0.25	1.5

续表 5-1

燃料	指前因子 A①	活化温度（E_a/R_u）/K	m	n
C_7H_{16}	5.1×10^{11}	15098	0.25	1.5
C_8H_{18}	4.6×10^{11}	15098	0.25	1.5
C_8H_{18}	7.2×10^{12}	20131④	0.25	1.5
C_9H_{20}	4.2×10^{11}	15098	0.25	1.5
$C_{10}H_{22}$	3.8×10^{11}	15098	0.25	1.5
CH_3OH	3.2×10^{12}	15098	0.25	1.5
C_2H_5OH	1.5×10^{12}	15098	0.15	1.6
C_6H_6	2.0×10^{11}	15098	-0.1	1.85
C_7H_8	1.6×10^{11}	15098	-0.1	1.85
C_2H_4	2.0×10^{12}	15098	0.1	1.65
C_3H_6	4.2×10^{11}	15098	-0.1	1.85
C_2H_2	6.5×10^{12}	15098	0.5	1.25

①A 的单位包括了式（5-44）中的浓度单位，浓度单位为 mol/cm^3，即有 A 的单位为（mol/cm^3）$^{1-m-n}$/s。

② $E=48.4$kcal/mol，1kcal=4.18kJ。

③ $E=30$kcal/mol。

④ $E=40$kcal/mol。

也有研究者提出了一个多步的准总包机理，用以下 4 步反应来模化丙烷氧化：

$$C_nH_{2n+2} \xlongequal{\quad} \frac{n}{2}C_2H_4 + H_2 \tag{5-45}$$

$$C_2H_4 + O_2 \xlongequal{\quad} 2CO + 2H_2 \tag{5-46}$$

$$CO + 1/2O_2 \xlongequal{\quad} CO_2 \tag{5-47}$$

$$H_2 + 1/2O_2 \xlongequal{\quad} H_2O \tag{5-48}$$

式（5-45）~式（5-48）的反应速率分别表示为：

$$\frac{dc_{C_nH_{2n+2}}}{dt} = -10^x\exp[-E_a/(R_uT)]c^a_{C_nH_{2n+2}}c^b_{O_2}c^c_{C_2H_4} \tag{5-49}$$

$$\frac{dc_{C_2H_4}}{dt} = -10^x\exp[-E_a/(R_uT)]c^a_{C_2H_4}c^b_{O_2}c^c_{C_nH_{2n+2}} \tag{5-50}$$

$$\frac{dc_{CO}}{dt} = -10^x\exp[-E_a/(R_uT)]c^a_{CO}c^b_{O_2}c^c_{H_2O}7.93\exp(-2.48\Phi) \tag{5-51}$$

式中，Φ 为当量比。

$$\frac{dc_{H_2}}{dt} = -10^x\exp[-E_a/(R_uT)]c^a_{H_2}c^b_{O_2}c^c_{C_2H_4} \tag{5-52}$$

每个方程的指数 x、a、b 和 c 在表 5-2 中列出。

表 5-2 C_nH_{2n+2} 多步氧化机理的常数（以丙烷（$n=3$）为例）

速率方程	式（5-49）	式（5-50）	式（5-51）	式（5-52）
x	17.32	14.7	14.6	13.52
$\frac{E_a}{R_u}$/K	24963	25164	20131	20634
a	0.50	0.90	1.0	0.85
b	1.07	1.18	0.25	1.42
c	0.40	−0.37	0.50	−0.56

在这一机理中，假定乙烯（C_2H_4）是中间的碳氢化合物，在速率方程中，相应的 C_3H_8 和 C_2H_4 的指数是负数，这表明 C_3H_8 和 C_2H_4 分别抑制了 C_2H_4 和 H_2 的氧化。要注意的是，速率方程并不直接与总包反应步骤相对应，如式（5-49）~式（5-52）包括了三个组分反应，而不像单独的总包反应式（5-45）~式（5-48）表示的是两个组分。

5.2.3.4 实际燃料及其替代物

熔池喷吹的液体燃料，如0号柴油或生物柴油等，以高碳链化合物为主，因此对实际燃料燃烧的模化方法是用一个单一成分来代表实际的燃料混合物，或者用少量碳氢化合物的混合物来代表，并使燃料的重要性质相匹配。

5.2.4 浸没燃烧热质传递过程的数值模拟

5.2.4.1 应用背景

顶吹浸没喷枪熔炼技术是典型的浸没喷吹熔池熔炼技术，其基本过程是将喷枪由炉顶插入固定垂直放置的圆筒形炉膛内并插入熔体中，空气或富氧空气和燃料从喷枪末端直接喷入熔体中，在炉内形成剧烈翻腾的熔池，炉料由炉顶加料口直接投入炉内熔池。

5.2.4.2 模型及参数

由于熔池内的高温及测试条件的限制，目前已有的熔池浸没燃烧传热传质试验大多是基于水模型开展，针对高温熔体内浸没燃烧产生的高温气泡与熔体间的传热传质也正在国内的一些研究机构展开，目前还未见有其他的研究成果报道。因此，本节将主要总结本书作者及课题组对生物质燃油浸没燃烧的传热传质特性的研究成果[1,37]。

本节以数值模拟为主，结合试验测试进行验证。计算区域为圆柱体，直径0.06m、高0.2m。浸没喷枪为双层套管型，长0.01m，在喷枪出口端设有混合室，长0.002m；内管通生物柴油，内直径为0.0006m；外管通空气，内直径为0.0026m，管壁厚度为0.0001m。计算区域分为上下两部分：上部为烟气区域，高0.05m；下部为熔体区域，高0.15m。喷枪由计算区域底部几何中心插入，浸没深度为0.01m，计算区域的三维模型如图5-14所示。

计算过程中，做了以下简化：

（1）重点关注浸没喷吹铜熔池熔炼过程中熔池内生物柴油的燃烧及多相流动行为，因而暂未考虑加料、放渣及造锍反应等间断性过程，故可假设熔池深度不变。

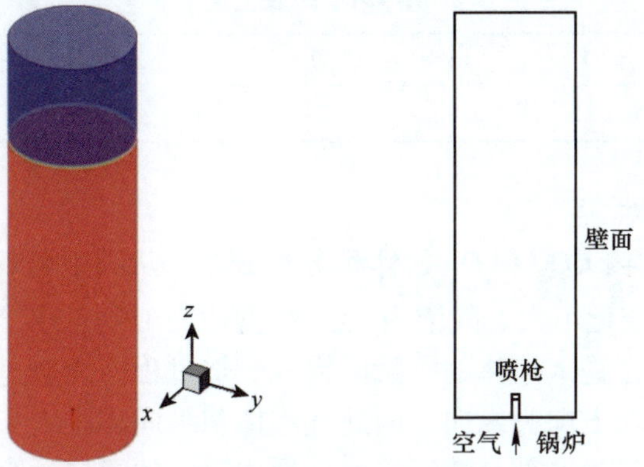

图 5-14 计算区域三维视图

(2) 气-液交界面为自由液面。

(3) 计算区域壁面绝热，与外部环境无任何热交换。

该计算耦合了离散相模型、多相流模型、非预混燃烧模型及辐射模型。所用生物柴油是通过酯交换制备的小桐子油生物柴油，其理化性能见表 5-3。

表 5-3 小桐子油生物柴油理化性能指标

小桐子油生物柴油 (300K)		理化性能
密度/$kg \cdot m^{-3}$		882.4
导热系数/$W \cdot (m \cdot K)^{-1}$		0.175
表面张力/$mN \cdot m^{-1}$		32.14
运动黏度/$Pa \cdot s$		0.0046
潜热/$J \cdot kg^{-1}$		275611
元素含量/%	C	73.62
	H	12.69
	O	12.25
	N	1.22
	S	0.22

注：小桐子油生物柴油根据批次不同，理化性能指标会有所差异。

铜熔池熔炼工艺过程为保证熔炼效果最佳，其熔体温度一般控制在 1400K 左右，熔体参数见表 5-4。

表 5-4 熔体参数

密度/$kg \cdot m^{-3}$	比热容/$J \cdot (kg \cdot K)^{-1}$	黏度/$Pa \cdot s$	表面张力/$N \cdot m^{-1}$	导热系数/$W \cdot (m \cdot K)^{-1}$
4440	620	0.004	0.33	8.9

计算区域共一支喷枪，喷枪从计算区域底部几何中心浸没到熔体中，浸没深度为 10mm。生物柴油质量流量为 1.35×10^{-7}kg/s，空气入口质量流量为 1.66×10^{-6} kg/s。初始设定熔体温度为 1400K，空气入口温度为 700K，生物柴油入口温度为 300K，计算工况见表 5-5。

表 5-5　计算工况

工况	1	2	3	4
O_2 浓度/%	21	24	27	30

5.2.4.3　结果分析

图 5-15 所示为熔体内 CO_2 和 O_2 的体积分数分布。从图中可观察到熔体内不同气泡所含有的 CO_2 和 O_2 浓度变化不大。气泡内 CO_2 浓度约为 15%，O_2 浓度约为 3%。油滴颗粒被空气包裹进入熔体，在进入熔体的一瞬间完成燃烧过程。燃烧过程中产生大量烟气，使气泡体积迅速膨胀。喷吹方向为纵向，因此气泡体积纵向膨胀大于横向膨胀，此时气泡为狭长形。继续喷吹，在气泡底部与喷嘴连接处形成很小的缩口，直到后来与喷嘴分离，此时与喷嘴相连的燃烧空间最小，燃烧现象较弱，甚至无燃烧现象。随着油气混合物的持续进入，与喷嘴相连的气泡体积增大，燃烧现象增强，以后将重复此过程。离开喷嘴口后气泡内部烟气成分基本保持不变，因此燃烧过程主要集中在气泡与喷嘴相连期间内。

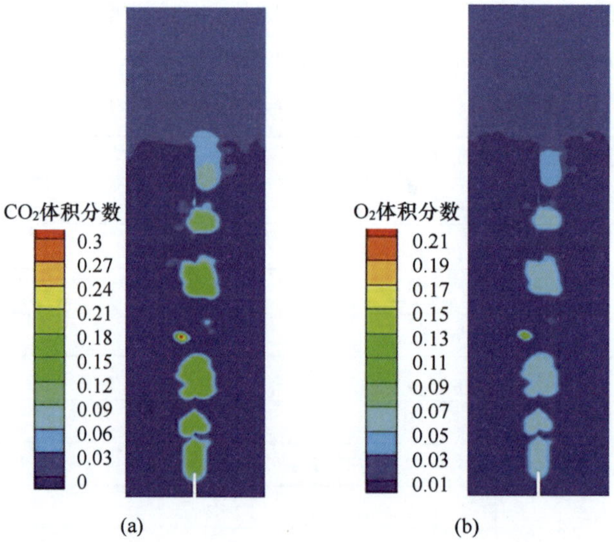

图 5-15　熔体内 CO_2（a）和 O_2（b）的体积分数分布

图 5-16 为不同 O_2 浓度下喷枪几何中心线温度。提高 O_2 浓度，生物柴油在熔体中燃烧更充分，燃烧产生的烟气温度升高，向熔体传热量增加，熔体温度提高，但熔体内温度提高幅度逐渐减小。沿喷枪轴线熔体温度变化分为三个过程：无规律剧烈变化、温度下降较快、温度缓慢下降。从喷口开始至距熔体底部 0.05m 之间熔体温度变化剧烈，此时气泡离开喷枪时间较短、气泡速度较大、气泡温度较高、熔体之间温差最大。在此过程气泡和熔体之间进行强烈对流换热，温度波动较大。距熔池底部 0.05～0.15m 气泡形状变为较为稳定的椭圆形，气泡向液面运动浮力起主导作用，气泡上浮速度稳定，气泡和熔体之间的对流换热强度较之前降低，熔体内温度下降规律性明显。0.15m 以后燃烧产物进入熔体上方气体空间，燃烧产物经过前一阶段与熔体传热温度较低，此时换热方式为辐射换热，换热效果较差，温度下降较为缓慢。

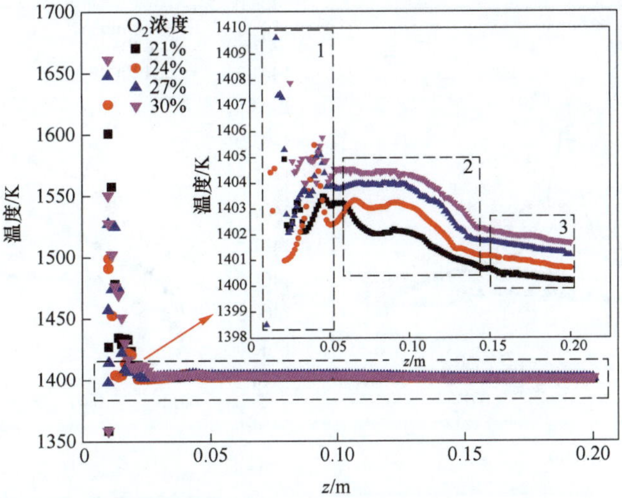

图 5-16 不同 O_2 浓度下喷枪几何中心线温度

1—无规律剧烈变化阶段；2—温度下降较快阶段；3—温度缓慢下降阶段

图 5-17 为不同 O_2 浓度下计算区域温度分布。不同 O_2 浓度下熔体内温度梯度分布一致。O_2 浓度提高，生物柴油浸没燃烧传热影响的范围变大，熔体内高温区域面积也变大。图 5-18 为不同位置温度分布。在距喷枪口垂直方向 50mm、100mm、140mm 处分别建立三条观察线监测熔体温度变化。不同 O_2 浓度下相同观察线处熔体温度曲线变化趋势一致。50mm 处观察线熔体温度分布类似驼峰状，在近喷口处温度变化较为剧烈，燃烧产生的高温横向传递范围较小。100mm 处观察线熔体温度分布类似梯形，熔体几何中心处温度变化较为平缓，靠近壁面温度下降较快。140mm 处观察线熔体温度分布类似半椭圆形，熔体内部大部分温度分布均匀，在近壁面处有所下降，温度变化较为平缓。

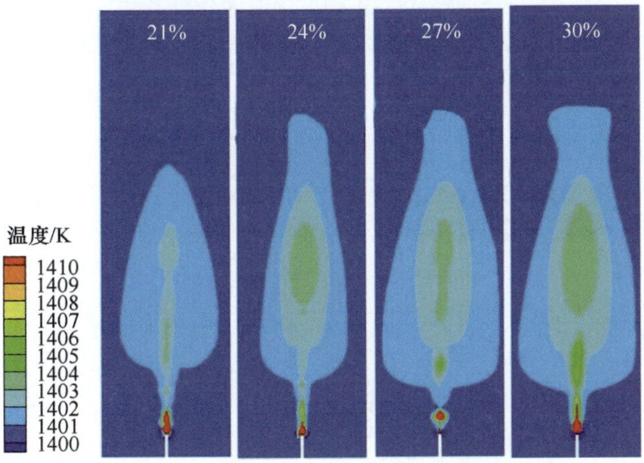

图 5-17 不同 O_2 浓度下计算区域温度分布

图 5-19 和图 5-20 为不同喷枪进口 O_2 浓度的出口截面 CO_2 和 O_2 体积分数。随着喷枪进口 O_2 浓度提高，在出口截面处 CO_2 和 O_2 体积分数提高。燃烧产物在喷口产生，经过

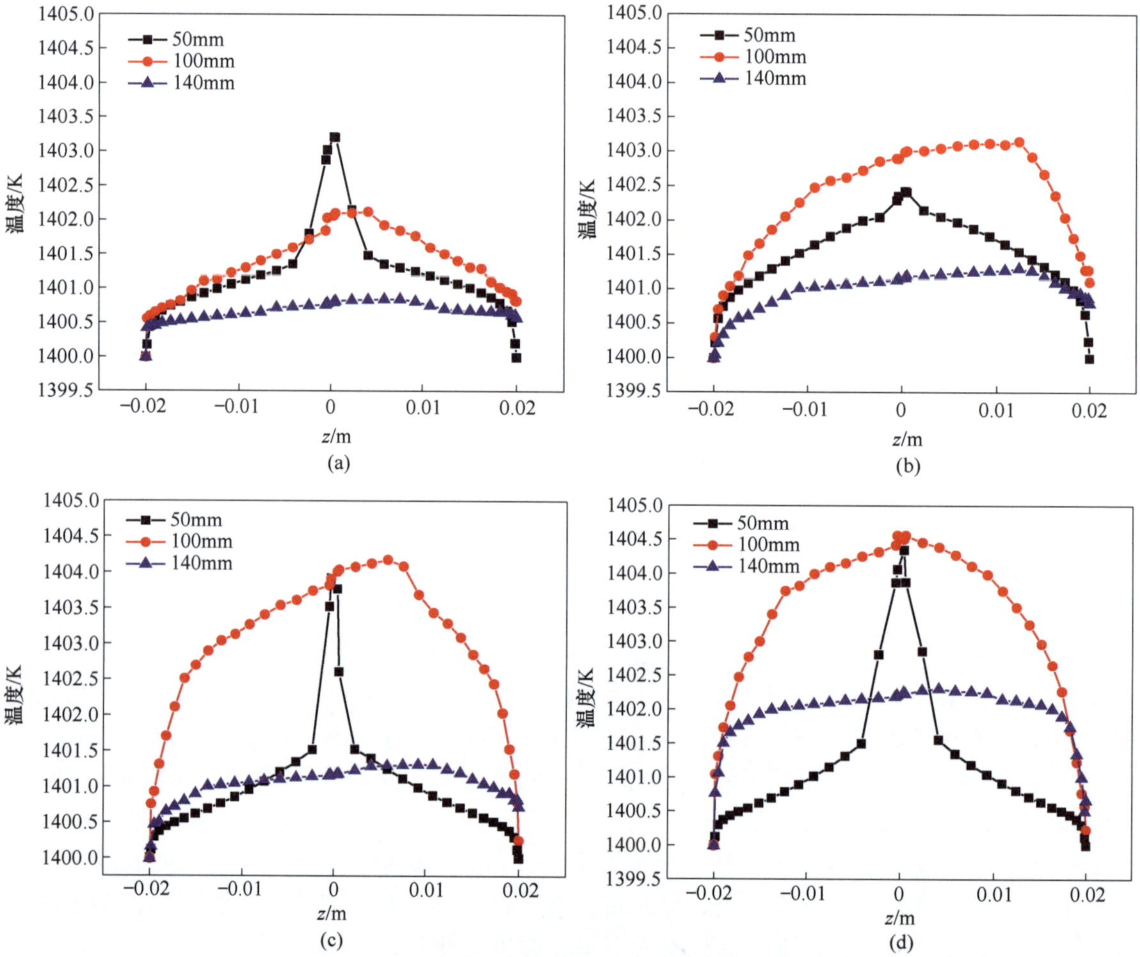

图 5-18　不同位置温度分布

（a）氧气浓度 21%；（b）氧气浓度 24%；（c）氧气浓度 27%；（d）氧气浓度 30%

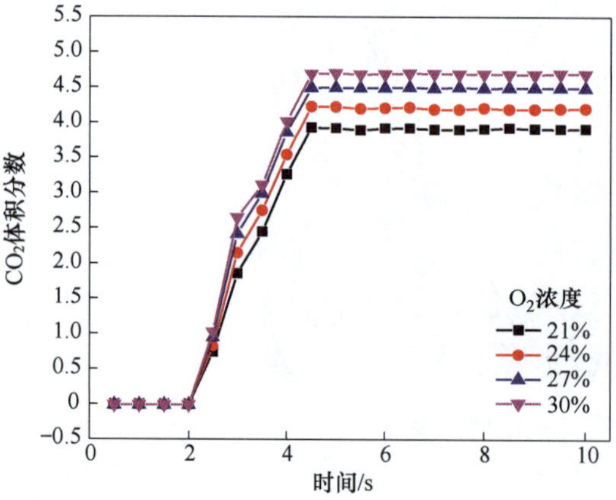

图 5-19　出口 CO_2 体积分数

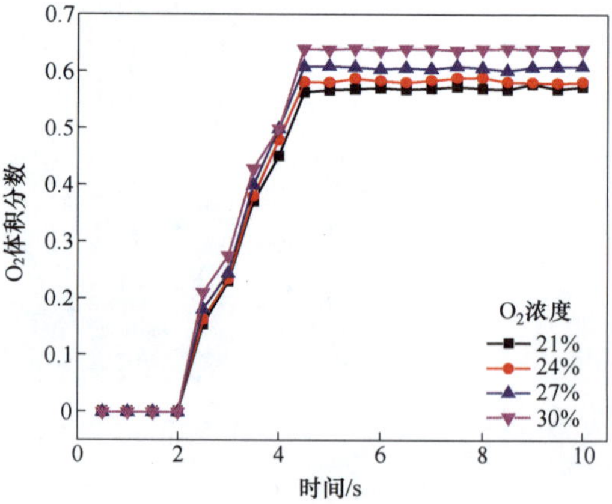

图 5-20　出口 O_2 体积分数

4s 后流到出口截面，4s 后出口截面上 CO_2 和 O_2 体积分数含量稳定，且随 O_2 浓度提高 CO_2 体积分数增加量逐渐减少，出口截面 O_2 体积分数增加量逐渐加大。O_2 浓度越高生物柴油燃尽率越高，提高相同百分比的 O_2 浓度时，出口截面 CO_2 体积分数增加量逐渐减小、O_2 体积分数增加量逐渐增大。

5.3 固体燃料浸没燃烧特性

5.3.1 浸没喷吹过程的颗粒运动动力学

5.3.1.1 固体燃料颗粒的受力

固体燃料颗粒在浸没状态下的运动相对复杂，因此忽略次要因素[36]，主要考虑作用在颗粒上的重力 F_g、浮力 F_l、阻力 F_s、惯性力 F_{in} 和曳力 F_{gs}，表达式如下：

$$F_g = 1/6\pi d^3\rho_p g \tag{5-53}$$

$$F_l = 1/8\pi d^2\rho_c C_l\ (u_c - u_p)^2 \tag{5-54}$$

$$F_s = 1/8\pi C_D d^2\rho_c |u_c - u_p|(u_c - u_p)$$

$$C_D = \frac{24}{Re},\ Re = \frac{\rho_c d|u_c - u_p|}{\mu},\ \mu = \nu\rho_c \tag{5-55}$$

$$F_{in} = 1/6\pi d^3\rho_p \frac{du_p}{dt} \tag{5-56}$$

式中，d 为颗粒直径；ρ_c、ρ_p 分别为流体和颗粒的密度；u_c、u_p 分别为流体和颗粒的速度；C_D 为 Stokes 阻力系数；μ 为流体的黏度；ν 为流体的动力黏度；C_l 为浮力系数。

气-颗粒间的曳力可用下式得出：

$$F_{gs} = F_{perp}F_{para}(u_g - u_s)^2 \tag{5-57}$$

式中，下角 perp、para 分别表示 F_s 垂直和水平方向分量。

气-液、气-颗粒间曳力系数为 C_{Dgi}，则

$$F_{gi} = \frac{3}{4}\frac{\varepsilon_i\rho_g}{\phi_i d_i}|u_g - u_i|(u_g - u_i)C_{Dgi} \tag{5-58}$$

颗粒-颗粒之间的曳力由下式得出：

$$F_{sp} = \frac{F_k}{2D}\varepsilon_p\rho_f(u_s - u_p)^2 \tag{5-59}$$

式中，$F_k = 10.50F_r^{-1.33}$ 时为垂直方向，$F_k = 14.98F_r^{-1.33}$ 时为水平方向。

熔池内主要有三相，气相、固相颗粒和液相熔体，该流动及反应过程的控制方程为：

$$\frac{\partial}{\partial x}(\varepsilon_i\rho_i u_i\varphi_i) + \frac{1}{r}\frac{\partial}{\partial r}(r\varepsilon_i\rho_i v_i\varphi_i) = \frac{\partial}{\partial x}\left(\varepsilon_i\Gamma_{\varphi i}\frac{\partial\varphi_i}{\partial x}\right) + \frac{1}{r}\frac{\partial}{\partial r}(r\varepsilon_i\Gamma_{\varphi i}\frac{\partial\varphi_i}{\partial x}) + S_{\varphi i} \tag{5-60}$$

式中，ε_i 为 i 相体积比；ρ_i 为 i 相密度比；u_i 为 i 相速度轴向分量；v_i 为 i 相速度径向分量；r 为径向坐标；i 为 g、l、s 时分别表示气相、液相和碳颗粒相。

5.3.1.2 固体燃料颗粒的运动轨迹

为研究浸没喷吹状态下颗粒的运动轨迹，首先对单个颗粒进入液体后的运动轨迹进行分析[37]，颗粒相处于动态稳定状态，其无量纲运动方程如下：

$$\left(\frac{\rho_p}{\rho_g}\right)\frac{du_p^+}{dt^*} = \frac{3}{4}C_D C_w \frac{1}{d_p^*}\left|u_g^+ - u_p^+\right|(u_g^+ - u_p^+) + \frac{9}{\sqrt{\pi}}\frac{1}{d_p^*}\frac{1}{\sqrt{Re_\tau}}\int_{t_{p0}^*}^{t_p^*}\frac{d(u_g^+ - u_p^+)}{d_\tau^*}\frac{1}{\sqrt{t_p^* - \tau^*}}d_\tau^* +$$
$$\frac{C_{LS}}{\sqrt{Re_\tau}}\frac{1}{d_p^*}(u_{gx}^+ - u_{px}^+)\left|\frac{du_{gx}^+}{dy}\right|^{1/2}\mathrm{sign}\frac{du_{gx}^+}{dy} + \frac{3}{4}C_{LR}\frac{1}{d_p^*}\left|u_g^+ - u_p^+\right|(u_g^+ - u_p^+) \times$$
$$\frac{\omega_g^+ - \omega_p^+}{\left|\omega_g^+ - \omega_p^+\right|} + C_v\left(\frac{Du_g^+}{D_t^*} - \frac{du_p^+}{dt^*}\right) + \frac{Du_g^+}{Dt^*} + \delta_{li}\left(\frac{\rho_p}{\rho_g} - 1\right)\frac{1}{Fr^2} \tag{5-61}$$

式中，d_p^* 为颗粒的无量纲直径；u_p^+ 为颗粒无量纲速度；u_g^+ 为颗粒位置处的气体速度；ω_g^+、ω_p^+ 分别为颗粒位置处流体的旋转角速度和颗粒旋转角速度；C_v、C_D 分别为虚拟质量力系数和曳力系数；C_w 为对曳力的近壁面修正；C_{LS}、C_{LR} 分别为剪切升力系数和旋转升力系数；Fr 为弗鲁德数（定义式为 $u_\tau/\sqrt{gh}$）。

在浸没条件下，理想球状颗粒在穿越气-液界面进入液体的过程中，存在平衡，即惯性力=运动阻力×方向分力。

浮力为运动阻力在竖直（y）方向的分力加重力，且由熔池下方底面中点处垂直入射，理论上运动轨迹关于 y 轴对称，仅需对直角坐标竖直方向一侧部分进行分析计算，即

$$M_c\frac{dv_{c,x}}{dt} = -F_{d,x} \tag{5-62}$$

$$F_b = F_{d,y} + G \tag{5-63}$$

$$M_c = \frac{4}{3}\pi r_c^3\rho_c \tag{5-64}$$

$$F_b = \frac{4}{3}\pi r_c^3\rho_l g \tag{5-65}$$

$$G = \frac{4}{3}\pi r_c^3\rho_c g \tag{5-66}$$

$$F_d = C_d a_c \rho_c \frac{v_c^2}{2} \tag{5-67}$$

式中，M_c 为颗粒质量；F_b 为颗粒所受到的浮力；v_c 为颗粒速度；C_d 为阻力系数；r_c 为颗粒半径；F_d 为颗粒受到的运动阻力；ρ_c 为颗粒密度；ρ_l 为液体密度。

颗粒运动的轨迹方程为：

$$\frac{du_p}{dt} = F_D(u - u_p) + \frac{(\rho_p - \rho)g_i}{\rho_p} + F_i \tag{5-68}$$

$$F_D = \frac{18\mu}{\rho_p dp^2}\cdot\frac{C_D Re}{24} \tag{5-69}$$

$$Re = \frac{\rho dp\left|u_p - u\right|}{\mu} \tag{5-70}$$

5.3.1.3　固体燃料颗粒的速度

颗粒初始位置在喷嘴处，其初始速度与颗粒位置处的流体速度一致[38]。这里只考虑二维平面上颗粒的运动情况。首先分析颗粒在 y 轴方向的运动状况。颗粒在 y 轴运动时主要受重力 G、浮力 F、阻力 f 的影响，其动量方程为：

$$m\frac{dv_p}{dt} = G - F - f \tag{5-71}$$

整理得：

$$\frac{dv_p}{dt} = \frac{(\rho_p - \rho)g}{\rho_p} - \frac{3}{4}\frac{C_D\rho}{\rho_p d_p}(v_p - v)^2 \tag{5-72}$$

式中，v_p 为颗粒速度（沿竖直方向）；v 为空气速度（沿竖直方向）；ρ_p 为颗粒密度；g 为重力加速度。

由式（5-72）得：

$$dt = \frac{dv_p}{\frac{(\rho_p - \rho)g}{\rho_p} - \frac{3}{4}\frac{C_D\rho}{d_p\rho_p}(v_p - v)^2} \tag{5-73}$$

颗粒从初速度 v_{p0} 到速度 v_p 的过程中，所经历时间 t 和经过路径 S 分别为：

$$t_Y = \int_{v_{p0}}^{v_p} \frac{dv_p}{\frac{(\rho_p - \rho)g}{\rho_p} - \frac{3}{4}\frac{C_D\rho}{d_p\rho_p}(v_p - v)^2} \tag{5-74}$$

$$S_Y = \int_0^t v_p dt = \int_{v_{p0}}^{v_p} \frac{v_p dv_p}{\frac{(\rho_p - \rho)g}{\rho_p} - \frac{3}{4}\frac{C_D}{\rho_p}(v_p - v)^2} \tag{5-75}$$

当作用在颗粒上的力达到平衡时，颗粒将做匀速运动，此速度称为最终速度。在水平方向上，颗粒受到的外力主要由阻力和惯性力构成[39]。

在水平方向颗粒的运动方程为：

$$m\frac{du_p}{dt} = -C_D\frac{\pi}{4}d^2\frac{\rho(u_p - u)}{2}|u_p - u| \tag{5-76}$$

整理得：

$$\frac{du_p}{dt} = -\frac{3}{4}\frac{\rho C_D}{\rho_p d}(u_p - u)|u_p - u| \tag{5-77}$$

式中，u_p 为颗粒在水平方向上的速度；u 为空气速度在水平方向上的分量；C_D 为沿水平方向运动的阻力系数。

当颗粒初速度小于空气速度时，颗粒做加速运动；当大于空气速度时，颗粒做减速运动。因此水平方向上颗粒的最终速度为空气速度。

在水平方向上，颗粒所经历的时间和路程为：

$$t_x = \int_{u_{p0}}^{u_p} -\frac{4\rho_p d \cdot du_p}{3\rho C_D(u_p - u)|u_p - u|} \tag{5-78}$$

$$S_x = \int_{u_{p0}}^{u_p} u_p dt = \int_{u_{p0}}^{u_p} \frac{-4\rho_p du_p}{3\rho C_D(u_p - u)|u_p - u|} \tag{5-79}$$

式中，d 为颗粒粒径。

5.3.2 碳颗粒浸没燃烧动力学

假设碳颗粒是球形颗粒。颗粒之间的距离取决于喷枪口气体介质中颗粒的浓度，对于单个碳颗粒粒子直径的分散系统，可以最简单地将颗粒间距离的一半定义为[40-41]：

$$r = R_0 \sqrt[3]{\frac{\rho_0 T}{\mu_0 \times 273}} \tag{5-80}$$

式中，r 为碳颗粒之间距离的一半；R_0 为碳颗粒的初始半径；ρ_0 为碳颗粒的初始密度；T 为气体介质的平均温度；μ_0 为喷枪口气体介质中颗粒的初始浓度。

假设碳颗粒是多孔状的，燃烧过程发生在孔的表面、孔的内部和颗粒的外表面。同时，对于碳颗粒的燃烧应用下述的化学反应机理：

$$2C + O_2 = 2CO + 221\text{kJ/mol} \tag{5-81}$$

$$C + CO_2 = 2CO - 175\text{kJ/mol} \tag{5-82}$$

$$2CO + O_2 = 2CO_2 + 570\text{kJ/mol} \tag{5-83}$$

反应式（5-81）、式（5-82）为非均相反应，式（5-83）为均相反应。

化学反应速率与温度、浓度及压力的关系按照质量作用定律及阿累尼乌斯定律来表达，具体数据见表 5-6。

表 5-6　化学反应动力学数据

反应速率/mol·$(m^2 \cdot s)^{-1}$	速率表达式	速率常数 K	反应热/kJ·mol^{-1}
R_{I}	$K_{\mathrm{I}} c_{O_2}$	$1.9\times10^7\times\exp(-23815/T)$	221
R_{II}	$K_{\mathrm{II}} c_{CO_2}$	$1.291\times10^5\times\exp(-22976/T)$	-175
R_{III}	$K_{\mathrm{III}} c_{CO}^2 c_{CO_2}$	$2.4602\times10^{-12}\times\exp(-21137/T+24.74414)T^3$	570

碳颗粒及颗粒内部气相能量守恒方程和气相组分质量守恒方程如下（各方程中均包含非稳态项、对流项、扩散项和源项）：

$$\frac{\partial}{\partial t}(C_{ps}\rho_c T_p) + \frac{1}{r^2}\frac{\partial}{\partial r}(r^2 N_{ts} C_{ps} T_p) = \lambda_e \frac{1}{r^2}\left(\frac{\partial}{\partial r} r^2 \frac{\partial T_p}{\partial r}\right) + \sum R_i \Delta H_i \tag{5-84}$$

$$\frac{\partial}{\partial t}(\rho_{gs} m_{ks}) + \frac{1}{r^2}\frac{\partial}{\partial r}(r^2 N_{ts} m_{ts}) = D_e \rho_{gs} \frac{1}{r^2}\left(\frac{\partial}{\partial r} r^2 \frac{\partial m_{ks}}{\partial r}\right) + \sum R_i \tag{5-85}$$

边界层气相能量守恒方程和气相组分质量守恒方程如下：

$$\frac{\partial}{\partial t}(C_{pg}\rho_g T_g) + \frac{1}{r^2}\frac{\partial}{\partial r}(r^2 N_{tg} C_{pg} T_g) = \lambda_g \frac{1}{r^2}\left(\frac{\partial}{\partial r} r^2 \frac{\partial T_g}{\partial r}\right) + \sum R_i \Delta H_i \tag{5-86}$$

$$\frac{\partial}{\partial t}(\rho_{gg} m_{kg}) + \frac{1}{r^2}\frac{\partial}{\partial r}(r^2 N_{tg} m_{kg}) = D_{bulk} \rho_{gg} \frac{1}{r^2}\left(\frac{\partial}{\partial r} r^2 \frac{\partial m_{kg}}{\partial r}\right) + \sum R_i \tag{5-87}$$

其中，混合气体的物质平衡表示为：

$$\frac{\partial \rho_{gg}}{\partial t} + \frac{1}{r^2}\frac{\partial}{\partial r}(r^2 N_{tg}) = \sum R_i \tag{5-88}$$

式中，T_p、T_g 分别为碳颗粒和边界层气体温度；m_k 为第 k 种气体组分的质量分数，k 分别为 O_2、CO、CO_2、N_2 和 NO；R_i 为第 i 个化学反应的反应速率；C_{ps}，C_{pg}分别为颗粒和边界气体比定压热容；λ_e 为空隙内有效导热系数；ρ_c、ρ_g 分别为颗粒和空隙内气体的密度；下标 s、g 分别为颗粒内部气体和边界气体成分；ΔH_i 为第 i 个反应放热量，碳与氧气的表面反应以生成 CO 和 CO_2 的比例确定该反应的放热量。

D_e 为有效扩散系数，可表示为：

$$\frac{1}{D_e}=\frac{1}{D_{bulk}}+\frac{1}{D_{knud}} \tag{5-89}$$

式中，D_{bulk}为分子扩散系数；D_{knud}为努森扩散系数。

分子扩散系数由 Maxwell-Gilliland 公式估计：

$$D_{bulk}=\frac{435.7T_p^{1.5}}{P(V_A^{1/3}+V_B^{1/3})}\sqrt{\frac{1}{M_A}+\frac{1}{M_B}} \tag{5-90}$$

式（5-90）为两种气体 A 和 B 之间分子扩散的经验公式，V_A、V_B 为气体摩尔体积，M_A、M_B 为 A、B 相对分子质量。

努森扩散系数由下式确定：

$$D_{knud}=\frac{2r_p\vartheta}{3\tau}\sqrt{\frac{8k_BN_{av}T_p}{\pi M_i}} \tag{5-91}$$

式中，k_B 为玻耳兹曼常数；N_{av}为阿伏加德罗常数；M_i 为气体相对分子质量；τ 为弯曲因子；ϑ 为孔隙率；r_p 为平均孔径。

5.3.3 碳颗粒浸没喷吹扩散过程的数值模拟

5.3.3.1 模型及参数

研究对象为圆柱体容器，内部为液体区域，碳颗粒由喷枪从底部进入熔体，喷枪伸入20mm。模型直径 120mm、高 200mm。浸没喷枪为双层套管型，长 20mm；内管通碳颗粒，内直径为 0.5mm；外管通空气，内直径为 3mm，忽略管壁厚度。由于介质各向同性，为简化计算，采用二维几何模型进行计算（见图 5-21），同时基于离散相模型和多相流模型建立二维数学模型[42-43]。

图 5-21　计算区域二维视图

5.3.3.2 结果分析

图 5-22 为碳颗粒浸没喷吹在不同时间的分布状态。碳颗粒群以一定的速度经喷枪喷出，一段时间后达到射流最高点；在喷射过程中，碳颗粒群由中心喷嘴以锥形环面向熔池中扩散。在出口时间较短时，碳颗粒群运动轨迹近似为椭球形，随时间推移，碳颗粒群由椭球形被渐渐拉长，同时碳颗粒群的射流距离逐渐变大；一段时间后，碳颗粒群的射流距离趋于稳定，碳颗粒群的运动轨迹以锥形环面向熔池内的四周扩散。

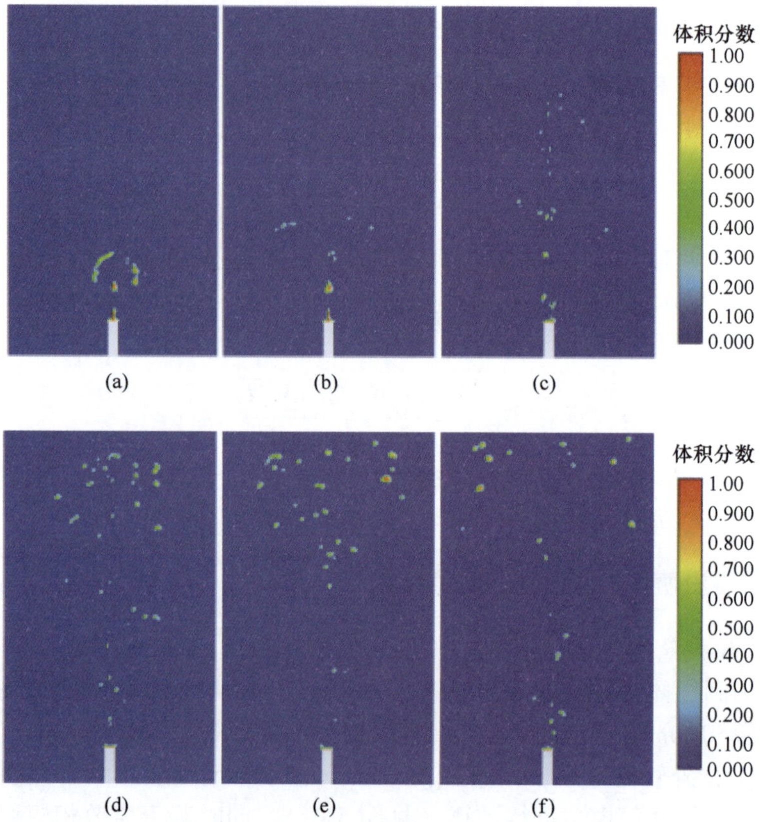

图 5-22　碳颗粒浸没喷吹分布状态
（a）t=0.3s；（b）t=0.7s；（c）t=1.2s；（d）t=1.7s；（e）t=2.2s；（f）t=2.7s

图 5-23 为碳颗粒在浸没状态下不同时刻的速度迹线图。图中可以看出，碳颗粒喷吹过程中熔池中速度迹线的分布近似关于喷枪对称。在喷吹时间较短的情况下，速度迹线分布的涡旋较稀疏，熔池中的波动较小；随着时间的推移，速度迹线分布图中的涡旋数量增加，迹线密集程度增加，即时间的增加，碳颗粒的分布量增加，对熔池的搅拌作用增强；由图还可以看出，涡旋越多，速度分布迹线越密集，越利于碳颗粒在熔池中均匀地分布。

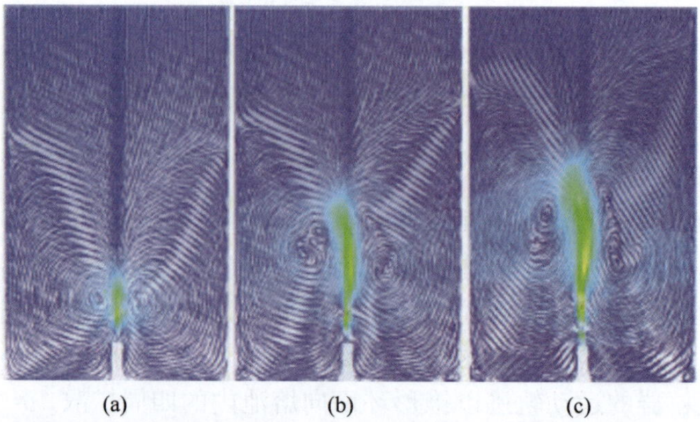

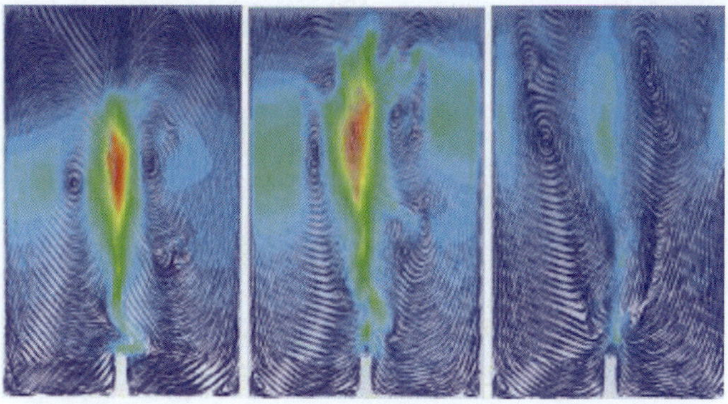

图 5-23 碳颗粒浸没运动速度迹线
(a) $t=0.3$s; (b) $t=0.7$s; (c) $t=0.9$s; (d) $t=1.3$s; (e) $t=1.7$s; (f) $t=2.2$s

5.4 液体燃料浸没燃烧特性

5.4.1 浸没喷吹过程液体燃料的转变特性

在液体燃料随空气携带进入空间的过程中，随着喷吹速度、压力及环境的变化，液体燃料会发生由连续相到分散相的转变，也即是分散或雾化。目前的雾化理论是建立在自由空间的前提下，在形成雾化的过程中，一方面，液体的表面张力迫使它形成一个小球体，液体的黏性力则试图保持液体原有的形状；另一方面，作用在液体表面的空气动力要促使它分裂、破碎及聚并。当空气动力之和大于表面张力与黏性力之和时，会发生液体的破裂。由此可见，表面张力和黏度是影响喷雾的主要因素。另外，喷孔的尺寸和形状、喷射流体和喷射环境都对雾化状况有一定影响[44]。

已有的研究结果表明，在浸没条件下，液体燃料颗粒的运动轨迹为：在喷枪头所形成的气泡内，以一定的雾化半角向前扩散[45]；当油滴到达气泡底部时，油滴颗粒具有以气泡底部平面为中心向整个熔体空间扩散的初始速度。这主要是因为在浸没喷吹开始时，液体燃料颗粒主要集中在喷枪口处的气泡内，此时液滴颗粒的雾化运动行为类似于自由空间的破碎和雾化，其运动轨迹以一定的雾化半角向前扩散。随着空气与液体燃料的不断喷吹，气泡内压力增加，以及受到雾化空气湍流作用的影响，导致气泡内气流速度方向杂乱无章[46]。部分油滴颗粒被雾化空气冲击携带向不同方向运动，然而大部分油滴颗粒会被大气泡破碎成的小气泡携带进入熔体区域。在浸没条件下，液滴颗粒的分散性较差，同时液滴的聚并可能性快速增加，液滴颗粒的破碎效果降低[47]。

5.4.2 气泡运动动力学

5.4.2.1 气泡动力学

液体中气泡的受力情况直接影响了气泡的运动过程。不考虑气泡间的相互作用，流体处于静止状态影响气泡上升运动的力主要有以下几项：

(1) 浮力。浮力公式为：

$$F_v = \frac{4}{3}\pi R^3 \rho_L g \tag{5-92}$$

液体中气泡受到浮力的大小等于气泡排除液体的重力，是气泡上升运动的主要动力。

（2）重力。重力公式为：

$$F_g = \frac{4}{3}\pi R^3 \rho_g g \tag{5-93}$$

（3）黏性阻力。黏性阻力公式为：

$$F_D = \frac{1}{2} C_D \rho_L \pi R^2 v_b^2 \tag{5-94}$$

气泡在黏性液体中运动时会受到液体的黏性力阻碍气泡的运动。

（4）附加质量力。初始时刻，气泡周围液体均处于静止状态，经过气泡的扰动后，液体在气泡周围产生环状流动。气泡在运动过程中带动周围液体加速的力即为附加质量力（见图 5-24）。附加质量力公式为：

$$F_m = \frac{2}{3}\pi R^3 \rho_L \frac{dv_b}{dt} \tag{5-95}$$

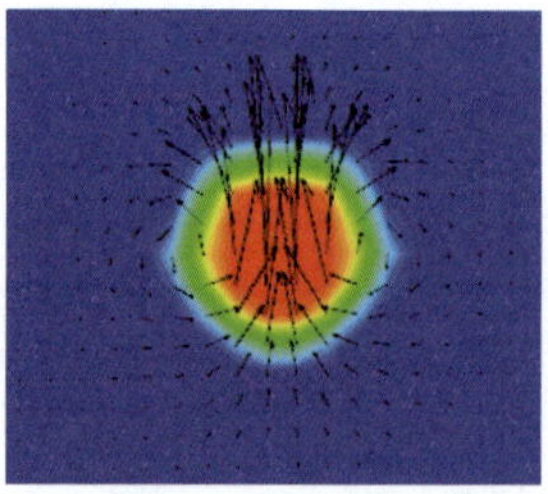

图 5-24　附加质量力

（5）Basset 力。Basset 力公式为：

$$F_B = 6R^2 \sqrt{\pi\mu\rho_L} \int_0^t \frac{\frac{dv_b}{dr}}{\sqrt{t-\tau}} d\tau \tag{5-96}$$

气泡的几何形状取决于气泡所受力的平衡，在运动过程中是不断变化的，与它所受的阻力特性和周围流场有关。气泡形状变化如图 5-25 所示。

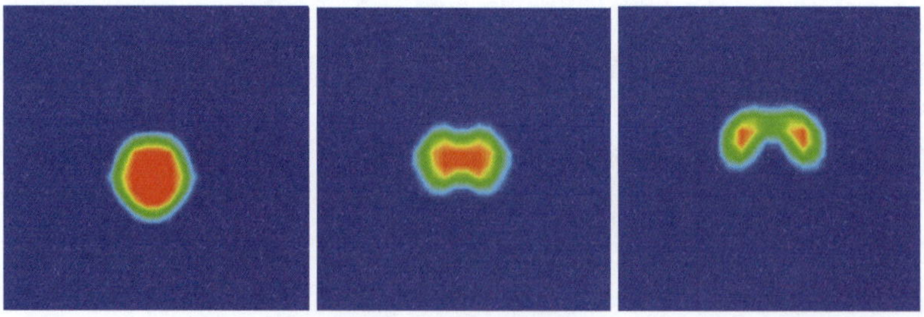

图 5-25　气泡形状变化

在气泡运动过程中，气泡下表面压力大于上表面压力，在这种压力差及气泡表面共同引导出一个从下方推动气泡向上的射流，这种射流在初期对气泡形状的影响不大，但随着气泡的不断上升，气泡上表面速度逐渐小于气泡其他部分，气泡底部压力使气泡底部开始出现凹陷，气泡由球形逐渐向帽状转变，随着气泡继续上升，射流逐渐进入气泡内部，并穿透气泡，最终使气泡产生分裂。

单个气泡的上升速度是气泡运动的最基本参数，可以反映气泡和液面界面上液体的运动情况。气泡速度主要取决于浮力、黏性阻力和表面张力等。当这些力达到平衡时气泡将做匀速上升运动。由图 5-26 可知，初始时刻气泡在浮力的作用下气泡速度逐渐上升，随着气泡深度的提高，气泡受到的浮力逐渐减小。随着气泡形状的不断变化（由球状逐渐向帽状转变），气泡阻力逐渐增大，气泡速度逐渐减小，当气泡的各种受力趋于平衡时，气泡将进行匀速运动。气泡的直径越大气泡受到的浮力越大，在气泡上升过程中，气泡直径越大，气泡的上升速度越大。

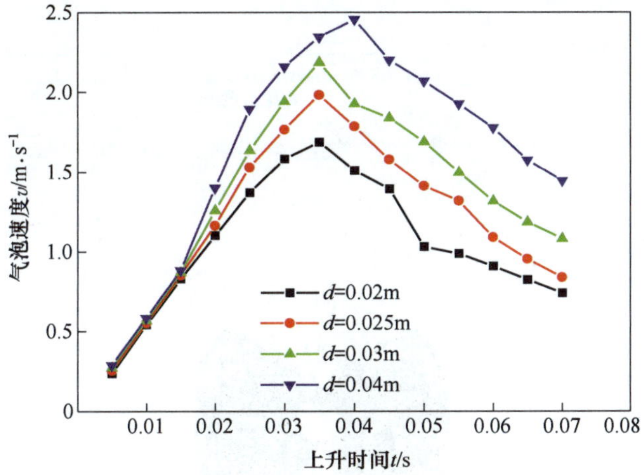

图 5-26 气泡速度变化

气泡运动过程中，随着气泡的上升，气泡受到的液体压力逐渐改变，气泡大小随液体压力的变化也会产生相应的变化。

将气泡近似看作理想气体，以单个气泡为整体，理想气体状态方程为：

$$pV = nRT \tag{5-97}$$

进而得到空气泡体积和高度的关系：

$$V = \frac{nRT}{p_0 + \rho gh} \tag{5-98}$$

$$\frac{\mathrm{d}V}{\mathrm{d}h} = -\frac{\rho h p_0 V_0}{(p_0 + \rho gh)^2} \tag{5-99}$$

由相应计算公式可知，气泡所处的深度越大，气泡体积越小；气泡上升路径越长，气泡体积变化越大。图 5-27 为不同初始位置的 4 个气泡上升过程气泡体积变化情况。随气泡上升，液体对气泡的压力逐渐减小，气泡体积逐渐增大；气泡初始深度越大，上升相同高度气泡体积变化越大。

5.4.2.2 气泡对流体的扰动

气泡运动过程中会对液体产生扰动作用，对静止的流体产生流动速度。如图 5-28 所示，初始时刻液体处于静止状态，经过气泡扰动后，液体在气泡周围产生环状流动，且越接近气泡液体流动越强烈。

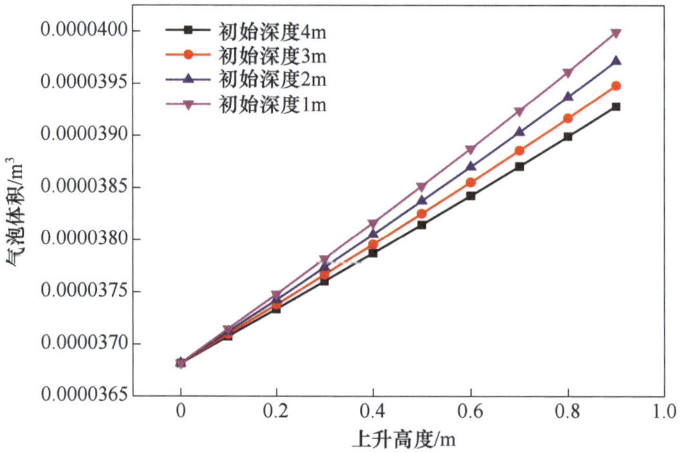

图 5-27 气泡体积变化

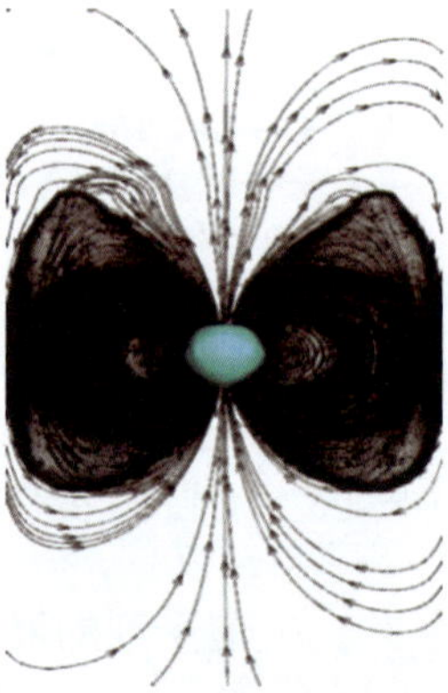

图 5-28 气泡上升过程中对液相的搅动作用

气体进入熔池后，通过对熔体做功推动熔炼过程，做功产生的有效功率可加速熔池内多相反应速率，促进熔池温度和成分均一化，并通过滞留部分气体与熔池产生持续搅拌作用。气体对熔体做功的功率划分为以下三类：

（1）喷枪出口气体由于温升所做膨胀功的功率为：

$$W_1 = nR(T_1 - T_0) \tag{5-100}$$

式中，n 为气体物质的量；R 为气体常数；T_1 为高温熔体温度；T_0 为喷枪出口气体温度。

（2）熔池中上升气泡所做浮力功的功率为：

$$W_2 = nRT_1 \ln \frac{p_1}{p_2} \tag{5-101}$$

式中，p_1、p_2 分别为喷枪出口处高温熔体的静压和大气压。

（3）气体自身动能所具备的功率为：

$$W_3 = \frac{nRT_0}{p_0} \frac{\rho_0 v_0^2}{2} \tag{5-102}$$

式中，ρ_0 为气体密度；p_0 为喷枪出口压力；v_0 为喷枪出口速度。

离开喷枪后，气体的能量将会在出口附近剧烈衰减。所以气体对高温熔体做功时应采用有效功率，见式（5-103）：

$$W_{总} = W_2 + \eta(W_1 + W_3) \tag{5-103}$$

式中，η 为有效系数。

喷枪空气流量和浸没深度直接影响气泡对熔池的搅拌效果[40-41]，图 5-29 为有效功率随喷枪空气流量的变化趋势。气体对熔体做功的有效功率整体上随空气流量增加呈增长趋势。但过度增加空气流量会加剧熔体的喷溅和对炉体的冲蚀，降低炉体寿命，且产生大量的烟气，增加了能耗。图 5-30 为有效功率随喷枪浸没深度的变化趋势。随喷枪浸没深度增大，有效功率直线上升，表明气体对熔体的搅拌作用随喷枪浸没深度增大而增强，气-液两相间的混匀程度逐步提升，但过度增加浸没深度会大大降低喷枪的使用寿命。在实际生产中，一般会选择合适的喷枪空气流量和浸没深度，以达到最优化生产。

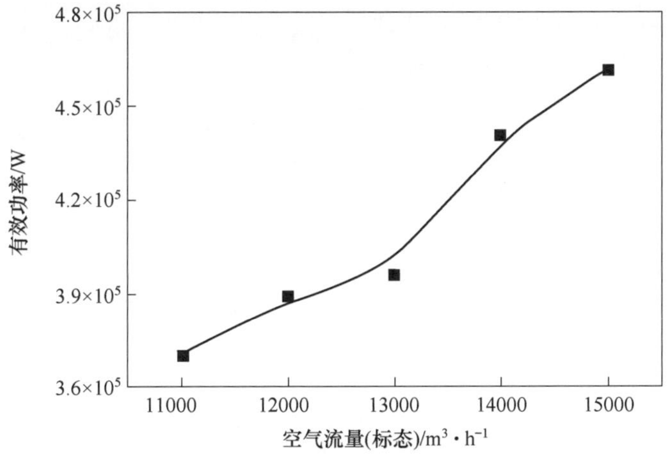

图 5-29 有效功率随喷枪空气流量的变化

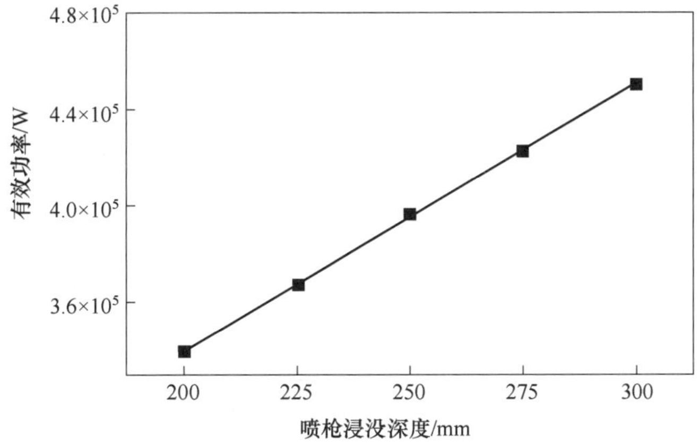

图 5-30 有效功率随喷枪浸没深度的变化

此外，喷枪空气流量和浸没深度也会影响熔体不同深度处的搅拌效果。气泡在喷口生成并上升的过程中会带动周围的熔体向上运动，熔体上升至液面后转向两侧运动，在触碰到反应器壁面后沿壁面向下运动，然后补充喷口附近被气泡带走的熔体，形成一个在喷口与液面之间的液相流动循环，在这个循环区内熔体得到充分的搅动。而炉体底部区域在循环区外，流动性较差，造成熔体不同深度处的混合效果存在较大的差异性。

图 5-31 为在水模型中喷枪空气流量对液相不同深度处的混合时间的影响，可以看出在空气流量较小的情况下，越接近反应器底部，所需要的混合时间越长，增加空气流量可以减小不同深度的混合差异性。图 5-32 为在水模型中喷枪浸没深度对液相不同深度处的混合时间的影响。可以看出在喷枪浸没深度较浅的情况下，越接近反应器底部，所需要的混合时间越长，增加浸没深度可以有效减小混合的差异性，且喷枪接近反应器底部时（等效于底吹条件下），混合时间趋于一致，混合差异性基本消除。其原因在于增加喷枪空气流量和浸没深度均可增大液相循环区的范围，减小了熔体内的混合差异性。

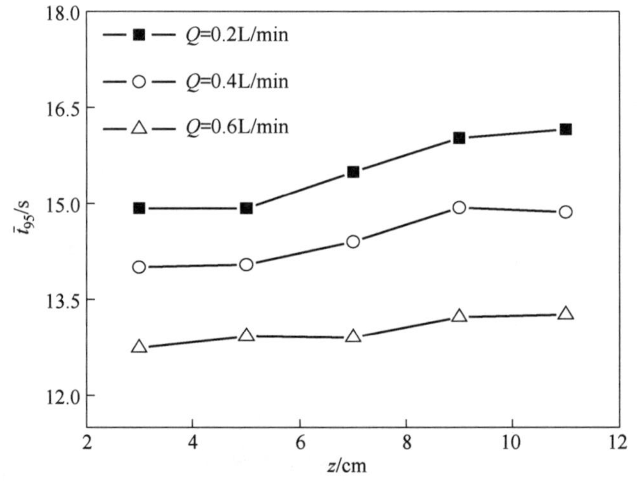

图 5-31 不同空气流量 Q 下各深度 z 的混合时间 $\bar{t}_{95}$ 变化

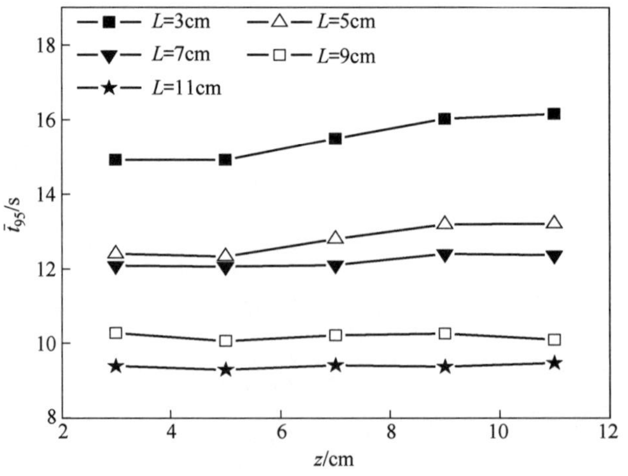

图 5-32 不同浸没深度 L 下各深度 z 的混合时间 $\bar{t}_{95}$ 变化

5.4.3 液体燃料浸没喷吹扩散的数值模拟

5.4.3.1 物理模型

建立的浸没喷吹扩散以顶吹为例，其直径50mm、高120mm。浸没喷枪为双层套管型，长60mm；内管通生物柴油，内直径为0.6mm；外管通雾化空气，内直径为6mm、管壁厚度为0.1mm。计算几何模型如图5-33所示，计算区域分为上下两部分：上部为空气区域，高40mm；下部为水区域，高80mm。喷枪由顶部插入，浸没深度为20mm。

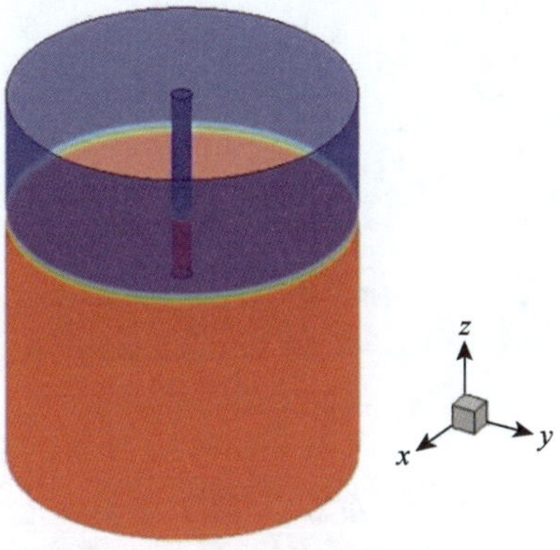

图5-33 计算区域的几何模型

5.4.3.2 数学模型

将空气、熔体视为互不相溶流体，各计算单元格内两种流体的体积分数 φ 之和为1，即

$$\varphi_{gas} + \varphi_{water} = 1 \tag{5-104}$$

同样，传输方程中密度 ρ 和黏度 μ 采用体积平均法通过各相的体积分数 φ 得到：

$$\rho = \varphi_{gas}\rho_{gas} + \varphi_{water}\rho_{water} \tag{5-105}$$

$$\mu = \varphi_{gas}\mu_{gas} + \varphi_{water}\mu_{water} \tag{5-106}$$

注入熔体中生物柴油的体积相对于空气和熔体的体积非常小。因此，忽略生物柴油密度和黏度的影响。

在连续性方程、动量方程及能量方程以外，主要用到的数学模型有离散相模型、多相流模型、燃烧模型及辐射模型。

VOF多相流模型的速度场是由各相共享的，是通过求解整个区域内单一的动量方程得到。其动量守恒方程为：

$$\frac{\partial}{\partial t}(\rho v) + \nabla \cdot (\rho\mu v) = -\nabla p + \nabla \cdot [\mu(\nabla v + \nabla v^{T})] + \rho g + F \tag{5-107}$$

式中，ρ 为流体密度；p 为压力；g 为重力加速度；F 为作用于控制容积上的体积力；v 为流体速度；μ 为动力黏度。

雾化模型采用DPM模型，将雾化空气视为连续相，油滴颗粒视为离散相。离散项方程为：

$$\frac{du_{biodiesel}}{dt} = F_d(u_{gas} - u_{biodiesel}) + \frac{g(\rho_{biodiesel} - \rho_{gas})}{\rho_{biodiesel}} + F$$

$$F_d = \frac{18\mu}{\rho_{biodiesel} d_{biodiesel}^2} \frac{C_d Re}{24} \tag{5-108}$$

式中，ρ_{gas} 为气体密度；$\rho_{biodiesel}$ 为生物柴油密度；u_{gas} 为气体速度；$u_{biodiesel}$ 为生物柴油速度；F_d 为雾滴单位曳力；$d_{biodiesel}$ 为生物柴油直径；Re 为雷诺数；C_d 为曳力系数；g 为重力加速度；F 为其他作用力。

考虑油滴颗粒破碎、低韦伯数，破碎模型选择 TAB（泰勒比）模型[48]。

强迫简谐振动方程为：

$$m\frac{d^2x}{dt^2} = F_a - Kx - d_a$$

$$F_a = mC_f \frac{\rho_g u_{g,b}^2}{\rho_d r}$$

$$K = mC_k \frac{\sigma}{\rho_d r^3}$$

$$d_a = mC_d \frac{\mu_{biodiesel}}{\rho_d r^3} \tag{5-109}$$

式中，m 为液滴质量；F_a 为表观力；K 为弹性刚度系数；d_a 为表观阻尼力；x 为液滴前缘点偏离平衡位置的距离；$u_{g,b}$ 为油气相对速度；σ 为生物柴油表面张力；$\mu_{biodiesel}$ 为生物柴油黏度；C_f、C_k、C_d 为常数。

5.4.3.3　计算概述

各工况雾化空气入口速度见表 5-7，生物柴油在常规空间燃烧过量空气系数 α 一般控制在 1.2~1.4，结合浸没喷吹熔池熔炼过程熔池内压力较大及雾化空气对熔体搅拌等因素，将过量空气系数 α 定为 1、1.5、2、2.5。计算时间步长为 0.0001s，共计算 0.024s。计算过程设定环境温度、生物柴油温度、雾化空气温度都为 300K；生物柴油选用小桐子油生物柴油，其黏度为 4.32mm²/s，密度为 852kg/m³，生物柴油质量流量为 1×10^{-5}kg/s。

表 5-7　计算工况

过量空气系数 α	1	1.5	2	2.5
雾化空气流速/$m \cdot s^{-1}$	4.032	6.035	8.064	10.080

5.4.3.4　结果分析

图 5-34 所示为 0.024s 时不同雾化空气流速条件下油滴颗粒分布图。由图可知，雾化空气流速越小，油滴颗粒分布越集中，且大部分油滴颗粒集中在气泡区域内。由于雾化主要是在气泡内完成，即气泡内的油滴颗粒流动及雾化过程变化剧烈，根据连续喷吹的计算结果显示，距喷枪轴向 6mm 处已经接近气泡底端，因此本节在距喷口 2mm、4mm、6mm 的气泡内建立 5mm×5mm 观察面捕捉油滴颗粒，分析气泡内油滴颗粒粒径分布，如图 5-35 所示。由图 5-35 可知，4 种不同气体流速下 3 个观察面内油滴颗粒粒径分布情况趋于一致，油滴颗粒粒径主要集中在 20~50μm。气泡内距喷枪口越远的观察面内大颗粒数目越多，其原因为在距喷口垂直距离为 6mm 的气泡内，雾化过程发展不充分，液滴集中在较

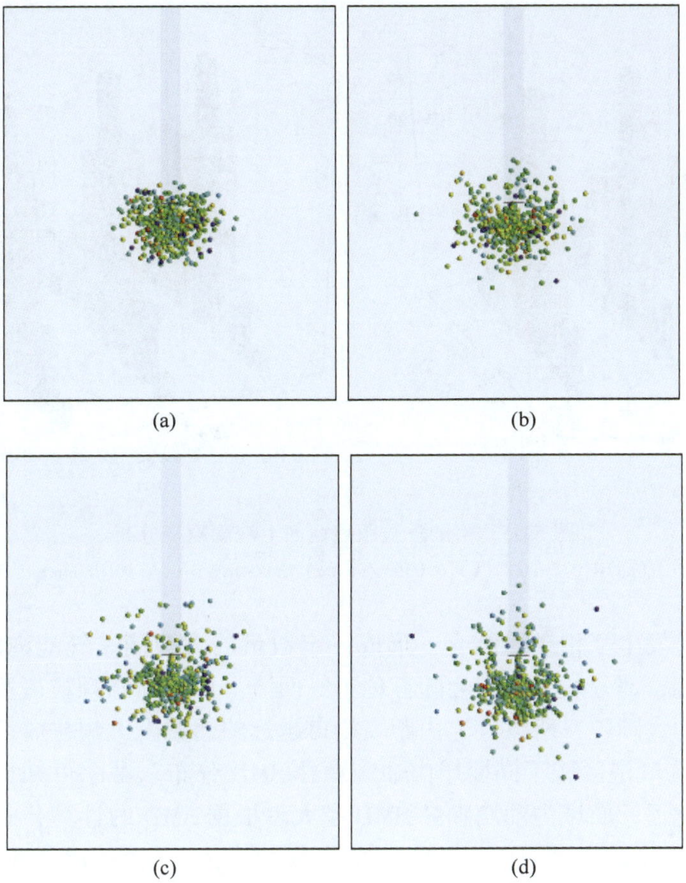

图 5-34 0.024s 时不同雾化空气流速下油滴颗粒分布

(a) 4.032m/s; (b) 6.035m/s; (c) 8.064m/s; (d) 10.080m/s

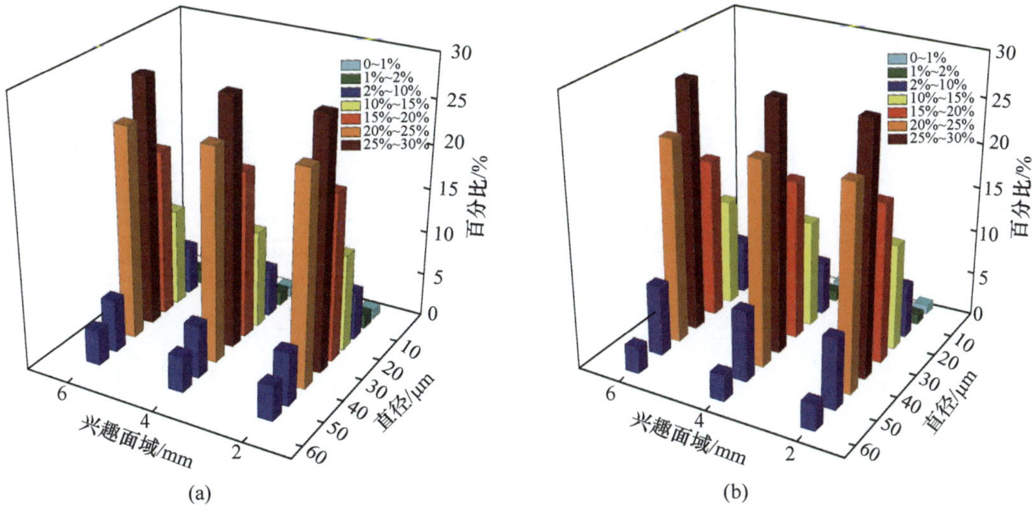

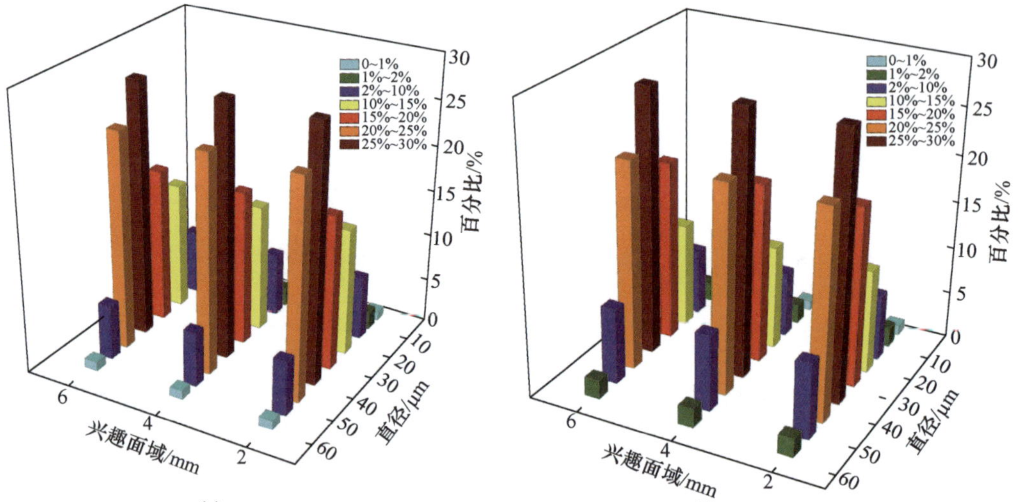

(c)　　　　　　　　　　　　(d)

图 5-35　不同垂直距离截面上液滴粒径分布

(a) 4.032m/s；(b) 6.035m/s；(c) 8.064m/s；(d) 10.080m/s

小的空间内，容易发生互相碰撞结合，形成一定数量的大液滴。气泡内距喷枪口 6mm 的平面接近气泡底端，部分油滴颗粒会随雾化空气回流，加大油滴颗粒碰撞结合概率，在此区域内产生更多的大颗粒，所以气泡内距喷枪口越远的面域内大颗粒数目越多。

图 5-36 所示为气泡区域不同面域内油滴颗粒 SMD 分布。由图可知，雾化空气流速相同时，距喷枪口越远的面域内油滴颗粒 SMD 越大。根据 SMD 的计算公式，大粒径液滴的存在是影响 SMD 大小的主要因素。从图 5-36 所得结论为：气泡内距喷枪口越远的观察面内大颗粒数目越多，即气泡内距喷枪口越远的面域内油滴颗粒的 SMD 越大；经过雾化初始不稳定期后，气泡内不同观察面内的油滴颗粒 SMD 保持稳定。其原因为当浸没喷吹 8ms 时，部分油滴颗粒已经进入水区域，气泡区域相对稳定，同一时刻既存在刚进入气泡内粒径较大的油滴颗粒，也存在进入水区域粒径较小的油滴颗粒，此时气泡内油滴颗粒 SMD 处于动态平衡，不同时间点各观察面内油滴颗粒 SMD 保持稳定。

图 5-37 所示为不同喷吹速度时同一面域油滴颗粒 SMD 分布。由图可知，气泡内距喷

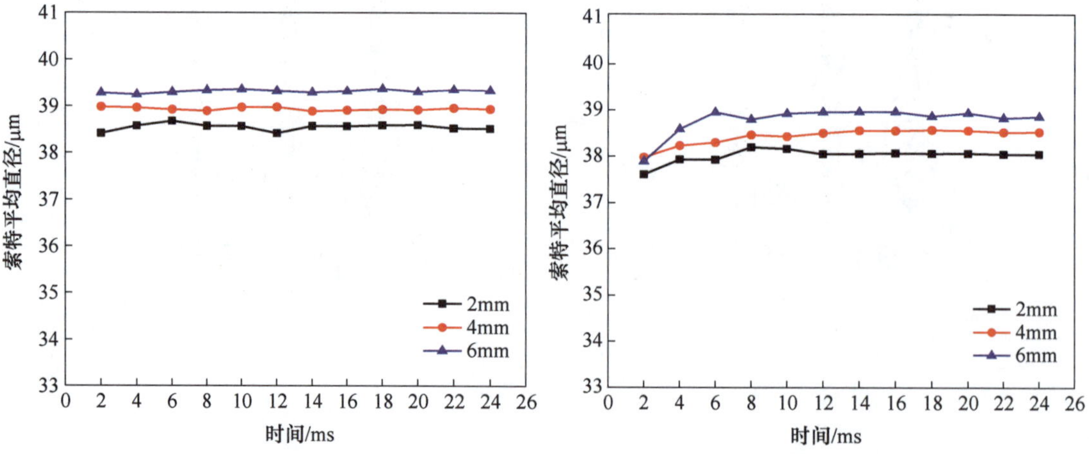

(a)　　　　　　　　　　　　(b)

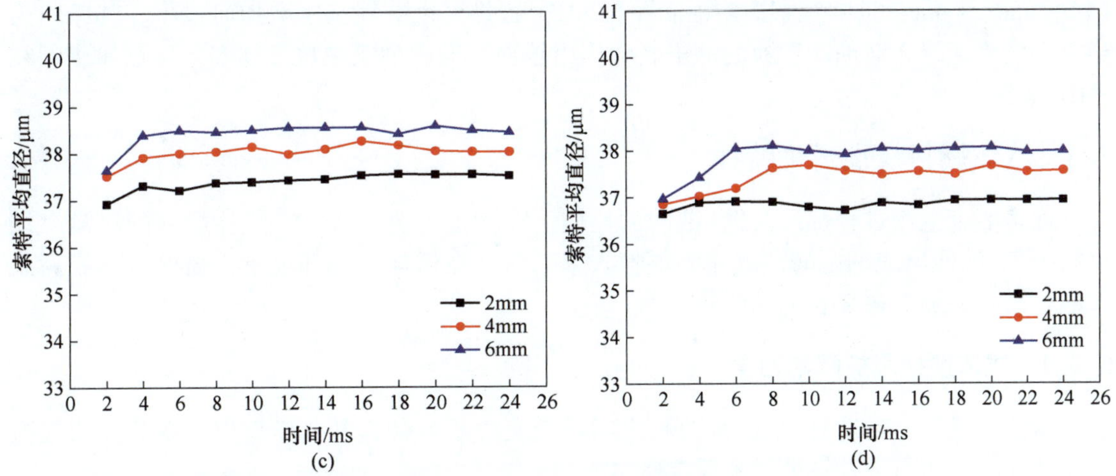

图 5-36 气泡区域内不同面域油滴颗粒 SMD 分布

雾化空气流速：（a）4.032m/s；（b）6.035m/s；（c）8.064m/s；（d）10.080m/s

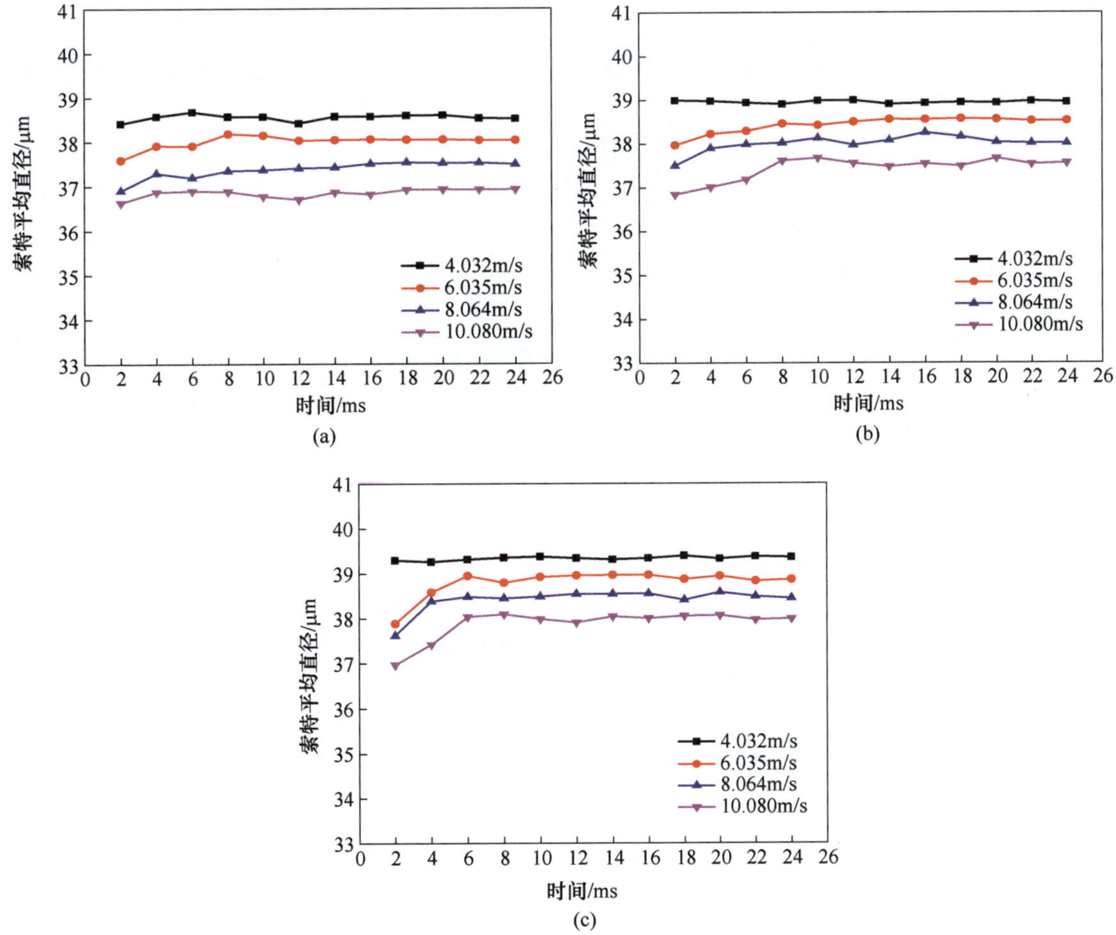

图 5-37 不同喷吹速度时气泡内相同面域油滴颗粒 SMD 分布

距喷枪口距离：（a）2mm；（b）4mm；（c）6mm

枪口 2mm、4mm、6mm 观察面内油滴颗粒 SMD 随着雾化空气流速增加而减小。其原因为雾化空气流速越大对油滴颗粒的冲击破碎作用越强，形成小颗粒数目越多，导致油滴颗粒 SMD 越小。

5.5　气体燃料浸没燃烧特性

许多冶金生产过程都涉及气-液间的反应。在熔池熔炼过程中，气体燃料的浸没燃烧也属于气-液间反应的范畴。气体燃料喷入熔池时，在熔体包裹环境下，喷枪口形成高温气泡，过程伴随着燃烧及流动传热。

5.5.1　气体搅拌及扩散动力学

气体在液体中运动时，气-液两相之间将会发生质量传递和化学反应。本节介绍气泡与液体间的传质系数计算公式和反应速率方程。

由于受气体环流、气泡变形和振动等因素的影响，气泡与液体间的传质过程比通常气-液间的传质过程要复杂得多。气泡与液体间的传质系数目前还不能完全从理论上计算出来，而是根据雷诺数的大小，将传质系数分成 4 个区域分别采用经验或半经验公式进行计算。

（1）当 $Re<1$ 时，气泡的行为与刚性球体类似。可以采用理论分析方法导出传质系数的计算公式：

$$Sh = 0.99(Re \cdot Sc)^{1/3} \tag{5-110}$$

式中，Sh 为舍伍德准数（$Sh=k_d d_e/D$）；Sc 为施密特准数（$Sc=(\mu_1/\rho_1)D$）；D 为分子扩散系数。

（2）当 $1\leqslant Re<100$ 时，气泡内不发生气体环流运动。在此区域内，传质系数可用下式进行估算：

$$Sh = 2 + 0.55Re^{0.55} \cdot Sc^{0.33} \tag{5-111}$$

（3）当 $100\leqslant Re<400$ 时，气泡内有气体环流，气泡会产生变形和振动等。由于这些因素对传质过程的影响，气泡与液体间的传质行为还不十分清楚，目前尚无合适的计算公式。

（4）当 $Re\geqslant 400$ 时，气泡呈球冠形。在此区域的传质系数可按下式计算：

$$Sh = 1.25(Re \cdot Sc)^{1/2} \tag{5-112}$$

将式（5-112）与上浮速度和当量直径的关系结合，可以导出：

$$k_d = 1.08g^{1/4}D^{1/2}d_e^{-1/4} \tag{5-113}$$

在没有可靠实验数据的情况下，可以采用以上关联式来估算气泡与液体间的传质系数 k_d。

上面介绍的传质系数计算公式都是对于单个气泡而言的，这些公式的计算结果与实测值相当吻合。然而，在实际生产条件下，经常遇到的是多气泡分散体系，对于此体系的传质，已有用水进行研究的报道，根据表面更新理论，分散气泡体系中的液相传质系数为[49]：

$$k_d = 1.08g^{1/4}D^{1/2}d_e^{-1/4} \tag{5-114}$$

$$k_d = 1.128(Du_b/d)^{1/2} \tag{5-115}$$

式中，d 为气泡的平均直径；u_b 为气泡的平均运动速度，可以表示为表层气体的运动速度和气体的滞留分数的函数：

$$u_b = u_s/\varepsilon \tag{5-116}$$

式中，u_s 为表层气体的运动速度；ε 为气体的滞留分数，其定义式为：

$$\varepsilon = V_G/(V_G + V_L) \tag{5-117}$$

式中，V_G、V_L 分别为体系中气泡和液体的体积。

当 $\varepsilon<0.3$ 时，体系为多气泡型，气泡是分散相，液体是连续相；当 $\varepsilon=0.4\sim0.6$ 时，体系为泡沫型，液体仍为连续相；当 $\varepsilon=0.9\sim0.98$ 时，体系为细胞状泡沫型。

根据相关研究结果，气体的滞留分数 ε 是表层气体运动速度 u_s 的函数，当 $u_s>3\text{cm/s}$ 时，ε 与 u_s 的关系为：

$$\lg(1-\varepsilon)^{-1} = 0.146\lg(1+u_s) - 0.06 \tag{5-118}$$

该式表明，ε 随 u_s 的增加而增加，当 u_s 增加到一定的数值时，ε 将趋于极限值 0.5~0.6。

因为单位体积的充气液体内气泡的界面面积 S_0 为：

$$S_0 = 6\varepsilon/d \tag{5-119}$$

故由式（5-114）、式（5-115）和式（5-119）可得液相的体积传质系数 k_v 为：

$$k_v = S_0 k_d = 7.68(\varepsilon D u_s)^{1/2} d^{-3/2} \tag{5-120}$$

当气泡与液体反应时，气泡与液体之间的传质通量为：

$$J_A = \mathrm{d}n_A/A_B\mathrm{d}t = k_d(c_{Ab} - c_{Al}) \tag{5-121}$$

式中，c_{Ab}、c_{Al}分别为组元 A 在液相主体和气-液相界面上的浓度；A_B 为气泡表面积。

一般来说，式（5-121）仅适用于计算在某一时刻气泡与液体间的传质通量，而不能用来计算气泡在上升过程中的总传质量。因为在气泡上升过程中，液体的静压力和气泡的形状会发生变化，从而使 k_d、A_B 和 c_{Al}也发生变化，所以气泡与液体间的传质通量 J_A 将随气泡的上升而不断变化，故要计算气泡在上升过程中的总传质量是很困难的。但是，在一定的条件下对式（5-121）进行一些处理，可用于估算总的传质速率。

在冶金反应过程中，化学反应速率一般比传质速率快，气泡与液体间的反应通常受传质控制，一般认为化学反应在气-液相界面上达到局部平衡。因此，在气-液相界面上组元 A 在液相中的平衡浓度与其在气相中的平衡分压将符合亨利定律，对于以分子状态溶解的气体，气-液相间的平衡关系为：

$$c_{Ae} = H'p_A \tag{5-122}$$

对于双原子分子从液态金属中析出时，气-液相间的平衡关系为：

$$c_{Ae} = H'p_{A_2}^{1/2} \tag{5-123}$$

式中，H'为亨利系数的倒数；c_{Ae}为扩散组元 A 在液相中的平衡浓度；p_A、p_{A_2}为扩散组元 A 在气泡中的分压，若无其他气体成分时，其值等于气泡内的总压。

在这种情况下，用 c_{Ae}代替式（5-121）中的 c_{Al}即得过程的总速度方程。

如果气泡内只有一种气体，且忽略气泡表面的附加压力 p_{Ar}，则气泡内的压力将等于炉气的压力与液体的静压力之和，故式（5-123）可以改写成：

$$c_{Ae} = H'[p_g + gp_1(h-z)] \tag{5-124}$$

式中，h 为熔池深度；z 为从熔池底面算起的高度。

气泡的表面积与其体积的关系为：

$$A_B = \phi V_B^{2/3} \tag{5-125}$$

式中，ϕ 为气泡形状因子。

在前面的讨论中，已经假定气泡与液体间反应的速率控制步骤为液相传质，在冶金中大多数的气-液反应都符合这一假设。由式（5-120）可以看出，当反应受液相传质控制时，反应速率与液相中扩散组元 A 的浓度成正比。另外，当过程受气相传质控制时，反应速率不随液相中扩散组元浓度的降低而发生变化。如果鼓入的气体浓度不发生变化，反应速率仍保持为常数。

在工业中，通常使用增大鼓风量、溶液表面气流速度和气-液间的界面面积等方法来加强搅拌，提高传质效率[50]。当气流从顶吹炉的喷枪口鼓入熔池中时，受到熔体的阻碍，被击散立即形成若干小流股和气泡，在风口处这些气泡是不稳定的，它们在喷枪口周围分裂成更小的气泡，滞留在熔体内。但是，并不是均匀地分布在熔体中使整个熔池表面膨胀，而是随着流体的运动形成羽状卷流或面流股，这是因为除了气泡夹带熔体上浮外，更主要的是喷口区的负压与其他区域的正压造成的压力差，使流体向与流股界面成垂直的方向流动，滞留气体在熔池面上形成的这种弯面喷流或羽状卷流是熔池熔炼的基本条件。

对于伴有均相反应的扩散过程[51-52]，分子传质的微分方程可以用式（5-126）表示，即

$$\partial c_A/\partial t = D_{AB}(\partial^2 c_A/\partial x^2 + \partial^2 c_A/\partial y^2 + \partial^2 c_A/\partial z^2) - R_A \tag{5-126}$$

当过程处于稳态且只进行一维扩散时，式（5-126）可以简化为：

$$D_{AB}(\mathrm{d}^2 c_A/\mathrm{d}z^2) - R_A = 0 \tag{5-127}$$

设化学反应速率 R_A 为：

$$R_A = kc_A^n \tag{5-128}$$

式中，k 为化学反应的速率常数；n 为反应的级数；R_A 前面的负号表示扩散组分 A 为反应物。

将式（5-128）代入式（5-127）得：

$$D_{AB}(\mathrm{d}^2 c_A/\mathrm{d}z^2) - kc_A^n = 0 \tag{5-129}$$

这就是伴有 n 级不可逆化学反应且只进行一维扩散时稳态分子传质的微分方程式。在给定的边界条件下，可以对式（5-129）进行求解。

将 $n=1$ 代入式（5-129），即可得到伴有一级化学反应的分子传质微分方程：

$$D_{AB}(\mathrm{d}^2 c_A/\mathrm{d}z^2) - kc_A = 0 \tag{5-130}$$

方程式（5-130）的通解为：

$$c_A = C_1 \mathrm{e}^{\sqrt{(k/D_{AB})^z}} + C_2 \mathrm{e}^{-\sqrt{(k/D_{AB})^z}} \tag{5-131}$$

式中，C_1、C_2 为积分常数，可以通过边界条件确定。

设液体 B 在吸收气体 A 的过程中，在气-液相界面处，组分 A 在液体中的浓度为 c_{Ai}，而在距气-液界面无限远的区域，组分 A 在液体中的浓度为零，则这一反应过程的边界条件可以表示为：

$$\begin{cases} z = 0 \text{ 时}，c_A = c_{Ai} \\ z = \infty \text{ 时}，c_A = 0 \end{cases} \tag{5-132}$$

将此边界条件代入式（5-131），解得：$C_1=0$，$C_2=c_{Ai}$。

由此可得：

$$c_A=c_{Ai}e^{-\sqrt{(k/D_{AB})}z} \tag{5-133}$$

$$\frac{dc_A}{dz}=-\sqrt{\frac{k}{D_{AB}}}c_{Ai}e^{-\sqrt{(k/D_{AB})}z} \tag{5-134}$$

$$N_A=-D_{AB}\frac{dc_A}{dz}=\sqrt{kD_{AB}}c_{Ai}e^{-\sqrt{(k/D_{AB})}z} \tag{5-135}$$

在气-液相界面处，$z=0$ 时，有：

$$N_{A|z=0}=\sqrt{kD_{AB}}c_{Ai} \tag{5-136}$$

对于伴有 n 级化学反应的一维稳态分子扩散过程，可以用式（5-129）进行描述，其边界条件仍采用式（5-132）。将式（5-129）重新整理后可得：

$$\frac{d^2c_A}{dz^2}-\frac{k}{D_{AB}}c_A^n=0 \tag{5-137}$$

令

$$\frac{dc_A}{dz}=q \tag{5-138}$$

则

$$\frac{d^2c_A}{dz^2}=\frac{dq}{dz}=\frac{dq}{dc_A}\times\frac{dc_A}{dz}=q\frac{dq}{dc_A} \tag{5-139}$$

将式（5-139）代入式（5-138），有：

$$d\frac{dq}{dc_A}-\frac{k}{D_{AB}}c_A^n=0 \tag{5-140}$$

在式（5-140）两边同乘以 dc_A 并积分，得到：

$$\frac{q^2}{2}-\frac{1}{n+1}\times\frac{k}{D_{AB}}c_A^{n+1}=C_3 \tag{5-141}$$

式中，C_3 为积分常数。

由于当 $z=\infty$ 时，$c_A=0$，故 $\left.\frac{dc_A}{dz}\right|_{z=\infty}=q|_{z=\infty}=0$，所以 $C_3=0$。因此，式（5-141）可以写成：

$$\left(\frac{dc_A}{dz}\right)^2=\frac{2}{n+1}\times\frac{k}{D_{AB}}c_A^{n+1} \tag{5-142}$$

因为 $\frac{dc_A}{dz}$ 为负值，所以上式的平方根也应该取负值，于是：

$$\frac{dc_A}{dz}=-\sqrt{\frac{2}{n+1}}\sqrt{\frac{k}{D_{AB}}}c_A^{\frac{n+1}{2}} \tag{5-143}$$

所以组分 A 的扩散通量为：

$$N_A=-D_{AB}\frac{dc_A}{dz}=\sqrt{\frac{2}{n+1}}\sqrt{kD_{AB}}c_A^{\frac{n+1}{2}} \tag{5-144}$$

$$N_{A|z=0}=\sqrt{\frac{2}{n+1}}\sqrt{kD_{AB}}c_{Ai}^{\frac{n+1}{2}} \tag{5-145}$$

在气-液界面上，$c_A = c_{Ai}$，故当 $n=1$ 时，上式便简化成伴有一级化学反应的扩散通量表达式（见式（5-135））。

下面求组分 A 的浓度 c_A 与扩散距离 z 的关系。对式（5-142）分离变量，有：

$$c_A^{\frac{n+1}{2}} \mathrm{d}c_A = -\sqrt{\frac{2}{n+1}}\sqrt{\frac{k}{D_{AB}}}\mathrm{d}z \tag{5-146}$$

对式（5-146）积分，得到：

$$\frac{2}{1-n}c_A^{\frac{1-n}{2}} = -\sqrt{\frac{2}{n+1}}\sqrt{\frac{k}{D_{AB}}}z + C_4 \tag{5-147}$$

式中，C_4 为积分常数。由于当 $z=0$ 时，$c_A = c_{Ai}$，故 $C_4 = \frac{2}{1-n}c_{Ai}^{\frac{1-n}{2}}$，将此关系代入式（5-139）得到：

$$c_A^{\frac{1-n}{2}} - c_{Ai}^{\frac{1-n}{2}} = (n-1)\sqrt{\frac{1}{2(n+1)}}\sqrt{\frac{k}{D_{AB}}}z(n \neq 1) \tag{5-148}$$

需要说明，该式不适用于一级反应。对于一级反应，c_A 与 z 的关系应该使用式（5-133）。对于二级反应，式（5-147）简化为：

$$c_A^{-\frac{1}{2}} - c_{Ai}^{-\frac{1}{2}} = \sqrt{\frac{k}{6D_{AB}}}z \tag{5-149}$$

而式（5-145）则简化为：

$$N_{A|z=0} = \sqrt{\frac{2}{3}}\sqrt{kD_{AB}}\,c_{Ai}^{\frac{3}{2}} \tag{5-150}$$

5.5.2　气体浸没燃烧反应的基本原理

熔池熔炼所需的主要热量来源于高阶硫化物被氧化放出的热量和燃料浸没燃烧产生的热量。硫化物被氧化的主要化学反应及具体反应过程已在前述章节中进行了详细论述。

这些氧化反应产生大量的热，基本满足了熔池熔炼所需热量。此外燃料浸没燃烧由于高温烟气从液体中鼓泡排出，气-液两相进行直接接触传热，且气-液混合与搅动十分强烈，大大增加了气-液间的传热面积，强化了传热过程，烟气的热量最大限度地传给了被加热液体，为熔池补充不足的热量，以达到熔炼稳定高效进行的目的。

熔池熔炼主要使用的混合气体燃料一般为天然气燃料和人工气体燃料两大类。天然气燃料是由油田或气田开采的气体燃料，是自然界的产物。人工气体燃料包括通过某些工艺过程对煤或燃油进行加工而制成的煤气，以及某些工艺过程的副产品，如液化石油气、焦炉煤气和高炉煤气等。从组成成分上区分，人工燃料包括以 CO、H_2、CH_4 为主体的煤气，以及以饱和烃和不饱和烃为主体的石油气。

本节以 CH_4 为例，介绍其浸没燃烧特性。由于 CH_4 特有的四面体的分子结构和很大的 C—H 键能，都使它显示出独特的燃烧特性。例如，它具有很高的着火温度和很低的火焰传播速度，与其他碳氢化合物相比，在光化学烟雾形成化学中呈低反应性。

对于 CH_4 的燃烧动力学机理的研究广泛[53]。考夫曼在其燃烧动力学的综述中指出，在 1970—1982 年期间，CH_4 燃烧机理从含有 12 个组分的 15 个基元反应，发展到含有 25

个组分的75个基元反应加上相应的75个逆反应。还有几个研究小组合作并提出了优化的CH_4动力学机理，称为GRI Mech机理。它是在Frenlach等人提出的优化技术的基础上提出的。

对在101325Pa、化学当量比下的CH_4空气火焰采用GRI-Mech2.11 CH_4燃烧的化学动力学机理，利用CHEMKIN库代码4-1进行模拟。从主要的含碳组分的CH_4、CO和CO_2分布可以看出燃料组分的消耗、中间组分CO的出现及CO燃尽生成CO_2的过程。近似地在CH_4的浓度达到零的位置，CO的浓度达到峰值；CO_2浓度的增大过程起初落后于碳，而在此位置后，由于CO的氧化作用，CO_2的浓度持续增大。根据Stephen R. Turns研究的CH_4、CO、O_2等组分的生成（消耗）速率的分布，从此可以更深入地理解$CH_4 \rightarrow CO \rightarrow CO_2$这一反应过程。发现燃料消耗速率的峰值与CO生成速率的峰值同时出现，而CO_2的生成速率最初落后于CO的生成速率。即使在CH_4未燃烧完还有新的CO生成时，CO的净生成速率已经成为负值，也就是说，CO开始被消耗。CO消耗速率的最大值刚好发生在CO_2的生成速率达到峰值位置的下游。大量的化学反应发生在0.5~1.5mm区间内。类似地，含碳的中间组分CH_3、CH_2O和HCO的生成和消耗都发生在一个狭小区间内（0.4~1.1mm），CH的自由基也是这样。含氢的中间组分H_2O和H_2O_2的分布范围比含碳的组分要稍宽一些，并且其浓度峰值在火焰中出现的位置也稍微靠前一些。还可以注意到，达到其平衡摩尔分数的80%，H_2O大约为0.9mm，CO_2约为2mm，燃料大约在1mm内就彻底耗尽了，温度升高的主要部分（73%）也发生在这一区域，但达到平衡的条件则相对要慢一些，并超出这一区域。实际上可以看出，大约到3mm的位置才能达到平衡状态。达到平衡状态过程缓慢的主要原因是这个区域由三分子重组反应控制的。

图5-38为高温（2200K）下CH_4转化为CO_2的主要化学途径。图中每个箭头代表了一个基元反应或一组基元反应，箭头的出发点表示的是初始反应物，指向的是初始生成物，附加的反应物组分沿着箭头表示。箭头的宽度直观地表示了某个特定的反应途径的相对重要性，其中括号中的值定量地表示了反应物的消耗速率。

从图5-38还可以看出有几个从甲基（CH_3）出发的附加途径。主要途径或主线是从OH、O和H自由基撞击CH_4分子产生甲基自由基开始的；随后，甲基自由基与一个氧原子结合形成甲醛（CH_2O）；然后，甲醛由OH、H和O撞击形成甲酸基（HCO）；甲酸基进一步通过三个反应转化为CO；最终CO转化成CO_2。如前所述，反应由OH激发。分子结构图可以更精确地阐明这一组基元反应，并部分解释CH_4的氧化。

除了从甲基自由基来形成甲醛（$CH_3+O \rightarrow CH_2O+H$）这一直接的途径，自由基$CH_3$也可以反应形成两种可能电子结构的亚甲基（$CH_2$）。单重态的$CH_2$以$CH_2(S)$表示；另外还有一个附加的途径，其中$CH_3$首先转变为$CH_2OH$，然后再转变为$CH_2O$。再加上一些其他的不重要的途径，就构成了整个机理。一些反应速率小于$1.0 \times 10^{-7} mol/(m^3 \cdot s)$的途径没有在图5-38中表示出来。

气体燃料是一种比较清洁的燃料，在熔池中燃烧充分，且容易进行燃烧调节和调整发热量[44]。燃烧气体燃料时，只要喷枪选择合适，便可以在较宽范围内进行燃烧调节，还可以实现燃烧的微调，使燃料和熔池的反应处于最佳状态。这些优势显示出了气体燃料独特的燃烧特性。

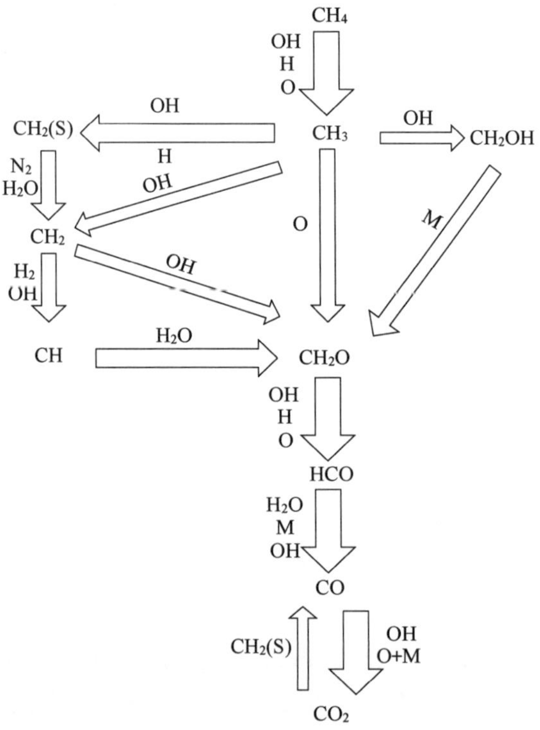

图 5-38　CH_4 的燃烧反应途径

5.5.3　气体浸没燃烧的数值模拟

5.5.3.1　数值模拟背景

气体燃料是一种比较清洁的燃料，在熔池中燃烧充分，且容易进行燃烧调节和调整发热量[44]。燃烧气体燃料时，只要喷枪选择合适，便可以在较宽范围内进行燃烧调节，还可以实现燃烧的微调，使燃料和熔池的反应处于最佳状态。这些优势显示出了气体燃料独特的燃烧特性。本节以熔池熔炼为背景，对直接浸没燃烧现象进行理论研究，采用 CH_4 作为燃料与富氧空气直接通入待加热的熔池中，研究其燃烧后产生的高温烟气气泡流动、形变及对熔池的扰动等。

5.5.3.2　模型及参数

以气体燃料的浸没燃烧为研究对象，参考熔池的相关物理模型参数，将模型设为高 1m、直径 0.6m 的圆柱形熔池。底吹浸没喷枪为内径 0.001m、外径 0.018m、浸没深度为 0.020m 的双层套管，内管通 CH_4，外管通富氧空气。计算区域分为上下两部分：上部为烟气区域，高 0.4m；下部为熔体区域，高 0.6m。喷枪由底部几何中心插入，插入深度为 0.02m。

计算区域边界如图 5-39 所示。铜熔池熔炼工艺过程为保证熔炼效果最佳，其熔体温度一般控制在 1300K 左右，熔体参数见表 5-8。

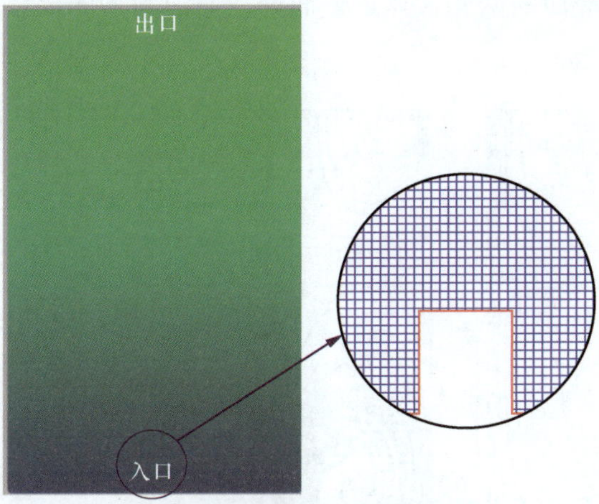

图 5-39 计算区域边界示意图

表 5-8 铜锍参数

密度/$kg \cdot m^{-3}$	比热容 /$J \cdot (kg \cdot K)^{-1}$	黏度/$Pa \cdot s$	表面张力/$N \cdot m^{-1}$	导热系数 /$W \cdot (m \cdot K)^{-1}$
4400	630	0.004	0.3	8.9

因为主要探究气体燃料浸没燃烧过程的气-液两相流动与传热，为方便计算做出以下假设：

(1) 铜锍溶液为不可压缩的牛顿流体，空气与 CH_4 为不可压缩的理想气体。

(2) 自由液面为空气与铜锍溶液的交界面。

(3) 熔池和喷枪壁看作无滑移边界，靠近壁面处的边界层采用标准壁面函数进行处理。

(4) CH_4 与空气做简单的燃烧反应，铜锍不参与化学反应。

浸没燃烧过程的模拟通过应用 CFD 技术，将欧拉多相流模型与组分运输模型耦合，研究不同 O_2 体积分数下气体燃料的燃烧特点。

计算区域共一支喷枪，喷枪内 CH_4 入口质量流量为 6.8×10^{-4}kg/s。初始设定熔体温度为 1300K、空气入口温度 500K、CH_4 入口温度为 300K。计算工况见表 5-9。

表 5-9 计算工况

工况	1	2	3	4
O_2 浓度/%	23	25	27	29

5.5.3.3 结果分析

图 5-40 为工况 2 下的流线分布。由图 5-40 可知，随着气泡的生成、长大、上浮、破碎及融合，熔池内流场逐渐呈现对称的双螺旋形态，这种现象与单气泡上升所引起的流态类似。当气泡上升至液面时对液面造成扰动，导致熔池内双螺旋形态没有初期那样对称，且不规则的螺旋管形态大多发生在液面以上部分。液面处也形成了几组较小的螺旋，液面

处的小螺旋主要分布在液面的两侧，靠近壁面处，而液面下的流体流线形态仍旧以双螺旋对称形态呈现。

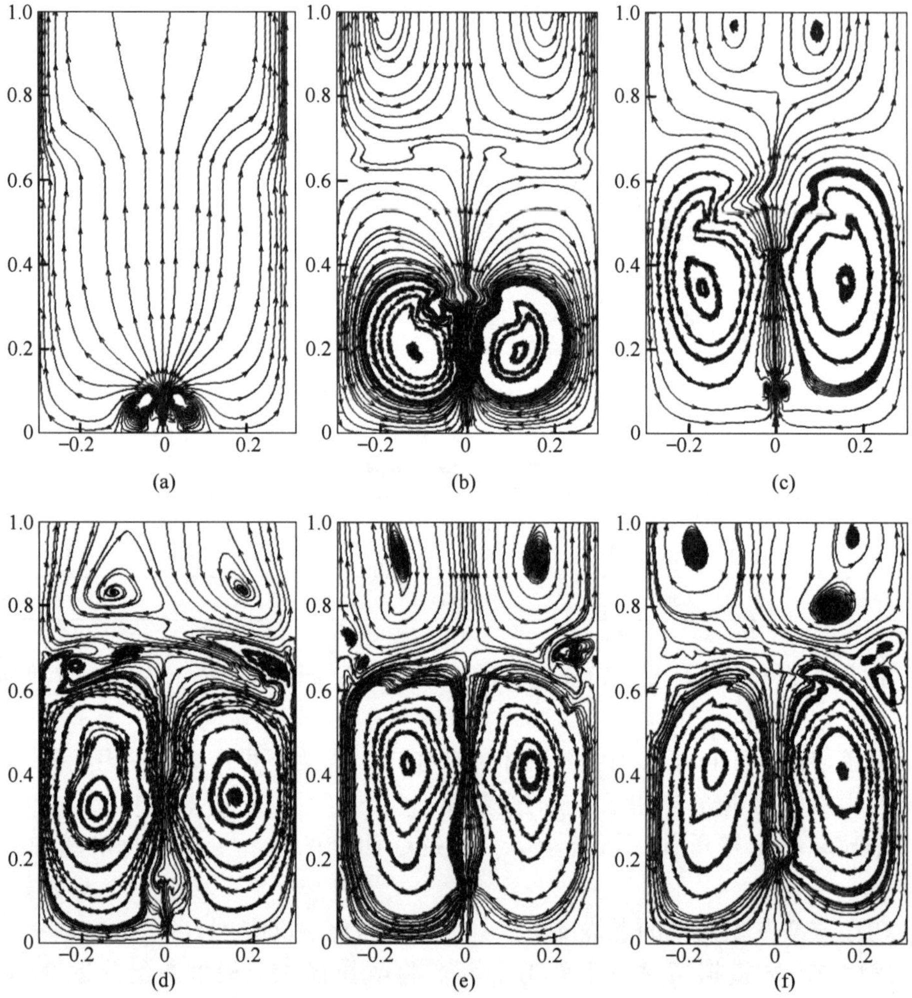

图 5-40 熔池内流线分布

图 5-41 为 4 个工况下熔池内平均湍流强度变化情况。结果表明，由于气泡对熔池搅动的影响，前 2s 熔池内的湍流强度不断增大，2s 后由于在喷吹过程中气泡接连冲破液面而带走一部分能量从而导致湍流强度有下降，且前两种工况下的湍流强度先下降，O_2 浓度为 27%及 29%两种工况下的湍流强度下降得较晚，且 27%和 29%工况下的湍流强度整体偏大。3s 后整个计算域内的湍流强度处于动态平衡状态，而 25%和 27%工况下的湍流强度相对稳定，23%和 29%两种极端情况下的湍流强度的波动比较大。

为了对熔池内气体燃烧过程的认识更加直观，图 5-42 就第一个气泡的温度、面积、纵横比及速度变化进行分析。图中横向为同一工况下气泡随时间变化情况，纵向 4 列为不同工况下的气泡在同一时刻的变化情况。结果显示，工况 3 和工况 4 的气泡升温较早，气泡体积随时间变化逐渐变大，且在爆燃时气泡大小变化较为明显。

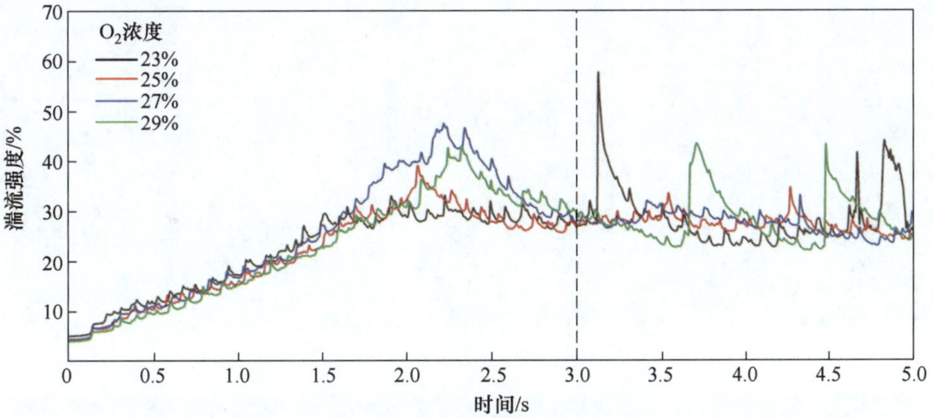

图 5-41　平均湍流强度的变化

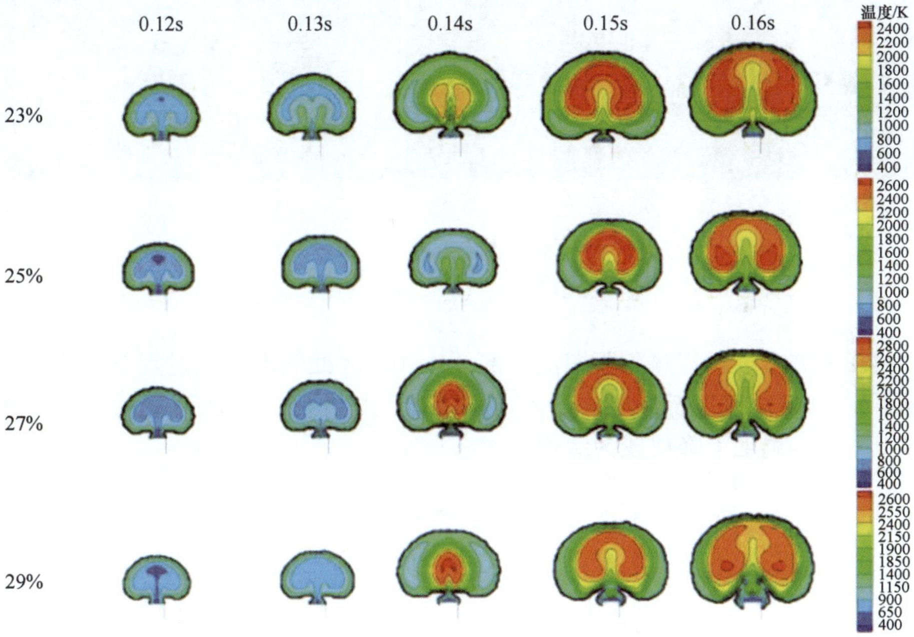

图 5-42　气泡形变与内部温度分布

图 5-43 为工况 1 计算区域温度分布及对应的 CH_4 质量分数。由图可知，燃烧反应主要发生在喷枪口，气泡在脱离喷枪后由于燃料燃尽不再燃烧，温度逐渐降低。喷枪口气泡首先在其顶部燃烧且在燃烧发生初期温度较低，随着 CH_4 喷吹，气泡内温度逐渐上升，高温区主要集中在气泡中心，但是由于燃烧反应的进行，燃料逐渐燃尽，气泡内温度在后期有所下降。

图 5-44 为喷枪几何中心线方向上的温度变化。结果表明，不同 O_2 浓度下喷枪几何中心线温度变化基本分为三个过程：无规律剧烈波动、基本保持恒定、缓慢下降。从喷口至 0.4m 处由于气泡正在燃烧，熔体温度变化剧烈，此区间高温气泡与熔体间热量主要以多

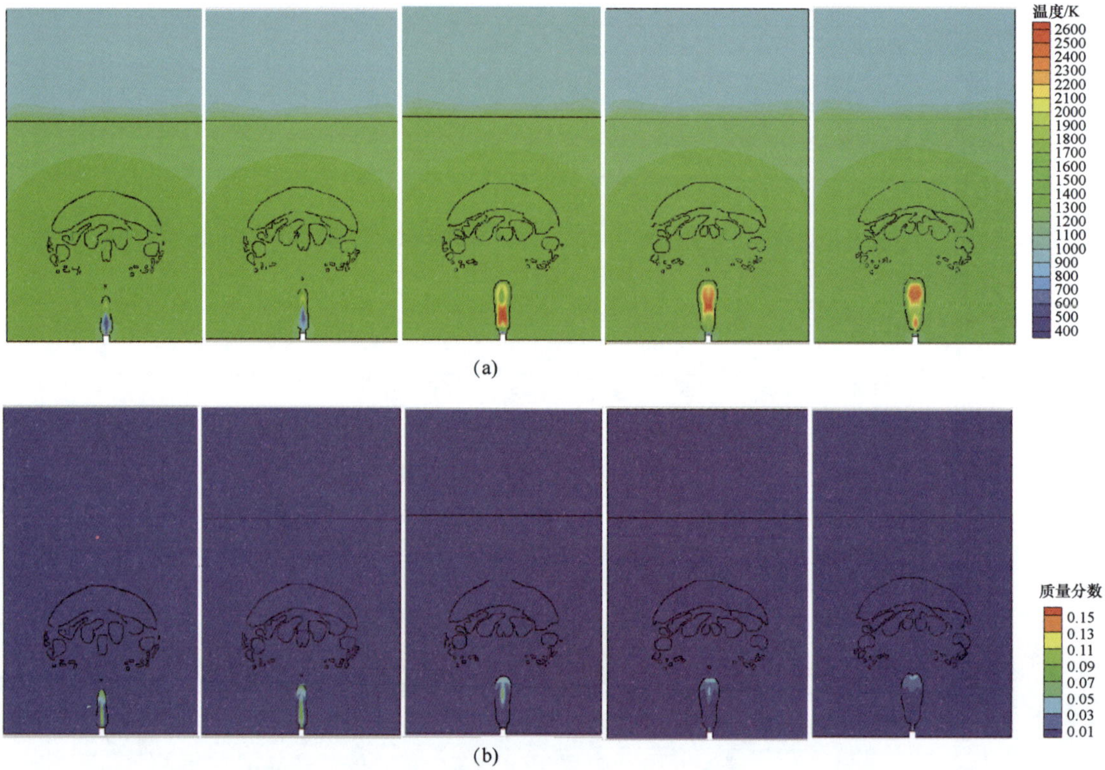

图 5-43　计算域温度和 CH_4 质量分数

(a) 计算域温度分布；(b) 计算域 CH_4 质量分数

相流和导热联合方式进行传热。距熔池底部 0.4~0.7m 处气泡传热过程基本完成，熔体内温度基本不变。0.7m 以后燃烧产物进入熔体上方气体空间，燃烧产物的热量基本与熔体内初始温度一致，温度下降得较为缓慢。

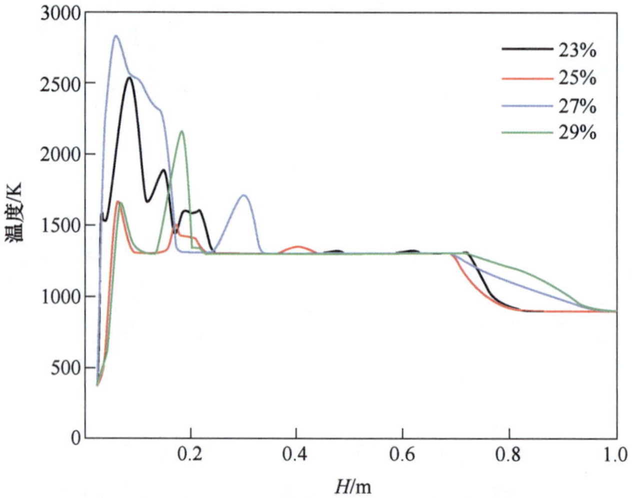

图 5-44　不同 O_2 浓度下喷枪几何中心线温度

表 5-10 给出了不同 O_2 浓度下计算域平均温度和最高温度。结果显示，提高 O_2 浓度，计算域内最高温度增加而平均温度几乎没有变化，即 CH_4 浸没燃烧向熔体内传递热量的影响范围比较小。

表 5-10 不同 O_2 浓度计算域平均温度和最高温度

工况	1	2	3	4
平均温度/K	1301. 612	1301. 845	1302. 582	1302. 741
最高温度/K	2569. 48	2688. 1	2825. 506	2935. 673

参 考 文 献

[1] 邓伟鹏，张小辉，张广君，等．铜熔池熔炼过程中生物柴油浸没燃烧数值模拟［J］．中国有色金属学报，2019，29（12）：2809-2818.

[2] VOLOV G I, KUKHAREV E D. Selection of solution circulation contour in submerged combustion apparatus [J]. Khimicheskoei Neftyanoe Mashinostroenie, 1970 (10): 25-26.

[3] ALABOVSKII A N, ROGOVOI V T. Investigating heat transfer in submerged combusti on apparatus equipped with a circulation pipe [J]. Khimicheskoei Neftyanoe Mashino Stroenie, 1970 (5): 24-26.

[4] BABICH V S, EFFMOV V T. Mathematical description of concentrating salt solution in a submerged combustion apparatus [J]. Khimicheskoei Neftyanoe Mashinostroenie, 1973 (7): 17-19.

[5] ALABOVSKII A N. Investigation of the heat and mass transfer between propellant combustion products in an evaporating fluid in apparatus with submerged burners [J]. Inzhenerno-Fizicheskii Zhurnal, 1977, 35 (2): 275-277.

[6] GRUZDEV V N, VINOGRADOV Y V, TALANTOV A V. Igniting capacity of a submerged jet of hot combustion products [J]. Fizika Goreniya I Vzryva, 1978, 14 (3): 143-145.

[7] RAO P M, SUNAVALA P K. Concentration of black liquor by submerged combustion technique [J]. Indian Journal of Technology, 1982, 20: 56-59.

[8] RAO P M, SUNAVALA P K. Burner design for concentration of black liquor by submerged combustion technique [J]. Indian Journal of Technology, 1982, 20: 50-55.

[9] GOSTINTSEV Y A, GUBIN S A, SUMSKOI S I, et al. Numerical modeling of the detonation of a submerged hydrogen-air jet [J]. Fizika Goreniyai Vzryva, 1990, 26 (4): 110-116.

[10] CARD J M, WILLIAMS F A. Asymptotic analysis with reduced chemistry for the burning of n-heptane droplets [J]. Combustion & Flame, 1992, 91 (2): 187-199.

[11] 杨友麒，富培，徐敦颀，等．浸没燃烧蒸发器的初步研究［J］．大工学院学刊，1959（8）：79-94.

[12] 刘燕龄．浸没燃烧蒸发器的设计［J］．化学世界，1963（8）：381-383.

[13] 高福烨．玻璃熔窑应用浸没燃烧技术与节能［J］．玻璃，1982（4）：33-37.

[14] 程星一．玻璃熔化浸没燃烧法［J］．建材工业信息，1985（7）：9-11，19.

[15] BAGLEY J L. Consider submerged combustion for hot water production [J]. Chemical Engineering Progress, 2002, 98 (3): 48-51.

[16] CLÁUDIO P R, CRISTIANO P B, PAULO L C. A new route combining direct-contact evaporation and vapor permeation for obtaining high-quality fruit juice concentrates. Part Ⅰ: Experimental analysis [J]. Industrial and Engineering Chemistry Research, 2005, 44 (17): 6888-6902.

[17] CLÁUDIO P R J, PAULO L C L. Gas-liquid direct-contact evaporation: A review [J]. Chemical Engineering Technology, 2005, 28 (10): 1081-1107.

[18] CLÁUDIO P R J, PAULO L C L. Direct-contact evaporation in the homogeneous and heterogeneous bubbling regimes. Part Ⅰ: Experimental analysis [J]. International Journal of Heat and Mass Transfer, 2004, 47: 3825-3840.

[19] GLASSMAN I, YETTER R A. Combustion [M]. Fourth Edition. Academic Press, 2008.

[20] IKEDA Y, HIMOTO N, KATO G. Advanced design of submerged combustion vaporizer for low emission operation [C] //AIChE Spring Meeting, 2006.

[21] GIULIO T, FEDERICO V, LUCA A. Liquefied natural gas submerged combustion vaporization facilities: Process integration with power conversion units [J]. International Journal of Energy Research, 2013, 37: 80-92.

[22] GULAWANI S S, DESHPANDE S S, JOSHI J B. Submerged gas jet into a liquid bath: A review [J]. Chemical Engineering. Research, 2007 (46): 3188-3218.

[23] 王彦，冷绪林，简朝明，等．LNG 接收站气化器的选择 [J]. 油气储运，2008，27 (3): 3.

[24] 陈永东，陈学东．LNG 成套装置换热器关键技术分析 [J]. 天然气工业，2010，30 (1): 96-100.

[25] 陈伟，陈锦岭，李萌．LNG 接收站中各类型气化器的比较与选择 [J]. 中国造船，2007，48 (B11): 8-12.

[26] 焦月明，陈帅，杨力，等．浸没燃烧式气化器运行效率及能耗成本核算 [J]. 石油与天然气化工，2014，43 (5): 7-11.

[27] 王玉娟，李淑一，陈文杰，等．LNG 浸没燃烧式气化器的传热特性及运行优化 [J]. 天然气工业，2021，41 (6): 10-15.

[28] XU S, CHEN X, FAN Z. Design of an intermediate fluid vaporizer for liquefied natural gas [J]. Chemical Engineering & Technology, 2017, 40 (3): 428-438.

[29] 陈学刚．侧吹浸没燃烧熔池熔炼技术的现状与持续发展 [J]. 中国有色冶金，2017，46 (1): 7.

[30] 崔沐．Metsim 在浸没燃烧熔池熔炼技术处理含铜污泥及废有机溶剂上的应用 [J]. 中国资源综合利用，2020，38 (1): 4.

[31] 许良，马绍斌．侧吹浸没燃烧炉+烟化炉处理锌渣技术 [J]. 中国有色冶金，2021，50 (2): 40-44.

[32] 李冲，徐小锋，黎敏，等．侧吹熔池熔炼废线路板工艺及装置 [J]. 有色金属：冶炼部分，2019 (9): 5.

[33] 李海春，崔沐，陆金忠．侧吹浸没燃烧熔池熔炼技术在污泥无害化处置上的应用 [J]. 中国有色冶金，2020，49 (6): 26-30.

[34] 杨华锋，翁永生，张义民．氧气底吹-侧吹直接还原炼铅工艺 [J]. 中国有色冶金，2010 (4): 4.

[35] 邹小平，冯亚平，魏帮，等．康西铜业粗铜熔炼技术改造工程工艺选择 [J]. 中国资源综合利用，2012，30 (10): 4.

[36] 王咏梅，黄晓鹏，吴劲锋．颗粒物料流体动力学特性的研究综述 [J]. 中国农机化学报，2017，38 (7): 94-99.

[37] 李永清，张小辉，张家元，等．喷吹方式对煤粉燃尽率的影响 [J]. 中南大学学报（自然科学版），2014，45 (7): 2432-2439.

[38] 孙军．单颗粒焦炭燃尽及焦炭氮转化数值模拟研究 [D]. 哈尔滨：哈尔滨工业大学，2013.

[39] 刘柳，闫红杰，周孑民，等．氧气底吹铜熔池熔炼过程的机理及产物的微观分析 [J]. 中国有色金属学报，2012，22 (7): 2116-2124.

[40] 杨胜来．采煤工作面粉尘颗粒运动的动力学模型的探讨 [J]. 山西矿业学院学报，1994 (3): 250-258.

[41] 马秀国，孙昭星．高灰分碳颗粒燃烧的数学求解［J］. 工程热物理学报，1991（3）：324-327.
[42] 特纳斯．燃烧学导论：概念与应用［M］. 3 版. 北京：清华大学出版社，2015.
[43] 李利，刘向军，徐旭常．双碳颗粒燃烧过程的数值模拟［J］. 燃烧科学与技术，2008（5）：463-467.
[44] THAKRE S，MA W，LI L. A numerical analysis on hydrodynamic deformation of molten droplets in a water pool［J］. Annals of Nuclear Energy，2013，53：228-237.
[45] 熊靓，王华，王冲．顶吹两相流影响熔池搅拌效果的水模型实验研究［J］. 化工进展，2014，33（7）：1697-1701.
[46] 闫红杰，赵国建，刘柳，等．静止水中单气泡形状及上升规律的实验研究［J］. 中南大学学报（自然科学版），2016，47（7）：2513-2520.
[47] ZHANG J，YU Y，QU C，et al. Experimental study and numerical simulation of periodic bubble formation at submerged micron-sized nozzles with constant gas flow rate［J］. Chemical Engineering Science，2017，168：1-10.
[48] 何旭，石永昊，刘海，等．利用 LSD 技术对高压共轨柴油机喷雾特性 SMD 的研究［J］. 北京理工大学学报，2016，36（12）：1243-1247.
[49] HINSHELWOOD C N. The kinetics of chemical change in gaseous systems［M］. Oxford：Clarendon，1926.
[50] ASHMAN D W，MCKELLIGET J W，BRIMACOMBE J K. Mthematical model of bubble formation at the tuyeres of a copper converter［J］. Canadian Metallurgical Quarterly，1981，20（4）：387-395.
[51] DIRD R B，STEMART W E. Transport phenomena［M］. Second Edition. 北京：化学工业出版社，2002.
[52] 沈颐身，李保卫，吴懋林．冶金传输原理基础［M］. 北京：冶金工业出版社，2009.
[53] 岑可法，姚强，骆仲泱，等．高等燃烧学［M］. 杭州：浙江大学出版社，2002.

6 生物质燃油在富氧顶吹熔炼铜熔渣还原贫化中的应用

现代富氧强化熔炼技术具有生产效率高、环保效益好、自动化程度高的显著优势。然而，富氧强化熔炼导致炉内氧分压升高，使熔渣中氧化态溶解损失的铜增多，同时在生产高品位冰铜时渣中析出大量 Fe_3O_4。难熔物 Fe_3O_4 在熔炼过程中将直接导致熔渣黏度升高，阻碍渣-锍/铜分离，炉渣中机械夹带铜损失增多。因此，富氧熔炼过程产生的铜熔渣通常需要进行贫化处理，以降低抛渣引起的铜及其他贵金属的流失。目前，铜渣贫化方法主要归于两类：浮选贫化法与火法还原贫化[1-2]。

浮选贫化是将缓冷炉渣破碎磨细后制成矿浆，在浮选槽内对矿浆进行充气、搅拌，使渣中铜矿物在浮选剂作用下随气泡上浮至矿浆表面，形成矿化泡沫。收集泡沫即可得到渣精矿，而炉渣其他组分则留在矿浆底部。铜能够通过浮选方式富集的关键在于炉渣冷却过程中机械夹带的铜锍与金属铜形成解离的颗粒，在浮选过程中借助于颗粒表面物化性质与其他脉石的差异进行物理分离。相比于其他铜渣贫化技术，浮选贫化是一种技术性强且经济高效的铜回收方法。然而，该技术弊端在于浮选废液的处理，由废液引起的环境污染难以避免[3-4]。

火法贫化法的工业应用技术可归纳为以下几类[5-8]：返回熔炼炉处理、直接沉降法、电炉贫化法、特尼恩特贫化法等。其他炉渣贫化方法如真空贫化法、铜锍提取法、直接电流电极法等均处于研究开发阶段，未见大规模工业应用报道。Fe_3O_4 含量是影响渣含铜的关键因素，火法贫化铜熔渣可有效降低渣中 Fe_3O_4 含量，为渣-锍/铜分离创造良好条件。还原是降低熔渣中 Fe_3O_4 最有效的方法。目前，工业应用最为广泛的工艺是采用辅助电炉对熔炼渣直接进行还原贫化。如艾萨/奥斯麦特熔炼炉直接将铜锍与渣的混合体由溜槽放入电炉中进行沉降分离。电炉不仅可对熔渣进行贫化处理，还能够调控生产节奏；利用电极对铜锍及熔渣升温，确保还原贫化过程顺利进行。影响电炉贫化效果的因素主要有炉渣成分、还原剂的选择、炉内温度、熔池深度及容积等。电炉贫化通常分为还原—沉降两步进行。还原过程加入传统化石类还原剂，如黄铁矿、煤粉、焦炭、石化柴油等，将渣中 Fe_3O_4 含量降低至5%左右[9-11]。焦炭、煤粉及木炭本身存在密度低的特点，当喷吹进入炉内时，这些还原剂漂浮于熔渣表面，仅能通过“滑动接触”方式与渣中 Fe_3O_4 进行化学反应，其还原过程动力学条件差，致使还原剂利用率低，还原效果差。气体还原剂一般包含天然气、煤气和液化气等，在贫化过程中可以搅拌熔池使得还原反应更加充分，还原效率更高，但其受地理条件限制且在高温下有较大的安全隐患。液体还原剂主要有柴油等，采用柴油作为还原剂，还原效率高、高温下无安全隐患，但是每吨贫化渣的柴油消耗在2L左右，从而增加了生产成本。电炉贫化主要采用传统化石能源作为还原剂，缺乏对环境及资源的保护。

鉴于现有铜冶金贫化电炉中能源消耗大、还原效率低和弃渣含铜高等问题，结合铜熔渣贫化炉的还原原理及铜渣沉降特性，在柴油喷吹还原贫化铜熔渣技术的成果研发和应用基础上，本章介绍了生物质燃油还原贫化铜熔渣的低碳铜火法冶金新技术。针对富氧熔池熔炼铜熔渣中 Fe_3O_4 含量高、黏度大、“渣-金”分离效果差的技术难题，利用生物质燃油实现选择性还原熔渣中的磁性铁降低熔渣的黏度、强化磁性铁向硅酸亚铁的转变、氧化铜还原和铜离子团聚得以富集并沉降分离铜金属；以生物质燃油喷吹强化熔池的搅拌效果和反应动力学，促进铜熔渣贫化过程和还原剂的还原反应。生物质燃油喷吹还原贫化达到降低熔渣弃渣含铜、提升铜熔炼流程中主金属及稀贵金属的回收率，实现铜熔渣的深度贫化。

6.1 铜熔渣还原贫化理论基础

6.1.1 铜渣还原热力学分析

熔炼炉内通常处于三相平衡状态，即气相-渣相-铜锍相。气相与渣相中的氧势高于铜锍氧势，而铜锍相中的硫势显著高于气相与渣相。高氧势熔渣将不可避免地向铜锍相传递氧，与之对应，铜锍相中高硫势将向渣相和气相中传递硫。因此，熔炼与吹炼造渣过程实质是硫氧替代过程，体系各相中氧势与硫势的差异成为反应进行的驱动力[12-13]，硫氧交换模型如图 6-1 所示。富氧强化熔炼可有效提高冶炼效率及铜锍品位，成为当前铜冶炼的主流技术。“富氧”是提高喷吹气体中氧气的体积分数，因此，富氧冶炼炉内氧分压较传统氧分压显著升高，势必导致熔渣析出大量 Fe_3O_4，使熔渣黏度升高，阻碍渣-锍/铜分离，甚至出现泡沫渣。

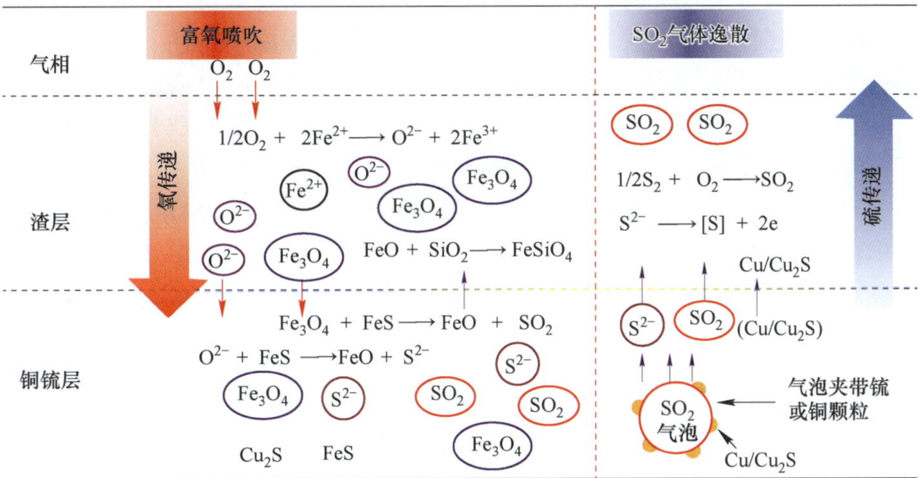

图 6-1　熔炼过程硫氧交换模型示意图

铜熔渣还原的实质是将渣中过量的 Fe_3O_4 还原为 FeO，随后 FeO 与 SiO_2 结合生成低熔点 Fe_2SiO_4，从而降低熔渣黏度，为渣-锍/铜分离提供良好的条件。根据 FeO-Fe_3O_4-SiO_2 三元系相图（见图 6-2）分析，铜熔渣与吹炼渣组分在 1250℃ 时均位于液相、尖晶石与 SiO_2 共存相区，表明铜渣将析出 Fe_3O_4 尖晶石相，不利于熔分进行。通过降低 Fe_3O_4 可使熔渣组分点向液相区（图 6-2 黄色区域）移动，而 Fe_3O_4 降低的同时，FeO 活度将对应升高，并与 SiO_2 结合形成铁橄榄石，避免 SiO_2 晶体析出。

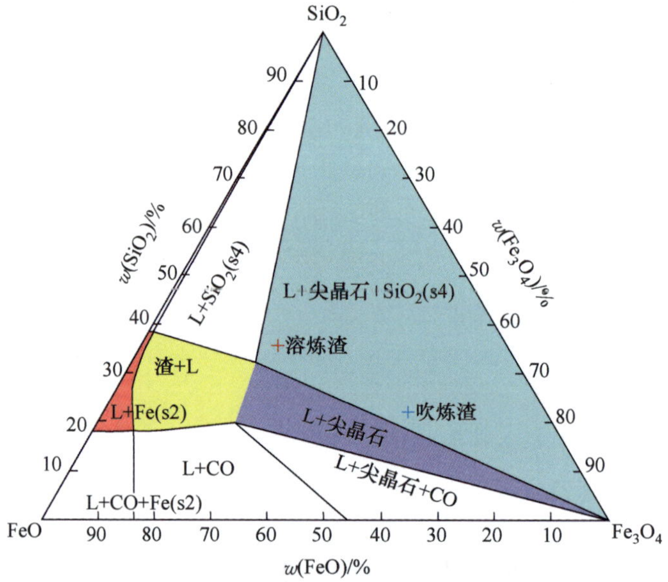

图 6-2 1250℃时 $FeO-Fe_3O_4-SiO_2$ 三元系相图

铁氧化物随着铁元素化合价升高，氧势逐渐增大。因此高价铁氧化物的稳定性低于低价铁氧化物的稳定性。降低氧化物体系中的氧势可有效使高价氧化物向低价氧化物转变，而还原是降低体系氧势最直接的方式之一。生物质燃油高温裂解将产生 H_2、CO、CH_4、C 等还原性产物，各还原剂还原铜熔渣中 Fe_3O_4 的热力学过程如下所述。

H_2 是生物质燃油裂解气体产物中主要组分，H_2 作为绿色还原剂已受到广泛关注。铁氧化物具有逐级还原的特性，式（6-1）~式（6-4）列出了 H_2 还原铁氧化物的反应方程式及反应吉布斯自由能变化。

$$3Fe_2O_3 + H_2 = 2Fe_3O_4 + H_2O \quad \Delta_r G_m^{\ominus}(J/mol) = -15547 - 74.40T \tag{6-1}$$

$$Fe_3O_4 + H_2 = 3FeO + H_2O \quad \Delta_r G_m^{\ominus}(J/mol) = 71940 - 73.62T \tag{6-2}$$

$$FeO + H_2 = Fe + H_2O \quad \Delta_r G_m^{\ominus}(J/mol) = 23430 - 16.16T \tag{6-3}$$

$$1/4Fe_3O_4 + H_2 = 3/4Fe + H_2O \quad \Delta_r G_m^{\ominus}(J/mol) = 35550 - 30.40T \tag{6-4}$$

标准状态下，熔渣中 Fe_3O_4 能够被 H_2 还原转变为 FeO 的热力学条件，即为体系中 H_2O 的氧势小于 Fe_3O_4 的氧势，促使 Fe_3O_4 中的氧向 H_2 迁移，形成 H_2O，直至体系中 H_2O 与 Fe_3O_4 的氧势相等，反应达到平衡态。因此，H_2 还原 Fe_3O_4 使其转变为 FeO 的开始温度约为 704℃，在实际电炉贫化温度之下，易于进行。

根据上述各式的吉布斯自由能变化，并结合反应平衡常数与气相平衡成分，可绘制出 H_2 还原铁氧化物的热力学平衡图，如图 6-3 所示。反应式（6-2）~式（6-4）属于吸热反应，即 $\Delta_r H_m^{\ominus} > 0$，温度升高将有利于反应向正向进行，使反应的平衡曲线随着温度的升高而逐渐向右下方延伸，表明反应达到平衡所需 H_2 的最低消耗量减少。高温下进行铜熔渣还原贫化将有利于渣中 Fe_3O_4 还原。

CO 还原铁氧化物的反应方程式及反应吉布斯自由能变化见式（6-5）~式（6-9），当反应温度低于 570℃时，氧化铁还原以 $Fe_2O_3 \rightarrow Fe_3O_4 \rightarrow Fe$ 顺序进行；当温度高于 570℃

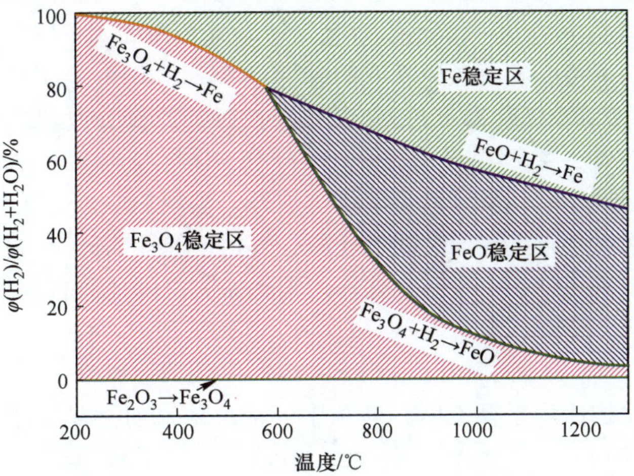

图 6-3 H_2 还原氧化铁热力学平衡图

时，氧化铁还原则以 $Fe_2O_3 \to Fe_3O_4 \to FeO \to Fe$ 顺序进行。在实际电炉贫化铜熔渣过程中，反应温度通常在 1200℃以上，因此 Fe_3O_4 可以转变为 FeO 相。除反应式（6-8）为吸热反应以外，其余 4 个反应均为放热反应，即 $\Delta_r H_m^{\ominus} < 0$，温度升高不利于放热反应向正向进行，因此 CO 平衡体积分数随着温度升高而增大，如图 6-4 所示。

当反应温度 T<570℃时：

$$3Fe_2O_3 + CO = 2Fe_3O_4 + CO_2 \quad \Delta_r G_m^{\ominus}(J/mol) = -52130 - 41.0T \tag{6-5}$$

$$1/4Fe_3O_4 + CO = 3/4Fe + CO_2 \quad \Delta_r G_m^{\ominus}(J/mol) = -1030 + 2.96T \tag{6-6}$$

当反应温度 T>570℃时：

$$3Fe_2O_3 + CO = 2Fe_3O_4 + CO_2 \quad \Delta_r G_m^{\ominus}(J/mol) = -52130 - 41.0T \tag{6-7}$$

$$Fe_3O_4 + CO = 3FeO + CO_2 \quad \Delta_r G_m^{\ominus}(J/mol) = 35380 - 40.16T \tag{6-8}$$

$$FeO + CO = Fe + CO_2 \quad \Delta_r G_m^{\ominus}(J/mol) = -13160 + 17.2T \tag{6-9}$$

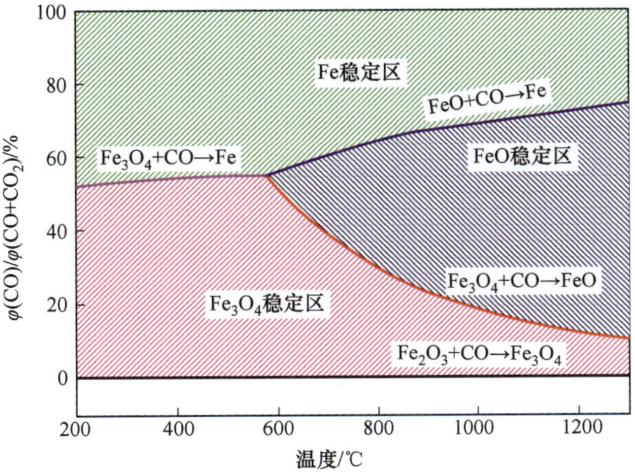

图 6-4 CO 还原氧化铁热力学平衡图

结合图 6-3 和图 6-4，在高温下（T>1200℃），将 Fe_3O_4 还原为 FeO 所需 H_2 或 CO 的平衡浓度较低；继续将 FeO 进一步还原为金属铁则气相中 H_2 或 CO 的体积分数须高于该温度下的平衡浓度。通常，随着还原反应的进行，体系气相中 H_2O 和 CO_2 浓度逐渐升高，使气相中 H_2 和 CO 相对浓度降低，各反应朝逆向进行的可能性增加。还原贫化铜熔渣过程持续通入生物质燃油，裂解反应使体系中 H_2 和 CO 维持在较高的浓度。喷吹结束后，反应器内剩余的还原性物质将随载气逐渐排出炉外，控制 Fe_3O_4 的过度还原。

碳还原铁氧化物涉及直接还原与间接还原，直接还原即为碳直接作为还原剂使高价铁氧化物转化为低价铁氧化物，由于碳气化作用消耗 CO_2，因此直接还原反应式通常如下所示，属于强吸热反应。

$$FeO_x + C \longrightarrow Fe + CO \qquad \Delta_r H_m^{\ominus} > 0 \tag{6-10}$$

当碳还原铁氧化物达到平衡态时，体系中其他反应同时达到平衡，见反应式（6-11）和式（6-12）。

$$C + CO_2 \xlongequal{} 2CO \tag{6-11}$$

$$FeO_x + CO \longrightarrow Fe + CO_2 \tag{6-12}$$

由此可知，由碳气化产生的 CO 会再次参与氧化物还原，如此反复，CO 起着将铁氧化物中的氧传递给碳的作用。而在碳存在时，体系中 CO_2 浓度低，使 CO 的还原能力增强，因此，在高温下，碳还原过程中 CO 作为主要还原剂直接参与反应。固体碳还原氧化铁的热力学平衡图可由碳气化反应与氧化铁间接还原反应的热力学平衡曲线共同构成，如图 6-5 所示。从热力学分析，在温度高于 702℃时，金属铁为反应体系的最终稳定存在相（图中绿色区域），Fe_2O_3 还原转变顺序为 $Fe_2O_3 \rightarrow Fe_3O_4 \rightarrow FeO \rightarrow Fe$，因此应控制还原剂用量及动力学条件避免金属铁的生成；而体系温度低于 658℃时，Fe_2O_3 还原转变顺序为 $Fe_2O_3 \rightarrow Fe_3O_4$ 或 $Fe \rightarrow FeO \rightarrow Fe_3O_4$，$Fe_3O_4$ 为最终稳定区，因此 Fe_3O_4 无法还原转变为 FeO。

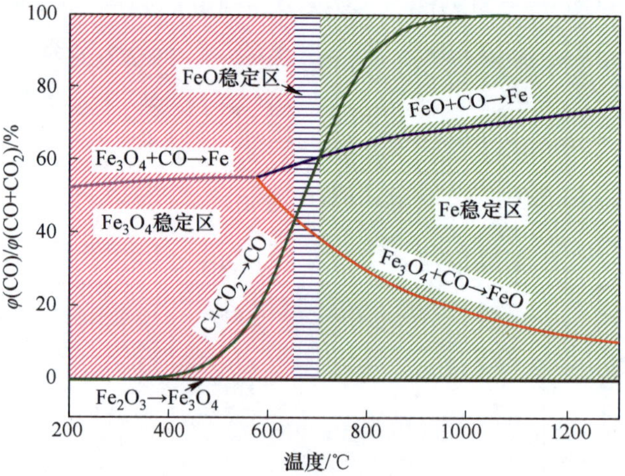

图 6-5　碳还原氧化铁的热力学平衡图

生物质燃油裂解产物中同时存在 H_2、CO、C 三种还原性产物，当温度大于 818℃时，H_2 还原能力强于 CO 还原能力，由 H_2 还原产生的 H_2O 在体系中将再次参与氧化还原反应，即 $H_2O+C \rightarrow H_2+CO$，使 H_2O 和 C 转变为 H_2 和 CO。因此，以煤为还原剂时，体系中存在少量水分可提高煤的利用率及氧化物的还原度，归因于 H 元素在体系中加速氧的传递，最终消耗 C 或 CO。

高温下甲烷将发生二次裂解，甲烷裂解总反应式可由下式表示，最终产物为氢气和碳粉。

$$CH_4 \Longrightarrow C + 2H_2 \qquad \Delta_r G_m^{\ominus}(J/mol) = 91040 - 111T \tag{6-13}$$

图 6-6 为 Fe_3O_4-CH_4（摩尔比为 1∶1）体系随温度升高过程中各组分平衡图。利用甲烷还原 Fe_3O_4 生成 FeO 过程中，H_2 与 CO 为最终气体产物，而 C、H_2O、CO_2 作为中间产物。甲烷裂解的产物为 C 和 H_2，如上述 H_2 与 C 还原部分内容分析，还原过程中 H_2 与 CO 起着传输媒介作用，致使最终气体组分为 CO 和 H_2。

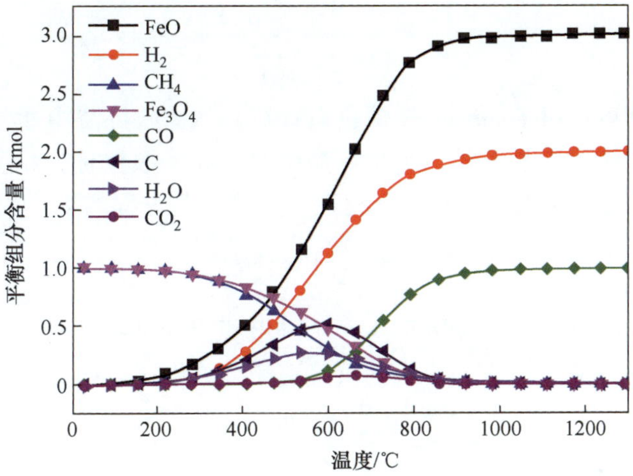

图 6-6　温度对甲烷还原 Fe_3O_4 过程中各组分含量的影响

6.1.2 铜熔渣中渣-锍分离过程分析

6.1.2.1 铜颗粒沉降理论分析

在高温条件下，由于密度差异，金属铜与渣发生自然沉降。理论分析可知，通过高温熔融分离可实现吹炼渣贫化。以 Stokes 沉降公式为基础，对铜颗粒在吹炼渣中的终端沉降速率及沉降时间进行理论计算，具体方程如下：

$$v = \frac{gd^2(\rho_m - \rho_s)}{18\eta} \tag{6-14}$$

式中，v 为铜颗粒的终端沉降速率，m/s；g 为重力加速度，$g=9.81\text{m/s}^2$；d 为颗粒直径，m；ρ_s 为渣密度，kg/m^3；ρ_m 为铜密度，kg/m^3；η 为渣黏度，Pa·s。

Stokes 方程的成立是基于几个基本假设：介质的无限范围、颗粒沉降过程中始终保持刚性球特性、不可压缩流体、颗粒与流体界面不存在滑动。因此应对 Stokes 方程假设进行合理的修正。

有限的坩埚尺寸会使 Stokes 方程产生偏差，尤其在铜颗粒尺寸较大时，如铜颗粒尺寸与坩埚直径比大于 0.1，有限边界会产生较大影响。因此，由坩埚边界引起的偏差需进行合理修正。根据经验公式，其修正系数如下：

$$K = \left[1 - \left(\frac{1-\sigma}{1+\frac{2}{3}\sigma}\right)\lambda^5\right] \Big/ \left[1 - \frac{9}{4}\left(\frac{1+\frac{2}{3}\sigma}{1+\sigma}\right)\lambda + \frac{5}{2}\left(\frac{1}{1+\sigma}\right)\lambda^3 - \frac{9}{4}\left(\frac{1-\frac{2}{3}\sigma}{1+\sigma}\right)\lambda^5 + \left(\frac{1-\sigma}{1+\sigma}\right)\lambda^6\right] \tag{6-15}$$

式中，σ 为渣黏度与金属黏度比；λ 为颗粒尺寸与坩埚直径比。

液滴存在内循环，且其黏度会影响沉降分离。结合 Stokes 方程，该现象会增加颗粒沉降速率，当 σ 值较大时，对沉降速率影响较大。根据经验公式对液滴的刚性特性进行修正，其公式如下：

$$L = \frac{1+\frac{2}{3}\sigma}{1+\sigma} \tag{6-16}$$

液相吹炼渣黏度可通过 FactSage 软件进行计算。然而吹炼渣中通常存在难熔的四氧化三铁、铁酸镁、铝酸镁等尖晶石相，当吹炼渣中存在固体颗粒时，黏度会明显上升，含有固体颗粒的吹炼渣黏度可通过 Einstein 方程进行计算，其方程如下：

$$\eta = \eta_s\left(1 + \frac{5}{2}f\right) \tag{6-17}$$

式中，η 为吹炼渣中含固体颗粒的黏度；η_s 为纯液相渣的黏度；f 为固体颗粒的体积分数。

综合上述分析，铜液滴在吹炼渣中的沉降速率公式修正后如下：

$$v = \frac{g d_{droplet}^2(\rho_m - \rho_s)}{18\eta KL} \tag{6-18}$$

Stokes 方程中，其速率为终端沉降速率。铜液滴到达终端速率前，其瞬时速率计算公式如下：

$$\frac{dv}{dt} = \frac{(\rho_m - \rho_s)g}{\rho_m + 0.5\rho_s} \tag{6-19}$$

对式（6-19）积分得：

$$\int_0^v dv = \int_0^t \frac{(\rho_m - \rho_s)g}{\rho_m + 0.5\rho_s}dt \tag{6-20}$$

结合式（6-18）和式（6-20），可得出铜液滴在到达终端沉降速率前所需时间为：

$$t_1 = \frac{d_{droplet}^2(\rho_m + 0.5\rho_s)}{18\eta KL} \tag{6-21}$$

如上所述，铜液滴在吹炼渣中的终端沉降速率可通过式（6-18）计算，相关计算参数见表6-1。此外，铜颗粒从静止态到终端速率所需时间由式（6-21）计算可得，其值为 $t_1 = 4.620 \times 10^{-7}$s。与沉降时间相比，瞬时时间可忽略。因此，铜液滴在吹炼渣中滞留时间由式（6-22）计算可得：

$$t = \frac{h}{v} \tag{6-22}$$

式中，h 为吹炼渣层厚度。

表 6-1 相关计算参数值

参数	数值	参数	数值
$g/m \cdot s^{-2}$	9.81	$\eta_m/Pa \cdot s$	3.570×10^{-3}
$\rho_s/kg \cdot m^{-3}$	3.808×10^{3}	$\eta_s/Pa \cdot s$	0.158
$\rho_{Cu}/kg \cdot m^{-3}$	8.920×10^{3}	$\eta/Pa \cdot s$	0.257
$d_{droplet}/m$	11.540×10^{-6}	K	1.001
$d_{crucible}/m$	3.000×10^{-2}	L	0.674
f	0.251		

注：$v=2.140\times10^{-6}m/s$。

由式（6-21）计算可知，控制渣层厚度 2cm，铜颗粒与该吹炼渣完全沉降分离所需时间约为 156min。根据理论计算所得参数进行实验，吹炼渣沉降分离后纵截面实物图如图 6-7 所示，在渣层底部并未观察到宏观的铜颗粒。

图 6-7 吹炼渣在 1400℃熔融分离 156min 后纵截面实物图

随后分别对图 6-7 中渣样的上、中、下层进行 SEM 分析，结果如图 6-8 所示。吹炼渣中存在三种物相，经 EDS 分析，亮白色物质为金属铜颗粒、树枝状物质为 Fe_3O_4、条形状物质为铁橄榄石相。部分铜颗粒仍然分布于吹炼渣上层（见图 6-8（a）），表明铜颗粒在当前实验条件下沉降不完全。由图 6-8（c）可知，下层渣的铜颗粒尺寸较大，此现象表明铜颗粒在沉降过程中发生相互碰撞，致使颗粒长大聚集。

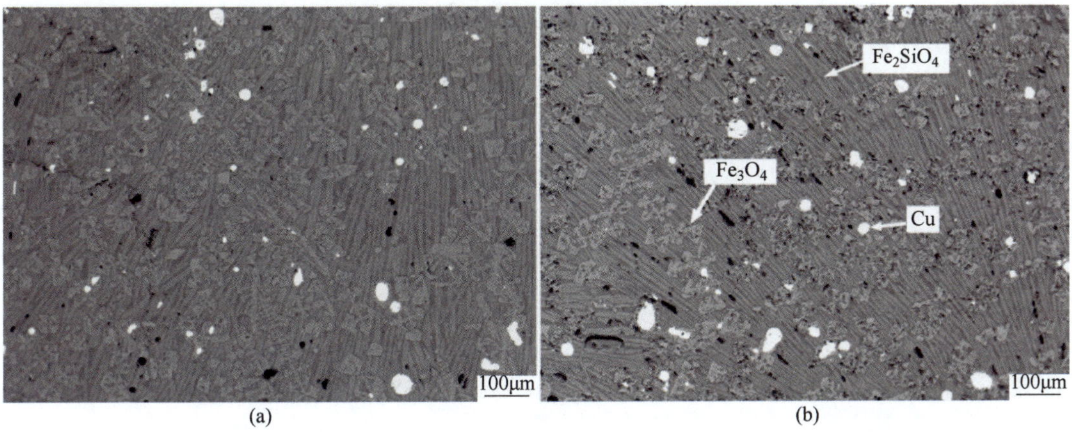

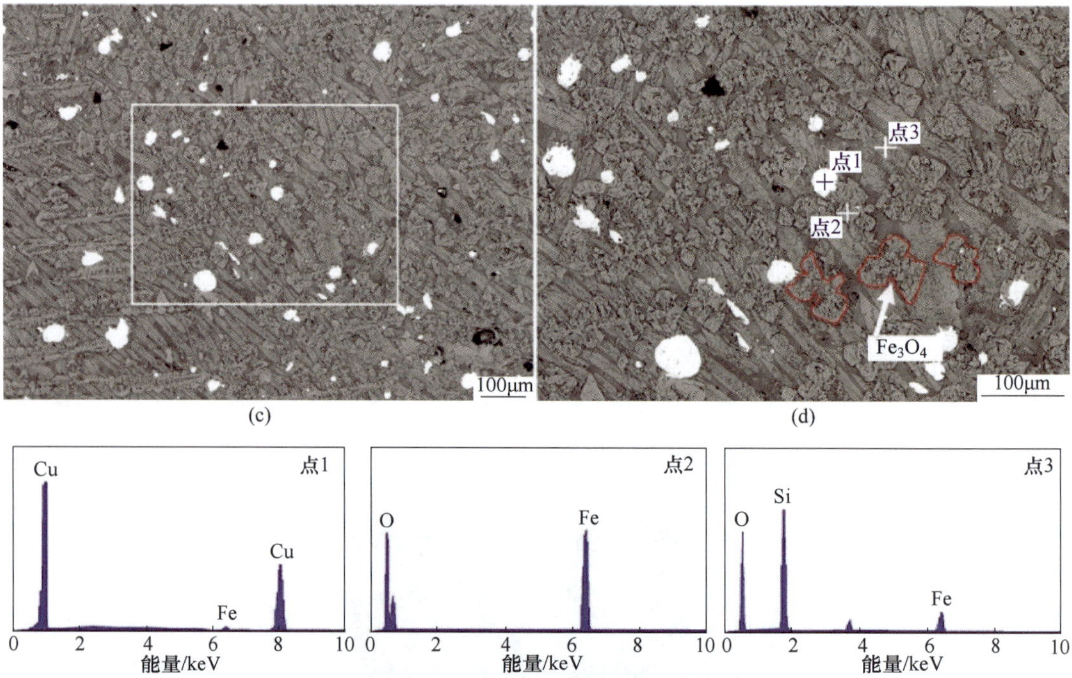

图 6-8　吹炼渣熔融分离后各渣层 SEM-EDS 图

(a) 渣样上层；(b) 渣样中层；(c) 渣样下层；(d) 图 6-8 (c) 标记区的放大图

吹炼渣熔分后经 SEM 分析发现，铜液滴在吹炼渣中主要与 Fe_3O_4 相连，具体赋存关系如图 6-9 所示。根据能谱结果表明，金属铜完全被 Fe_3O_4 颗粒包裹，从而形成 Cu-Fe_3O_4 颗粒。由热力学分析，吹炼渣中同时存在 Cu_2O 和 FeO，体系会自发向热力学稳定方向移动，即式 (6-23) 正向进行，尤其在降温过程中。从而使吹炼渣中形成 Cu-Fe_3O_4 颗粒。

$$(Cu_2O)_{slag} + 3(FeO)_{slag} \longrightarrow 2Cu + (Fe_3O_4)_{slag} \tag{6-23}$$

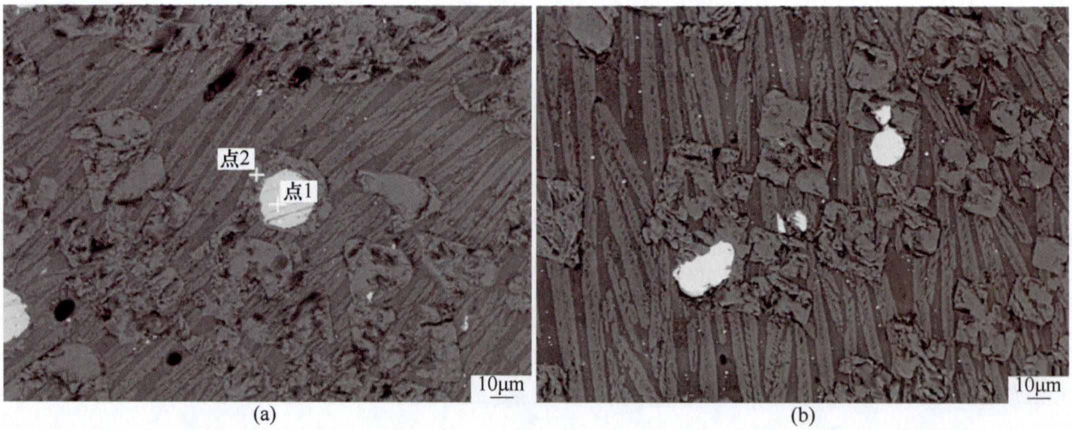

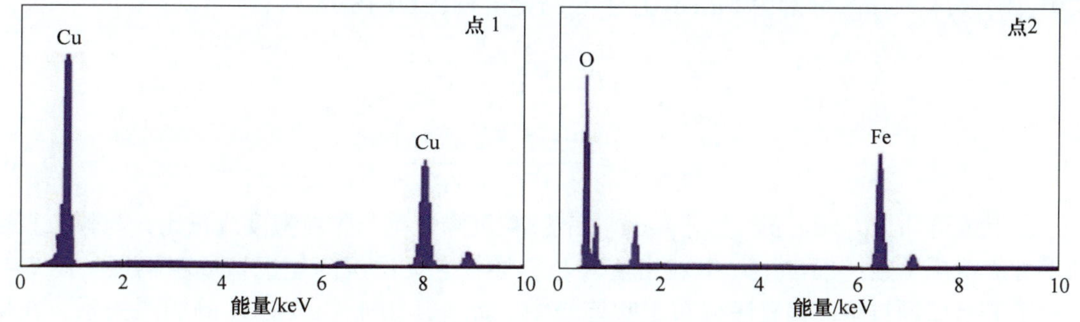

图 6-9 Cu 与 Fe_3O_4 颗粒在吹炼渣中的相互关系

(a) Cu-Fe_3O_4 颗粒；(b) Cu 颗粒被 Fe_3O_4 颗粒分离

颗粒在静止熔融渣中受表面力（黏性力）和体积力（重力与浮力）共同作用，达到运动平衡状态。图 6-10 为 Cu-Fe_3O_4 颗粒与金属铜颗粒在熔融渣中的受力平衡，假设雷诺数 $Re<1$，则颗粒受到的黏性力、浮力与重力分别如下：

$$R = 3\pi\eta dv \tag{6-24}$$

$$F = \rho_s gV \tag{6-25}$$

$$G = mg \tag{6-26}$$

式中，η 为熔融渣的黏度；d 为颗粒直径；v 为颗粒沉降速度；V、m 分别为颗粒的体积和质量。

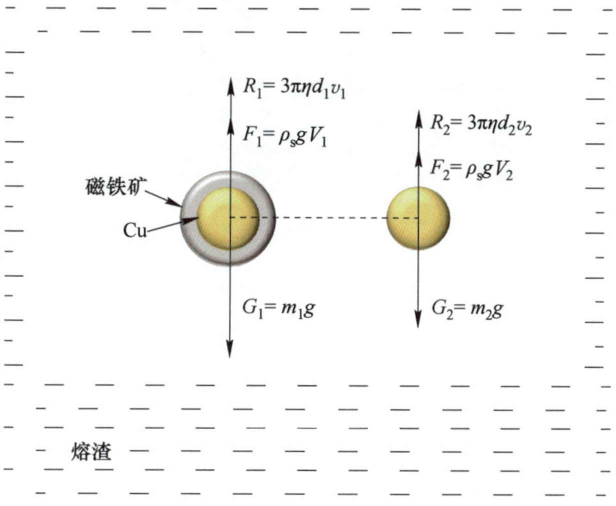

图 6-10 Cu-Fe_3O_4 及金属铜颗粒在熔融渣中受力分析

根据式（6-14）求得 Cu-Fe_3O_4 颗粒与金属铜颗粒的终端沉降速率分别为：

$$v_1 = \frac{gd_1^2(\rho_{(Cu\text{-}Fe_3O_4)} - \rho_s)}{18\eta} \tag{6-27}$$

$$v_2 = \frac{gd_2^2(\rho_{Cu} - \rho_s)}{18\eta} \tag{6-28}$$

式中，$\rho_{(Cu\text{-}Fe_3O_4)}$、$\rho_{Cu}$ 分别为 Cu-Fe_3O_4 颗粒与金属铜颗粒的密度。

$$\rho_{Cu} = \frac{m_{Cu}}{V_{Cu}} \tag{6-29}$$

$$\rho_{(Cu\text{-}Fe_3O_4)} = \frac{m_{Cu} + V_{Fe_3O_4} \cdot \rho_{Fe_3O_4}}{V_{Cu} + V_{Fe_3O_4}} \tag{6-30}$$

由上述可知，$d_1 > d_2$，$\rho_{(Cu\text{-}Fe_3O_4)} < \rho_{Cu}$，颗粒沉降速率与颗粒密度成正比，与颗粒直径的平方成正比关系。Cu-Fe_3O_4 颗粒密度较小，导致它无法沉降至铜锍或粗铜层。图 6-11 显示了 Fe_3O_4 颗粒呈短程有序分布于吹炼渣中。此外，由于 Cu-Fe_3O_4 的润湿关系，在熔分过程中，Cu-Fe_3O_4 颗粒和金属铜颗粒与 Fe_3O_4 颗粒相互接触并吸附于 Fe_3O_4 颗粒表面。图 6-11（b）显示了两个金属铜颗粒完全被呈树枝状的 Fe_3O_4 颗粒分隔开，从而阻碍了渣-铜分离。

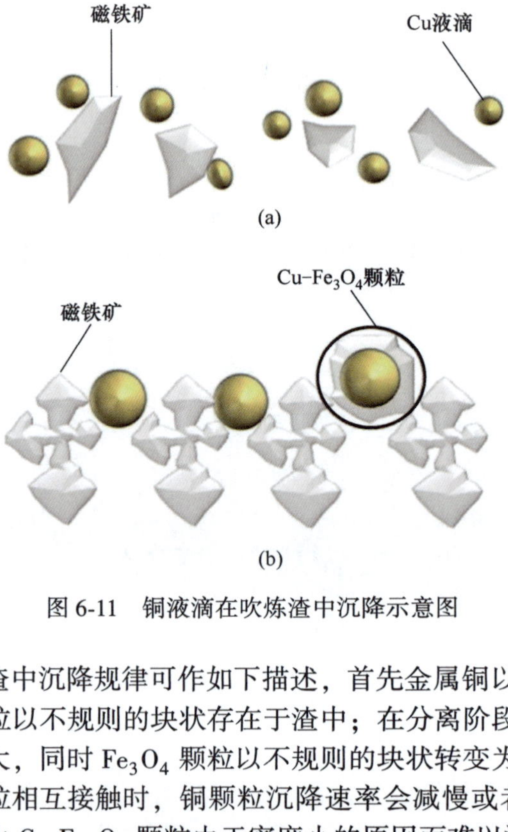

图 6-11　铜液滴在吹炼渣中沉降示意图

金属铜颗粒在吹炼渣中沉降规律可作如下描述，首先金属铜以细小颗粒状均匀分布于吹炼渣中，而 Fe_3O_4 颗粒以不规则的块状存在于渣中；在分离阶段，颗粒运动及相互碰撞作用致使铜颗粒聚集长大，同时 Fe_3O_4 颗粒以不规则的块状转变为短程有序的树枝状。当金属铜颗粒与 Fe_3O_4 颗粒相互接触时，铜颗粒沉降速率会减慢或者停止，阻碍了渣-铜分离。此外，脱溶效应产生 Cu-Fe_3O_4 颗粒由于密度小的原因而难以沉降至粗铜层。

吹炼渣中铜液滴与氧化物之间的润湿行为将影响金属铜的沉降。在高温条件下，Cu-Fe_3O_4 界面发生溶解反应，两物相接触角通常低于 90°，导致金属铜液滴吸附于 Fe_3O_4 颗粒表面。此外，随着体系氧势增加，铜与氧化物在界面反应形成化合物，从而进一步降低接触角提高了润湿性。金属铜与 MgO、Al_2O_3 和 SiO_2 氧化物之间润湿性较差。由此可知，吹炼渣中 Fe_3O_4 是阻碍金属铜颗粒沉降分离的关键因素。

6.1.2.2　渣-锍直接沉降分离

铜熔渣高温直接沉降分离后的样品纵截面实物如图 6-12 所示。由图可观察到样品中具有三种宏观形貌的物相。样品上层结构疏松，孔洞较多，下层结构较致密，可观察到两种不同颜色的形貌，即灰色物质（图6-12 区域1 和区域3）与具有金属光泽的物质（图6-12 区域2）。

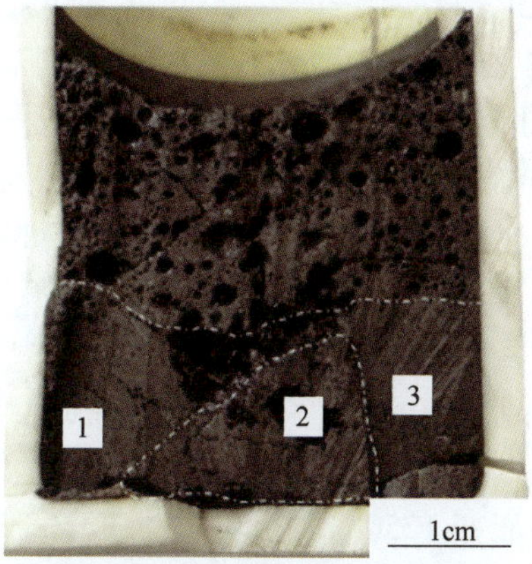

图6-12 铜熔渣高温直接熔分后样品纵截面实物图

图6-13 为图6-12 中各宏观形貌的 XRD 图谱。由图6-13 可知，图6-12 区域2 为铜锍相（见图6-13（c））；结构疏松的上层物质与结构致密的下层呈灰色的物质均为渣相（见图6-13（a）和（b）），不同之处在于 Fe_3O_4 与铁橄榄石衍射峰强度差异。结构疏松层的样品衍射峰以 Fe_3O_4 为主，铁橄榄石与铜锍衍射峰次之（见图6-13（a））；相反，结构致密渣层的样品衍射峰以铁橄榄石为主，Fe_3O_4 衍射峰次之，且难以检测到铜锍衍射峰。随后经磁性分析仪分析可知，疏松层渣中 Fe_3O_4 含量（质量分数，下同）高达18.1%，致密渣层中 Fe_3O_4 含量约为9.3%。由此可知，高 Fe_3O_4 含量使上层渣结构发生变化，Fe_3O_4 熔点高达1593℃，在工业实际贫化温度下（1200~1300℃）难以熔化，在熔融渣中悬浮于各相间，增加熔渣黏度。反应式（6-31）表明，铜熔渣中部分 Fe_3O_4 将与 Cu_2S 发生氧化还原反应，

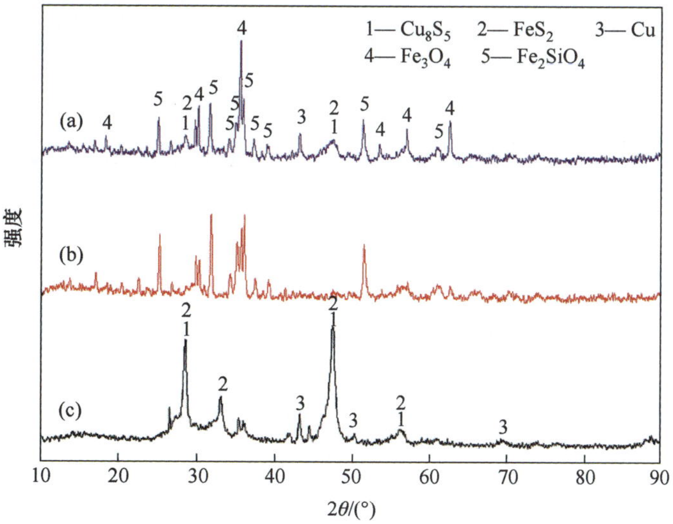

图6-13 铜熔渣熔分后各物质 XRD 图谱
（a）泡沫渣相；（b）致密渣相；（c）铜锍

产生 SO_2 气体，气体逸出过程中高黏度铜熔渣容易形成泡沫渣。因此，高 Fe_3O_4 使铜熔渣在高温直接分离过程中产生泡沫渣，结果导致渣-锍分离困难，且熔渣液面升高。实际生产中，泡沫渣的产生甚至将导致喷溅事故的发生。

$$(Cu_2S)(l) + 2Fe_3O_4(s) = 6FeO(l) + 2Cu(s) + SO_2(g) \tag{6-31}$$

为进一步确认图 6-12 中各宏观物质的微观形貌，分别对各物质进行扫描电镜及能谱分析，结果如图 6-14 所示。图 6-14 中（a）~（c）分别对应图 6-12 中上层疏松结构渣、下层致密结构渣和铜锍。经能谱确认，与原铜熔渣物相相似，熔分后的渣样中同样具有明显的 4 种物相，即铜锍、Fe_3O_4、铁橄榄石及玻璃相。与图 6-14（b）相比，图 6-14（a）中铜锍与 Fe_3O_4 相较多。这也解释了图 6-13（a）中具有铜锍衍射峰，而图 6-13（b）中难以发现，部分原因归于检测设备铜靶的干扰，但主要原因为样品中铜锍量少。图 6-14（c）为铜锍相微观形貌，主要以 Cu-Fe-S 相为基体，由于铜锍对其他金属元素具有较强的亲和力，如铅、锌等，因此，图 6-14（c）中亮色物质成分以铅为主。上述分析验证了铜熔渣还原过程的理论分析，该铜熔渣在 1250℃ 时析出大量 Fe_3O_4，致使泡沫渣的形成，由此阻碍了部分铜锍颗粒的沉降。经分析，上层泡沫渣中 Fe_3O_4 含量高达 18.1%，渣含铜约 16.36%。

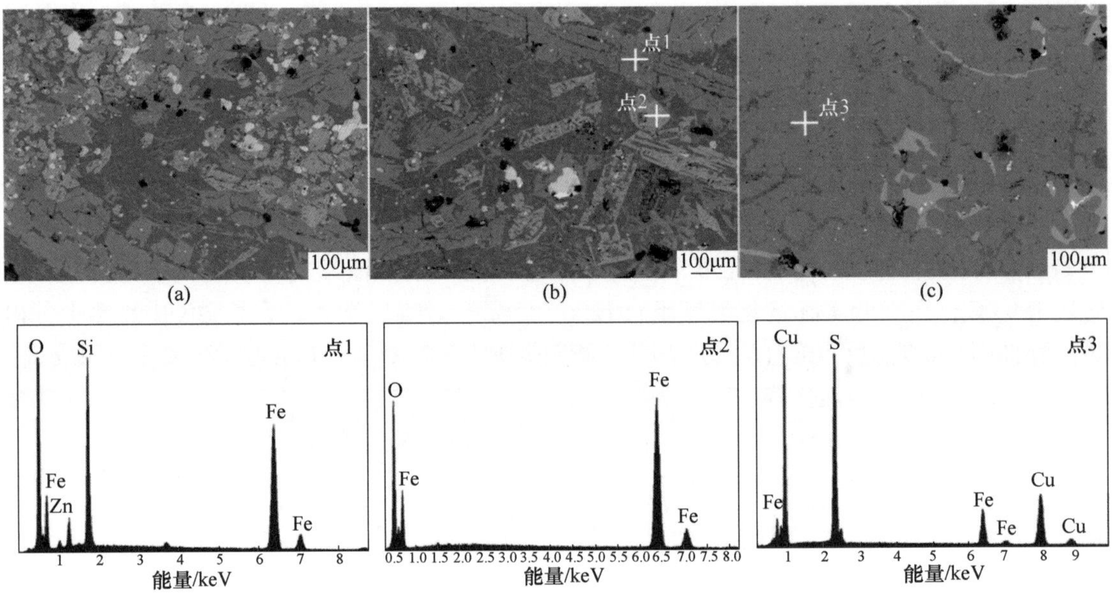

图 6-14　铜熔渣熔分后各物质微观形貌及能谱图

6.1.2.3　还原过程的渣-锍分离

Fe_3O_4 对熔炼的影响可归于以下两方面：(1) 高熔点 Fe_3O_4 在熔炼温度下以固相形式存在，由爱因斯坦提出的流体黏度与流体中固相体积分数的关系可知（见式(6-32)），增加 Fe_3O_4 将使铜熔渣黏度呈直线上升，如图 6-15 所示，而高黏度铜熔渣将使机械夹带铜损失增大；(2) Fe_3O_4 的析出表明铜熔渣氧势高，导致铜熔渣中化学溶解铜的损失增大。因此，通过贫化电炉降低铜熔渣中 Fe_3O_4 含量将有利于提高冶炼过程铜直收率。

$$\eta = \eta_s\left(1 + \frac{5}{2}f\right) \tag{6-32}$$

式中，η 为包含固相颗粒的流体黏度；η_s 为纯液相流体黏度；f 为流体中固相体积分数。

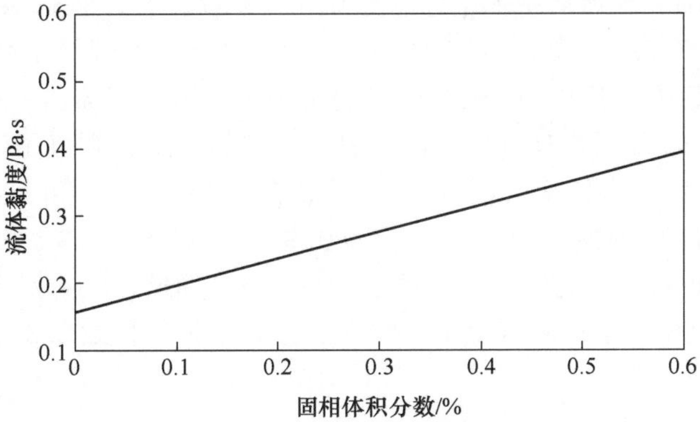

图 6-15 流体黏度与固相体积分数的关系

图 6-16 为高温取出水冷后坩埚内样品纵截面实物图。图 6-16（a）为铜熔渣直接熔分，铜锍与渣基本混为一体，并未发现分层现象。铜熔渣内部同样可观察到大量小孔洞，归因于泡沫渣的形成。

图 6-16 不同无烟煤添加量还原后坩埚内铜熔渣样品纵截面实物图
(a) 0；(b) 0.1%；(c) 0.18%；(d) 0.37%；(e) 0.56%；(f) 0.66%；(g) 0.74%；(h) 1.13%

随着无烟煤的加入，样品结构发生明显变化，熔体出现分层现象，部分铜锍沉降至熔体底部。无烟煤添加量为 0.1%时，由图 6-16（b）可知，坩埚底部具有明显的铜锍层，但量较少。而上层熔渣结构疏松，具有大量气孔，且气孔较图 6-16（a）中大。气孔的出现可归于两方面，一是无烟煤中固定碳参与 Fe_3O_4 还原，产生 CO 及 CO_2 气体，使铜熔渣发泡，高温直接水冷使铜熔渣保持了熔融态结构；二是由铜渣体系中产生的 SO_2 气体在样品中留下气孔。类似地，在无烟煤添加量为 0.18%与 0.37%的实验样品中仍然存在此现象。从理论分析，无烟煤用量增加，加强了熔体中还原反应的进行。随着无烟煤用量从 0.1%增加至 0.37%时，铜熔渣中 Fe_3O_4 含量则由 14.27%降低至 12.56%，渣中对应的含铜量由 14.03%降至 7.61%，如图 6-17 所示。该现象表明无烟煤添加量小于 0.37%时，铜熔渣中 Fe_3O_4 含量高（大于 12.56%），熔渣将形成泡沫渣，阻碍渣-锍分离，坩埚底部铜锍层厚度变化不明显，如图 6-16（b）~（d）所示。继续增加无烟煤用量，泡沫渣消失，铜熔渣结构致密，坩埚底部铜锍层明显增厚（见图 6-16（e）~（h））。当无烟煤用量由 0.56%增加至 1.13%时，铜熔渣中 Fe_3O_4 含量由 8.23%降至 1.52%，对应渣含铜由 3.98%降至 2.87%（见图 6-17）。由此表明，铜熔渣中 Fe_3O_4 降低，将有利于渣-锍直接沉降分离。然而，当铜熔渣中 Fe_3O_4 降低至 1.52%时，渣含铜仍然高达 2.87%，这主要归因于铜熔渣沉降时间的影响。

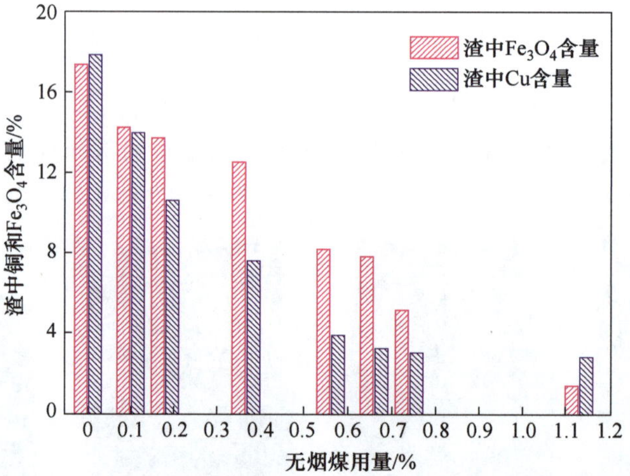

图 6-17　不同无烟煤添加量还原后铜熔渣中铜和 Fe_3O_4 的含量

铜熔渣中主要存在三种物相：铁橄榄石、Fe_3O_4 及铜锍相。还原后铜熔渣物相特征将发生变化，图 6-18 为不同无烟煤添加量还原后样品的 XRD 图谱。Fe_3O_4 衍射峰随着无烟煤用量增加而逐渐减弱，对应的铁橄榄石衍射峰增强，在还原后的样品中铜锍衍射峰难以发现。Fe_3O_4 在还原气氛下发生还原反应生成 FeO，随后 FeO 与熔渣中 SiO_2 结合生成铁橄榄石，使其衍射峰增强，反应过程见式（6-33）~式（6-34）。因此，在实际铜熔炼过程中，采用饱和 SiO_2 渣系使 Fe_3O_4 活度降低，减少 Fe_3O_4 析出。当无烟煤添加量增加至 1.13%时，铜熔渣中 Fe_3O_4 衍射峰消失，而结合上述磁性分析结果，此时渣中 Fe_3O_4 含量约为 1.52%，处于一个较低水平，难以被 X 射线检测到。根据 FeO-Fe_3O_4-SiO_2 三元系相图（见图 6-2）可知，Fe_3O_4 降低、FeO 升高将使熔渣成分点位于渣液相区，由此避免了泡沫渣的形成。

$$4Fe_3O_4 + 3C = 12FeO + 2CO + CO_2 \tag{6-33}$$

$$2FeO + SiO_2 = Fe_2SiO_4 \tag{6-34}$$

高温沉降是电炉贫化的关键工序之一，主要目的是给铜熔渣中颗粒尺寸较小的铜锍颗

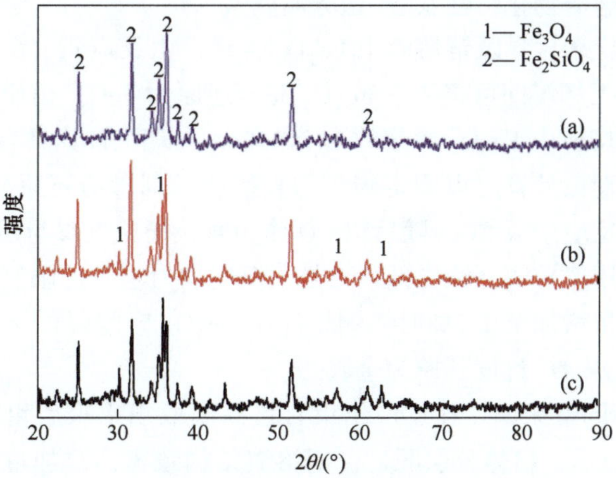

图 6-18 不同无烟煤添加量还原后熔渣的 XRD 图谱
(a) 0.37%; (b) 0.66%; (c) 1.13%

粒足够的沉降时间，使其与渣分离。图 6-19 为添加 1.13%无烟煤还原后样品微观形貌及能谱分析。图中白色小颗粒为铜锍颗粒，灰色块状为铁橄榄石相。由于样品中 Fe_3O_4 含量仅为 1.52%，在低倍（200 倍）放大条件下难以发现。图中显示的铜锍颗粒数量大、尺寸小，均匀分布于熔渣中，在当前沉降时间条件下，难以完全沉降至铜锍层，导致在该样品中渣含铜仍为 2.87%。综合上述分析表明，通过控制还原气氛，使渣中 Fe_3O_4 转变为 FeO 将有利于渣-锍分离，提高铜直收率。

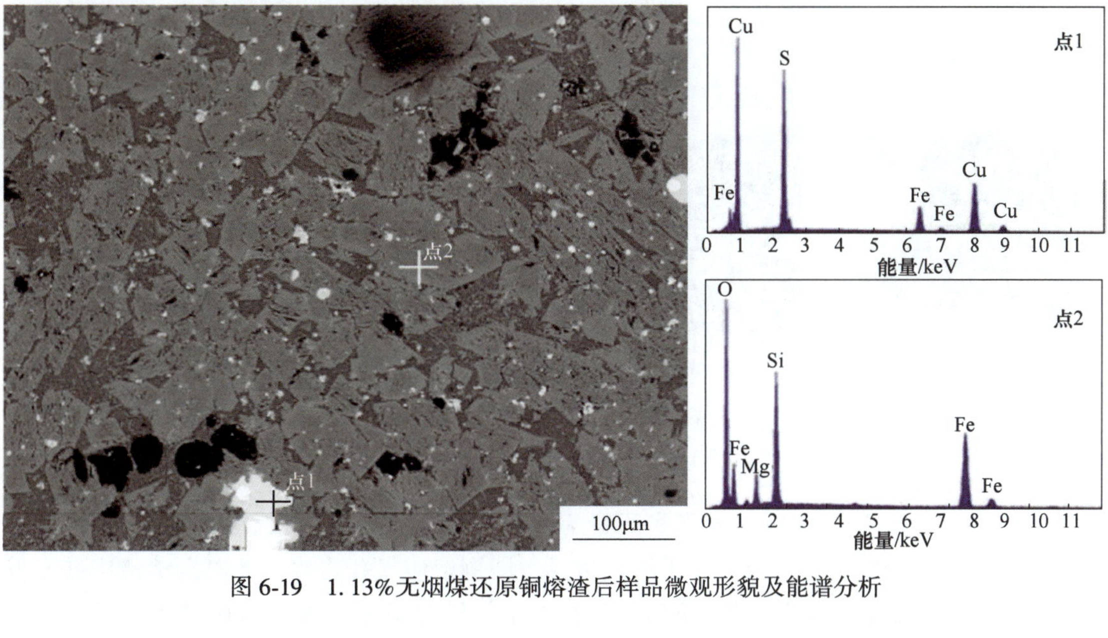

图 6-19 1.13%无烟煤还原铜熔渣后样品微观形貌及能谱分析

过量还原剂的加入势必将使铜熔渣中 Fe_3O_4 过度还原产生金属铁。尽管在实际生产过程中，电炉贫化属于弱还原气氛，难以还原生成金属铁，但为了研究金属铁的生成对实际电炉贫化过程渣-锍分离的影响机理，本节通过添加过量无烟煤使部分 Fe_3O_4 还原为金属铁，随后深入研究铜熔渣物化特性及渣-锍分离。

根据无烟煤中固定碳含量及铜熔渣中 Fe_3O_4 含量，由反应式（6-33）理论计算，铜熔渣仅需添加 0.66%的无烟煤即可将渣中 Fe_3O_4 完全还原为 FeO。由研究结果可知，添加无烟煤量为 0.66%时，熔渣中 Fe_3O_4 含量约为 7.84%，与理论计算具有较大差异。这主要归因于两方面，一是在理论计算时以固定碳作为直接还原剂参与还原，在实际还原过程中，固体碳将发生布多尔反应生成 CO，随后以 CO 作为直接还原剂参与还原，而以固定碳直接作为还原剂其真实利用率较实际情况低；二是受反应动力学条件限制，部分 Fe_3O_4 来不及反应。当无烟煤添加量增加至 1.5%时，铜熔渣中 Fe_3O_4 含量降低至 0.78%，继续增加无烟煤添加量无疑将使 Fe_3O_4 过度还原为金属态。

图 6-20 为添加不同量无烟煤在反应结束直接高温取出水冷后坩埚内样品纵截面实物图。如图 6-20（a）显示，熔体分层明显，铜熔渣结构致密，添加过量无烟煤后铜熔渣含铜变化规律如图 6-21 所示，此时渣含铜量约为 2.81%。继续增加无烟煤添加量至 1.87%，熔体仍然具有较好的分层，从宏观观察，铜熔渣结构无明显变化，但渣含铜升高至 5.04%。进一步增加无烟煤用量，渣中金属铁持续升高。当用量为 2.24%时，铜熔渣结构发生宏观变化，渣层内部气孔较多，且坩埚底部铜锍层厚度降低，该现象在无烟煤添加量为 2.61%条件下更为明显（见图 6-20（d）），铜熔渣再次形成泡沫渣，液面升高，此时渣含铜继续升高至 9.46%。通过对原渣及过度还原后的铜熔渣进行黏度测量，对比发现，当铜熔渣过度还原形成金属铁时，在贫化实验温度下，渣黏度再次升高，甚至高于原始铜熔渣黏度，如图 6-22 所示。由此表明，铜熔渣中金属铁含量升高，将使渣再次形成泡沫渣，不利于渣-锍分离。

图 6-20 不同无烟煤添加量还原后坩埚内铜熔渣样品纵截面实物图

（a）1.5%；（b）1.87%；（c）2.24%；（d）2.61%

图 6-23 为铜熔渣还原后（无烟煤用量为 2.61%）上层泡沫渣整体微观形貌。由图可知，渣中存在大量铜锍，主要分布于渣相边界，即铜熔渣气孔边界。此时铜熔渣中并未发现 Fe_3O_4 颗粒。随后对铜锍-渣界面区域进行电子探针分析，结果如图 6-24 所示。在铜锍相中，可明显观察到金属铁相，其形貌呈圆形颗粒状。由能谱分析可知，该金属铁中含有金属铜，铜元素含量约占 6.2%、铁元素含量约占 93.8%，属于 γ-Fe 相为基体的铜铁合金相。

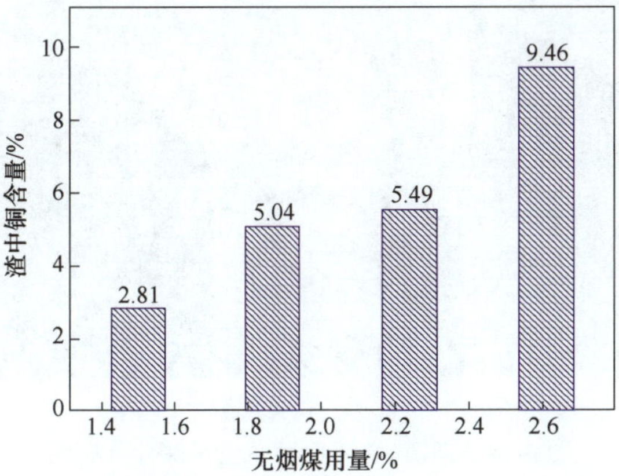

图 6-21 添加过量无烟煤还原后铜熔渣含铜量变化

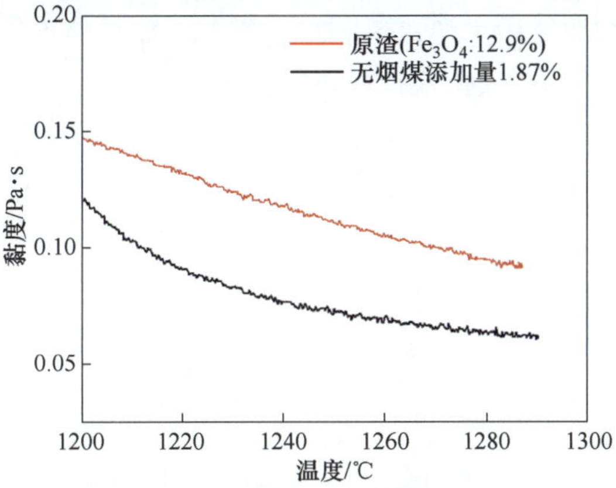

图 6-22 铜熔渣原渣与添加 1.87%无烟煤还原后铜熔渣黏度

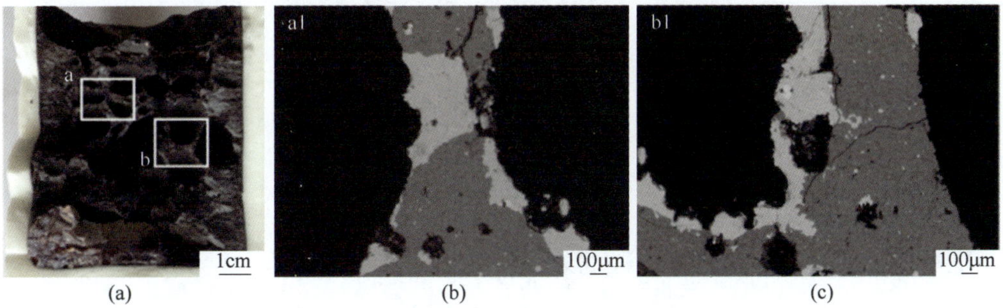

图 6-23 2.61%无烟煤还原后铜熔渣上层泡沫渣整体微观形貌

（a1 和 b1 分别为 a 和 b 的微观形貌）

过量还原剂的加入使铜熔渣中产生金属铁，致使高温下熔体中存在 Fe-Cu_2S-FeS 三相平衡。根据 Fe-Cu_2S-FeS 三元相图（见图 6-25），在 1250℃时，三相中金属铁含量大于 10%，将使体系中析出铜铁合金相。当铜锍相中存在铜铁合金时，其密度无疑将增加，若单从此观点分析，则有利于铜锍颗粒沉降分离。然而，该铜铁合金（γ-Fe 相）属于高熔

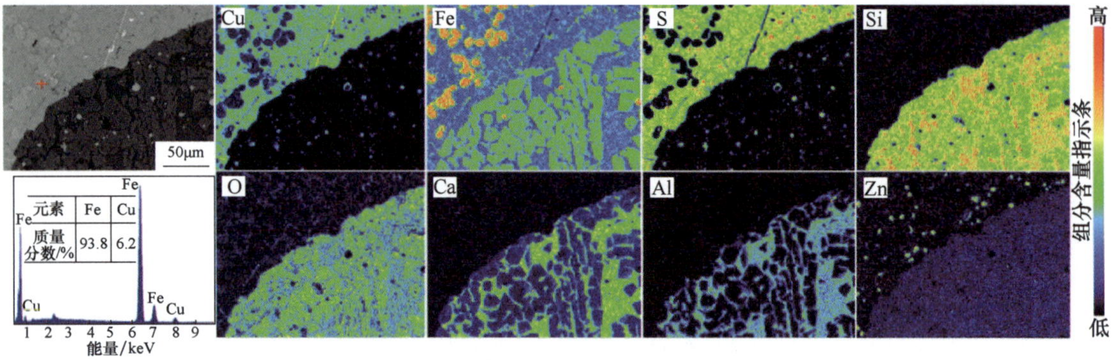

图 6-24　铜锍-渣界面区域电子探针分析图

点物相，在当前实验温度（1250℃）或电炉正常贫化温度下（1200~1300℃）无法完全熔融，该铜铁合金在铜锍相中主要为圆形颗粒而非他形，表明了其非熔融态。由此表明铜铁合金与 Fe_3O_4 相似，在铜熔渣中主要以固相形式存在，而高熔点物质使熔体整体表观黏度增加，当气泡产生时极易使渣发泡，阻碍渣-锍分离。

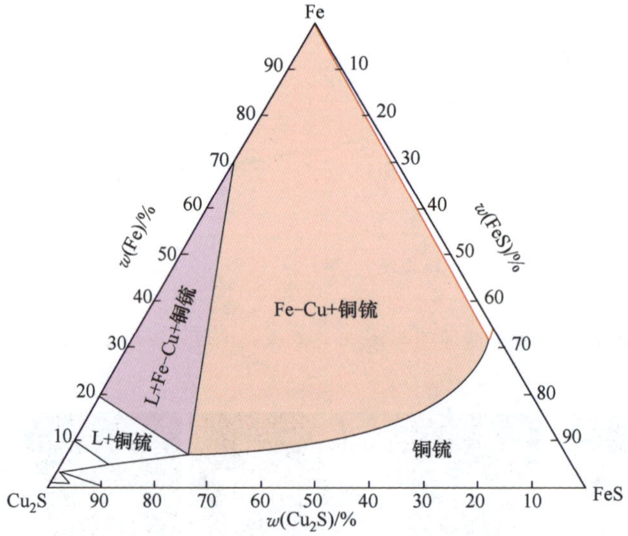

图 6-25　1250℃时 Fe-Cu_2S-FeS 三元系相图

6.2　生物质燃油还原贫化铜熔渣技术

以煤粉、天然气及柴油为代表的化石类还原剂由于其不可再生性，导致其价格较高，增加了生产成本，且冶炼过程中排放大量的 CO_2。现利用生物质燃油替代传统化石类还原剂实现铜渣还原贫化的新思路，以解决贫化过程中还原剂资源不可再生及减少温室气体排放等问题，同时为生物质燃油的资源化利用提供一种新途径。

6.2.1　生物质燃油物化特性

生物质燃油是指由生物质能直接或间接转化利用的液体燃料，包括油料作物榨出的植物油脂、餐厨废油、乳化油、化学转化的生物柴油、生物秸秆热解裂解的生物油、生物乙醇等，是可再生清洁环保友好型液体燃料。生物质燃油具有无毒、含硫量低、可生物降解等优点，是可再生、清洁型的液体燃料[18-19]。但生物质燃油的密度和黏度都比较大而且闪点较高、雾化和燃烧性能较差，容易产生积碳堵塞喷嘴，这些阻碍了生物质燃油作为柴油替代品的推广应用进程。

生物质燃油的密度和黏度普遍比 0 号柴油大，在供油管道流动时容易被堵塞，使燃油不能稳定燃烧。生物质燃油的挥发分含量较低，使其不容易燃烧且难于燃尽，有严重的积碳现象。生物质燃油所含不饱和烃与空气发生反应容易产生导致喷嘴结焦的物质[20]。因此，了解生物质燃油的物化特性有利于掌握各燃油的燃烧火焰特性的影响因素，改进生物质燃油燃烧稳定性及减少污染物的排放，同时为生物质燃油能够顺利替代石化燃料提供理论依据。表 6-2 为餐厨废油、餐厨废油生物柴油和 0 号柴油的物化特性。燃油黏度太低，无法形成油膜，会导致供油系统中油路精密部件的磨损，同时会导致喷油时油束射程太短，来不及与雾化空气均匀混合，导致不完全燃烧。燃油黏度大、表面张力大、流动阻力大使得供油困难，同时会导致雾化液滴直径比较大，使得油滴的蒸发面积减少、蒸发速度减慢，使液滴和助燃空气混合接触困难，燃烧不完全，导致燃料消耗量增大。

表 6-2 餐厨废油和餐厨废油生物柴油的理化特性

序号	性能指标	样品		
		餐厨废油	餐厨废油生物柴油	0 号柴油
1	色度/号		1.5	2.96
2	密度（20℃）/$kg \cdot m^{-3}$	933	882	874
3	运动黏度（20℃）/$Pa \cdot s$	10.23	2.94	2.96
4	灰分/%		0.004	0.001
5	凝点/℃	8	−10	0
6	冷滤点/℃	12	−4	8
7	闪点（闭口）/℃	279	172	58
8	燃点/℃		153	73
9	十六烷值指数	35	49	46
10	酸度/$mg \cdot L^{-1}$	325	170	48
11	铜片腐蚀级（50℃，3h）		1a	1a
12	氧化铵定性/h		1.3	—
13	水分（体积分数）/%	0.54	无	无
14	机械杂质/%		0.48	0.45
15	热值（低位）/$MJ \cdot kg^{-1}$	36.48	36.68	42.9
16	残碳（10%）/%	0.66	0.51	0.22
17	馏程：50%回收温度/℃		336	273
18	馏程：90%回收温度/℃		353	339
19	馏程：95%回收温度/℃		362	351

续表 6-2

序号	性能指标		样品		
			餐厨废油	餐厨废油生物柴油	0 号柴油
20	元素含量/%	C	77.81	75.7	85.8
		H	12.33	10.5	13.4
		O	8.93	9.6	0.7
		N	0.8638	4.1	0
		S	0.06621	0.005	0.015

注：a 为腐蚀级别。

图 6-26 为生物质燃油和 0 号柴油在温度为 20～90℃时运动黏度随温度变化曲线。将餐厨废油制备成生物柴油后，运动黏度发生显著的降低。这是因为制备成生物柴油后的相对分子质量明显小于植物油或餐厨废油的相对分子质量，动植物油脂在催化剂作用下和甲醇经过酯交换反应，生成脂肪酸甲酯和副产物甘油。将动植物油脂转化成生物柴油后，其相对分子质量大大降低，生物柴油的碳链长度变短，运动黏度降低了 85%以上。各种燃油随温度的升高，其运动黏度都降低。这是因为流体的运动黏度是由于分子间的引力作用和动量转移引起的，对于液体分子来说，其内部的无规则运动的速度很慢，所以分子间的相互作用力对燃油的黏滞性起到主要作用。当燃油的温度升高时，燃油分子间的距离增大，这样就使得分子间的相互作用力减弱，导致黏度减小。同时可以看出当温度升高到 90℃时，动植物油脂的黏度反而增大，原因是在高温下，燃油中有些小分子的易挥发有机物质析出，发生了聚合反应，增大了运动黏度。在温度较低（20～50℃）时，燃油的运动黏度变化较快，但是温度继续升高，运动黏度的变化放缓，这表明温度越高，燃油的黏温特性就越好。

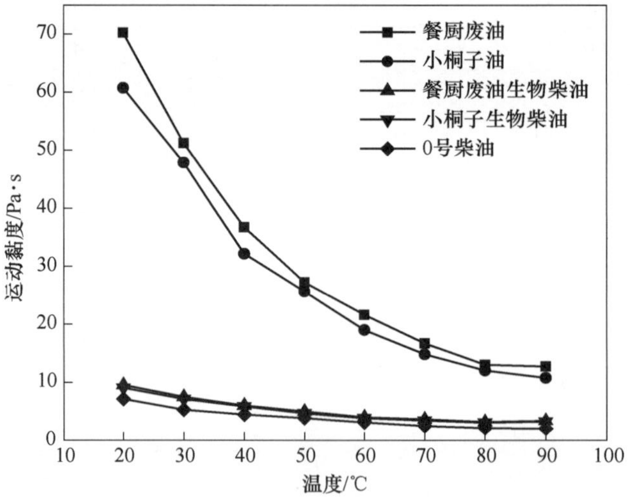

图 6-26 生物质燃油和 0 号柴油运动黏度随温度变化曲线

餐厨废油中的脂肪酸碳链长度主要集中在 C_{16}～C_{18}之间，主要脂肪酸组成有油酸、亚油酸、棕榈酸、硬脂酸，这几种脂肪酸都是动植物油脂的主要成分，且总含量达到 90%以上[21]。除此之外，餐厨废油中还包含有少量的烷烃类物质，这是由于其中的油脂发生水解、氧化等反应生成长链烃类。表 6-3 为餐厨废油的成分，其主要元素为 C、H、O，含有少量的 N 和 S 元素。其中 C、H 元素约占总量的 90%，并且餐厨废油中 O 元素含量较高，在高温热解过程中更有利于气化，得到更多的气体产物。根据餐厨废油中各元素的含量，依据 C、H、O 的摩尔比，将餐厨废油简写为 $CH_{1.9}O_{0.086}$。

表 6-3 餐厨废油 GC-MS 分析成分

保留时间	成分	分子式	含量/%
2	正十七烷	$C_{17}H_{36}$	3.908
9.17	肉豆蔻酸	$C_{14}H_{28}O_2$	0.476
9.30	三甲基十四烷	$C_{17}H_{36}$	0.097
9.70	正十八烷	$C_{18}H_{38}$	1.171
9.79	四甲基十六烷	$C_{20}H_{42}$	0.598
10.60	正十九烷	$C_{19}H_{40}$	1.422
10.68	十六烯酸	$C_{16}H_{30}O_2$	0.985
10.88	棕榈酸	$C_{16}H_{32}O_2$	15.820
13.36	亚油酸	$C_{18}H_{32}O_2$	26.155
13.45	油酸	$C_{18}H_{34}O_2$	33.936
13.53	反式油酸	$C_{18}H_{34}O_2$	4.705
13.81	硬脂酸	$C_{18}H_{36}O_2$	7.845
13.99	风吕草酸	$C_{17}H_{28}O_2$	1.928

生物柴油由动植物油脂与甲醇、乙醇经酯交换反应制得，是一种绿色的生物质能源。表 6-4 为生物柴油的化学组成，其主要成分为脂肪酸甲酯和脂肪酸乙酯。以脂肪酸甲酯为例，其主要化学成分为棕榈酸甲酯、亚油酸甲酯及花生酸甲酯、硬脂酸甲酯、油酸甲酯等。生物柴油一般由油料作物（大豆、大麻、油菜和花生等）、动植物油脂（玉米胚芽油、大豆油、猪油、鲸油）及废弃油脂等为原料，通过热化学工艺或酯交换反应制成。作为一种石化柴油的替代燃料，生物柴油具有可再生性、与石化柴油相似性、环境良好性、可降解性，具有良好的发展前景[22-24]。

表 6-4 生物柴油的化学组成

名称	结构式
棕榈酸甲酯	$CH_3(CH_2)_{14}COOCH_3$
油酸甲酯	$CH_3(CH_2)_7CH{=}CH(CH_2)_7COOCH_3$
硬脂酸甲酯	$CH_3(CH_2)_{16}COOCH_3$
亚油酸甲酯	$CH_3(CH_2)_4CH{=}CHCH_2CH{=}CH(CH_2)_7COOCH_3$
亚麻酸甲酯	$CH_3(CH_2)_2(CH{=}CHCH_2)_2CH{=}CH(CH_2)_6COOCH_3$
花生酸甲酯	$CH_3(CH_2)_{16}COOCH_3$

餐厨废油和生物柴油作为一种可再生能源，在一定程度上可以替代石化柴油。后文以餐厨废油为代表，对餐厨废油高温裂解特性，餐厨废油贫化铜熔渣的渣-金分离效果及反应动力学展开研究。

6.2.2 生物质燃油高温裂解特性

不同温度下裂解气体体积分数随进油时间的具体变化规律如图 6-27 所示。由图 6-27 可知，温度升高各气体体积分数达到峰值所对应的时间向前移动，表明高温使餐厨废油裂解速率加快。从图中直观发现，温度升高，裂解气体中 H_2 体积分数在峰值处显著增加，CO 具有与 H_2 相同变化趋势，而 CH_4 与 CO_2 呈现出先增加后降低趋势。

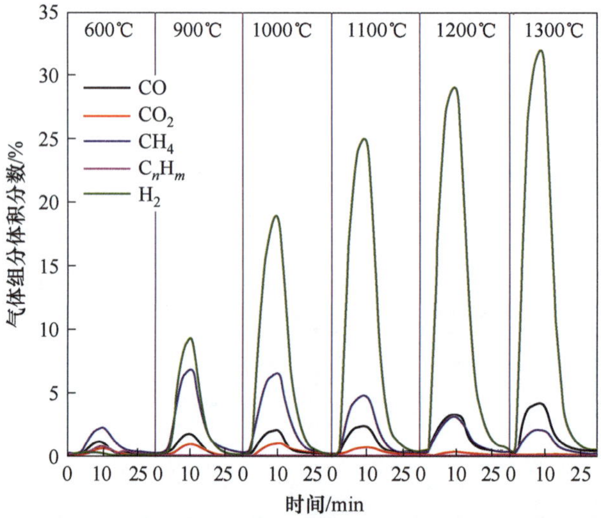

图 6-27 各温度下餐厨废油直接裂解过程组分随时间变化规律

通过对图 6-27 中各曲线进行积分，即可获得在该条件下各气体产生的总量。根据计算所得的各温度下 700μL 餐厨废油裂解气体产量见表 6-5，所对应各元素气化率如图 6-28 所示。

表 6-5 700μL 餐厨废油直接热裂解气体产量

温度/℃	气体产量/mL			
	H_2	CH_4	CO	CO_2
600	2.4	43.0	16.7	10.7
900	163.2	130.6	31.1	18.8
1000	419.7	154.8	44.7	23.9
1100	597.9	122.6	59.2	19.4
1200	733.6	89.0	91.0	7.6
1300	826.2	64.0	118.3	2.9

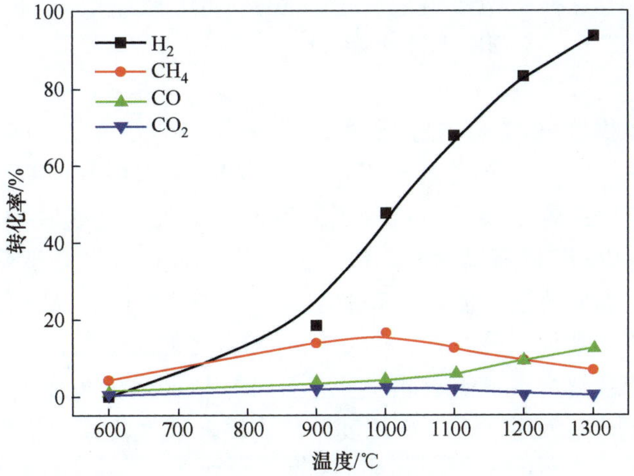

图 6-28 各温度下餐厨废油转化率

餐厨废油中氢元素质量分数仅为 12.33%，而氢作为自然界中最轻的元素，氢元素完全转变为 H_2，产生的混合气体中其体积占比无疑最大。然而结合图 6-27 及表 6-5 可知，在 600℃时，H_2 瞬时体积分数较低，在整个过程中 700μL 餐厨废油产生的 H_2 总量约为 2.4mL，低于 CH_4、CO 及 CO_2 的量，此时氢元素对应的转化率仅为 0.27%。由此表明，低温下（小于 600℃）餐厨废油难以通过直接裂解方式制取合成气。温度升高，油中各分子裂解加剧，H_2 产量随之显著升高。升高温度至 900℃时，H_2 产量由 2.4mL 升高至 163.2mL；继续升高温度至 1300℃时，H_2 产量增加至 826.2mL，此时对应的氢元素气化率高达 93.5%。在餐厨废油裂解过程中，除有机大分子裂解直接产生 H_2 以外，甲烷二次裂解及体系中水煤气转换反应均可产生 H_2。水煤气转换反应见式（6-35）。经计算，700μL 餐厨废油在 1300℃裂解产生的 H_2 总量占总混合气体的 81.7%。

$$C + H_2O \longrightarrow H_2 + CO \tag{6-35}$$

CH_4 作为餐厨废油裂解产生的主要产物之一，其变化趋势呈现出先增加后降低趋势，甲烷的产生来源于苯环侧链的断裂。在 600℃时，CH_4 气体产量大于 H_2、CO、CO_2 产量，具体为 43.0mL。随着温度升高至 1000℃，CH_4 产量随之增加，且达到最大值，约为 154.8mL，此时餐厨废油中碳元素转化为甲烷的转化率约为 16.7%。随着裂解温度继续升高，甲烷产量开始下降，当温度为 1300℃时，产量降低至 64.0mL，此时转化率仅为 6.9%。甲烷具有二次裂解特性，在温度低于 1000℃时，由餐厨废油裂解产生的甲烷总量大于甲烷自身二次裂解的量，致使甲烷产量增加。而温度升高至 1000℃以上时，甲烷自身裂解速率加快，由此消耗的量大于餐厨废油裂解产生的 CH_4 量，表明高温下（大于 1000℃）不利于甲烷气体的产生。

甲烷裂解过程如下所示：

$$CH_4(g) = CH_4(ad) \tag{6-36}$$

$$CH_4(ad) = CH_3(ad) + H(ad) \tag{6-37}$$

$$CH_3(ad) = CH_2(ad) + H(ad) \tag{6-38}$$

$$CH_2(ad) = CH(ad) + H(ad) \tag{6-39}$$

$$CH(ad) = C(ad) + H(ad) \tag{6-40}$$

$$2H(ad) = H_2 \tag{6-41}$$

$$C(ad) = C \tag{6-42}$$

整个甲烷裂解方程可由式（6-43）表示：

$$CH_4 \longrightarrow C(s) + 2H_2 \qquad \Delta_r H_m^{\ominus} = 75.6kJ/mol \tag{6-43}$$

CO 与 CO_2 的产生主要来源于有机分子裂解过程中脱羰基或脱羧基作用[25]。结合图 6-27 及表 6-5 可知，CO 产量随温度升高呈上升趋势；而 CO_2 产量变化趋势随温度升高体现出先升高后降低。如前所述，温度升高加剧有机分子热裂解，从而使小分子气体产量增加。裂解体系中，由于其他组分存在，如 C 或 H_2O，将使反应器内 CO 及 CO_2 气体再次进行转化。如餐厨废油裂解产生的碳单质在反应器内与 CO_2 发生布多尔反应，使部分碳发生气化，消耗 CO_2 的同时，反应器内 CO 浓度升高。根据碳气化反应平衡常数及反应气相平衡成分计算碳气化反应平衡图（见图 6-29）[26-27]，在高温下，CO_2 难以稳定存在，将转变为 CO。由此可解释表 6-5 中在 1300℃时 CO_2 产量仅为 2.9mL，而 CO 产量高达 118.3mL。此外，上述水煤气转换反应式（6-35）中，也使 CO 产量增加。

$$C + CO_2 = 2CO \qquad \Delta_r G_m^{\ominus}(J/mol) = 213233 - 171T \tag{6-44}$$

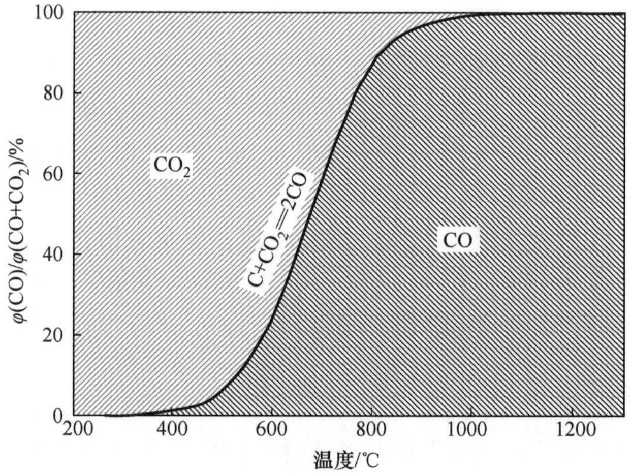

图 6-29　碳气化反应热力学平衡图

餐厨废油中碳元素含量约为 77.81%，而氢元素含量约为 12.33%，氧元素含量仅为 8.93%。由此可知，餐厨废油高温裂解产物除小分子气体如 H_2、CO、CO_2、CH_4 外，应有大量单质碳生成。碳为粉末颗粒，大量碳累积将发生积碳现象，如图 6-30 所示。在 1300℃时，餐厨废油中碳元素转化为 CH_4、CO、CO_2 的转化率分别为 6.9%、12.7%、0.3%。根据公式可计算出，该条件下餐厨废油中约有 80%的碳元素转变为碳单质。裂解产生的碳单质颗粒细小，部分将随着载气排出反应器外，并进入水冷器中。

通过对水冷器中黑色粉末进行收集干燥后，进行 XRD 物相分析（见图 6-30（c）)，证实了积碳的发生。利用生物油裂解制取合成气过程中，积碳现象的产生不利于整个过程顺利进行，主要原因有以下两点：（1）油中碳元素转化为单质碳，使油气化率降低，合成气产量低；（2）单质碳颗粒细小，将随着载气排出反应器进入管路中，造成管路堵

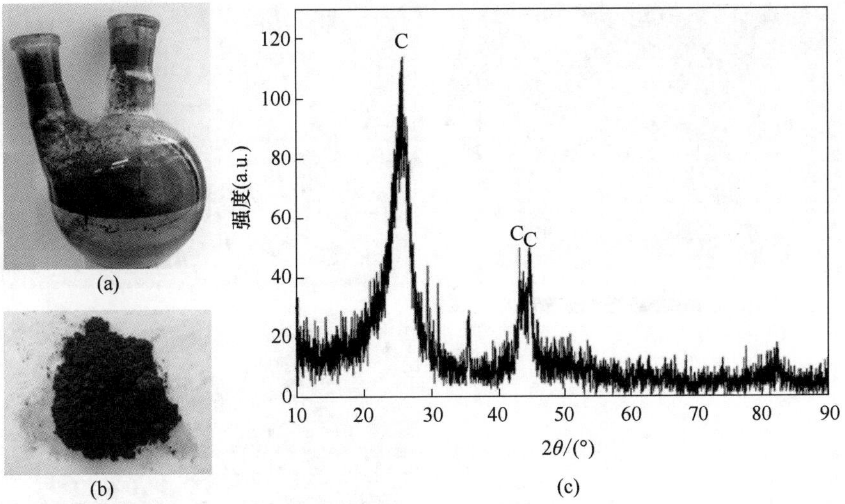

图 6-30 裂解产生积碳实物图

（a）烧瓶水冷器；（b）水冷器中收集的裂解碳粉；（c）裂解碳粉 XRD 图谱

塞等现象。因此，利用生物油裂解制取合成气时，通常采用部分氧化裂解或通入少量水蒸气促进碳元素转化，提高合成气产量。采用餐厨废油作为还原剂，可有效缓解积碳现象的发生。

6.2.3 控制 Fe 价位的铜熔渣“渣-金”强化分离

工业电炉贫化铜渣通常向渣中喷入还原剂，如煤粉、焦炭、天然气、化石柴油等[28-29]，各种还原剂的应用都取得了不同程度的成功。通过前期研究表明，降低铜渣中 Fe_3O_4 含量将有效促进渣-锍/铜分离，而高温作用下，餐厨废油主要裂解为 H_2、CO、CH_4、C 等还原性产物，可直接还原铜渣中 Fe_3O_4，从而降低熔渣黏度，为铜锍及金属铜颗粒沉降提供有利条件。因此本节主要研究餐厨废油喷吹还原贫化铜熔渣，深入分析铜熔渣喷吹餐厨废油还原后各渣层中 Fe_3O_4 含量与铜锍颗粒分布的变化规律，以及渣-锍分离效果等。

图 6-31 为铜渣直接熔分后坩埚内样品纵截面实物图。铜熔渣样品出现分层现象，样品底层物质略带红色，该层为铜锍；渣层呈炭灰色，由于渣与铜锍密度差异，致使熔渣分布于铜锍层之上。铜熔渣上部形成泡沫渣，其结构疏松，孔洞较多，而位于样品中间层的熔渣结构致密。

将图 6-31 中显示的样品上、中、下层分别进行 SEM 分析，观察其微观形貌及各相分布。上层泡沫渣微观形貌显示气孔多，且铜锍颗粒聚集度较好，颗粒尺寸约 100μm 以上，但铜锍颗粒周围具有大量 Fe_3O_4 颗粒（见图 6-31 中 a）。高熔点 Fe_3O_4 颗粒在 1250℃ 难以完全熔化转变为液相，当铜锍与 Fe_3O_4 颗粒相互反应时，产生的 SO_2 气体在逸出过程中致使熔渣发泡，直接阻碍渣-锍分离。样品中间层泡沫渣现象消失，铜熔渣结构致密，主要物相为铁橄榄石及 Fe_3O_4 相，但仍然存在大量铜锍小颗粒，其聚集度较差，尺寸细小（见图 6-31 中 b）。

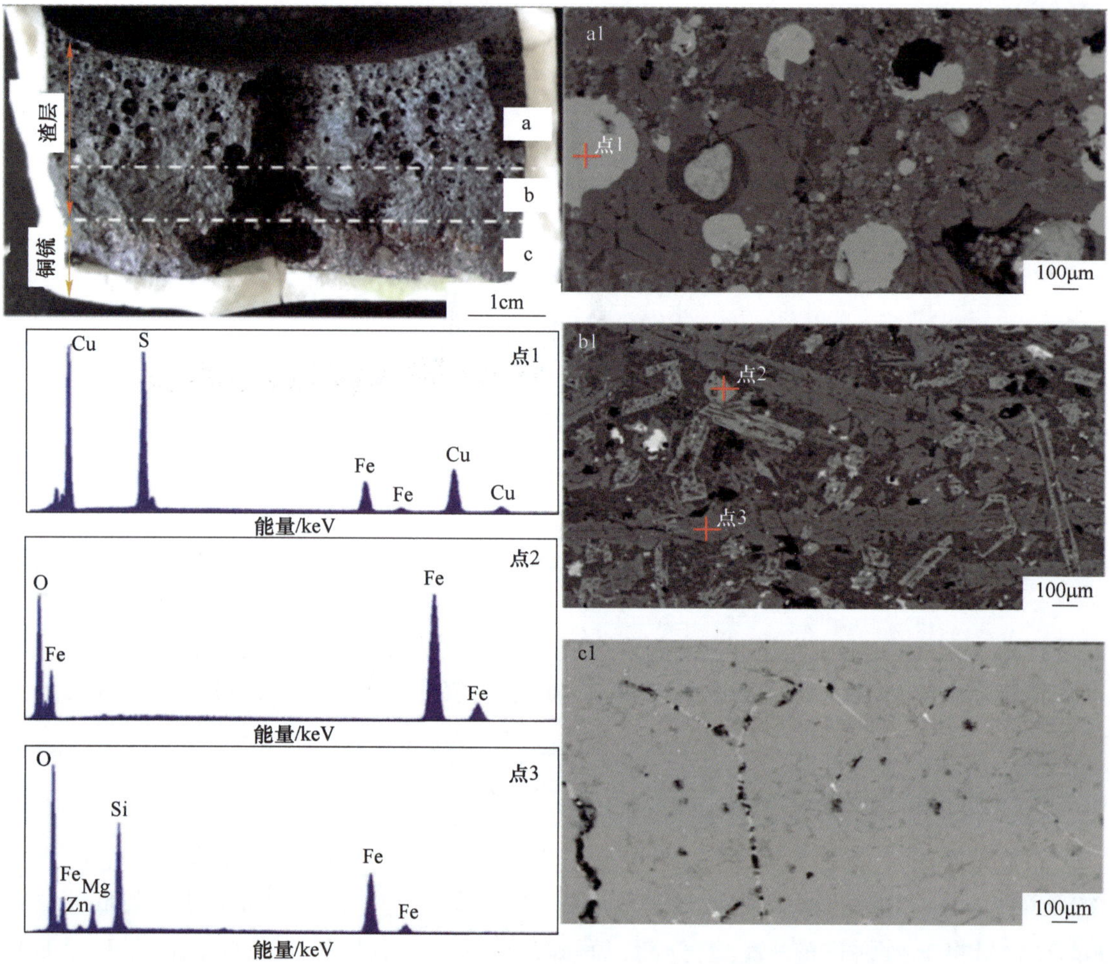

图 6-31　铜熔渣在 1250℃熔分 70min 后样品纵截面实物图及 SEM-EDS 分析
（a1、b1 和 c1 分别对应 a、b 和 c 的微观形貌）

利用磁性分析仪及化学分析方法，分别对样品中 Fe_3O_4 和铜含量进行定量分析，结果如图 6-32 所示。泡沫渣层中，Fe_3O_4 含量约为 18.6%，所对应的渣含铜高达 15.43%，接近于原渣样中铜含量（17.82%）；样品中间层致密渣 Fe_3O_4 含量约为 10.2%，此时渣含铜显著降低，由 17.82%降低至 3.89%。

结合上述分析可知，铜熔渣在 1250℃直接进行熔分，样品上层渣中 Fe_3O_4 含量高，渣黏度增大，将产生泡沫渣，铜锍颗粒无法沉降；当铜熔渣样品中 Fe_3O_4 含量降低至 10%左右时，泡沫渣现象消失，但此时渣含铜仍然较高，约为 3.89%，达不到铜熔渣直接弃渣水平。因此，铜熔渣电炉贫化时应加入适量还原剂，降低渣中 Fe_3O_4 含量，进一步促进渣-锍分离，同时应避免 Fe_3O_4 过度还原，防止金属铁生成。

图 6-33 为铜火法冶炼及电炉贫化流程图。铜熔渣电炉贫化主要分为两个步骤：一是铜熔渣中过量 Fe_3O_4 的还原；二是高温沉降使渣-锍分离。本节探讨了渣油混合方式、贫化温度、餐厨废油用量及沉降时间对还原贫化的影响，以期达到最大限度降低渣含铜目的。

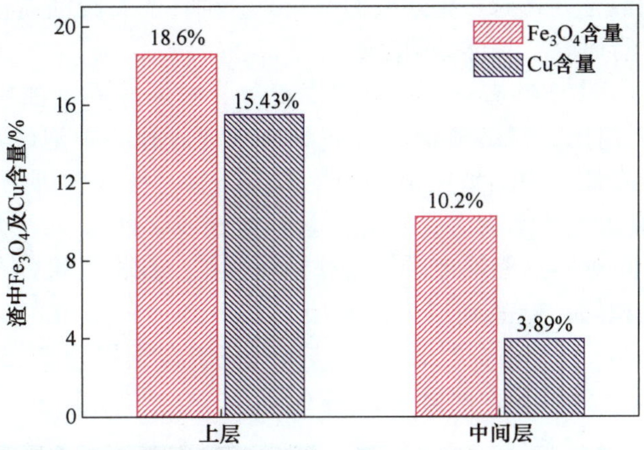

图 6-32 铜熔渣在 1250℃熔分 70min 后样品上、中层渣中 Fe_3O_4 及 Cu 含量

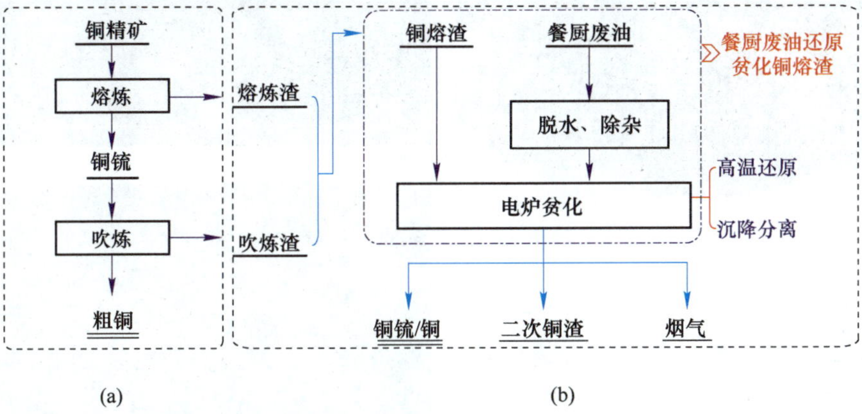

图 6-33 铜火法冶炼（a）及铜熔渣电炉贫化（b）流程

餐厨废油还原铜熔渣中 Fe_3O_4 的利用率通过理论计算可得。餐厨废油主要有 C、H、O、N、S 元素组分，通过质量平衡，假设餐厨废油中 C、H、S 三种元素完全被氧化转变为最高价态氧化物，即 CO_2、H_2O、SO_2。根据 C、H、S 结合的氧量减去餐厨废油中 O 含量，即可计算出一定量餐厨废油所能脱除的最大氧量。铜熔渣还原脱除的氧由反应前后渣中 Fe_3O_4 含量变化计算，且假设铜熔渣还原过程 Fe_3O_4 仅转变为 FeO。因此，餐厨废油利用率可由铜熔渣中脱除的氧量与餐厨废油最大脱除氧量之比算得（见式（6-45））。

$$U_{WCO\%} = \frac{m_{O^0_{Fe_3O_4}} - m_{O^1_{Fe_3O_4}}}{m_{O_{H_2O}} + m_{O_{CO_2}} + m_{O_{SO_2}} - m_{O_{CO}}} \times 100\% \tag{6-45}$$

式中，$m_{O^0_{Fe_3O_4}}$、$m_{O^1_{Fe_3O_4}}$ 分别为铜熔渣还原前后渣中 Fe_3O_4 的氧元素质量；$m_{O_{H_2O}}$、$m_{O_{CO_2}}$、$m_{O_{SO_2}}$ 分别为餐厨废油中 H、C、S 元素最大脱除的氧质量；$m_{O_{CO}}$ 为餐厨废油中氧质量。

高 Fe_3O_4 铜熔渣电炉贫化过程利用喷枪向熔池内喷入还原剂以降低渣中 Fe_3O_4 含量。喷枪枪位的放置对还原剂与铜熔渣的混合度密切相关，同时影响电炉贫化效果及喷枪寿命，如喷枪直接插入铜熔渣中无疑将使喷枪寿命缩短或造成喷枪枪头黏渣形成蘑菇头等实际问题。为研究渣油混合方式对贫化效果的影响，分别将餐厨废油喷枪悬于铜熔渣液面上及插入铜熔渣内部进行研究，具体结果分析如下。

图 6-34 为喷枪置于离铜熔渣液面上端约 1cm 处，喷入餐厨废油后的铜熔渣样品纵截面实物图。与图 6-31 相比，铜熔渣渣层分布具有差异。样品中泡沫渣层厚度明显降低，表明铜熔渣中 Fe_3O_4 降低，中间致密渣层厚度对应增加。图 6-34 所示各渣层的微观形貌与图 6-31 中相似，泡沫渣孔洞较多，具有大量铜锍颗粒，并与 Fe_3O_4 相连；致密熔渣层铜锍颗粒相对较少，可观察到结晶度较好的铁橄榄石相，呈长条状分布，而 Fe_3O_4 颗粒分布于铁橄榄石与玻璃相间；样品底层为铜锍层。图 6-35 为铜熔渣各层中 Fe_3O_4 含量及渣含铜量，泡沫渣层的 Fe_3O_4 含量约为 17.2%，所对应渣含铜量为 15.53%；致密熔渣层的 Fe_3O_4 含量约为 8.7%，对应渣含铜量为 2.76%。

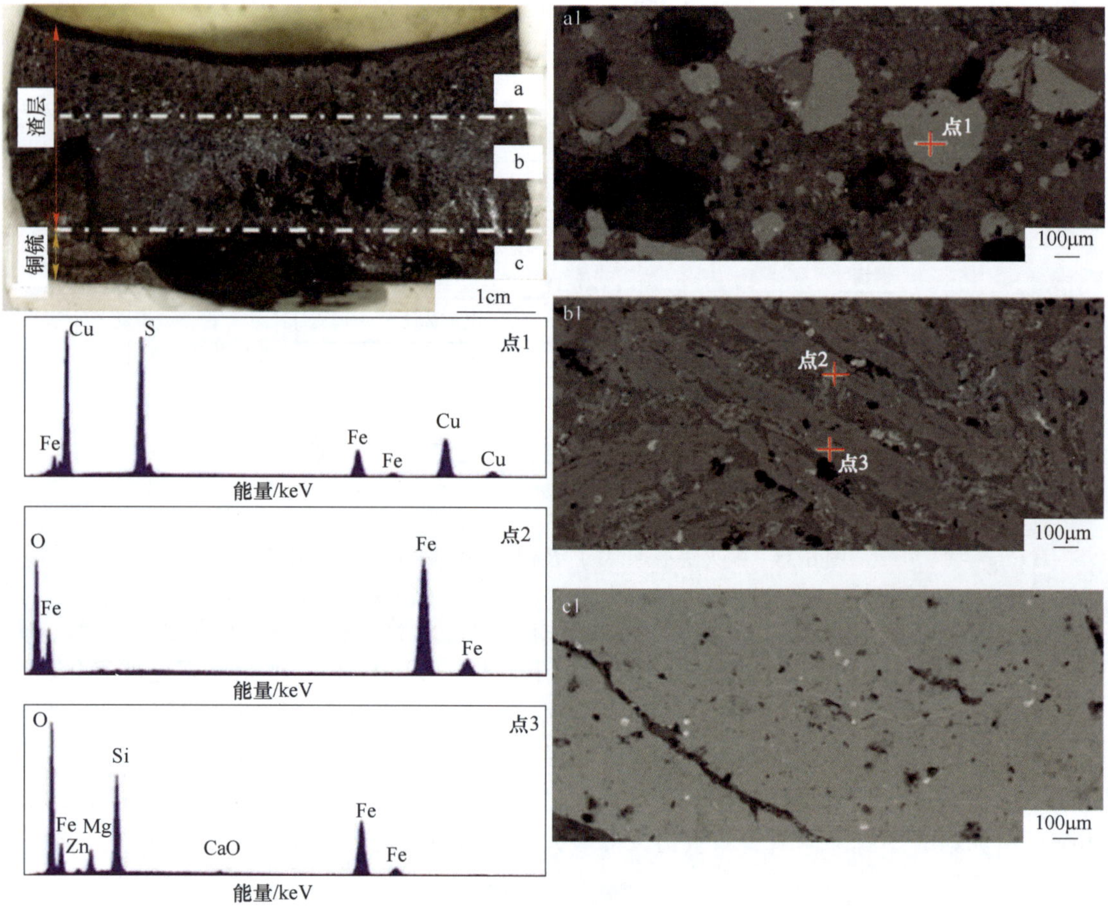

图 6-34　餐厨废油喷入铜熔渣表面还原后样品纵截面实物图及 SEM-EDS 分析
（a1、b1 和 c1 分别对应 a、b 和 c 的微观形貌）

当前条件下，餐厨废油喷吹至铜熔渣表面时，利用率低，渣中仍然有大量 Fe_3O_4，且生成泡沫渣。餐厨废油主要以间接方式参与还原，即通过裂解产生的还原性产物直接参与反应，当餐厨废油喷吹至铜熔渣表面时，裂解产生的 H_2、CO、C 无法与铜熔渣完全混合，且随着载气排除反应器外。因此，餐厨废油喷吹至铜熔渣表面，无法达到铜熔渣贫化目的。

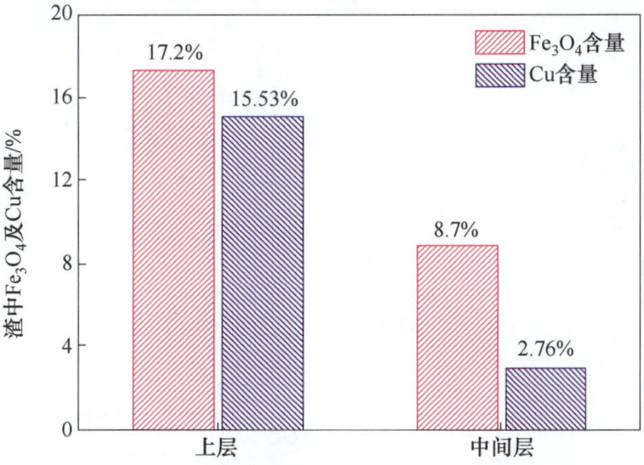

图 6-35 餐厨废油喷入铜熔渣表面还原后样品上、中层渣中 Fe_3O_4 及 Cu 含量

将喷枪插入铜熔渣层内部，喷吹还原贫化后铜熔渣纵截面实物图如图 6-36 所示。与图 6-31 及图 6-34 相比，样品纵截面实物图具有明显差异，样品整体厚度降低，且分为两层：上层为熔渣层，结构致密，无泡沫渣出现；下层为铜锍，厚度增加。将样品各层进行微观形貌分析，熔渣层主要物相为铁橄榄石，颗粒尺寸较大，同时分布了少量铜锍与 Fe_3O_4 颗粒，表明熔渣中仍然含有部分铜锍。对熔渣中 Fe_3O_4 及渣含铜量进行分析，结果如图 6-37 所示，此时熔渣中 Fe_3O_4 含量降低至 1.7%，而熔渣上层含铜量则为 1.25%，两者数据相比于图 6-35 中结果明显降低。图 6-38 模拟了餐厨废油喷吹至熔体表面和内部，裂解产物与熔体的混合及搅拌情况。当餐厨废油喷吹至熔体表面时，当前条件下气流难以

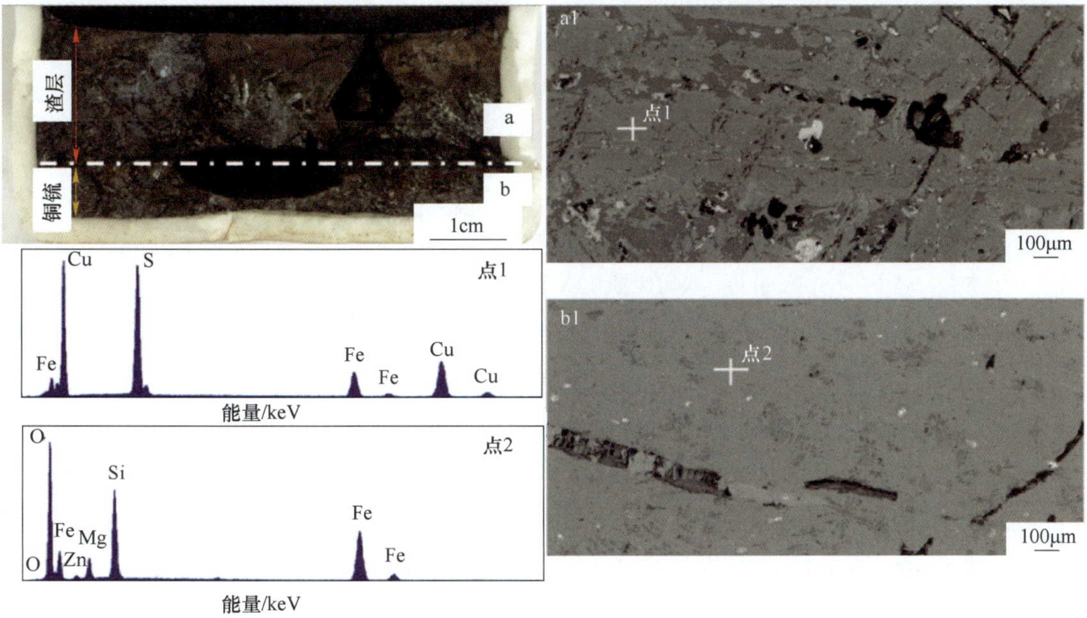

图 6-36 餐厨废油喷入铜熔渣内部还原后样品纵截面实物图及 SEM-EDS 分析

（a1 和 b1 分别对应 a 和 b 的微观形貌）

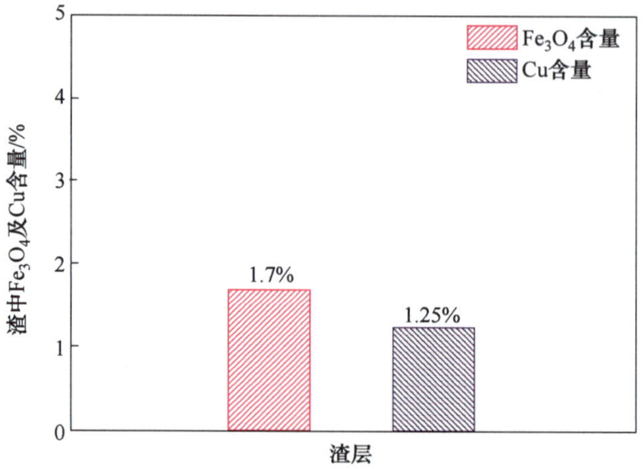

图 6-37　餐厨废油喷入铜熔渣表面还原后样品渣中 Fe_3O_4 及 Cu 含量

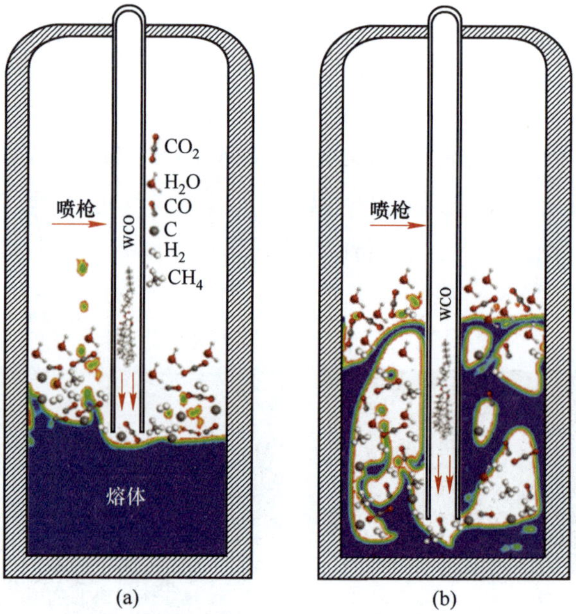

图 6-38　餐厨废油喷吹至熔体表面和内部模拟图
（a）喷吹至熔体表面；（b）喷吹至熔体内部

带动熔体搅拌，且餐厨废油裂解产生的还原性产物分布于熔体表面，还原剂与渣中 Fe_3O_4 接触面小，即反应界面小，导致还原效果差；餐厨废油喷吹至熔体内部，裂解产生的还原性物质随载气带动熔体发生搅拌，使铜熔渣中 Fe_3O_4 与还原剂的反应界面增大，强化了还原反应的动力学条件，由此渣中 Fe_3O_4 还原率较好，避免了泡沫渣生成，同时降低了铜熔渣黏度，促进渣-锍分离，但该条件下仍然未将渣中铜含量降低至工业抛渣水平（小于 0.57%）。

图 6-39 为不同温度还原后铜熔渣渣层样品中 Fe_3O_4 含量变化。从整体变化趋势可以看出，温度升高使铜熔渣中 Fe_3O_4 含量逐渐降低。当温度为 1230℃时，铜熔渣中 Fe_3O_4 含

量为 6.9%，此时对应餐厨废油利用率约为 21.0%；升高温度至 1250℃，熔渣中 Fe_3O_4 含量降低至 2.0%。餐厨废油还原铜熔渣实质是由还原产物 H_2、CO、C 直接参与反应，温度升高有利于铜熔渣中 Fe_3O_4 还原。从理论角度分析，温度升高加剧分子间热运动，将加快反应速率，且 Fe_3O_4 还原为 FeO 为吸热反应，温度升高将有利于反应进行。继续升高温度至 1290℃，Fe_3O_4 含量略有降低，由 2.0%降至 1.1%，餐厨废油利用率则由 29.4%升高至 31.0%。工业电炉贫化通常将铜熔渣中 Fe_3O_4 含量降低至 5%以下，确保铜熔渣在合适的黏度范围，同时有利于渣-锍分离与炉衬保护。

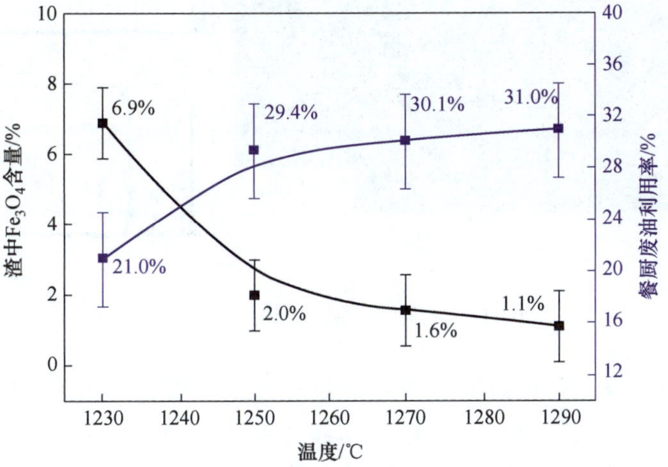

图 6-39 铜熔渣中 Fe_3O_4 含量与餐厨废油利用率随温度变化

图 6-40 为铜熔渣在上述 1250℃条件下还原后样品渣层的 XRD 图谱，熔渣以铁橄榄石为主要衍射峰，难以检测到 Fe_3O_4 及含铜物质衍射峰，表明铜熔渣中 Fe_3O_4 具有较好的还原度。而根据 SEM 分析结果表明，熔渣中仍然存在少量铜锍颗粒，偶有较大铜锍颗粒（大于 200μm）夹杂于渣中，Fe_3O_4 颗粒分布分散，且颗粒细小（见图 6-41）。

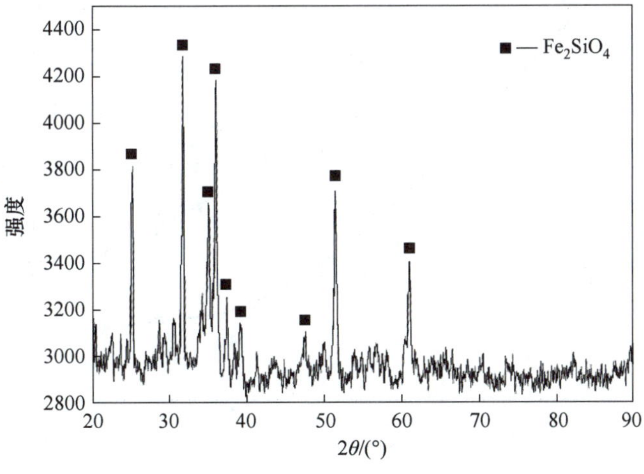

图 6-40 铜熔渣还原后样品渣层的 XRD 图谱

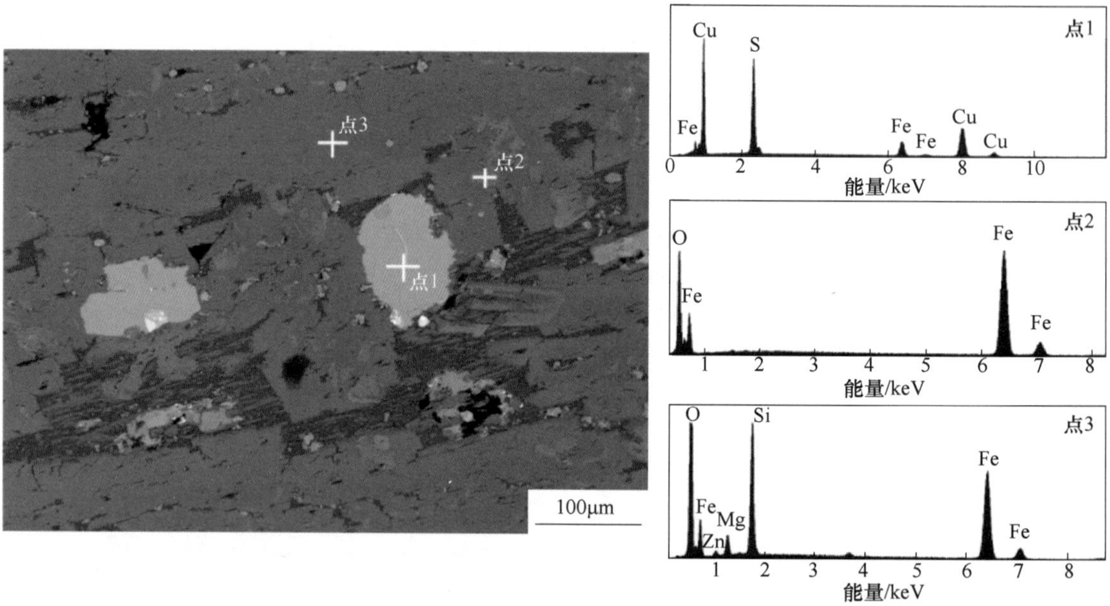

图 6-41　铜熔渣还原后样品渣层的 SEM 图

铜熔渣中 Fe_3O_4 含量和餐厨废油利用率与餐厨废油用量变化关系如图 6-42 所示。餐厨废油喷入熔池后发生热裂解，还原性产物伴随着载气与熔池内熔体接触并发生剧烈搅动，使还原反应得以进行。随着餐厨废油喷入量增多，裂解产生的还原性产物随之增加，致使还原剂与铜熔渣中分布的 Fe_3O_4 接触机会增大，发生还原反应的可能性增加。图 6-42 显示熔渣中 Fe_3O_4 含量随着餐厨废油用量增加而逐渐降低。当餐厨废油用量为 1. 4mL 时，Fe_3O_4 降低至 7. 1%，餐厨废油利用率为 44. 2%；增加油量至 2. 2mL 时，Fe_3O_4 进一步降低至 3. 2%，而对应的餐厨废油利用率随之下降至 37. 3%。Fe_3O_4 在高温熔融渣中均匀分布，反应开始阶段，铜熔渣中分布的 Fe_3O_4 较多，餐厨废油裂解产生的还原性产物与之接触的机会大，餐厨废油利用率高。随着喷油的持续进行，反应进入后期阶段，渣中 Fe_3O_4

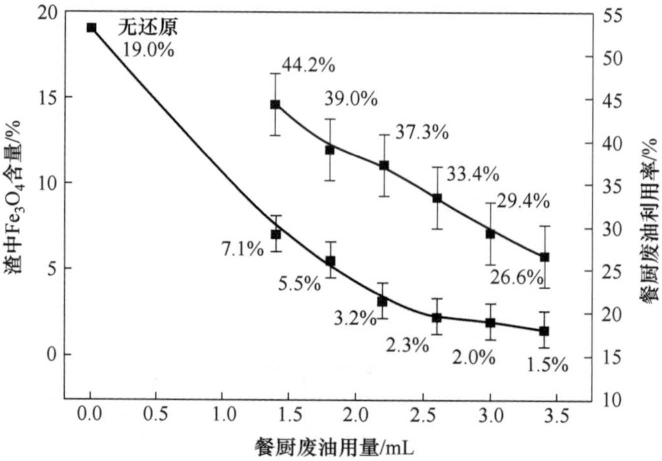

图 6-42　铜熔渣中 Fe_3O_4 含量与餐厨废油利用率随餐厨废油用量变化

减少，导致还原剂与 Fe_3O_4 接触机会降低，部分还原剂直接随载气排出反应器之外。因此，随着餐厨废油用量持续增加，Fe_3O_4 含量略有降低，而餐厨废油利用率则明显下降。

铜熔渣还原后高温静置沉降是电炉贫化铜渣的关键之一。沉降阶段铜熔渣中铜锍颗粒自然沉降至铜锍层，达到降低渣含铜的目的。铜锍颗粒在高温熔体中自上而下沉降，使渣含铜呈梯度式分布，即上层渣含铜量低，下层渣含铜随之增加。将样品的熔渣部分纵向均匀切割为三层，并分别对各层熔渣中 Fe_3O_4 及渣含铜进行分析。图 6-43 为各渣层中 Fe_3O_4 含量随沉降时间变化规律，延长沉降时间对铜熔渣中 Fe_3O_4 含量无明显影响，Fe_3O_4 含量整体在 2%~4%之间波动。此外，各层间 Fe_3O_4 含量无明显变化。上述现象表明，Fe_3O_4 还原主要发生在喷吹还原阶段，且 Fe_3O_4 在熔渣中分布均匀。还原阶段通入 N_2 作为载气搅拌熔池，使熔体与还原剂充分混合，促进还原反应进行，同时使 Fe_3O_4 均匀分布于铜熔渣中。

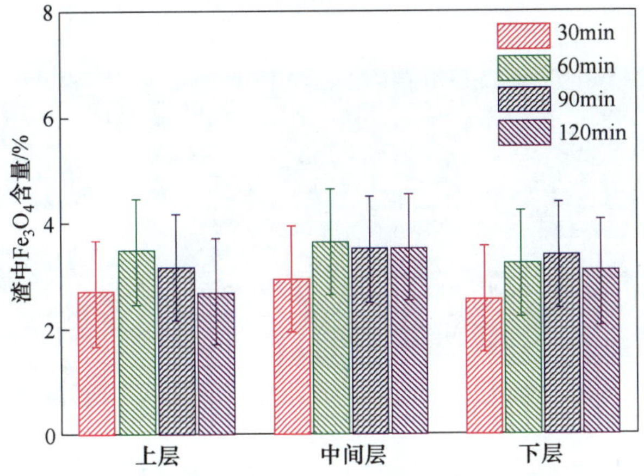

图 6-43 各渣层中 Fe_3O_4 含量随沉降时间变化

各渣层对应的铜含量如图 6-44 所示，上、中、下渣层含铜量差异较大，随着铜熔渣层往下，渣含铜升高。正如前所述，铜熔渣中铜呈梯度式分布，由铜锍颗粒自上而下沉降引起。当沉降时间为 30min 时，熔渣上层中铜含量为 1.65%。随着时间延长至 60min，上层渣含铜量降低至 0.55%，延长时间无疑给熔渣中铜锍颗粒的沉降提供有利条件；继续延长时间至 120min 时，熔渣上层含铜量仍然为 0.55%，无法进一步降低，这主要归因于铜熔渣性质，即渣中铜损失分为两部分，机械夹带与化学溶解损失。延长沉降时间可有效降低渣中铜夹带损失，而化学溶解损失则主要归因于熔渣自身的物化特性。溶解损失也归为两类：铜氧化态溶解损失与硫化态溶解损失。因此，上层渣含铜 0.55%应主要归于铜的化学溶解损失，而该值已达到工业抛渣水平。由图 6-44 所示，随着沉降时间延长，中间层渣含铜量逐渐降低，由 30min 增加至 60min 时，渣含铜由 2.42%降低至 1.68%；继续延长沉降时间，中间层渣含铜略有降低，在 120min 时，渣含铜约为 1.50%。熔渣下层在各个沉降时间内含铜量均处于较高水平，高达 10%以上。从铜锍颗粒沉降过程分析，下层渣含铜量应高于中、上层。此外，下层渣直接与铜锍层接触，熔渣组分与铜锍发生反应使部分铜锍颗粒残留在底部熔渣中，且在样品缓慢冷却过程中，铜熔渣底表面将吸附部分铜锍颗粒，如图 6-45 所示，致使下层渣铜含量显著升高。

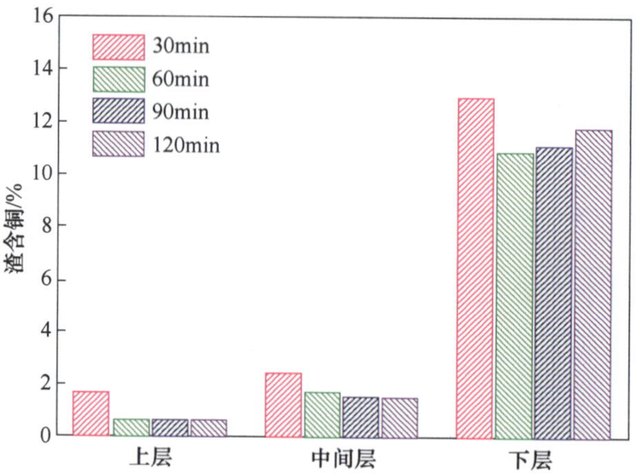

图 6-44　各渣层含铜量随沉降时间变化

图 6-45　还原沉降 120min 后铜熔渣样品实物图

（a）纵截面实物图；（b）渣层底表面实物图；（c）图（b）中白色区域的放大图

铜熔渣沉降 30min 后，各层渣的微观形貌及能谱分析如图 6-46 所示，图中 a～c 分别对应铜熔渣的上、中、下层渣样。图中亮白色物质为铜锍相，灰色物质为铁橄榄石相，暗黑色物质为玻璃相。铜熔渣上层仍然可观察到部分细小铜锍颗粒，偶有尺寸约为 100μm 的铜锍颗粒夹杂于渣中（见图 6-46 中 a）。该现象与上述化学分析结果相符，细小铜锍颗粒未能完全沉降，致使上层渣的铜含量为 1.65%。中间层铜熔渣微观形貌与上层基本一致，渣中残留少量铜锍颗粒（见图 6-46 中 b）。下层铜熔渣中，铜锍颗粒明显增多，呈大颗粒（大于 500μm）分布于渣中，这也解释了上述化学分析结果中铜熔渣下层含铜量高达 12.98%的原因。由此表明，沉降时间 30min 时，无法将铜熔渣上层中铜锍小颗粒完全沉降至渣的底部，少量夹杂的铜锍颗粒分布于熔渣中。

图 6-47 为铜熔渣还原沉降 120min 后，各渣层的微观形貌。在铜熔渣上层中可观察到铁橄榄石、Fe_3O_4、玻璃相、Fe-Cu-Zn-S 相（见图 6-47 中 a）。铜熔渣组分中含有部分 Zn 元素，Fe、Cu、Zn 元素具有相似的结构，常在自然界中相互伴生。由能谱分析表明，上层渣中 Fe-Zn-S 呈灰色，相比 Fe-Cu-S 相颜色较深，主要分布于玻璃相中。与 Fe-Zn-S 相连的铜应归于高温下铜以硫化态溶解于熔渣中，硫化态溶解铜主要与铜熔渣中 FeS 相关[30-31]。中间层铜熔渣仍然可观察到上层渣中各相。此外，中间层铜熔渣中偶有发现铁

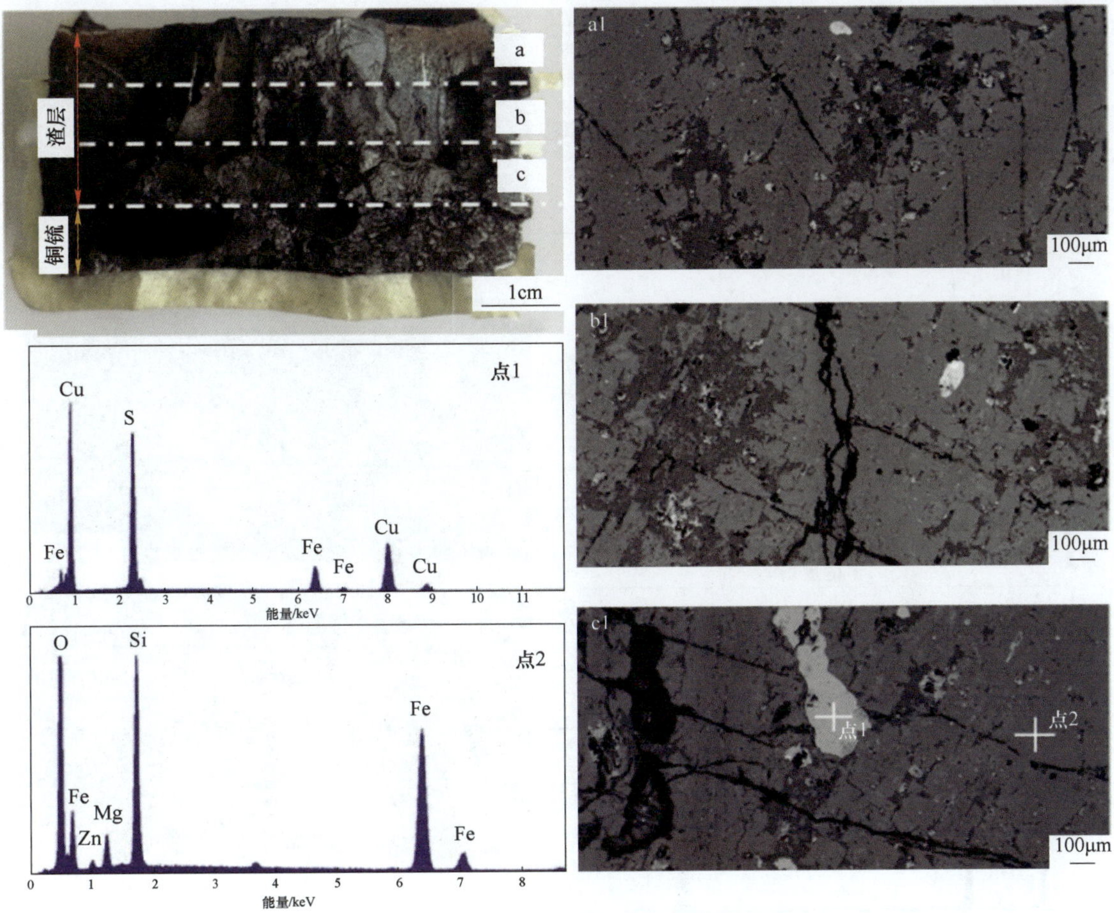

图 6-46 还原沉降 30min 后铜熔渣样品纵截面实物图及各渣层 SEM-EDS 分析
（a1、b1 和 c1 分别对应 a、b 和 c 的微观形貌）

铝尖晶石颗粒包裹铜锍颗粒现象（图 6-47 中 b），但不普遍存在，这也是中间层渣含铜高于上层渣中铜含量的原因之一。铜熔渣下层微观形貌与图 6-46 中 c 相似，铜锍颗粒聚集度高、颗粒尺寸大，未能完全沉降至铜锍层。

结合上述分析，延长熔渣沉降时间将有利于铜锍颗粒沉降，上层熔渣中铜锍颗粒随着沉降时间延长而减少，最终使渣含铜降低至 0.57%以下，实现了餐厨废油喷吹还原贫化铜熔渣。

6.2.4 生物质燃油还原贫化过程动力学模型

铜熔渣火法贫化炉特征是铜熔渣周期性地导入熔渣和冰铜的混合物、转炉铜熔渣等原料，在熔池内缓慢地向排渣口扩散，流动过程中熔渣中的氧化铜由于被还原为金属铜、铜粒子和锍粒子在搅拌和重力作用下不断地聚集长大，富集分离出铜，降低弃渣中的铜含量。按工艺要求控制炉内熔渣的黏度，关键在控制熔渣中 Fe_3O_4 的含量，在各种力（主要为重力场）的作用下，稳定持续的沉降分离出铜及铜锍。还原剂在熔渣中的流动及搅拌的作用是有效富集铜及有价目标金属并降低渣层铜含量的关键控制因素。

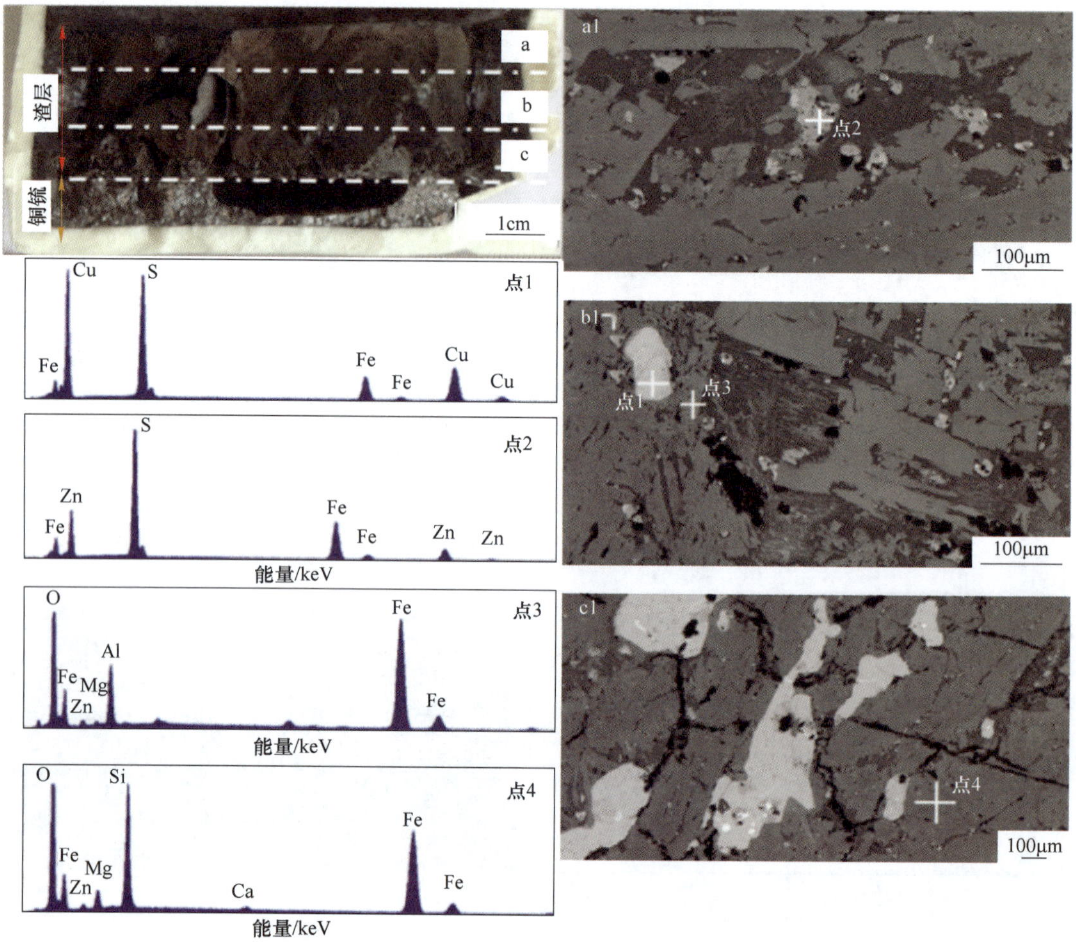

图 6-47 还原沉降 120min 后铜熔渣样品纵截面实物图及各渣层 SEM-EDS 分析
（a1、b1 和 c1 分别对应 a、b 和 c 的微观形貌）

要挖掘出火法贫化炉在贫化过程的强化控制潜力，就要求在降低弃渣含铜的目标下，对熔渣层内的生物质燃油与气体混合流动过程进行模拟计算与理论分析，从而指导贫化过程的优化操作，既达到火法贫化过程的强化又降低燃料消耗，节能减排。

生物质燃油在高压载气的携带下喷入熔融渣层中，生物质燃油在熔池中急速转化成气体和炭化为固体，铜熔渣的还原贫化过程其实质为固、液、气多相流体间的混合反应，反应过程的原理如图 6-48 所示。

多相流流体的流动受到守恒方程的支配，其中包括质量守恒方程、动量守恒方程及能量守恒方程。此外，多相流流体的流动属于湍流流动，模拟中还需要增加湍流运动方程，因此建立了生物质燃油与气体混合流动的数学模型[32-33]：

$$\frac{\partial(\rho\phi)}{\partial t} + \mathrm{div}(\rho\phi U) = \mathrm{div}(\Gamma_{\phi}\mathrm{grad}\phi) + S_{\phi} \tag{6-46}$$

式中，$\frac{\partial(\rho\phi)}{\partial t}$ 为瞬态项；$\mathrm{div}(\rho\phi U)$ 为对流项；$\mathrm{div}(\Gamma_{\phi}\mathrm{grad}\phi)$ 为扩散项；ϕ 为通用变量，可以表示控制方程中 u、v、w 和 T 等求解变量；S_{ϕ} 为扩散源项；Γ_{ϕ} 为广义源项。

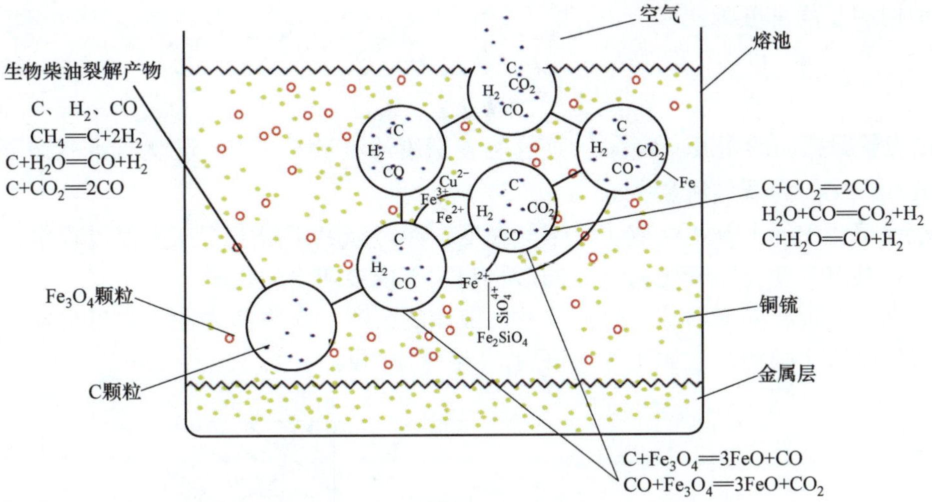

图 6-48 生物质燃油喷吹还原过程

标准 k-ε 模型是由 Launder 和 Spalading 提出，该模型引入两个未知量：湍动能 k 和湍动耗散率 ε，涡黏系数 μ_t 由这两个未知量表示。

湍动能 k 方程为：

$$\rho\left[\frac{\partial k}{\partial t}+\frac{\partial}{\partial x_i}(ku_i)\right]=\frac{\partial}{\partial x_j}\left[\left(\mu+\frac{\mu_t}{\sigma_k}\right)\frac{\partial k}{\partial x_j}\right]+G_k+G_b-\rho\varepsilon-Y_M+S_k \tag{6-47}$$

湍动耗散率 ε 方程为：

$$\rho\left[\frac{\partial \varepsilon}{\partial t}+\frac{\partial}{\partial x_i}(\varepsilon u_i)\right]=\frac{\partial}{\partial x_j}\left[\left(\mu+\frac{\mu_t}{\sigma_\varepsilon}\right)\frac{\partial \varepsilon}{\partial x_j}\right]+C_{1\varepsilon}\varepsilon\frac{G_k+C_{3\varepsilon}G_b}{k}-C_{2\varepsilon}\rho\frac{\varepsilon^2}{k}+S_\varepsilon$$

$$G_k=\mu_t\left(\frac{\partial u_i}{\partial x_j}+\frac{\partial u_j}{\partial x_i}\right)\frac{\partial u_i}{\partial x_j},\quad G_b=\beta g_i\frac{\mu_t}{Pr_t}\frac{\partial T}{\partial x_i},\quad \beta=-\frac{1}{\rho}\frac{\partial \rho}{\partial T},\quad Y_M=2\rho\varepsilon M_t^2 \tag{6-48}$$

式中，G_k 为由平均速度梯度引起的湍动能产生；G_b 为浮力影响引起的湍动能产生；Y_M 为可压缩湍流脉动膨胀对总的耗散率的影响；$C_{1\varepsilon}$、$C_{2\varepsilon}$、$C_{3\varepsilon}$ 为经验常数；Pr_t 为普朗特数；g_i 为重力加速度在 i 方向上的分量；β 为热膨胀系数；M_t 为湍动马赫数。

在铜熔渣贫化过程中，生物质燃油在熔池高温条件下迅速热解为气体和焦炭，然后通过喷嘴由载气送入熔池中。当气体流速较小时，会在喷嘴出口形成气泡，其大小由静压力、黏性力、浮力、表面张力和惯性力等的大小决定。当气体流速很大时，喷嘴出口形成气体射流。气体的流动形态由雷诺数决定，其表达式为：

$$Re_0=\frac{\rho_b u d_0}{\mu_l}=\frac{4\rho_b\varphi_V(Q_{bg}+Q_{cg})}{\pi\mu_l d_0} \tag{6-49}$$

式中，ρ_b 为气泡的密度，kg/m^3；φ_V 为气体的体积膨胀系数；μ_l 为熔渣动力黏度，Pa · s；d_0 为喷嘴内径，m；Q_{bg}为餐厨废油热解产生的气体流量，m^3/s；Q_{cg}为载气流量，m^3/s。

根据理想气体状态方程，气体在熔渣内的体积膨胀率可表述为：

$$\varphi_V=T_2/T_0 \tag{6-50}$$

式中，T_0 为标准状态下的温度，K；T_2 为熔池温度，K。

气泡内的平均密度为：

$$\rho_{\mathrm{b}} = \frac{\rho_{\mathrm{wco}} Q_{\mathrm{wco}} + \rho_{\mathrm{cg}} Q_{\mathrm{cg}}}{\varphi_{\mathrm{V}}(Q_{\mathrm{bg}} + Q_{\mathrm{cg}})} \tag{6-51}$$

式中，ρ_{b} 为餐厨废油的密度，kg/m^3；Q_{wco} 为餐厨废油流量，m^3/s；ρ_{cg} 为标准状态下载气的密度，kg/m^3；Q_{cg} 为载气流量，m^3/s。

气泡在熔渣中的上升速度取决于熔渣黏度、浮力和表面张力。在上浮过程中，气泡内部压力会随高度的变化而变化，气泡的形状和大小也会随之变化。

气泡在上升过程中的形状由气泡尺寸、液体的密度、黏度和表面张力等决定，气泡行为和相关准则数之间的关系如图 6-49 所示（格雷斯图）。

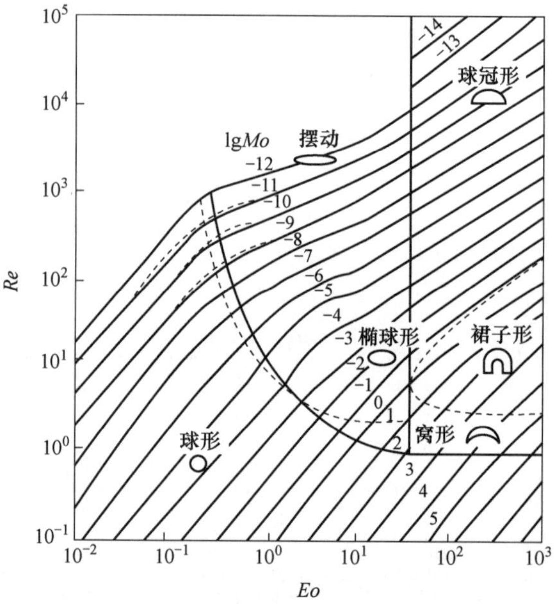

图 6-49 气泡形状与相关准则数之间的关系

气泡在熔渣中的上升速度与气泡的形状和大小有关，根据气泡尺寸和雷诺数的大小，可以分为以下几种类别：当 $Re \leqslant 2$ 时，气泡为刚性球体；当 $2 < Re \leqslant 400$ 时，气泡内有环流；当 $400 < Re < 1000$ 时，呈椭球形气泡，气泡短轴指向上升方向，气泡运动途径为螺旋形，上升速度无规律；当 $Re \geqslant 1000$ 时，气泡为球冠形，上升速率与液体性质无关，可用以下经验式计算：

$$u_{\mathrm{b}} = 0.79 g^{1/2} V_{\mathrm{b}}^{1/6} \tag{6-52}$$

气泡与熔渣之间的传质过程采用薄膜-渗透理论来描述，薄膜-渗透理论是将经典双膜理论和溶质渗透理论结合起来，取长补短，使模型更加接近实际过程。根据薄膜-渗透理论，利用气泡与熔渣之间的传质机理图（见图 6-50），传质过程可以描述为：

（1）气泡与熔渣相接触时，两相之间形成稳定的相界面，在其两侧各存在一层气相薄膜和液相薄膜，传质阻力主要集中在这两层薄膜内；

（2）还原气体从气泡中气相主体扩散至气-液相界面；

（3）Fe_3O_4 从液相熔渣主体扩散至气-液相界面；

（4）还原剂在气–液相界面反应生成 FeO 和 CO_2、H_2O 等物质；
（5）生成的 FeO 扩散进入熔渣主体；
（6）气体产物扩散进入气相主体；
（7）气体产物继续与焦炭反应生成 CO 和 H_2。

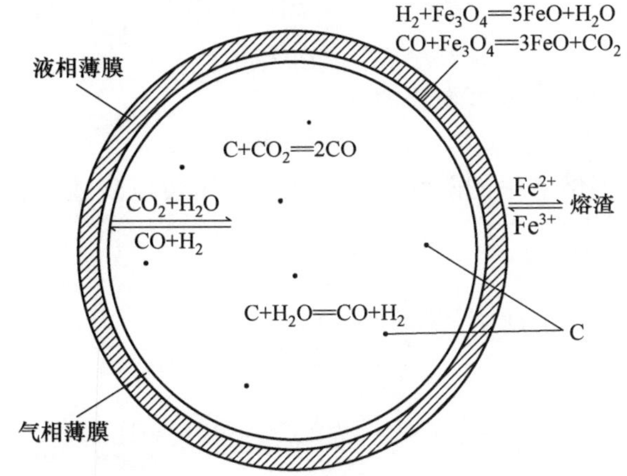

图 6-50　气泡与熔渣之间反应机理

一般来讲，高温条件下化学反应的速率相对于传质速率来讲非常快，可忽略不计，则气泡与熔渣之间的反应速率主要取决于气–液相之间的传质，主要限速环节应根据试验数据来确定。

气体通过气膜的传质通量为：

$$J_i = k_i(p_i - p_i^*) \tag{6-53}$$

式中，k_i 为气体 i 的传质系数，m/s；p_i 为气泡内气体 i 的分压，mol/m³；p_i^* 为气液界面气体分压，mol/m³。

Fe_3O_4 通过液膜的传质通量为：

$$J_{Fe_3O_4} = k_{Fe_3O_4}(c_{Fe_3O_4} - c^*_{Fe_3O_4}) \tag{6-54}$$

式中，$J_{Fe_3O_4}$ 为 Fe_3O_4 传质通量，mol/(m²·s)；$k_{Fe_3O_4}$ 为 Fe_3O_4 的传质系数，m/s；$c_{Fe_3O_4}$ 为熔渣主体中 Fe_3O_4 的浓度，mol/m³；$c^*_{Fe_3O_4}$ 为气液相界面上 Fe_3O_4 的浓度，mol/m³。

根据薄膜–渗透理论，传质系数可表述为：

$$k_{Fe_3O_4} = 2\sqrt{\frac{D_{Fe_3O_4}}{\pi t_c}} \tag{6-55}$$

式中，$D_{Fe_3O_4}$ 为 Fe_3O_4 在液膜中的扩散系数，m²/s；t_c 为传质时间，可由下式求得：

$$t_c = d_e/u_b \tag{6-56}$$

则气泡与熔渣之间的总传质系数可表述为：

$$\frac{1}{k_d} = \frac{1}{k_{gas}} + \frac{1}{k_{Fe_3O_4}} \tag{6-57}$$

气泡与熔渣之间的传质系数与气泡的运动形式及扩散相的扩散有关，目前尚无固定的计算公式，一般采用试验数据拟合成半理论半经验公式，其中涉及部分准则数主要有：

舍伍德准数为：

$$Sh = \frac{k_d d_e}{D} \tag{6-58}$$

施密特准数为：

$$Sc = \frac{\mu_l}{\rho_l D} \tag{6-59}$$

气泡与熔渣之间的传质系数可表述为：

$$Sh = mRe^n Sc^l \tag{6-60}$$

利用餐厨废油还原铜熔渣中的磁性铁，其还原速率可以表述为：

$$r = -\frac{dc}{dt} = kc^n \tag{6-61}$$

式中，c 为反应物的浓度,%；t 为还原时间，s。

对式（6-61）积分可得：

$$\begin{cases} \frac{1}{1-n}(c^{1-n} - c_0^{1-n}) = -kt(n \neq 1) \\ \ln c - \ln c_0 = -kt(n = 1) \end{cases} \tag{6-62}$$

对方程左边和 t 做线性拟合，所得斜率为$-k$，n 为反应级数。

由阿累尼乌斯定律可得反应的速率常数为：

$$k = A\exp\left(-\frac{E}{RT}\right) \tag{6-63}$$

式中，A 为反应的指前因子；E 为反应表观活化能，J/mol；T 为反应温度，K。

对式（6-63）两边同时取对数：

$$\ln k = \ln A - \frac{E}{RT} \tag{6-64}$$

对不同温度下的 $\ln k$ 和 $1/T$ 做线性拟合，所得斜率为$-E/R$，截距为 $\ln A$。

根据气液反应动力学实践可知，当液相中扩散组元的浓度对数与反应时间呈线性关系时，气液反应受液相传质控制；当反应受气相传质控制时，反应速率不随液相中扩散相浓度的降低而变化，反应速率为常数。

参考文献

[1] 周松林，葛哲令．中国铜冶炼技术进步与发展趋势［J］. 中国有色冶金，2014，43（5）：8-12.

[2] MOUNSEY E N，ROBILLIARD K R. Sulfide smelting using ausmelt technology［J］. JOM，1994，46（8）：58-60.

[3] 周俊．铜冶炼工艺技术的进展与我国铜冶炼厂的技术升级［J］. 有色金属（冶炼部分），2019（8）：1-10.

[4] 刘纯鹏．铜冶金物理化学［M］. 北京：中国科学技术出版社，1990.

[5] POGGI D，MINTO R，DAVENPORT W G. Mechanisms of metal entrapment in slags［J］. JOM，1969，21（11）：40-45.

[6] RUDDLE R W, TAYLOR B, BATES A P. The solubility of copper in iron silicate slag [J]. Trans. Instn Min. Metall, 1966, 75 (712): C1-C12.

[7] NAGAMORI M. Metal loss to slag: Part Ⅰ. Sulfidic and oxidic dissolution of copper in fayalite slag from low grade matte [J]. Metallurgical Transactions, 1974, 5 (3): 531-538.

[8] SEHNALEK F, IMRIS I. Advances in extractive metallurgy and refining [M]. London: Inst. Min. Metall., 1972.

[9] GOTO S. Equilibrium calculations between matte, slag and gaseous phases in copper smelting [C] //M. J Jones. Copper metallurgy-practice and theory. London: The Institution of Mining and Metallurgy, 2018: 23-34.

[10] TAVERA F J, DAVENPORT W G. Equilibrations of copper matte and fayalite slag under controlled partial pressures of SO_2 [J]. Metallurgical Transactions B, 1979, 10 (2): 237-241.

[11] ELLIOT B J. Effect of slag composition on copper losses to silica-saturated iron silicate slags [D]. University of the Witufatetsrend, 1977.

[12] RUSEN A, GEVECI A, TOPKAYA Y A, et al. Effects of some additives on copper losses to matte smelting slag [J]. JOM, 2016, 68 (9): 2323-2331.

[13] WAGNER C. The concept of the basicity of slags [J]. Metallurgical Transactions B, 1975, 6 (3): 405-409.

[14] DUFFY J A, INGRAM M D, SOMMERVILLE I D. Acid-base properties of molten oxides and metallurgical slags [J]. Journal of the Chemical Society Faraday Transactions, 1978, 74 (4): 1410-1419.

[15] MACKEY P J. The physical chemistry of copper smelting slags—A review [J]. Canadian Metallurgical Quarterly, 1982, 21 (3): 221-260.

[16] 黄希祜．钢铁冶金原理 [M]．北京：冶金工业出版社，1981.

[17] GRABKE H J. Evidence on the surface concentration of carbon on gamma iron from the kinetics of the carburization in CH_4-H_2 [J]. Metallurgical Transactions, 1970, 1 (10): 2972-2975.

[18] 常化强．天然气热解还原铜渣过程及夹杂物分析的研究 [D]．沈阳：东北大学，2014.

[19] 刘楠松．天然气喷吹搅拌适度贫化铜渣过程的基础研究 [D]．沈阳：东北大学，2015.

[20] GONZÁLEZ J F, ROMÁN S, ENCINAR J M, et al. Pyrolysis of various biomass residues and char utilization for the production of activated carbons [J]. Journal of Analytical & Applied Pyrolysis, 2009, 85 (1): 134-141.

[21] AHMED I, JANGSAWANG W, GUPTA A K. Energy recovery from pyrolysis and gasification of mangrove [J]. Applied Energy, 2012, 91 (1): 173-179.

[22] SINGH J. Management of the agricultural biomass on decentralized basis for producing sustainable power in India [J]. Journal of Cleaner Production, 2017, 142 (2): 3985-4000.

[23] ZHANG H, MA Y, SHAO S, et al. The effects of potassium on distributions of bio-oils obtained from fast pyrolysis of agricultural and forest biomass in a fluidized bed [J]. Applied Energy, 2017, 208 (12): 867-877.

[24] ABBRUZZESE C. Percolation leaching of manganese ore by aqueous sulfur dioxide [J]. Hydrometallurgy, 1990, 25 (1): 85-97.

[25] DAS S C, SAHOO P K, RAO P K. Extraction of manganese from low-grade manganese ores by $FeSO_4$ leaching [J]. Hydrometallurgy, 1982, 8 (1): 35-47.

[26] ZHUO C, ZHU G, ZHAO Y. Study in reduction-roast leaching manganese from low-grade manganese dioxide ores using cornstalk as reductant [J]. Hydrometallurgy, 2009, 96 (1): 176-179.

[27] ZHU G, LI T, ZHAO Y, et al. The mechanism on biomass reduction of low-grade manganese dioxide ore

[J]. Metallurgical & Materials Transactions B, 2013, 44 (4): 889-896.

[28] TOGURI J M, SANTANDER N H. The solubility of copper in fayalite slags at 1300℃ [J]. Canadian Metallurgical Quarterly, 1969, 8 (2): 167-171.

[29] COURSOL P, CARDONA VALENCIA N, MACKEY P, et al. Minimization of copper losses in copper smelting slag during electric furnace treatment [J]. JOM, 2012, 64 (11): 1305-1313.

[30] IP S W, TOGURI J M. Entrainment behavior of copper and copper matte in copper smelting operations [J]. Metallurgical Transactions B, 1992, 23 (3): 303-311.

[31] CARDONA N, COURSOL P, VARGAS J, et al. The physical chemistry of copper smelting slags and copper losses at the paipote smelter Part 2—Characterisation of industrial slags [J]. Canadian Metallurgical Quarterly, 2013, 50 (4): 330-340.

[32] DEGTEROV S A, PELTON A D. Thermodynamic modeling of lead distribution among matte, slag, and liquid copper [J]. Metallurgical & Materials Transactions B, 1999, 30 (6): 1031-1044.

[33] LAUNDER B E, SPALDING D B. The numerical computation of turbulent flows [J]. Computer Methods in Applied Mechanics and Engineering, 1974, 3 (2): 269-289.

索　引

A

艾萨炉　2，5，6
奥斯麦特炉　2，115，117

B

Basset 力　334
Betti 数　134，149，150
白锍　26，28，29
白银炼铜法　1，2，12
伴生矿　4，71
包络峰　52
饱和关联维数　149，151
饱和蒸气压　127
比例常数　40，46，58
壁面剪切　213
边界条件　211，212，214
标准吉布斯自由能　30，76，83
表面张力　45，214，377
丙烷　314，319，322
波峰　52，253
补偿系数　102
不完全燃烧　118，377

C

侧吹　1，3，4
层状　50，53
差分格式　223，225
沉降分离　3，17，54
沉降分离区　17
澄清分离　7，16，19
冲击面积　214，215
传热传质过程　3，184，267
传热机理　9
传热模型　9，220
床能率　111
纯气流区　313

D

大涡模拟法　212，219
代数拓扑理论　134
单气泡　222，223，228
单斜方晶体　93
底吹　1，3，4
底吹搅拌单元　185
电导率法　149，168，171
电解精炼　23，90，117
电解铜　24
电炉沉降　69
顶吹　1，3，4
多通道　18，309

E

二次裂解　363，381
二次循环　147
二聚体　53
二维混沌映射　155
二氧化锡　118，127，128
二液相共存区　62
二元渣　61，62

F

反射炉 1，5，15
仿真技术　145，215
粉煤　6，9，14
风口压力　111
浮带作用　54
浮力　200，214，223
浮选贫化　72，359
浮渣层　98
辅助烧嘴　17，18
负电荷　34

富氧空气 3，6，7
富氧闪速熔炼 3，78

G

钙长石 65
高峰值 60
高链烷烃类 319
高镁镍精矿 87
高速气流 7，16，87
功率谱 137，151，156
共轭炉渣相 96
拐点 170，172，199
惯性 200，212，225
硅孔雀石 27
硅酸盐熔体 50，52

H

核磁共振技术 143
褐煤 117，314
虹吸装置 19
蝴蝶效应 135，136，143
还原阶段 94，123，391
黄长石 65
黄铁矿 10，68，69
混沌工程学 133，134，136
混沌混合区 133，146
混沌行为 138，150，151
混合隔离区 133，146
活度 28，29，30
活度系数 42，44，56
活化分子 315
火法精炼 23，117，314
火法炼铜 2，11，16

I

IIR 滤波预测 159

J

机械夹杂 53，54，61
激发反应 315，316
几何形状 214，215，334
甲醛 320，349
甲酸基 320
尖晶石 37，44，67
监测点 287，289，290
简谐振动 144，340
交互反应 26，79，82
搅拌混合 133，134，145
搅动速度 102
节能减排 1，3，20
截面含气率 149
金属分配 80
浸没式喷枪 5
浸没条件 328，333
精细结构 51

K

KAM 环面 137，146
k-ε 湍流模型 214，218，219
卡尔多法 103，104
可持续发展 21，76
空气流量 114，115，213
孔雀石 27
矿热电炉 3，5，85
扩散系数 35，330，331
扩散组分 346

L

Lorenz 方程 151，153，154
Lyapunov 指数法 133，149，150
垃圾矿 71
拉曼光谱 52，53
雷诺平均法 212
雷诺数 71，146，148
离子理论 60
粒子传输 214
连续吹炼技术 10，11
鳞石英 62
流动特性 9，200，213
流函数 214
流体力学 9，133，148
流体黏度 44，370，371
硫化镍矿 23，76，85
硫势 27，29，31
锍品位 10，32，33
炉渣成分 50，61，63

鲁棒性　158，176，177
络阴离子　44，65

M

MAC 法　211
马鞍型曲面　246
脉石　24，26，116
密闭鼓风炉　7，36，48
摩尔分数　56，58
木炭粉　314

N

能量损失　247
逆反应　316，318，349
黏性阻力　334，335
镍铳吹炼　83，84
牛顿流体　351
诺兰达法　1，3，5

O

耦合非线性振子　139

P

pH 探针法　149
PIC 法　211
PSS　140
排烟装置　303
庞加莱截面法　149，150，157
泡沫渣　46，48，68
膨胀功　336
贫化电炉　7，9，16
频闪采样法　151
平衡常数　29，30，42

Q

QSL 炉　102
气化反应　118，362，382
气泡羽流　9，233，243
气体搅拌　146，186，187
迁移聚集　74
强化冶炼技术　2，36
亲和力　26，29，119

R

RGB 颜色模型　134，162，164
Rossler 吸引子　154
燃烧反应　26，69
燃烧装置　303，307，308
热壁面　306
热力学　27，29，32
溶解损失　39，50，53
熔点　44，48，61
熔炼强度　1，3，7
熔渣　7，15，18
乳化现象　73
乳化相聚合沉降区　73
润湿角　46

S

SSL 技术　12，15
三废　9，76
三元系相图　87，88，359
烧结块　85，92
舍伍德准数　344，398
神经网络　142，143，159
生物质燃油　322，359，360
施密特准数　344，398
石灰石　110，117
石英砂　17
收尘系统　112
数据处理单元　165，166，185
数学模型　134，138，139
双电层理论　36
水口山炼铜法　10，312
酸碱洗液　306

T

碳颗粒　315，327，329
碳酸盐　18，25，27
特尼恩特法　1，12，15
天然气　17，18，68
铁橄榄石　28，31，32
铁硅比　22，37，48
铁酸盐　26，27
停留时间　91，102，103

铜水套 13，18，111
铜直收率 61，370，373
统计参数 182，183，190
透视石 27
图像采集单元 165，166，185
湍动马赫数 395
脱硫率 76，78，92

U

UWB 混沌载波雷达 144

V

VOF 方法 214，224

W

瓦纽科夫炉 4，13，108
完全燃烧 69，72
网络状 50
温差法 149
稳定性 9，94，101
涡流运动 54
涡黏系数 395
卧式旋转炉体 17
卧式圆筒形转动炉 17
无烟煤 19，110，117
物性参数 223，255

X

烯烃 319，320
稀溶液 56，95
锡品位 116，126
下限高度 113
响应理论 60
旋流器 114，246

Y

亚甲基 320
烟尘炉结 81
阳极铜 10，33
氧化反应 6，17，25
氧势图 81，94，95
曳力系数 328，340
液氨 305
液氮 305
液化石油气 305，314，348
液化天然气 305，308，309
液态渣 29，104，108
液氧 305
乙烯 165，166，196
阴极铜 13，20，24
黝锡矿 116
余热锅炉 6，10，14
阈值分数 165，171，172
圆形立式炉 17
跃变 152
运动速度 225，257，333

Z

造锍捕金 10，11
造锍反应 26，257，302
造渣反应 3，17，26
渣型调控 48，60，61
渣液相区 63，64，66
着火温度 77，93，348
振动峰 50，51
蒸发 114，221，304
直管氧枪 247，251，252
指前因子 320，321，398
质量守恒 148，262，330
滞留气体 102，346
重力 45，201，221
周期性放渣 113
贮液装置 303
转化率 381，382
准总包 320，321
资源综合利用 2，126
自由液面 214，219，224
总包 320，321，322
阻力系数 327，328，329
最佳阈值 173，191，193